荣 杨 伟 ◎ 编著

完美风暴

Wanmei Fengbao

3ds max /VRay 卧室效果图制作现场

- 完美解读各种风格的卧室效果图表现技法，快速掌握VRay渲染器使用方法
- 随书附带1DVD教学光盘，内容包含书中所有案例的视频教学演示
- 生动细致的案例讲解和详细的步骤分析，确保初学者也能轻松上手

科学出版社
www.sciencep.com

北京希望电子出版社
Beijing Hope Electronic Press
www.bhp.com.cn

内容简介

本书是家居装饰效果图设计丛书的卧室篇，从实际工作中的典型范例入手，将3ds max+VRay中的操作和家居效果图制作技巧、设计理念融为一体，图文并茂、深入浅出，具有很强的可读性。

本书通过对各种风格卧室效果图制作的详细讲解，从简单一点的小型案例到复杂的大型案例，从案例的建模到材质、灯光、摄影机以及后期处理的制作，向读者介绍了卧室效果图的制作手法全过程。

本书内容分为12章，第1~2章简单介绍了VRay渲染器以及室内效果图材质的种类及运用。从第3~12章分别通过10个不同类型的案例介绍了卧室效果图的制作过程。本书对使用3ds max和VRay制作家居卧室效果图的方法进行了全面讲解，案例典型、简明易懂。

本书内容由浅入深，循序渐进的引导初学者快速入门，提高中级读者的效果图制作技术，让高级读者更全面地了解3ds max的新增功能和高级编辑技巧。

需要本书或技术支持的读者，请与北京清河6号信箱（邮编：100085）发行部联系，电话：010-62978181（总机）、010-82702660，传真：010-82702698，E-mail：tbd@bhp.com.cn。

图书在版编目（CIP）数据

3ds max/VRay卧室效果图制作现场／郑庆荣，杨伟编著．—北京：科学出版社，2008

（完美风暴）

ISBN 978-7-03-022670-9

Ⅰ.3... Ⅱ.①郑...②杨... Ⅲ.卧室—室内设计：计算机辅助设计—图形软件，3ds max、VRay Ⅳ.TU238-39

中国版本图书馆CIP数据核字（2008）第116739号

责任编辑：韩宜波　／责任校对：小　亚
责任印刷：天　时　／封面设计：康　欣

科学出版社 出版
北京东黄城根北街16号
邮政编码：100717
http://www.sciencep.com

北京天时彩色印刷有限公司印刷

科学出版社发行　各地新华书店经销

*

2008年8月第　一　版　开本：787×1092 1/16
2008年8月第一次印刷　印张：19 3/8（全彩印刷）
印数：1-3500册　字数：429 780

定价：55.00元（配1张DVD光盘）

参见第 8 章

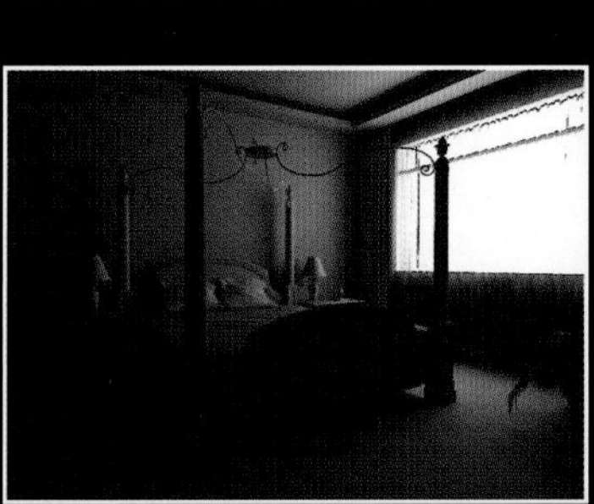

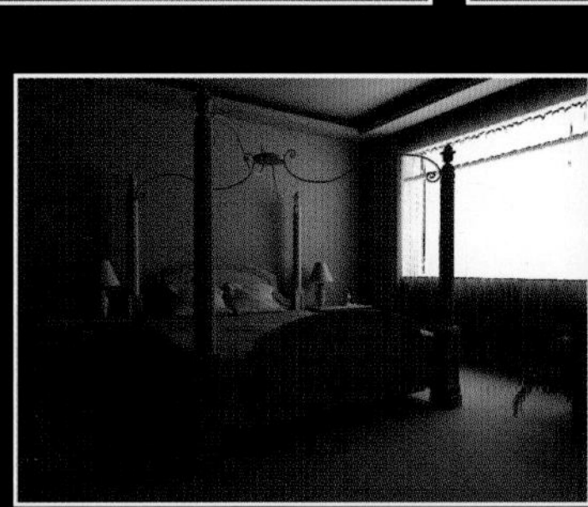

参见第6章

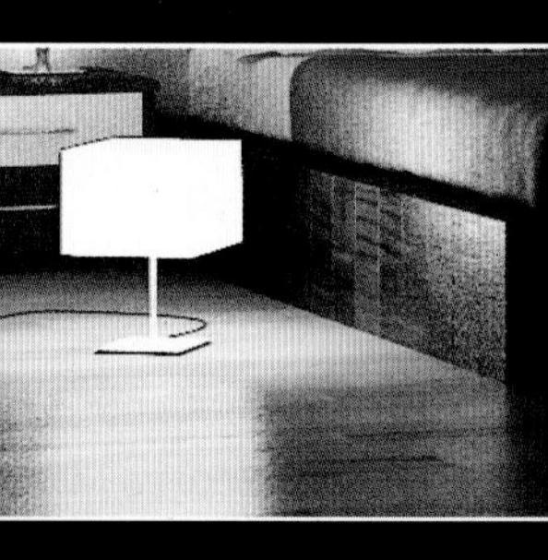

参见第 7 章

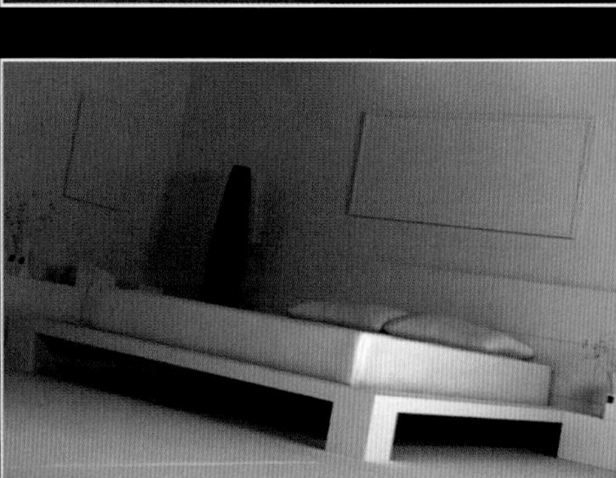

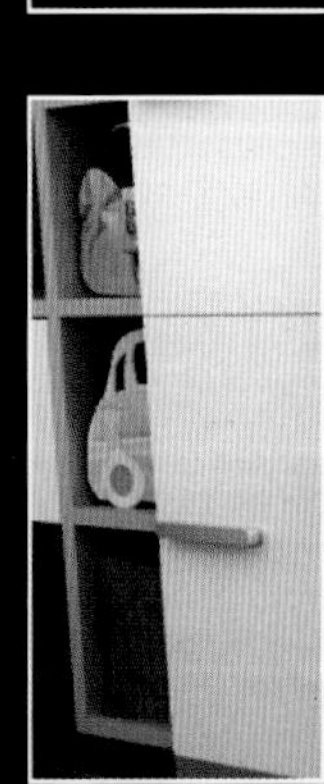

参见第5 章

参见第10章

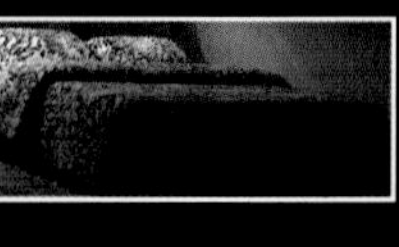

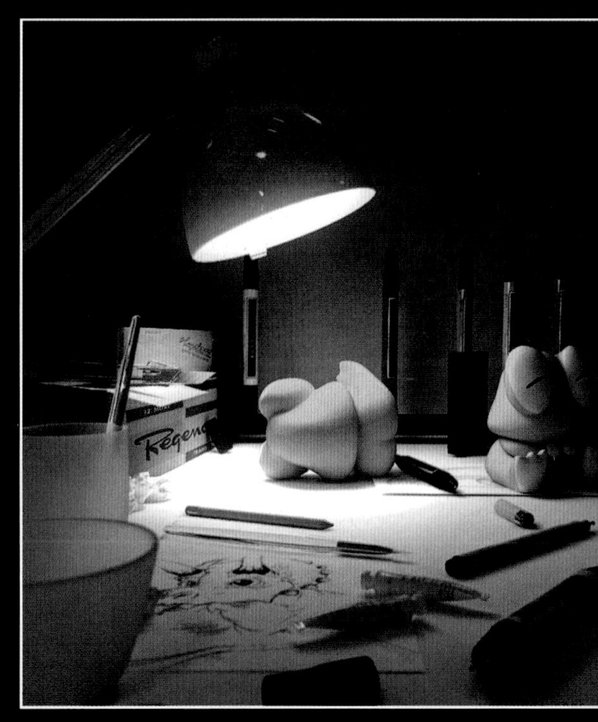

参见第 3 章

参见第9章

参见第11章

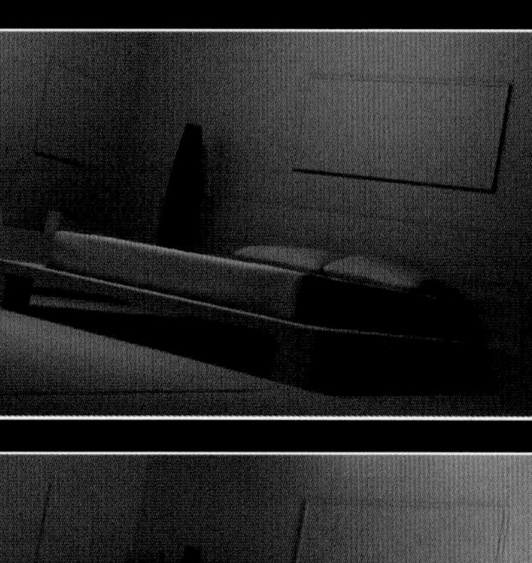

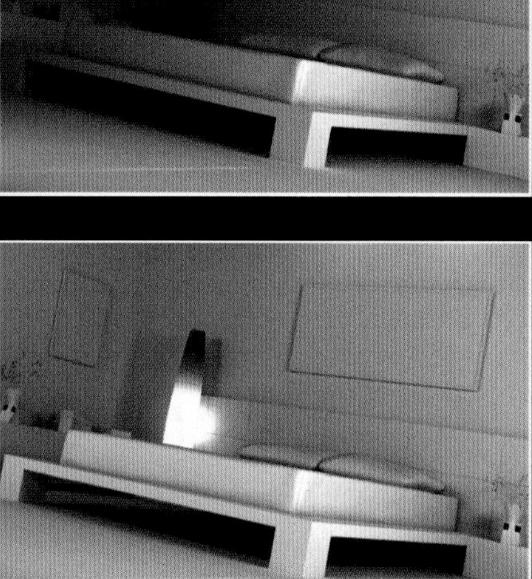

参见第12章

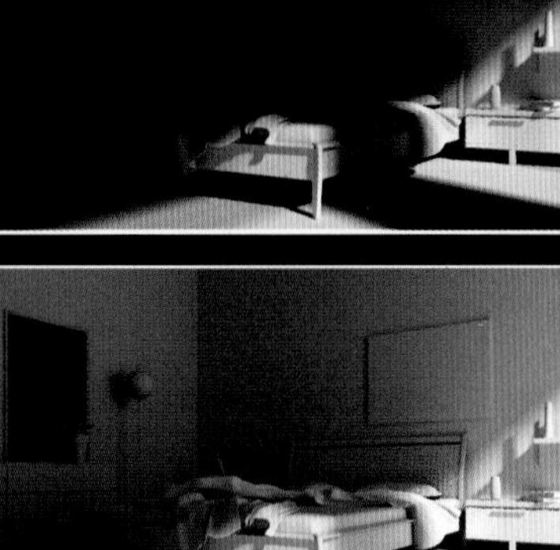

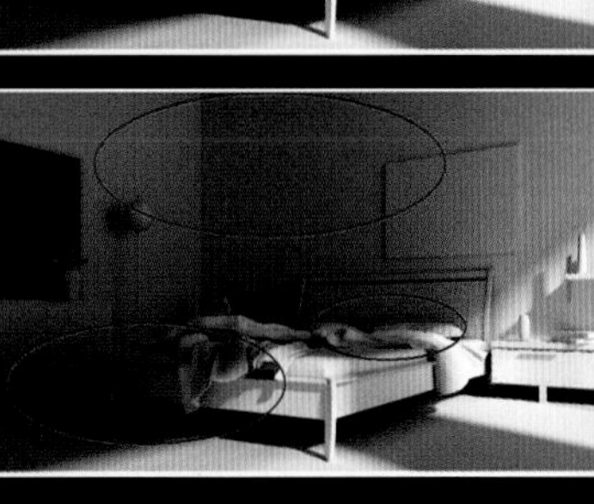

参见第4章

Preface 前言

随着社会的进一步发展，装饰装修的盛行，从而在北京乃致全国各地产生了大大小小数以万计的装修公司。原来的装修公司给客户看的多半是平面图形或手绘图形，和装修出来的效果大相径庭。客户得到的最终装饰效果和最初的设想相差很远，从而使装修多次反复修改，不但使客户浪费了大量的时间和金钱，还浪费了大量的精力。

计算机的发展为人们解决了这一难题，逼真的效果图表现使人们在装修之前就对装修效果有了直观的认识，更好地理解设计师的意图，越来越多的设计师也逐步用计算机三维效果图来代替手绘，从而使客户和装修公司受益非浅。

要成为一名优秀的效果图制作人员，除应该具备良好的艺术修养外，还需要很好地掌握一些图形图像的制作及处理软件，通过大量的实践来达到艺术和设计的融合，才能做出逼真的效果图。

现阶段，在选用三维效果图制作软件上以3ds max为主，其他软件配合使用。3ds max是Autodesk公司旗下推出的一套功能强大的三维制作软件，它包含了模型的建立（Modeling）、绘制和渲染（Rendering），以及动画制作（Animation）三大部分。新版的3ds max在建模技术、材质编辑、环境控制、动画设计、渲染输出和后期制作等方面日趋完善；内部算法也有很大的改进，提高了制作和渲染的输出速度；渲染效果达到工作站级的水准；功能和界面划分更合理，更人性化；多个功能组有序的组合大大提高了三维制作的工作效率。

VRay渲染器在中国市场已经火了近3、4个年头。在初次进入这个领域，笔者和大多数初学者一样，对这个领域又好奇又神秘。VRay渲染器有着优秀的全局光照系统，在灯光传递表现方面有着无与伦比的强大优势。就制作效果而言，无庸质疑，它的效果可以和任何一个渲染器相媲美。

本套丛书全面介绍了常见的三维家居装饰效果图制作的各类应用方法和实用技巧，希望能对各行业的设计人员和想介入家居室内装饰效果图制作领域的各界人士提供有效的帮助。为了使读者在短期时间内掌握室内装饰的效果图制作的精华，笔者特意在写作时注意到不仅详细的描述设计制作的过程，还要进一步讲述软件的命令组合和使用技巧。同时在范例中还有意识地渗透了设计中的创意理念，使这三者有机地结合在一起，让读者在学习完书中内容后，不仅知道怎样做，还知道为什么要这样做和怎样才能做得更好！

为了使本书具有较强的可读性，笔者在写作上除了选用具有广泛代表性的范例之外，在写作方式上还尽可能的深入浅出、图文并茂，在操作步骤上尽量避免出现漏步和较大的跳步，使读者只要按照书中范例一步一步向下操作就可以达到预想的效果。

本书是家居装饰效果图设计丛书的卧室篇。选用了在日常和工作中经常见到的几种风格的卧室效果图作为实例，系统地介绍了卧室效果图制作中应该注意的问题和经验技巧等。

本书内容由浅入深，循序渐进的引导初学者快速入门，提高中级读者的效果图制作技术，让高级读者更全面的了解各软件的具体应用。

本书体现了卧室场景制作理念，以供初学者参考与借鉴。为了让读者更容易掌握制作方法，书中的每个实例都是经过作者精心设计，所列的各个操作步骤详尽易懂，适合于各个层次的广大读者，具有很强的可读性。

本书配套光盘内容包括书中案例所需素材和完成的效果图以及场景案例操作视频文件，以方便读者参考和练习。另外还随盘赠送了一些精美作品，以及素材供读者参考使用。

本书由资深家居装饰效果图设计师郑庆荣、杨伟等负责编写，参加编写的还有效果图设计师周轶、臧方青、王宜美等。本书是集体智慧的结晶，参加本书编写和制作的人员还有刘爱华、刘亚利、郑秀兰、田昭月、郑庆军、郑衍荣、刘锋、张建军、郑福英、田春英、郑庆龙、郑新元、田敏杰、郑衍卫、董明明、马志坚、潘瑞红、潘瑞旺、任根盈、史绪亮、田莉、徐进勇、徐正坤、杨志永、袁紊玉、张桂莲、张国华、张艳群、郑桂英、刘志珍、唐红莲、尹承红、唐文杰、刘孟辉、刘传梁、范子刚、冯福仁、韩淑青、金海锚、李茹菡、王海燕、王宜美、吴劲松、杨丽、杨琰、于广浩、张立业、张陆军、张绍山、张养丽等，在此表示感谢。本书部分图片及照片由华艺联合装饰工程（北京）有限公司提供。若读者有技术或其他问题可联系作者：电子邮箱是 mail@qited.com，qited@126.com。

多动手、多观察、多练习才能掌握真本领。最后祝愿广大读者能通过本书的学习，掌握装饰效果图的制作，并应用到工作和生活中。

编　者

Contents 目录

Contents

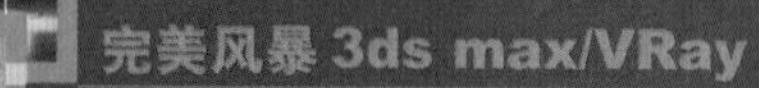

Contents 目录

第1章 了解 VRay 渲染器

本章精髓

- 系统了解 VRay 渲染器在卧室表现方面的强大优势
- VRay 灯光在卧室表现方面的技巧和运用
- VRay 材质的介绍

1.1 VRay卧室表现概论

VRay渲染器在中国市场已经火了近3、4个年头。在初次进入这个领域，笔者和大多数初学者一样，对这个领域又好奇又神秘。VR渲染器有着优秀的全局光照系统，在灯光传递表现方面有着无与伦比的强大优势。就制作效果而言，无庸质疑，它的效果可以和任何一个渲染器相媲美。

室内表现注重的是气氛和光影，在最大程度上还原真实的光与色，并进行相应的艺术处理。卧室表现在室内表现中具有重要的地位，这不仅仅体现在缤纷的家居用品和床上用品上，同时设计师在制作灯光的时候也进行了合理的布局和摆放，营造各种适合主人意愿的灯光效果。在材质上VRay新版本中提供了更为强大的材质技术支持，在灯光上VRay新版本对VRay阳光系统进行了更多的完善，再配合强大的全局光照系统，可以说，有了这个渲染器对设计师来说真是一把利器。

笔者有着丰富的制作室内效果的经验，在这里也愿意与大家一起分享。在制作的时候首先从整体对事物进行剖析，我们在制作时可以将室内部分分为3类：设计、灯光和材质。这是一个标准，我们制作的最终目的都是围绕着我们的目标进行和发展。灯光是为气氛存在，包含了日光、夜景、阴天、雪景以及封闭空间等多种视觉效果。材质部分是显而易见的，各种材质的关系是我们需要把握好的。各个物体具有不同的反射、折射效果，这些都是在现实生活中可见的、可观察到的。这是一个整体的思路，正所谓万变不离其中，有好的心态和积极乐观的态度是最重要的。

除了一定的专业训练外，学会观察、懂得生活的人才能在这个行业取得长足的进步。好多读者问我：我的图怎么样，该怎么处理。这些问题都是最常碰到也是最难处理的问题，难的就是个性化。每个人的个性和思维方式都有不同，但是都可以认真去观察现实中真实的灯光效果、材质效果和光影变化，都可以从中去积累、体会和发现。这些都与提高自己的制作水平是非常有帮助的，也会慢慢熏陶出一个人的风格和素养。练习和观察是提高眼力和表现力的关键，二者缺一不可。如图1-1所示的就是一幅效果逼真的卧室效果图。

图1-1

VRay渲染器最大的特点就是上手快、操作方便、时间短、效果好。一个渲染器有无生命是与经济和市场直接挂钩的，VRay渲染器盛行到现在依旧红火的关键，主要是它在商业领域中占有的重要地位。

笔者在长期的工作中总结了几类卧室渲染的表现领域，下面分别介绍一下，希望对读者有所帮助。每种效果都包含一类效果的表现和制作，尤其是灯光表现方面。通过直观的效果展示，读者可以很清晰地了解到灯光的各种表现效果和风格，VRay正是凭借其完美的效果赢得众多的用户和良好的口碑。

1. 日光效果展示

如图1-2和图1-3所示的就是两种不同情况的日光效果。

图1-2

图1-3

这里的效果水平虽不能都保持一个比较高的水准，但是从画面中可以清晰地反映出日光条件下的场景效果和变化。有明确的光照效果，有清晰的投影位置，室内有明显的色调，或偏暖，或偏冷，变化明显。灯光的过渡效果一看便是白天，层次的过渡多集中在一定平缓的趋势，只在少量的特殊环境下会出现巨大的背光差异。不过这种特殊的效果在卧室效果中是少之又少。

2. 日光与室内人工光相结合

图1–4和图1–5所示的是两种不同情况和日光与室内人工光相结合的效果。

图1–4

图1–5

这种模式下可以很好地表现室内气氛，室内外冷暖结合的光影变化丰富了场景的灯光效果。通常情况下，这种场景依旧是白天效果，但是窗户和其垂直面下的地板受光效果明显，室内灯光效果则被压制得很低，并最终结合室内人工灯光进行辅助照明。此类场景如果是表现封闭的小空间相对来说比较容易制作，如果表现半开放的大空间则有相当大的难度，气氛是比较难控制的一点。但在一般的卧室空间中，这种表现手段还是比较常见的，容易出效果，气氛也讨人喜欢。

人工光主要包含了壁灯、落地灯和台灯以及吊顶侧壁暗藏灯带这3个重要部分。一定要保证灯光有令人舒适的照明范围和形状，或柔和，或硬朗，或细腻，这样会使画面生动有内涵。模糊的灯光照明效果只能使画面结构松散，对整体效果产生破坏。灯光颜色也需要重点把握，达到对比真实的效果。

3．幕帘遮罩下的卧室效果

图1-6和图1-7所示的是两种幕帘遮罩下的卧室效果。

图1-6

图1-7

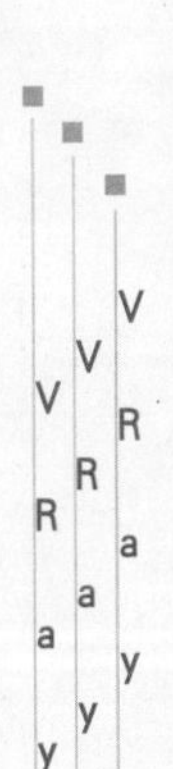

这也是日光表现下一个特殊的案例效果，特殊在场景中外景不可见，而光照下的幕帘则主导了画面的光影气氛。这类场景的制作看起来比较麻烦，但其实很简单。一是要注意外景的环境光源，这一部分一般是进行冷光设置。读者可以观察图1-6和图1-7中窗户部分的灯光变化，冷色调的感觉依旧是主导。这里并不是说外景的光源全部都是冷光源，而是指至少靠近窗口的部分进行相应的冷光源设置。

读者可能问，这里有什么道理可讲吗?答案是肯定的。因为场景中的灯光一定要有冷暖的区分，或明显，或细腻，但是一定都存在对比。窗口部分冷，室内相对暖，这样不仅符合人们的视觉习惯，冷色的感觉也可以制造空间感，使画面中的空间关系更加出色。

二是要注意室内灯光气氛的营造，这个部分比较关键，同时也比较棘手。但总的遵循的一条原则就是：通过拉大明暗的对比来实现气氛的营造。观察以上两种类型的效果，可以明显地看到室内和窗口的对比都很大，这样可以拉开层次。

4. 夜景下的卧室效果

图 1-8 和图 1-9 所示的是两幅夜景卧室效果。

图 1-8

图 1-9

从画面中可以感受到夜景效果的迷人。光色对比明显、生动，气氛尤其到位，视觉上具有无穷的魅力。

夜景卧室一般分两种类型，一是可见窗户，二是封闭空间，即看不到窗户。可见窗户的场景可以通过室外的冷光源和室内的人工光进行场景灯光的制作，这样的场景一般色彩变化丰富，冷暖对比变化明显，可以借助户外灯光增加许多元素。封闭空间则恰恰相反，不过这种情况在卧室中比较少见。封闭的空间一般通过各种人工灯光进行室内照明的模拟，在下面的灯光介绍中将有详细的讲解。

1.2　VRay 的背景介绍

VRay 是由挪威 Chaosgroup 公司所开发的渲染器。图 1-10 所示为 1.46 版本的启动界面。相对来说，VRay 渲染器是“业余选手”，因为其开发人员均为东欧的 CG 爱好者和艺术家。但正是这群平凡的 CG 爱好者，却创造了一个效果可以比肩大公司研发的超级渲染器。VRay渲染器正是在这种环境下应运而生，并且在激烈的竞争实践中，证明了自己的价值——VRay 渲染器的效果绝对不逊于别的大公司所推出的知名渲染器！

图1-10

1.3　VRay渲染器在表现卧室方面的特点

VRay渲染器集成了全局光方面的优秀传统，在表现光色与计算光色方面达到了完美高度的统一，同时渲染器中完善了灯光照明系统和材质系统，使VRay在表现方面的效率大大提高。

1. 优秀的全局光照系统

VRay是一种结合了光线跟踪和光能传递的渲染器，其真实的光线计算可以创建专业的照明效果。VRay拥有强大的全局光照系统，同时，间接光照提供了许多可供选择的优秀渲染引擎，配合VRay的天光系统，可以模拟出接近真实的大气环境，如图1-11所示。全局光照系统可以应用到室内各个领域，在一天24小时的大气环境变化中，VRay全局光照系统都有足够的信心来胜任任何一个环节的工作。

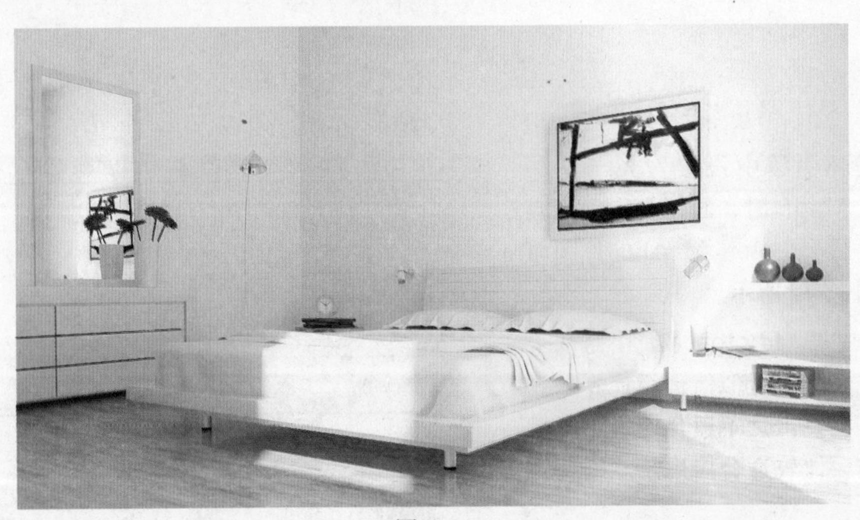
图1-11

全局光照系统支持一次反弹和二次反弹，使灯光的计算得到最大程度的真实还原。VRay

的全局光中支持了四种不同模式的反弹计算模式，如图1−12所示，这四种反弹模式可以在首次反弹和二次反弹中交互使用。

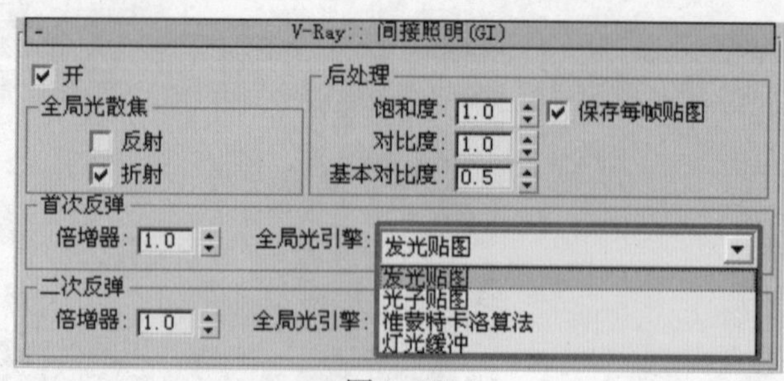

图1−12

下面简单的介绍一下这四种反弹模式的面板和用法。选择发光贴图(Irradiance Map)时，画面会出现相应的发光贴图(Irradiance Map)的控制面板，如图1−13所示。

发光贴图(Irradiance Map)的特点是只基于摄像机可见的部分进行计算，不可见的部分不进行计算，这是一种差值的计算方式，可以节约不必要的资源浪费。但这同时也是发光贴图的一个弊端，在制作阳光场景中这没问题，但是制作背光效果和逆光效果的时候由于暗部不参与计算光子或者参与得少，暗部的细节将被忽略很多。读者可以测试QMC准蒙特卡洛算法相比较，

图1−13

当反弹引擎中设置为光子贴图(Photon Map)时，画面会出现相应的光子贴图(Photon Map)的控制面板，如图1−14所示。

光子贴图(Photon Map)是基于真实灯光光子的近似值进行计算，效果更加真实。但是不适合应用于一级反弹引擎，比较适合应用于二级反弹引擎中。

图1−14

当反弹引擎中设置为准蒙特卡洛全局光（Quasi–Monte Carlo）时，画面会出现相应的准蒙特卡洛全局光（Quasi–Monte Carlo）控制面板，如图1–15所示。

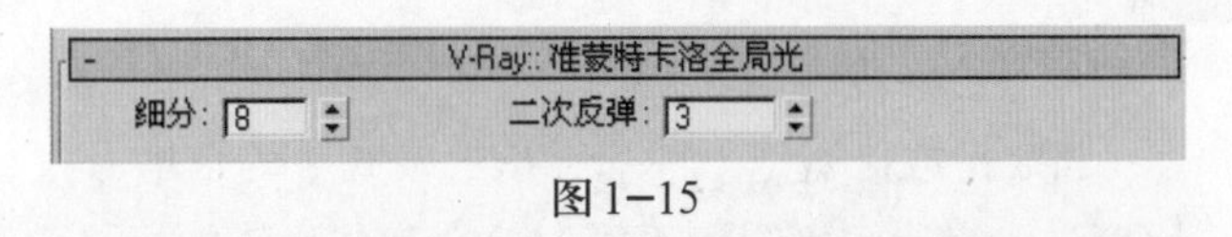

图1–15

准蒙特卡洛全局光的控制面板参数比较简单，只有细分值参数和二次反弹参数。准蒙特卡洛全局光会对每个采样点进行全局的计算，对画面的细节处理几乎达到了真实还原的效果，所得到的画面效果是目前四中引擎中最好的，但是速度也是最慢的，其真实的光照和细节处理确实令人叹服。

当反弹引擎中设置为灯光高速缓存贴图(Lihgt Cache)时，画面会出现相应的灯光缓冲(Lihgt Cache)控制面板，如图1–16所示。

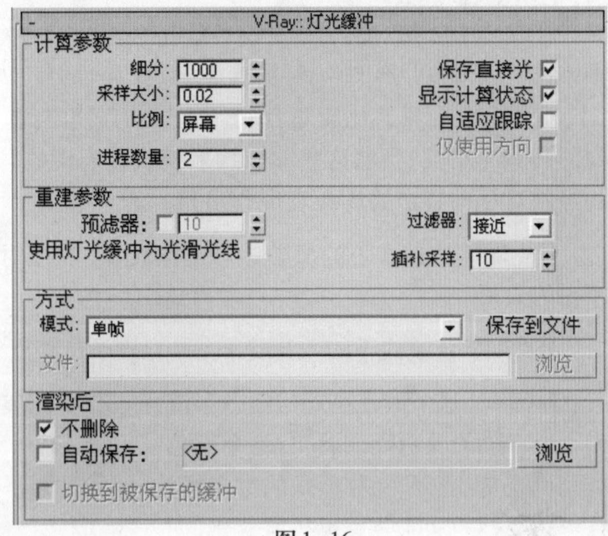

图1–16

灯光高速缓存贴图(Lihgt Cache)是建立在摄像机可见区域对灯光光子进行计算的一种引擎模式。Lihgt Cache是人们经常用到的引擎类型，可以快速显现灯光的预览效果，操作起来十分方便。

2. 支持多种全局光颜色映射

颜色倍增是VRay渲染器重要的色彩模式，颜色模式主要控制着画面的颜色和亮度对比度。各种不同的颜色模式对应相应的颜色信息，控制着画面颜色的饱和度和整体亮度，这是颜色映射的基本理解。颜色映射的好处主要是针对不同场合不同场景，根据场景的气氛的意境选择适合的颜色映射模式，这对用户制作不同需要的场景、营造不同的气氛是十分有必要和帮助的。这也是渲染器人性化的表现。颜色映射和全局照明的后处理选项是相互配合使用的，这样可以互相弥补在颜色和亮度方面的细微不足。

总的来说，颜色映射是渲染器进步的一大标志。用户可以从早期的版本到最新版本的进化和升级的过程中发现，颜色映射所包含的类型也是在逐步增加和完善。这很直观地反映了颜色映射在全局照明中的重要地位和不可替代的作用。

下面将对颜色映射的部分重要类型作详细的介绍，读者在掌握这部分信息的时候也可以有的放矢。

线性倍增 线性倍增是一种基于线性模式下的倍增方式。这种模式下颜色的饱和度很高，亮度对比度也比较高。它的优点就是可以最大程度上还原颜色的饱和度，使整个场景对比效果明显。但它也有相对不足的地方，过度的饱和度和对比度使场景中亮部色彩容易曝光，使暗部和亮部之间的过渡层次减弱，整个场景过渡太激烈，不够平缓。

这样的颜色模式比较适合对比度明显的场景，例如阳光下的室内效果，或者是色调比较高的画面。

指数 指数倍增是一种基于指数模式下的倍增方式。这种模式下颜色饱和度比较低，亮度对比度过渡得比较平缓，不剧烈。它制作出来的场景中灯光效果细腻平滑，层次感丰富，画面稳重大方。它的效果变化与线性模式是互补的。它也有相应的缺点，即颜色的饱和度不够高，场景中缺少对比明显的区域。这需要结合间接照明中后处理的相关调节来弥补画面中的不足。

这样的色彩模式比较适合制作高档的封闭空间，例如会所、SPA等，可以很好地表现空间的高雅与唯美。当然这些颜色映射模式在表现效果上都很出色，笔者在这里只是通过自己的经验对一些特定的场合表现作出相应的总结。

HSV 指数 该模式下的颜色饱和度比较高，亮度对比度也比较高。比较适合制作画面气氛厚重的效果。

强度指数 该模式下的效果比HSV的效果在亮度关系上有所提升。

Reinhard 这个颜色模式是新版本渲染器中增加的颜色模式类型。这个颜色类型模式是线形和指数模式的综合体，该颜色类型的功能命令也有所变化，如图1-17所示。

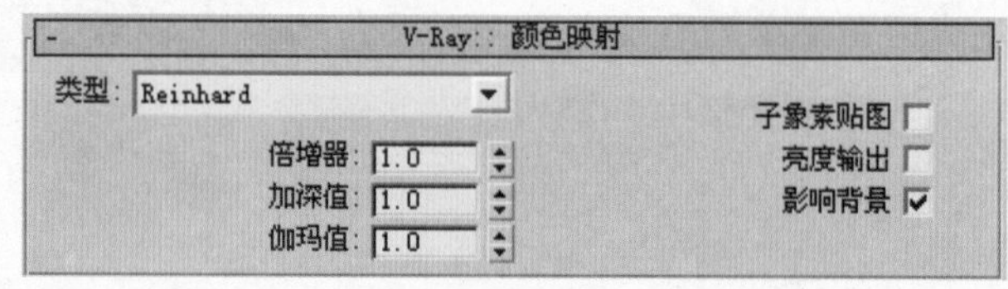

图1-17

该模式下没有变亮和变暗的倍增参数变化，只有控制整体的倍增器。但是配有加深值，加深值从低到高逐步变化，颜色的饱和度逐渐增加，画面中亮度对比度也逐渐增加。整个画面效果从指数向线性效果变化。该颜色类型模式更加智能化、人性化，通过一个颜色类型模式可以控制相关的多种变化效果。

3. 丰富的灯光制作手段

VRay渲染器提供了VR灯光和VR日光两种渲染器自带的灯光模式。

VR灯光的参数卷展栏如图1-18和图1-19所示。

图1-18

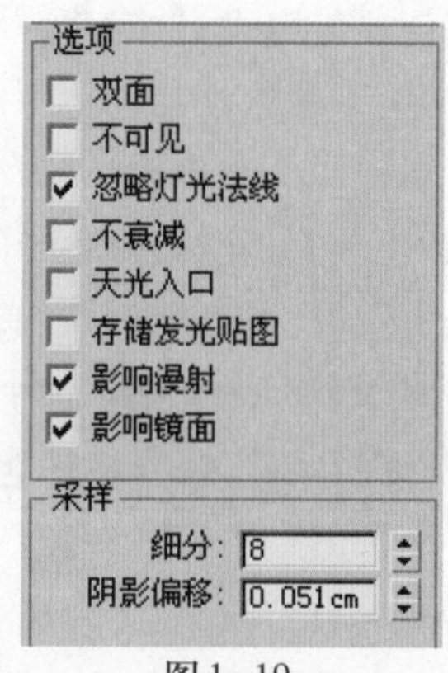

图1-19

VR灯光虽然只有基本类型一种，但是通过其完善的自身功能和不同类型的弥补，使VR灯光可以模拟出几乎任何一种常见的灯光效果。为什么一盏灯光可以有如此巨大的作用呢？下面观察一下VR灯光的参数卷展栏，如图1-20和图1-21所示。

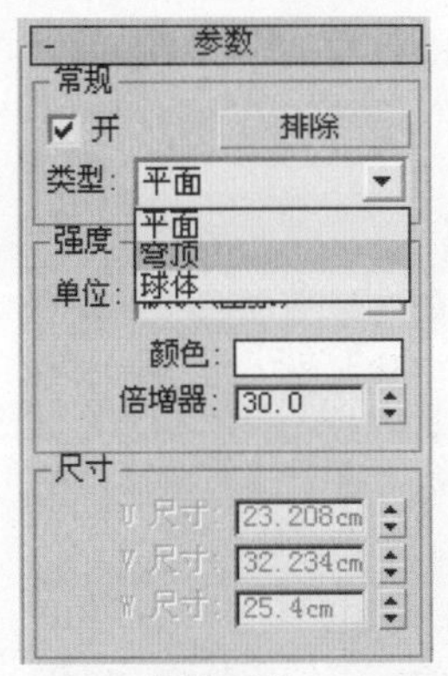

图1−20

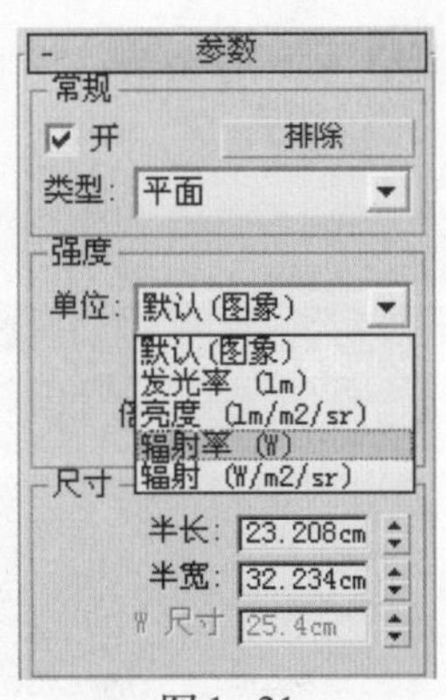

图1−21

从图1−20显示的灯光类型中可以看到里面包含了3种灯光，分别是平面、穹顶和球体模式。平面灯光面板是最长用到的灯光类型，在制作日光和夜景方面都被广泛应用。平面灯光的优势是模拟大面积的光源效果，对于画面的整体控制和把握十分方便有效，如图1−22所示。平面光源也可以调节局部物体的灯光效果，图1−23所示为灯光调节床前的仙人掌。

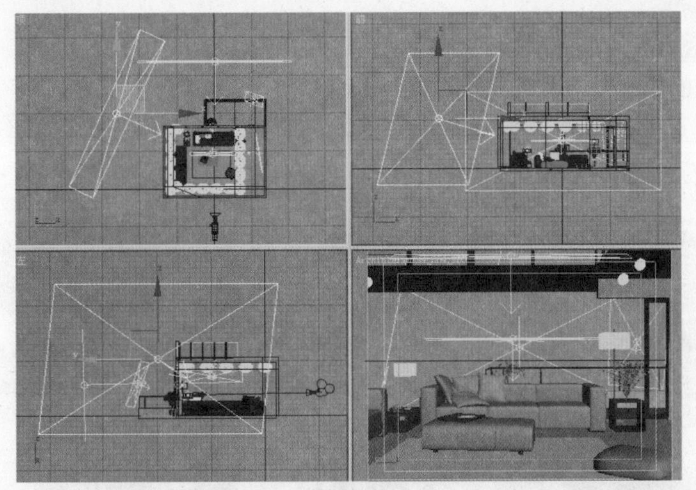
图1−22

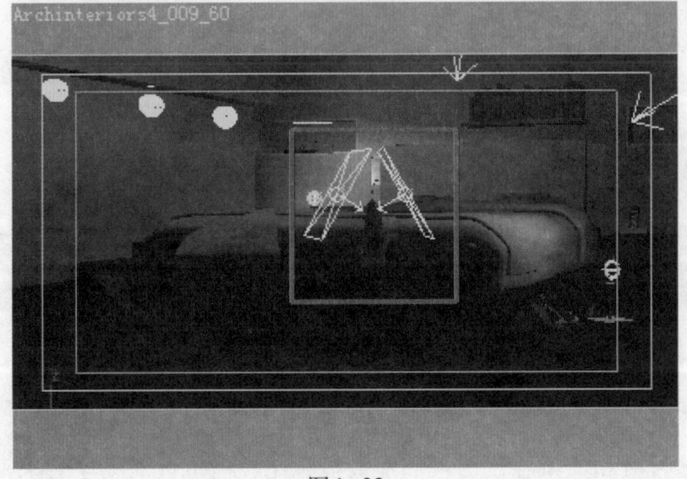

图1−23

球体灯光对制作画面的细节灯光非常有效，尤其是在台灯、落地灯的灯光模拟上，如图1–24所示。

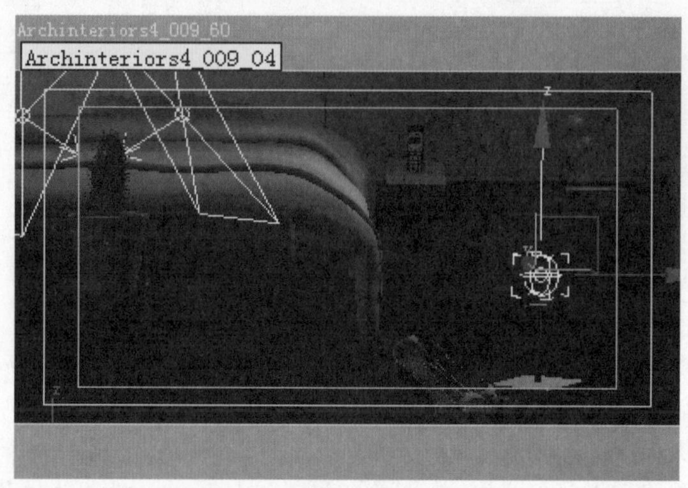

图1–24

图1–25所示为模拟的落地灯灯光效果。球体灯光在表现这方面时有很大的优势，比较适合小范围光源的制造和夜间精彩部分的灯光刻画。

图1–21显示的是灯光的多种单位，通过它们可以模拟出特定环境下的灯光效果，图1–26所示为辐射率模式下的画面效果。

图1–25

图1–26

4．丰富的材质

VRay渲染器材质和渲染控制面板的参数设置比较简单，对初学者来说入门比较轻松。

VRay基本材质对于即使没有材质制作基础的人也可以快速上手。新版本中进一步完善了材质的种类，如图1-27所示。

5. 工作效率高

这个恐怕是用户们最喜欢VRay渲染器的原因。VRay渲染器内置的渲染引擎十分优秀，对画面的采样处理也进行了很多不同级别的细分，可以满足任何情况的需要。它的平均速度比FinalRender渲染器平均快了接近20%，比Brazil渲染器快的更是没法形容。速度快和效果真实，使VRay成为目前市场上最火爆的渲染器。相信大家通过对VRay的进一步了解，无论是艺术家还是设计师，VRay一定会成为你手中最有效率的工具。

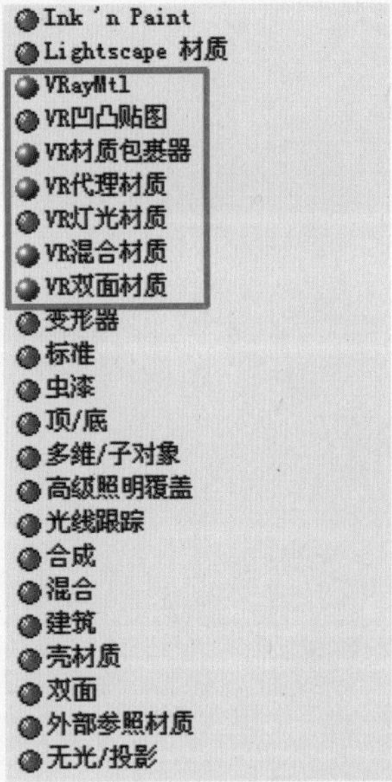

图1-27

读书笔记

第2章 了解室内效果图材质的种类及运用

本章精髓

- 室内材质的种类
- 室内材质的运用

室内材质是室内表现中非常重要的一个环节。好的表现需要好的材质衬托，就和红花同样需要绿叶的衬托一样，研究并表现好室内材质是用户必须面对的课题。本节中笔者搜集并整理了相关的室内材质进行分析，将对卧室材质的表现做系统的介绍。

下面列举了包含地板、床上用品、窗帘、装饰灯以及小装饰品等相关室内材质的效果和案例展示。

2.1 床上用品类材质

如图2–1和图2–2所示就是典型的床上用品。比较类似的一类床上用品材质。这样的材质效果首先给你印象深刻的是它无颜六色的纹理效果，卧室空间因为有了这样丰富多彩的颜色变化而显得生动、丰富、有趣。

图2–1

图2–2

这样的材质从表面看，整体感觉冷静，没有太大的反射起伏变化，布料的凹凸纹理却是给人印象深刻。该材质类型主要是靠贴图进行表现，并进行必要的凹凸纹理贴图设置。贴图的表现可以通过两种途径，一是通过网上素材库进行搜索，寻找适合自己需要的贴图，如图2–3和图2–4所示。

图2–3

图2–4

如果找不到合适的贴图，用户可以通过Photoshop强大的绘图功能进行绘制，这样可以绘制属于自己需要的个性贴图，如图2-5所示为在Photoshop中绘制贴图的情况。类似的这种贴图可以通过Photoshop的渐变工具进行绘制，制作流程比较简单，对需要的部分进行框选然后填充渐变颜色即可。为了使渐变过渡生动，可以在最后进行相应的高斯模糊处理，使边缘过渡柔和。

图2-6所示的是另一类床上用品的材质效果。这类材质的最大特点就是具有明显的反射效果，在处理材质的时候要十分留意光在材质表面的反射衰减变化。

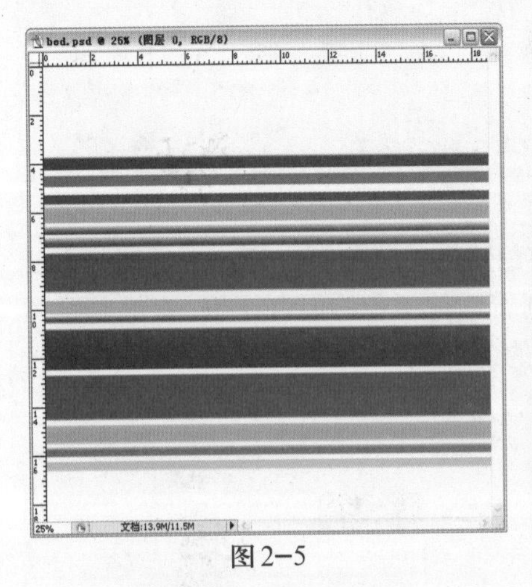

图2-5

图2-6

这类材质一般会在反射中运用Fresnel反射衰减来模拟反射在物体表面的衰减效果，如图2-7所示。本书后面介绍的案例多次运用到了这一反射现象。

图2-7

图2-8所示的是类似细绒毛毯的效果，这类材质的表面反射效果很弱，在制作的过程中几乎可以忽略这一要素。材质表面的凹凸纹理效果很生动，这需要对材质进行比较明显的凹凸调节，如图2-9所示。本书中提供了相应的凹凸贴图，读者可以对比光盘中的材质进行观察。

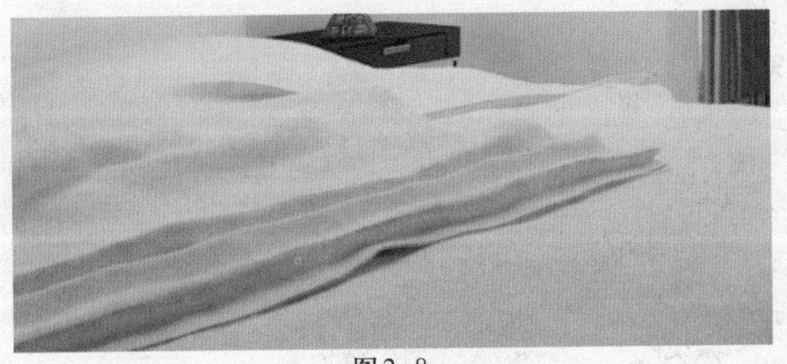

图2-8

图2-9

还有一类比较特殊的床上材质类型，用户在制作的时候往往得到了比较好的黑白贴图，但是需要转化为彩色的贴图效果，这使很多用户都感到棘手。这里将针对制作这种类型的材质作详细的介绍，案例效果如图2-10所示。

图2-10

选择VRay材质，单击“漫射”贴图为材质添加混合贴图，如图2-11所示。这种材质制作的关键在于固有色的模拟和调节，制作出需要的适合纹理后，再进行相关的材质反射制作。

观察混合贴图的混合参数卷展栏，如图2-12所示，颜色#1和颜色#2主要是控制两层的颜色效果，这里可以任意进行调节需要的颜色变化，也可以添加相关的贴图。混合量主要控制着两种颜色的混合比例，在添加贴图的情况下，计算机按照黑白贴图的模式进行两种颜色的部分显示和隐藏。

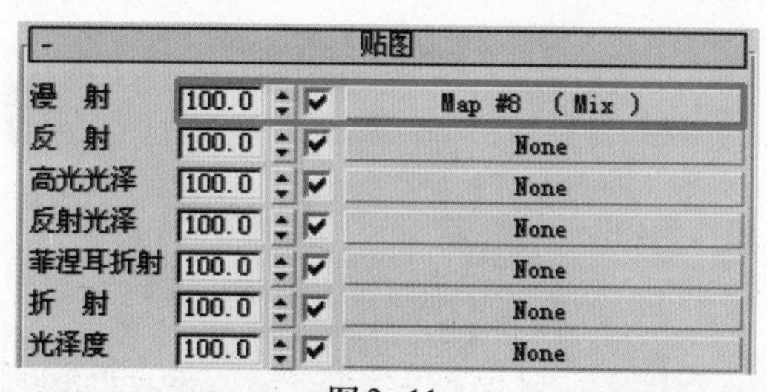

图2-11

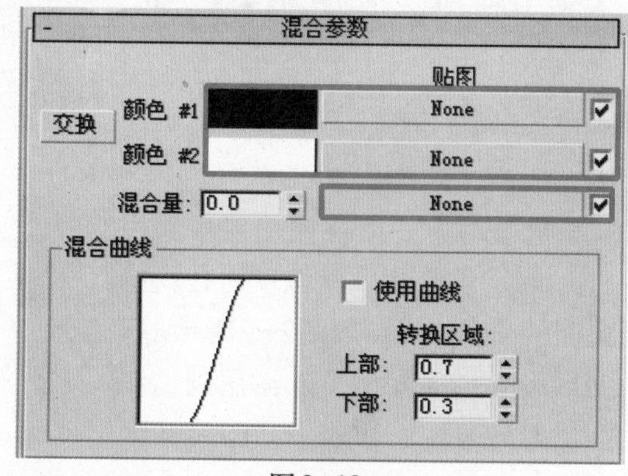

图2-12

单击颜色#1添加渐变过渡贴图，调节颜色过渡的变化效果，如图2-13和图2-14所示。这里可以添加位图、渐变贴图或者任何贴图来模拟需要的颜色#1的变化。

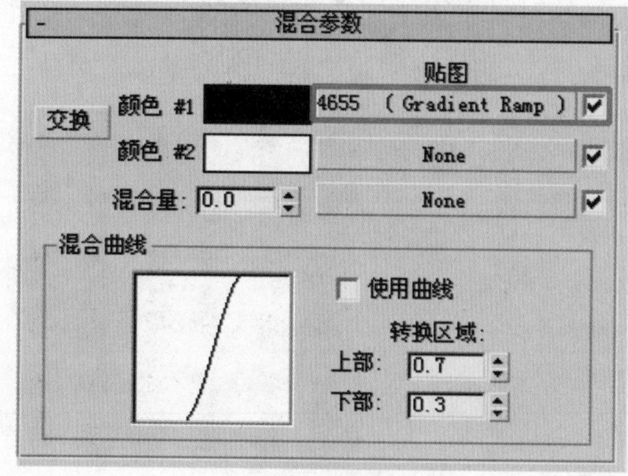

图2-13

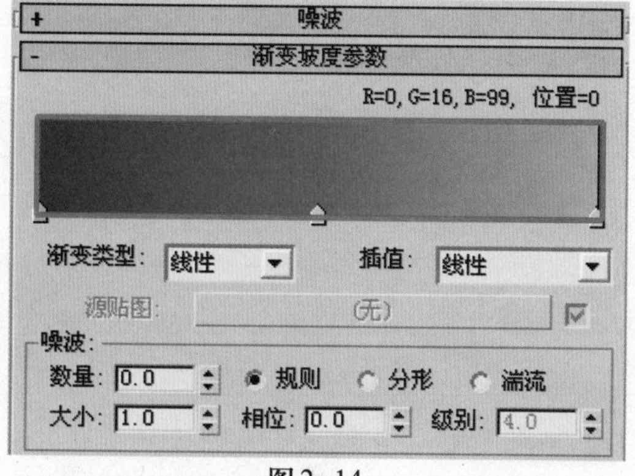

图2-14

调节颜色 #2的颜色为白色，如图2–15所示。这样，颜色的混合效果就是渐变色和白色的混合效果。

单击混合量贴图打开相应的位图，这里的位图应该是黑白贴图，如图2–16所示，贴图中黑色的部分为可见，白色部分为不可见。可见和不可见是相对于颜色 #1而言，不可见的部分自然就显示为颜色 #2的贴图。

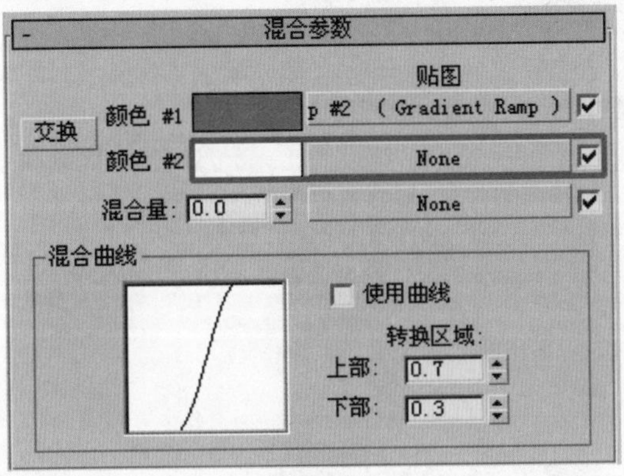

图2–15

图2–16

调节材质的反射颜色为81，如图2–17所示。这样可以得到类似绸缎般的比较高的反射效果。

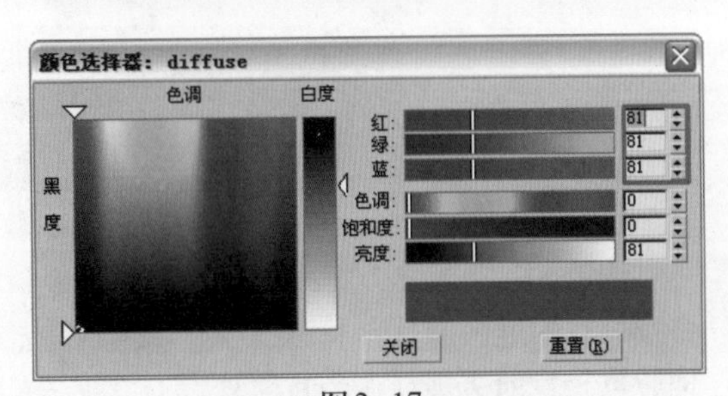

图2–17

调节“光泽度”为0.55，如图2–18所示。这样可以使表面的高光效果扩散，使材质的表面反射效果具有一定的模糊反射，视觉上更加真实。

观察调节的材质效果，如图2–19所示。

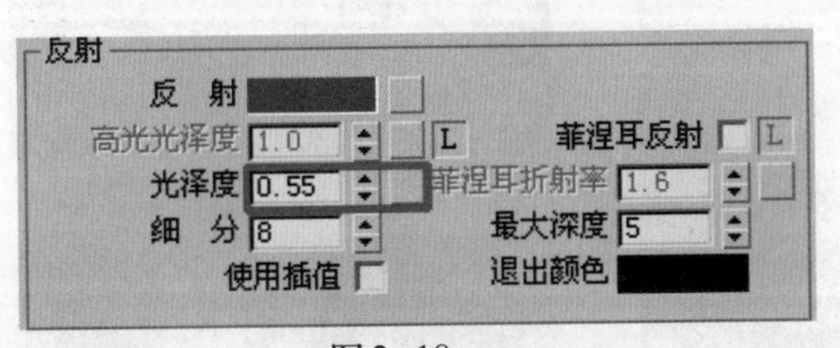

图2–18

图2–19

2.2 地毯材质

地毯是卧室中常见的家居装饰物，如图2–20和图2–21所示。

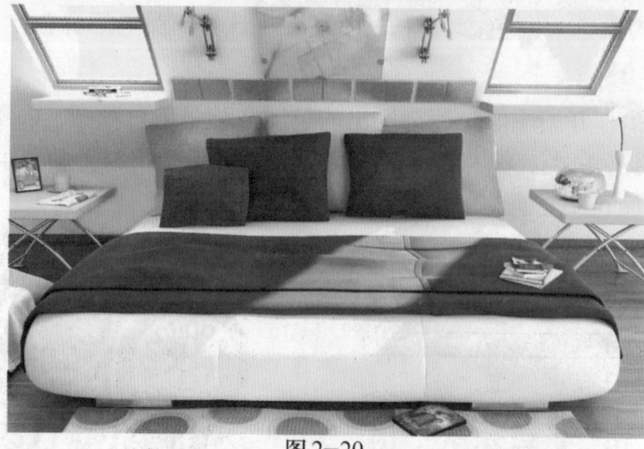

图 2-20

图 2-21

地毯的种类很多，花纹的、平整的、毛绒的、粗布的等，有的地毯是平面的横向或者纵向条纹，有的地毯则是具有凹凸变化明显的质感，如图 2-22～图 2-24 所示。贴图一般都具有纹理效果，这对表现材质的真实性方面有很大的帮助，可以很好地表现地毯的凹凸立体感。

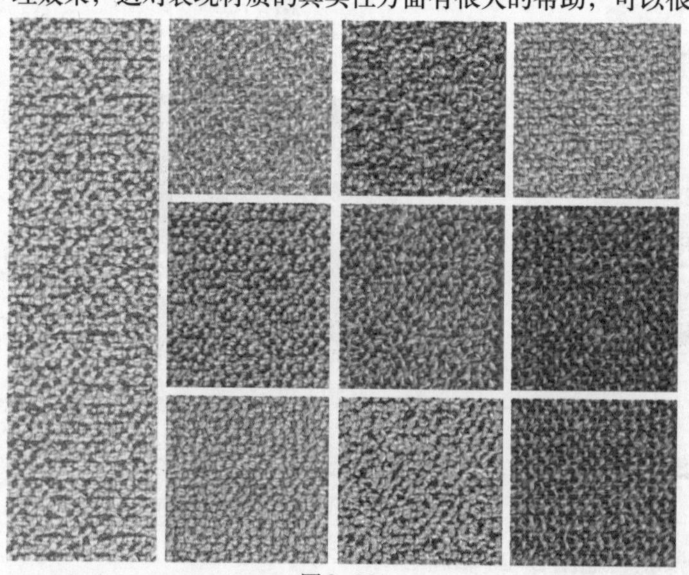

图 2-22

图 2-23

图 2-24

地毯表现的重点在于其凹凸纹理，VRay渲染器中提供了两种可以进行置换的模式。一是使用材质球中默认的置换模式，也可以配合凹凸进行使用，如图2-25和图2-26所示。

折 射	100.0	☑	None
光泽度	100.0	☑	None
折射率	100.0	☑	None
透 明	100.0	☑	None
凹 凸	5.0	☑	DiplaceMap （Mix）
置 换	5.0	☑	Map #1450 （Mix）
不透明度	100.0	☑	None
环 境		☑	None

图2-25

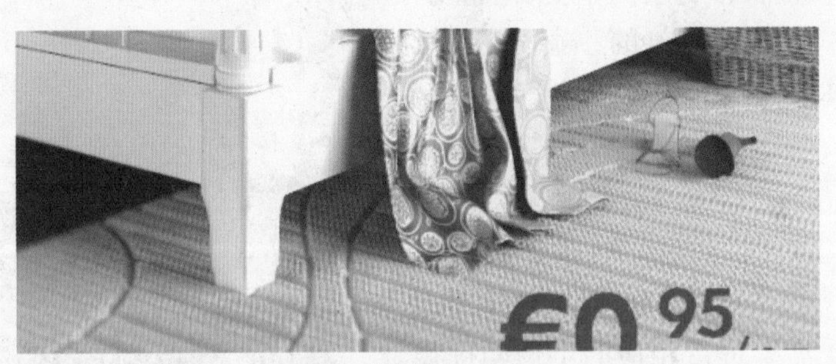

图2-26

在修改器中，VRay渲染器提供了VRay置换模式，如图2-27～图2-29所示，可以更好地模拟置换效果。

图2-27

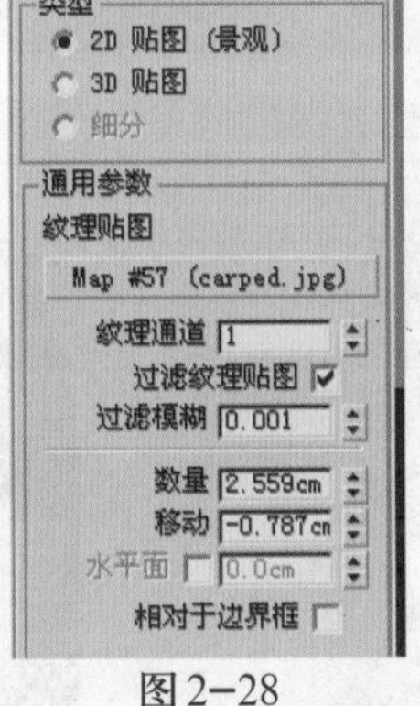

图2-28

图2-29

VRay置换模式下的置换效果更加真实细腻，场景中提供了全面的细节材质调节。该模式下可以调节置换的大小、边缘的细分、分辨率以及ID纹理通道，可以对置换的各个细节进行单独的调节。这相对于材质球中的置换模式更加精确和人性化，如图2-30和图2-31所示为VRay置换模式下的置换效果。

图2-30

图2-31

2.3 窗帘材质

图 2–32

窗帘材质也是卧室表现的重要材质类型，同时也是构架室内外灯光的重要桥梁。首先观察一下生活中的窗帘材质，各色纹理、反射、半透明或透明效果，这些都是窗帘材质的重要特点。窗帘的材质也分为好多种，布的、纱的、绸缎的等，各种各样的材质效果和图案变化使家居更加具有温馨的效果。如图 2–32～图 2–34 所示就是一些典型的窗帘材质。

可以看到，绸缎或者布料的窗帘材质可以通过贴图来模拟，只需作相应的反射调节即可。如果碰到纱的材质就需要进行相应的半透明度调节，这里通过一个小案例来介绍相关的材质制作。

图 2–33

图 2–34

选择 VRay 材质，在固有色调节需要的材质颜色，如图 2–35 所示。

调节适当的反射数值，如图 2–36 所示。注意纱的反射数值都比较低，出现的光亮效果多为阳光或环境光的照射或者影响效果。

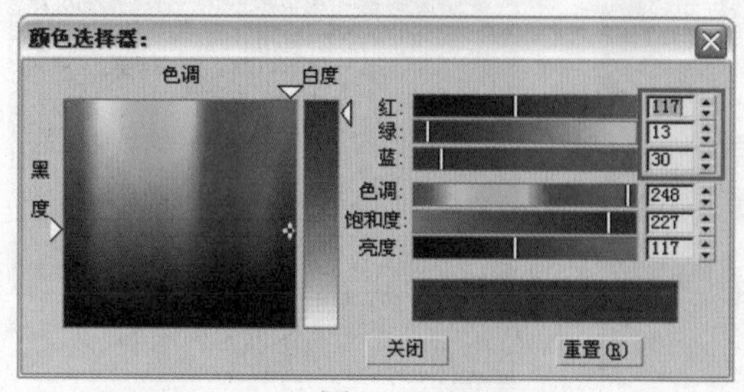

图 2–35

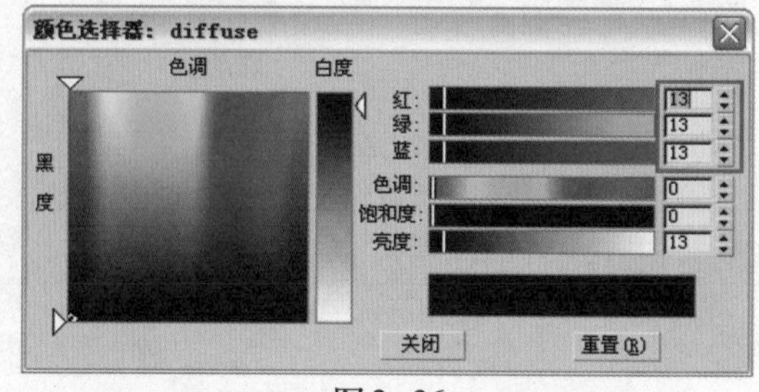

图 2–36

调节材质的“光泽度”为0.86，如图2–37所示。注意纱表面的光泽效果还是比较细腻的，对于这样的材质在制作的时候只需要制作轻微的反射模糊效果即可。

调节折射数值，这里的折射数值可以根据纱的种类和表面的透明效果进行调节，如图2–38所示。

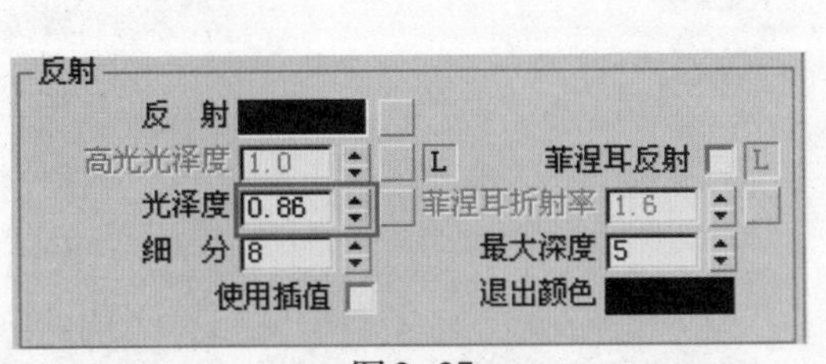

图2–37

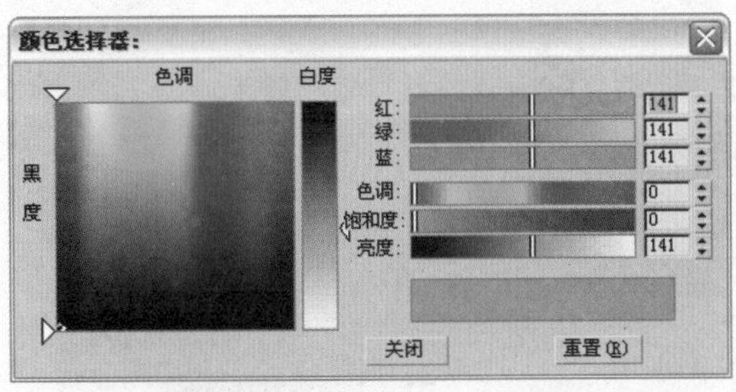

图2–38

光泽度主要是控制折射表面的光泽度，控制材质的表面是否具有透明或者磨砂效果。折射率是非常重要的参数，一般窗纱的折射率都很低，通常制作的时候控制在1.1左右即可，1.6的折射率是玻璃常用的折射率。影响阴影控制着灯光照射到材质表面后可否穿透物体留下阴影，不勾选的情况下灯光只进行照明效果，没有投影效果。这些参数如图2–39所示。

材质的效果如图2–40所示。

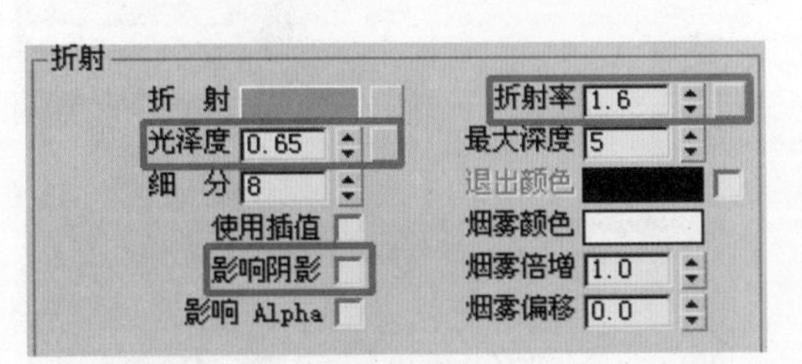

图2–39

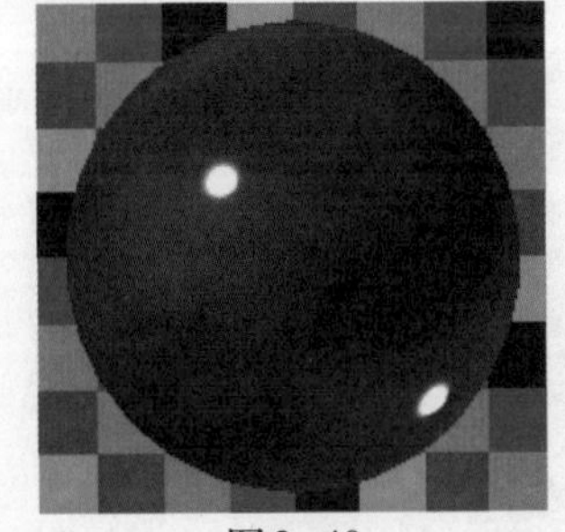

图2–40

下面是VRay材质下的窗帘效果，如图2–41～图2–43所示。

图2–41

图2–42

图2–43

2.4 地板材质

地板材质也是卧室表现的一个大面积的材质类型，如图2-44和图2-45所示。

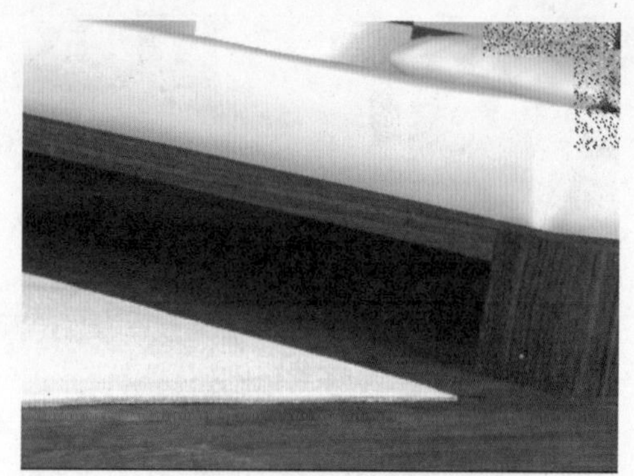
图2-44

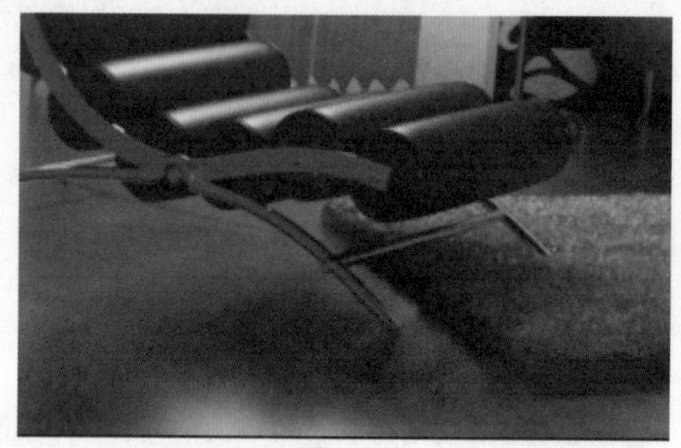
图2-45

地板材质通常分为两种，一种类型是普通的表面处理，材质的反射完全是按照物体本身材质的物理性质进行反射和凹凸的；二是现在家居中常见的蜡制地板，打蜡的材质表面效果反射很强。如图2-46和图2-47所示就是两种材质效果。

图2-46

图2-47

蜡制的地板需要Fresnel反射才能更好地表达表面的物理反射效果，本书在后面的案例制作中会对这部分进行重点介绍。

2.5 室内相关的装饰品材质

装饰品是卧室装饰的一个重要部分，有了各种装饰品材质的衬托，卧室的装饰效果才出现了亮点，室内空间也因此活跃起来，如图2-48和图2-49所示。室内的装饰部分包含很多，小的壁画、挂件、常见的植物、瓷器等，这些物体的材质效果有的简单，有的复杂，是场景中材质的点缀，也是最容易出彩的细节表现。本书在实际案例中对这些材质作了详细系统的介绍，读者可以在稍后的案例制作中进行系统的学习。

图2-48

图2-49

读书笔记

完美风暴
3ds max/VRay
卧室效果图制作现场

第3章 日光卧室的表现

本章精髓

- VR阳光的应用
- VR物理摄像机的参数设置
- VR卧室类高级材质

3.1 案例分析

这个案例的重点是讲解VR阳光和物理摄像机的具体应用。场景中主要是通过VR阳光来营造气氛与环境，强烈的阳光使室内空间的受光面与背光面形成巨大反差，整个空间呈现强烈的明暗对比。场景中多处涉及室内家居的材质的表现，模拟出真实的家居产品质感，是本章材质表现的一处重点。

3.1.1 光影层次

本章中光影表现的重点是日光效果。VR日光可以很好地表现日光气氛，但是VR阳光的控制稍微有些烦琐。在实际制作中，需要很好地处理亮部、暗部以及它们之间的过渡关系，争取在画面光与影中做到最大的和谐与美感。图3–1所示为表现此类效果的优秀案例，读者可以作为参考。

图3–1

3.1.2 VRay材质

本章将详细讲解卧室的各类材质制作，具体的材质讲解将在3.3节中进行详细介绍，图3–2和图3–3所示的是本章实例的精彩细节图片。

图3–2

图3–3

3.2 VR阳光的设置

首先对场景中的VR渲染面板进行相关的参数设定，根据所要制作的效果来确定渲染引擎以及相关参数的调整。然后进一步进行VR阳光的参数设置。

3.2.1 渲染面板的参数设定

本章首先对渲染面板进行前期的设定。

操作步骤

步骤1 开启3ds max 9，执行【文件】｜【打开】命令，打开本书配套光盘“源文件\第3章\VR日光卧室.max”文件，如图3-4所示。

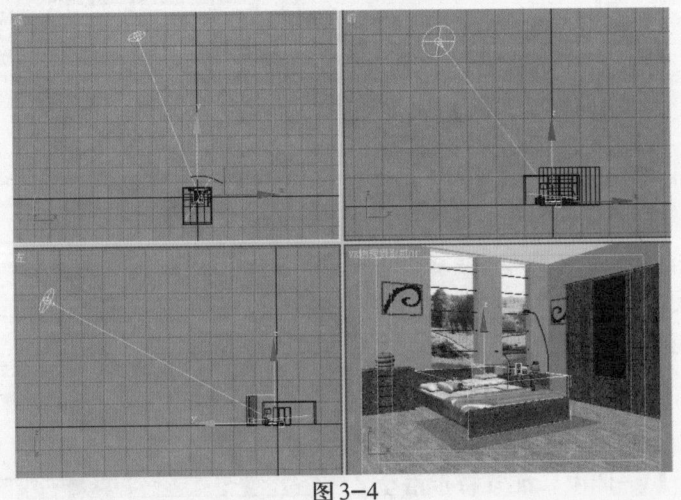

图3-4

步骤2 在制作过程中，要根据场景的单位设置和尺寸进行确定相关的灯光位置，如图3-5所示。整个场景的灯光构架主要是通过阳光和天光环境光所组成。

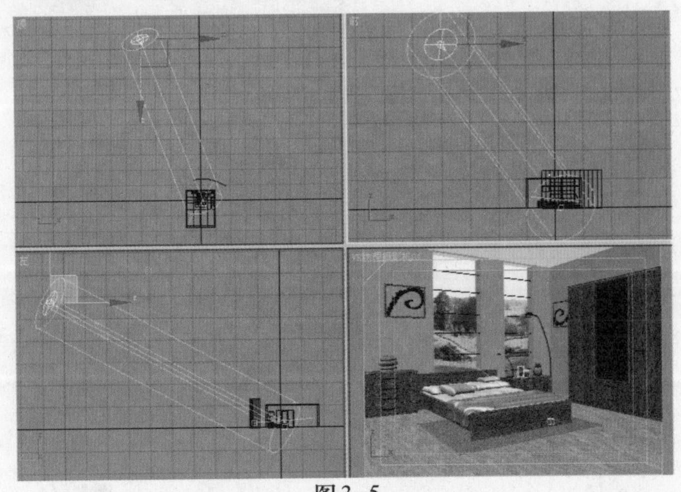

图3-5

步骤 3 执行【渲染】|【渲染】命令，或者单击工具栏中的按钮，打开【渲染场景】对话框。单击“公用”选项，在【指定渲染器】卷展栏中，单击“产品级”后面的按钮。打开【选择渲染器】对话框，在下面的列表中选择“VRay Adv 1.5 RC3”，单击“确定”按钮。结果如图3–6所示。

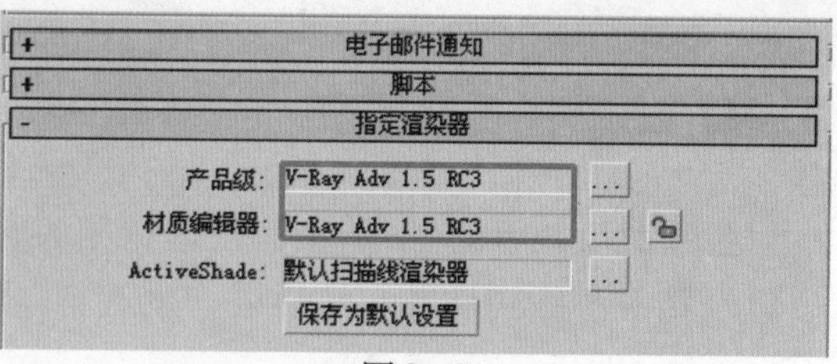

图3–6

提示：通过快捷键F10也可以打开【渲染场景】对话框，笔者建议使用VRay 1.5以上版本的渲染器。

步骤 4 打开【V–Ray∷图像采样(反锯齿)】卷展栏，将抗锯齿过滤器设置如图3–7所示。

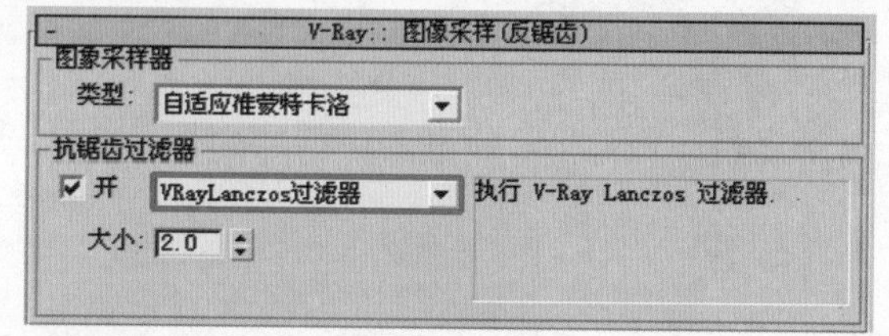

图3–7

步骤 5 开启VRay渲染器。打开【V–Ray∷间接照明】卷展栏，勾选“开”复选框，选择首次反弹全局光引擎为“准蒙特卡洛算法”，二次反弹全局光引擎为“灯光缓冲”，如图3–8所示。

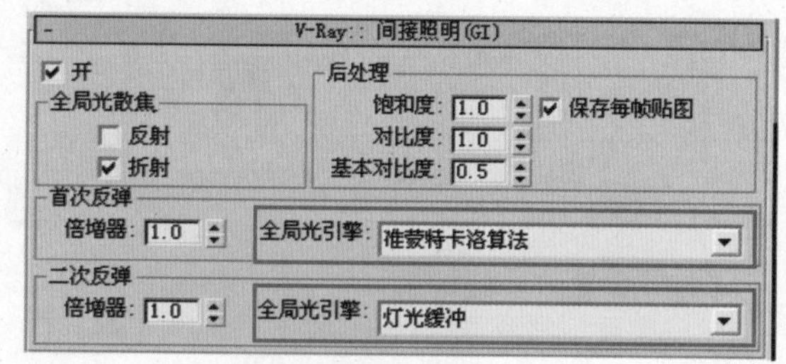

图3–8

步骤 6 打开【V–Ray∷准蒙特卡洛全局光】卷展栏，将当前预置的参数值设置为5.0，这样可以在渲染初始阶段提高渲染速度，如图3–9所示。

图3–9

步骤 7 打开【V–Ray∷灯光缓冲】卷展栏，参数设置如图3–10所示。

V-Ray:: 灯光缓冲
计算参数
细分: 800
保存直接光
采样大小: 1.575cm
显示计算状态
比例: 世界
自适应跟踪
仅使用方向
进程数量: 2
重建参数
预滤器: 10
过滤器: 接近
使用灯光缓冲为光滑光线
插补采样: 10

图3–10

步骤 8 打开【V–Ray∷颜色映射】卷展栏，将颜色贴图的类型设置为“指数”，相关参数设置如图3–11所示。

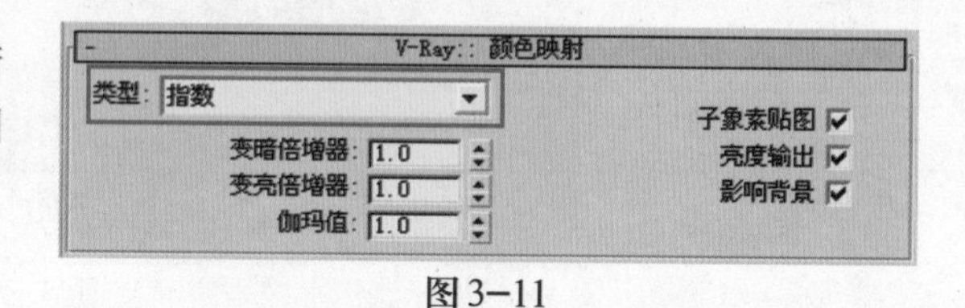

图3–11

步骤 9 观察【V-Ray::环境】卷展栏，如图 3-12 所示。

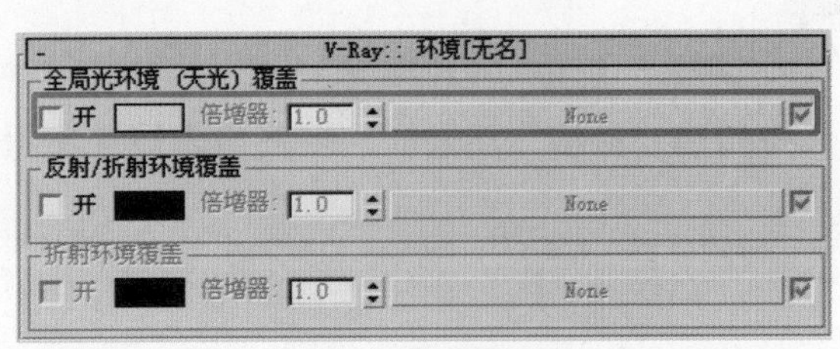

图 3-12

注意：渲染面板的参数设置是比较重要的环节，对后面的效果起到至关重要的作用。

3.2.2 VR 阳光的创建

本节中将对 VR 阳光进行测试调整，使日光下的效果比较完美地呈现出来。

步骤 1 单击【创建】命令面板下【灯光】面板中的【VR 阳光】按钮，在相关位置上添加光源。灯光的具体位置如图 3-13 所示。

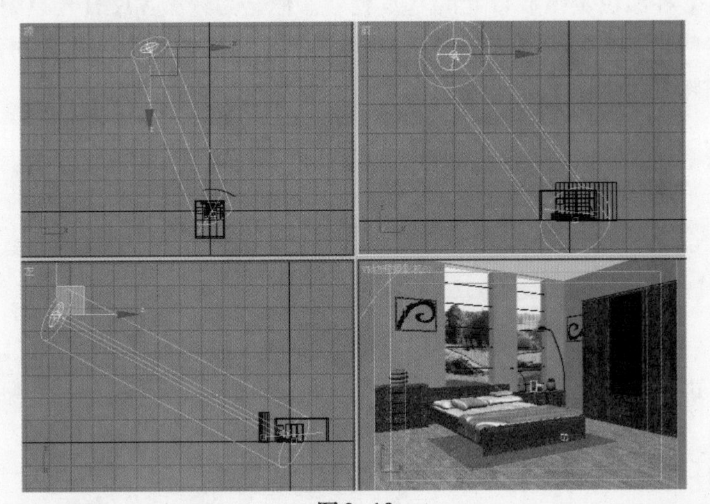
图 3-13

步骤 2 添加 VR 阳光后，视图中会自动弹出相应的对话框，询问用户是否添加 VR 天光环境贴图。本节中将采用这一模式，如图 3-14 所示。

步骤 3 设置灯光的位置如图 3-15 所示。

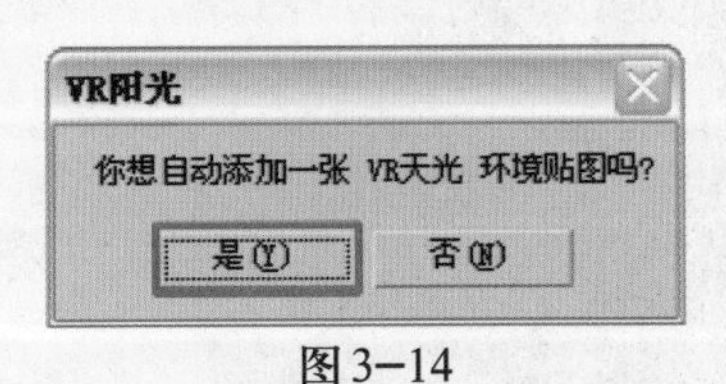

图 3-14

X: -140983.4 Y: -95295.79 Z: 26444.355

图 3-15

步骤 4 按快捷键 8，观察【环境和效果】对话框，如图 3-16 所示。在环境贴图中添加了一个 VR 天光贴图，稍后将对其进行编辑。

步骤 5 选中“VR 阳光”，单击按钮切换到修改命令面板。在【VR 阳光参数】卷展栏中勾选“激活”复选框，相关参数设置如图 3-17 所示。

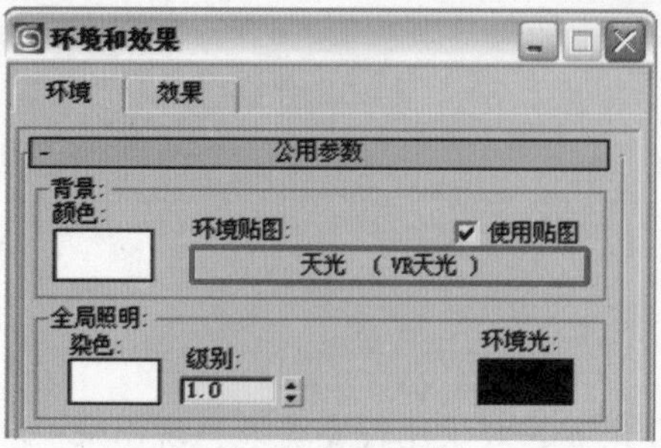

图 3-16

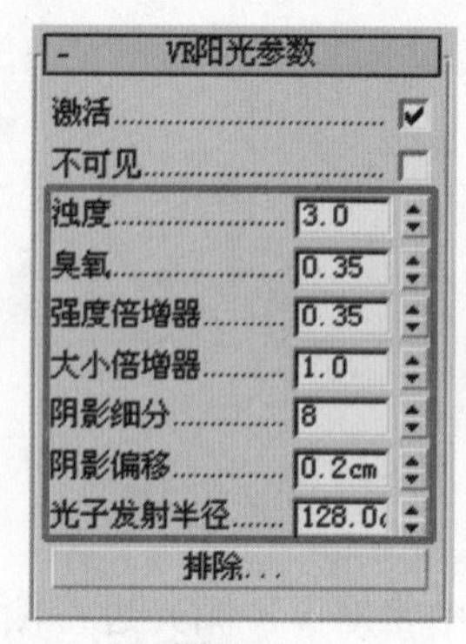

图 3-17

步骤 6 VR 阳光中并没有明显的颜色设置，这似乎有些不合乎常理。其实大家明白太阳光的组成后，对这里的参数设置就会有比较深入的了解。日光的组成分为赤、橙、黄、绿、青、蓝、紫，这七种颜色是组成日光的基本色彩。但是为什么 VR 日光系统中没有呢?答案很简单，因为这些光是人们肉眼可以辨别的“可见光”，这些是不会改变的，它们可以直接穿透大气层照射地球表面。

提示：太阳光是由可见光、红外线和紫外线组成。红外线是长波，可以直接达到地球表面。由于臭氧吸收紫外线，而且是吸收中波紫外线，而中波紫外线在光谱上是排在紫色之外，因此可以粗略地理解为它是接近紫色的光波效果，所以，通过臭氧浓度可以调节臭氧吸收中波紫外线的程度，这样也直接调节了光达到地面的颜色变化。虽然颜色不会发生质的变化，但是同样可以调节阳光光线的冷暖变化。

步骤 7 图 3-18 所示是在 0.01～1 这个数值间随机做的抽样测试，可以直观地观察日光的颜色变化。这个系统比较复杂，读者有兴趣的话可以自己调试参数来观察不同的效果，这样更加行之有效。图 3-18 所示中的效果分别是臭氧数值设置为 0.01、0.1、0、1 时的参数效果，从中可以很明显地观察到颜色的冷暖变化效果。

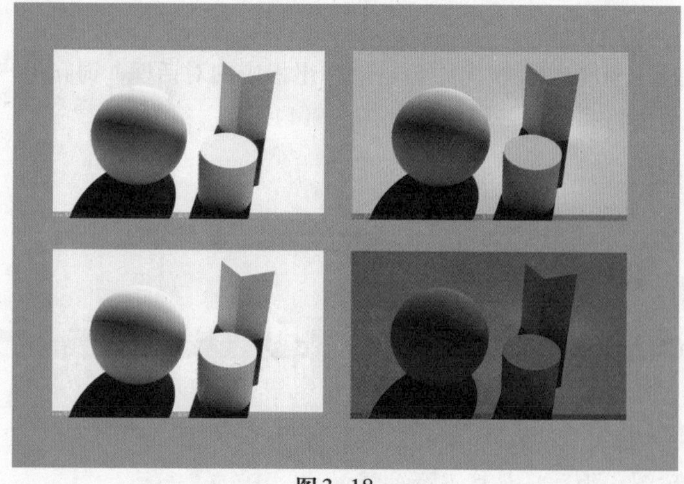

图 3-18

步骤 8 强度倍增器 0.35 这里的参数控制是最烦琐的一步。在使用VR摄像机的前提下，这个参数可以使用0.1～1之间的任何数值，不会曝光。在默认摄像机的前提下，这个数值将会被控制在非常低的范围，通常超过0.05就会出现曝光。但是使用VR摄像机会使渲染速度变慢，也将占用更多的系统空间，所以说这些都是相对的。

步骤 9 阴影偏移和光子发射半径与平行光里的VR阴影等相关设置是类似的，主要是控制阴影的偏移程度和光子的照射半径，产生柔和的阴影效果。

步骤 10 接下来将编辑VR天光。打开【环境和效果】对话框，如图3-19所示。将VR天光贴图关联到材质球中，如图3-20所示。

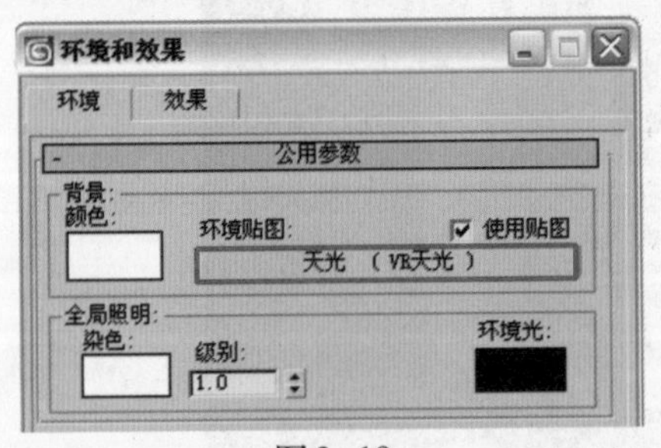

图3-19

图3-20

步骤 11 在材质球中观察已经实例关联后的天光参数对话框。默认效果都是关闭的，如图3-21所示。手动开启“手动阳光节点”选项，这样后面的参数设置才可以产生效用，如图3-22所示。

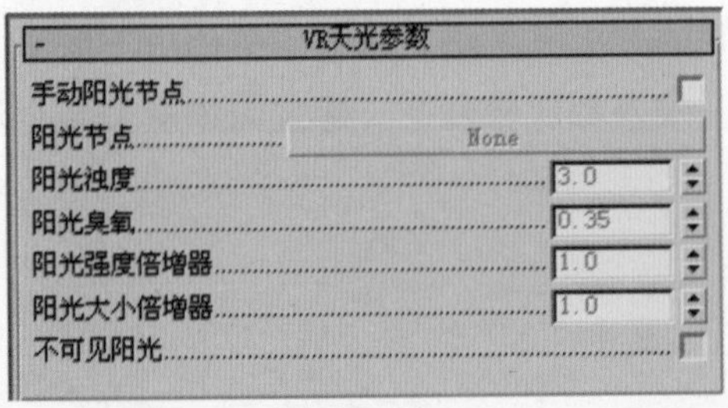

图3-21

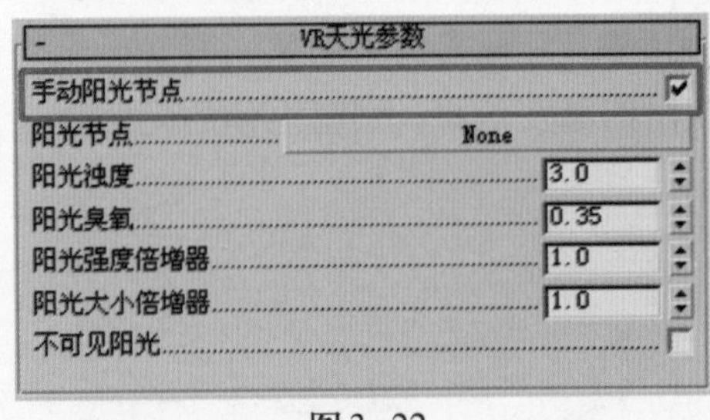

图3-22

步骤 12 单击阳光节点右边的拾取命令，如图3-23所示。对场景中的VR阳光进行拾取操作，将VR阳光关联到阳光节点中，如图3-24所示。这里的操作主要是让阳光的效果也参与到天光之中。

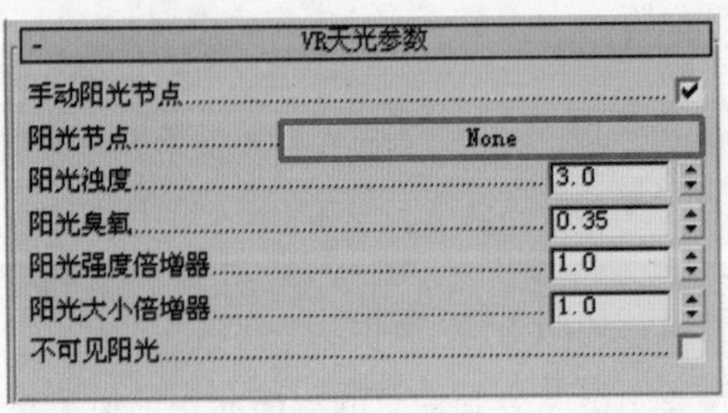

图3-23

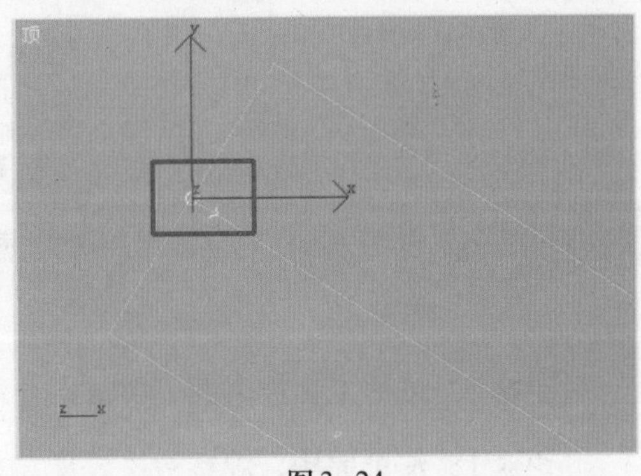

图3-24

步骤 13 调节天光参数如图3-25所示。这里的臭氧参数可以保持与VR阳光的一致，阳光强度倍增器的参数可以适当地加以调整，但由于受到默认摄像机的影响，变化幅度不大。

步骤 14 单击工具栏中的按钮，查看渲染结果，如图3-26所示。

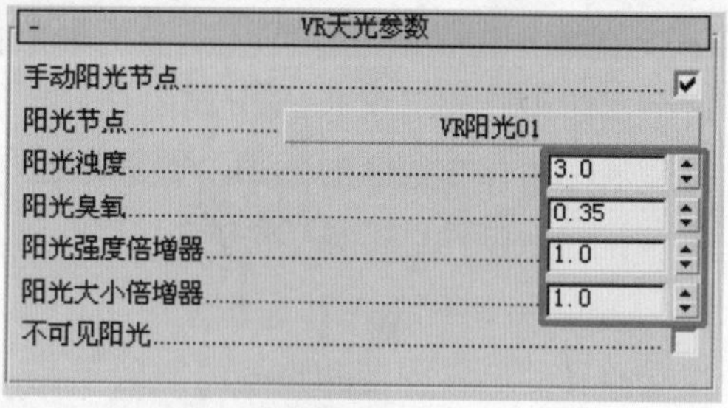

VR天光参数
手动阳光节点 ☑
阳光节点 VR阳光01
阳光浊度 3.0
阳光臭氧 0.35
阳光强度倍增器 1.0
阳光大小倍增器 1.0
不可见阳光

图3-25

图3-26

步骤 15 观察渲染图像，背景显示的是关联的VR天光贴图效果，整体由上而下是蓝到灰白的渐变效果。别墅主体的光照效果和阴影效果都比较理想，建筑的体量关系也基本到位。

注意：采用默认模式下的摄像机镜头是比较难以控制画面的效果。VR阳光最理想的搭配模式就是采用VR摄像机，但是使用VR摄像机无论从渲染时间和对系统资源的占用来说都是极大的消耗和损伤。默认摄像机主要在阳光倍增器的参数上要进行调试，相对来说比较容易掌握。

步骤 16 将材质球中的VR天光关联到渲染器中的天光贴图中，如图3-27和图3-28所示。

图3-27

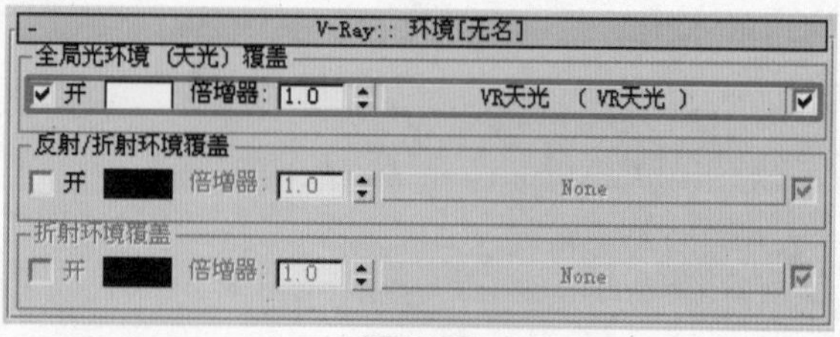

V-Ray:: 环境[无名]
全局光环境（天光）覆盖
☑ 开 倍增器: 1.0 VR天光 （VR天光） ☑
反射/折射环境覆盖
☐ 开 倍增器: 1.0 None ☑
折射环境覆盖
☐ 开 倍增器: 1.0 None ☑

图3-28

步骤 17 单击工具栏中的按钮，查看渲染结果，如图3-29所示。

步骤 18 渲染完毕。观察渲染效果，在这里读者可能不宜观察出明显的变化，但天光确实对整个场景产生了影响。读者可以用一个简单的BOX对场景进行简单的测试，这样可以更直接地观察有无天光时的不同效果。

图3-29

3.3 材质的设置

本节将详细讲解如何制作窗帘材质、床上用品材质和装饰品材质等。通过深入的学习，去体会VRay材质的特点。

3.3.1 地板材质

地板具有非常高的光泽度，质感细腻真实，如图3-30所示。

图3-30

步骤 1 选择VRay材质，单击固有色，打开本书配套光盘“源文件\第3章\020.jpg”文件，如图3-31所示。

步骤 2 调节反射颜色数值为255、255、255，如图3-32所示。

图3-31

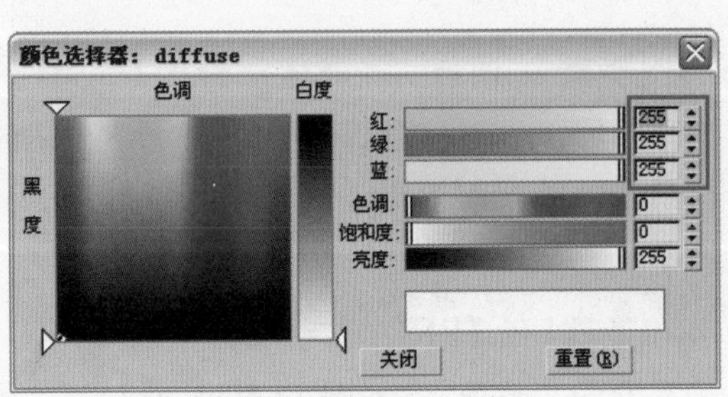

图3-32

VRay VRay VRay

步骤 3 调节“光泽度”为0.9，勾选“菲涅耳反射”复选框，如图3-33所示。这里勾选“菲涅耳反射”复选框是保证地板有类似打蜡的真实效果。

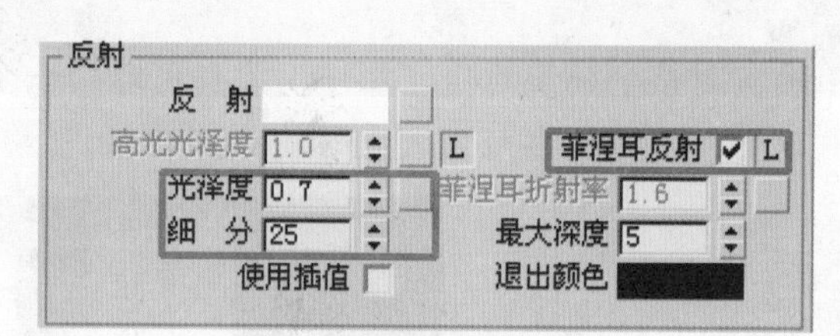

图3-33

步骤 4 在【BRDF】卷展栏中选择材质的类型为“反射”，如图3-34所示。

步骤 5 材质的最终效果如图3-35所示。

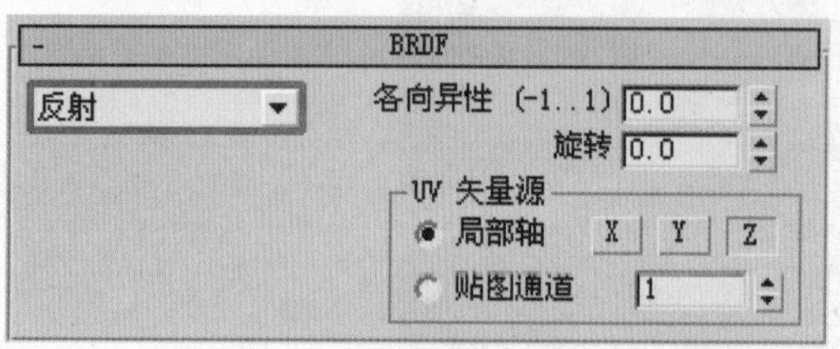

图3-34

图3-35

3.3.2 床被材质

床被材质主要采用了Fresnel衰减进行效果表现，如图3-36所示。

图3-36

步骤 1 选择VRay材质，单击固有色调节颜色，如图3-37所示。

步骤 2 调节反射数值为255、255、255，如图3-38所示。

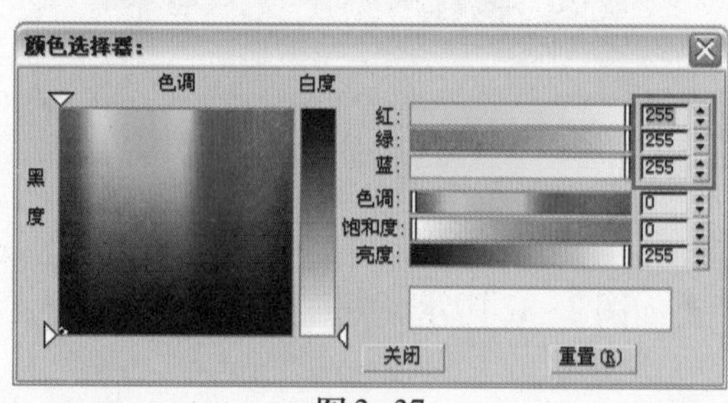

图3-37

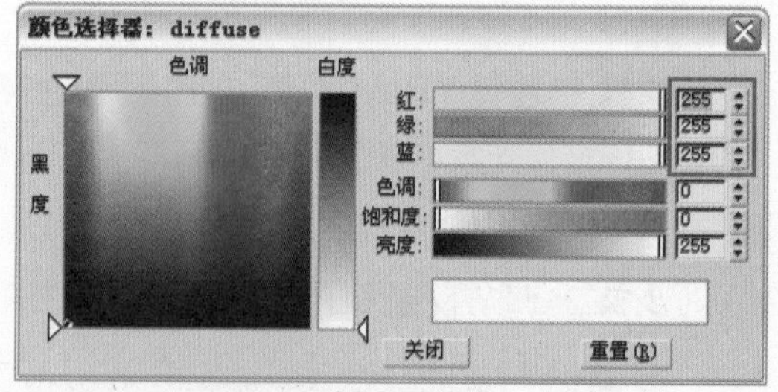

图3-38

步骤 3 调节“光泽度”为0.1，勾选“菲涅耳反射”复选框。光泽度主要是根据材质表面的反射效果进行调整，如图3-39所示。

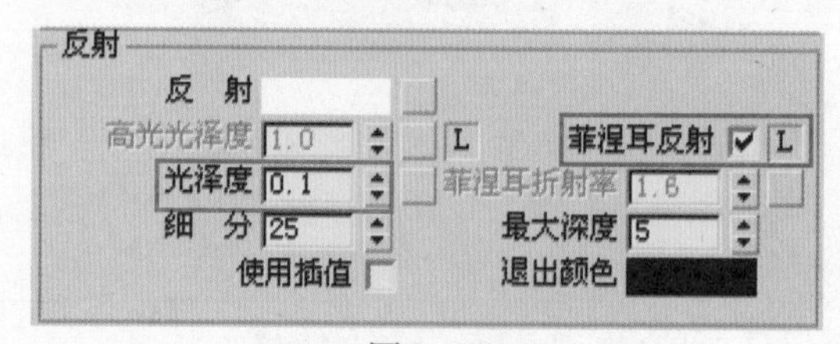

图3-39

步骤4 在【BRDF】卷展栏中选择材质的类型为“反射”，如图3-40所示。

步骤 5 材质的最终效果如图 3-41 所示。

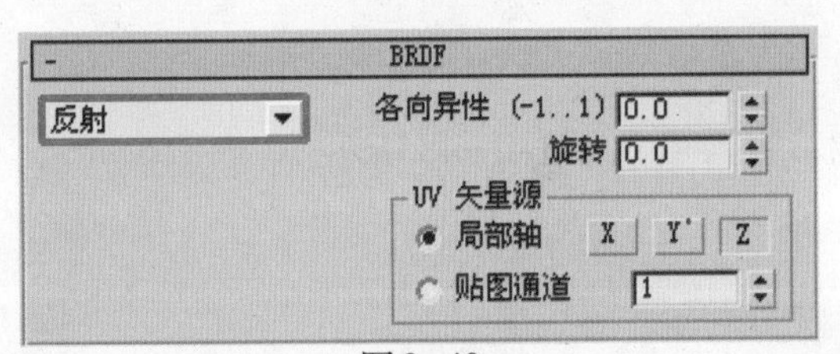

图 3-40

图 3-41

3.3.3 枕头材质

枕头材质效果如图 3-42 所示。

图 3-42

步骤 1 选择 VRay 材质。单击固有色，打开本书配套光盘“源文件 \ 第 3 章 \wood1_1.jpg”文件，如图 3-43 所示。

步骤 2 调节反射数值为 255、255、255，如图 3-44 所示。

图 3-43

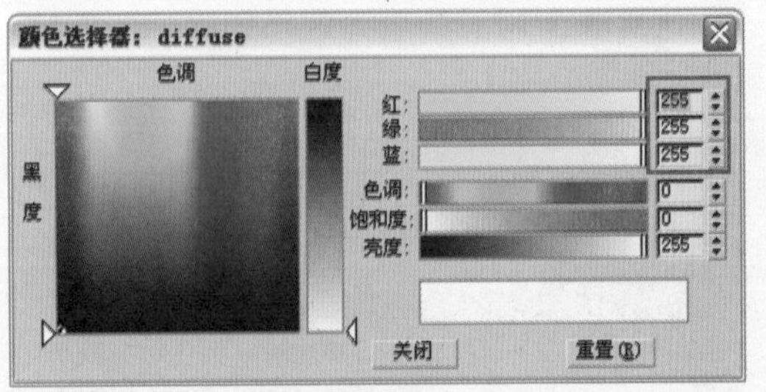

图 3-44

步骤 3 调节“光泽度”为 0.6，勾选“菲涅耳反射”复选框。如图 3-45 所示。

步骤 4 在【BRDF】卷展栏中选择材质的类型为“反射”，如图 3-46 所示。

步骤 5 材质的最终效果如图3-47所示。

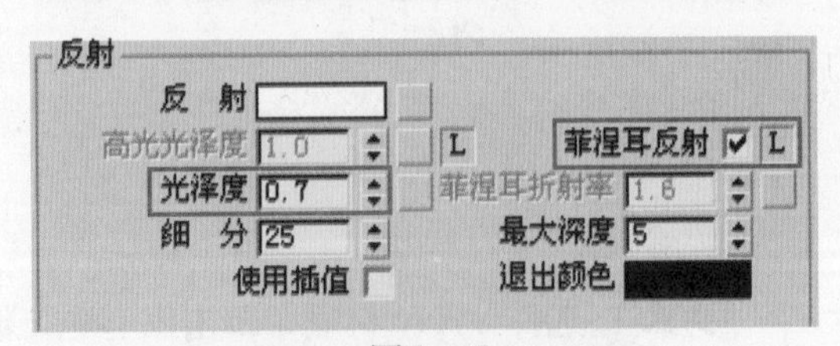

图 3-45

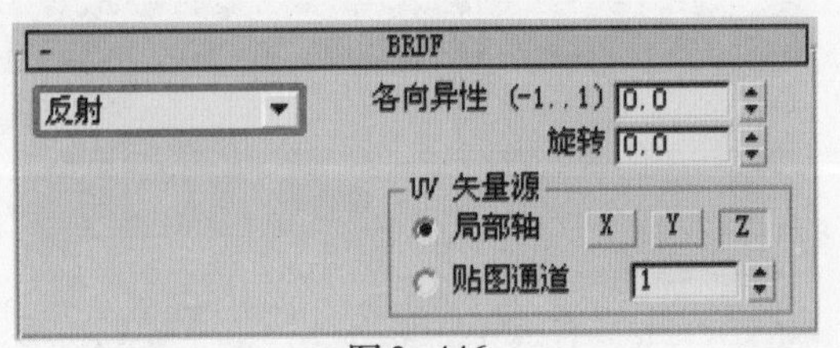

图 3-446

图 3-47

3.3.4 瓷器材质

步骤 1 选择VRay材质，单击固有色，调节瓷器颜色如图3-48所示。

步骤 2 调节反射颜色参数为25、25、25，如图3-49所示。

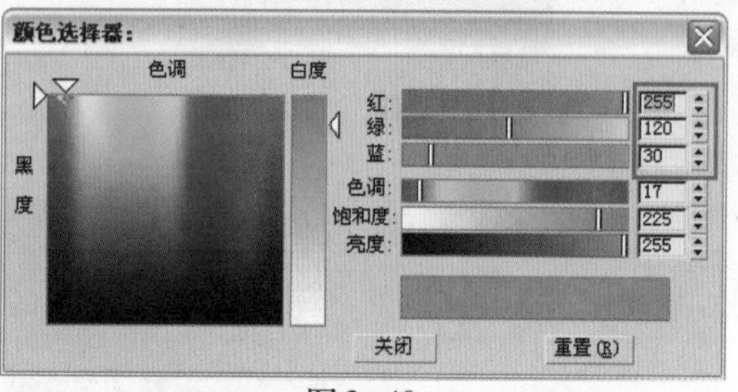

图3-48

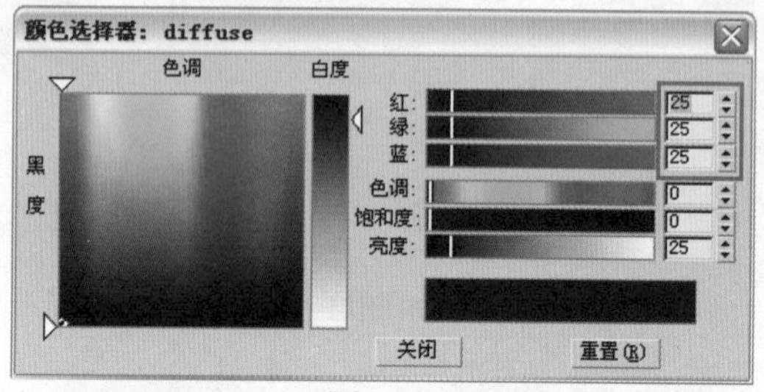

图3-49

步骤 3 将"光泽度"参数设置为1.0，如图3-50所示。这里让材质进行完全反射。

步骤 4 在【BRDF】卷展栏中选择材质的类型为"多面"，如图3-51所示。

步骤 5 材质的最终效果如图3-52所示。

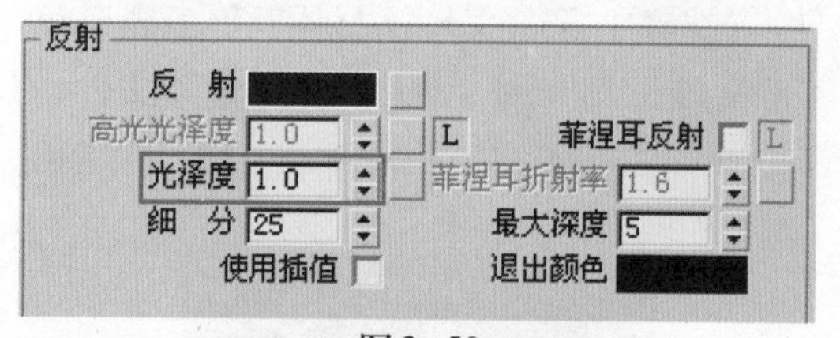

图3-50

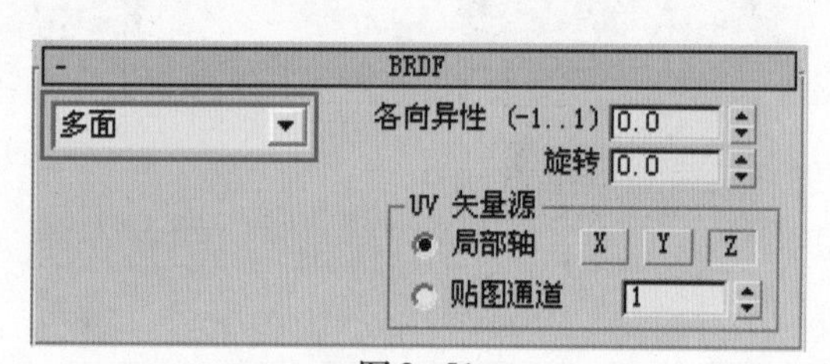

图3-51

图3-52

3.3.5 镜子材质

步骤 1 选择VRay材质，单击固有色，调节颜色如图3-53所示。

步骤 2 调节反射颜色参数为255、255、255，如图3-54所示。

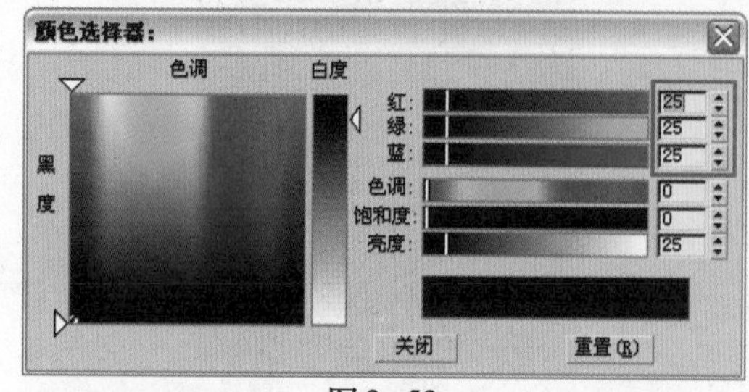

图3-53

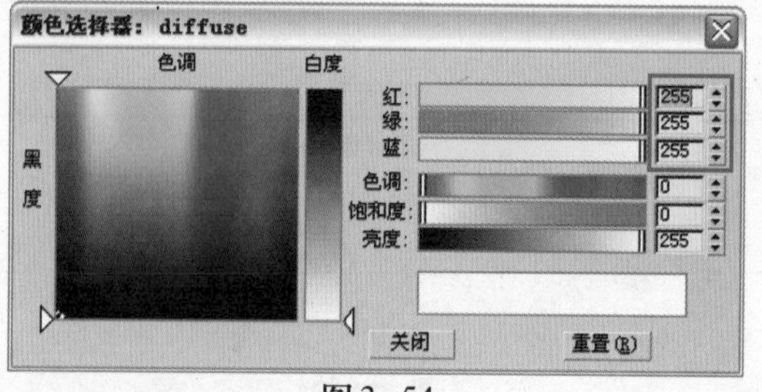

图3-54

步骤 3 将“光泽度”参数设置为1.0，使材质完全反射，如图3–55所示。

步骤 4 材质的最终效果如图3–56所示。

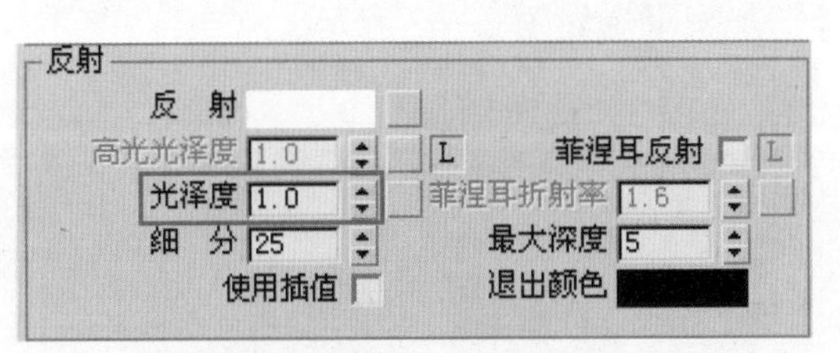

图3–55

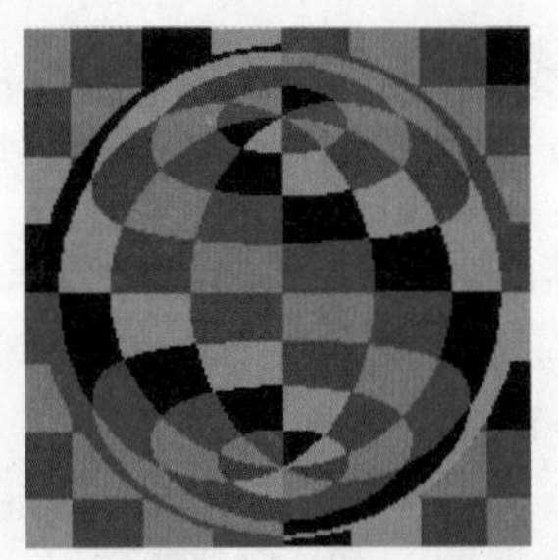
图3–56

3.3.6 烛台材质

操作步骤

步骤 1 选择VRay材质，单击漫射，调节颜色如图3–57所示。

步骤 2 调节反射颜色参数为255、255、255，如图3–58所示。

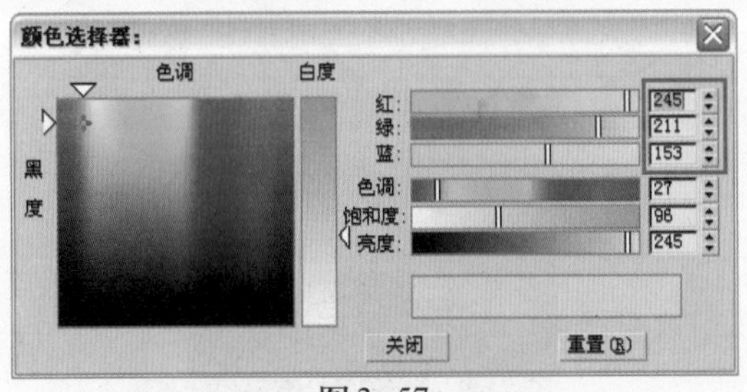

图3–57

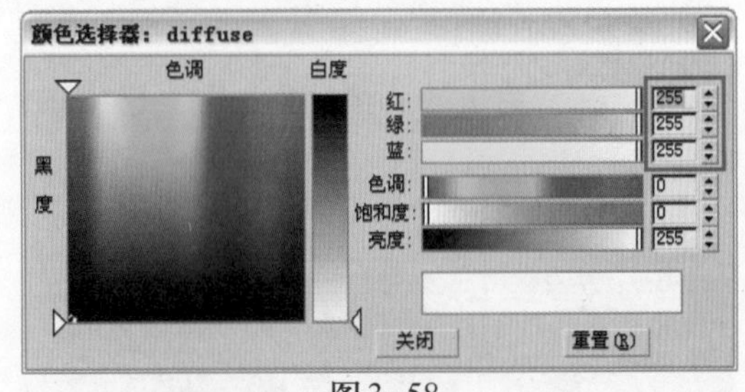

图3–58

步骤 3 调节“光泽度”为0.6，勾选“菲涅耳反射”复选框，如图3–59所示。

步骤 4 在【BRDF】卷展栏中选择材质的类型为“反射”，如图3–60所示。

步骤 5 材质最终效果如图3–61所示。

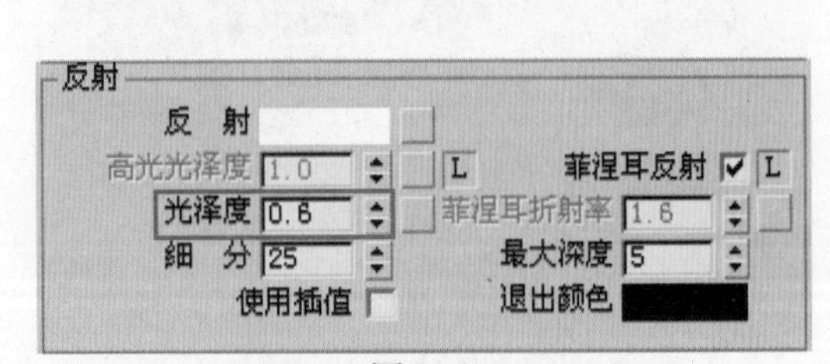

图3–59

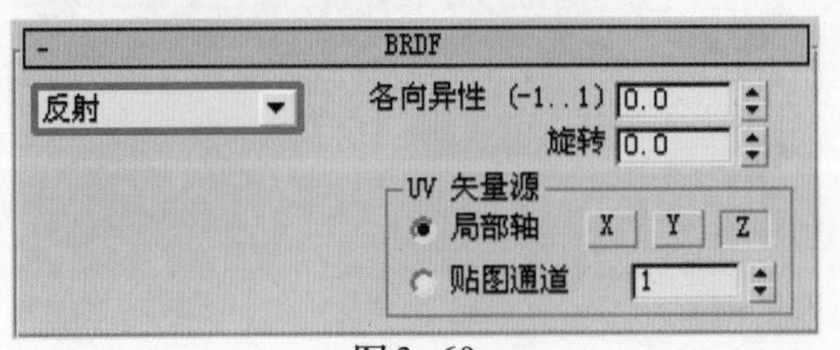

图3–60

图3–61

3.3.7 金属材质

步骤 1 选择 VRay 材质，单击固有色，调节金属颜色如图 3-62 所示。

步骤 2 调节反射颜色参数为 180、180、180，如图 3-63 所示。

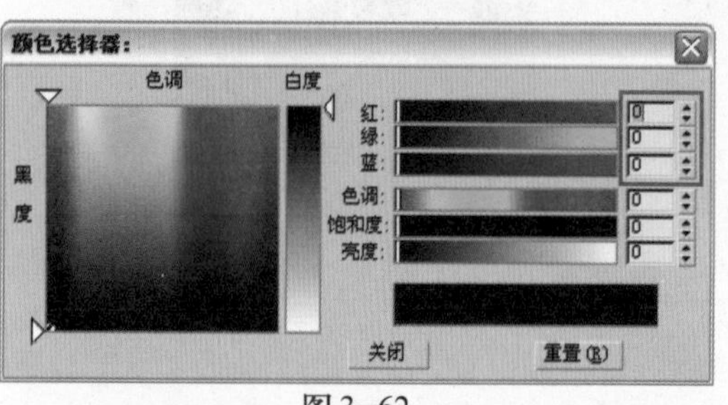

图 3-62

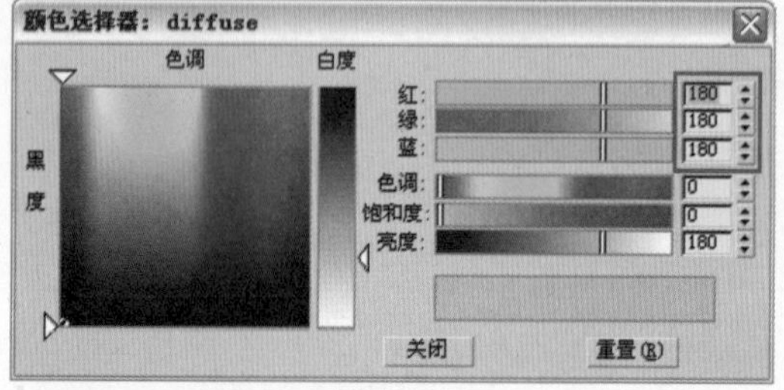

图 3-63

步骤 3 调节“光泽度”参数为 0.95，如图 3-64 所示。

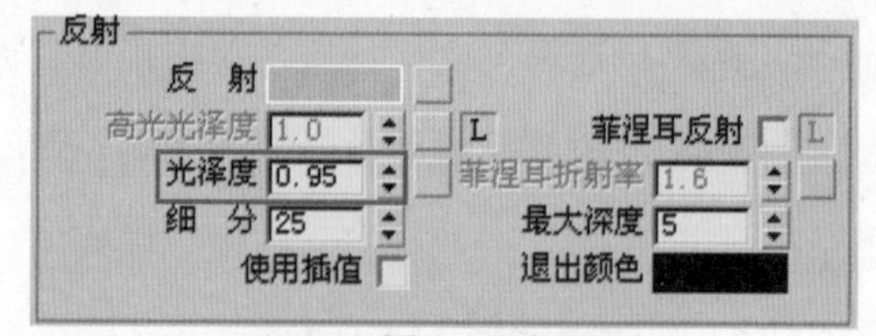

图 3-64

步骤 4 在【BRDF】卷展栏中选择材质的类型为“沃德”，如图 3-65 所示。

步骤 5 材质的最终效果如图3-66所示。

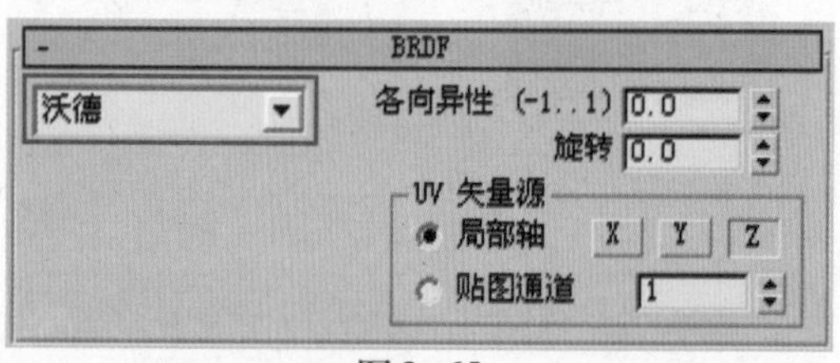

图 3-65

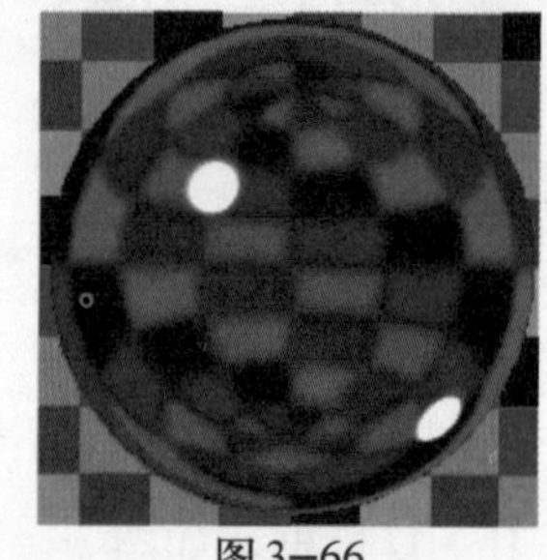

图 3-66

3.3.8 地毯材质

步骤 1 选择 VRay 材质，单击固有色，打开本书配套光盘“源文件 \ 第 3 章 \carped.jpg”文件，如图 3-67 所示。

图 3-67

步骤 2 调节反射颜色参数为 25、25、25，如图 3-68 所示。

步骤 3 调节“光泽度”参数为 0.2，勾选“菲涅耳反射”复选框，如图3−69所示。

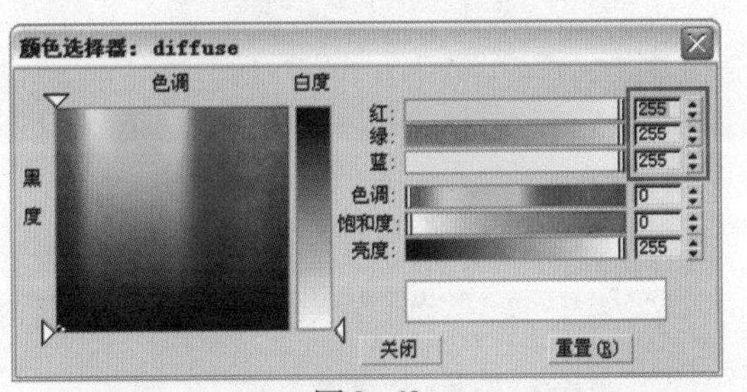

图3−68

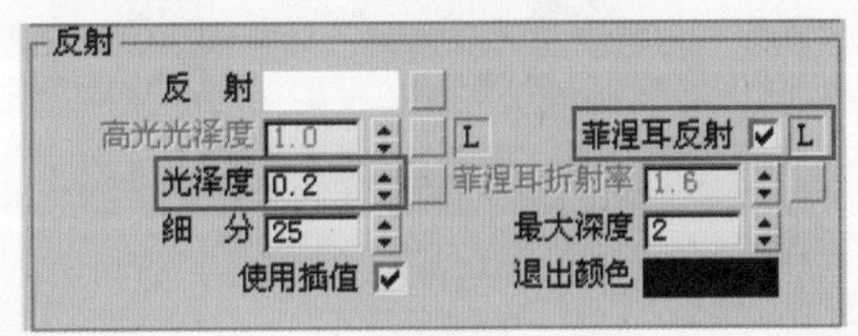

图3−69

步骤4 将材质赋予物体，效果如图3−70所示。

步骤5 单击修改器列表，添加“UVW贴图”修改器，如图3−71所示。

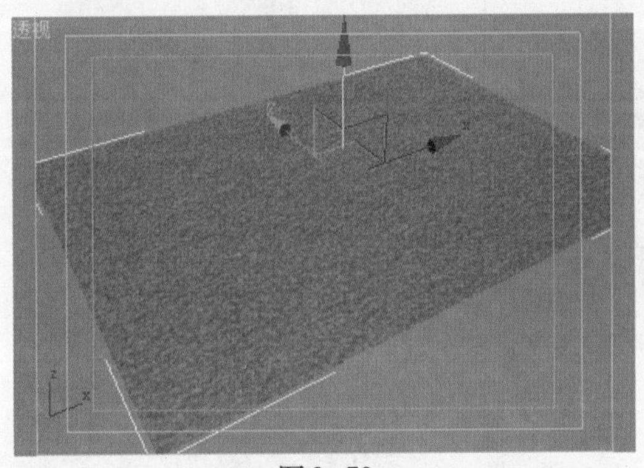

图3−70

图3−71

步骤6 选择Plane贴图模式并进行Z轴适配，如图3−72所示。

步骤7 单击修改器列表，添加“VRay置换模式”修改器，来实现毛毯的置换效果，如图3−73所示。

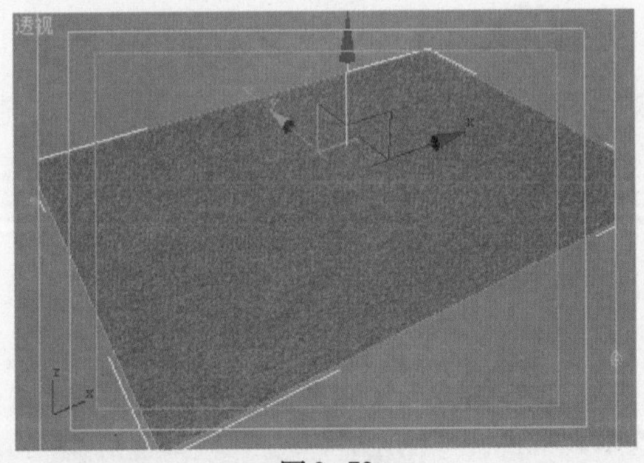

图3−72

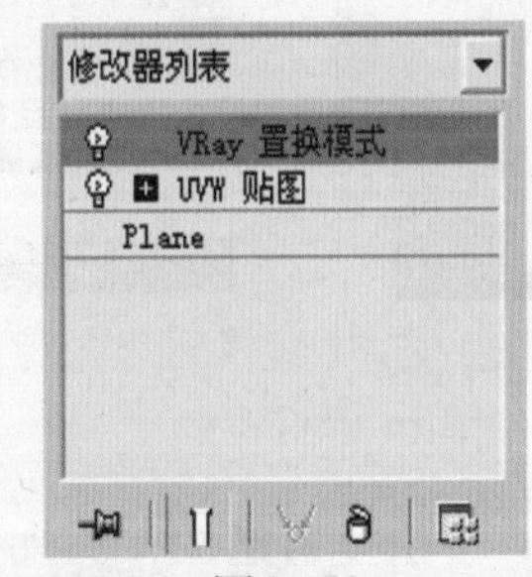

图3−73

步骤8 单击纹理贴图命令，添加相应的贴图，如图3−74和图3−75所示。

步骤9 调节置换高度为2.559，如图3−76所示。

步骤4 材质最终效果如图3−77所示。

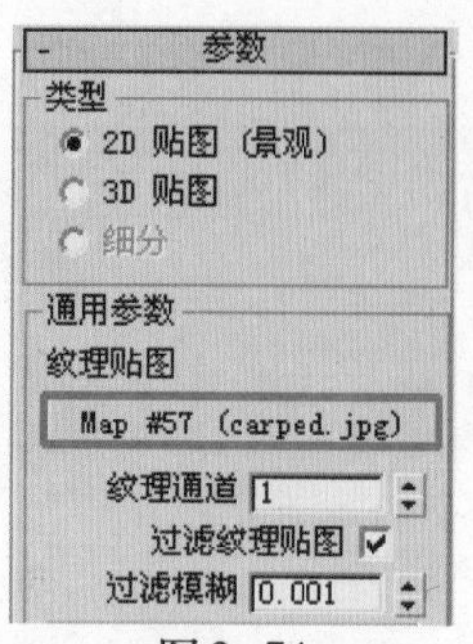

图 3-74

图 3-75

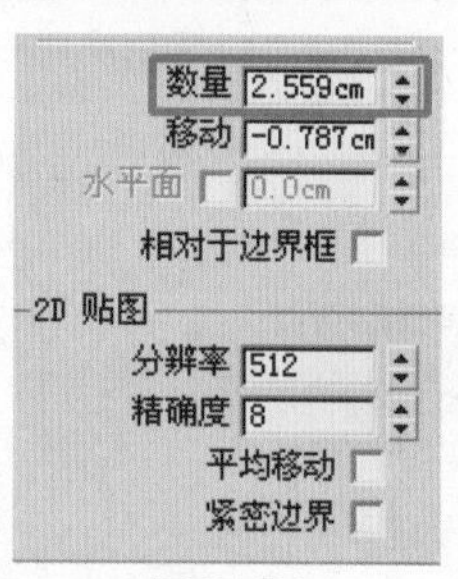

图 3-76

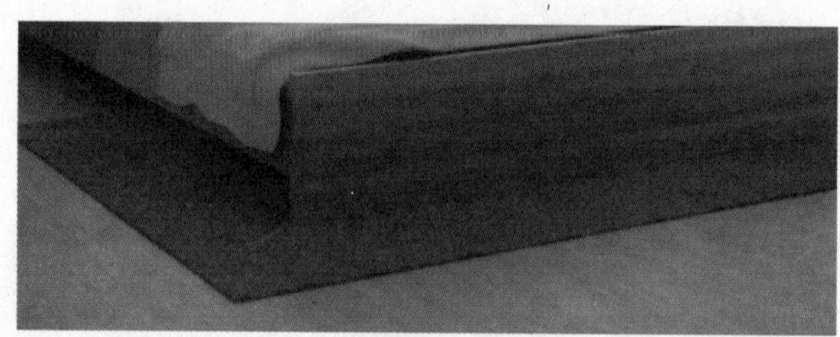
图 3-77

3.3.9 玻璃材质

步骤 1 选择 VRay 材质，调节玻璃颜色如图 3-78 所示。

步骤 2 调节反射颜色参数为 255、255、255，如图 3-79 所示。

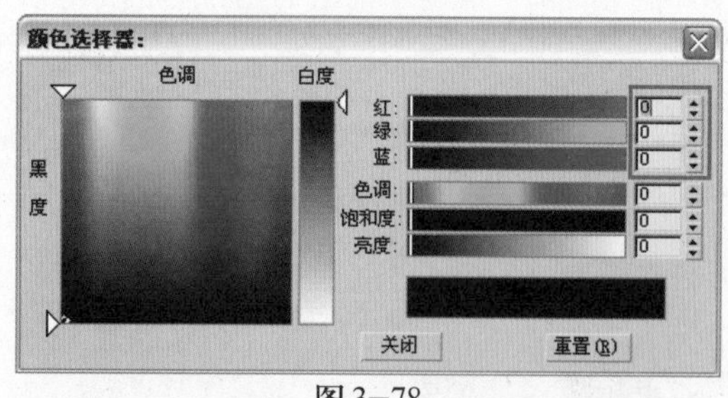

图 3-78

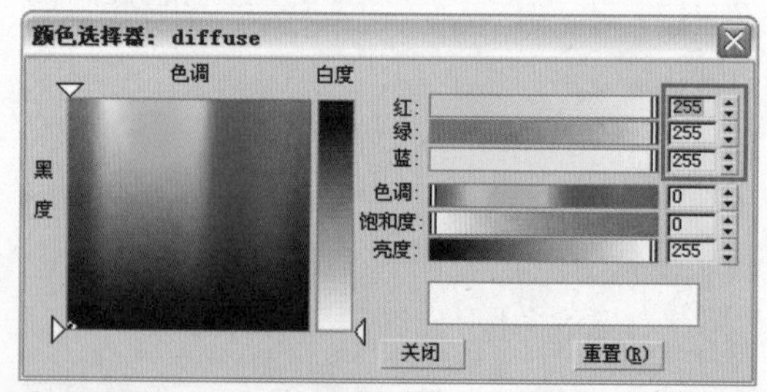

图 3-79

步骤 3 单击反射贴图，添加 Fresnel 衰减效果，如图 3-80 所示。

步骤 4 将“光泽度”参数设置为 0.98，如图 3-81 所示。

步骤 5 调节反射颜色参数为 255、255、255，如图 3-82 所示。

步骤 6 将“光泽度”参数设置为 0.98，“折射率”参数设置为 1.517，如图 3-83 所示。

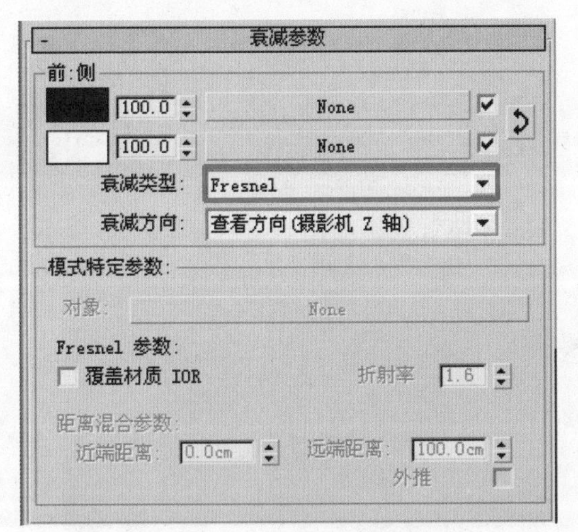

图3-80

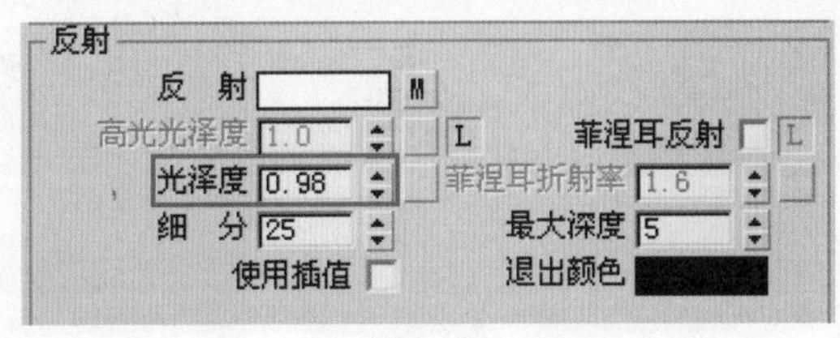

图3-81

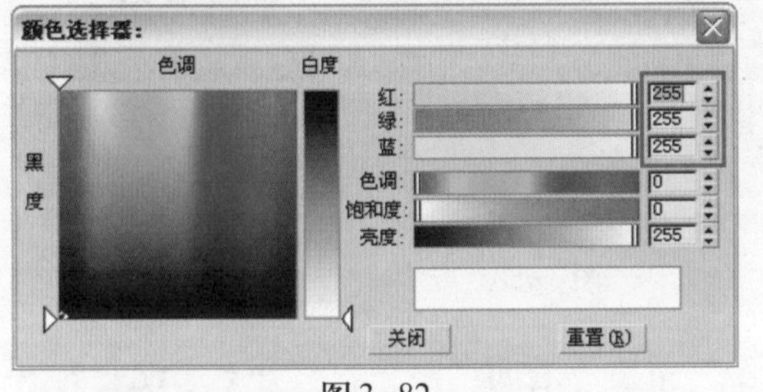

图3-82

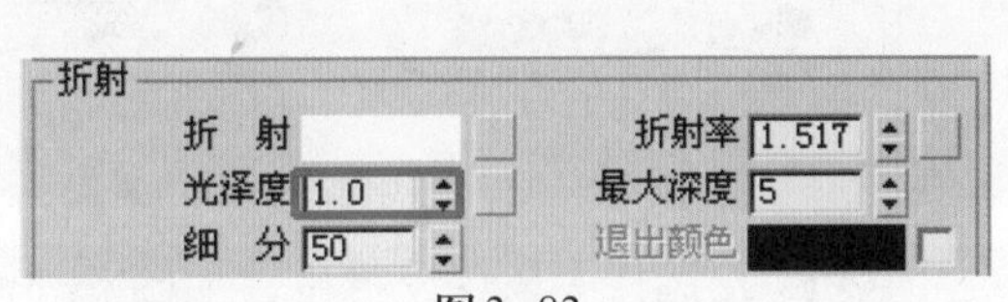

图3-83

步骤 7 调节烟雾颜色如图3-84所示。相关参数设置如图3-85所示。这里主要是控制玻璃材质的颜色。

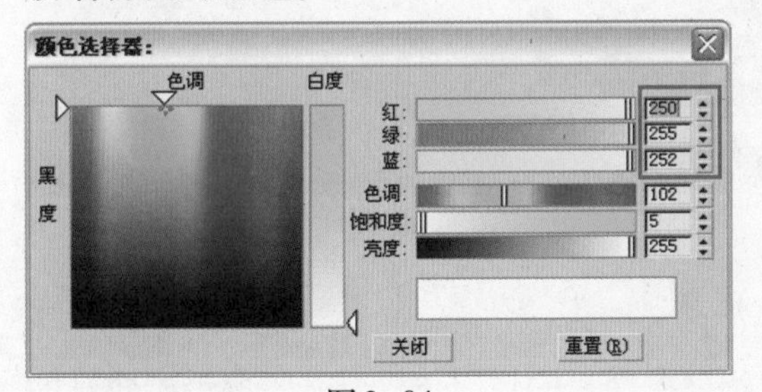

图3-84

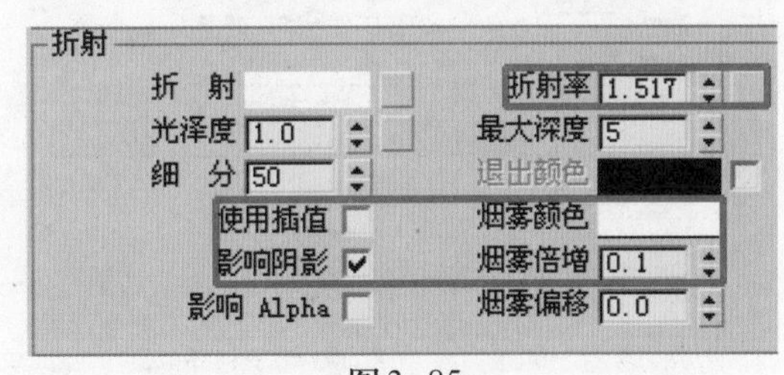

图3-85

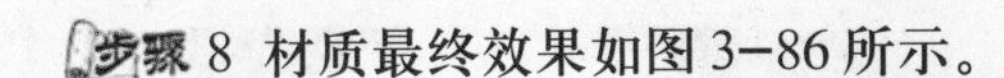
步骤 8 材质最终效果如图3-86所示。

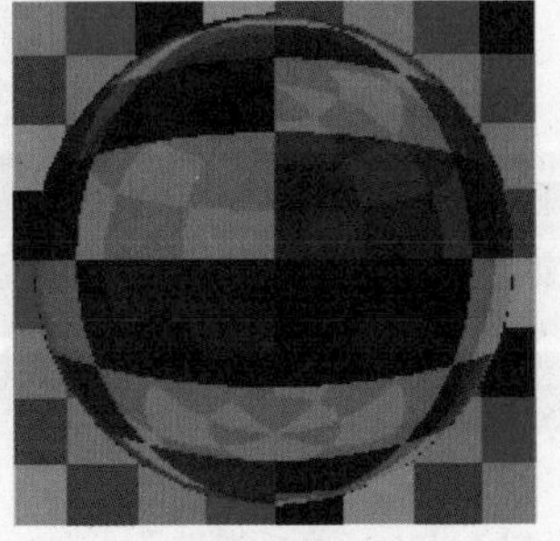

图3-86

3.4 渲染参数设置和最终渲染

步骤 1 单击“平面”工具，为场景添加外景的环境背景，如图 3–87 和图 3–88 所示。

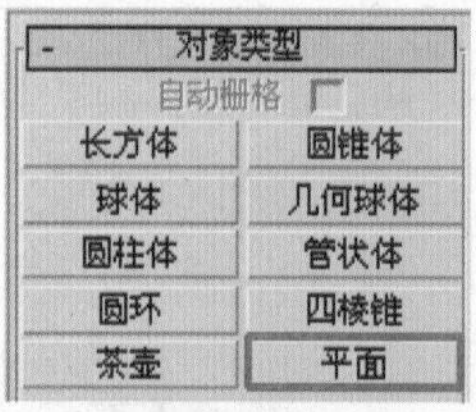

对象类型
自动栅格
长方体 圆锥体
球体 几何球体
圆柱体 管状体
圆环 四棱锥
茶壶 平面

图 3–87

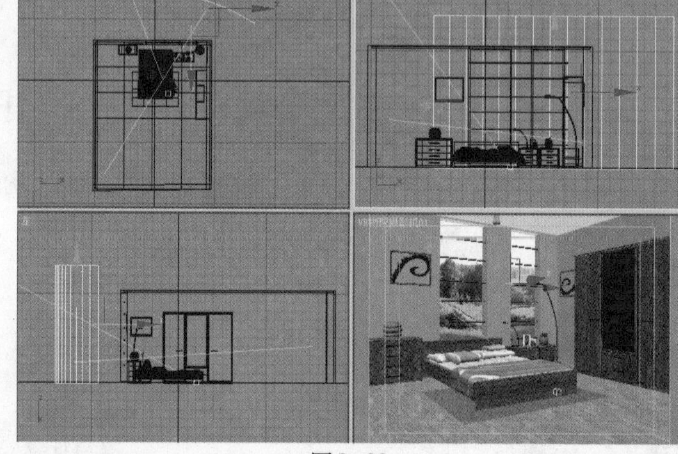

图 3–88

步骤 2 选择 VR 灯光材质，如图 3–89 所示。单击不透明度贴图，打开本书配套光盘“源文件 \ 第 3 章 \BK.jpg”文件，如图 3–90 所示。

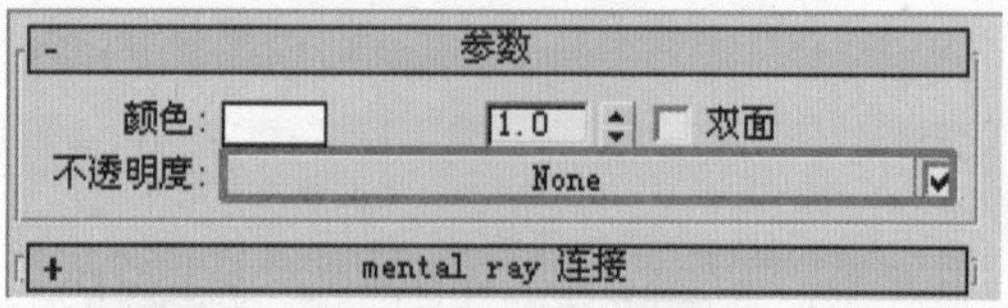

参数
颜色： 1.0 双面
不透明度： None
mental ray 连接

图 3–89

图 3–90

步骤 3 将倍增值设置为 38.0，如图 3–91 所示。

步骤 4 外景效果如图 3–92 所示。在 VR 物理摄像机的情况下，背景需要设置较高的参数才能得到比较明亮的效果。

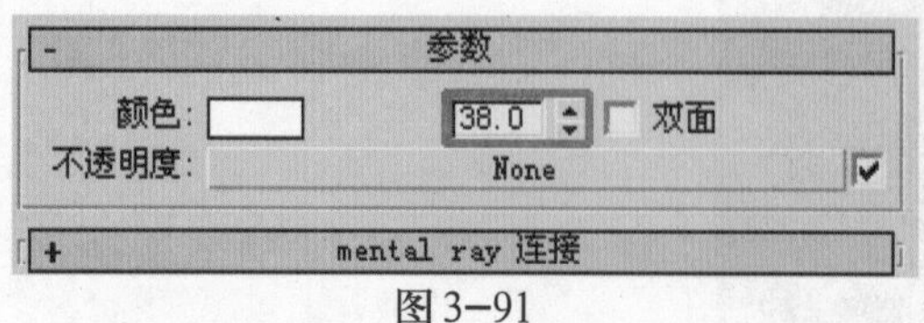

图 3–91

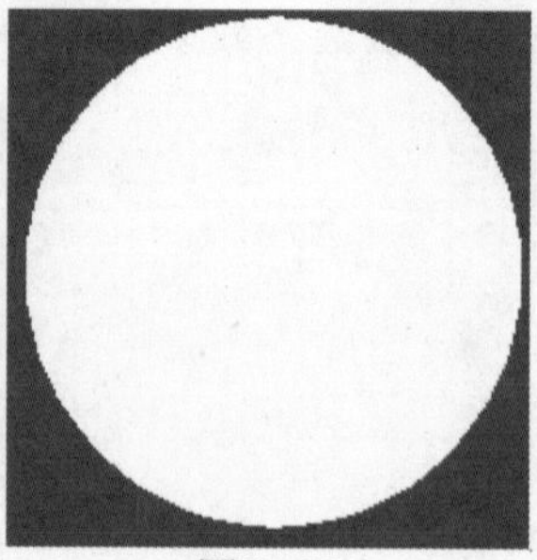

图 3–92

步骤5 将材质赋予面板，效果如图 3–93 所示。

VR物理摄影机01

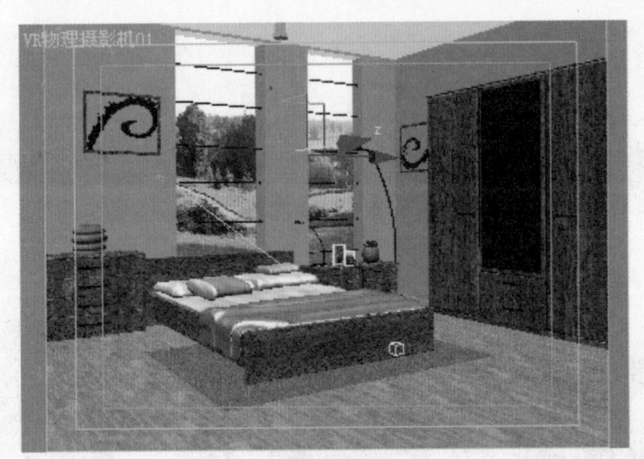

图 3–93

步骤 6 将【V–Ray∷间接照明】卷展栏中的“饱和度”数值设置为0.75，降低画面饱和度。如图 3–94 所示。

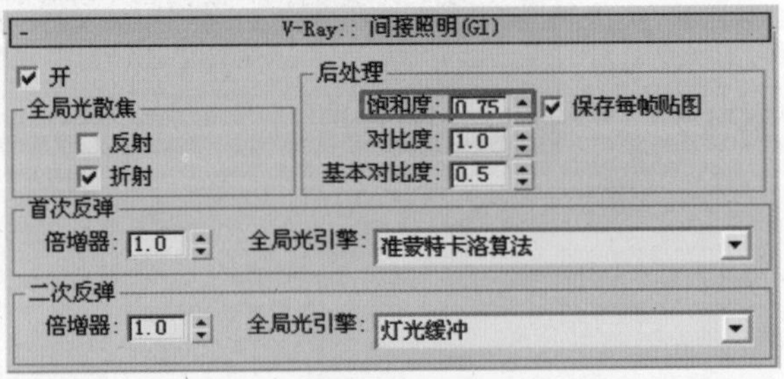

V-Ray:: 间接照明(GI)
开
后处理
全局光散焦
饱和度: 0.75
保存每帧贴图
反射
对比度: 1.0
折射
基本对比度: 0.5
首次反弹
倍增器: 1.0
全局光引擎: 准蒙特卡洛算法
二次反弹
倍增器: 1.0
全局光引擎: 灯光缓冲

图 3–94

步骤 7 将【V–Ray∷灯光缓冲】卷展栏中的参数设置如图 3–95 所示。

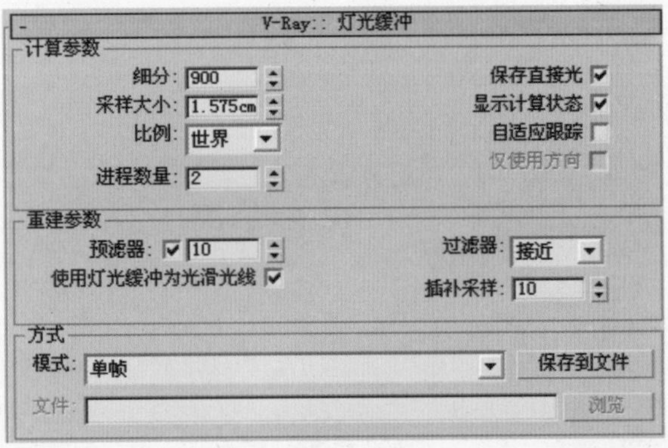

V-Ray:: 灯光缓冲
计算参数
细分: 900
保存直接光
采样大小: 1.575cm
显示计算状态
比例: 世界
自适应跟踪
仅使用方向
进程数量: 2
重建参数
预滤器: 10
过滤器: 接近
使用灯光缓冲为光滑光线
插补采样: 10
方式
模式: 单帧
保存到文件
文件:
浏览

图 3–95

步骤 8 将【V–Ray∷准蒙特卡洛全局光】卷展栏中的参数设置如图3–96 所示。

V-Ray:: 准蒙特卡洛全局光
细分: 20
二次反弹: 3

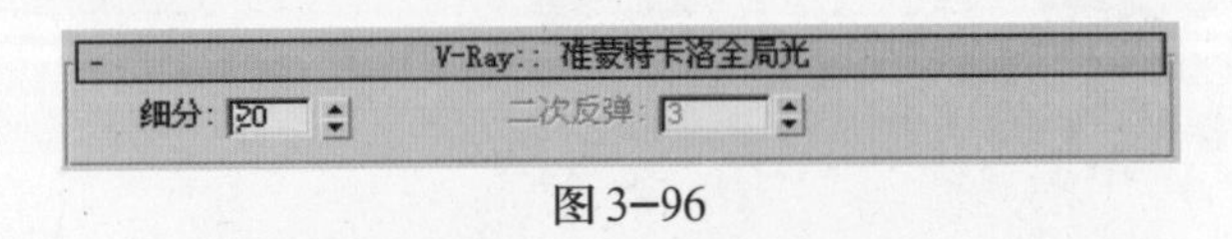

图 3–96

步骤 9 将全局细分设置为 1.8，噪波细分到 0.005，如图 3–97 所示。

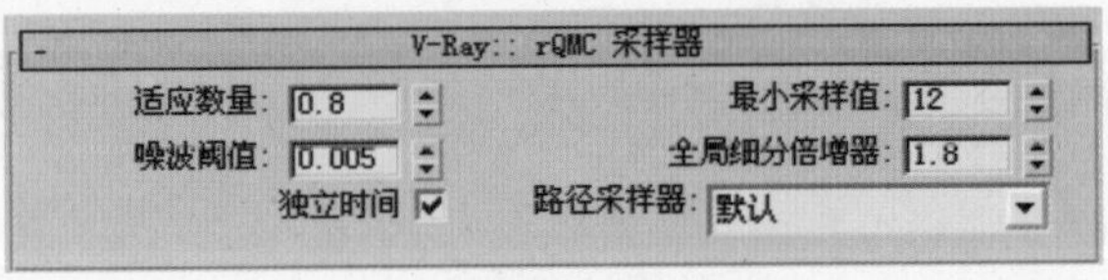

V-Ray:: rQMC 采样器
适应数量: 0.8
最小采样值: 12
噪波阈值: 0.005
全局细分倍增器: 1.8
独立时间
路径采样器: 默认

图 3–97

步骤 10 所有参数和细节调节完毕。单击主工具栏中的按钮，查看渲染结果，如图 3–98 所示。

图 3–98

第4章　卧室一角的表现

本章精髓

- 画面的平面构成
- 客厅平行光的把握
- VRay 场景材质制作

4.1 案例分析

这个案例主要是表现卧室一角的独特魅力。深红木抽屉柜的色泽为整个空间奠定了沉稳的基调，柜子上摆放的曲线玻璃器皿柔化了相框的笔直棱角，使室内的空间更加柔美。本案例主要表现的是室内一角的平面摄像机构图，墙上不规则的相框从颜色和造型上使墙体的立面空间成为一幅耐人寻味的平面构成图案。平行光可以很好的表现平面空间上光影的丰富变化，光线冷暖的变化使平面的空间感进一步得到加强。

图4-1

4.1.1 光影的魅力

平行光在表现接近平面的空间时，最重要的是区分垂直空间或水平空间的受光层次，这是空间感得到加强的重要途径。注意光线在明暗部的冷暖变化，平面空间必须处理好冷暖色或同类色中相近色的差别。图4-1所示。为表现此类效果十分出色的画面，读者可以进行参考。

上面的作品表现的是暖光源下的室内一角效果，垂直场景的右边空间为光源的主要来源。场景中的道具并不多，但是简单的道具通过精心的陈列，简约而不简单。极具现代感的灯具和壁挂相框与室内的暖调起到了互补的效果。灯光由右至左依次渐变衰减，淡淡的灯光、柔和丰富的阴影效果、别具一格的陈设和造型，勾勒出丰富的室内空间。

4.1.2 VRay材质

本案例的室内空间，场景中的材质并不复杂，主要包括了墙面、相框、玻璃器皿、木头等材质类型。其中玻璃的质感效果是画面材质的关键部分，反射材质可以有效地改善画面死板的材质构成。材质的详细讲解将在4.3节中进行详细描叙。图4-2所示的是本章案例的精彩细节图片。

图4-2

4.2 灯光的设置

现在要为场景创造灯光，场景的灯光设置可以首先围绕落地灯展开，这样可以首先深入刻画画面中重要的光效。然后根据实际的情况，进行光能传递的处理和各种补光的处理。

4.2.1 落地灯光源的创建

落地灯的光源是画面中重要的光效部分，将采用泛光灯进行模拟。

步骤 1 开启3ds max 9以后，执行【文件】|【打开】命令，打开本书配套光盘“源文件\第4章\卧室一角.max”文件，如图4-3所示。

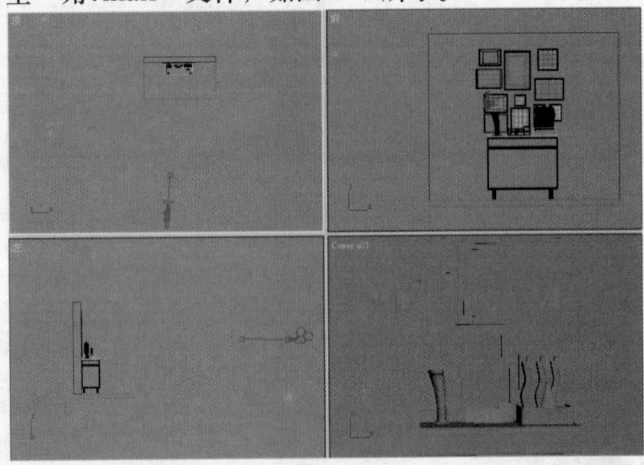

图4-3

步骤 2 单击【创建】命令面板下【灯光】面板中的【目标平行光】按钮，用目标平行光进行室内光线的模拟，如图4-4所示。目标平行光可以在平行范围内推进灯光的衰减变化，比较适合在大面积范围内进行调整。

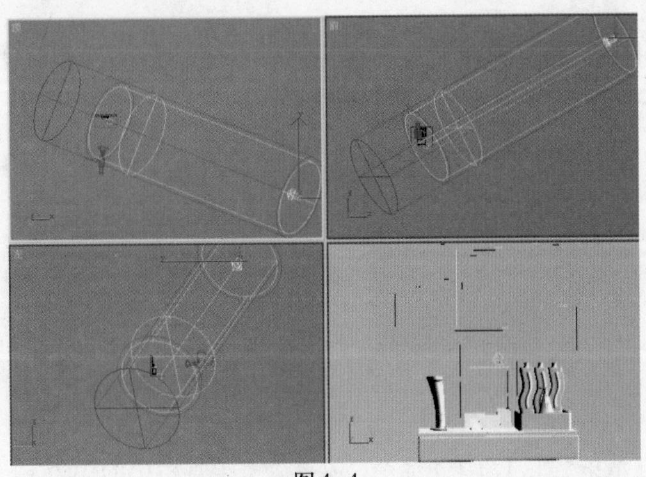

图4-4

步骤 3 注意目标平行光的位置，将目标源的位置设置在水平逆时针45°的位置，如图4-5所示。一般情况下，45°的位置出来的阴影效果比较不错。

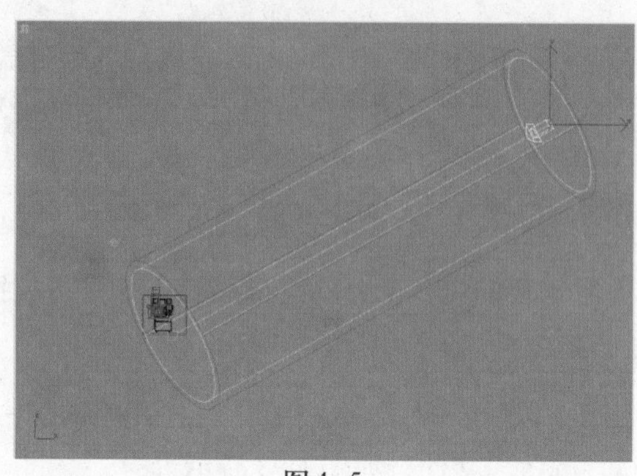

图4-5

步骤 4 灯光光源的世界坐标位置，如图4-6所示。

图4-6

步骤 5 选中“Direct01”，单击按钮切换到修改命令面板。在【常规参数】卷展栏中的“阴影”选项组下勾选“启用”复选框并设置阴影的类型为“VRay 阴影”，如图4-7所示。在【强度/颜色/衰减】卷展栏中设置“倍增”值为4.5，颜色为淡黄色，如图4-8所示。

图4-7

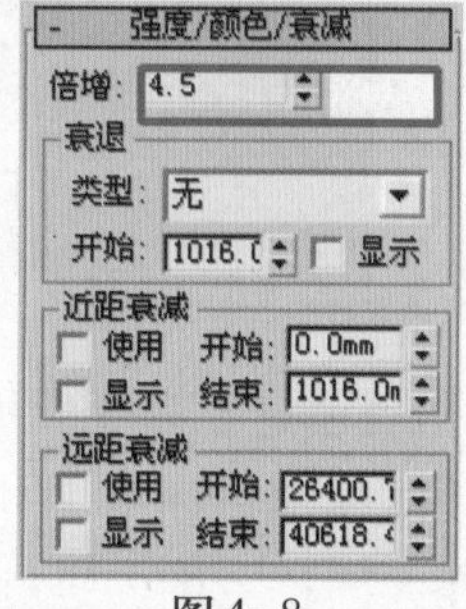

图4-8

步骤 6 灯光的颜色参数如图4-9所示。室内光线主要控制灯光的饱和度，使灯光颜色有比较明显的颜色倾向即可。

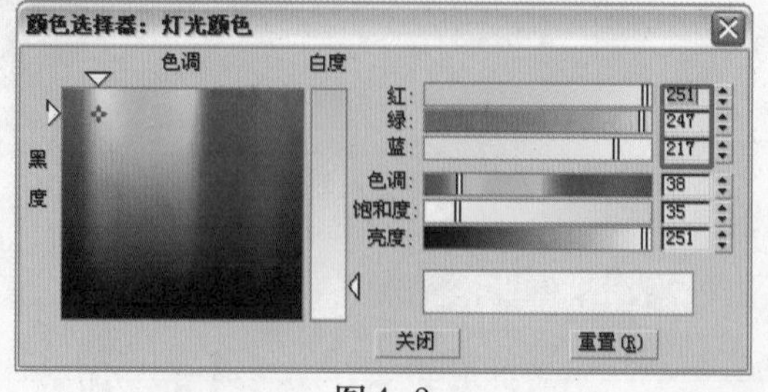

图4-9

步骤 7 执行【渲染】|【渲染】命令，或者单击工具栏中的按钮，打开“渲染场景”

对话框，单击“公用”选项，在【指定渲染器】卷展栏中，单击“产品级”后面的 ... 按钮，打开“选择渲染器”对话框，在下面的列表中选择“Vray Adv 1.5 RC3”，单击“确定”按钮，如图4-10所示。

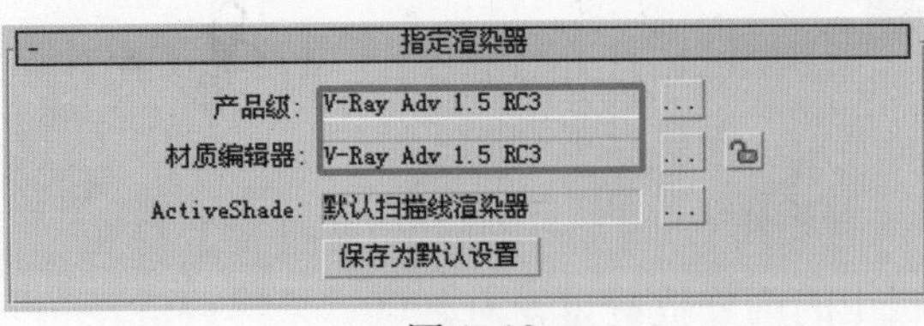

图4-10

步骤 8 在【V-Ray::图像采样（反锯齿）】卷展栏中选择抗锯齿过滤器如图4-11所示。该过滤器可以使图像像素边缘锐化，使渲染图象更加清晰，但渲染速度相对比默认的过滤器较慢。

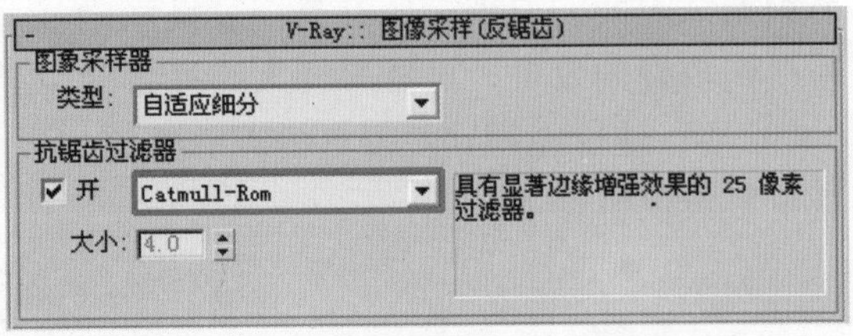

V-Ray:: 图像采样(反锯齿)
图象采样器
类型：自适应细分
抗锯齿过滤器
开 Catmull-Rom
具有显著边缘增强效果的 25 像素过滤器。
大小：4.0

图4-11

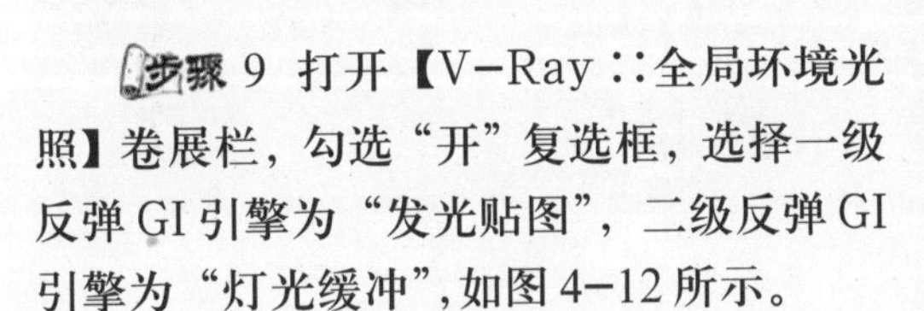

步骤 9 打开【V-Ray::全局环境光照】卷展栏，勾选“开”复选框，选择一级反弹GI引擎为“发光贴图”，二级反弹GI引擎为“灯光缓冲”，如图4-12所示。

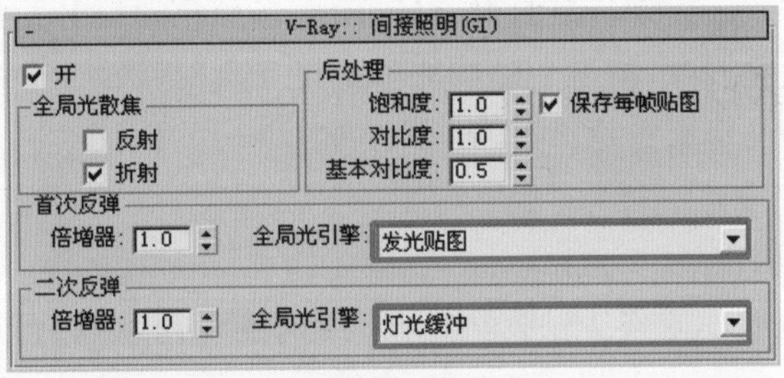

V-Ray:: 间接照明(GI)
开
全局光散焦
反射
折射
后处理
饱和度：1.0
保存每帧贴图
对比度：1.0
基本对比度：0.5
首次反弹
倍增器：1.0 全局光引擎：发光贴图
二次反弹
倍增器：1.0 全局光引擎：灯光缓冲

图4-12

步骤 10 打开【V-Ray::发光贴图】卷展栏，将当前预置的参数值设置为“非常底”，这样可以在渲染初始阶段提高渲染速度。勾选“显示计算状态”和“显示直接光照”复选框，方便在渲染过程中观察光子计算状态如图4-13所示。

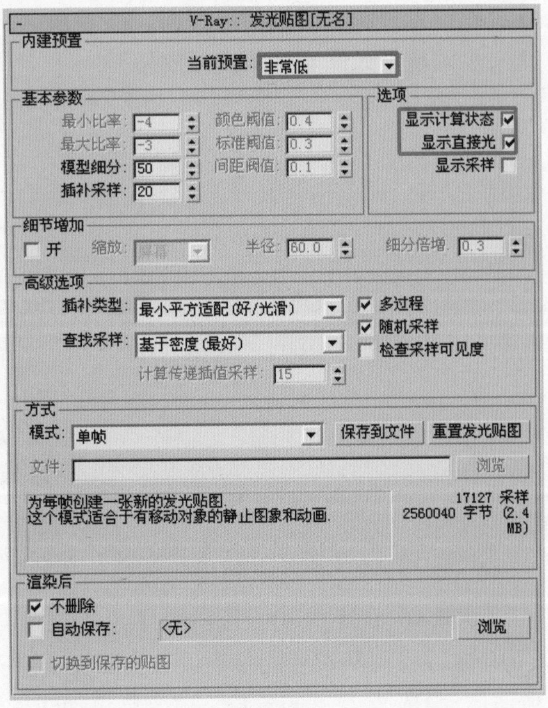

V-Ray:: 发光贴图[无名]
内建预置
当前预置：非常低
基本参数
最小比率：-4 颜色阈值：0.4
最大比率：-3 标准阈值：0.3
模型细分：50 间距阈值：0.1
插补采样：20
选项
显示计算状态
显示直接光
显示采样
细节增加
开 缩放：屏幕 半径：60.0 细分倍增：0.3
高级选项
插补类型：最小平方适配(好/光滑)
多过程
随机采样
查找采样：基于密度(最好)
检查采样可见度
计算传递插值采样：15
方式
模式：单帧 保存到文件 重置发光贴图
文件： 浏览
为每帧创建一张新的发光贴图。
这个模式适合于有移动对象的静止图象和动画。
17127 采样
2560040 字节 (2.4 MB)
渲染后
不删除
自动保存：<无> 浏览
切换到保存的贴图

图4-13

步骤 11 打开【V-Ray∷灯光缓冲】卷展栏，参数设置如图 4-14 所示。

步骤 12 【V-Ray∷灯光缓冲】卷展栏中的细分数值设置为1000，采样数值设置为0.02。渲染初期的时候用户可以本着节约调试时间的原则降低参数，最终渲染为得到较好的效果，可将采样大小设置为0.002等，使灯光得到更加好的细分效果。这里参数仅供参考。

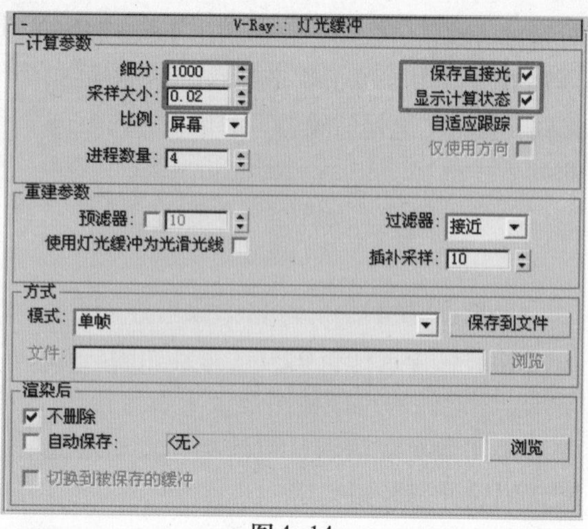

图 4-14

步骤 13 打开【V-Ray∷颜色映射】卷展栏，将颜色贴图的类型设置为“指数”，亮部能量值设置为1.3。如图 4-15 所示。

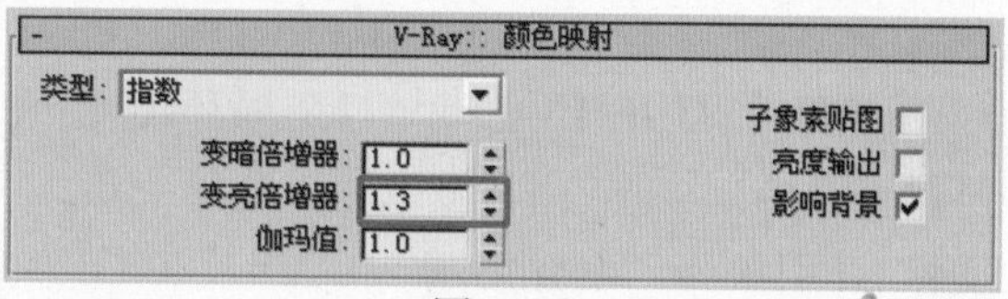

图 4-15

步骤 14 单击工具栏中的按钮，查看渲染结果，如图 4-16 所示。

室内光源已经对物体产生照射效果，光影的位置控制在满意的范围内。接下来进一步调整灯光的衰减和投影效果。

图 4-16

步骤 15 在【强度＼颜色＼衰减】卷展栏中设置灯光的远距离衰减，如图 4-17 所示。

步骤 16 在【VRay阴影参数】卷展栏中勾选“区域阴影”复选框，将阴影模式设置为“立方体”，UVW 尺寸的参数设置如图 4-18 所示。由于目标平行光设置的位置较远，可适当地加大 UVW 尺寸的参数，使效果更加明显。

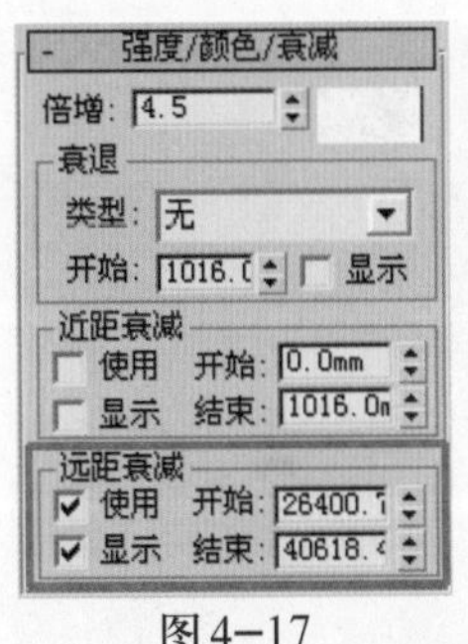

图4-17

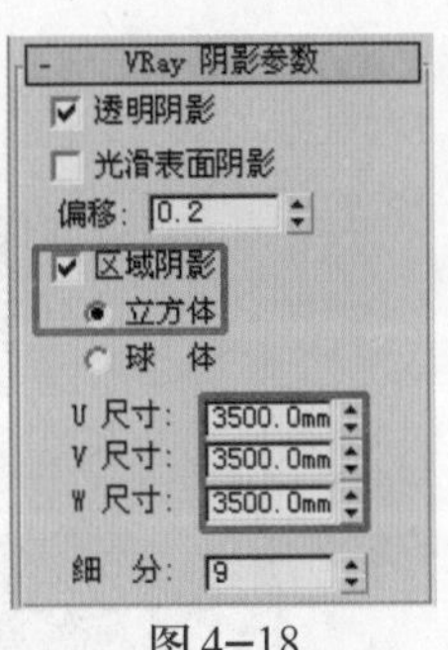

图4-18

步骤 17 单击工具栏中的按钮，查看渲染结果，如图4-19所示。

图4-19

步骤 18 主光源的光影设置基本达到令人满意的效果。可进一步加强光影色调对比和明暗的对比度，使整体光影效果更加出色。

4.2.2 辅助光源的处理

辅助光源主要包括了暗部光源和亮部的补光效果，可以进一步加强画面的对比度。

步骤 1 单击【创建】命令面板下【灯光】面板中的【泛光灯】按钮，在场景的背光区域添加补光源。灯光的具体位置如图4-20所示。

步骤 2 暗部的灯光设置在阴影的位置，室内的小场景的暗部灯光设置有别于室外建筑类的灯光设置。灯光设置在暗部的小范围内设置即可，达到目的是关键。

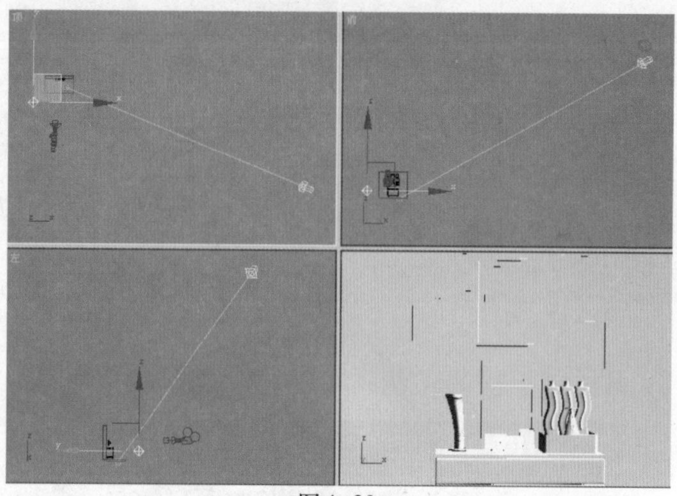

图 4–20

步骤 3 选中“Omni01”，单击按钮切换到修改命令面板。在【常规参数】卷展栏中保持默认设置，灯光只产生照明效果而不产生阴影效果，如图4–21所示。在【强度/颜色/衰减】卷展栏中设置“倍增”值为1.0，颜色为深蓝色，如图4–22所示。

图 4–21

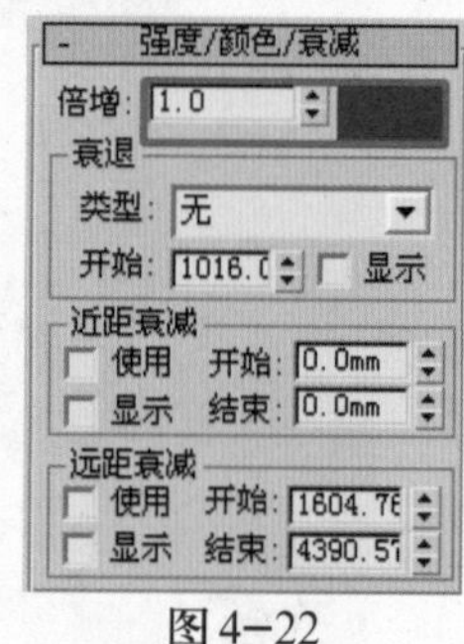

图 4–22

步骤 4 灯光的颜色参数如图4–23所示。暗部光线的饱和度可以适当增加，使室内保持清爽的效果。

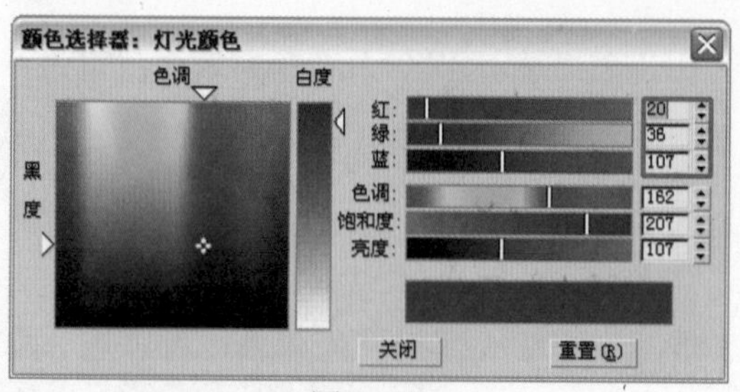

图 4–23

步骤 5 单击工具栏中的按钮，查看渲染结果，如图4–24所示。

步骤 6 由于画面没有控制灯光的衰减范围，整体空间笼罩在暗部蓝色调的光照下，接下来设置暗部灯光的衰减。

步骤 7 在【强度/颜色/衰减】卷展栏中设置灯光的远距离衰减，如图4–25所示。

图4-24

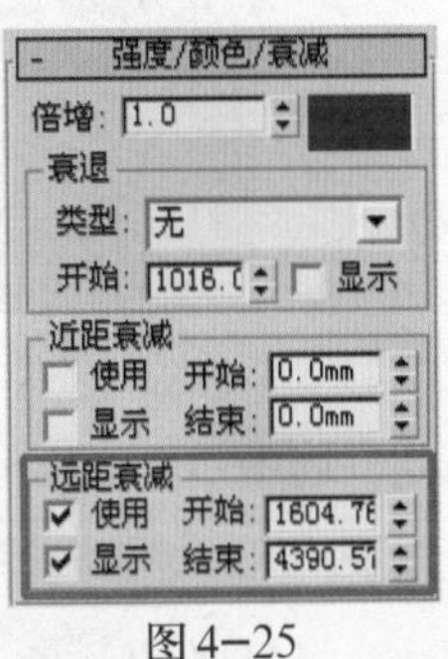

图4-25

步骤 8 单击工具栏中的按钮，查看渲染结果，如图4-26所示。

图4-26

步骤 9 观察画面效果，暗部灯光合理的控制在暗部的区域内，使场景产生明暗的冷暖效果对比，画面的灯光效果更加丰富。但观察整体效果，发现亮部和暗部的对比关系太弱，接下来需要添加灯光加强亮部的光照效果。

步骤 10 继续为画面添加辅助灯光。单击【创建】命令面板下【灯光】面板中的【VR灯光】按钮，在亮部区域添加VR灯光，加强亮部的受光效果。具体位置如图4-27所示。

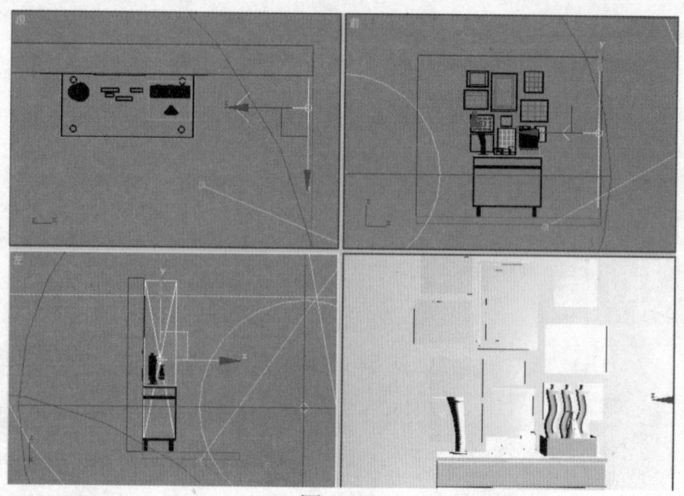

图 4–27

步骤 11 选中“VR灯光01”，在【参数】卷展栏中设置“倍增器”值为15，如图4–28所示。

步骤 12 将灯光的颜色设置为淡黄色，如图4–29所示。

图 4–28

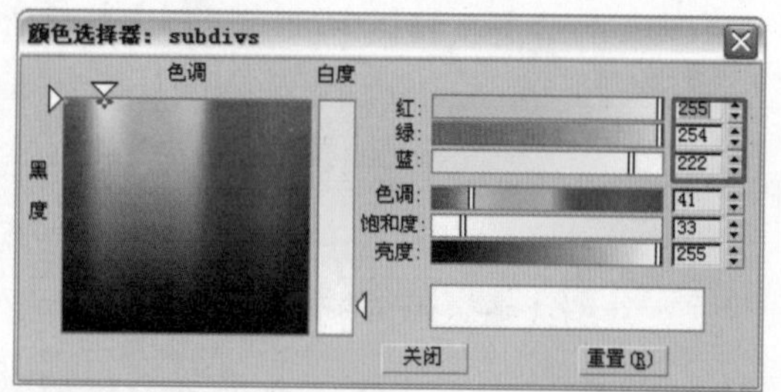

图 4–29

步骤 13 在【选项】卷展栏中勾选“双面”和“不可见”复选框，使灯光在渲染时不可见的同时产生两面照射的效果，对前后空间产生影响。如图4–30所示。

步骤 14 单击工具栏中的按钮，查看渲染结果，如图4–31所示。

图 4–30

图 4–31

步骤 15 观察画面效果，灯光的设置完毕。亮部的受光效果更加明显，亮部和暗部在明度区分的同时，灯光颜色也有微妙的色调变化，受光更加丰富。

通过本节的学习，读者可以直观了解到室内小场景的灯光设置流程。小空间的灯光设置不会很烦琐，但要注意色调和光影这些仅有的也是十分重要的因素。

4.3 材质的设置

本章将详细讲解如何制作真实的VRay材质。通过深入的学习，去体会VRay材质的特点。

4.3.1 白墙材质

室内白墙多经乳胶漆进行表面处理，白墙可以有效地衬托其他物体的造型和颜色关系，也使得室内空间简洁清爽。

步骤 1 选择VRay材质，单击固有色调节白墙的颜色如图4–32所示。

步骤 2 调节反射颜色数值为5、5、5，使墙体有淡淡的反射效果，如图4–33所示。

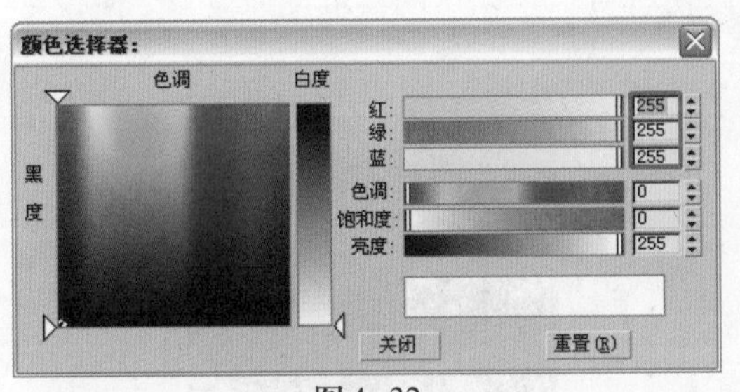

图4–32

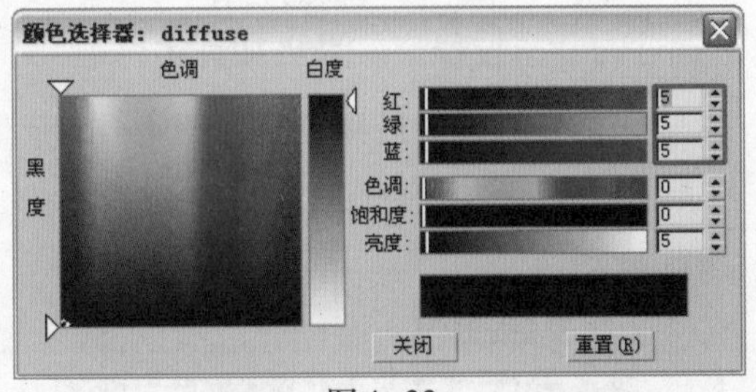

图4–33

步骤 3 将“光泽度”设置为0.85，勾选“菲涅耳反射”复选框，如图4–34所示。

步骤 4 在【BFDF】卷展栏中设置材质类型为“多面”，如图4–35所示。

步骤 5 材质的效果如图4–36所示。

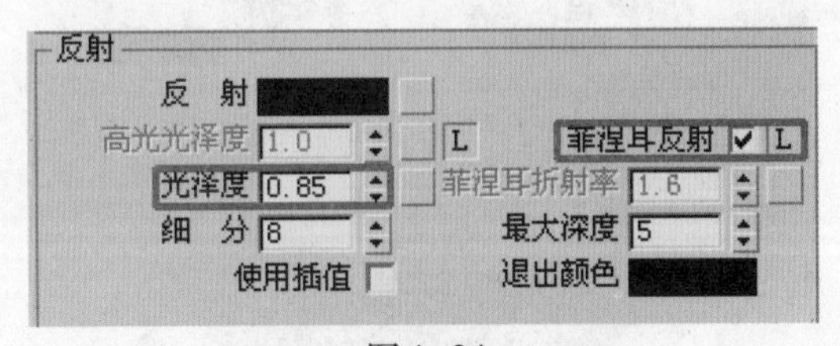

图4–34

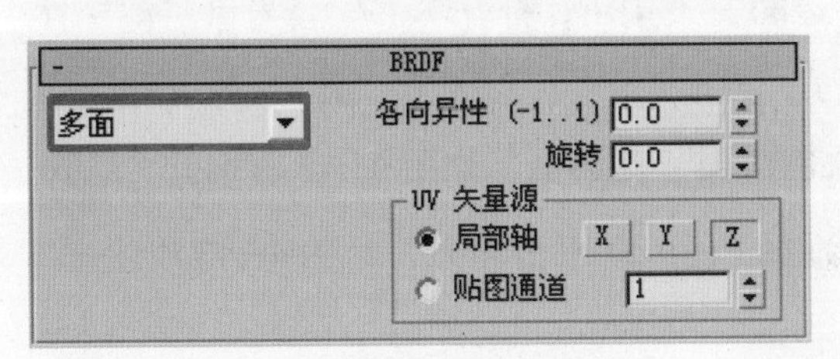

图4–35

图4–36

4.3.2 黑色塑料材质

黑色塑料是桌面的顶部材质。塑料的反射效果可以清晰地表达桌面物体的投影关系，使效果更加真实。

操作步骤

步骤 1 选择 VRay 材质。单击漫射贴图调节材质颜色如图 4–37 所示。

步骤 2 调节反射颜色数值为54、54、54，使材质有明显的反射效果，如图 4–38 所示。

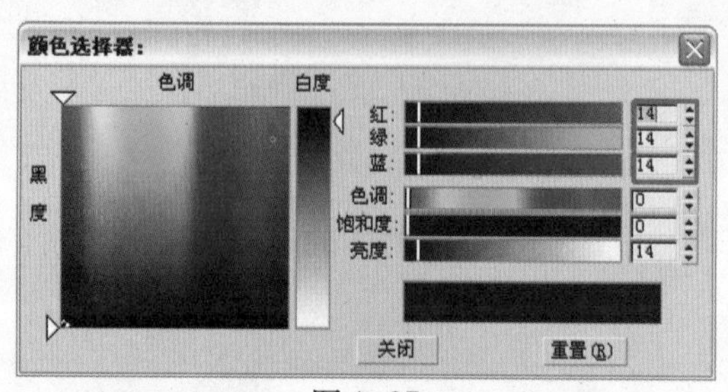

图 4–37

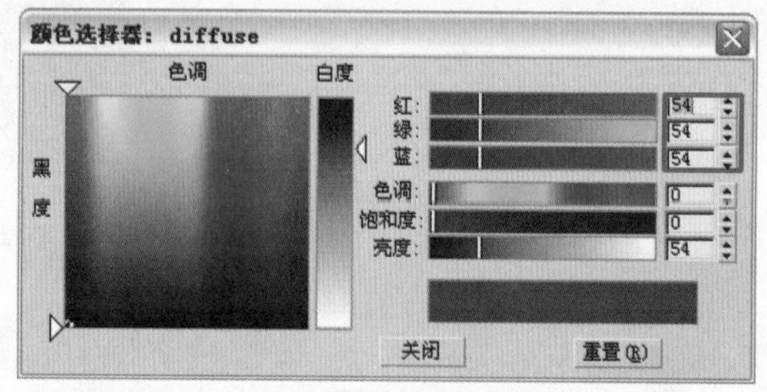

图 4–38

步骤 3 调节“光泽度”数值为0.9，如图 4–39 所示。光泽度可以设置为0.9~1之间的数值，目的是保持材质表面光泽。0.9的数值可以使材质产生明显的模糊反射效果，使投影有远近的衰减过程，效果更加真实。

步骤 4 材质的最终效果如图 4–40 所示。

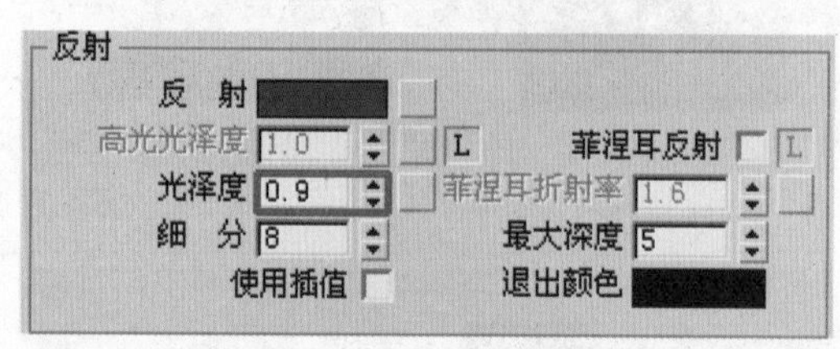

图 4–39

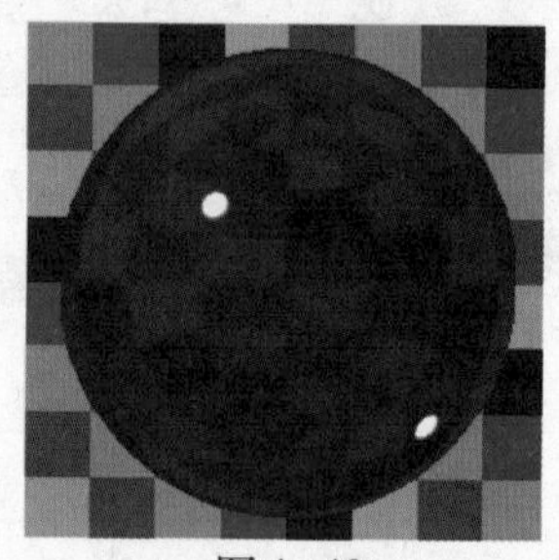
图 4–40

4.3.3 家具木纹材质

步骤 1 选择 VRay 材质，单击“漫色”右边的长条按钮，打开本书配套光盘“源文件\第 4 章\木头.jpg”文件，如图 4–41 所示。

步骤 2 在【输出】卷展栏中勾选“启用颜色贴图”复选框，如图 4–42 所示。

步骤 3 单击 (添加点) 按钮，在曲线中添加 Bezier–平滑角点，如图 4–43 所示。

步骤 4 调节点的曲线弧度，如图 4–44 所示。

图4-41

图4-42

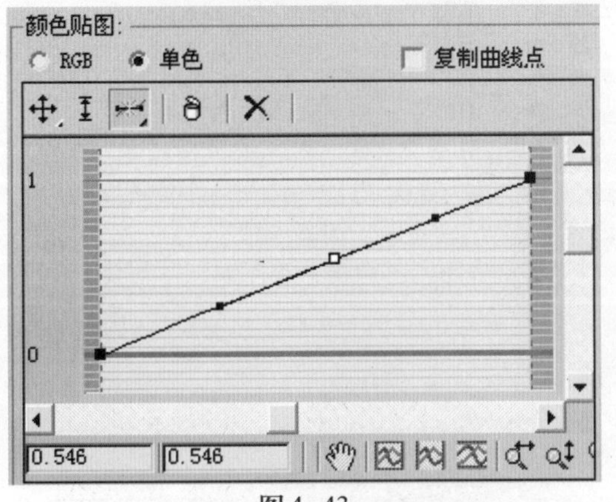

图4-43

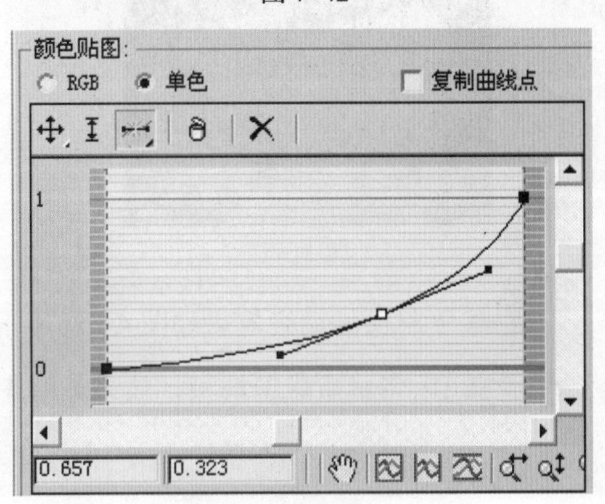

图4-44

步骤 5 观察调节前后的材质效果，如图4-45和图4-46所示。

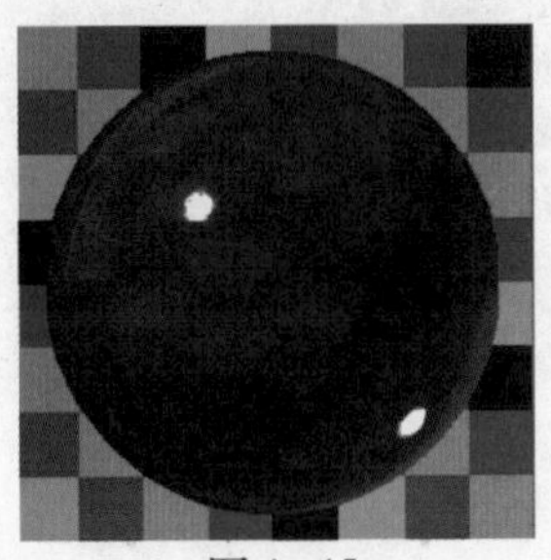
图4-45

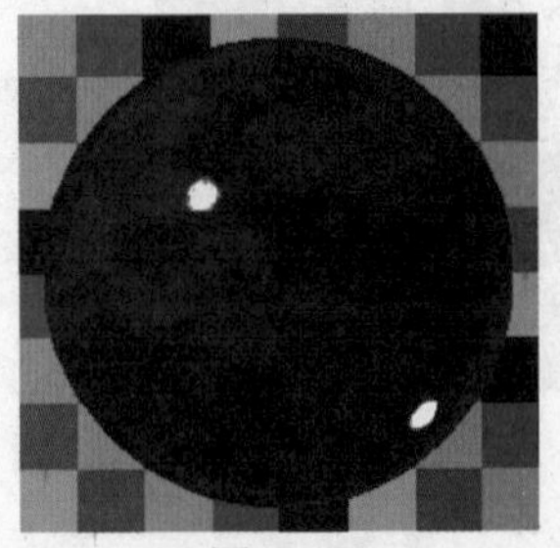
图4-46

步骤 6 调节反射数值为31、31、31，使木头有比较明显的反射效果。如图4-47所示。

步骤 7 将反射模糊的数值设置为0.88，使木头表面产生一定程度的粗糙效果，使得到的效果更加真实。如图4-48所示。

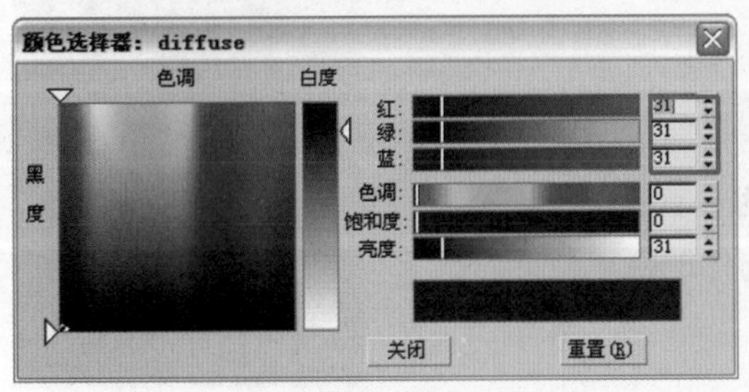

图4-47

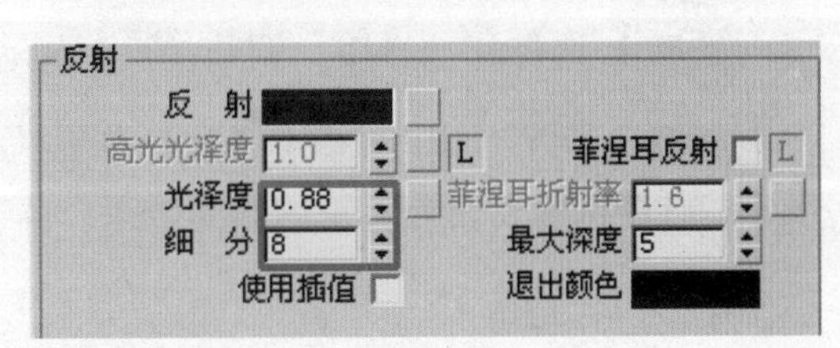

图4-48

步骤 8 单击“凹凸”右边的长条按钮，打开本书配套光盘“源文件\第4章\木头bump.jpg” 文件，如图 4-49 所示。参数设置如图 4-50 所示。

图 4-49

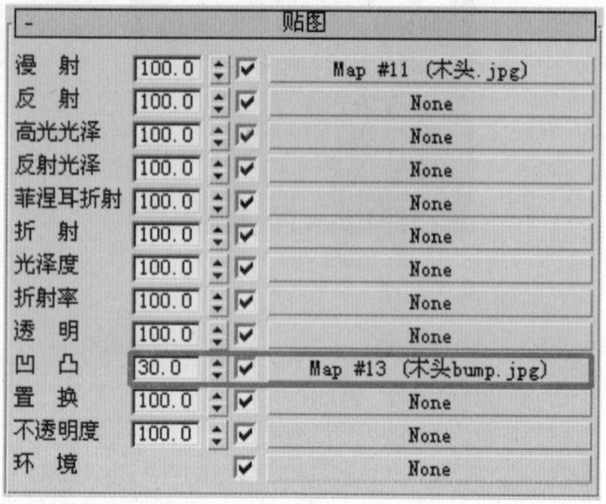

-	贴图		
漫　射	100.0	☑	Map #11 (木头.jpg)
反　射	100.0	☑	None
高光光泽	100.0	☑	None
反射光泽	100.0	☑	None
菲涅耳折射	100.0	☑	None
折　射	100.0	☑	None
光泽度	100.0	☑	None
折射率	100.0	☑	None
透　明	100.0	☑	None
凹　凸	30.0	☑	Map #13 (木头bump.jpg)
置　换	100.0	☑	None
不透明度	100.0	☑	None
环　境		☑	None

图 4-50

步骤 9 材质的最终效果如图 4-51 所示。

步骤 10 将材质赋予地板，效果如图 4-52 所示。

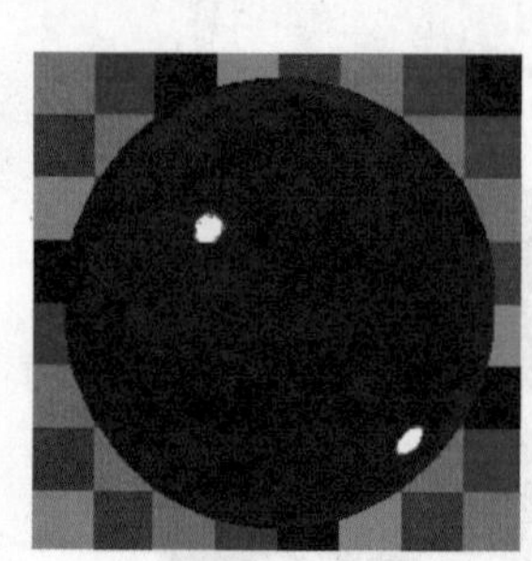
图 4-51

图 4-52

4.3.4 玻璃器皿材质一

玻璃器皿材质在本节中是材质表现的重点。材质类型一主要是表现有渐变效果的玻璃器皿，可以通过在折射中添加渐变坡度贴图来实现玻璃的颜色渐变。最终效果如图 4-53 所示。

图 4-53

操作步骤

步骤 1 选择标准材质。调节漫反射颜色如图 4-54 所示。

步骤 2 调节【Blinn 基本参数】卷展栏中的参数，如图 4-55 所示。设置材质表面为尖锐的高光效果，调节物体的“不透明度”为 15。

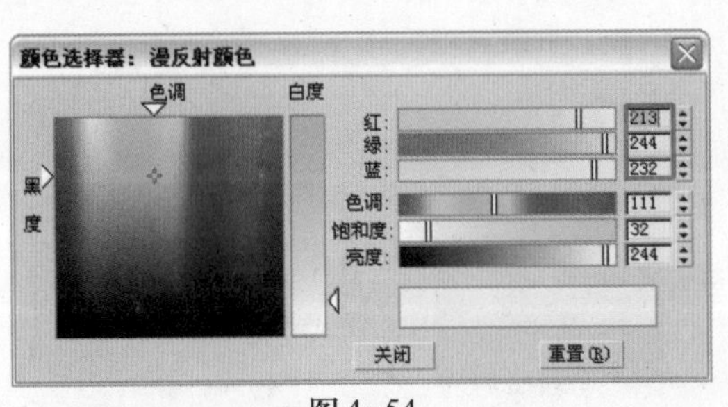

图4-54

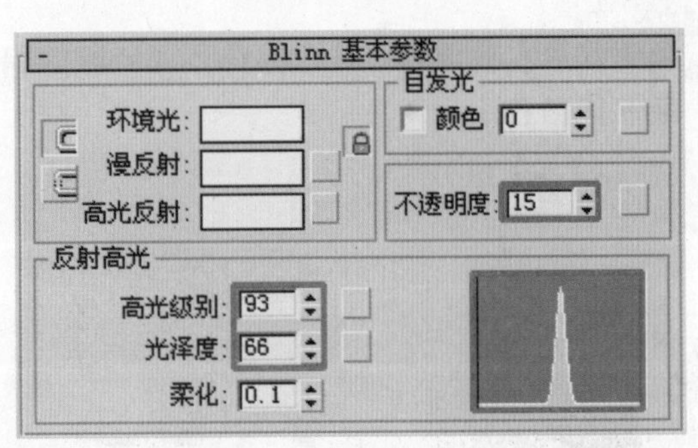

图4-55

步骤 3 单击“反射”右边的长条按钮，添加VR贴图，VR贴图作为VRay渲染器中自带的贴图，反射效果更加出色细腻，如图4-56所示。VR贴图保持默认设置即可，将反射数值设置为13，如图4-57所示。

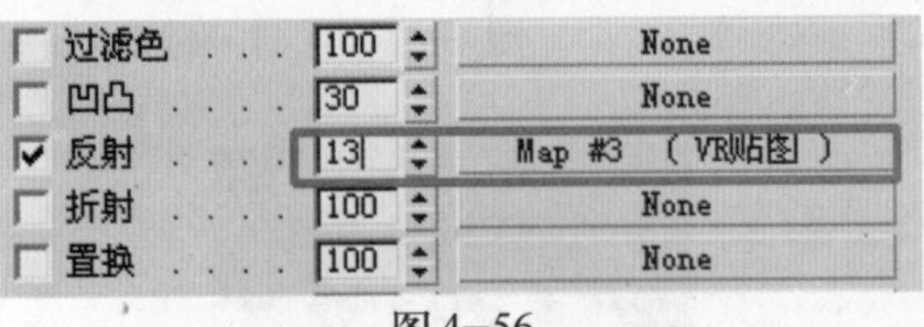

图4-56

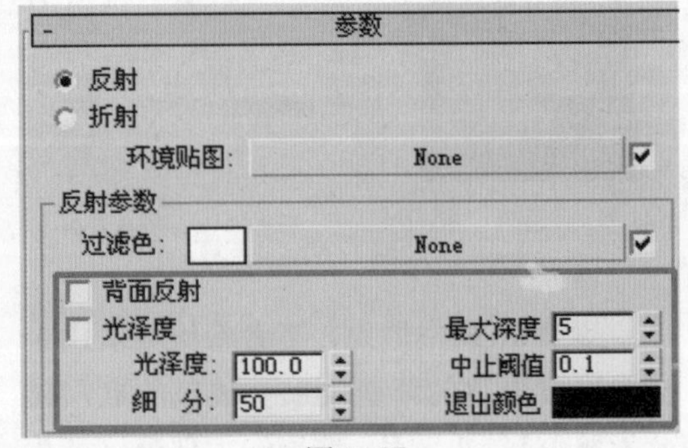

图4-57

步骤 4 单击“折射”右边的长条按钮，添加VR贴图，将类型选择为“折射”，如图4-58所示。这是由于这里是在折射贴图中添加的VR贴图，类型必须与折射效果相吻合。

步骤 5 单击“折射参数”选项组中“过滤色”右边的长条按钮，为其添加渐变坡度贴图，如图4-59所示。这里主要是为模拟玻璃的颜色渐变效果。

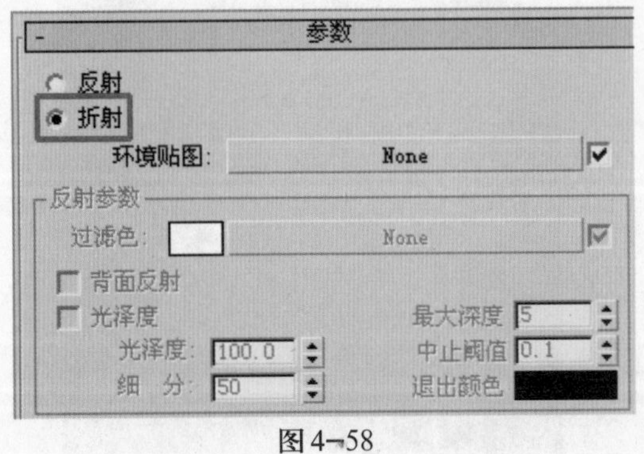

图4-58

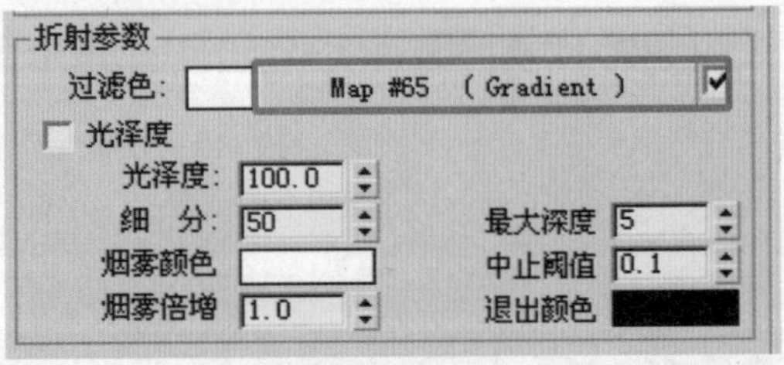

折射参数
过滤色：
Map #65 （Gradient）
光泽度
光泽度：
100.0
细 分：
50
最大深度
5
烟雾颜色
中止阈值
0.1
烟雾倍增
1.0
退出颜色

图4-59

步骤 6 调节渐变颜色由蓝至紫依次过渡，如图4-60～图4-62所示。

步骤 7 在【渐变参数】卷展栏中调节“颜色2位置”数值为0.76，如图4-63所示。默认设置为0.5，当数值逐步向1靠近时，颜色2逐步取代颜色1形成颜色2和颜色3之间的渐变效果。数值为1时，颜色2完全取代颜色1。相反，当数值逐渐靠近0时，颜色2将逐渐取代颜色3。

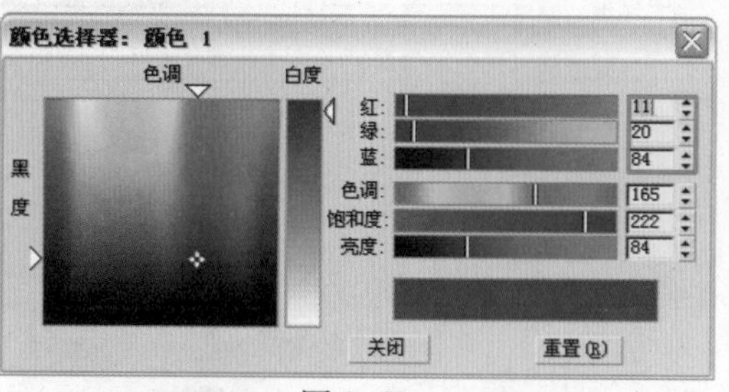

图4-60

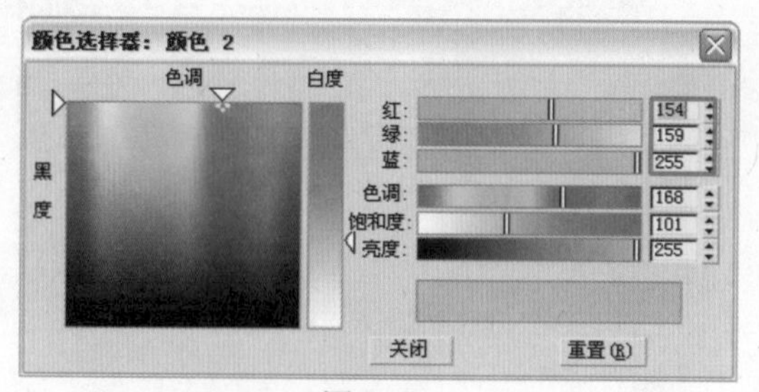

图4-61

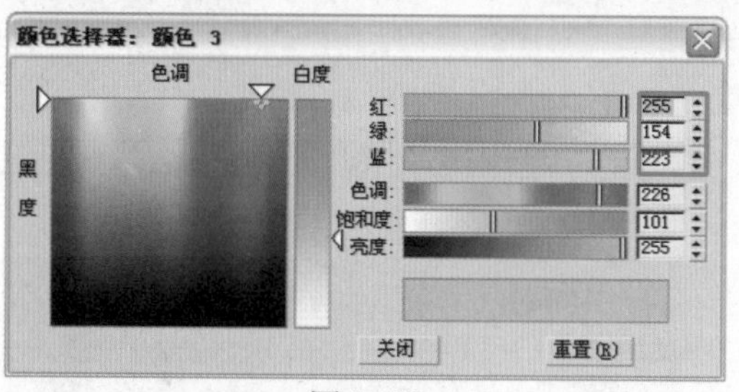

图4-62

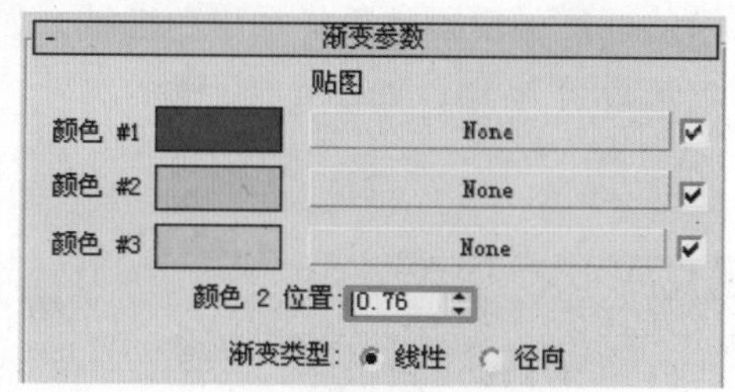

图4-63

步骤 8 通俗地说，笔者希望玻璃由上至下形成以下的渐变效果：玻璃的底层部分为颜色1的重蓝色，玻璃的大部分区域为浅蓝色和蓝紫色的渐变效果。材质最终效果如图4-64所示。

图4-64

步骤 9 将材质赋予物体并添加UVW贴图坐标修改器，如图4-65所示。

步骤 10 将贴图坐标类型设置为平面，在Z轴上进行对齐适配操作，如图4-66所示。

步骤 11 贴图最终效果如图4-67所示。

图4-65

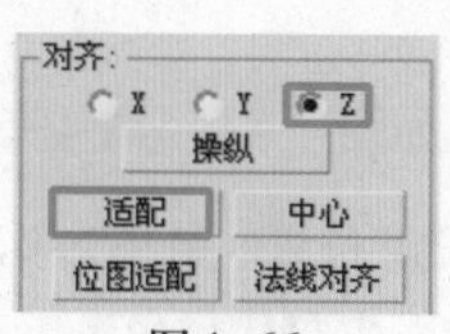

图4-66

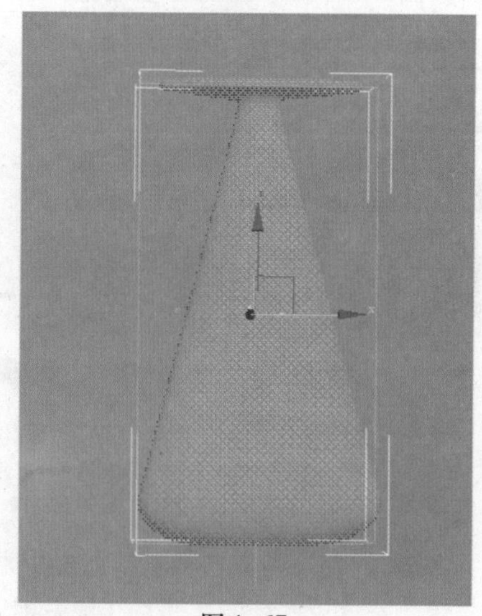

图4-67

4.3.5 玻璃器皿材质二

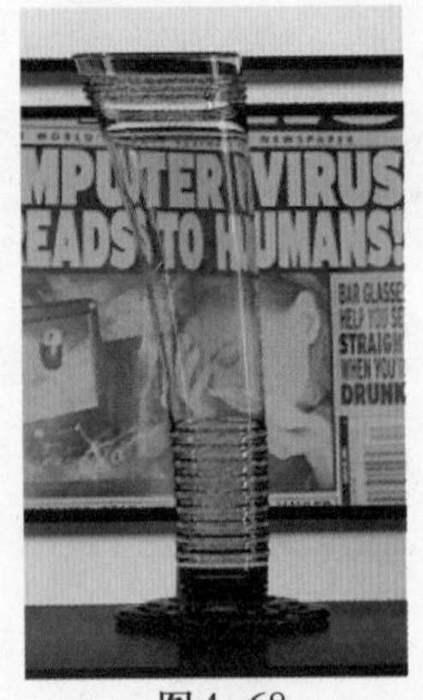
图4-68

本节将讲述另一种玻璃器皿的制作过程，有色玻璃在表达质感的同时影响物体的物理投影颜色。玻璃效果如图4-68所示。

步骤 1 选择VRay材质。将漫射颜色设置为纯白，如图4-69所示。

步骤 2 调节反射数值为202、59、255，如图4-70所示。

图4-69

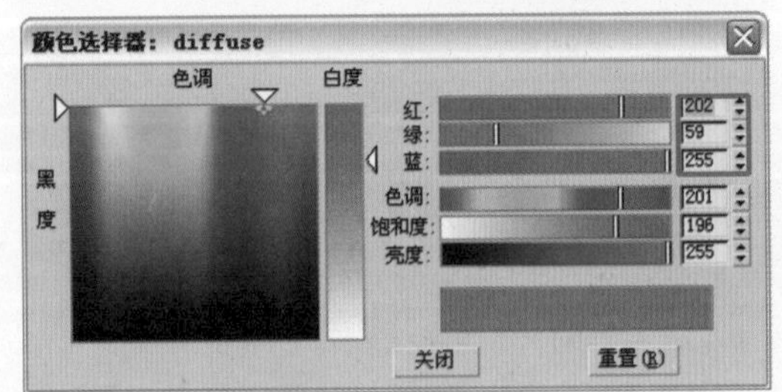

图4-70

步骤 3 勾选“菲涅耳反射”复选框，单击“L”按钮，开启“菲涅耳折射率”选项，参数设置如图4-71所示。

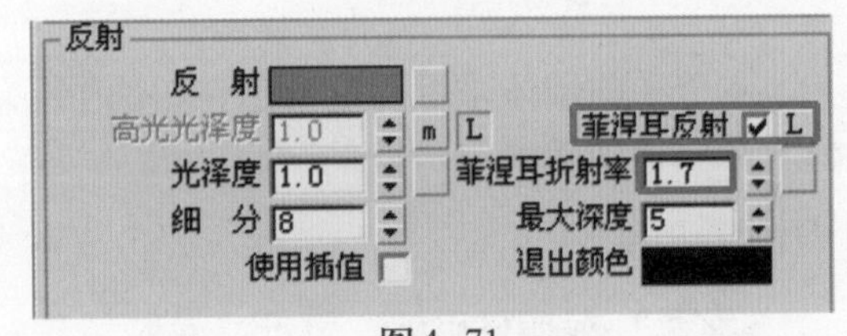

图4-71

步骤 4 调节折射颜色为255、255、255，如图4-72所示。调节“折射率”为1.56，将“细分”设置为10，如图4-73所示。

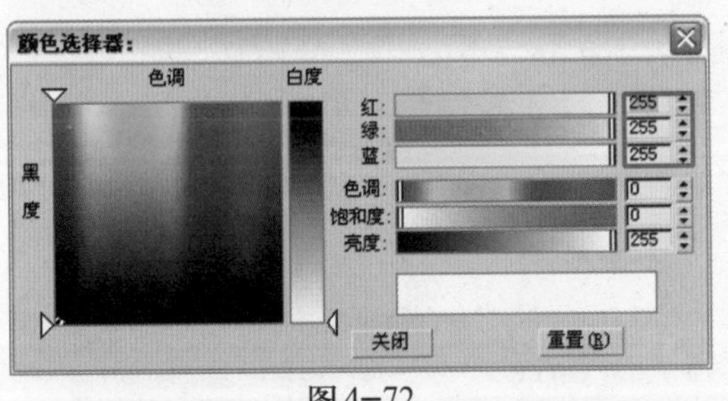

图4-72

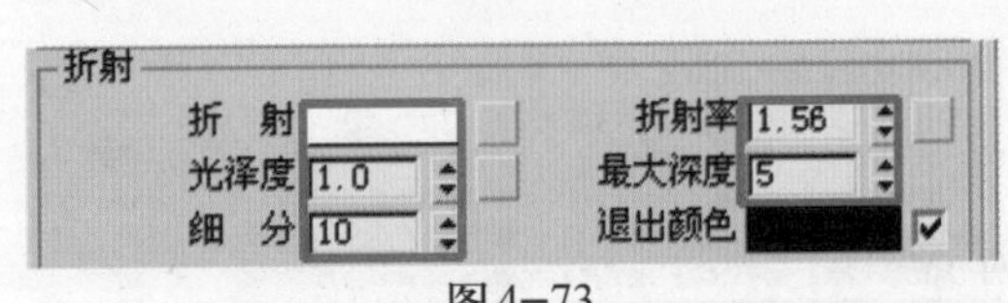

图4-73

步骤 5 将烟雾颜色设置为淡紫色，如图4-74所示。通过控制烟雾颜色可以控制最终影响物体的固有颜色。

步骤 6 将“烟雾倍增”参数设置为0.1，使物体固有颜色呈现淡紫色，如图4-75所示。勾选“影响阴影”和“影响Alpha”复选框，可以使灯光对玻璃材质产生透明阴影效果。

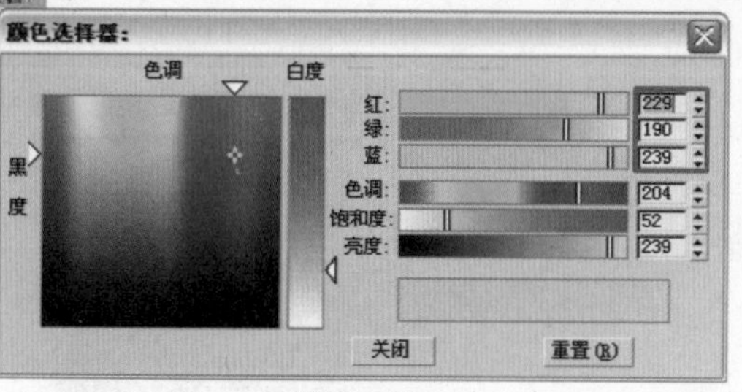

图4-74

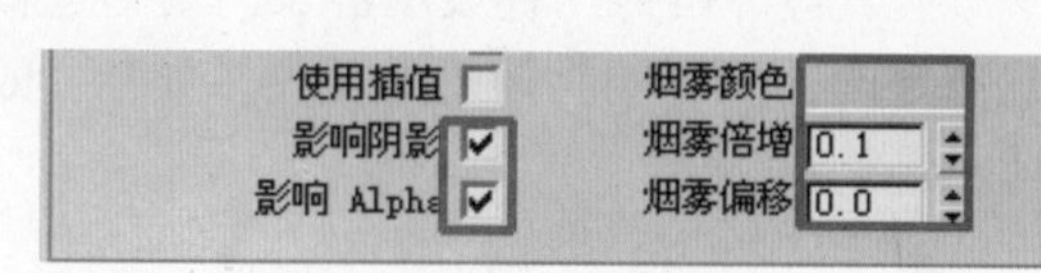

图4-75

步骤 7 将材质的类型设置为“多面”，如图4-76所示。

步骤 8 材质的最终效果如图4-77所示。

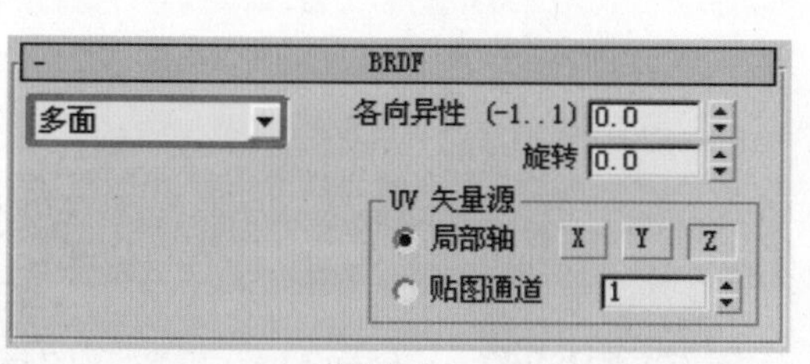

图4-76

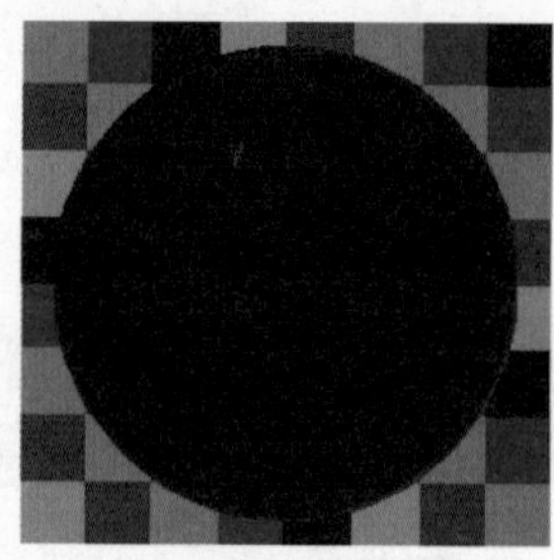
图4-77

4.3.6 其他材质类型

本节中的墙体采用的是白色，在室内装饰风格中，条纹状的墙纸同样占有重要的一席之地。本节将讲述此类材质的制作过程。

步骤 1 选择材质球，单击“漫射”右边的长条按钮，添加棋盘格贴图，如图4-78所示。

步骤 2 设置颜色1为绿色，如图4-79所示。棋盘格参数设置如图4-80所示。

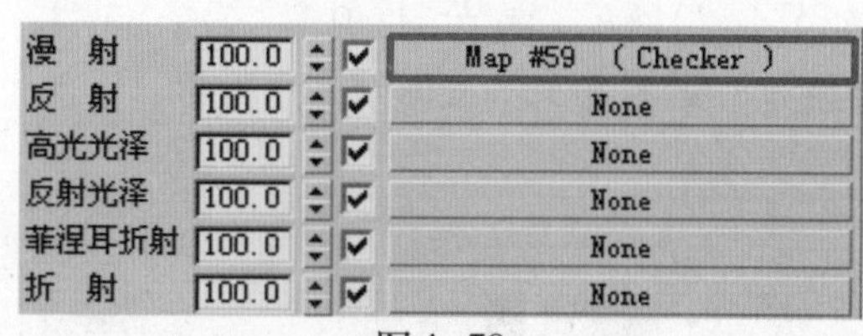

图4-78

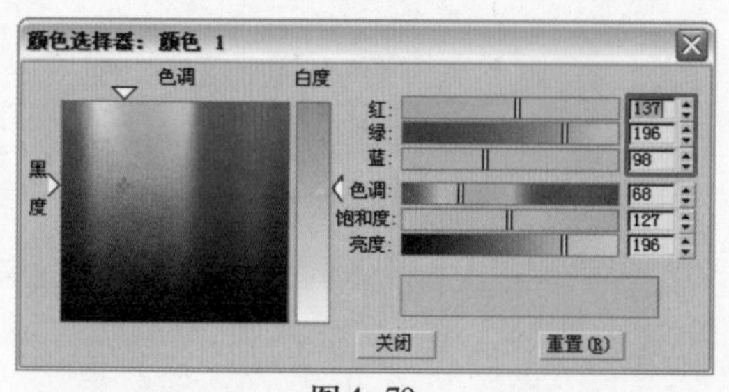

图4-79

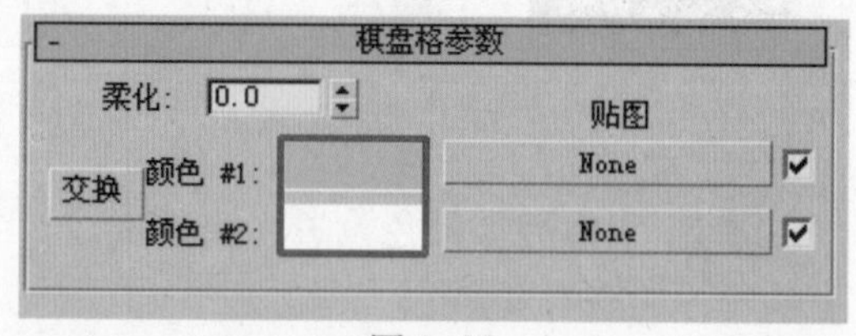

图4-80

步骤 3 调节UV平铺参数如图4-81所示。这里的参数主要是设置方格的排列顺序，读者可根据实际的尺寸进行相应的调整。

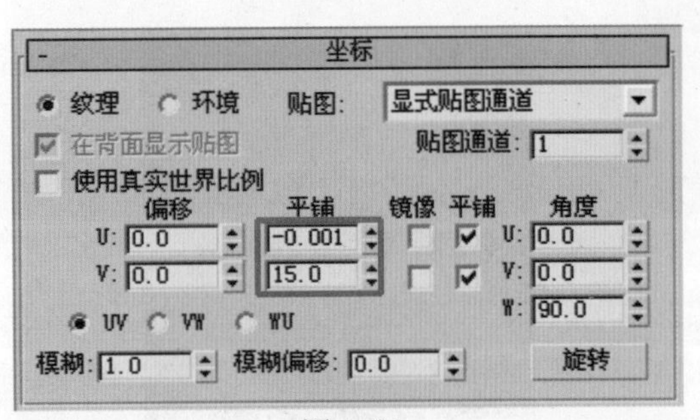

图4-81

步骤 4 调节反射数值为11、11、11，如图4-82所示。将“光泽度”设置为0．88，勾选“菲涅耳反射”复选框，如图4-83所示。

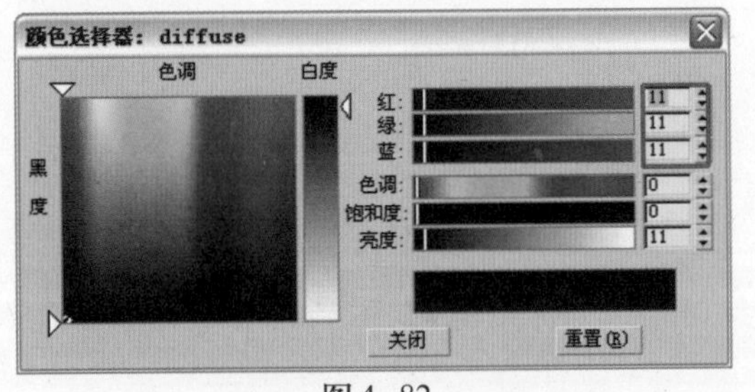

图4-82

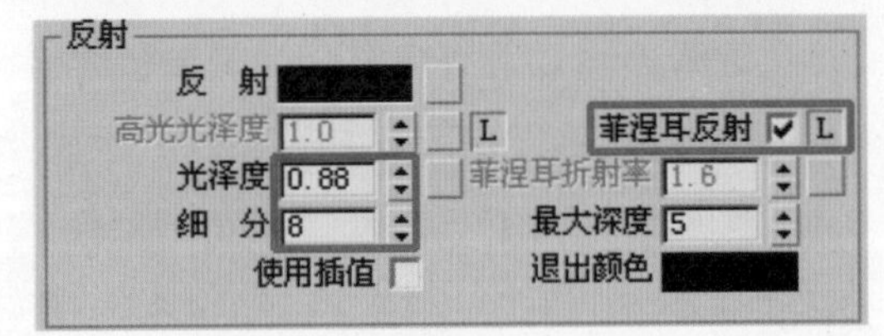

图4-83

步骤 5 将漫射贴图复制到凹凸贴图并设置凹凸参数为4.0，如图4-84所示。

步骤 6 材质的最终效果如图4-85所示。

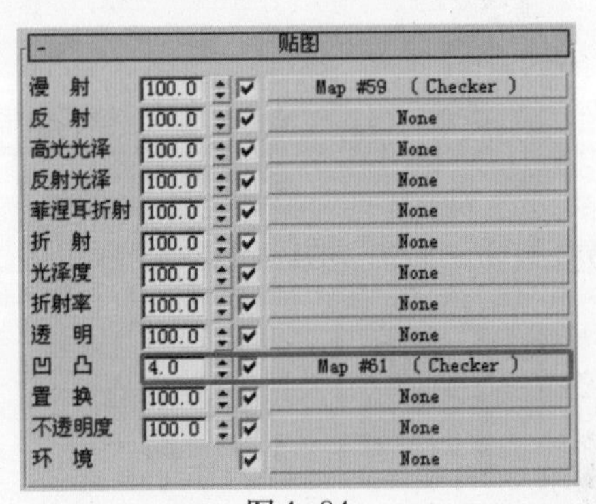

图4-84

图4-85

4.4　HDRI贴图调整和最终渲染

步骤 1 选择菜单栏中的【环境】命令，打开【环境】对话框。在【公用参数】卷展栏中的“环境贴图”下面单击长条按钮，加入VRay HDRI贴图，如图4-86所示。

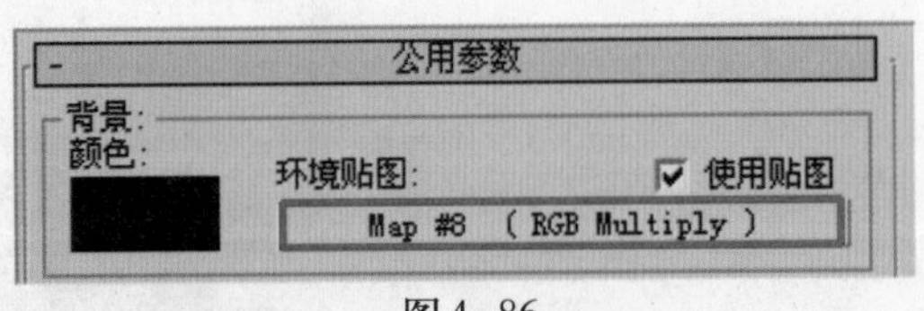

图4-86

步骤 2 将VRay HDRI贴图关联到材质编辑器中。打开本书配套光盘“源文件\第四章\hdr-095.jpeg”文件，如图4-87所示。

步骤 3 将HDRI贴图水平旋转70°，“倍增器”设置为1.2，贴图类型选择为“球状环境贴图”，如图4-88所示。

图 4-87

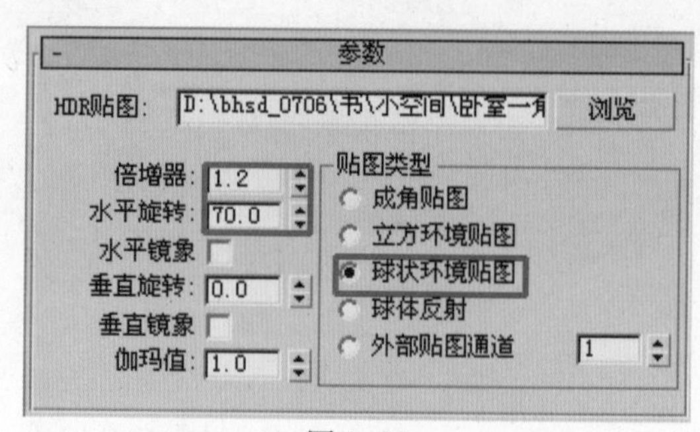

图 4-88

步骤 4 可以适当将HDRI的颜色纯度数值降低，为HDRI贴图添加RHB tint贴图。将贴图的纯度统一调整为109，如图4-89所示。

步骤 5 打开【V-Ray::环境】卷展栏，勾选“反射/折射环境覆盖”选项组中的“开”复选框。将编辑好的RHB tint贴图关联到“反射/折射环境覆盖”贴图中，如图4-90所示。

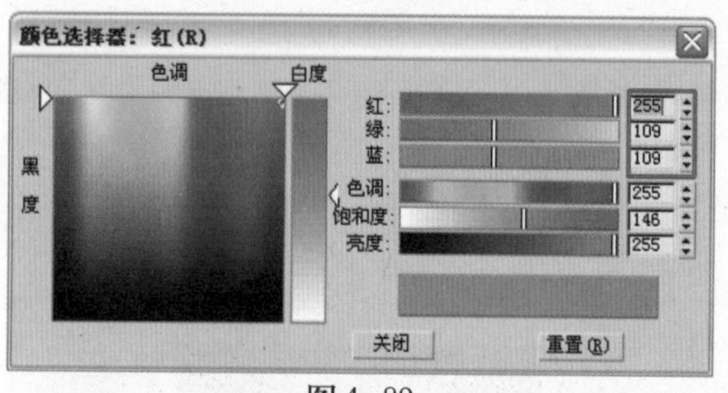

图 4-89

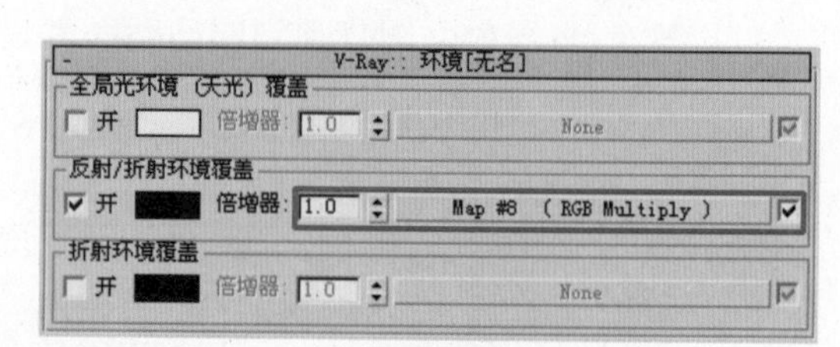

图 4-90

步骤 6 将材质赋予物体，单击工具栏中的按钮，查看渲染结果，如图4-91所示。

图 4-91

步骤 7 画面中光影效果十分出色，桌子表面漂亮地反射出物体的倒影，使室内空间呈现出独特的个性语言。

完美风暴
3ds max/VRay
卧室效果图制作现场

第5章 儿童房的表现

本章精髓

- 阳光制作思路
- 室内气氛营造
- VRay 高级材质

5.1 案例分析

这个案例主要是制作个性化的儿童房。色调把握是本章表现的难点，目前这种个性化的儿童房在家装领域比较流行，有利于塑造适合儿童成长的鲜明个性。整个场景中灯光控制在中景部分，明暗对比比较强烈，整个环境的气氛类似摄影照片。地面的绿色地毯以及五颜六色的点缀，丰富了画面的色彩变化。

5.1.1 光影层次

这个场景主要是将灯光的光影效果控制在了画面的中部，这是画面中需要把握的关键环节。灯光的设置要有意识地围绕着视觉中心展开，灯光控制局部场景的受光效果显的尤为重要。局部灯光在营造的同时需要体现场景的空间感，这需要对灯光的颜色和强度进行微妙的控制。图5–1所示为表现此类效果十分出色的画面，读者可以进行参考。

图5–1

5.1.2 VRay材质

本节中将重点介绍亮漆防火板、床上用品、绿色地毯以及相关材质的制作。本章中涉及的材质类型比较多，对卧室内比较多的材质都进行了详细的讲解和分析。具体的材质讲解将在5.3节中进行详细描叙，图5–2和图5–3所示的是本章实例的精彩细节图片。

图5–2

图5–3

5.2 灯光的设置

画面中灯光首先围绕户外光线进行制作，本节将通过平行光进行模拟，确立画面的整体基调。

5.2.1 光源和环境的创建

本章采用平行光进行太阳光的模拟。

步骤 1 开启3ds Max 9以后，执行【文件】|【打开】命令，打开本书配套光盘“源文件\第5章\儿童房.max”文件，如图5-4所示。

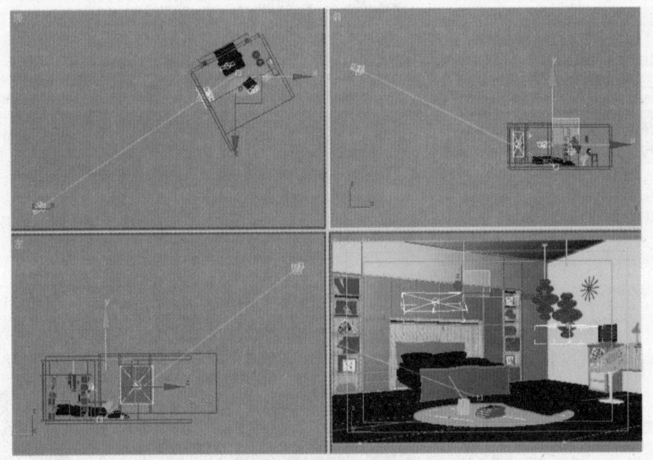

图5-4

步骤 2 单击【创建】命令面板下【灯光】面板中的【目标平行光】按钮，在视图中创建“目标平行光”模拟主光源，如图5-5所示。

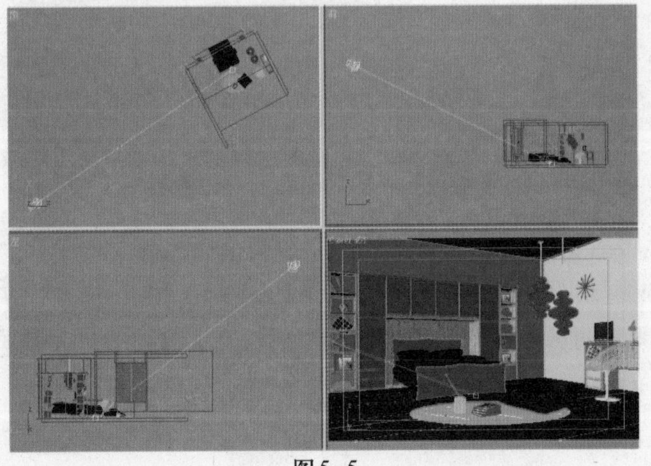

图5-5

步骤 3 设置灯光的位置如图5-6所示。

步骤 4 选中 Direct01，单击按钮切换到修改命令面板。在【常规参数】卷展栏中的“阴影”选项组中勾选“启用”复选框，设置灯光的阴影模式为VRayShadow，如图5-7所示。

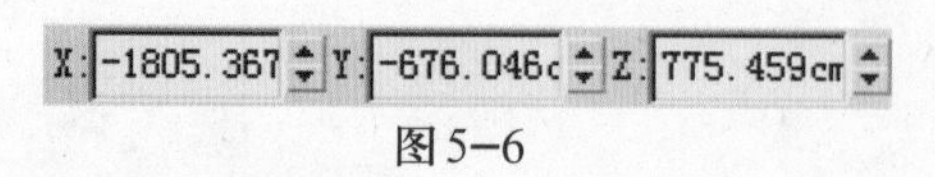

图5-6

图5-7

步骤 5 在【强度/颜色/衰减】卷展栏中调整灯光的颜色为暖灰色，将“倍增”值设置为8.0，如图5-8所示。灯光颜色如图5-9所示。

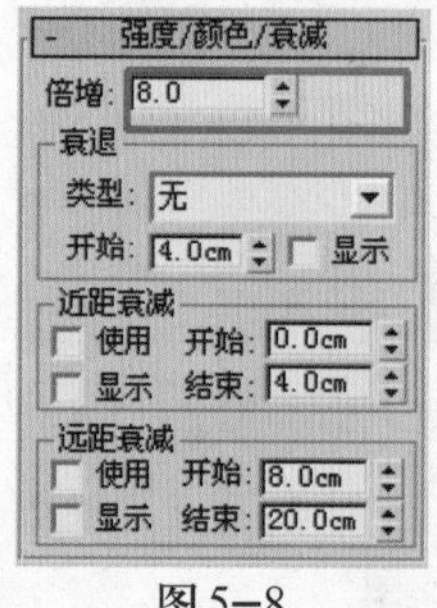

图5-8

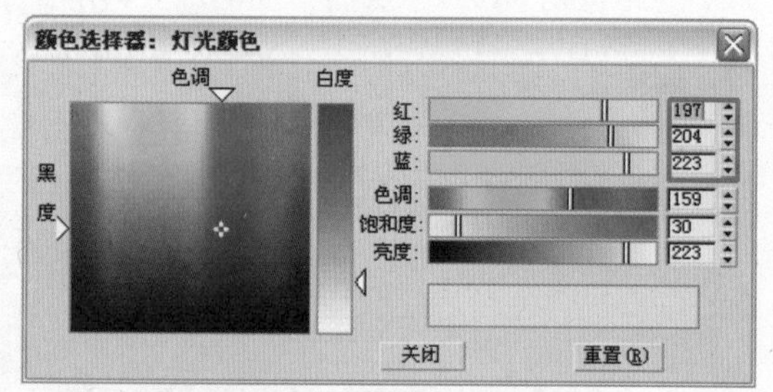

图5-9

步骤 6 在【平行光参数】卷展栏中设置“聚光区/光素”的值为206.1，“衰减区/区域”的值为309，如图5-10所示。

步骤 7 观察画面中的光圈效果，如图5-11所示。

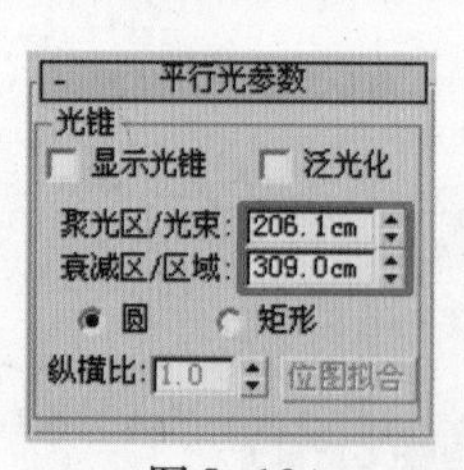

图5-10

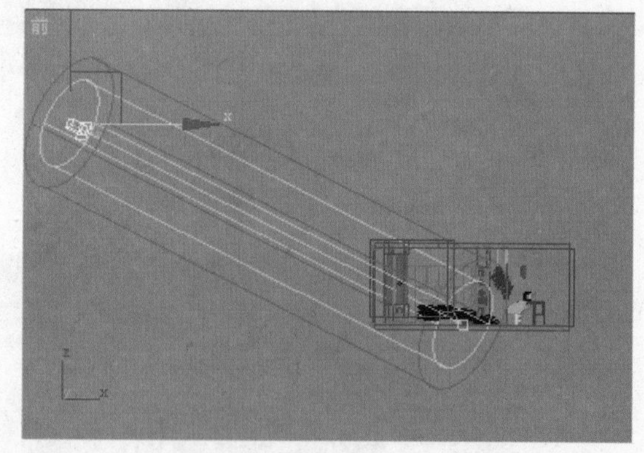
图5-11

步骤 8 在【VRay阴影参数】卷展栏中设置对象阴影为区域阴影，类型为“球体”。将U、V、W的数值设置为30、30、30，如图5-12所示。使灯光的阴影产生一定程度的偏移。

步骤 9 执行【渲染】|【渲染】命令，或者单击工具栏中的按钮，打开【渲染场景】对话框。单击“公用”选项，在【指定渲染器】卷展栏中，单击“产品级”后面的按钮。打开【选择渲染器】对话框，在下面的列表中选择“V-Ray Adv 1.5 RC3”,单击“确

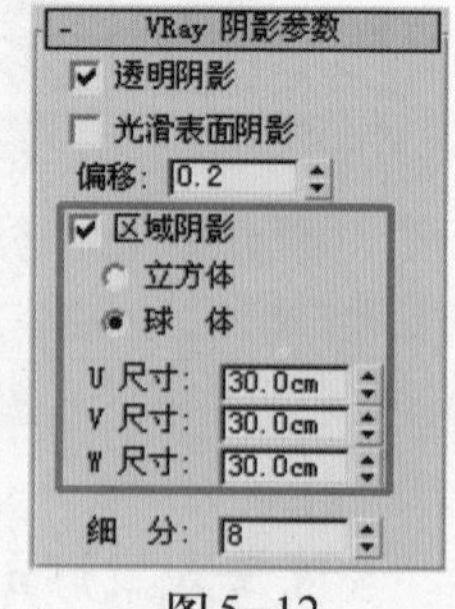

图5-12

定”按钮，如图5-13所示。

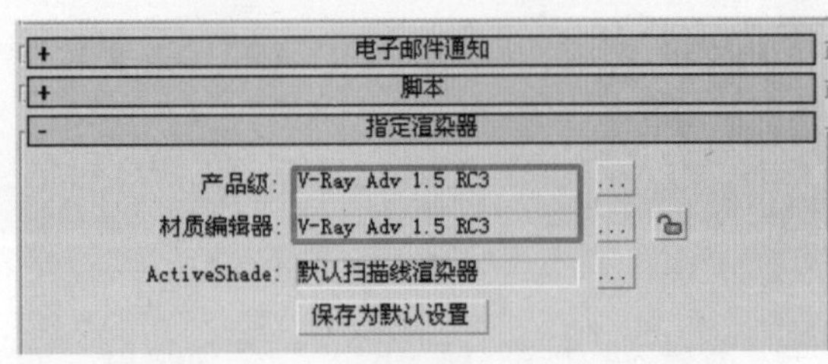

图5-13

步骤 10 打开【V-Ray∷图像采样(反锯齿)】卷展栏，将抗锯齿过滤器设置如图5-14所示。

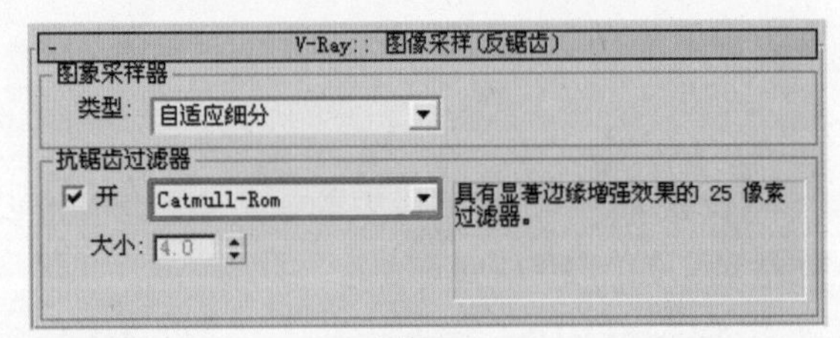

图5-14

步骤 11 开启VRay渲染器。打开【V-Ray∷间接照明(GI)】卷展栏，勾选“开启”复选框，选择首次反弹GI引擎为“发光贴图”，二次反弹GI引擎为“灯光缓冲”，如图5-15所示。

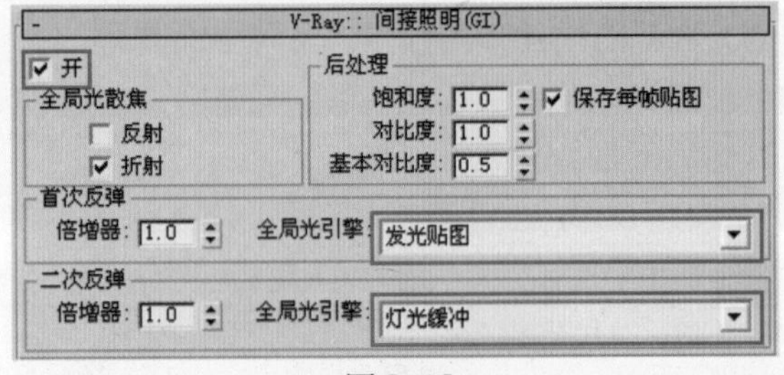

图5-15

步骤 12 打开【V-Ray∷准发光贴图】卷展栏，将当前预置的选项设置为“非常低”，如图5-16所示。

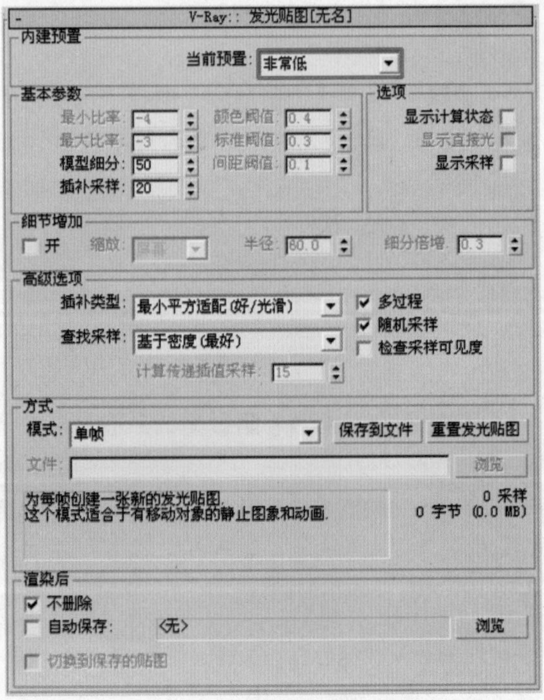

图5-16

步骤 13 打开【V-Ray∷灯光缓冲】卷展栏，参数设置如图5-17所示。

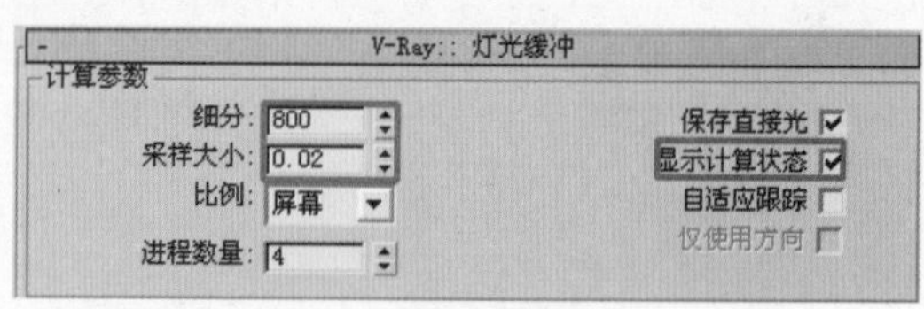

图5-17

步骤 14 打开【V-Ray∷颜色映射】卷展栏，将颜色贴图的类型设置为“Reinhard”，参数设置如图5-18所示。

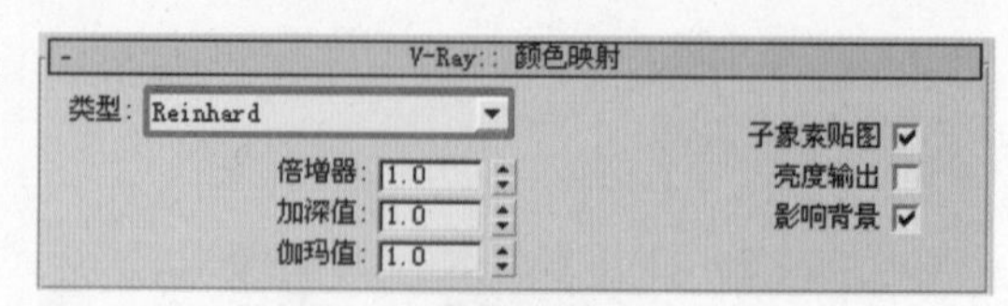

图5-18

步骤 15 单击工具栏中的按钮，查看渲染结果，如图5-19所示。

观察渲染图像，灯光照射的中心区域定格在需要的中景部分，这个位置还是令人满意的。由于二次反弹的作用，场景中的其他部分也被照亮。但效果远远不够，下面将进行辅助灯光的添加。

图5-19

5.2.2 辅助光源

添加补光继续完善画面的光影效果，照明场景并完善灯光的冷暖变化。

步骤 1 单击【创建】命令面板下【灯光】面板中的【VRayLight】按钮，在画面中的窗口部分添加辅助光源。灯光的具体位置如图5-20所示。

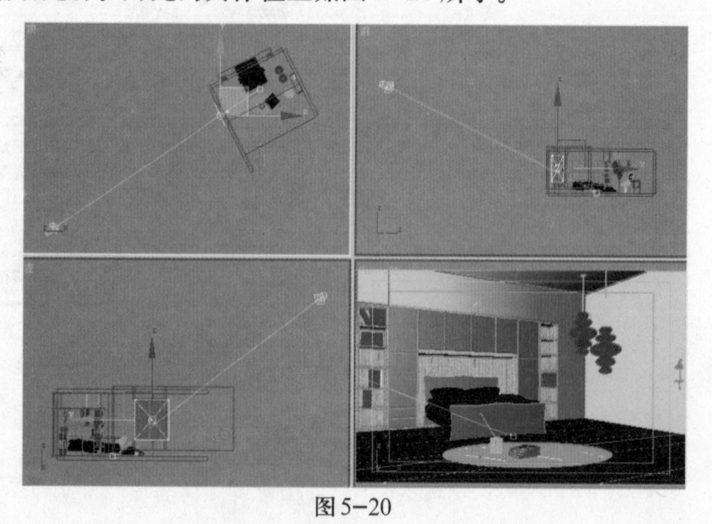

图5-20

步骤 2 选中VRayLight，单击按钮切换到修改命令面板。在【参数】卷展栏中勾选

“开”复选框，将“倍增器”参数值设置为30.0，如图5-21所示。

步骤3 将灯光颜色设置为淡黄色，如图5-22所示。

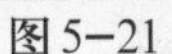

图5-21

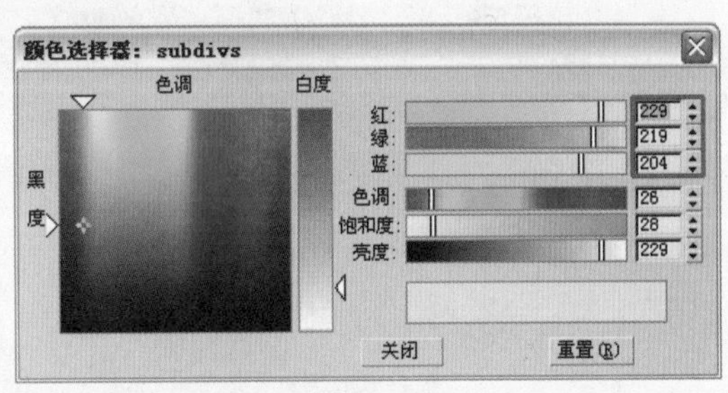

图5-22

步骤4 调节灯光大小，如图5-23所示。灯光的大小基本与窗口部分进行匹配即可。

步骤5 勾选“不可见”复选框，将灯光在渲染时的渲染效果隐藏，如图5-24所示。

步骤6 在【采样】卷展栏中设置采样的细分数值为16，如图5-25所示。

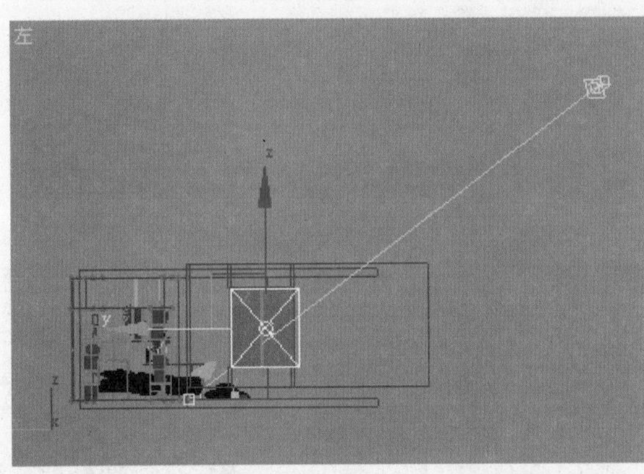

图5-23

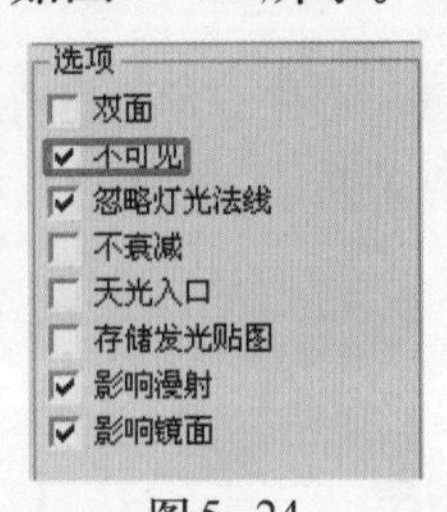

图5-24

图5-25

步骤7 单击工具栏中的按钮，查看渲染结果，如图5-26所示。

图5-26

步骤8 观察渲染效果，窗口的灯光照亮了整个场景，尤其是窗户到中景的部分。这符合制作思路，但局部灯光的照明依然有必要进行刻画。

步骤 9 继续为场景添加灯光，该灯光主要是进一步加强灯光在窗口处的照明效果，具体位置如图 5-27 所示。

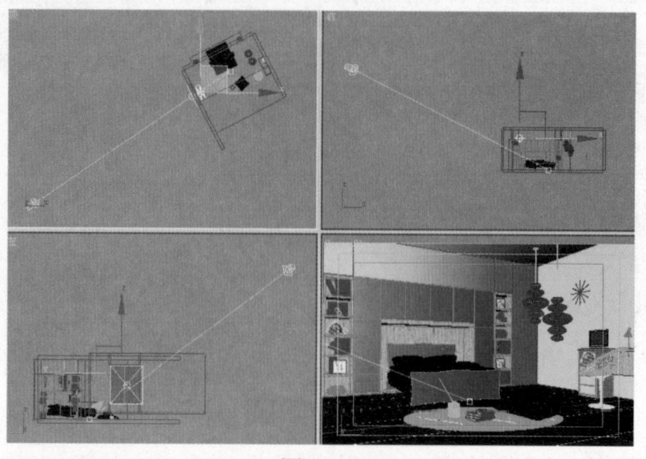

图 5-27

步骤 10 选中“VR 灯光”，单击按钮切换到修改命令面板。在【参数】卷展栏中勾选“开”复选框，“倍增器”参数设置为 2.0，如图 5-28 所示。

步骤 11 将灯光颜色设置为冷黄色，如图 5-29 所示。

图 5-28

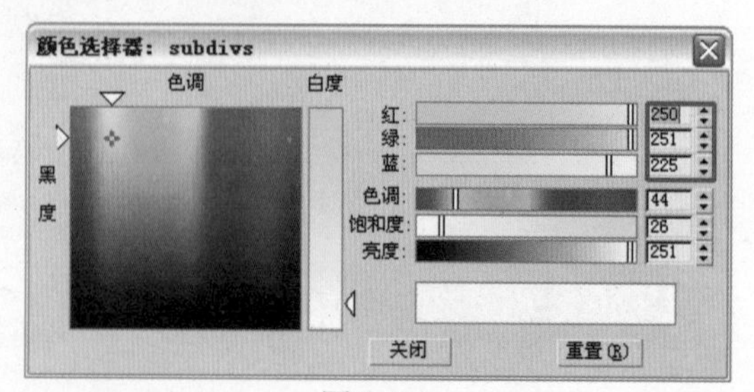

图 5-29

步骤 12 调节灯光大小的位置，如图 5-30 所示。

步骤 13 取消“影响镜面”选项的选择，让灯光形状不影响地面反射效果，如图 5-31 所示。

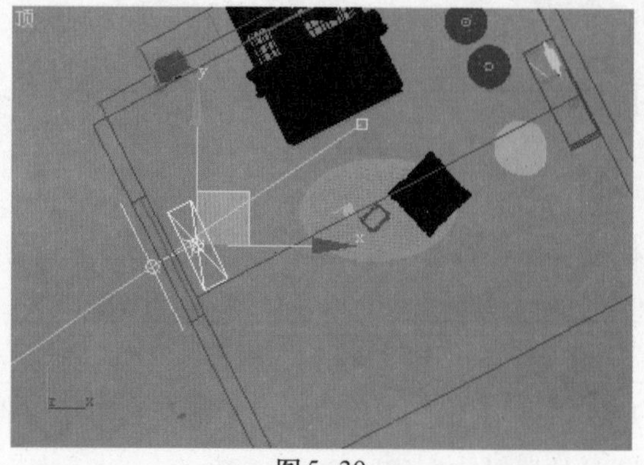

图 5-30

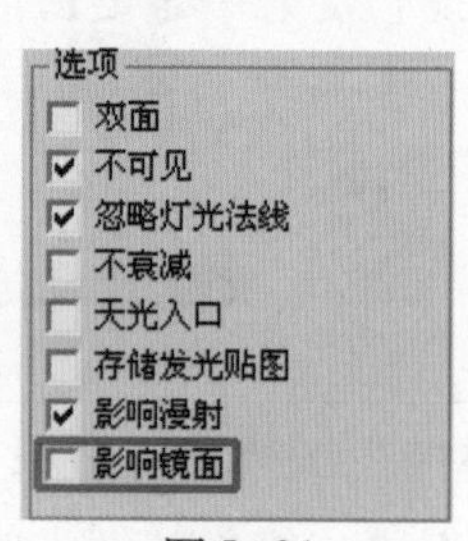

图 5-31

步骤 14 单击工具栏中的按钮，查看渲染结果，如图5-32所示。

图5-32

步骤 15 这部分的灯光效果主要是对窗口区域进行轻微的照明完善，如果在附带材质的场景中这种效果无疑更加明显，读者可以自行尝试。

步骤 16 单击 VRayLight 按钮，继续添加辅助灯光。灯光的具体位置如图5-33所示。这盏灯光主要是对地毯和抱枕的暗部区域进行照明。

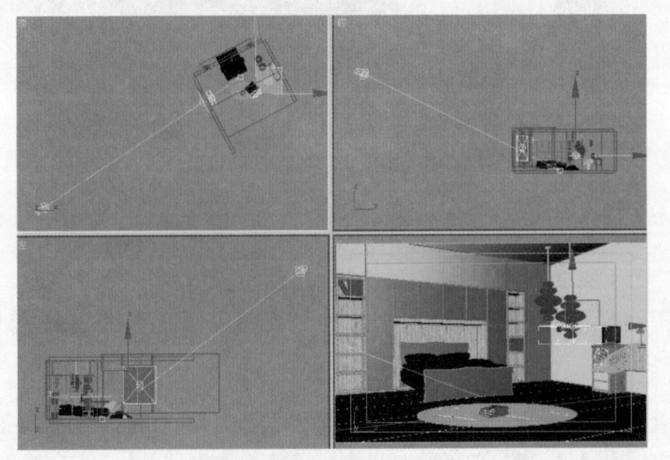
图5-33

步骤 17 选中VRayLight，单击按钮切换到修改命令面板。在【参数】卷展栏中勾选“开”复选框，将“倍增器”参数设置为6.0，如图5-34所示。

步骤 18 将灯光颜色设置为灰色，如图5-35所示。这里的灯光饱和度要适当进行控制，暗部的颜色反射一定要适度。

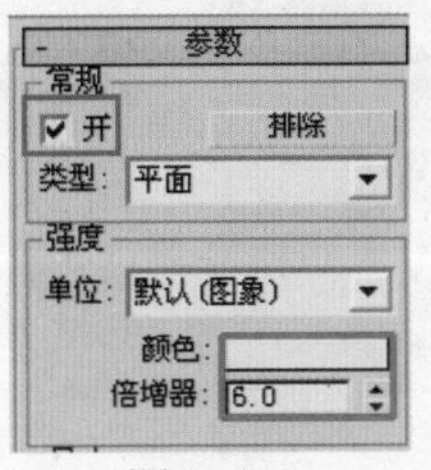

图5-34

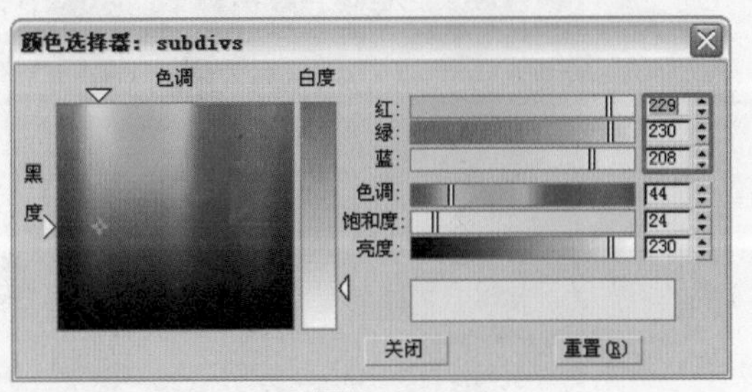

图5-35

步骤 19 调节灯光位置，如图 5-36 所示。

步骤 20 取消“影响镜面”选项的选择，如图 5-37 所示。

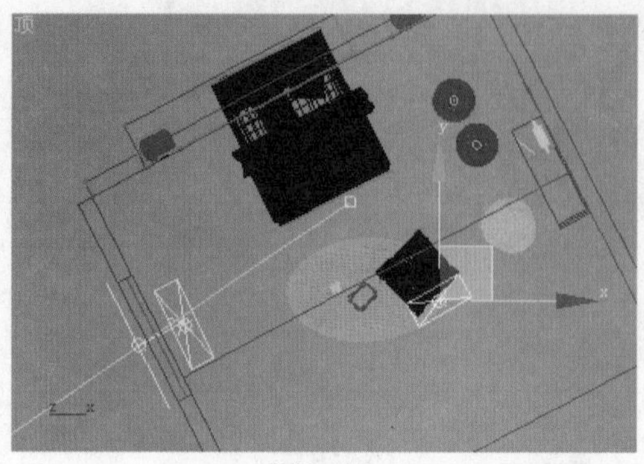

图 5-36

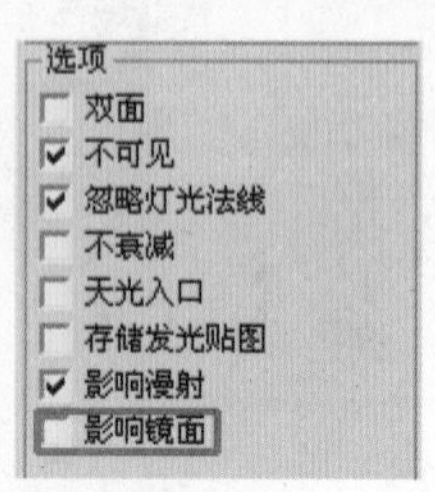

图 5-37

步骤 21 单击工具栏中的按钮，查看渲染结果，如图 5-38 所示。

图 5-38

步骤 22 暗部区域得到明显的改善，同时与周围光影融合的效果也十分出色，暗部光影富有层次变化。

步骤 23 单击 VRayLight 按钮，继续添加辅助灯光。灯光的具体位置如图 5-39 所示。这盏灯光主要是对床头柜部分进行照明补充。

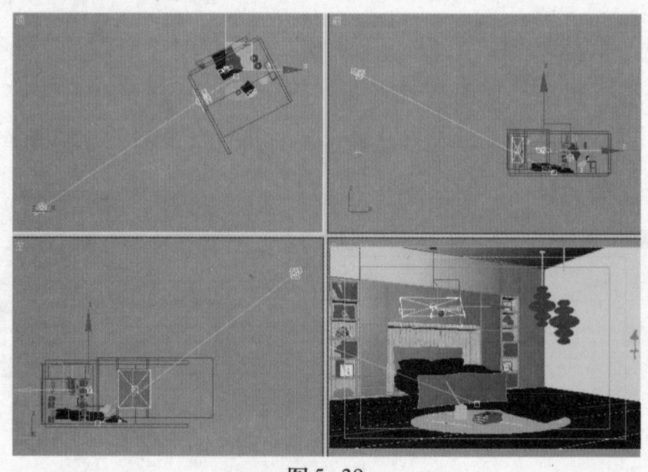

图 5-39

步骤 24 选中 VRayLight，单击按钮切换到修改命令面板。在【参数】卷展栏中勾选“开”复选框，将“倍增器”参数设置为6.5，如图5-40所示。

步骤 25 将灯光颜色设置为黄灰色，如图5-41所示。

参数
常规
开
排除
类型：平面
强度
单位：默认(图象)
颜色：
倍增器：6.5

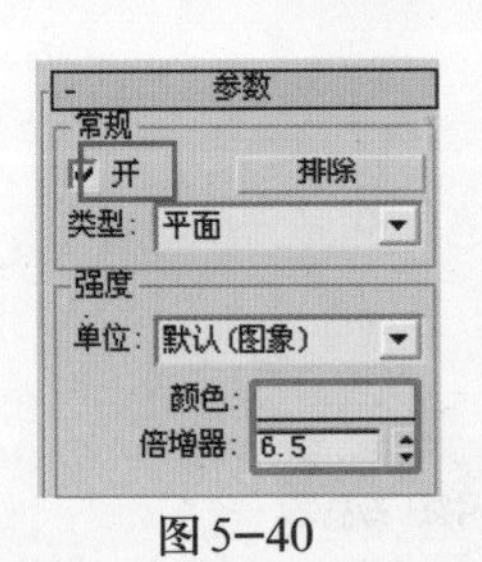

图5-40

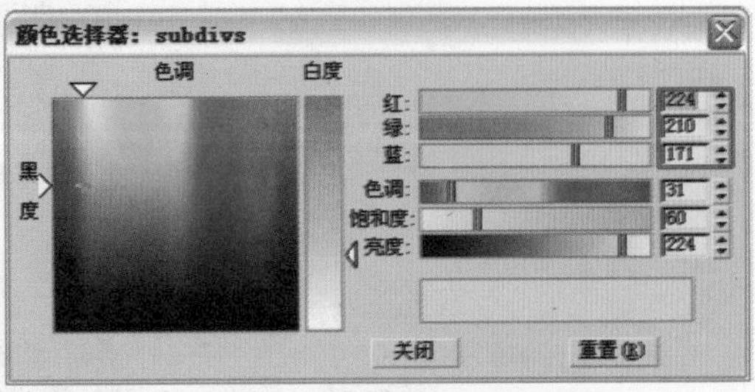

颜色选择器：subdivs
色调
白度
黑
度
红：224
绿：210
蓝：171
色调：31
饱和度：60
亮度：224
关闭
重置(R)

图5-41

步骤 26 调节灯光位置，如图5-42所示。

步骤 27 取消“影响镜面”选项的选择，如图5-43所示。

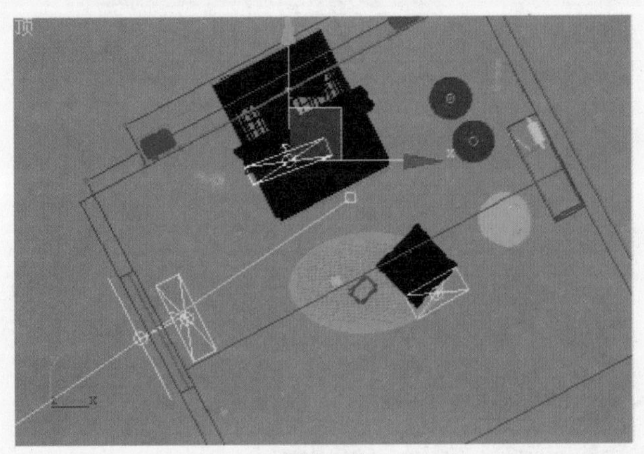

顶

图5-42

选项
双面
不可见
忽略灯光法线
不衰减
天光入口
存储发光贴图
影响漫射
影响镜面

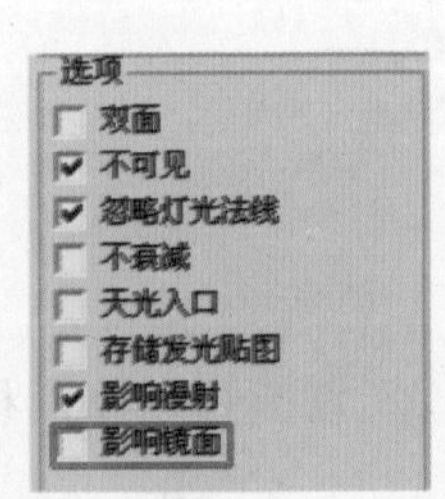

图5-43

步骤 28 单击工具栏中的按钮，查看渲染结果，如图5-44所示。

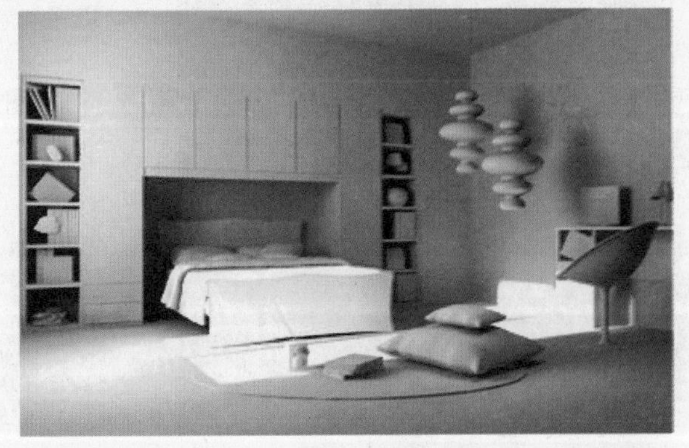

图5-44

步骤 29 单击 VRayLight 按钮，继续添加辅助灯光。灯光的具体位置如图5-45所示。这盏灯光主要是模拟吊灯的照明。

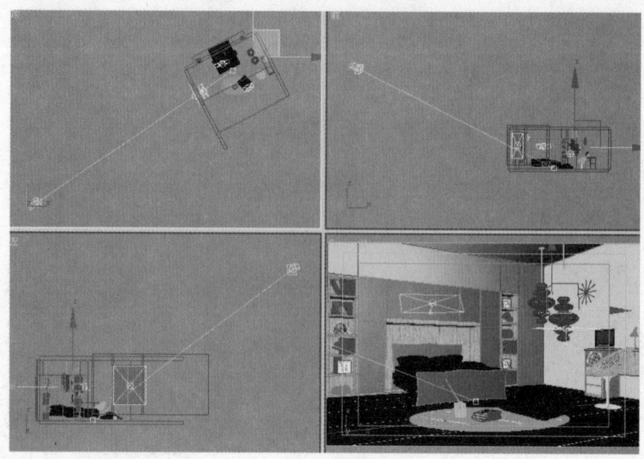

图 5-45

步骤 30 选中VRayLight，单击按钮切换到修改命令面板。在【参数】卷展栏中勾选“开”复选框，灯光类型设置为“球体”，将“倍增器”参数设置为40.0，如图5-46所示。

步骤 31 将灯光颜色设置为暖色，如图 5-47 所示。

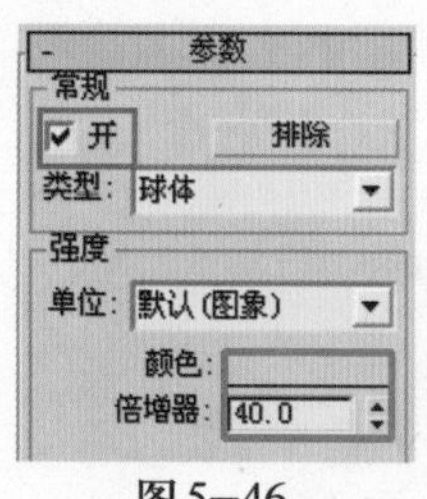

图 5-46

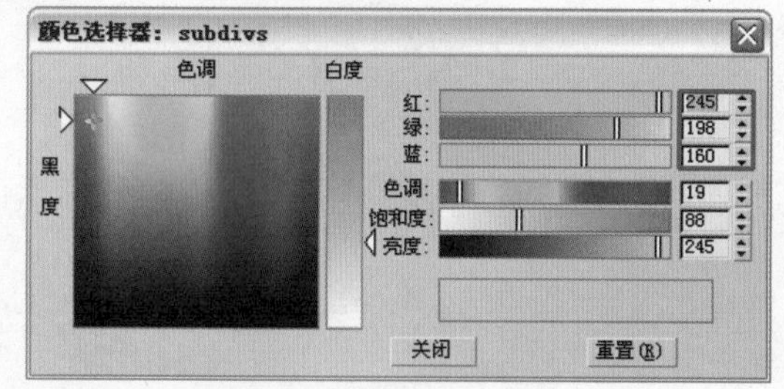

图 5-47

步骤 32 调节灯光位置和尺寸，如图 5-48 和图 5-49 所示。

步骤 33 取消“影响镜面”选项的选择，如图 5-50 所示。

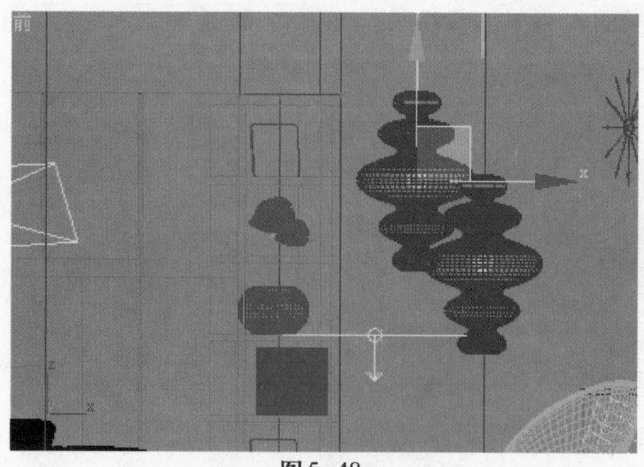

图 5-48

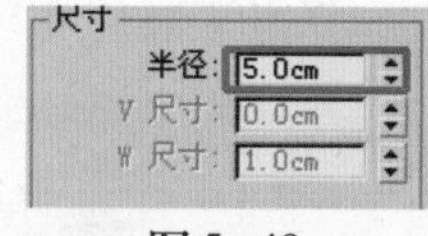

图 5-49

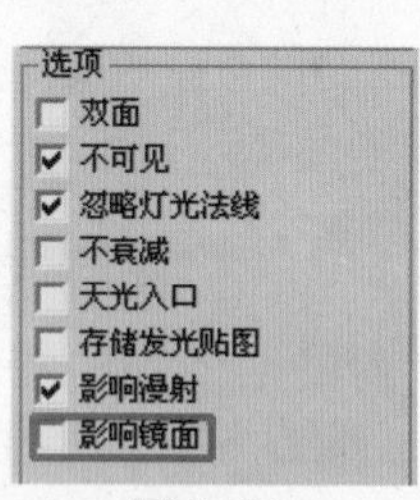

图 5-50

场景灯光设置完毕，整个场景的光与色控制在比较舒服的效果下，阴影的变化也有虚实层次。

5.3 材质的设置

本章将详细讲解如何制作地板材质、床上用品材质和各类儿童用品材质等。通过深入的学习，去体会 VRay 材质的特点。

5.3.1 地砖材质

步骤 1 打开Photoshop，制作地板的凹凸贴图，如图 5–51 所示。这里的制作过程比较简单，在背景色为黑色的前提下对凹凸接缝进行相应的白色填充即可。

图 5–51

步骤 2 选择 VRay 材质。单击固有色，调节地砖颜色，如图 5–52 所示。

步骤 3 调节反射颜色数值为49、49、49，如图 5–53 所示。

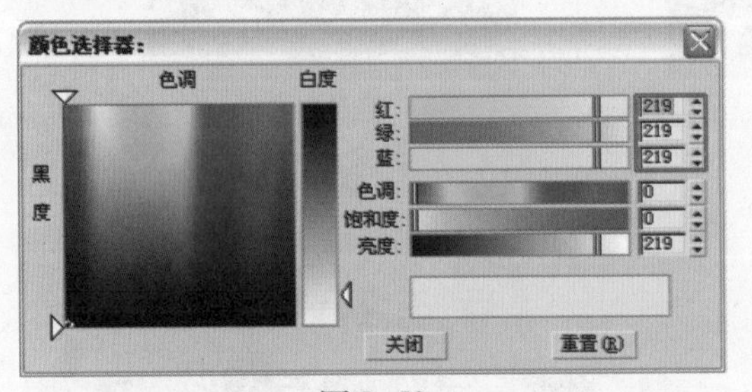

图 5–52

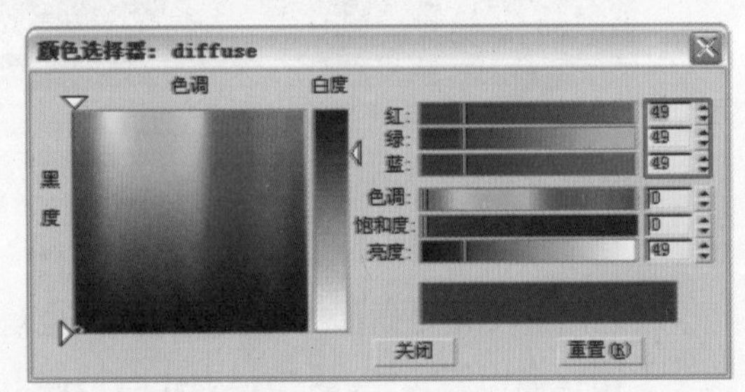

图 5–53

步骤 4 调节“光泽度”参数为 0.83，“细分”参数为 20，如图 5–54 所示。

步骤 5 在【BRDF】卷展栏中选择材质的类型为“反射”，如图 5–55 所示。

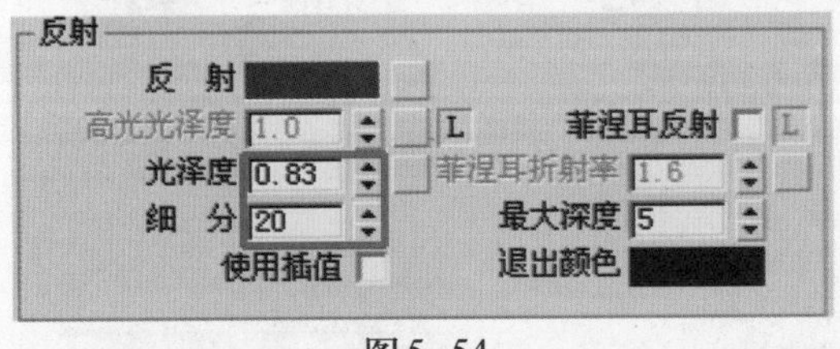

图 5–54

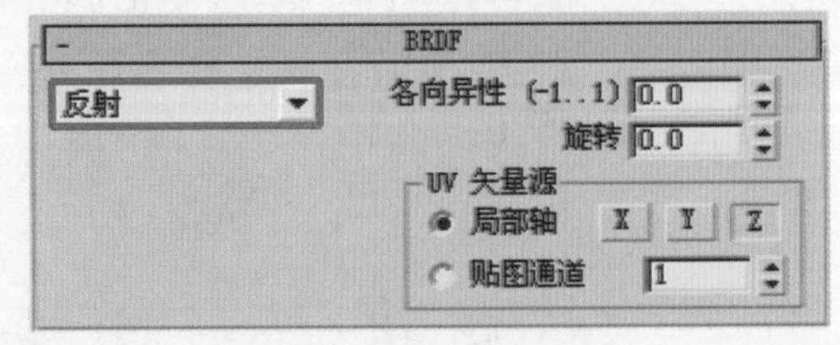

图 5–55

步骤 6 通过凹凸贴图为材质添加绘制的贴图，参数设置为 –45.0，如图 5–56 所示。

步骤 7 打开【坐标】卷展栏，调节“平铺”参数如图 5–57 所示。

步骤 8 观察贴图纹理效果，如图 5–58 所示。

步骤 9 材质的最终效果如图 5–59 所示。

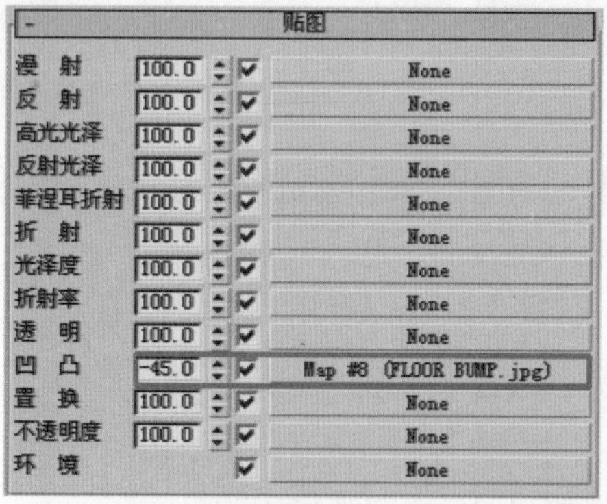

贴图			
漫 射	100.0	☑	None
反 射	100.0	☑	None
高光光泽	100.0	☑	None
反射光泽	100.0	☑	None
菲涅耳折射	100.0	☑	None
折 射	100.0	☑	None
光泽度	100.0	☑	None
折射率	100.0	☑	None
透 明	100.0	☑	None
凹 凸	-45.0	☑	Map #8 (FLOOR BUMP.jpg)
置 换	100.0	☑	None
不透明度	100.0	☑	None
环 境		☑	None

图5-56

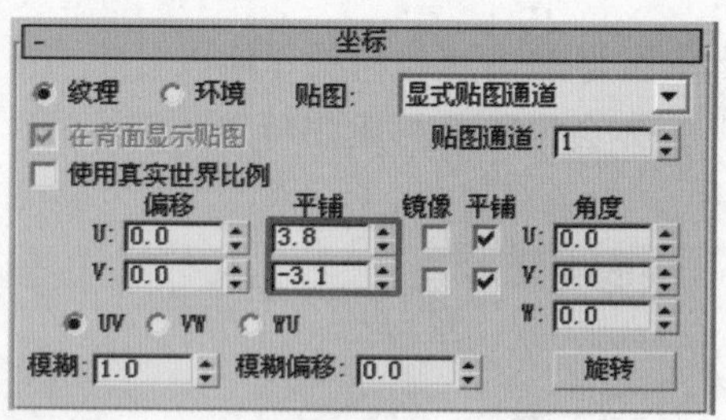

图5-57

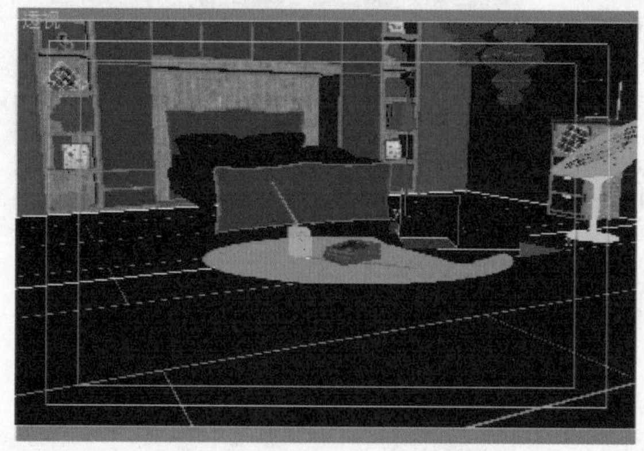

图5-58

图5-59

5.3.2 毛毯材质

图5-60

绿色圆形毛毯是画面中活跃的色块，也是视觉上比较靠前的物体。颜色和质感的把握方面对毛毯的影响都十分关键，如图5-60所示。

步骤1 选择VRay材质。 单击固有色，调节毛毯颜色，如图5-61所示。

步骤2 通过凹凸贴图添加混合材质，如图5-62所示。

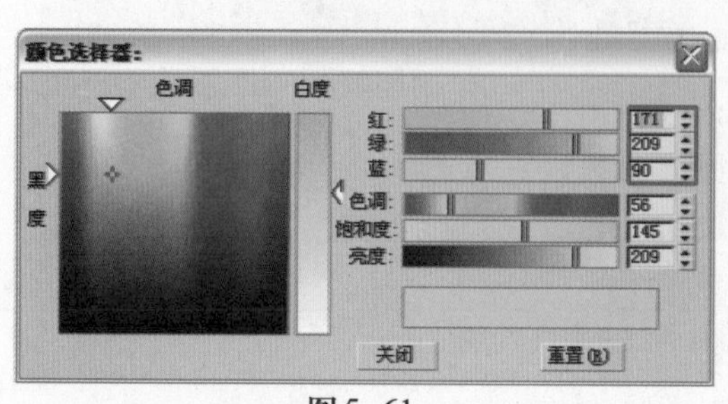

图5-61

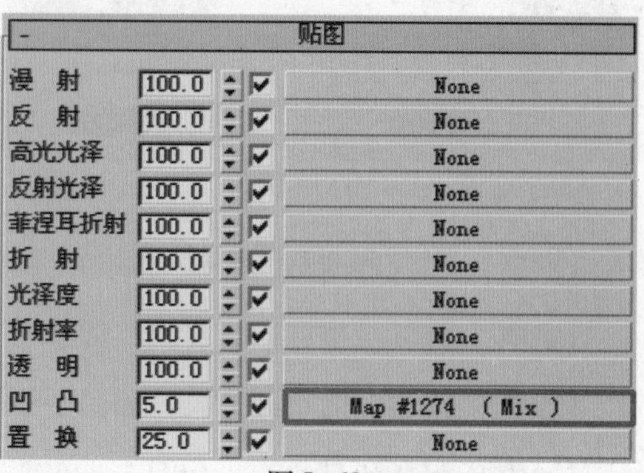

图5-62

步骤 3 单击“颜色＃1”右边的长条按钮，打开本书配套光盘“源文件\第5章\Bath_Towel_Main.jpg”文件，如图5-63和图5-64所示。

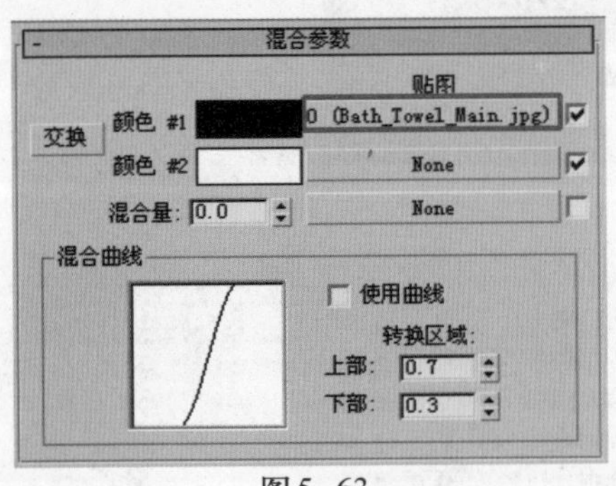

图5-63

图5-64

步骤 4 单击“颜色＃2”右边的长条按钮，打开本书配套光盘“源文件\第5章\Bath_Towel_Dop.gif”文件，如图5-65和图5-66所示。

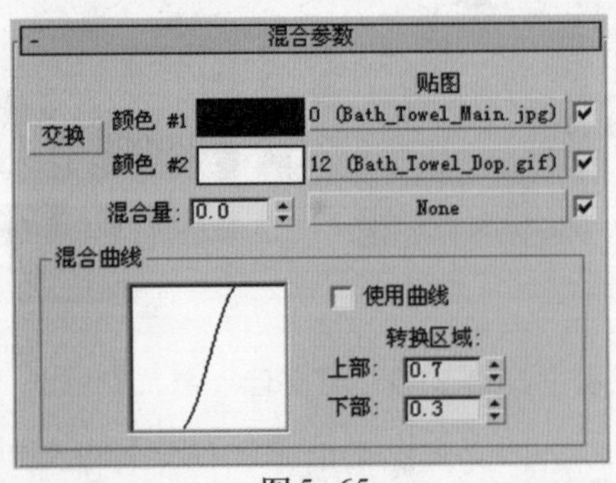

图5-65

图5-66

步骤 5 将凹凸贴图关联复制到置换贴图中，如图5-67所示。

步骤 6 材质效果如图5-68所示。

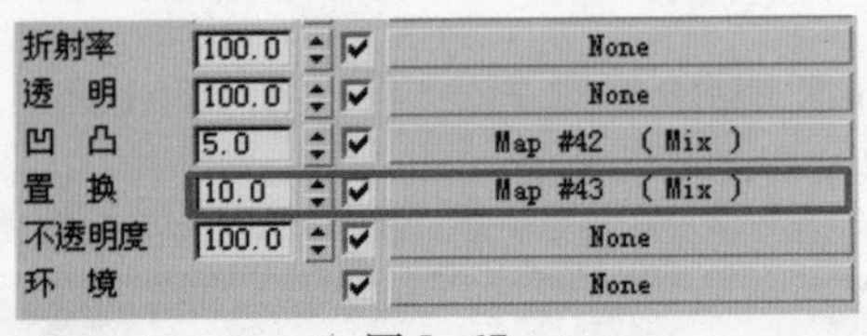

图5-67

图5-68

5.3.3 床单材质

床单材质效果如图5-69所示。

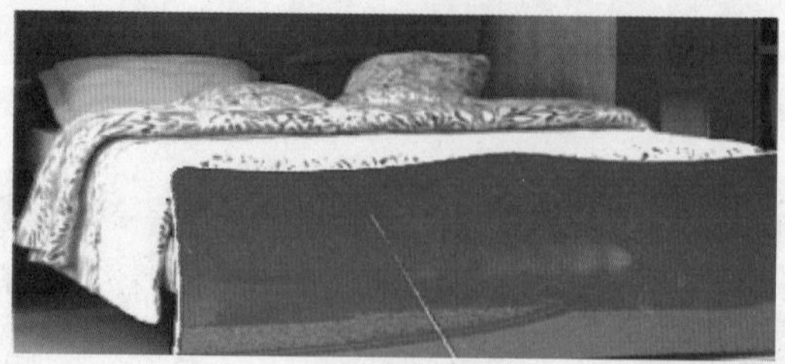

图 5-69

操作步骤

步骤 1 选择 VRay 材质。单击“漫射色”右边的长条按钮，添加混合贴图，如图 5-70 所示。

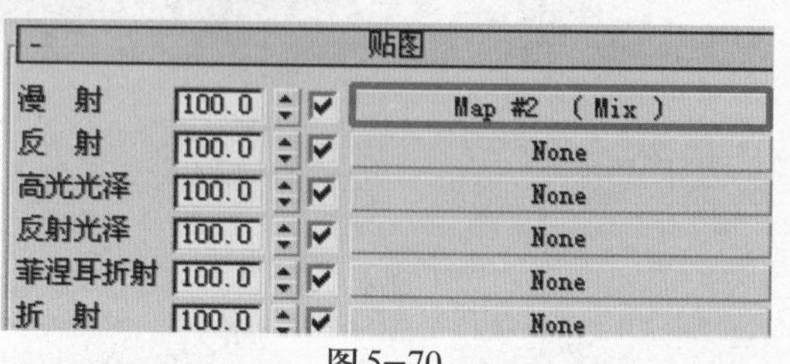

图 5-70

步骤 2 调节“颜色 #1”和“颜色 #2”的颜色分别如图 5-71 和图 5-72 所示。

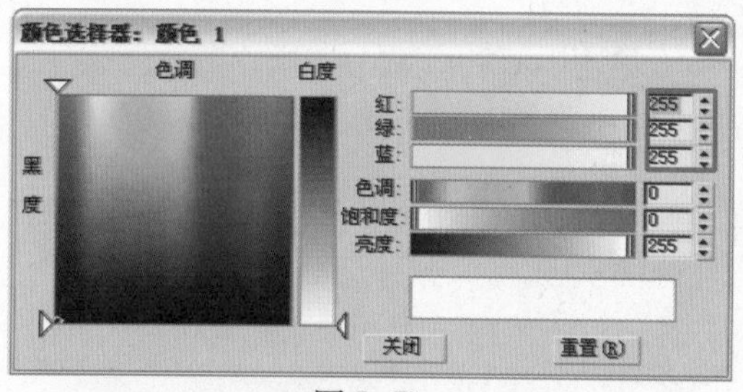

图 5-71

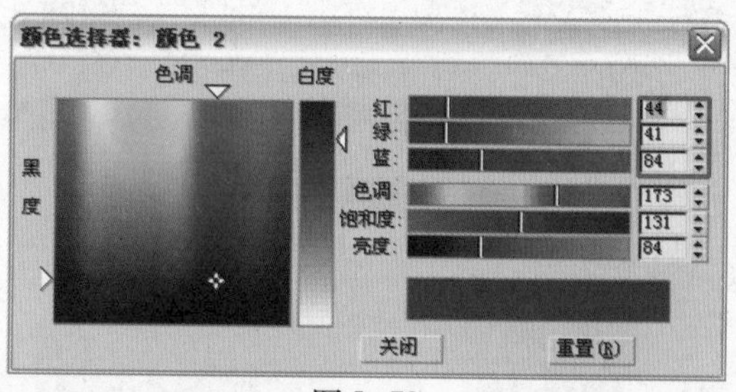

图 5-72

步骤 3 单击“混合量”右边的长条按钮，打开本书配套光盘“源文件\第5章\title.jpg”文件，如图 5-73 和图 5-74 所示。混合量贴图同样识别的也是以黑色信息为根本的 Alpha 通道贴图模式。

图 5-73

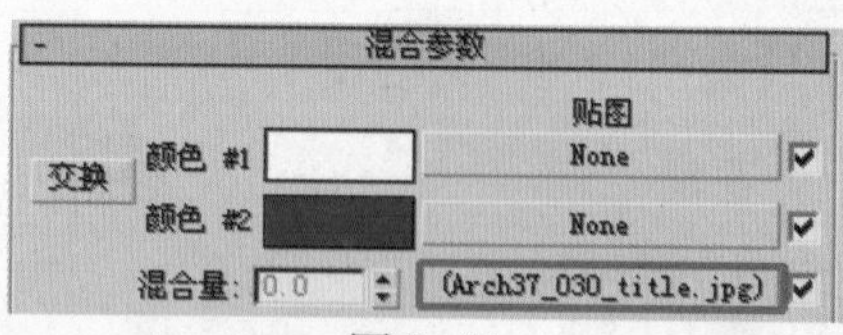

图 5-74

步骤 4 单击“凹凸”右边的长条按钮，打开本书配套光盘“源文件\第5章\bump.jpg”文件，如图 5-75 所示。将凹凸参数设置为 500.0，如图 5-76 所示。

图 5-75

光泽度	100.0	None
折射率	100.0	None
透 明	100.0	None
凹 凸	500.0	Map #4 (BUMP.jpg)
置 换	100.0	None
不透明度	100.0	None
环 境		None

图 5-76

步骤 5 在【BRDF】卷展栏中选择材质的类型为“反射”，如图5−77所示。

步骤 6 材质的最终效果如图5−78所示。

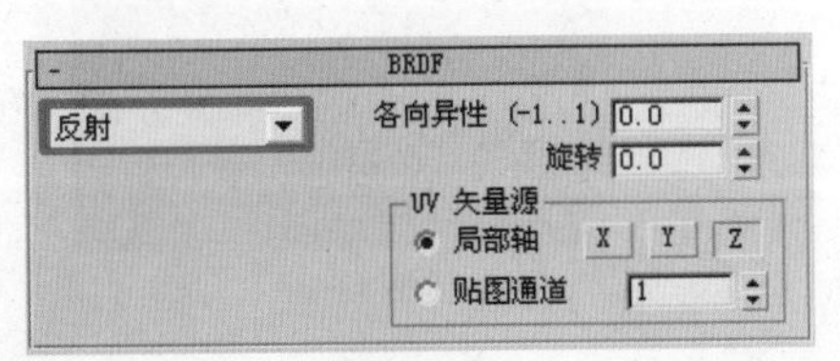

图5−77

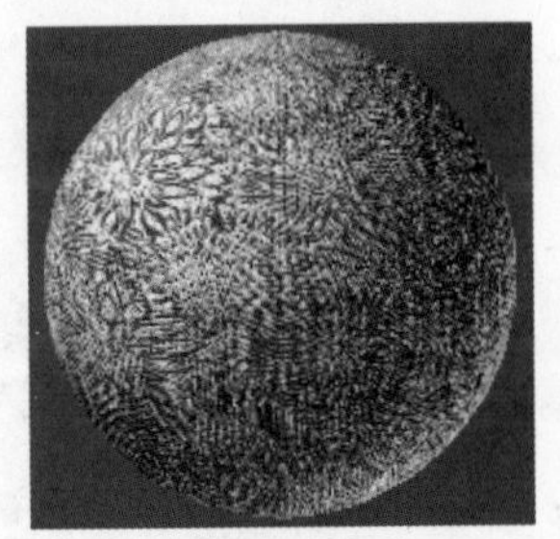

图5−78

5.3.4 枕头材质

步骤 1 选择VRay材质。设置固有色颜色如图5−79所示。

步骤 2 调节反射颜色参数为9、9、9，如图5−80所示。

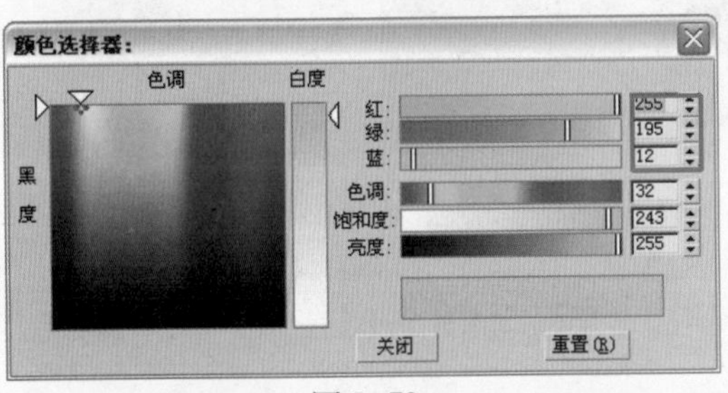

图5−79

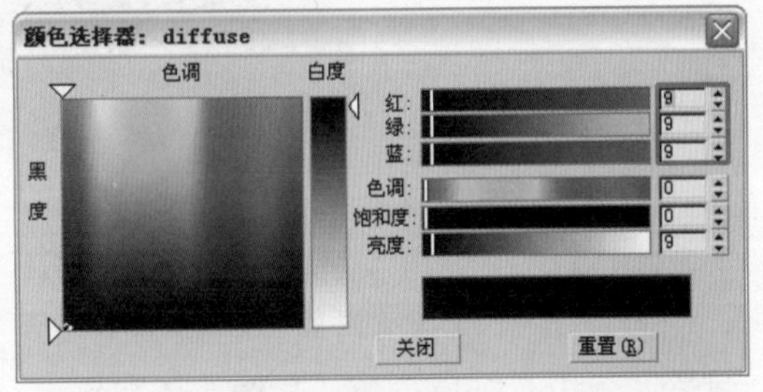

图5−80

步骤 3 将“光泽度”参数设置为0.55，如图5−81所示。

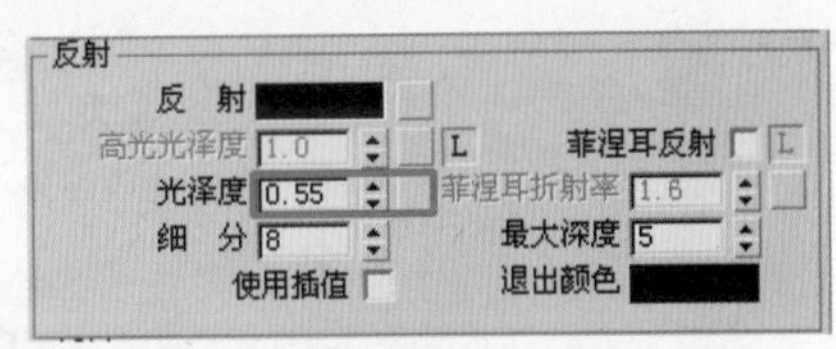

图5−81

步骤 4 单击“凹凸”右边的长条按钮，打开本书配套光盘“源文件\第5章\黑白图片.JPG”文件，如图5−82所示。将凹凸参数设置为40，如图5−83所示。

图5−82

折射率	100.0	✔	None
透　明	100.0	✔	None
凹　凸	40.0	✔	Map #14（黑白图片.JPG）
置　换	100.0	✔	None
不透明度	100.0	✔	None
环　境		✔	None

图5−83

步骤 5 在【BRDF】卷展栏中选择材质的类型为“沃德”，如图5−84所示。

步骤 6 材质的最终效果如图5−85所示。

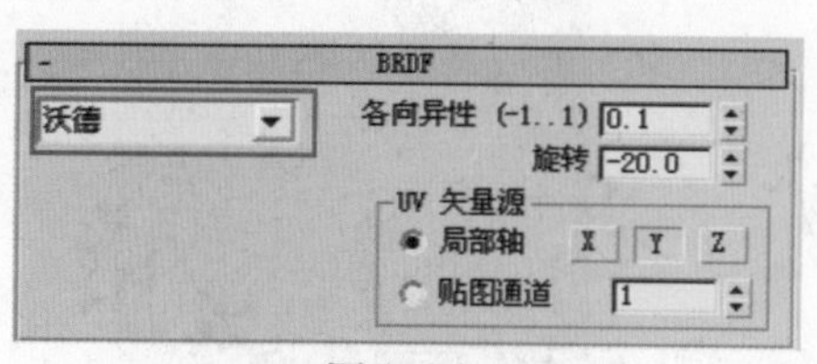

图 5-84

图 5-85

5.3.5 组合柜及床板材质

组合柜及床板材质为亮漆材质，表面具有很强烈的反射效果，如图 5-86 所示。这种亮漆材质可以通过 VRmap 贴图进行模拟。

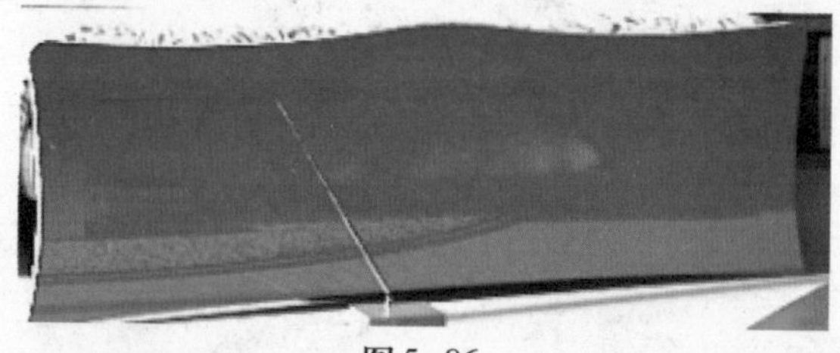

图 5-86

步骤 1 选择标准材质，材质类型设置为“(ML)多层”，如图 5-87 所示。单击固有色，调节组合柜及床板颜色，如图 5-88 所示。

图 5-87

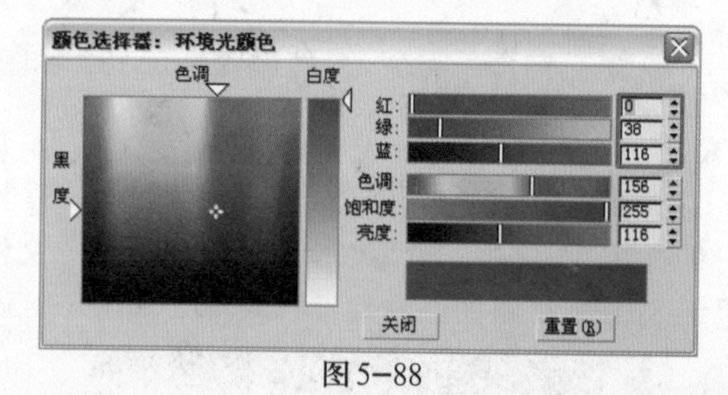

图 5-88

步骤 2 调节第一高光反射层颜色为 255、255、255，如图 5-89 所示。调节相关反射参数如图 5-90 所示，观察右侧的反射柱变化。

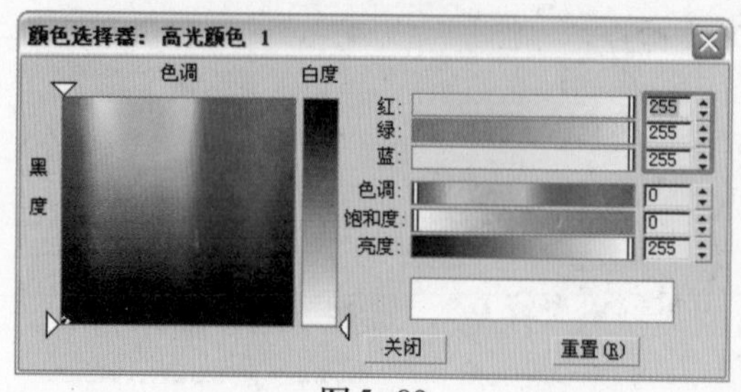

图 5-89

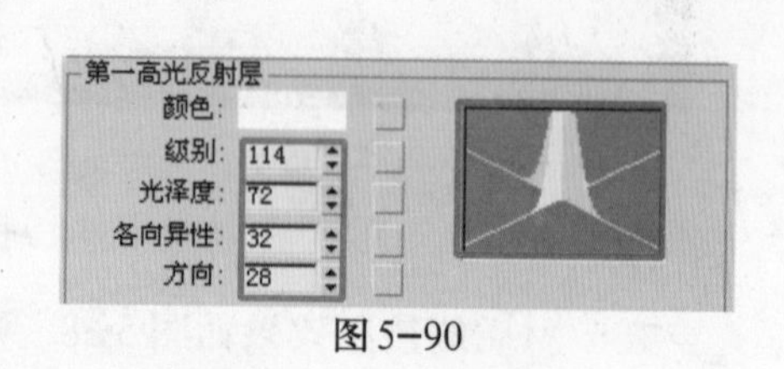

图 5-90

步骤 3 调节第二高光反射层颜色为255、255、255，如图5-91所示。调节相关反射参数如图5-92所示，观察右侧的反射柱变化。

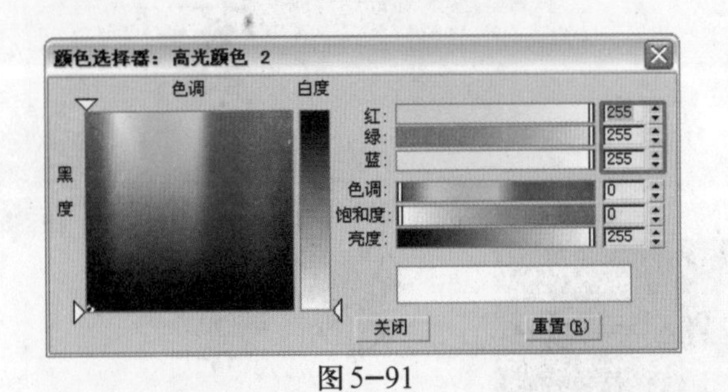

图5-91

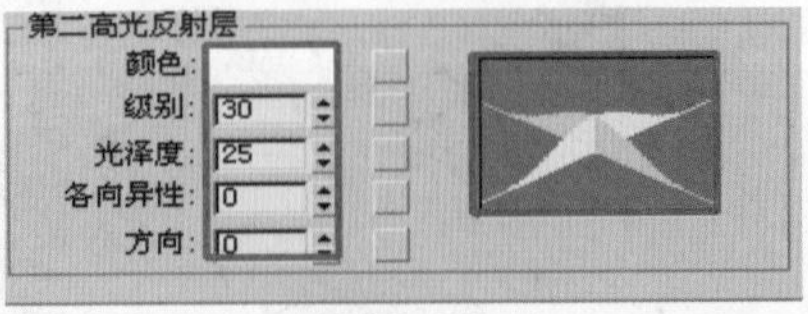

图5-92

步骤 4 单击“反射”右边的长条按钮，添加VR贴图，如图5-93所示。VR贴图是VRay材质中集成的很好的反射类材质，通过在非VRay材质中添加VR贴图可以很好地模拟反射效果。

步骤 5 材质效果如图5-94所示。

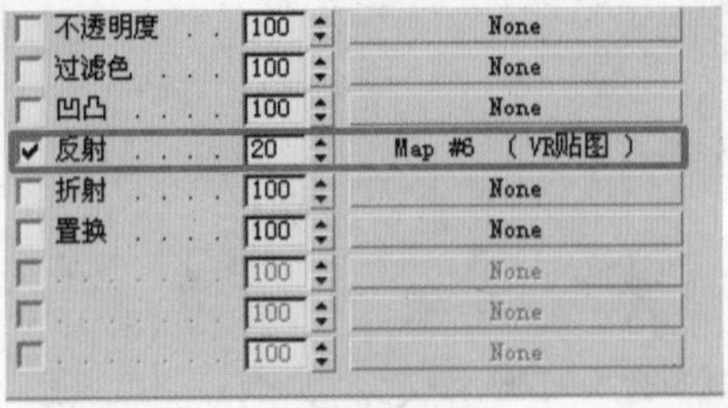

图5-93

图5-94

5.3.6 床垫材质

步骤 1 选择VRay材质。调节固有色颜色如图5-95所示。

步骤 2 调节反射颜色参数如图5-96所示。

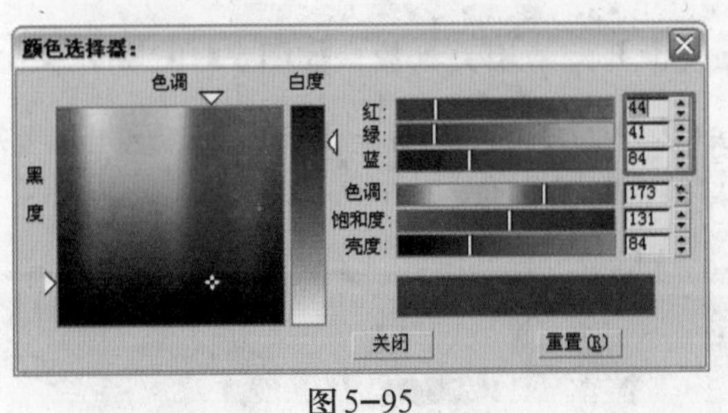

图5-95

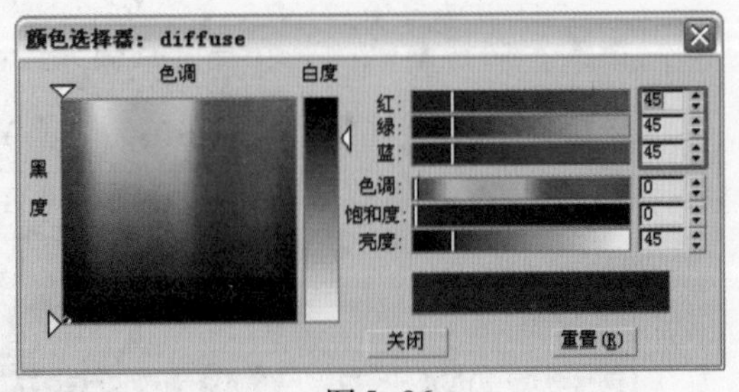

图5-96

步骤 3 调节“光泽度”为0.5，如图5-97所示。

步骤 4 在【BRDF】卷展栏中选择材质的类型为“多面”，如图5-98所示。

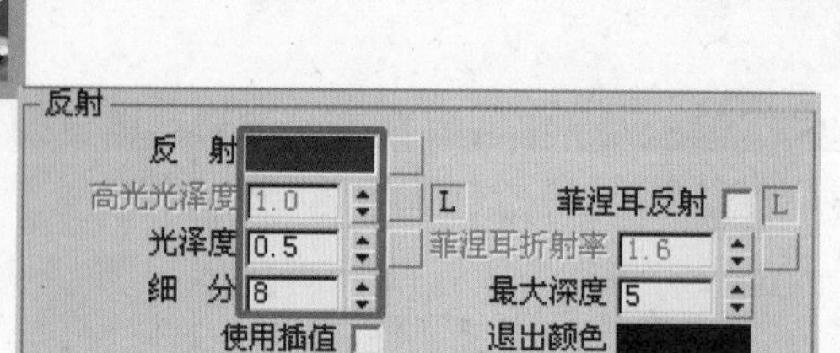

图5-97

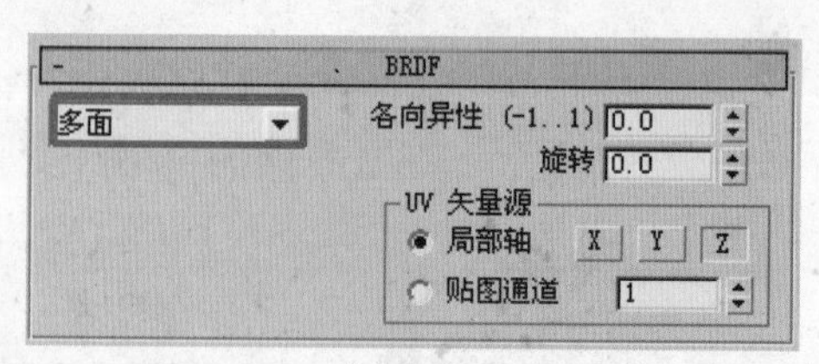

图5-98

步骤 5 材质最终效果如图5-99所示。

图5-99

5.3.7 相册材质

步骤 1 选择VRay材质。单击固有色，打开本书配套光盘“源文件\第5章\P4.jpg”文件，如图5-100所示。

步骤 2 调节折射颜色参数为10、10、10，如图5-101所示。

图5-100

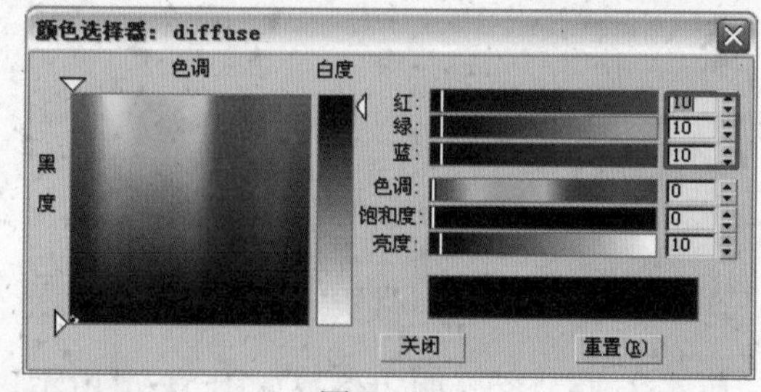

图5-101

步骤 3 将漫射贴图关联复制到高光光泽贴图中并调节相关参数，如图5-102所示。

步骤 4 调节“光泽度”为0.75，“高光光泽度”为0.6，如图5-103所示。这里主要是制作一种亚光反射效果，所以要合理地控制反射的模糊程度。

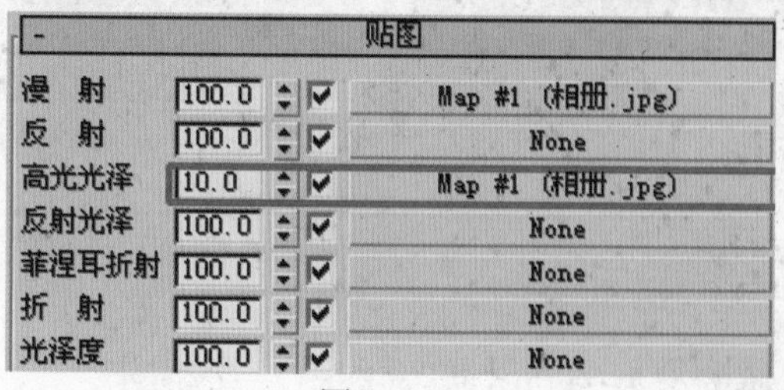

图5-102

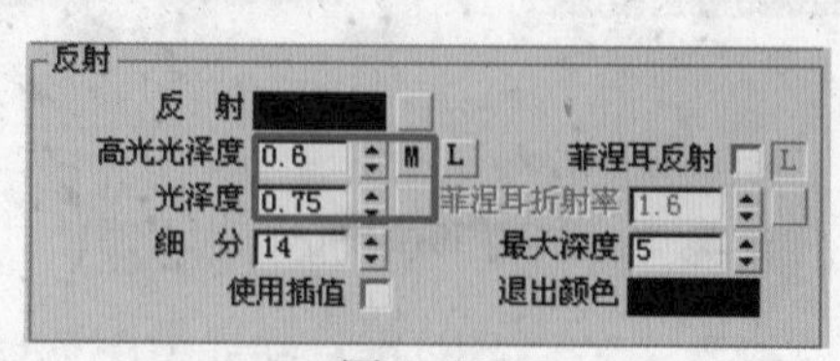

图5-103

步骤 5 将贴图复制到凹凸贴图中，参数设置为10.0，如图5-104所示。

步骤 6 材品的最终效果如图5-105所示。

贴图			
漫 射	100.0	✓	Map #1 (相册.jpg)
反 射	100.0	✓	None
高光光泽	10.0	✓	Map #1 (相册.jpg)
反射光泽	100.0	✓	None
菲涅耳折射	100.0	✓	None
折 射	100.0	✓	None
光泽度	100.0	✓	None
折射率	100.0	✓	None
透 明	100.0	✓	None
凹 凸	10.0	✓	Map #1 (相册.jpg)
置 换	100.0	✓	None
不透明度	100.0	✓	None
环 境		✓	None

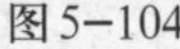
图5-104

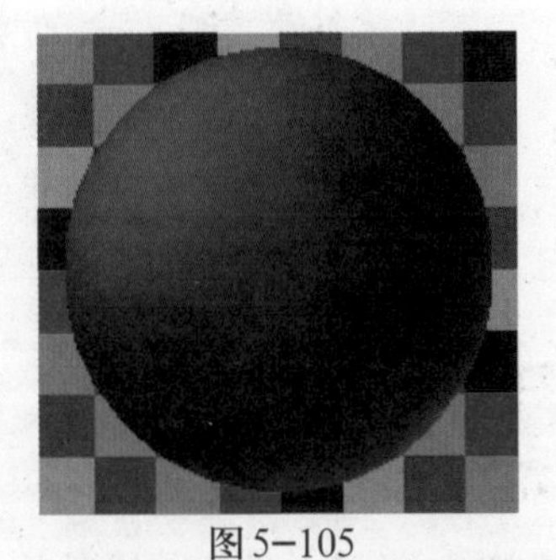
图5-105

5.3.8 墙材质

步骤 1 选择VRay材质。单击固有色，调节墙体颜色，如图5-106所示。

步骤 2 将反射颜色的数值设置为16、16、16，如图5-107所示。

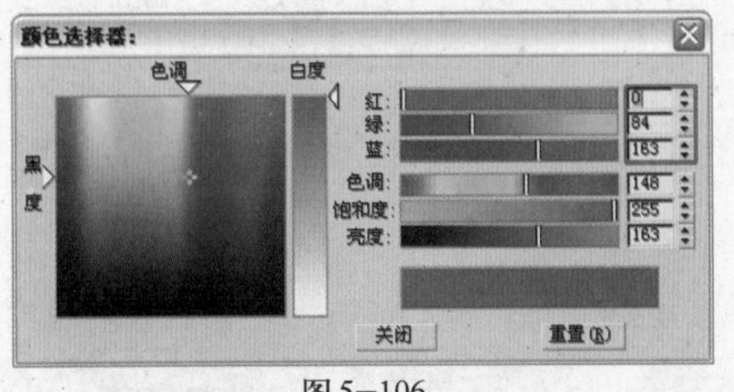

图5-106

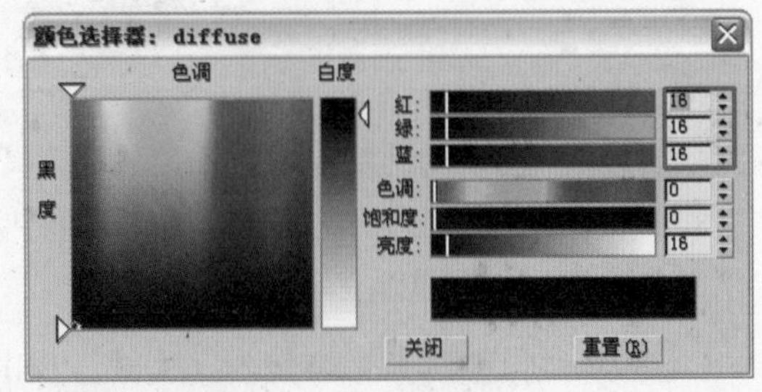

图5-107

步骤 3 调节"光泽度"为0.4，勾选"菲涅耳反射"复选框，如图5-108所示。

步骤 4 将材质类型调整为"反射"，如图5-109所示。

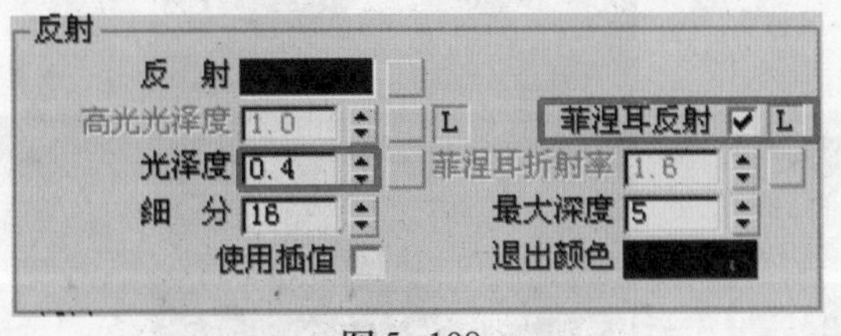

图5-108

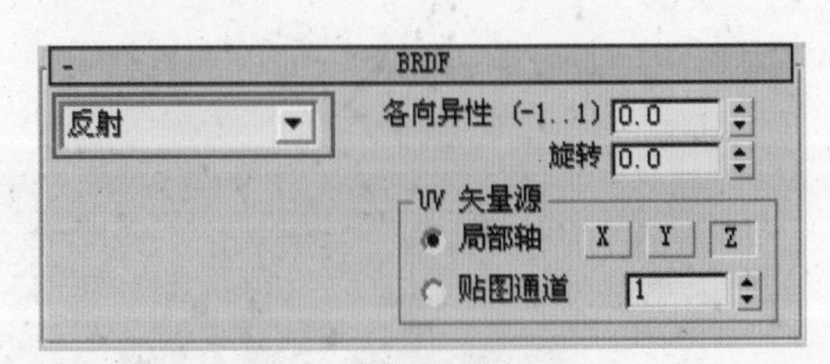

图5-109

步骤 5 材质最终效果如图5-110所示。

图5–110

5.3.9 红色磨砂塑料材质

操作步骤

步骤 1 选择 VRay 材质。单击固有色，调节塑料颜色，如图5–111所示。

步骤 2 将反射颜色的数值设置为16、16、16，如图5–112所示。

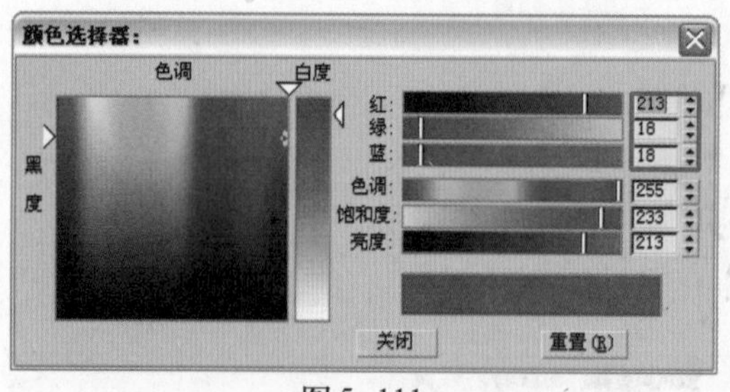

图5–111

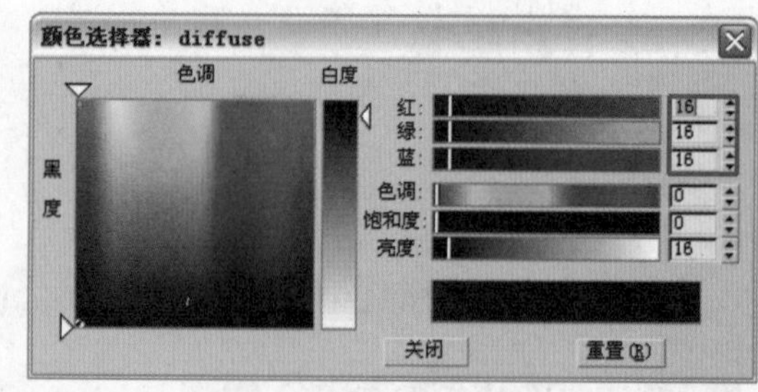

图5–112

步骤 3 将“光泽度”设置为0.43，“高光光泽度”设置为0.59，如图5–113所示。这里的参数设置是制作磨砂质感的关键，磨砂效果是具有细腻的模糊反射效果。

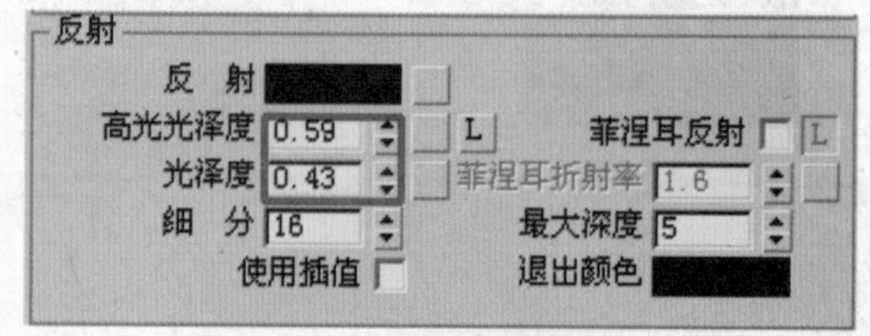

图5–113

步骤 4 将材质类型调整为“反射”，如图5–114所示。

步骤 5 材质最终效果如图5–115所示。

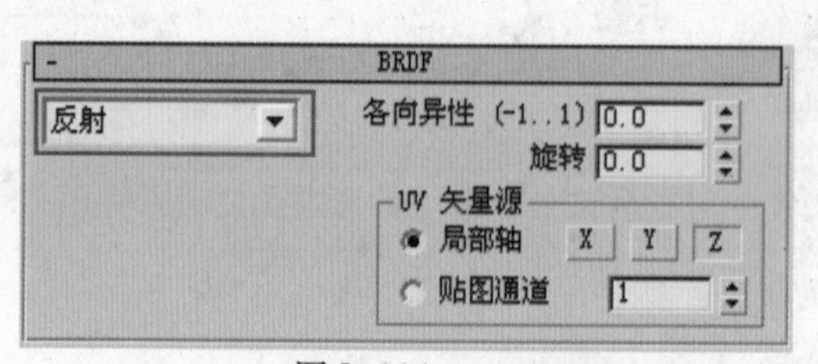

图5–114

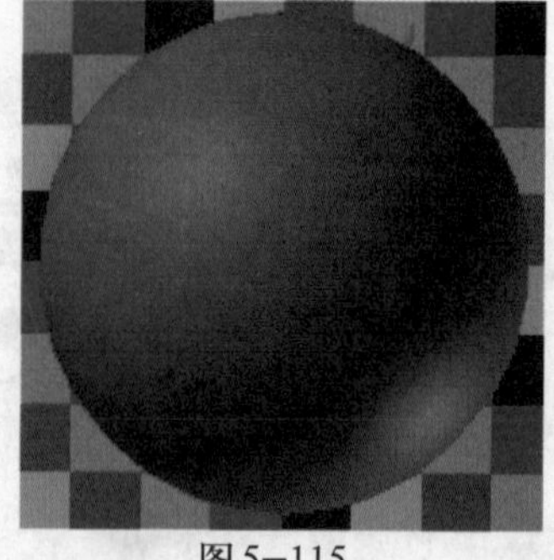

图5–115

5.3.10 鱼缸玻璃材质

步骤 1 选择 VRay 材质。调节固有色颜色如图 5-115 所示。

步骤 2 单击“反射”右边的长条按钮，添加衰减贴图，衰减类型选择“Fresnel”，如图 5-116 所示。

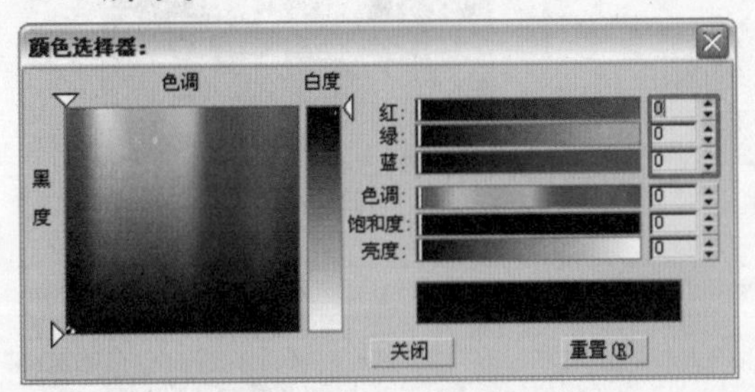

图 5-115

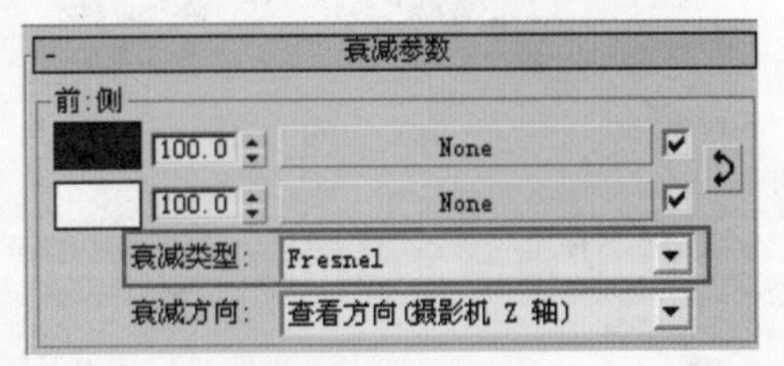

图 5-116

步骤 3 将反射颜色的数值设置为 253、253、253，如图 5-117 所示。

步骤 4 将“光泽度”的数值设置为 0.98，如图 5-118 所示。

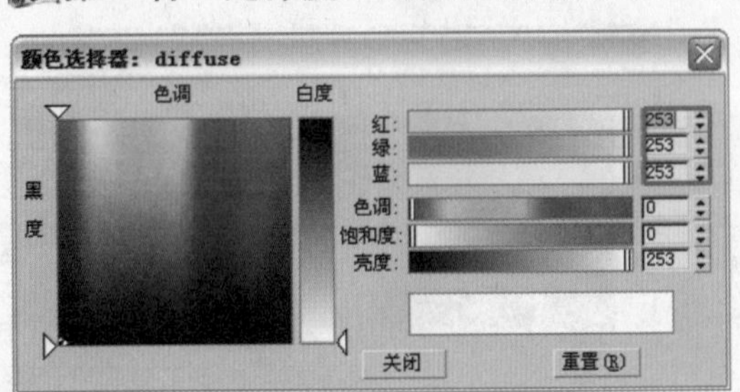

图 5-117

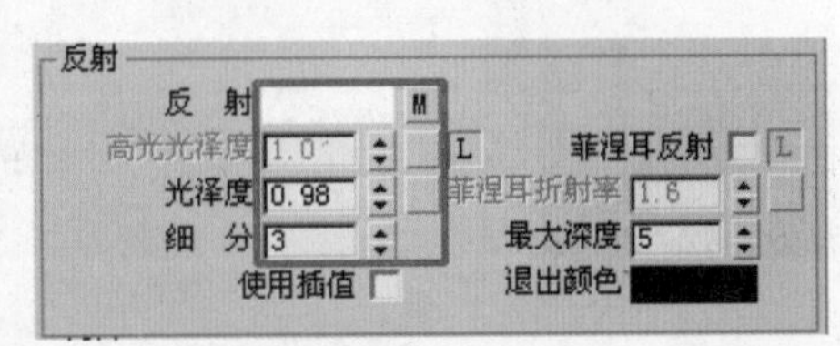

图 5-118

步骤 5 设置折射颜色的数值为 252、252、252，如图 5-119 所示。

步骤 6 设置“折射率”为 1.517，勾选“影响阴影”复选框，调节相关烟雾颜色，如图 5-120 和图 5-121 所示。

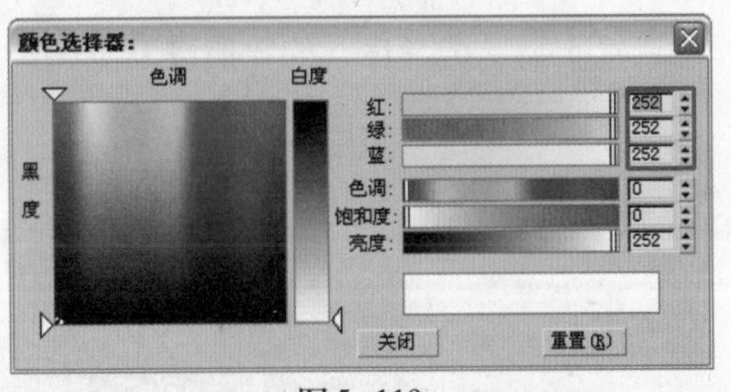

图 5-119

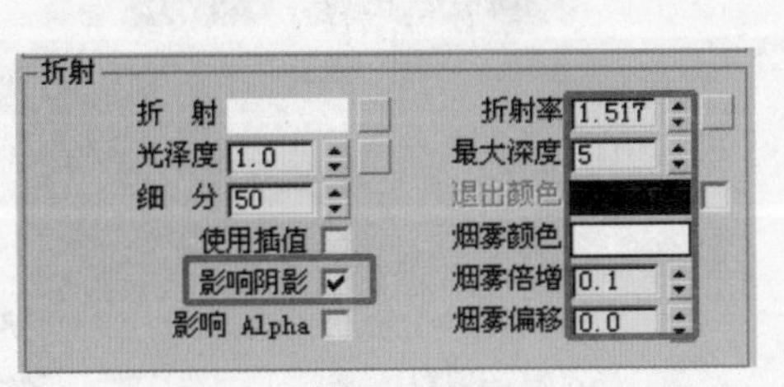

图 5-120

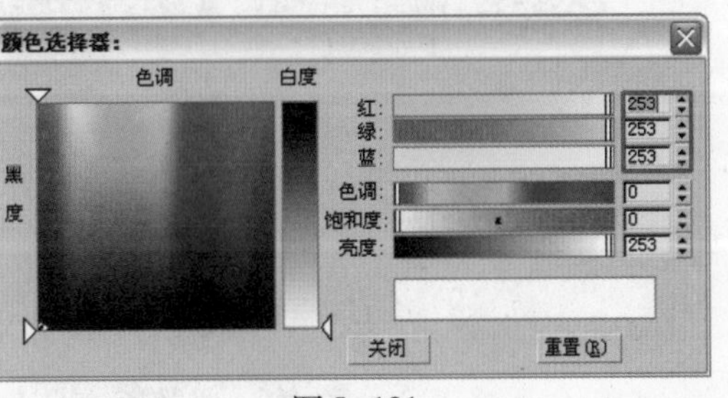

图 5-121

步骤 7 设置材质类型为“多面”，如图 5–122 所示。

步骤 8 材质最终效果如图 5–123 所示。

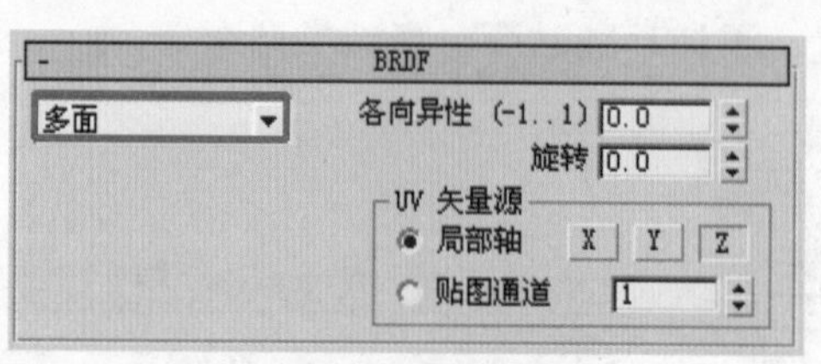

图 5–122

图 5–123

5.3.11 广播器金属材质

步骤 1 选择 VRay 材质。调节固有色为金属颜色，如图 5–124 所示。

步骤 2 将反射颜色的数值设置为 161、161、161，如图 5–125 所示。

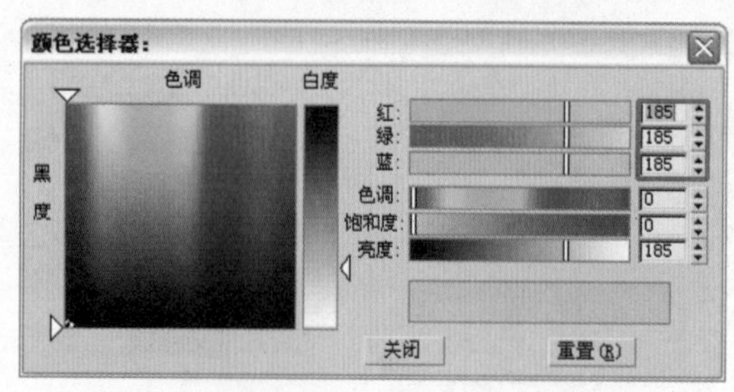

图 5–124

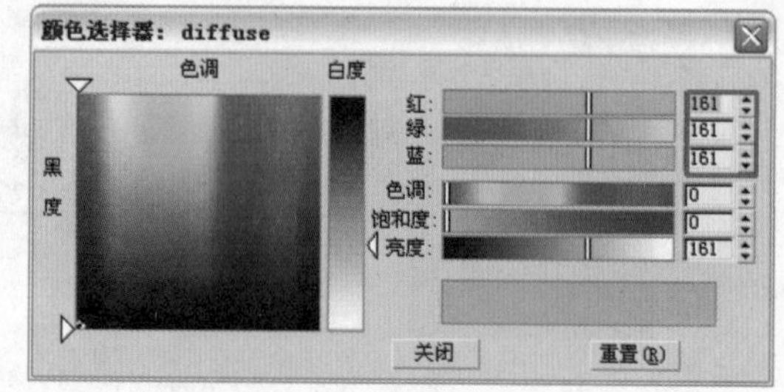

图 5–125

步骤 3 将“光泽度”的数值设置为 0.8，如图 5–126 所示。

步骤 4 材质效果如图 5–127 所示。

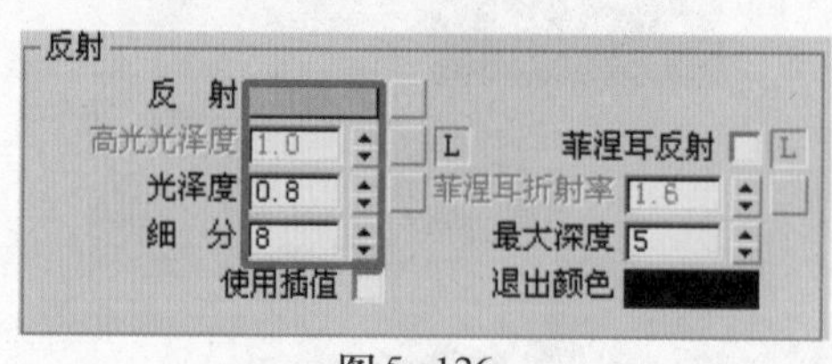

图 5–126

图 5–127

5.3.12 灯纸材质

步骤 1 选择 VRay 材质。调节固有色颜色如图 5–128 所示。

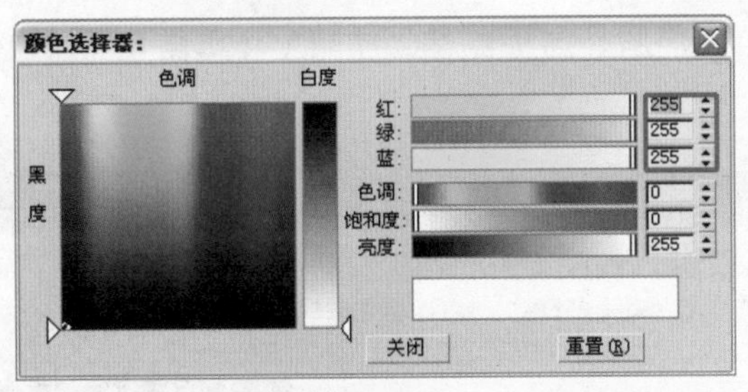

图5-128

步骤 2 为不透明度贴图添加Speckle贴图，这里通过Speckle贴图产生的黑白颜色变化来模拟Alpha贴图效果，使材质产生随机的通透效果，如图5-129所示。

步骤 3 调节贴图参数，如图5-130所示。

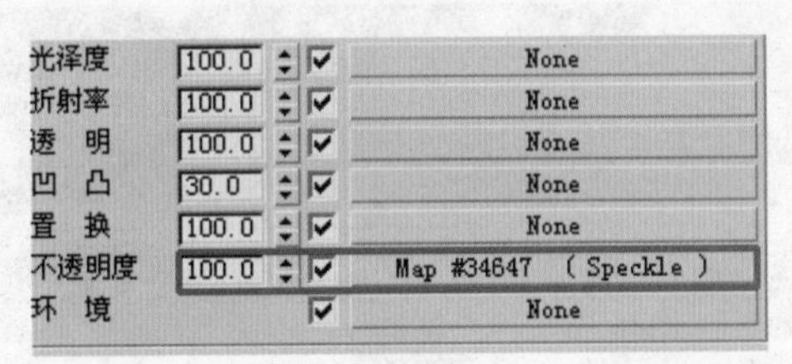

图5-129

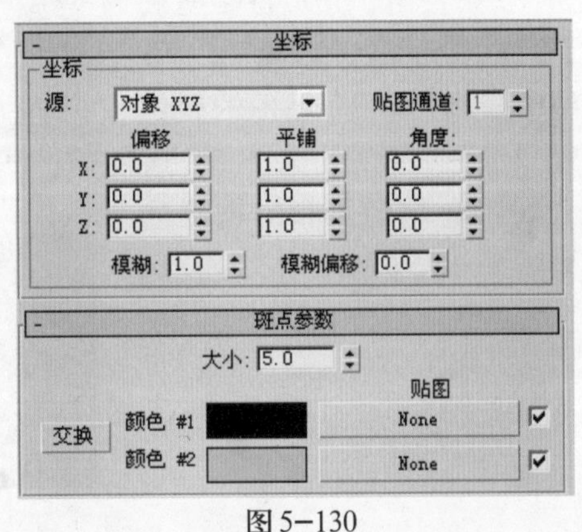

图5-130

步骤 4 单击VR贴图为材质添加父级材质VR材质包裹器，将“接收全局照明”的参数设置为1.5，如图5-131所示。这里的参数设置主要是增大材质的受光效果，因为虚拟三维中的光照效果并不可能完全与现实中的照明系统一样，个别材质还是需要单独调节的。

步骤 5 材质效果如图5-132所示。

图5-131

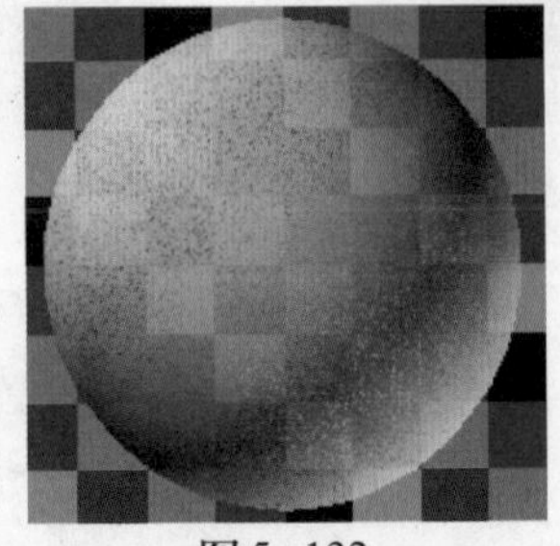

图5-132

5.3.13 水中植物材质

步骤 1 选择VRay材质。为漫射色添加衰减贴图，如图5-133所示。

步骤 2 单击前贴图添加渐变坡度贴图，如图5-134所示。这里通过颜色渐变来模拟植物的颜色过渡变化。

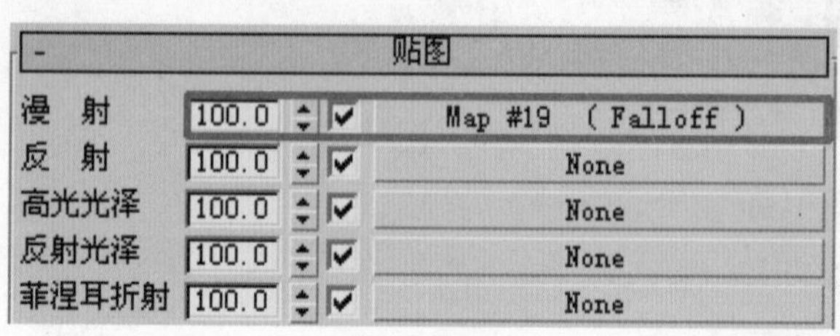

图5-133

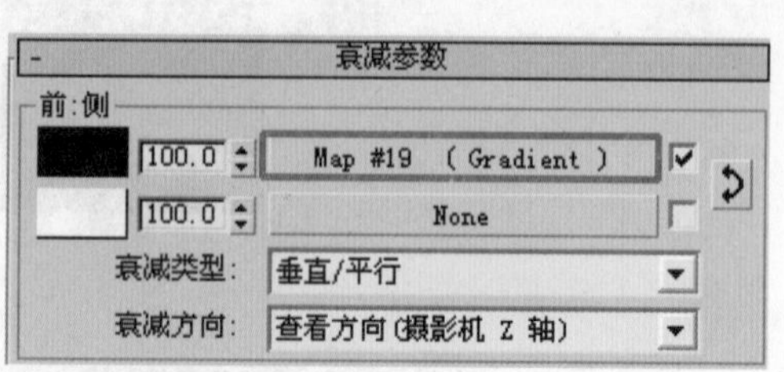

图5-134

步骤 3 单击“颜色#1”和“颜色#3”长条按钮，分别将贴图赋予它们，如图5-135和图5-136所示。调节“颜色#2”贴图的颜色并设置“颜色2位置”为0.5，这里使3种颜色均匀柔和的自然过渡，如图5-137和图5-138所示。

图5-135

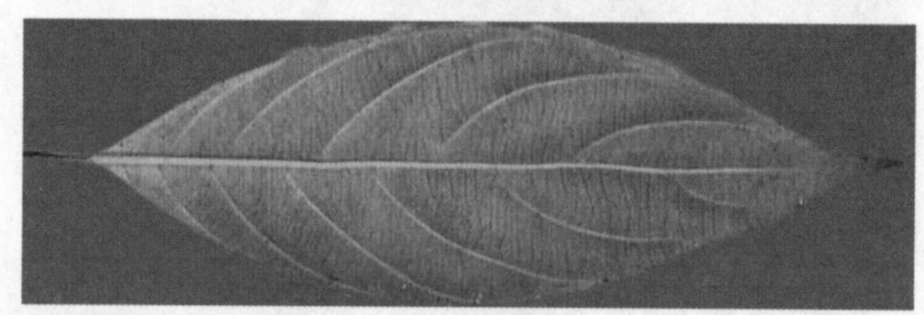
图5-136

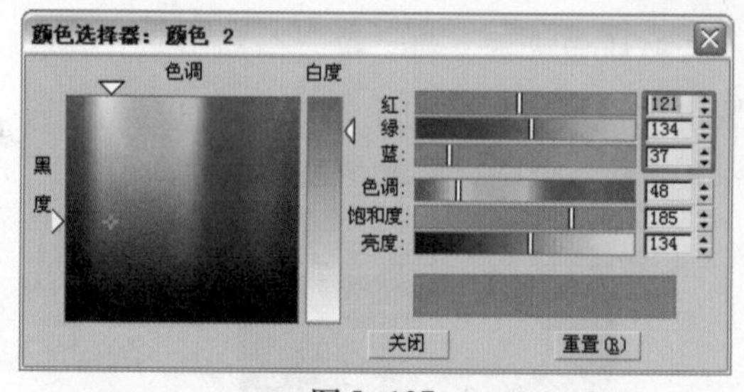

图5-137

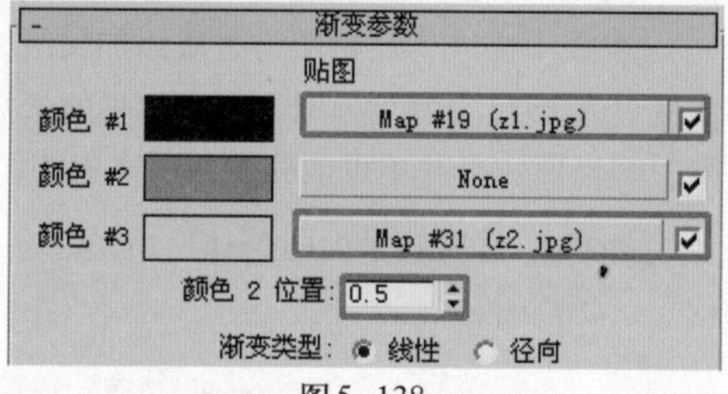

图5-138

步骤 4 将反射颜色的数值设置为5、5、5，如图5-139所示。

步骤 5 将“光泽度”的数值设置为0.8，如图5-140所示。

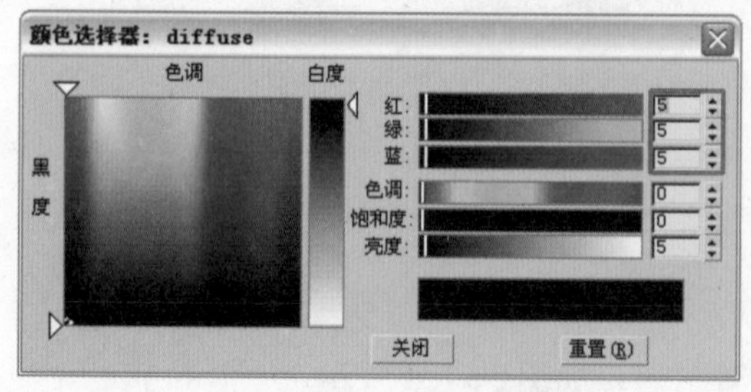

图5-139

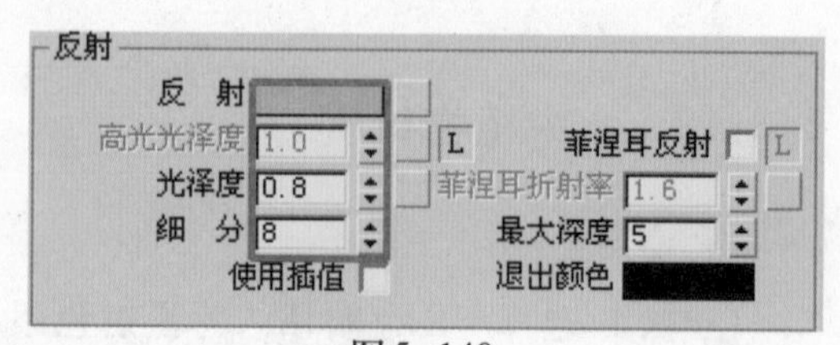

图5-140

步骤 6 材质效果如图5-141所示。

图5-141

5.3.14 闹钟显示屏幕材质

操作步骤

步骤 1 选择标准材质，材质类型设置为“(ML)多层”，如图5-142所示。单击固有色，调节显示屏颜色如图5-143所示。

图5-142

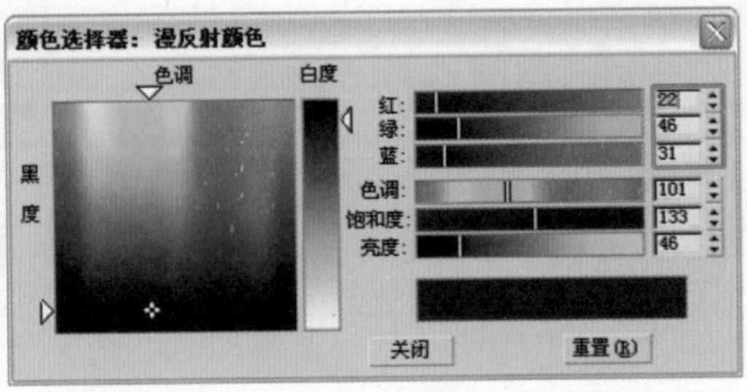

图5-143

步骤 2 调节第一高光反射层颜色为255、255、255，如图5-144所示。调节相关反射参数如图5-145所示，观察右侧的反射柱变化。

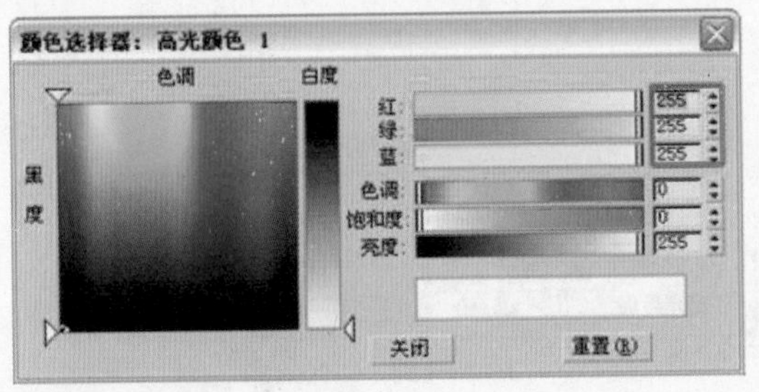

图5-144

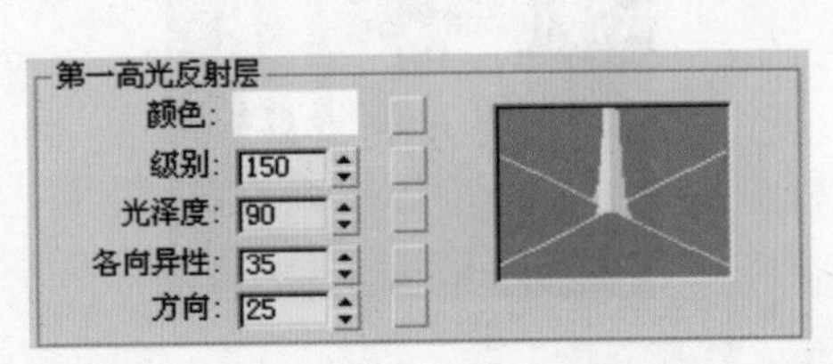

图5-145

步骤 3 调节第二高光反射层颜色为255、255、255，如图3-146所示。调节相关反射参数如图5-147所示，观察右侧的反射柱变化。

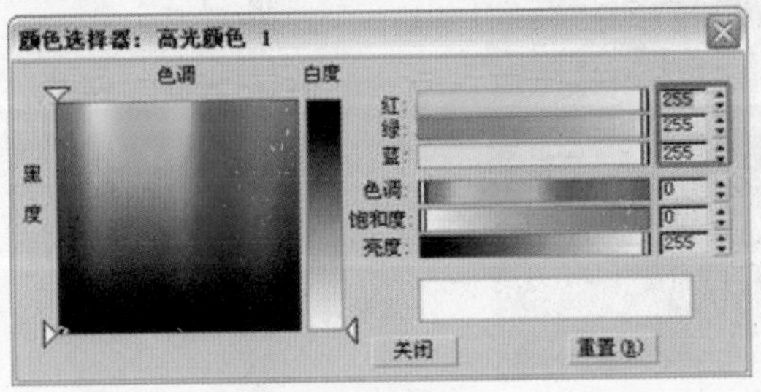

图5-146

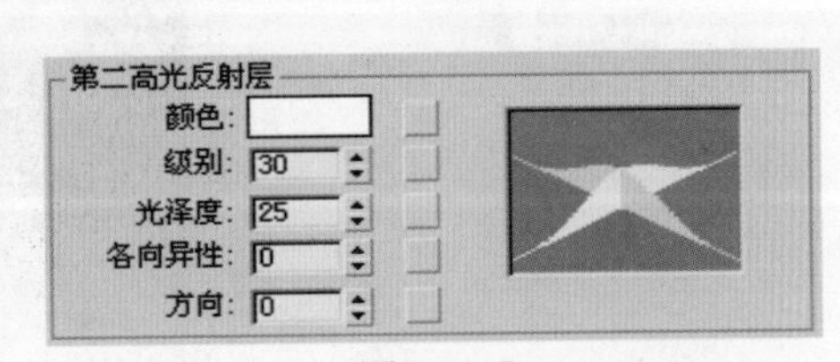

图5-147

步骤 4 单击反射贴图添加 VR 贴图，如图 5–148 所示。

步骤 5 单击标准材质添加父级合成材质，制作屏幕的数码显示，如图 5–149 所示。

☐ 自发光	100	None
☐ 不透明度	100	None
☐ 过滤色	100	None
☐ 凹凸	100	None
☑ 反射	35	Map #6 （VR贴图）
☐ 折射	100	None
☐ 置换	100	None

图 5–148

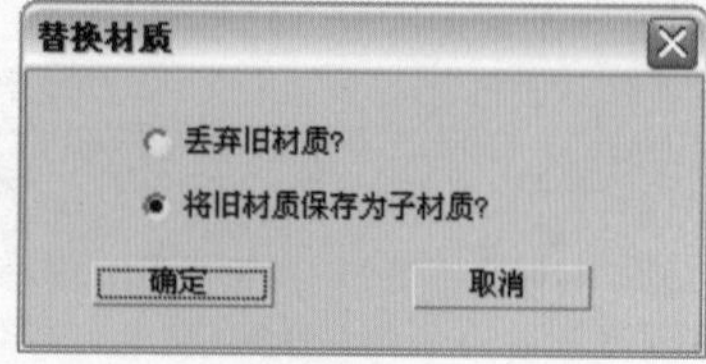

图 5–149

步骤 6 单击“材质 1”为合成材质，添加标准材质，如图 5–150 所示。

步骤 7 调节漫反射颜色如图 5–151 所示。这里主要是模拟数码字的颜色。

图 5–150

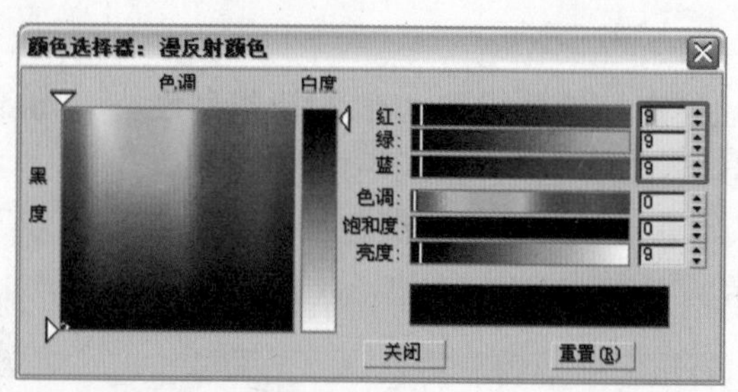

图 5–151

步骤 8 单击“不透明度”贴图按钮，打开本书配套光盘“源文件 \ 第 5 章 \ 屏幕.jpg”文件，如图 5–152 和图 5–153 所示。

图 5–152

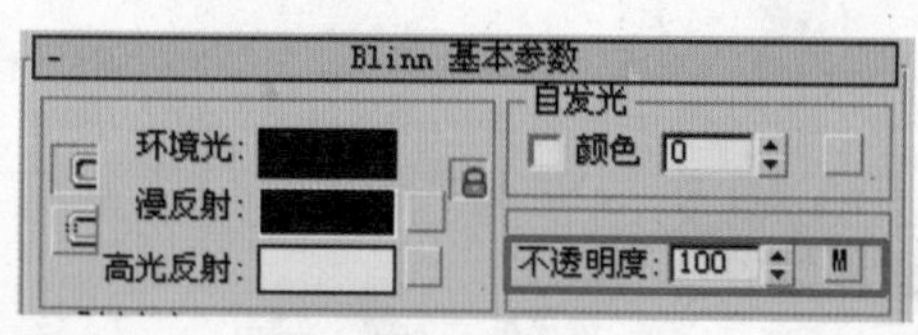

图 5–153

步骤 9 材质效果如图 5–154 所示。

图 5–154

5.4 渲染参数设置和最终渲染

操作步骤

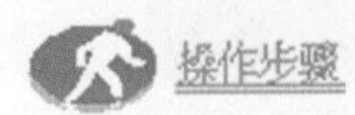

步骤 1 将【V-Ray::灯光缓冲】的参数设置如图5-155所示。场景中已经对灯光缓冲保存了相应的灯光光子计算，方便用户直接调用。

V-Ray:: 灯光缓冲
计算参数
细分: 1000
采样大小: 0.01
比例: 屏幕
进程数量: 4
保存直接光
显示计算状态
自适应跟踪
仅使用方向
重建参数
预滤器: 10
使用灯光缓冲为光滑光线
过滤器: 接近
插补采样: 10
方式
模式: 从文件
保存到文件
文件: F:\03\1.vrlmap
浏览
渲染后
不删除
自动保存: <无>
浏览
切换到被保存的缓冲

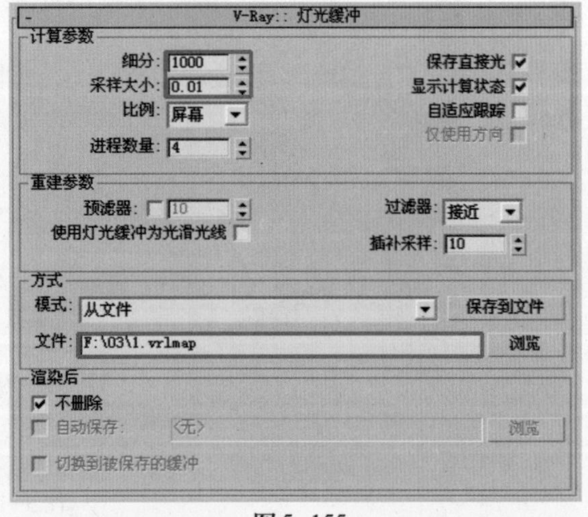

图5-155

步骤 2 将【V-Ray::发光贴图】的参数设置如图5-156所示。

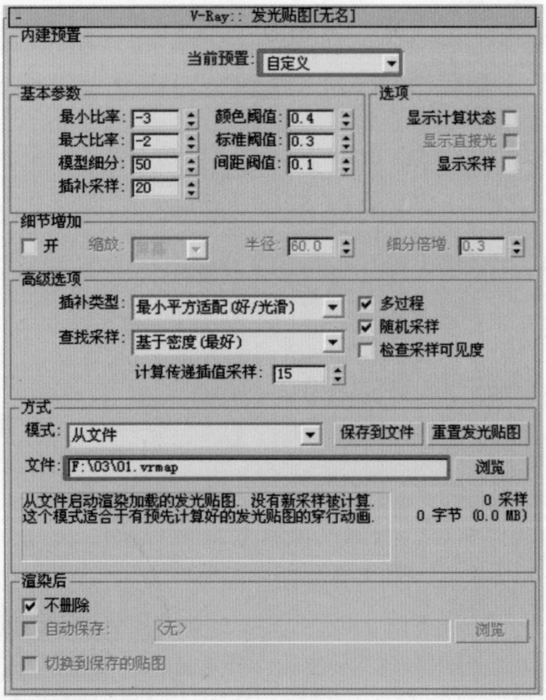

V-Ray:: 发光贴图[无名]
内建预置
当前预置: 自定义
基本参数
最小比率: -3
最大比率: -2
模型细分: 50
插补采样: 20
颜色阈值: 0.4
标准阈值: 0.3
间距阈值: 0.1
选项
显示计算状态
显示直接光
显示采样
细节增加
开
缩放: 屏幕
半径: 60.0
细分倍增: 0.3
高级选项
插补类型: 最小平方适配(好/光滑)
查找采样: 基于密度(最好)
计算传递插值采样: 15
多过程
随机采样
检查采样可见度
方式
模式: 从文件
保存到文件
重置发光贴图
文件: F:\03\01.vrmap
浏览
从文件启动渲染加载的发光贴图. 没有新采样被计算.
这个模式适合于有预先计算好的发光贴图的穿行动画.
0 采样
0 字节 (0.0 MB)
渲染后
不删除
自动保存: <无>
浏览
切换到保存的贴图

图5-156

步骤 3 将“全局细分倍增器”设置为4，“最小采样值”设置为12，如图5-157所示。

V-Ray:: rQMC 采样器
适应数量: 0.85
噪波阈值: 0.001
独立时间
最小采样值: 12
全局细分倍增器: 4.0
路径采样器: 默认

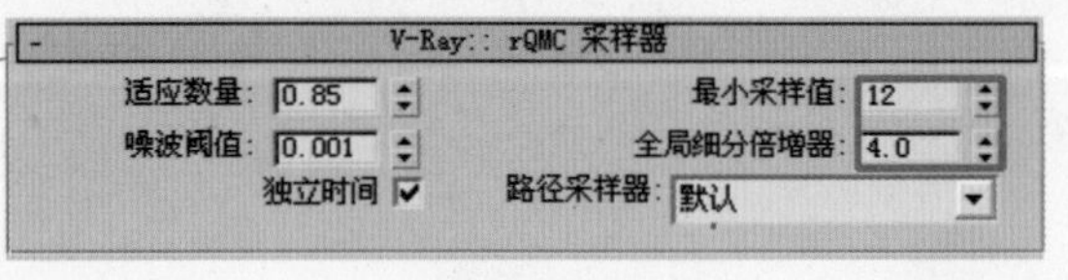

图5-157

步骤 4 单击工具栏中的按钮，查看渲染结果，如图 5−158 所示。

图 5−158

第 6 章　夜景卧室表现

本章精髓

- 摄影照片效果模拟
- 室内气氛营造
- VRay 高级材质

6.1 案例分析

这个案例主要是封闭空间的夜间卧室效果。封闭空间的夜景效果是比较难处理的一类场景，对灯光节奏和气氛的把握要求比较高。制作夜间气氛的场景，无论如何，把握或者设定一个气氛焦点是至关重要的。场景中需要有明显的气氛焦点，这样制作的画面才会吸引人的眼球。

6.1.1 光影层次

本节场景需要把握的是夜景气氛的营造。前面章节中已经对夜景作了比较详细的介绍，制作了包括落地灯和室外效果的夜间效果。两者的区别在于，包含窗户的夜景可用元素比封闭空间的表现要多，灯光的布置思路要比封闭空间的清晰。而在封闭空间中，可以人为地制作或者模拟灯光的主要表现区域，只有这样才能分开画面的主次和虚实。图6–1所示为表现此类效果的作品，读者可以进行参考。

图6–1

6.1.2 VRay材质

本节中将重点介绍地板、相关家具、装饰花以及床上用品等相关材质。场景中需要注意反射材质的把握，它们是有效传递画面中光影信息的重要元素。具体的材质讲解将在6.3节中进行详细描叙，图6–2和图6–3所示的是本章实例的精彩细节图片。

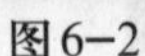

图6-2

图6-3

6.2 灯光的设置

画面中灯光设置只能通过VR光源进行模拟，这种场景VR灯光十分适合，无论是整体还是局部的调整都游刃有余。

6.2.1 光源和环境的创建

本章采用平行光进行户外光线的模拟。

步骤 1 开启3ds Max 9以后，执行【文件】|【打开】命令，打开本书配套光盘“源文件\第6章\封闭空间的夜景卧室.max”文件，如图6-4所示。

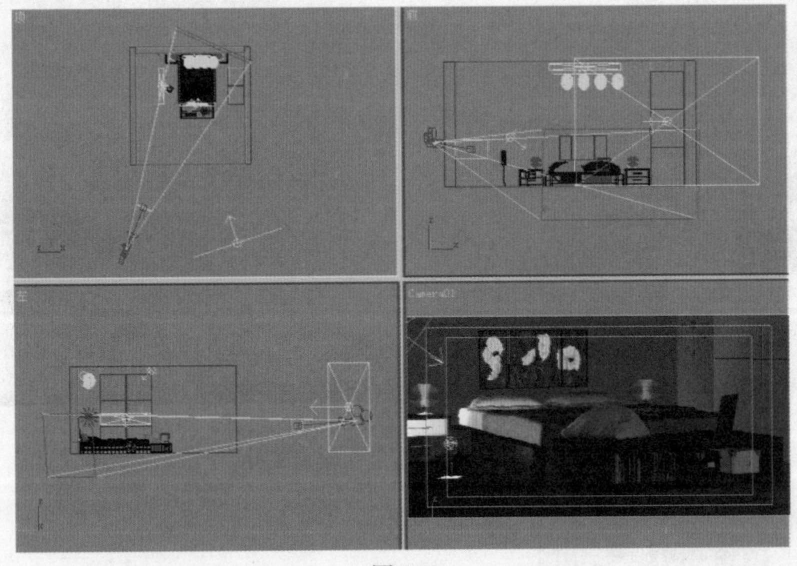

图6-4

步骤 2 单击【创建】命令面板下【灯光】面板中的【VR灯光】按钮，在视图中创建“VR灯光”从主要受光表现区域进行模拟，如图6-5所示。

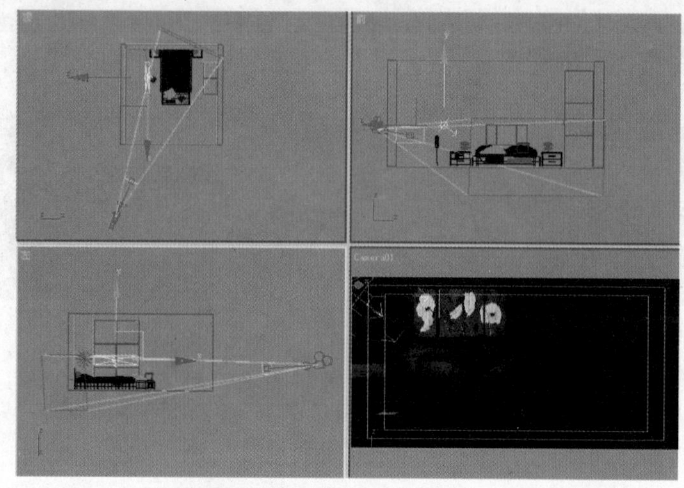

图6-5

图6-6

步骤 3 选中VRayLight，单击按钮切换到修改命令面板。在【参数】卷展栏中勾选“开”复选框，将“倍增器”的参数设置为5.0，如图6-6所示。

步骤 4 将灯光颜色设置为黄色，明度关系要比较厚重，如图6-7所示。这个光源虽然最先设置，但不一定就是画面的主光源，只能说是制作主要气氛点的一类灯光。

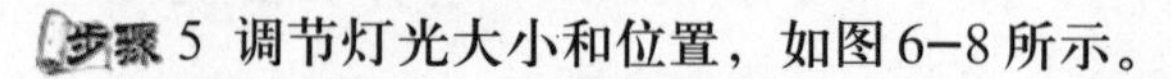

步骤 5 调节灯光大小和位置，如图6-8所示。

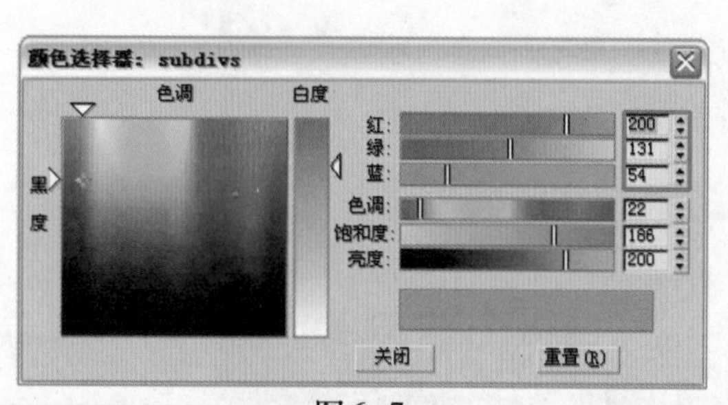

图6-7

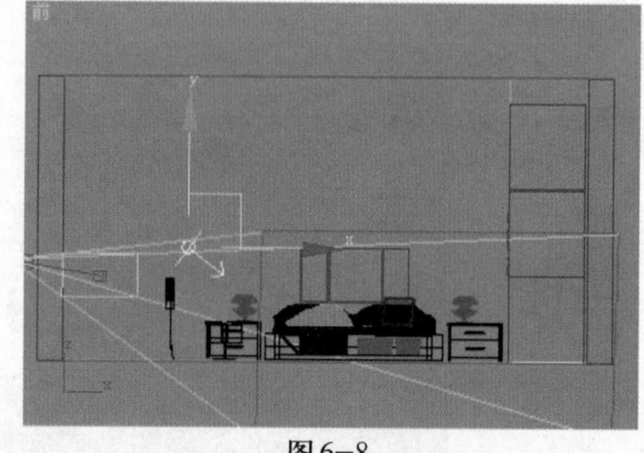

图6-8

步骤 6 勾选“不可见”复选框，隐藏灯光面板，如图6-9所示。

步骤 7 在【采样】卷展栏中设置细分数值为8，如图6-10所示。

图6-9

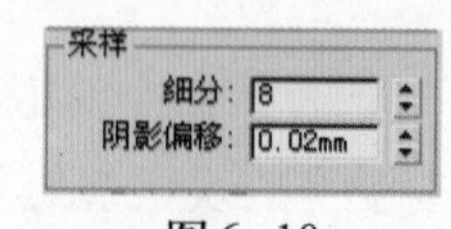

图6-10

步骤 8 执行【渲染】|【渲染】命令，或者单击工具栏中的按钮，打开【渲染场景】对话框。单击“公用”选项，在【指定渲染器】卷展栏中，单击“产品级”后面的按钮。打开【选择渲染器】对话框，在下面的列表中选择“VRay Adv 1.5 RC3”，单击“确定”按钮，如图6-11所示。

图6-11

步骤 9 打开【V-Ray∷图像采样(反锯齿)】卷展栏，将抗锯齿过滤器设置如图6-12所示。

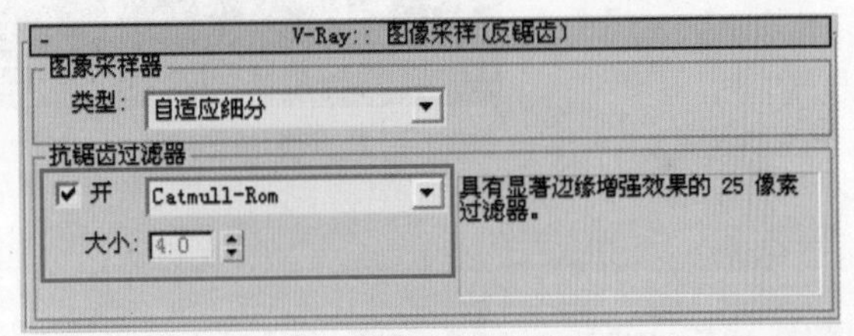

图6-12

步骤 10 开启VRay渲染器。打开【V-Ray∷间接照明】卷展栏，勾选“开”复选框，选择首次反弹GI引擎为“准蒙特卡洛算法”，二次反弹GI引擎为“灯光缓冲”，如图6-13所示。

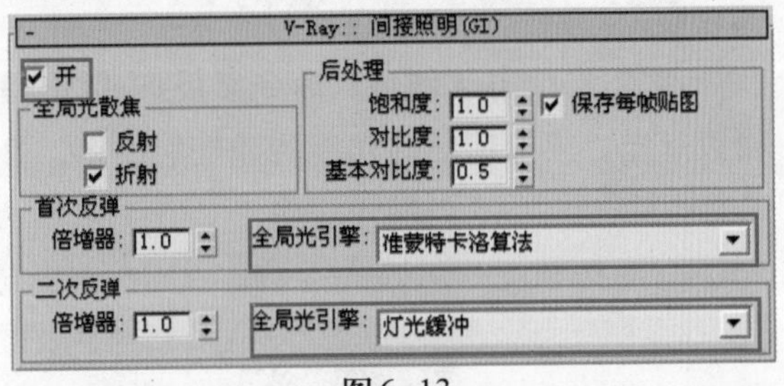

图6-13

步骤 11 打开【V-Ray∷准蒙特卡洛全局光】卷展栏，将当前预置的细分参数值设置为5.0，如图6-14所示。

图6-14

步骤 12 打开【V-Ray∷灯光缓冲】卷展栏，参数设置如图6-15所示。

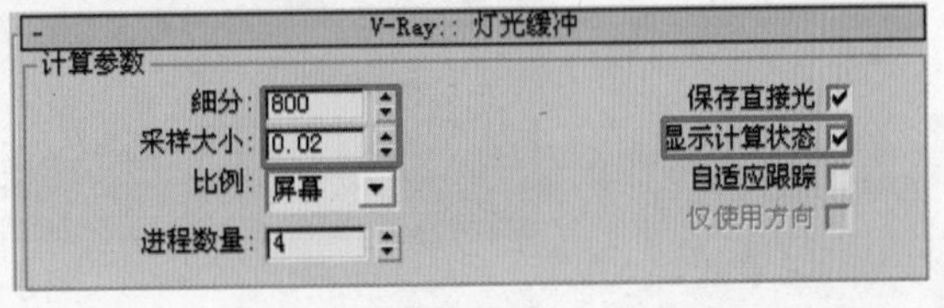

图6-15

步骤 13 打开【V-Ray∷颜色映射】卷展栏，将颜色贴图的类型设置为“HSV指数”，参数设置如图6-16所示。HSV模式下的颜色效果饱和度高，整个灯光色彩气氛比较厚重，又具有相当程度的亮度值，比较适合此类场景。设置“变亮倍增器”数值为5.0，“变暗倍增器”数值为0.0，加大灯光对比效果。

步骤 14 单击工具栏中的按钮，查看渲染结果，如图6-17所示。

观察渲染图像，左边部分的灯光效果已经初步显现。灯光的饱和度比较高，但并不过分夸张，这是光影在这个场景中表现的关键。

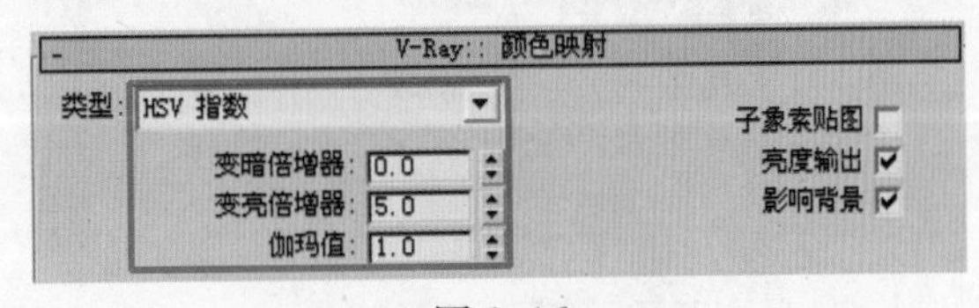

图6-16

图6-17

6.2.2 气氛营造

继续营造主要气氛区域，同时完善环境对场景的照明影响。

步骤 1 单击【创建】命令面板下【灯光】面板中的【VR灯光】按钮，在床尾的顶部设置灯光，模拟顶部的光能传递反射效果。灯光的具体位置如图6-18所示。

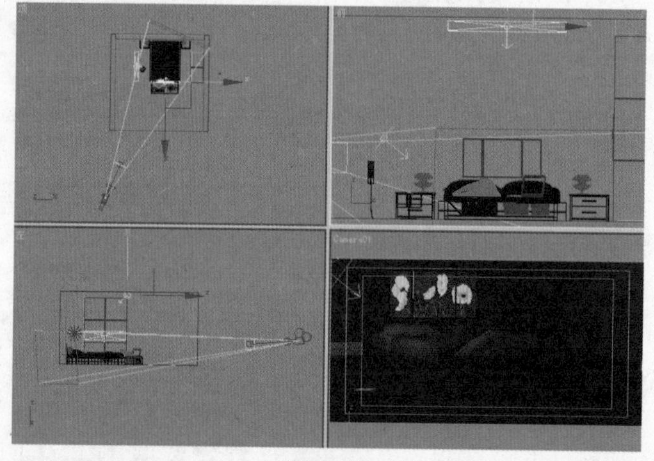

图6-18

步骤 2 选中 VRay灯光，单击 按钮切换到修改命令面板。在【参数】卷展栏中勾选“开”复选框，将“倍增器”参数设置为5.0，如图6-19所示。

步骤 3 将灯光颜色设置为蓝色，如图6-20所示。

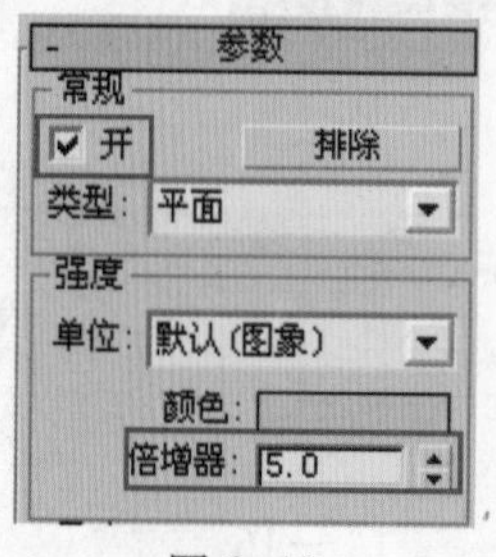

图6-19

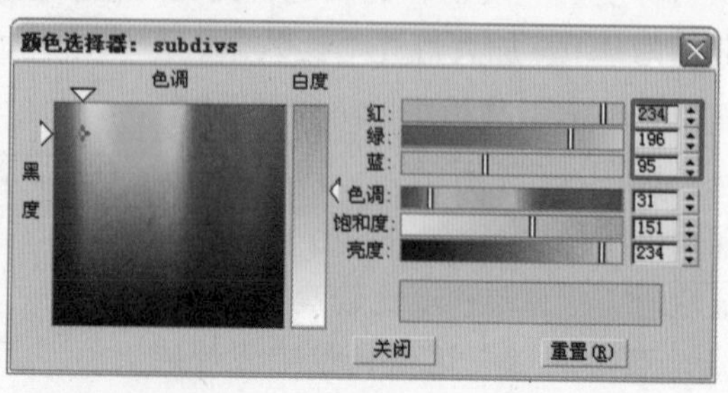

图6-20

步骤 4 调节灯光大小和位置，如图6-21和图6-22所示。注意灯光的位置和高度。

图6-21

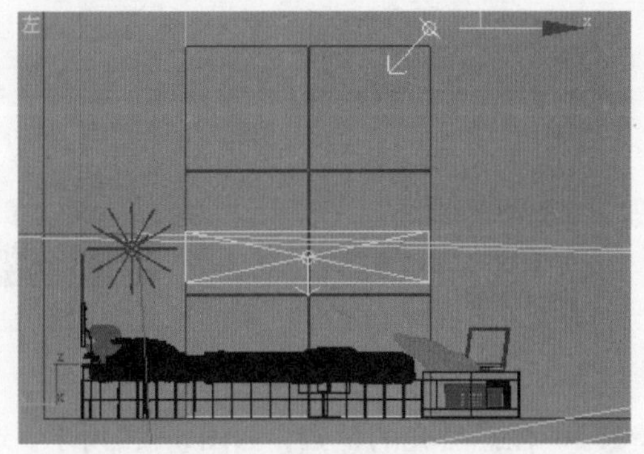

图6-22

步骤 5 勾选“不可见”复选框，如图6-23所示。

步骤 6 单击工具栏中的按钮，查看渲染结果，如图6-24所示。

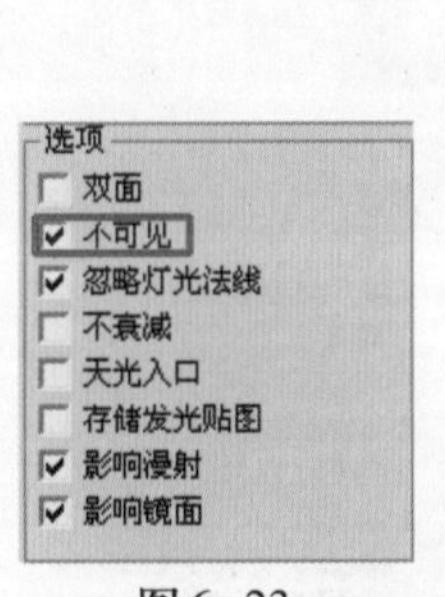

图6-23

图6-24

步骤 7 在床头的上部空间添加灯光效果，具体位置如图6-25所示。

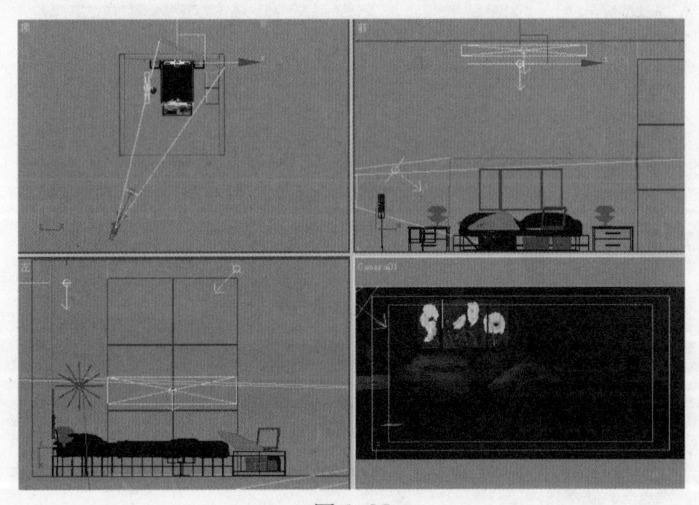

图6-25

步骤 8 选中VRayLight，单击按钮切换到修改命令面板。在【参数】卷展栏中勾选“开”复选框，将“倍增器”参数设置为5.0，如图6-26所示。

步骤 9 将灯光颜色设置为重灰红色，如图6–27所示。

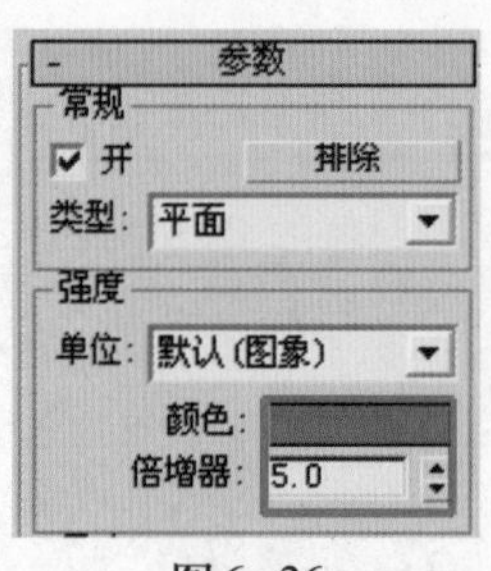

图6–26

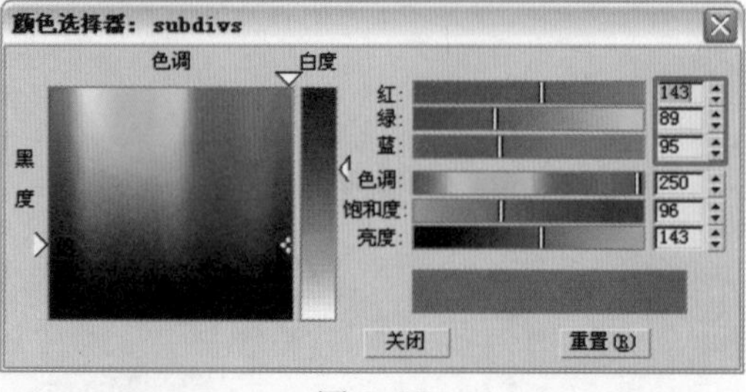

图6–27

步骤 10 注意灯光的位置，如图6–28所示。这里的灯光效果主要是改善这部分区域与其他地方的平衡，读者可以结合这盏灯光和接下来将要设置的射灯进行综合思考。

步骤 11 取消“影响镜面”选项的选择，让灯光形状不影响地面反射效果，如图6–29所示。

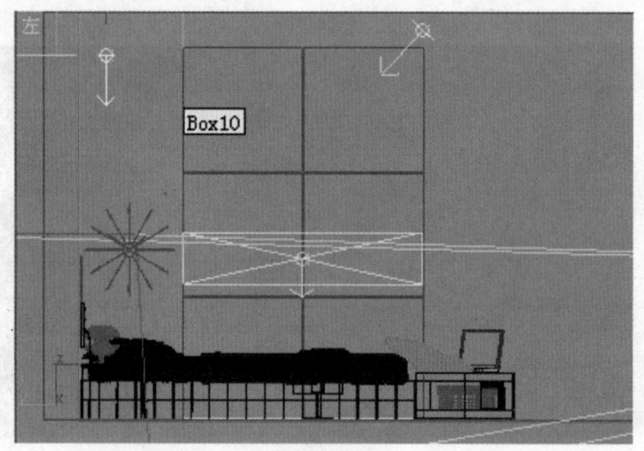

图6–28

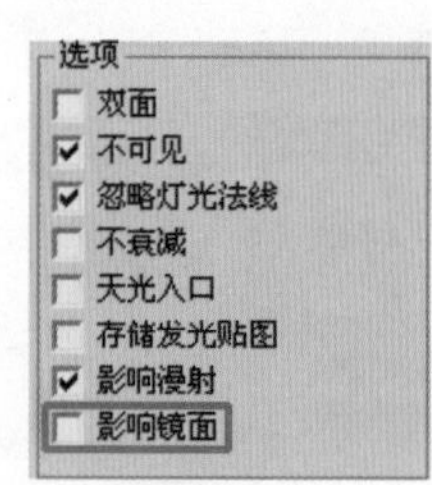

图6–29

步骤 12 单击工具栏中的按钮，查看渲染结果，如图6–30所示。

图6–30

步骤 13 观察墙体部分的光照效果，灯光对墙体的影响并不明显，整个区域灯光柔和富有层次。

步骤 14 单击【创建】命令面板下【灯光】面板中的【自由点光源】按钮，在床头上方添加射灯效果，位置如图6–31所示。

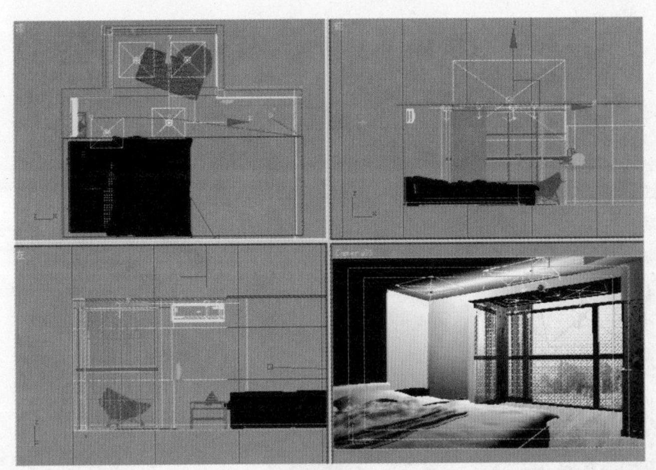

图6-31

步骤 15 选中FPoint02，单击按钮切换到修改命令面板。在【参数】卷展栏中勾选“启用”复选框，不要开启阴影模式，如图6-32所示。

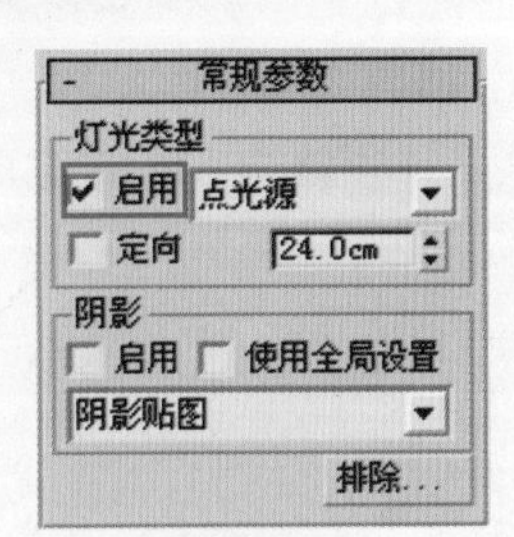

图6-32

步骤 16 开启Web光域网模式，调节灯光过滤颜色，如图6-33所示。设置灯光强度类型为cd，采用倍增调节模式，强度数值显示的是该倍增情况下的cd值，与调节cd该参数下的强度数值是一致的，相关设置如图6-34所示。

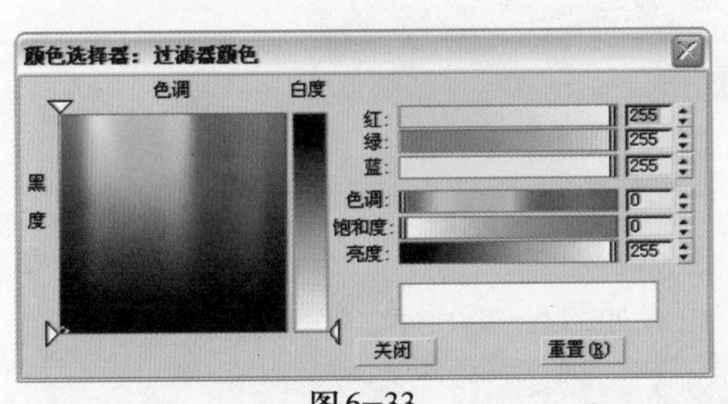

图6-33

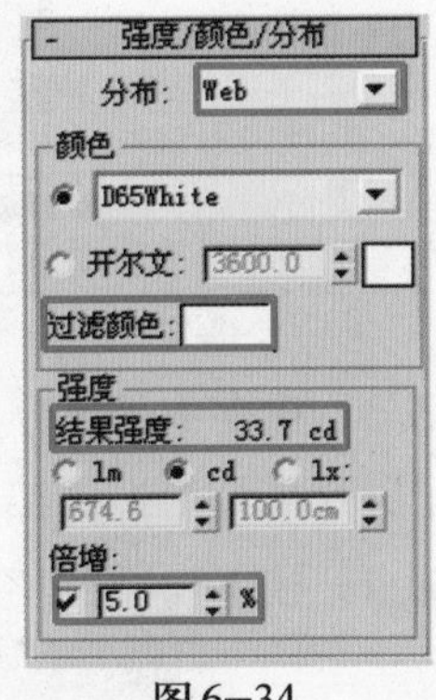

图6-34

步骤 17 单击【Web参数】卷展栏，在Web文件中调入光域网文件，如图6-35和图6-36所示。

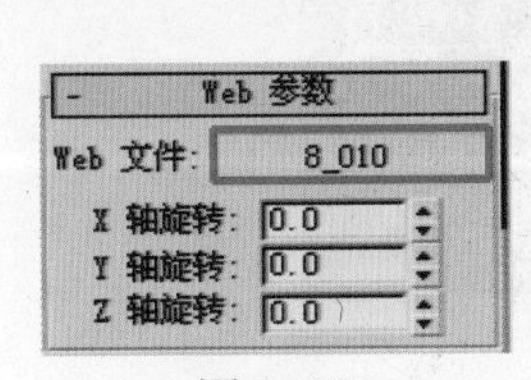

图6-35

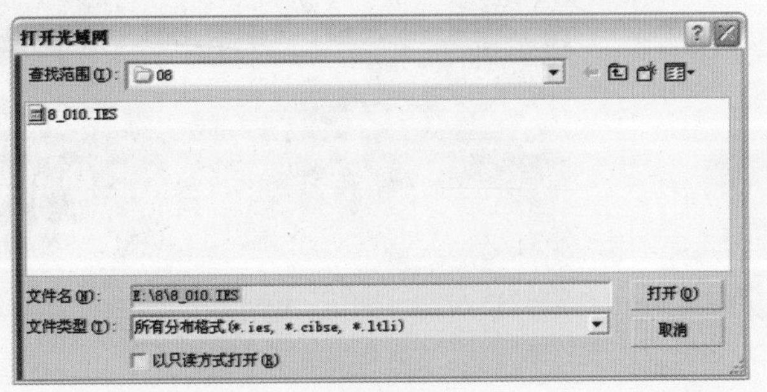

图6-36

步骤 18 将灯光进行复制，分别放置在相应的位置上，如图6–37所示。

步骤 19 调节最后一盏灯光的照明强度，如图6–38所示。这里可以对灯光的局部区域进行细节调整，灵活设置。

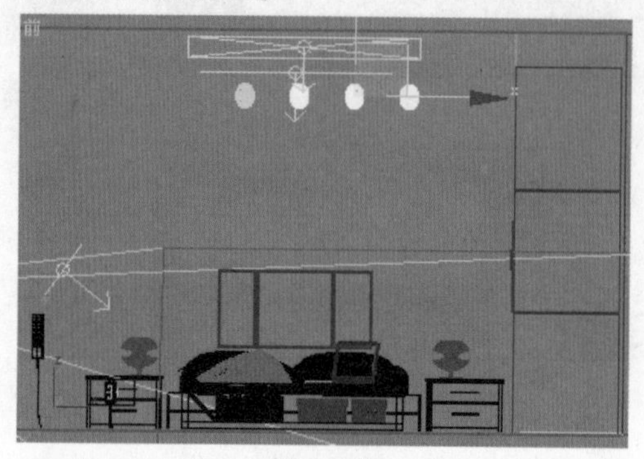

图6–37

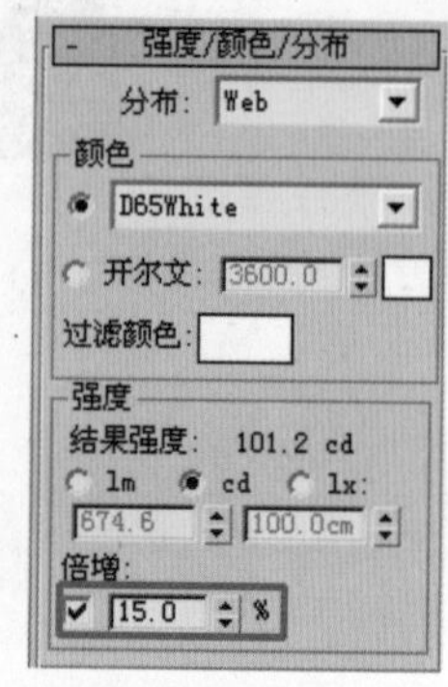

图6–38

步骤 20 单击工具栏中的按钮，查看渲染结果，如图6–39所示。

图6–39

步骤 21 观察中景部分的灯光效果。这里有效对阳光进入窗口的反射和散射作了补充，合理的光影效果是把握这部分的关键。

步骤 22 接下来设置环境灯光效果，位置如图6–40所示。

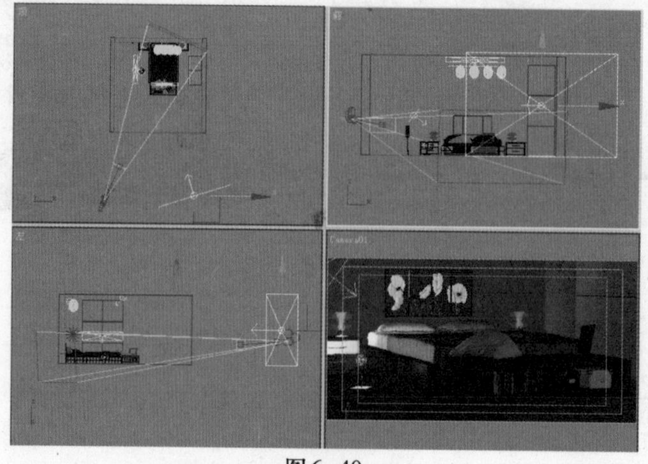

图6–40

步骤 23 选中 VRay 灯光，单击 按钮切换到修改命令面板。在【参数】卷展栏中勾选“开”复选框，将“倍增器”参数设置为 10.0，如图 6-41 所示。

步骤 24 将灯光颜色设置为蓝色，如图 6-42 所示。

图 6-41

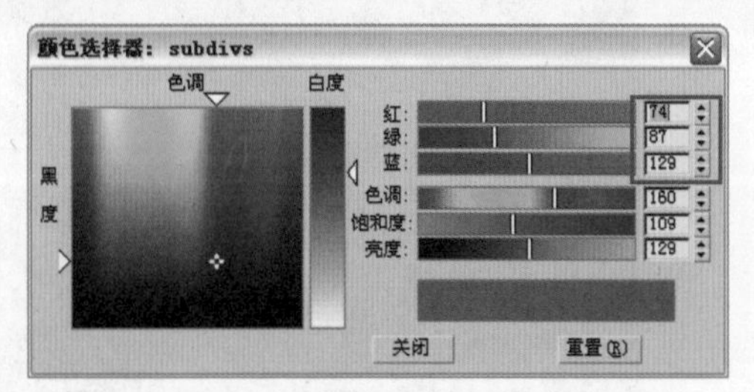

图 6-42

步骤 25 观察灯光位置，如图 6-43 所示。

步骤 26 灯光相关设置如图 6-44 所示。

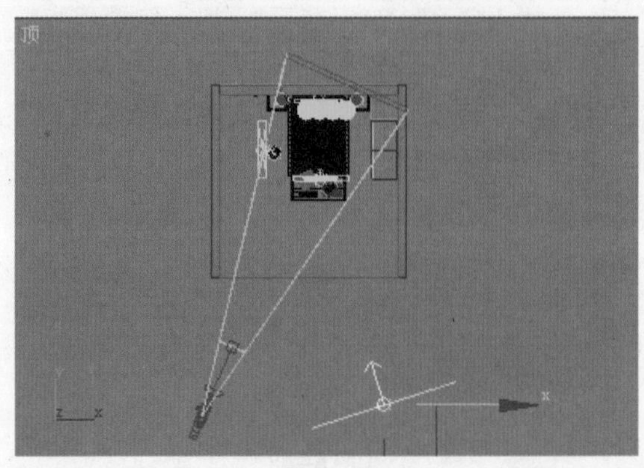

图 6-43

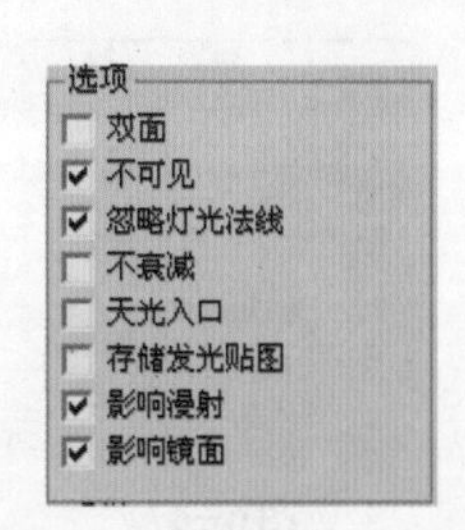

图 6-44

步骤 27 单击工具栏中的 按钮，查看渲染结果，如图 6-45 所示。

图 6-45

步骤 28 接下来设置落地灯的灯光效果，这也是画面中灯光最关键的亮点，位置如图 6-46 所示。

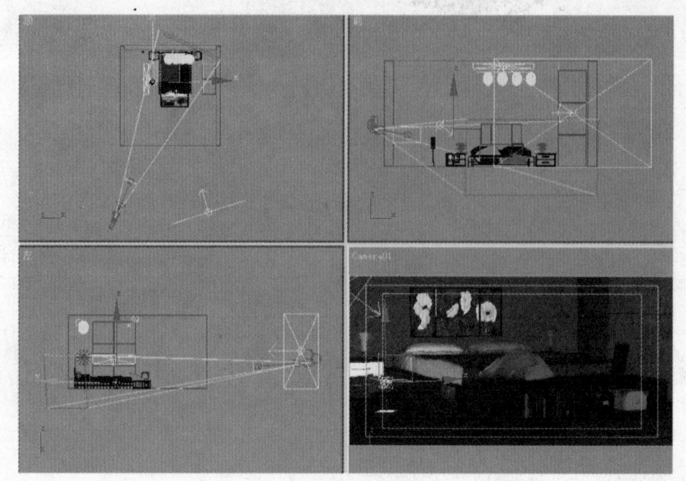

图6-46

步骤 29 选中 VRayLight，单击按钮切换到修改命令面板。在【参数】卷展栏中勾选“开”复选框，类型设置为“球体”，将“倍增器”参数设置为100.0，如图6-47所示。

步骤 30 将灯光颜色设置为淡黄色，如图6-48所示。

图6-47

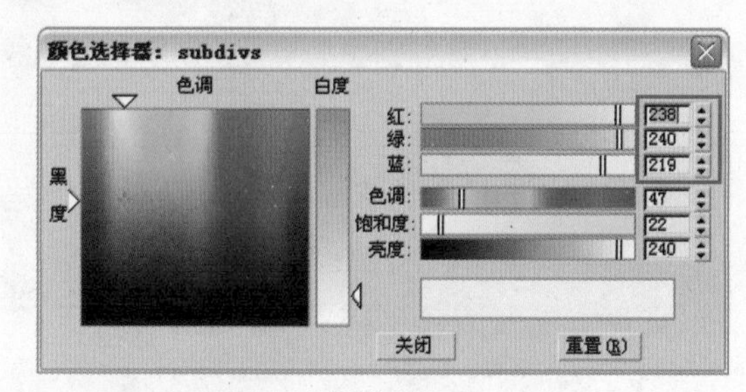

图6-48

步骤 31 设置灯光的位置和尺寸，如图6-49和图6-50所示。

图6-49

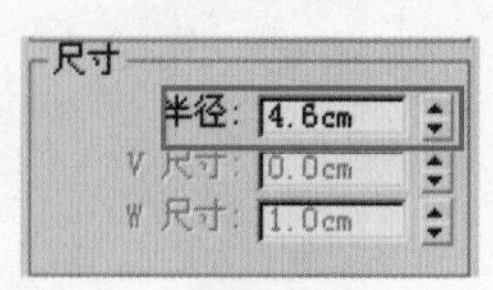

图6-50

步骤 32 灯光相关设置如图6-51所示。

步骤 33 单击工具栏中的按钮，查看渲染结果，如图6-52所示。

步骤 34 设置台灯的灯光效果，位置如图6-53所示。

步骤 35 选中VRayLight，单击按钮切换到修改命令面板。在【参数】卷展栏中勾选

“开”复选框，类型设置为“球体”，将“倍增器”参数设置为150.0，如图6-54所示。

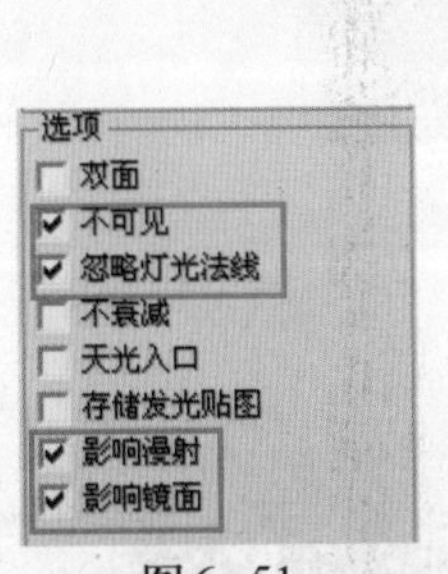

图6-51

图6-52

图6-53

图6-54

步骤 36 将灯光颜色设置为暖黄色，如图6-55所示。

步骤 37 设置灯光的尺寸，如图6-56所示。灯光的大小与灯泡的尺寸要一致，这种灯光尺寸设置比较直观，如图6-57所示。

步骤 38 灯光相关设置如图6-58所示。

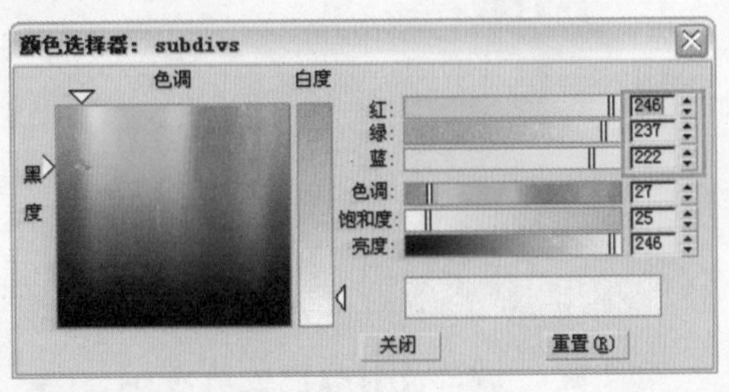

图6-55

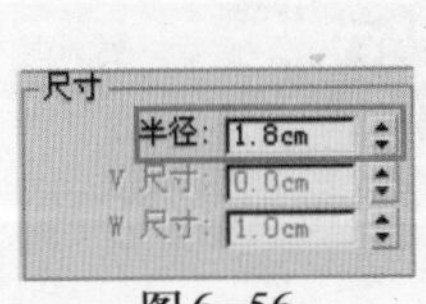

图6-56

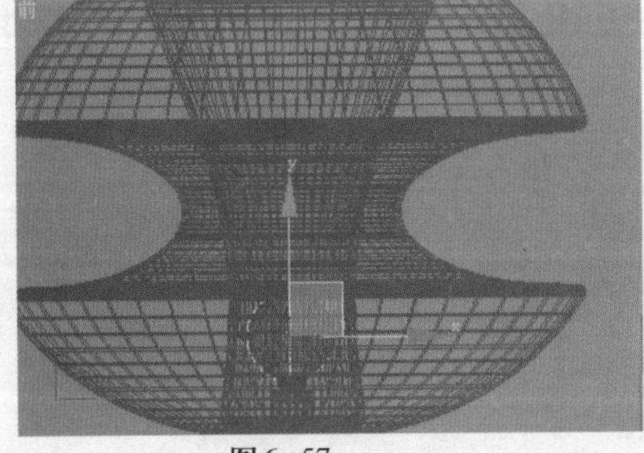
图6-57

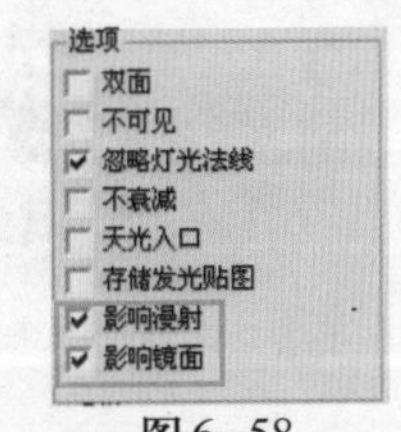

图6-58

场景中的灯光设置完毕。整个光影的效果十分明显，左边区域的灯光为视觉中心，右侧的环境光生动真实，台灯的光影效果为画面的灯光添加了点睛效果。

6.3 材质的设置

本章将详细讲解场景中的相关材质类型。通过深入的学习，去体会VRay材质的特点。

6.3.1 地板材质

地板具有非常高的光泽度，质感细腻真实，如图6-59所示。

图6-59

步骤 1 选择VRay材质。单击固有色，打开本书配套光盘“源文件\第6章\wood_f.jpg”文件，如图6-60所示。调节贴图坐标W轴为90度，使木纹的线条感觉水平显示，如图6-61所示。

图6-60

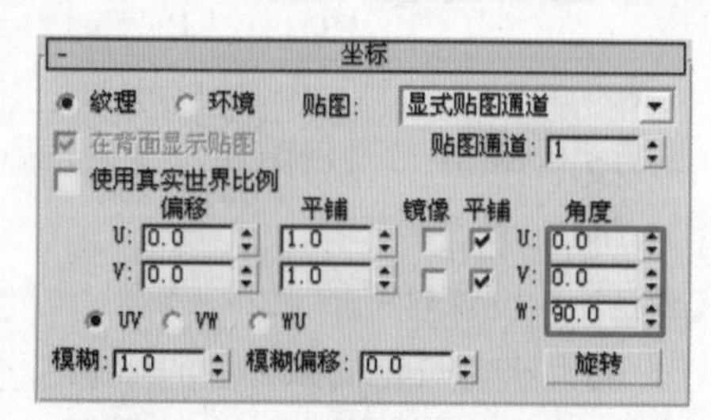

图6-61

步骤 2 调节反射颜色数值为64、64、64，如图6-62所示。

步骤 3 将漫射贴图关联复制到反射和高光光泽贴图中，调节参数如图6-63所示。参数降低是为了更好地配合反射效果，默认的贴图参数只能使反射效果曝光。

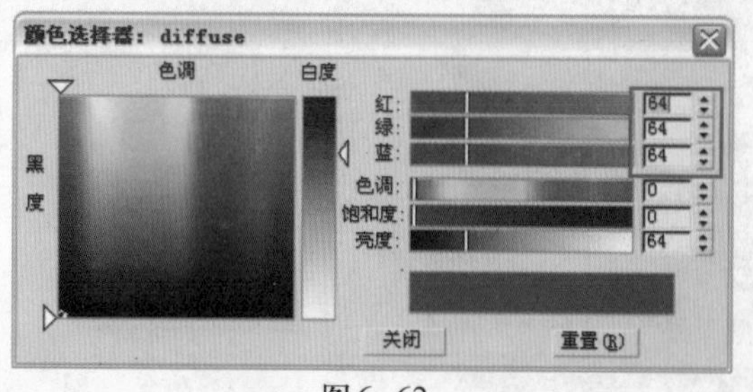

图6-62

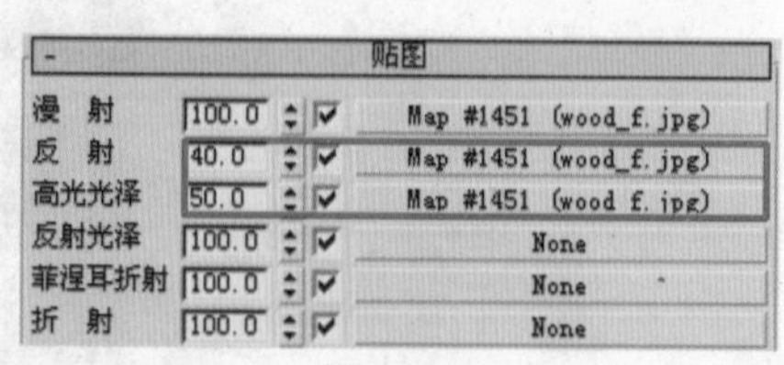

图6-63

步骤 4 观察设置后与设置前的效果比较，如图6-64和图6-65所示。图6-65所示材质的效果反射较强烈，已经没有木头贴图的效果。

图6-64

图6-65

步骤 5 调节“光泽度”数值为0.9，如图6-66所示。

步骤 6 在【BRDF】卷展栏中选择材质的类型为“反射”，如图6-67所示。

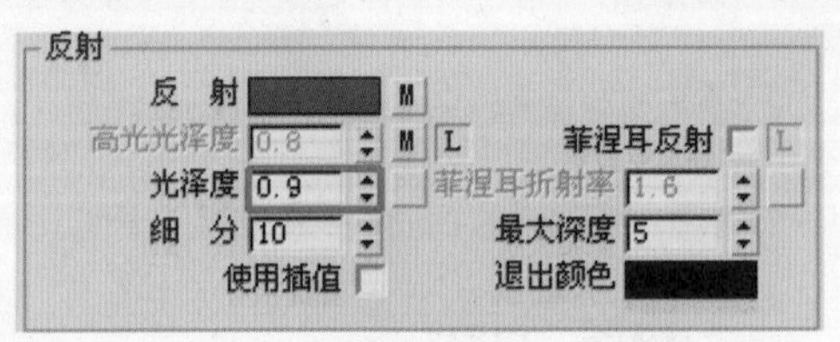

图6-66

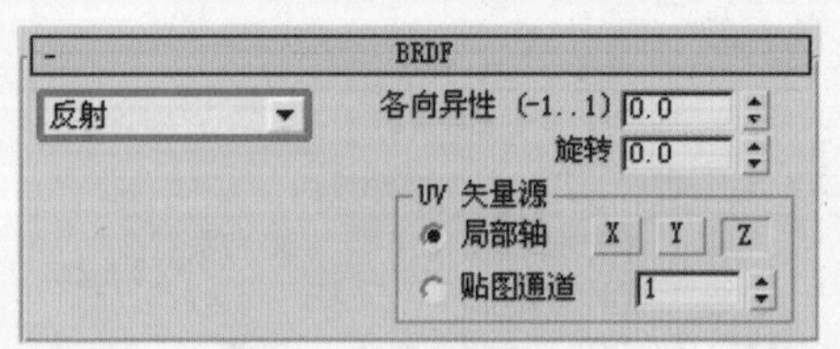

图6-67

步骤 7 单击“凹凸”右边的长条按钮，打开本书配套光盘“源文件\第6章\wood_ f_bump.jpg”文件，如图6-68所示。将凹凸参数设置为10，如图6-69所示。

图6-68

折 射	100.0	✓	None
光泽度	100.0	✓	None
折射率	100.0	✓	None
透 明	100.0	✓	None
凹 凸	10.0	✓	Map #11 (wood_f_bump.jpg)
置 换	100.0	✓	None
不透明度	100.0	✓	None
环 境		✓	None

图6-69

步骤 8 材质效果如图6-70所示。

图6-70

6.3.2 床被材质

图6-71

床被材质主要采用了衰减贴图进行颜色的模拟表现，通过凹凸贴图使效果更加真实，如图6-71所示。

步骤 1 选择VRay材质。为漫射色添加衰减贴图，如图6-72所示。

步骤 2 为前颜色添加噪波贴图，如图6-73所示。

贴图			
漫 射	100.0	✔	Map #6 （Falloff）
反 射	100.0	✔	None
高光光泽	100.0	✔	None
反射光泽	100.0	✔	None
菲涅耳折射	100.0	✔	None

图6-72

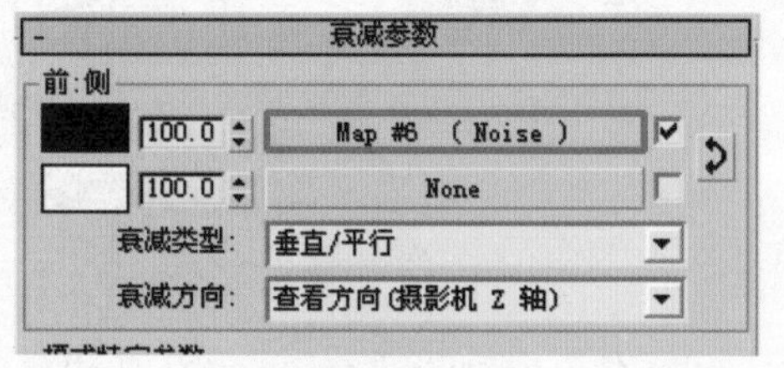

图6-73

步骤 3 调节贴图坐标参数，如图6-74所示。

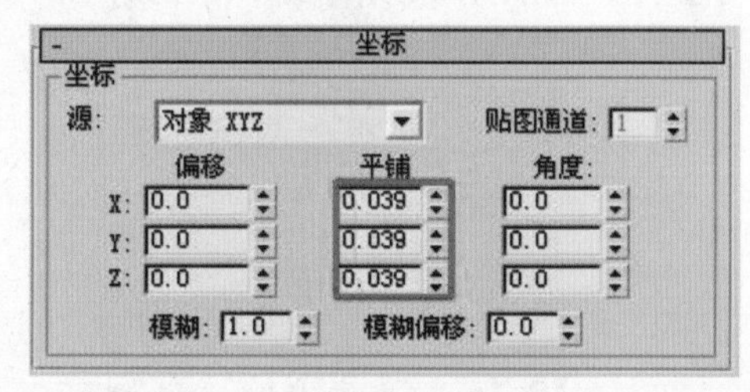

图6-74

步骤 4 调节噪波参数，这里主要是对细胞表面的分布效果和细胞间的颜色进行调节，模拟布料表面的颜色变化，如图6-75和图6-76所示。

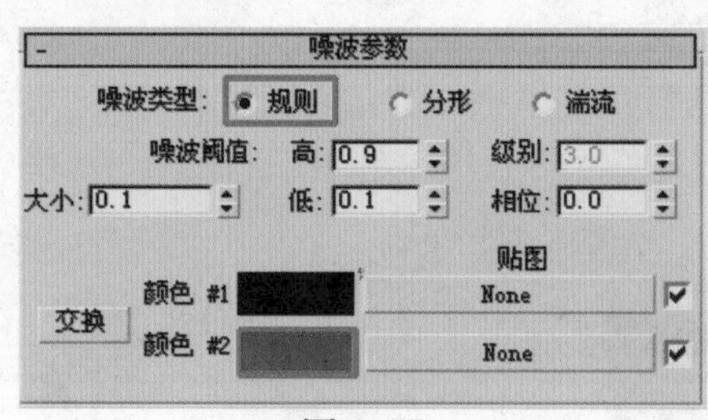

图6-75

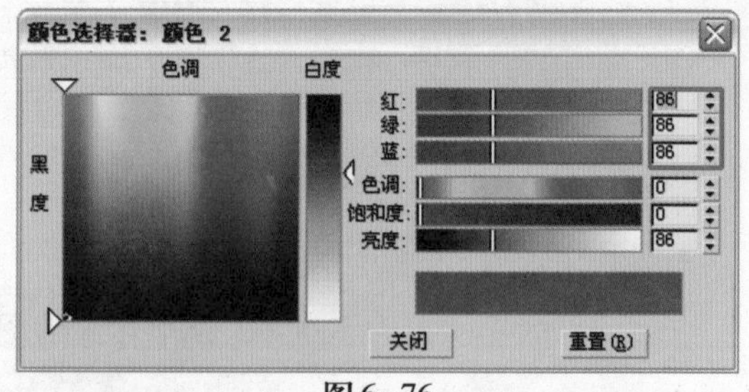

图6-76

步骤 5 将贴图关联到侧贴图中并调节侧颜色的混合数值为60，这样可以使材质边缘的颜色出现由灰到重灰的颜色变化，如图6-77和图6-78所示。

步骤 6 单击“凹凸”右边的长条按钮，添加斑点贴图，调节参数如图6-79所示。调节坐标参数，使模拟的凹凸纹理适中，如图6-80所示。

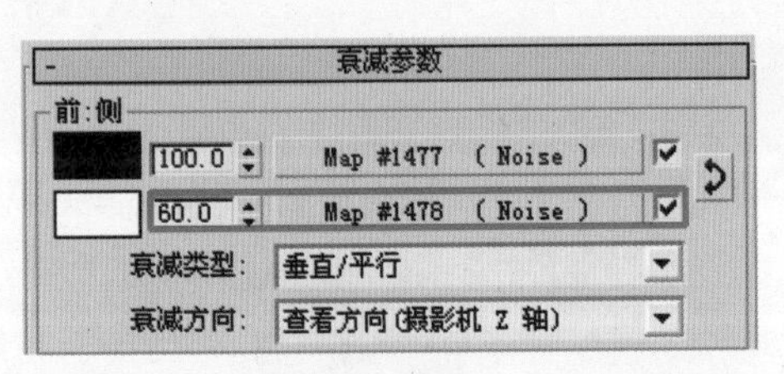

图6–77

图6–78

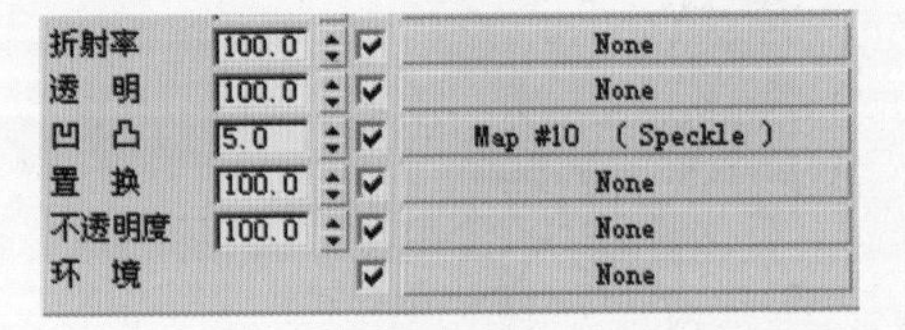

图6–79

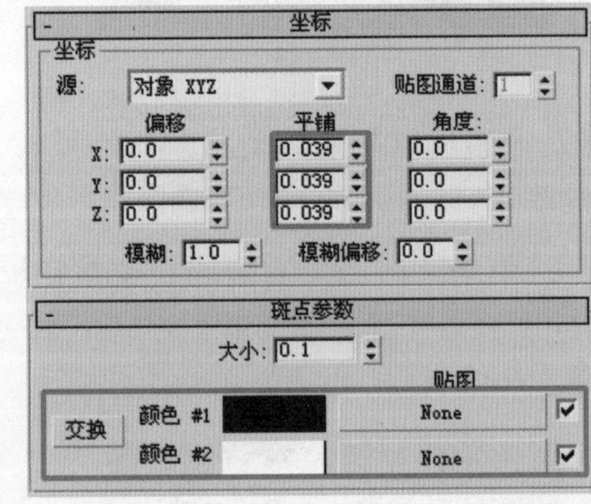

图6–80

步骤 7 材质的最终效果如图6–81所示。

图6–81

6.3.3 床木材质

黄色绒被材质效果如图6–82所示。

步骤 1 选择VRay材质。单击固有色贴图，打开本书配套光盘“源文件\第6章\wood.jpg”文件，如图6–83所示。调节纹理贴图的UV数值，如图6–84所示。

图6–82

图6-83

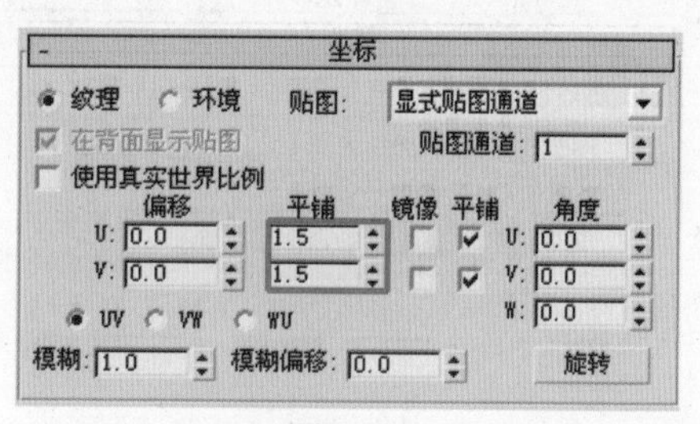

图6-84

步骤2 调节反射颜色数值为54、54、54，如图6-85所示。

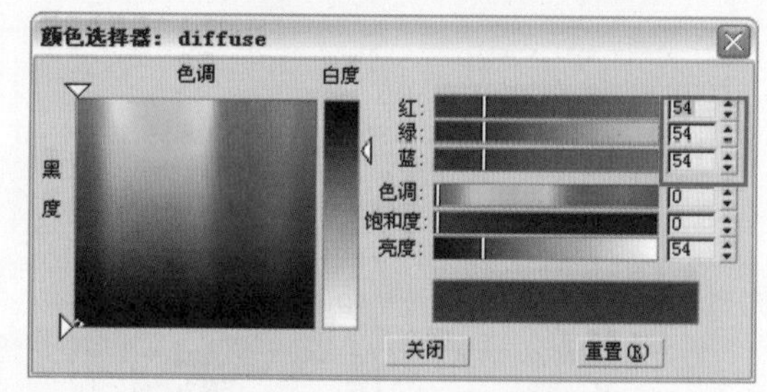

图6-85

步骤3 单击“凹凸”右边的长条按钮，打开本书配套光盘“源文件\第6章\wood.jpg”文件，如图6-86和图6-87所示。

图6-86

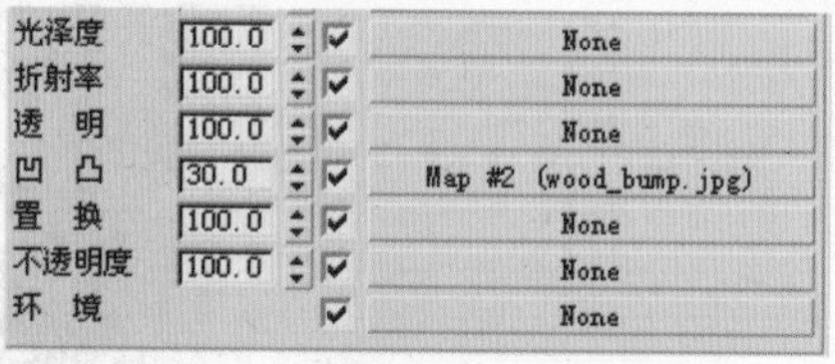

光泽度	100.0	✓	None
折射率	100.0	✓	None
透　明	100.0	✓	None
凹　凸	30.0	✓	Map #2 (wood_bump.jpg)
置　换	100.0	✓	None
不透明度	100.0	✓	None
环　境		✓	None

图6-87

步骤4 在【BRDF】卷展栏中选择材质的类型为“反射”，如图6-88所示。

步骤5 材质效果如图6-89所示。

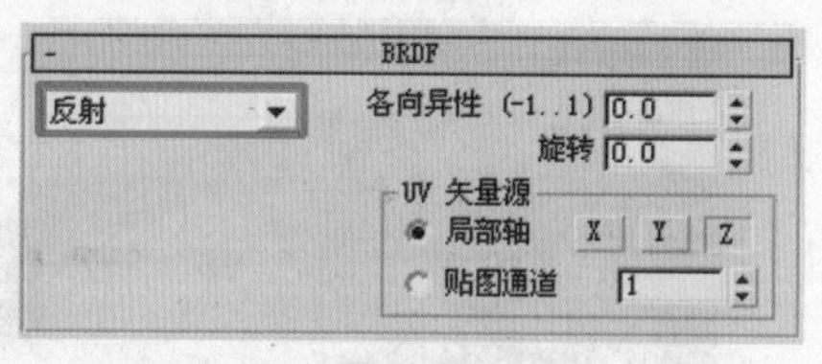

图6-88

图6-89

6.3.4 边柜材质

操作步骤

步骤1 选择VRay材质。单击固有色贴图，打开本书配套光盘“源文件\第6章\

wood_bed.jpg”文件，如图6–90所示。调节纹理贴图的UV数值，如图6–91所示。

图6–90

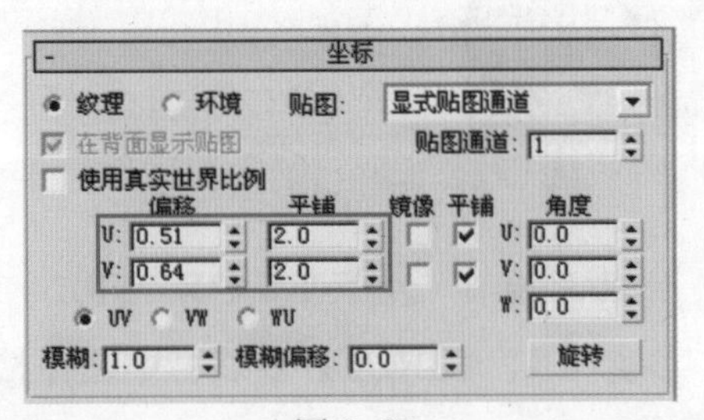

图6–91

步骤 2 调节反射颜色数值为22、22、22，如图6–92所示。

步骤 3 调节“光泽度”数值为0.5，如图6–93所示。

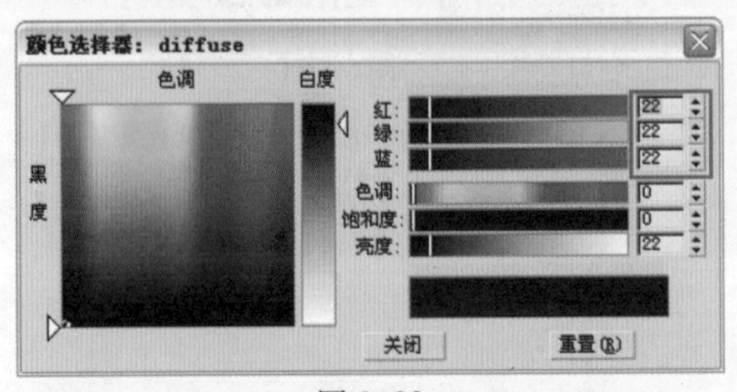

图6–92

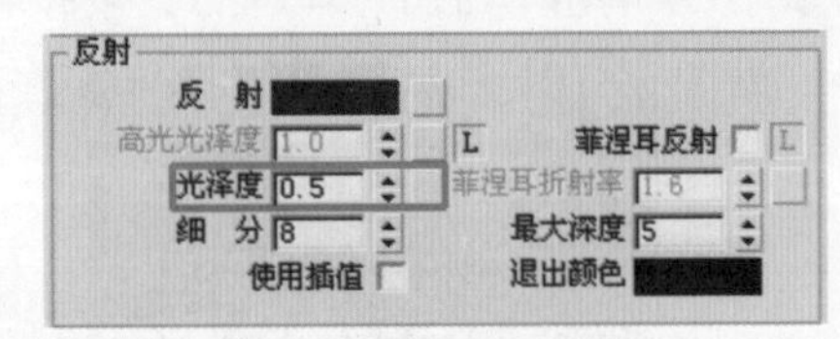

图6–93

步骤 4 在【BRDF】卷展栏中选择材质的类型为“反射”，如图6–94所示。

步骤 5 材质效果如图6–95所示。

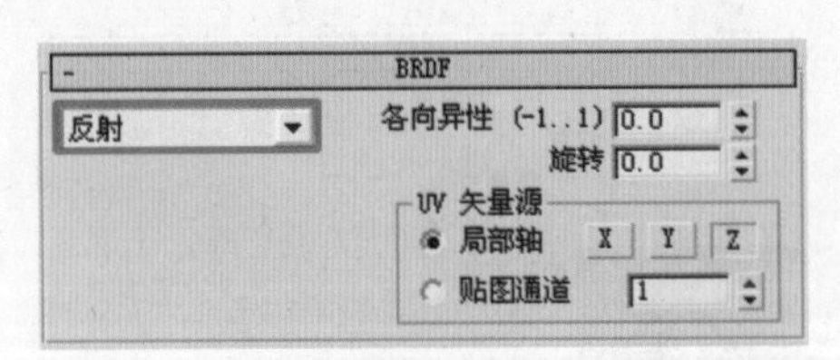

图6–94

图6–95

6.3.5 储物盒材质

储物盒材质如图6–96所示。

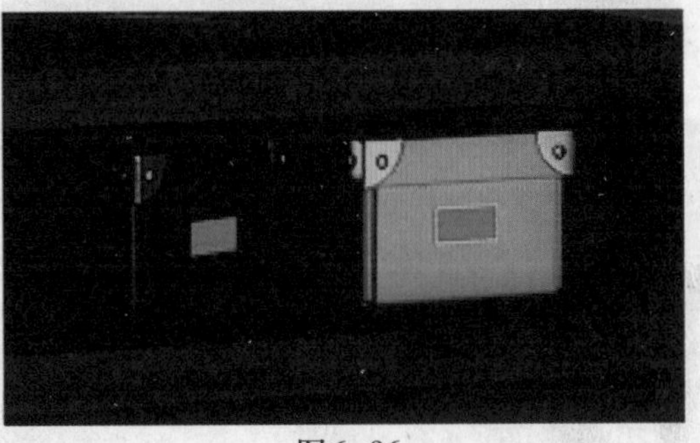

图6–96

操作步骤

步骤 1 选择VRay材质。调节固有色颜色如图6–97所示。

步骤 2 调节反射颜色数值为35、35、35，如图6–98所示。

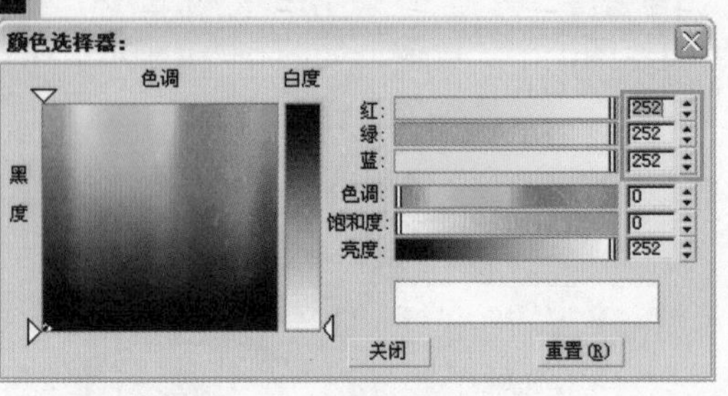

图6-97

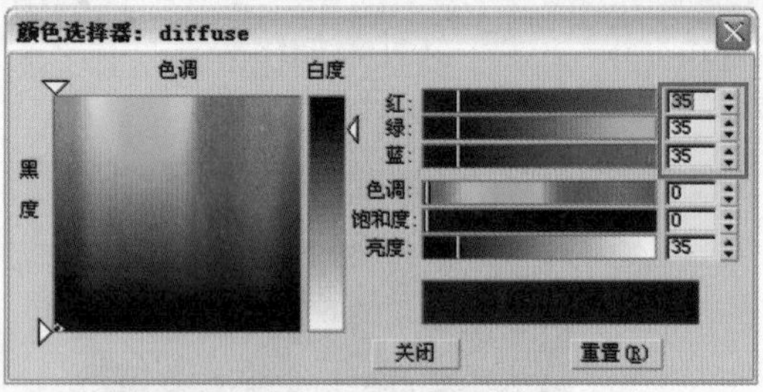

图6-98

步骤 3 调节“光泽度”数值为0.65，如图6-99所示。

步骤 4 在【BRDF】卷展栏中选择材质的类型为“反射”，如图6-100所示。

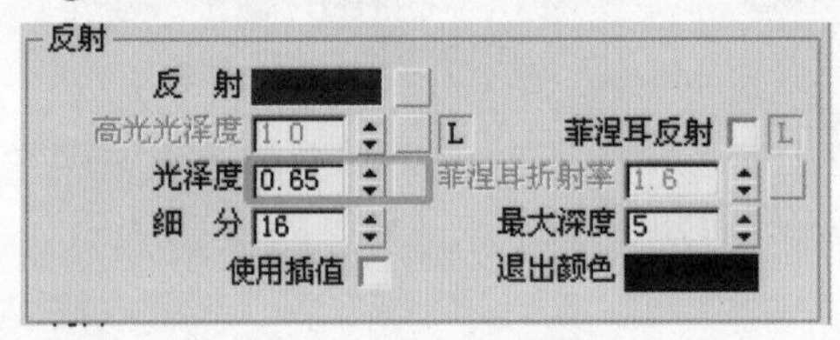

图6-99

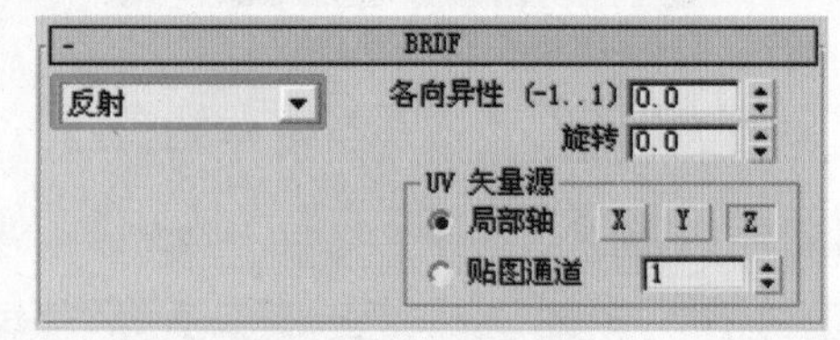

图6-100

步骤 5 单击“凹凸”右边的长条按钮，打开本书配套光盘“源文件\第6章\01.jpg”文件，如图6-101所示。调节凹凸参数如图6-102所示。

图6-101

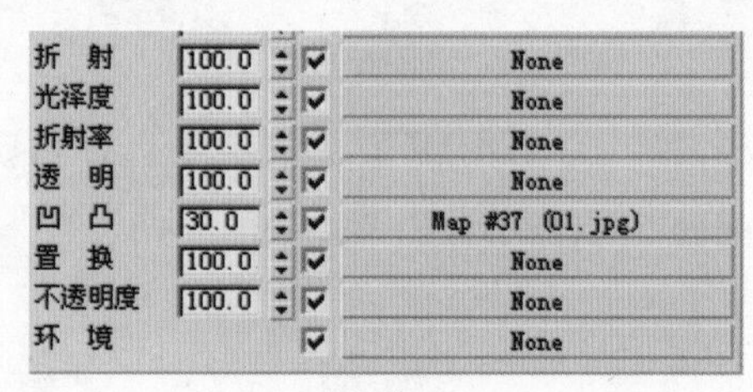

图6-102

步骤 6 材质效果如图6-103所示。

图6-103

6.3.6 床单材质

步骤 1 选择VRay材质。单击固有色添加衰减贴图。调节前、侧颜色如图6-104和

图6-105所示。衰减类型如图6-106所示。

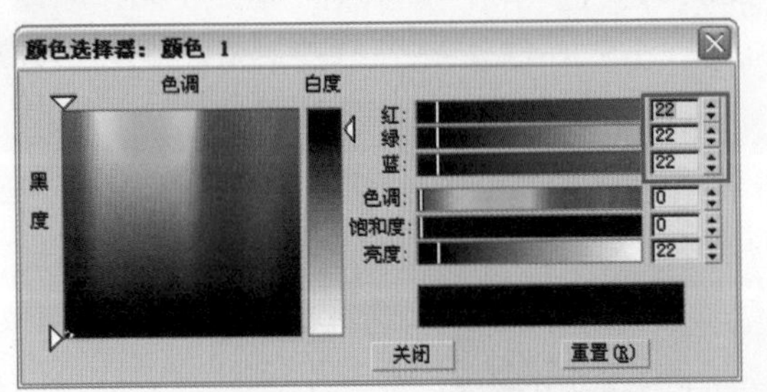

图6-104

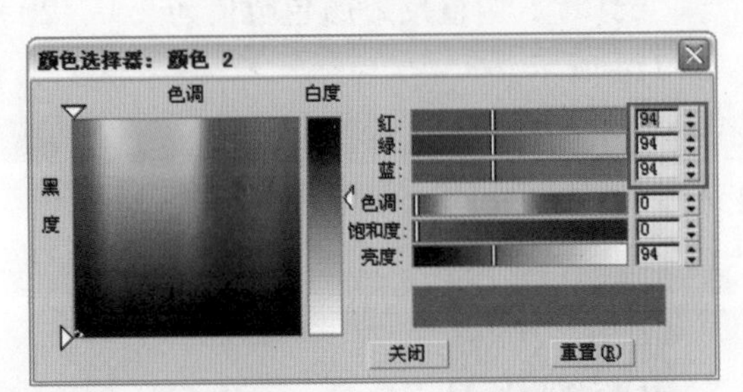

图6-105

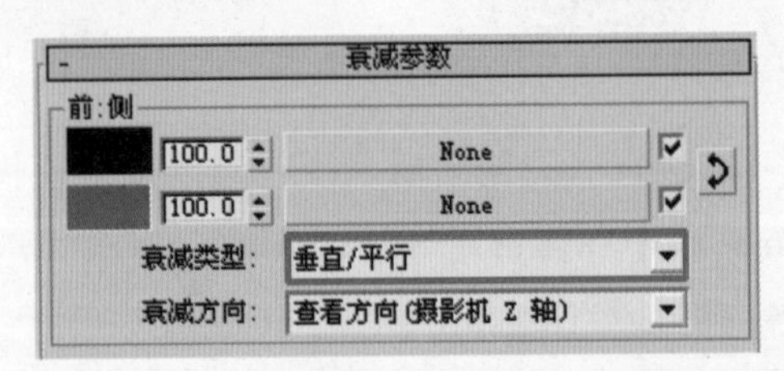

图6-106

步骤 2 单击“凹凸”右边的长条按钮，添加斑点材质，如图6-107所示。调节相关参数如图6-108所示。

反射光泽	100.0	✓	None
菲涅耳折射	100.0	✓	None
折　射	100.0	✓	None
光泽度	100.0	✓	None
折射率	100.0	✓	None
透　明	100.0	✓	None
凹　凸	100.0	✓	Map #4 (Speckle)
置　换	100.0	✓	None
不透明度	100.0	✓	None

图6-107

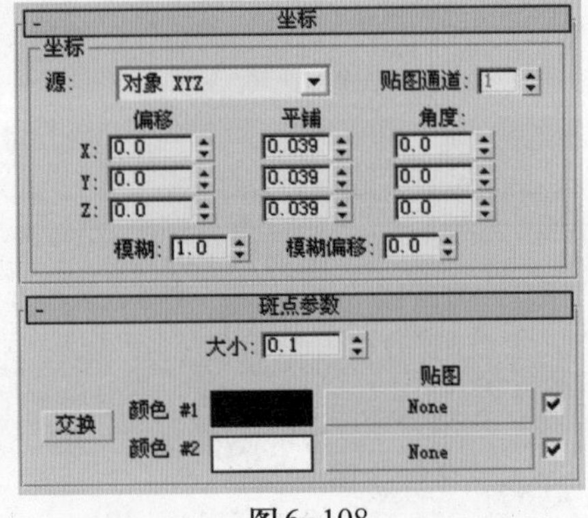

图6-108

步骤 3 材质最终效果如图6-109所示。

图6-109

6.3.7 金属材质

步骤 1 选择VRay材质。调节固有色为金属的颜色，如图6-110所示。

步骤 2 调整反射颜色数值为200、200、200，让材质有比较强烈的反射效果，如图6–111所示。

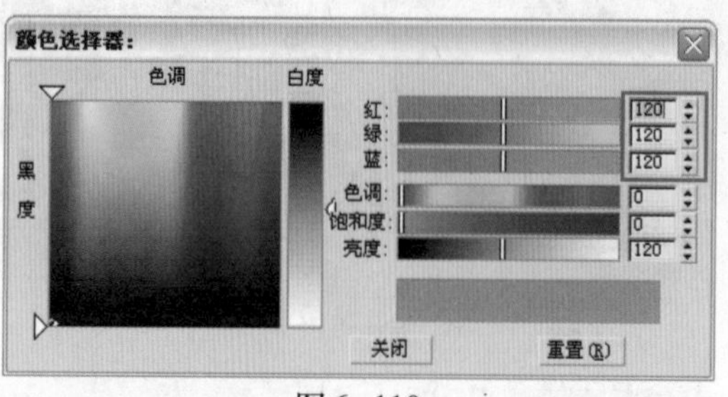

图6–110

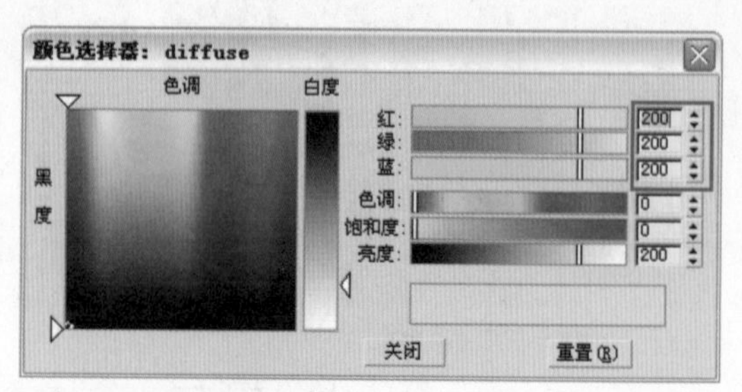

图6–111

步骤 3 将“光泽度”设置为0.8，使材质产生一定的反射模糊效果，如图6–112所示。

步骤 4 在【BRDF】卷展栏中选择材质的类型为“反射”，调节各向异性数值为0.7，如图6–113所示。

步骤 5 材质的最终效果如图6–114所示。

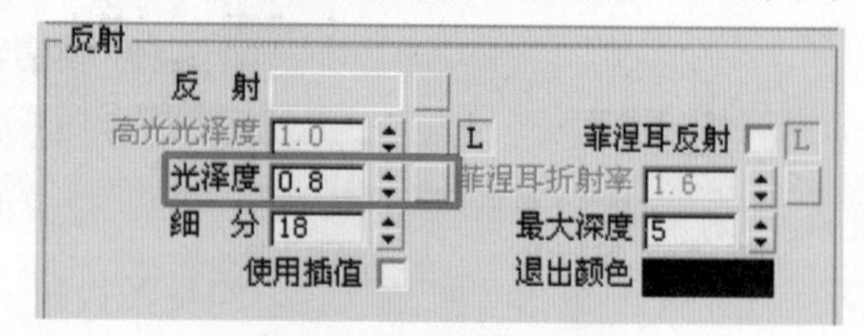

图6–112

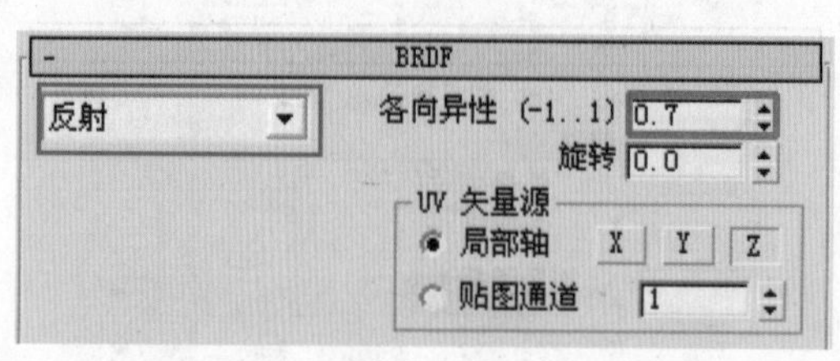

图6–113

图6–114

6.3.8 台灯玻璃材质

步骤 1 选择VRay材质。调节固有色颜色，如图6–115所示。

步骤 2 将反射颜色的数值设置为75、75、75，如图6–116所示。

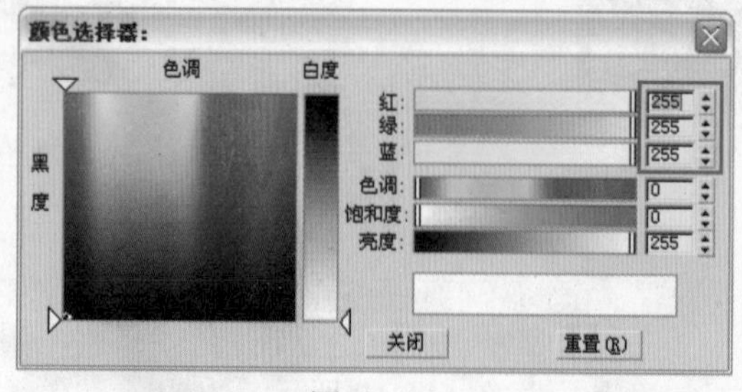

图6–115

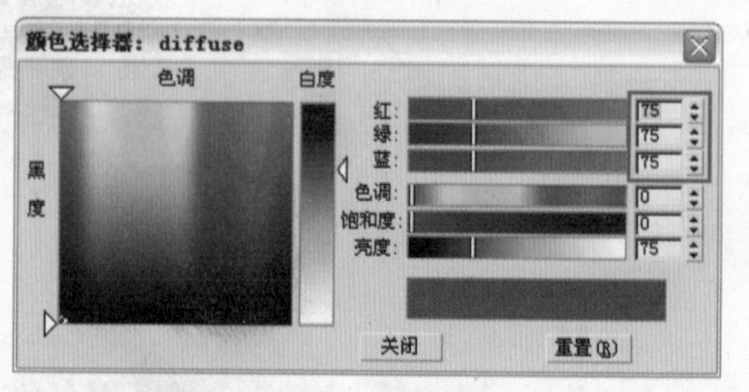

图6–116

步骤 3 单击反射贴图，添加衰减贴图，调节前侧颜色如图6−117和图6−118所示。衰减类型如图6−119所示。

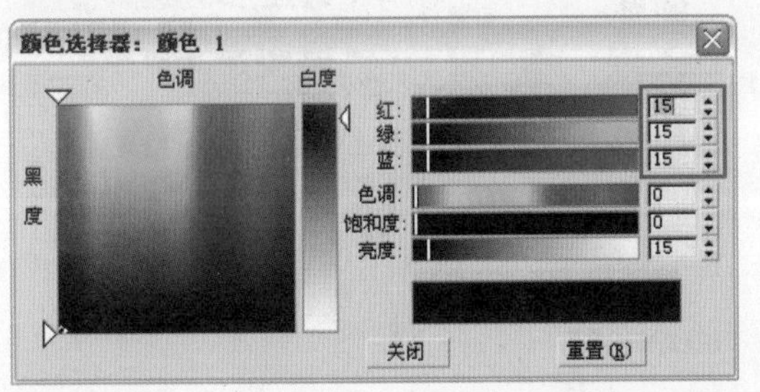

图6−117

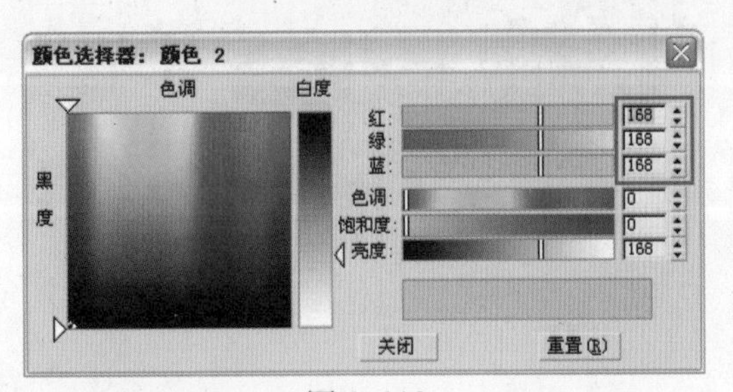

图6−118

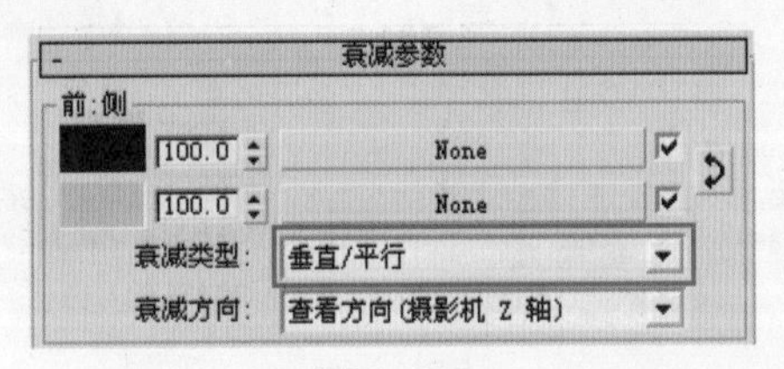

图6−119

步骤 4 将折射颜色数值设置为242、242、242，如图6−120所示。

步骤 5 勾选“影响阴影”复选框，使灯光产生阴影，如图6−121所示。

步骤 6 材质效果如图6−122所示。

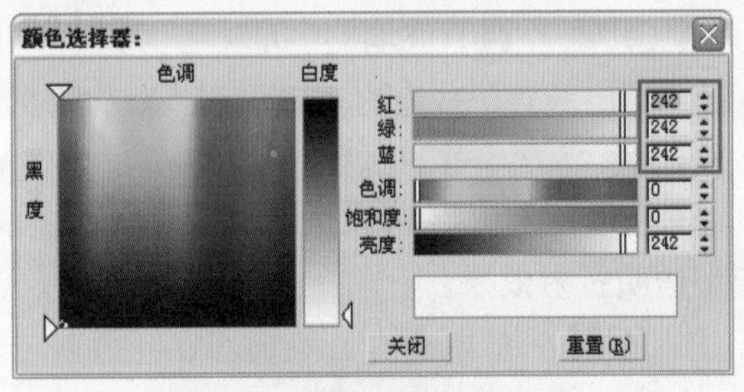

图6−120

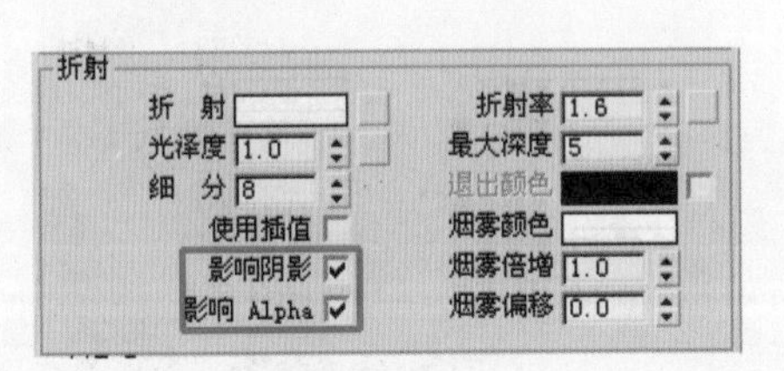

图6−121

图6−122

6.3.9 磨砂玻璃材质

步骤 1 调节固有色颜色，如图6−123所示。

步骤 2 调节反射颜色的数值为15、15、15，如图6−124所示。

步骤 3 将“光泽度”设置为0.8，“高光光泽度”设置为0.56，如图6−125所示。

步骤 4 调节折射颜色的数值为163、163、163，如图6−126所示。

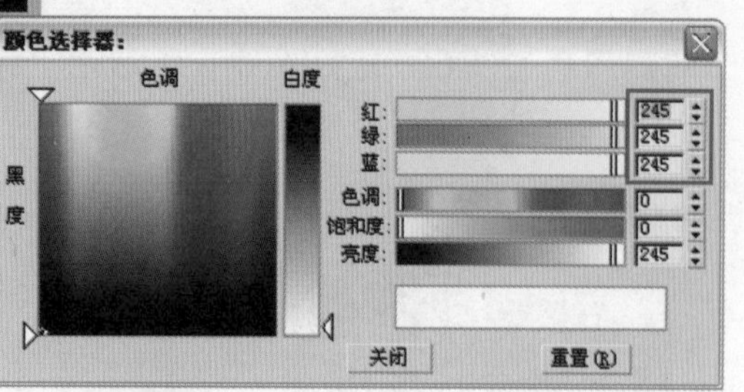

图6-123

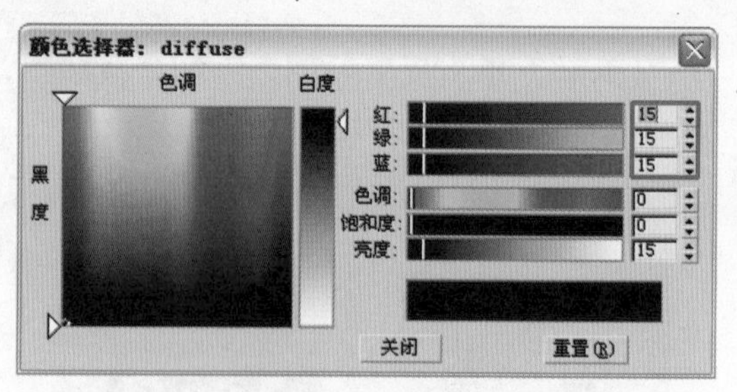

图6-124

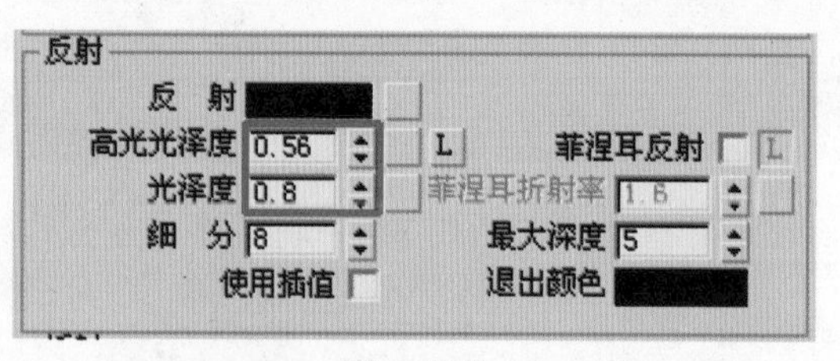

图6-125

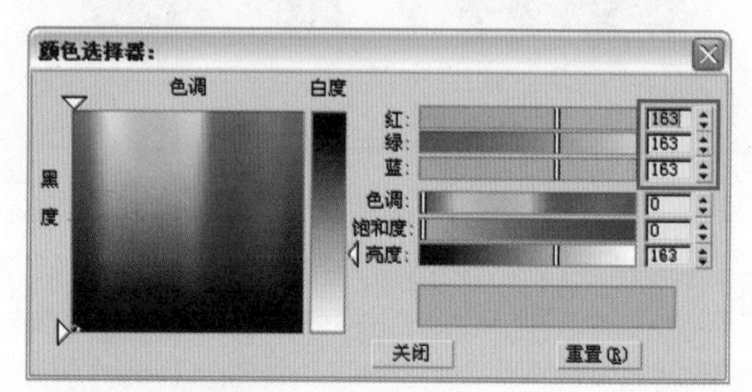

图6-126

步骤 5 调节玻璃的“折射率”为1.4，勾选“退出颜色”右边的复选框和“影响阴影”复选框，如图6-127和图6-128所示。将“光泽度”设置为0.75可以保证材质具有一定的半透明折射效果。

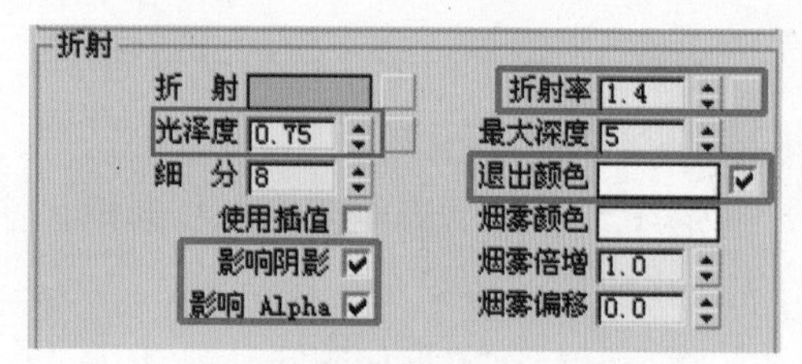

图6-127

步骤 6 材质最终效果如图6-129所示。

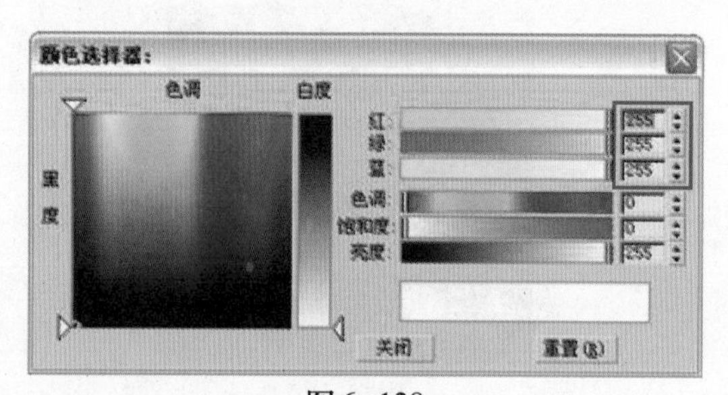

图6-128

图6-129

6.3.10 灯罩材质

操作步骤

步骤 1 单击固有色，添加衰减贴图，调节前、侧颜色如图6-130和图6-131所示。衰减类型设置为“Fresnel”，如图6-132所示。

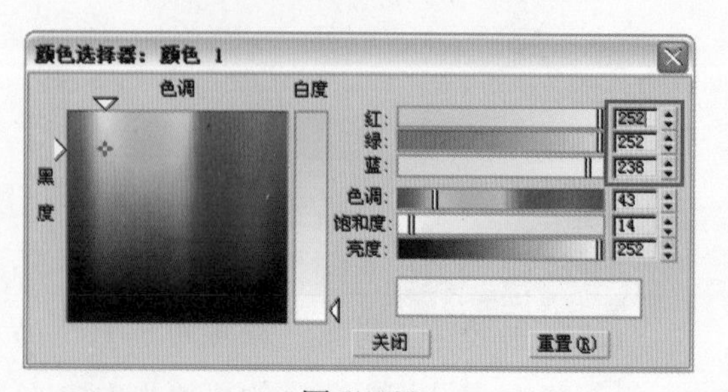

图6-130

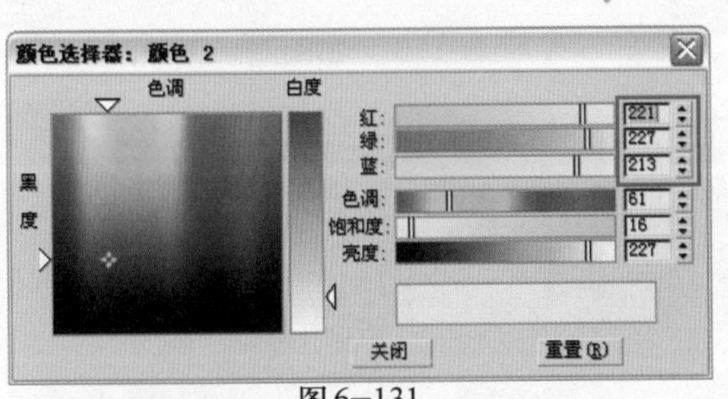

图6-131

图6-132

步骤 2 调节折射颜色参数为230、230、230，如图6-133所示。

步骤 3 单击折射复选框为材质添加混合贴图，如图6-134所示。

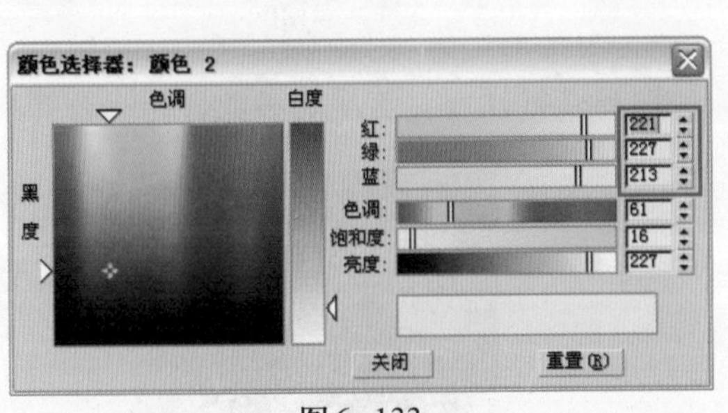

图6-133

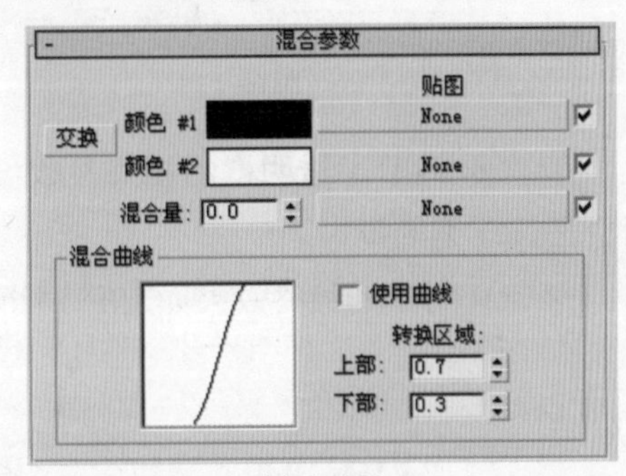

图6-134

步骤 4 分别在3个复选框中添加衰减贴图，相关设置依次如图6-135～图6-137所示。

图6-135

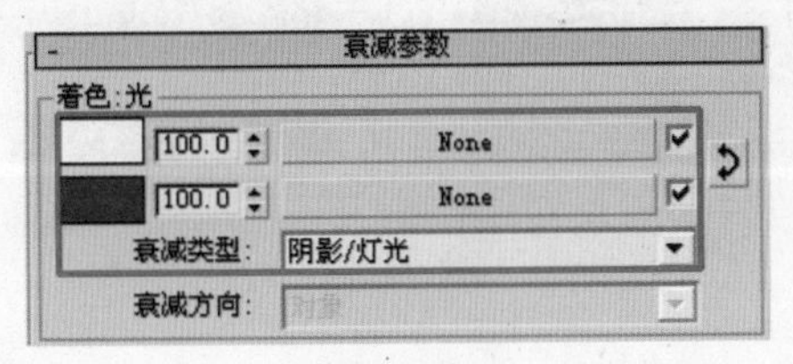

图6-136

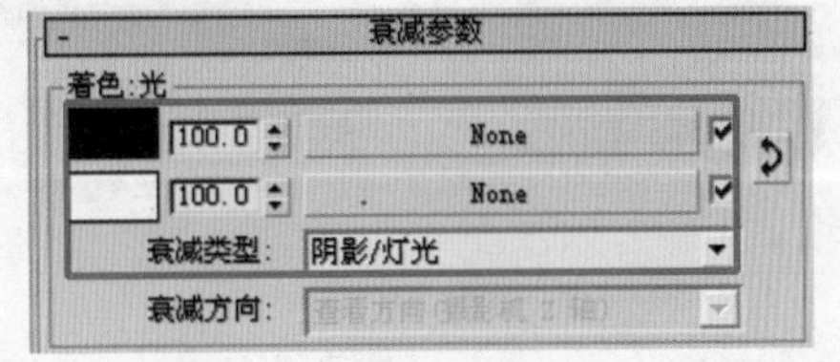

图6-137

步骤 5 最终参数设置如图 6–138 所示。

步骤 6 设置“折射”参数为 35，使其以 35% 的半透明度和折射参数效果混合，如图 6–139 所示。

步骤 7 调节“光泽度”参数为 0.6，“折射率”参数为 1.0，如图 6–140 所示。

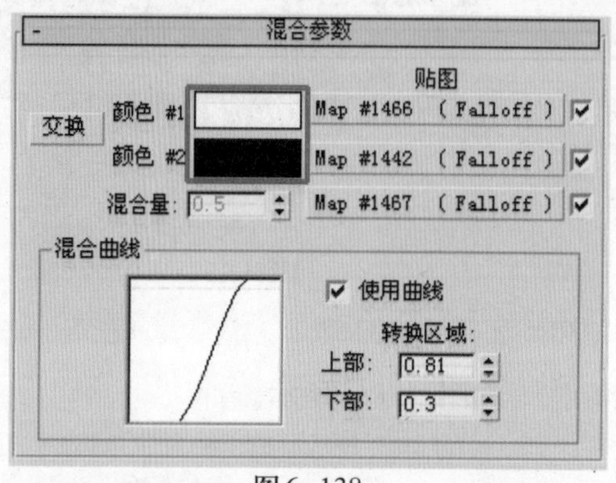

图 6–138

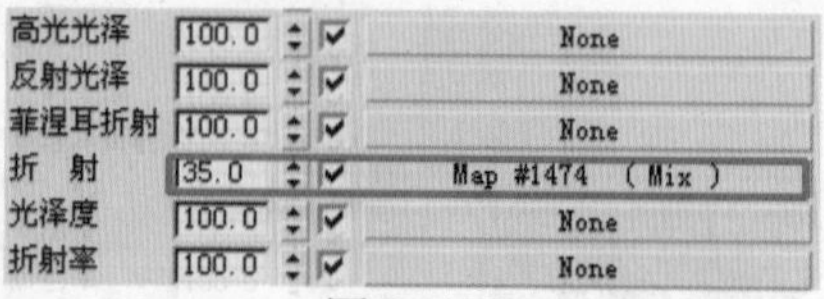

图 6–139

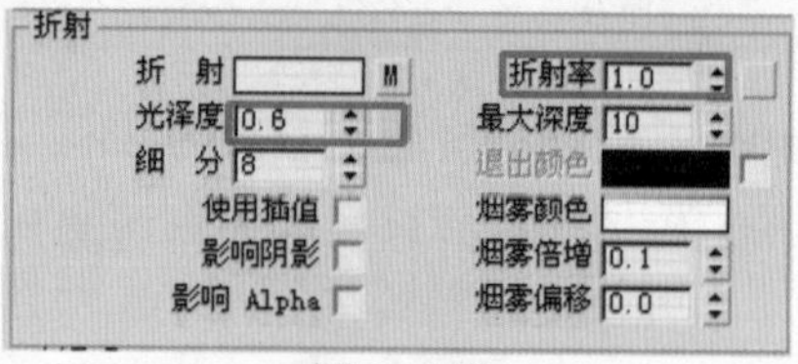

图 6–140

步骤 8 调节半透明度的相关参数设置，如图 6–141 所示。这里的参数介绍将在视频教程中进行详细的讲解。

步骤 9 材质的最终效果如图6–142所示。

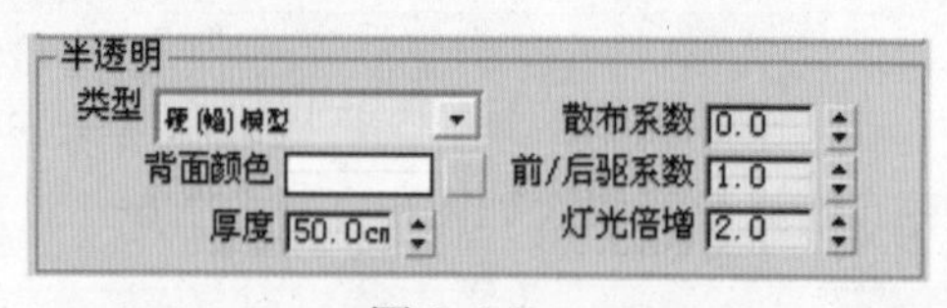

图 6–141

图 6–142

6.3.11 红色指针材质

操作步骤

步骤 1 调节固有色颜色如图 6–143 所示。

步骤 2 将反射颜色的数值设置为 35、35、35，如图 6–144 所示。

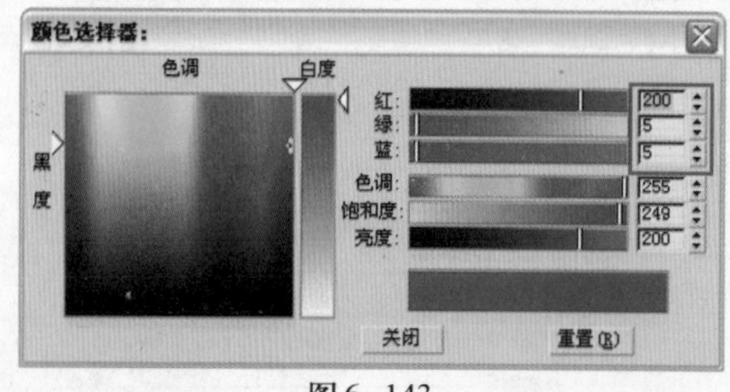

图 6–143

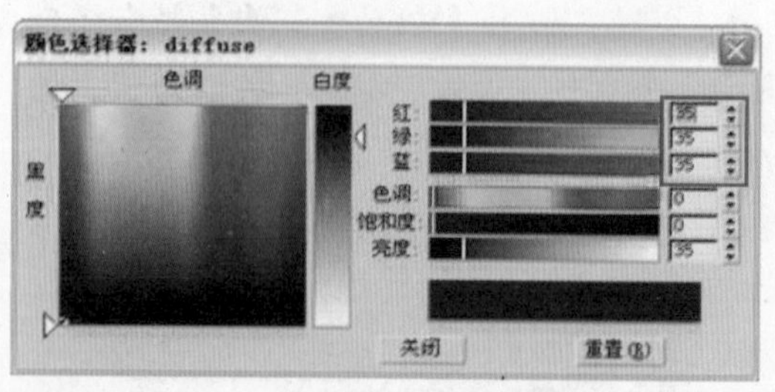

图 6–144

步骤 3 将“光泽度”数值设置为 0.8，如图 6–145 所示。

步骤 4 设置材质类型为“反射”，如图6-146所示。

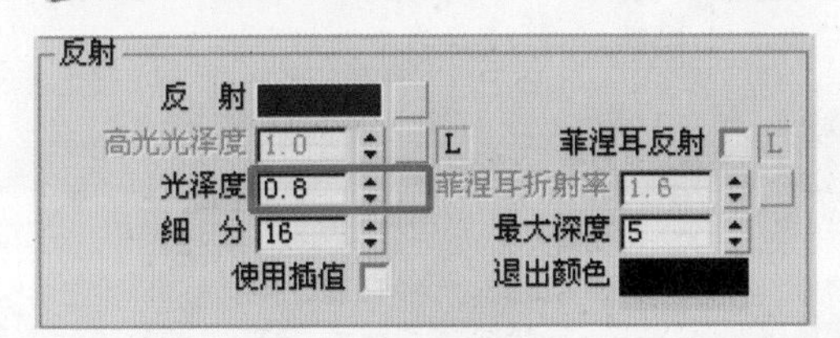

图6-145

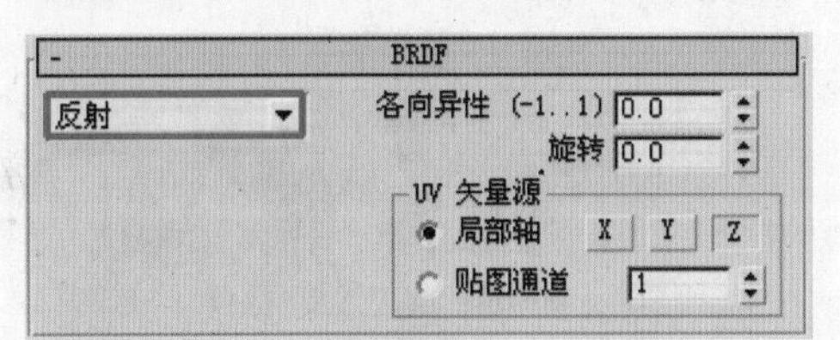

图6-146

步骤 5 材质最终效果如图6-147所示。

图6-147

6.4 渲染参数设置和最终渲染

步骤 1 将【V-Ray::灯光缓冲】卷展栏中的选项设置如图6-148所示。保存的灯光光子图可以直接调用。

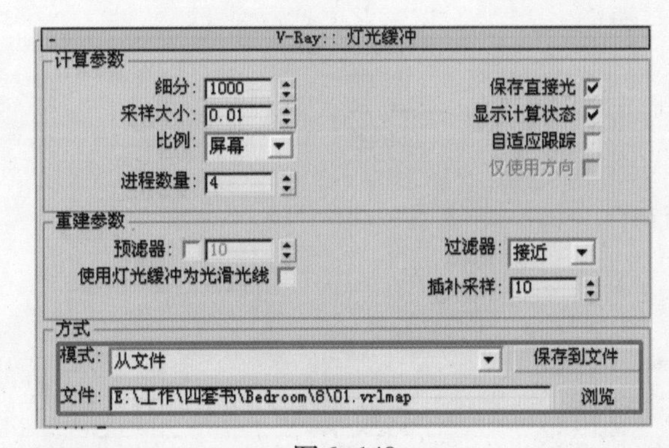

图6-148

步骤 2 打开【V-Ray::准蒙特卡洛全局光】卷展栏，设置“细分”数值为30，如图6-149所示。

图6-149

步骤 3 将“全局细分倍增器”数值设置为4.0，“噪波阈值”数值设置为0.0，如图6-150所示。“噪波阈值”数值设置为0，在渲染时间上要付出沉重的代价，为了出色的画面效果可以尝试。

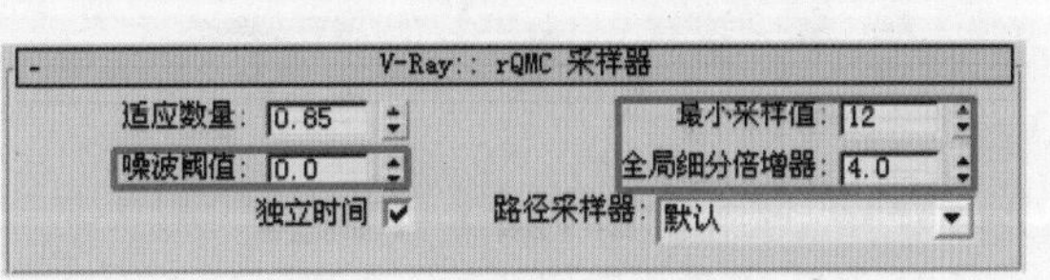

图6-150

步骤 4 单击工具栏中的按钮，查看渲染结果，如图6-151所示。

图6-151

第7章　个性卧室小空间表现

本章精髓

- 阳光制作思路
- 花贴制作思路
- Alpha 通道运用及高级材质

7.1 案例分析

这个案例主要是制作阳光卧室。阳光透过窗户将光影投射到室内空间，使墙上装饰的图案显得更加生动。室外灯光延伸到室内空间所进行的光能传递至关重要，决定着近景处实物的真实性。场景中的花卉图案由侧面延伸到了顶端，配合倾斜的摄像机视角，使场景的整体感觉轻松明快。

7.1.1 光影层次

本节主要是太阳光制作案例，灯光的照明系统主要采用了平行光进行模拟。太阳光负责模拟主要的光影变化效果，室内通过VR灯光进行室内光能传递的补充。需要注意的是室内空间感的营造，这需要对灯光的颜色和强度进行微妙的控制。图7–1所示为表现此类效果十分出色的画面，读者可以进行参考。

图7–1

7.1.2 VRay材质

本节中将重点介绍如何用复合材质进行表现墙体上的花卉图案。通过结合Photoshop对墙体的UVW拆分进行绘制，对花卉的位置进行精准定位。具体的材质讲解将在7.3节中进行详细描叙。图7–2和图7–3所示的是本章实例的精彩细节图片。

图7–2

图7–3

7.2 灯光的设置

画面中灯光设置首先围绕太阳光进行制作。本节将通过平行光进行模拟，确立画面的整体基调。

7.2.1 光源和环境的创建

本章采用平行光进行太阳光的模拟。

步骤 1 开启3ds Max 9以后，执行【文件】|【打开】命令，打开本书配套光盘“源文件\第7章\个性卧室.max”文件，如图7-4所示。

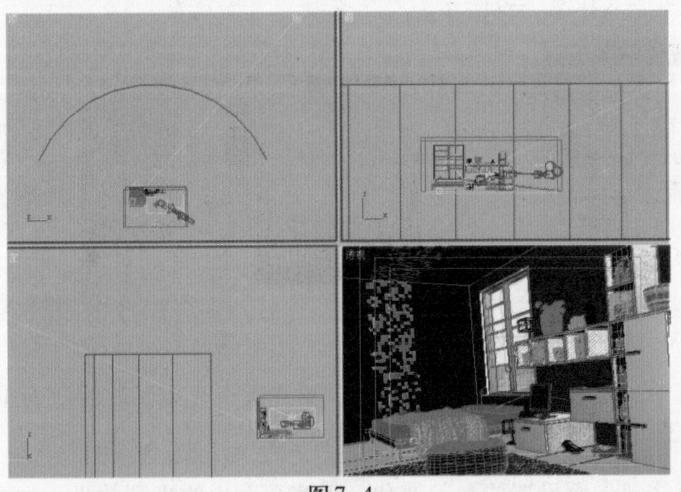

图7-4

步骤 2 单击【创建】命令面板下【灯光】面板中的【目标平行光】按钮，在视图图中创建“目标平行光”模拟主光源，如图7-5所示。

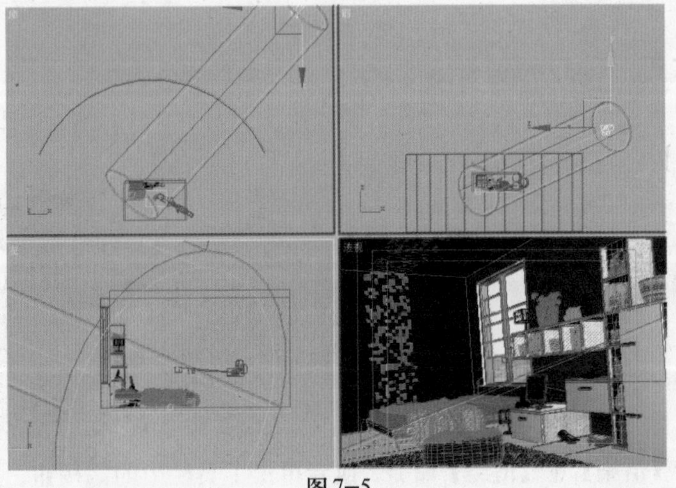

图7-5

步骤 3 设置灯光的位置如图 7–6 所示。

步骤 4 选中 Direct01，单击按钮切换到修改命令面板。在【参数】卷展栏中的“阴影”选项组中勾选“启用”复选框，设置灯光的阴影模式为“VRayShadow”，如图 7–7 所示。

2088.643c Y: 2316.319c Z: 1088.606c

图 7–6

图 7–7

步骤 5 在【强度／颜色／衰减】卷展栏中调整灯光的颜色为暖灰色，将“倍增”数值设置为 3.2， 如图 7–8 和图 7–9 所示。

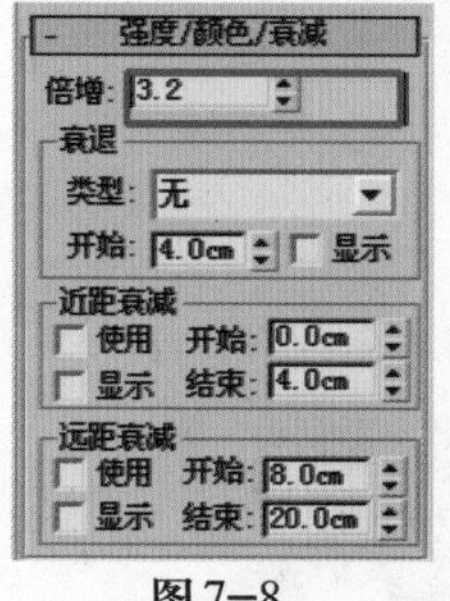

图 7–8

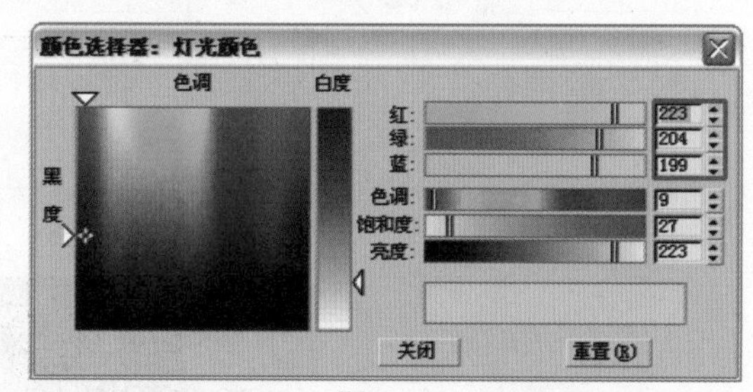

图 7–9

步骤 6 在【平行光参数】卷展栏中设置“聚光区／光束”的数值为 403.3，“衰减区／区域”的数值为 448.6，如图 7–10 所示。

步骤 7 这里注意上面设置的参数变化，观察画面中的光圈效果，如图 7–11 所示。

步骤 8 在【VRay 阴影参数】卷展栏中设置对象阴影为“区域阴影”，类型为“立方体”。将 UVW 的数值设置为 80、80、80，如图 7–12 所示。使灯光的阴影产生一定程度的偏移。

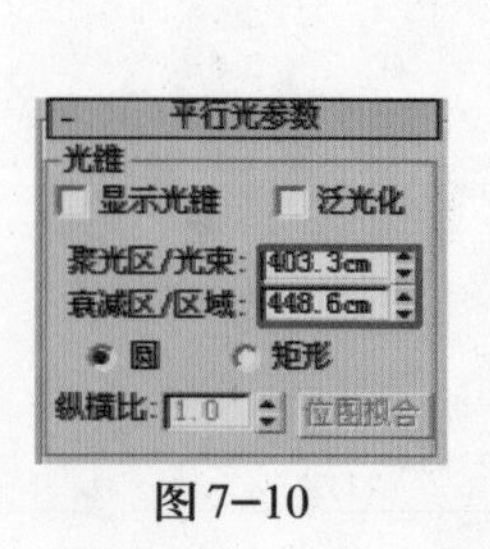

图 7–10

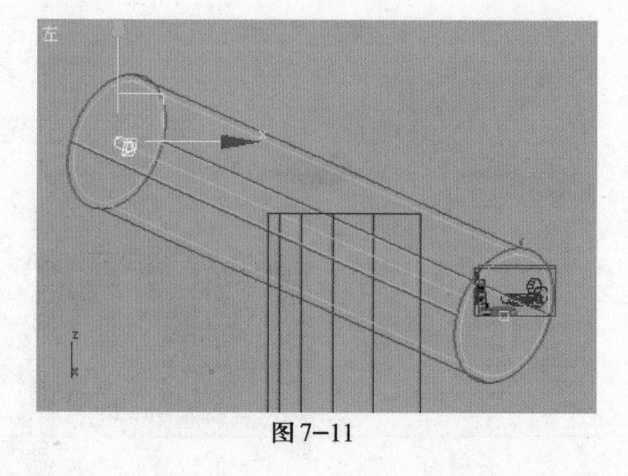

图 7–11

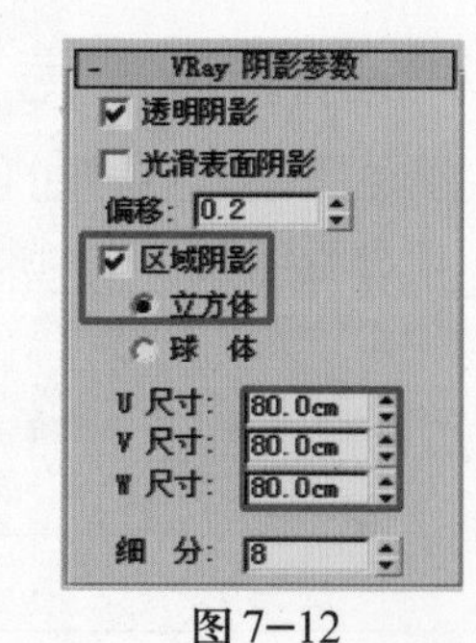

图 7–12

步骤 9 执行【渲染】｜【渲染】命令，或者单击工具栏中的按钮，打开【渲染场景】

对话框。单击“公用”选项，在【指定渲染器】卷展栏中，单击“产品级”后面的 按钮。打开【选择渲染器】对话框，在下面的列表中选择“VRay Adv 1.5 RC3”，单击“确定”按钮，如图7–13所示。

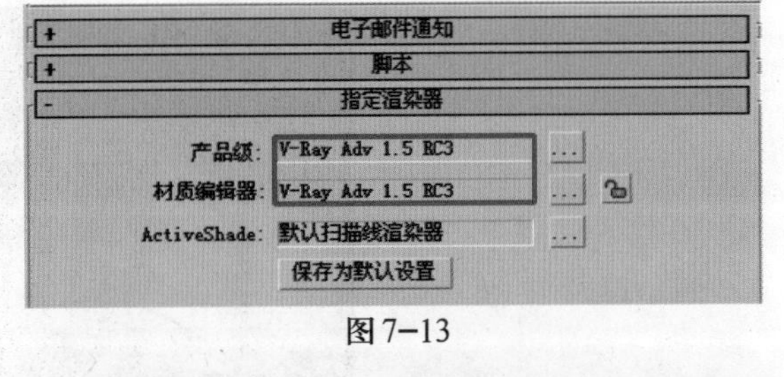

图7–13

步骤 10 打开【V–Ray∷图像采样(反锯齿)】卷展栏，将抗锯齿过滤器设置如图7–14所示。

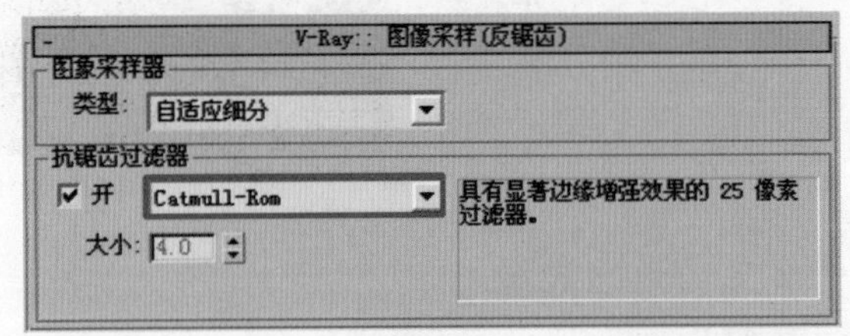

图7–14

步骤 11 开启VRay渲染器。打开【V–Ray∷间接照明】卷展栏。勾选“开”复选框，选择首次反弹GI引擎为“准蒙特卡洛算法”，二次反弹GI引擎为“灯光缓冲”，如图7–15所示。

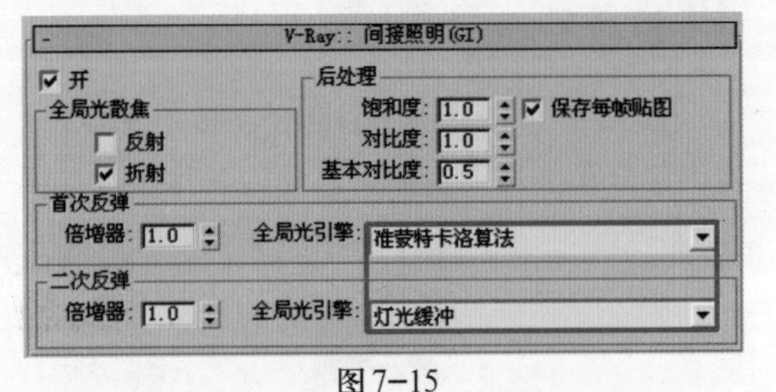

图7–15

步骤 12 打开【V–Ray∷准蒙特卡洛全局光】卷展栏，将当前预置的“细分”数值设置为10.0，如图7–16所示。

图7–16

步骤 13 打开【V–Ray∷灯光缓冲】卷展栏，参数设置如图7–17所示。

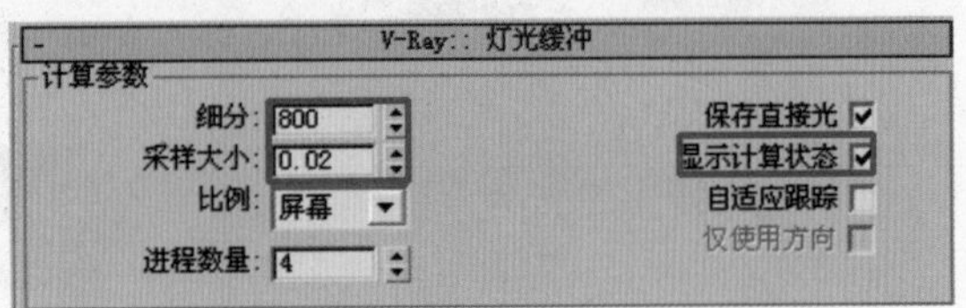

图7–17

步骤 14 打开【V–Ray∷颜色映射】卷展栏，将颜色贴图的类型设置为“指数”，参数设置如图7–18所示。

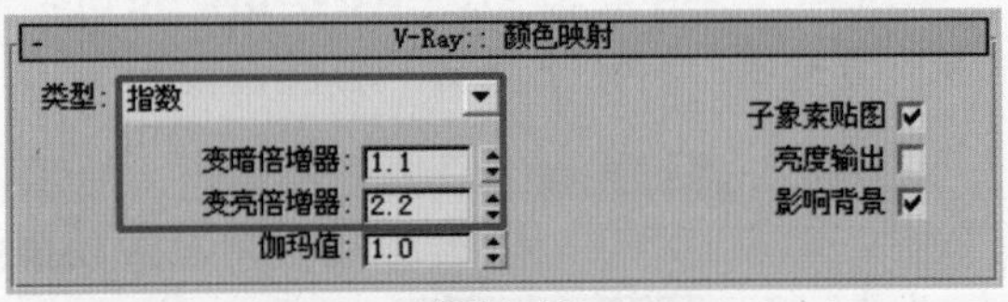

图7–18

步骤 15 单击工具栏中的 按钮，查看渲染结果，如图7–19所示。

观察渲染图像，场景中光影基调已经被平行光创建出来，光影的位置和虚实关系都比较到位。接下来，将继续完善窗口处的灯光传递照明效果，目前窗口部分的灯光效果强度不够。

图 7–19

7.2.2 辅助光源

添加补光，继续完善画面的光影效果，照明场景，并完善灯光的冷暖变化。

步骤 1 单击【创建】命令面板下【灯光】面板中的【VRayLight】按钮，在画面中的窗口部分添加辅助光源。灯光的具体位置如图 7–20 所示。

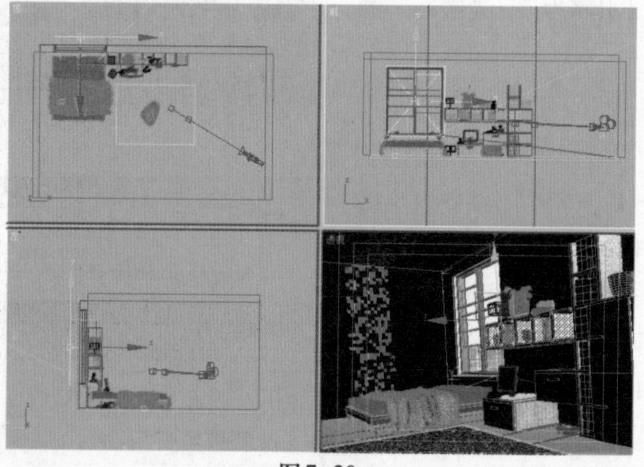

图 7–20

步骤 2 选中 VRayLight，单击按钮切换到修改命令面板。在【参数】卷展栏中勾选“开”复选框，将“倍增器”参数设置为 3.0，如图 7–21 所示。

步骤 3 将灯光颜色设置为淡黄色，如图 7–22 所示。

图 7–21

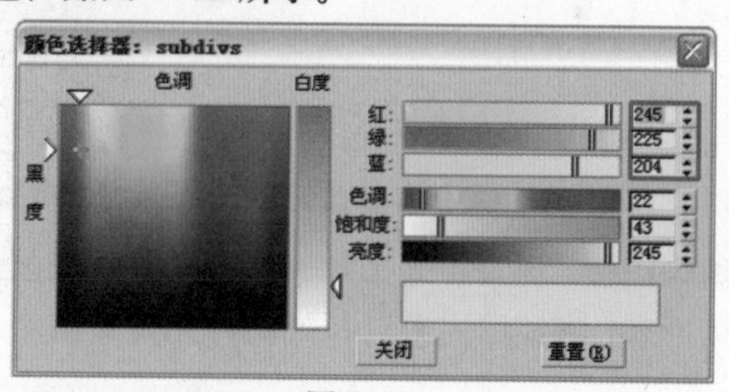

图 7–22

步骤 4 调节灯光大小，如图 7–23 所示。灯光的大小基本与窗口部分进行匹配即可。

步骤 5 勾选“不可见”复选框，将灯光在渲染时的渲染效果隐藏，如图 7–24 所示。

步骤 6 在【采样】卷展栏中设置采样的细分数值保持不变，设置阴影偏移参数为0.002，如图 7–25 所示。

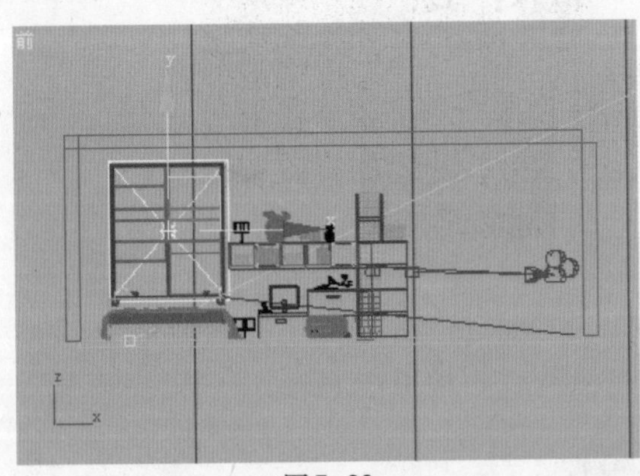

图 7–23

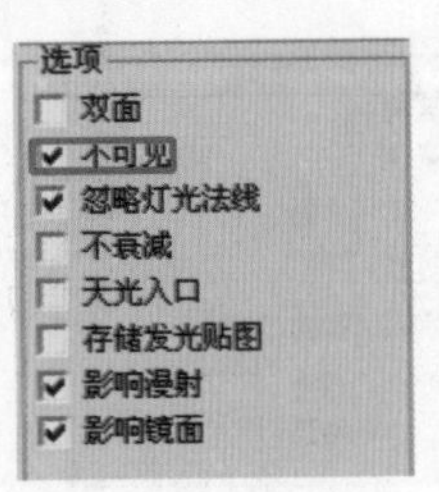

图 7–24

图 7–25

步骤 7 单击工具栏中的按钮，查看渲染结果，如图 7–26 所示。

步骤 8 观察渲染效果，尤其注意靠近窗户的墙体受光效果。这里墙体的受光效果更加真实，灯光真实地由窗口延伸到室内部分，直至衰减消失。

步骤 9 继续为场景添加灯光，具体位置如图 7–27 所示。该灯光主要是弥补光能传递效果在室内中景区域的不足。

图 7–26

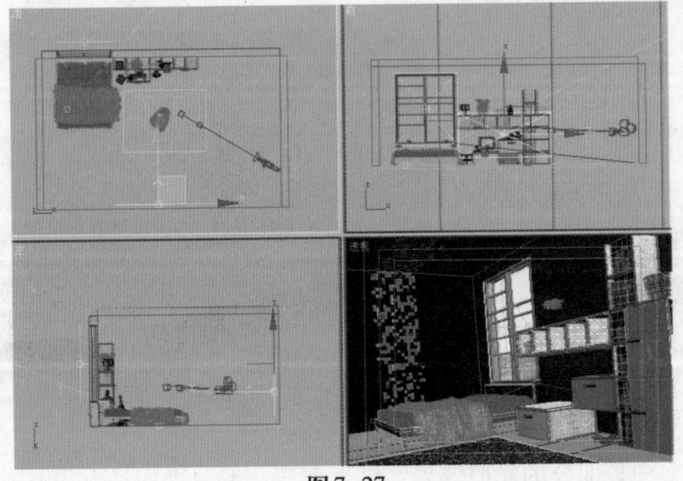

图 7–27

步骤 10 选中 VRayLight，单击按钮切换到修改命令面板。在【参数】卷展栏中勾选“开”复选框，将“倍增器”参数设置为 7.5，如图 7-28 所示。

步骤 11 将灯光颜色设置为黄色，如图 7-29 所示。灯光颜色的饱和度可以降低，这里灯光的主要任务是照明。所以，灯光的颜色设置应该保持灰色系。

图 7-28

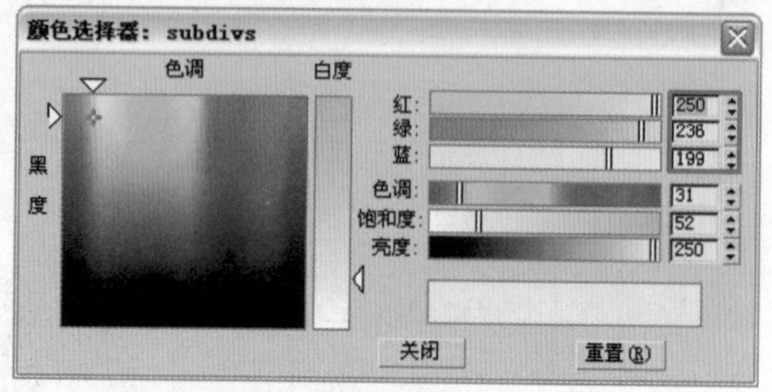

图 7-29

步骤 12 调节灯光大小和位置，如图 7-30 所示。

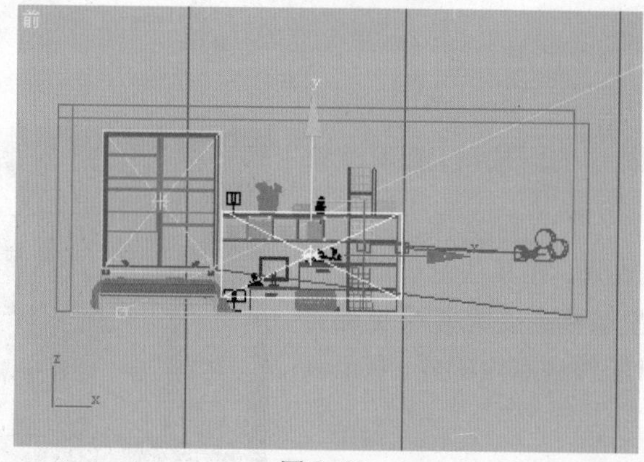
图 7-30

步骤 13 勾选“不可见”复选框，将灯光在渲染时的渲染效果隐藏，如图 7-31 所示。

步骤 14 单击工具栏中的按钮，查看渲染结果，如图 7-32 所示。

图 7-31

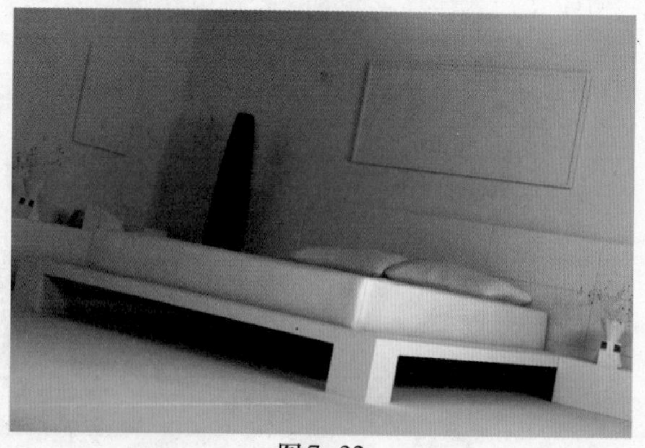
图 7-32

步骤 15 观察中景部分的光照效果，灯光在这一部分得到日光和室内环境光的反弹和延续，这对承接远近层次的过渡是十分重要的。

步骤 16 单击 VRayLight 按钮，继续添加辅助灯光。灯光的具体位置如图7-33所示。这盏灯光主要是对近景部分进行照明。

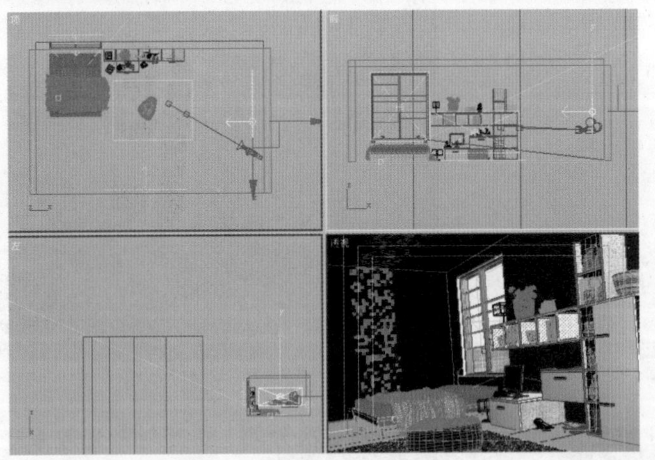

图 7-33

步骤 17 选中 VRayLight，单击按钮切换到修改命令面板。在【参数】卷展栏中勾选“开”复选框，将“倍增器”参数设置为4.0，如图7-34所示。

步骤 18 将灯光颜色设置为蓝色，如图7-35所示。

图 7-34

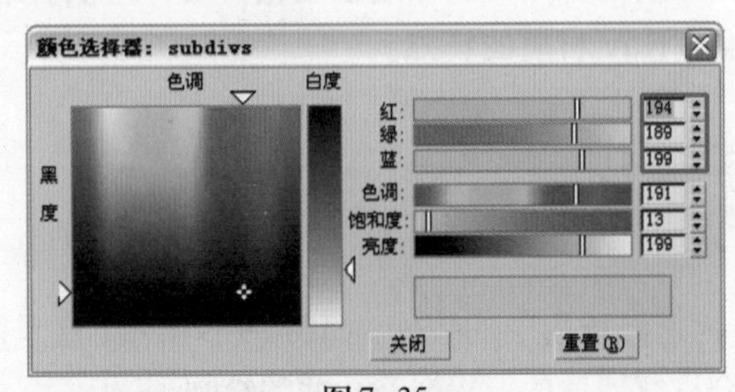

图 7-35

步骤 19 调节灯光大小，如图7-36所示。这盏灯光应该将尺寸设置得相对大些，用来补充环境光对场景的反弹照明。

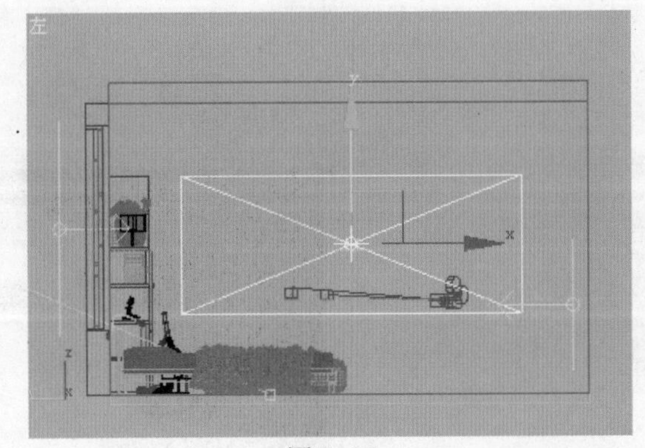

图 7-36

步骤 20 勾选“不可见”复选框，将灯光在渲染时的渲染效果隐藏，如图 7–37 所示。

步骤 21 单击工具栏中的按钮，查看渲染结果，如图 7–38 所示。

图 7–37

图 7–38

观察场景的灯光变化，整个场景光线的层次分明，受光与背光效果冷暖层次有序。整个场景的体量感和光线感觉还是令人满意的，灯光的设置在这里介绍完毕。

7.3 材质的设置

本章将详细讲解如何制作墙壁贴花材质、地毯材质和大理石地面材质等。通过深入的学习，去体会 VRay 材质的特点。

7.3.1 金属材质

步骤 1 选择场景中的墙体，如图 7–39 所示。这里的效果是已经设置好的贴图效果，本节中将详细讲解墙体的 UV 展开和贴图绘制。

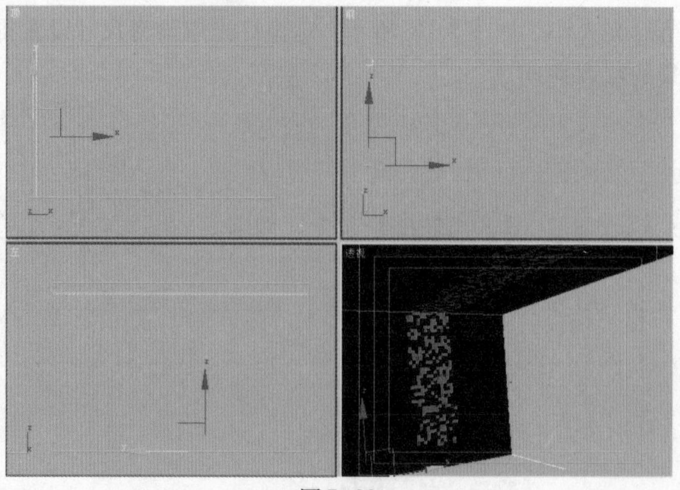
图 7–39

步骤 2 单击修改器列表为墙体添加“UVW 展开”修改器，用来对墙体进行 UV 拆分，如图 7–40 所示。

步骤 3 单击【参数】卷展栏中的“编辑”按钮，如图 7–41 所示。进入【编辑 UVW 】对话框中，如图 7–42 所示。

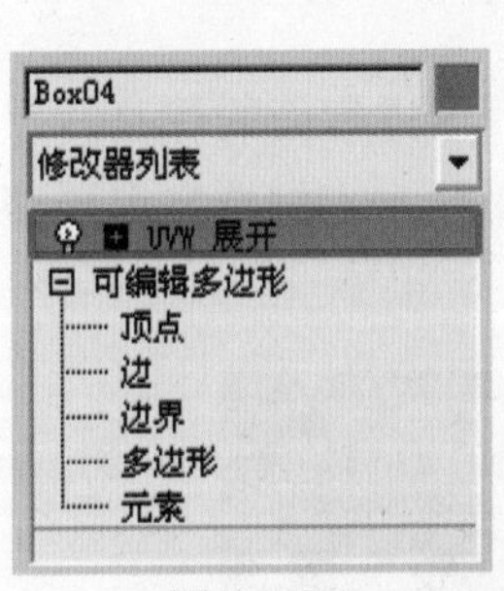

图 7–40

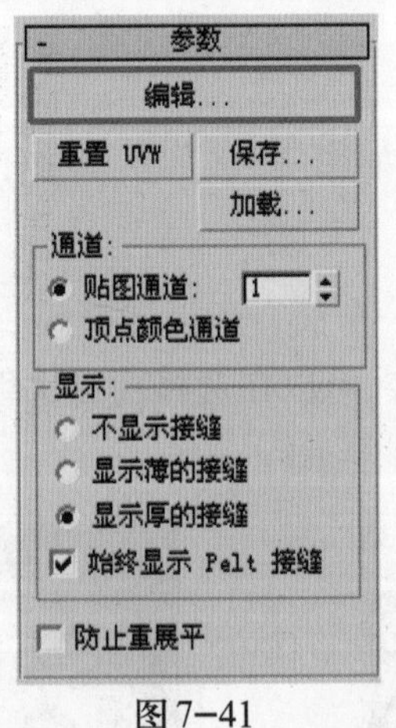

图 7–41

图 7–42

步骤 4 返回到修改器列表框中，进入 UVW 展开的“面”次物体层级中，如图 7–43 所示。

步骤 5 进入【选择参数】卷展栏中，取消“忽略朝后部分”选项的选择，如图 7–44 所示。

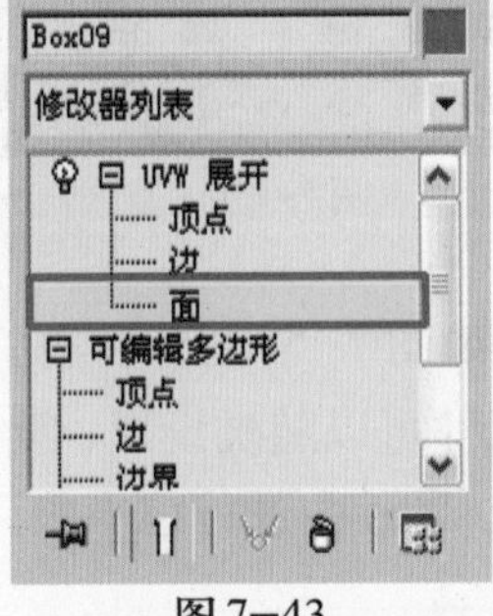

图 7–43

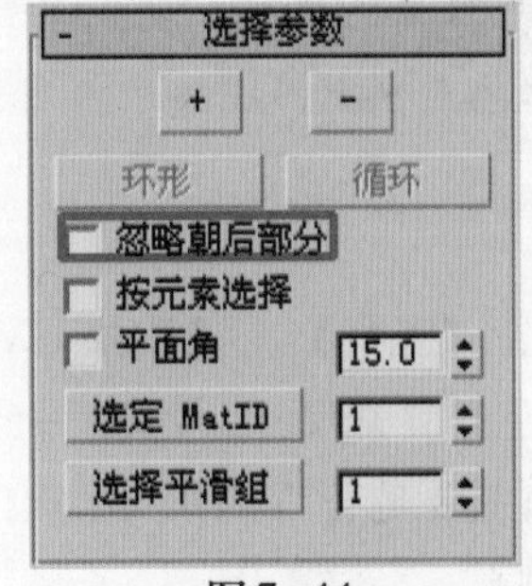

图 7–44

步骤 6 进入到【编辑 UVW 】对话框中，单击左上角的按钮，选择物体的所有面，如图 7–45 所示。取消“忽略朝后部分”选项的含义就在于这一步的操作。

步骤 7 执行【贴图】｜【展平贴图】命令，如图 7–46 所示。这里将进一步编辑贴图，对贴图进行 UV 展开操作。

步骤 8 进入到【展平贴图】对话框中，保持参数的默认设置即可，如图 7–47 所示。

图 7–45

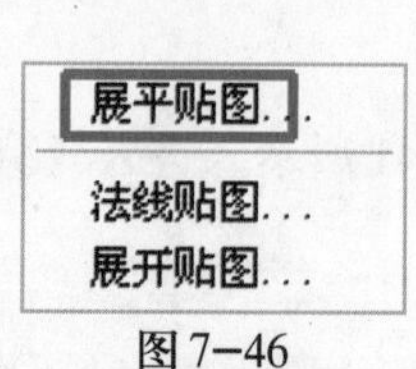

图 7-46

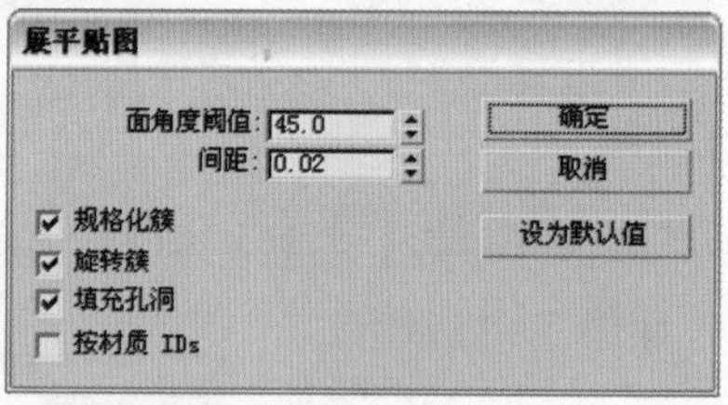

图 7-47

步骤 9 单击“确定”按钮，效果如图 7-48 所示。由于物体的形体比较简单，拆分后的 UV 贴图的形状和顺序一目了然。

步骤 10 这里主要是编辑墙体的一个面，所以选择相邻的两面墙体进行面的焊接。焊接主要是对两个面共有的顶点进行焊接，可以在选择顶点次级的情况下单击右键选择焊接顶点命令，最终效果如图 7-49 所示。

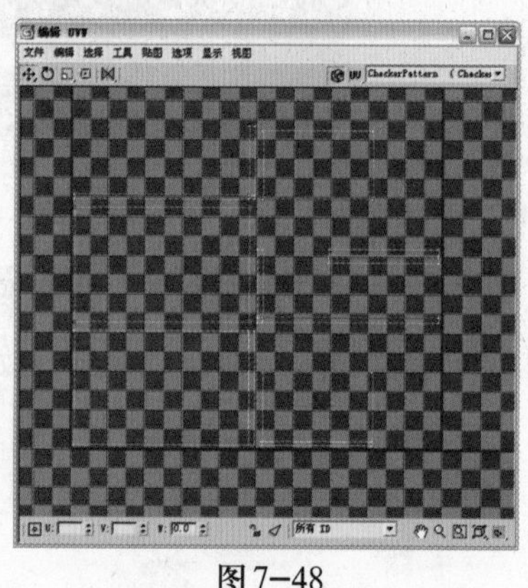
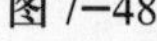
图 7-48

图 7-49

步骤 11 执行【工具】｜【渲染 UVW 模板】命令，如图 7-50 所示。在弹出的【渲染 UVs】对话框中设置渲染尺寸，如图 7-51 所示。这里的尺寸可以随机设置，没有固定限制，设置 4000 的原因主要是花卉的尺寸比较大，如果在 Photoshop 中进行缩小的话，对花卉的边缘像素会有影响。

图 7-50

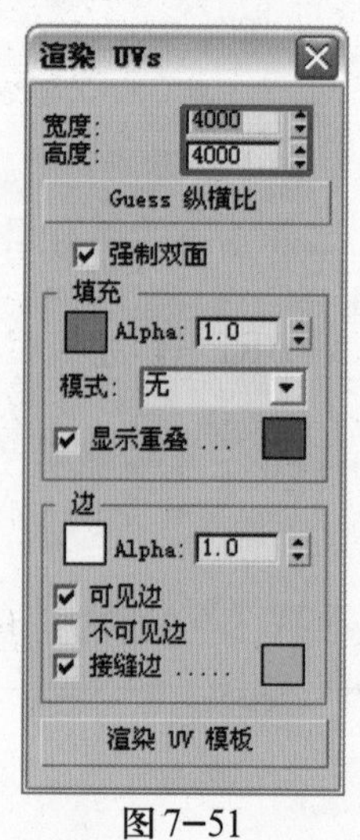

图 7-51

步骤 12 单击“渲染UV模板”按钮，选择保存格式为TIF，设置如图7–52所示。

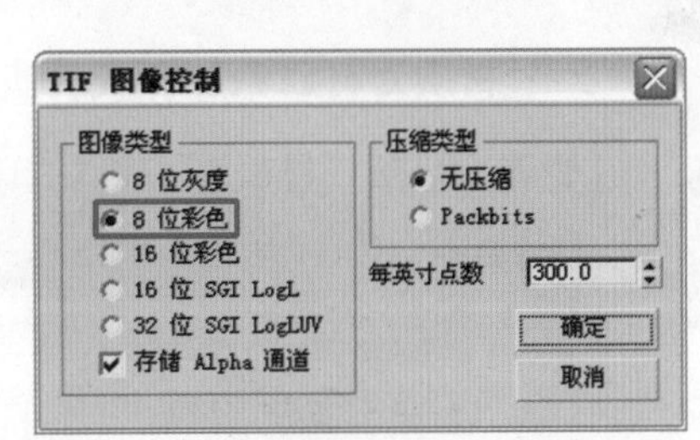

图7–52

步骤 13 将保存的TIF格式图片在Photoshop中打开，将花卉的形状进行对位，如图7–53所示。这个过程比较简单，这里不再赘述。

步骤 14 选择花卉部分的选区并填充白色，如图7–54所示。注意这里的背景都为黑色，在后期的材质部分将详细进行讲解。

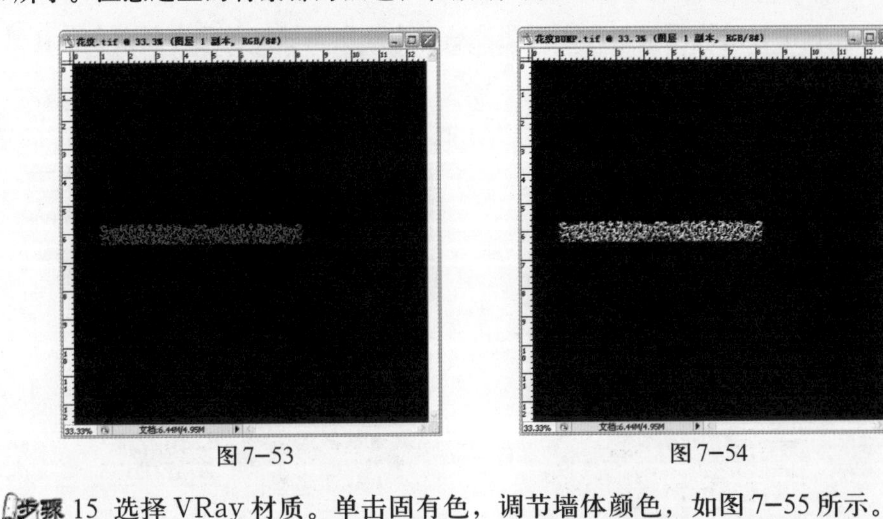

图7–53　　图7–54

步骤 15 选择VRay材质。单击固有色，调节墙体颜色，如图7–55所示。

步骤 16 调节反射颜色数值为9、9、9，如图7–56所示。

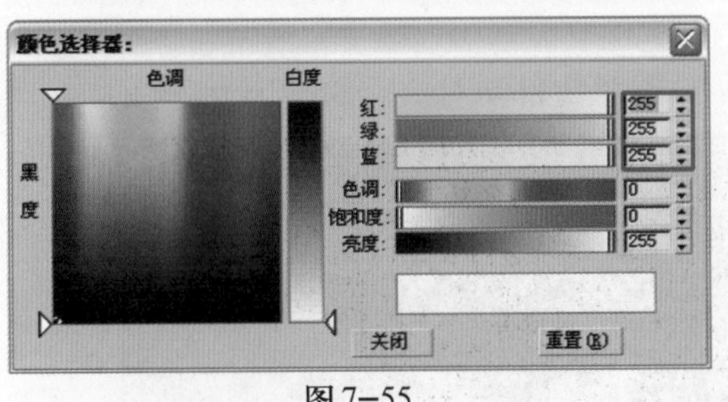

图7–55

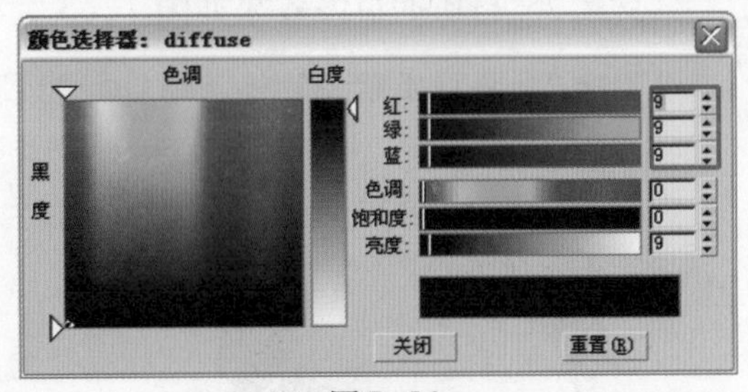

图7–56

步骤 17 调节“光泽度”为0.55，勾选“菲涅耳反射”复选框，如图7–57所示。

步骤 18 在【BRDF】卷展栏中选择材质的类型为“反射”，如图7–58所示。

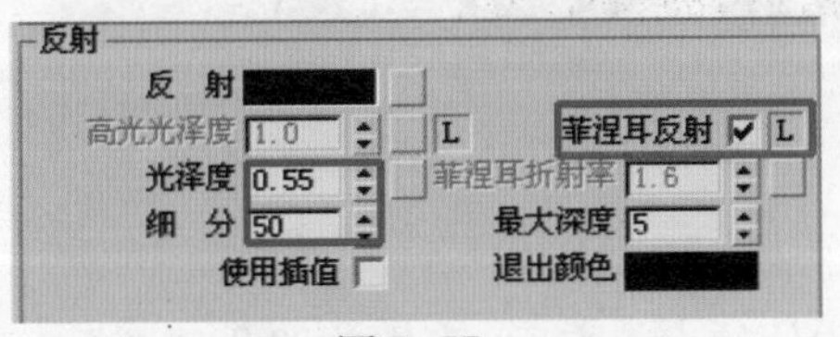

图7–57

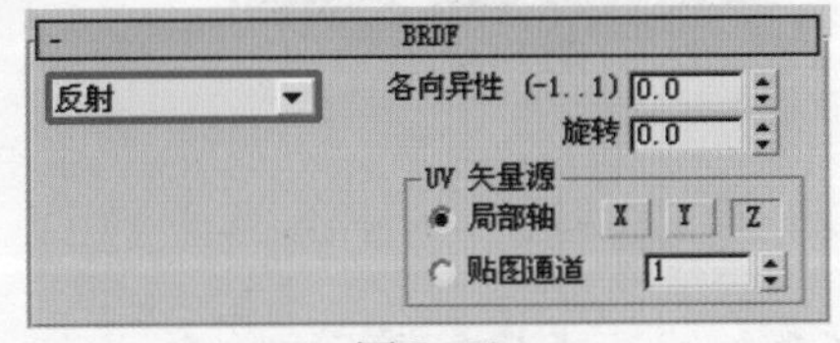

图7–58

步骤 19 接下来将在墙体材质上附加花卉材质，通过材质叠加来实现图案的叠加。单击 VRay 材质为材质添加合成材质，将原来的 VRay 材质保存为子材质，如图 7–59 所示。

步骤 20 在“材质 1”中添加标准材质，如图 7–60 所示。

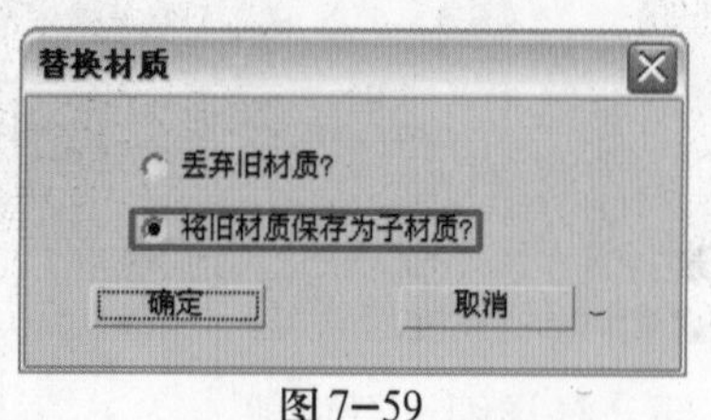

图 7–59

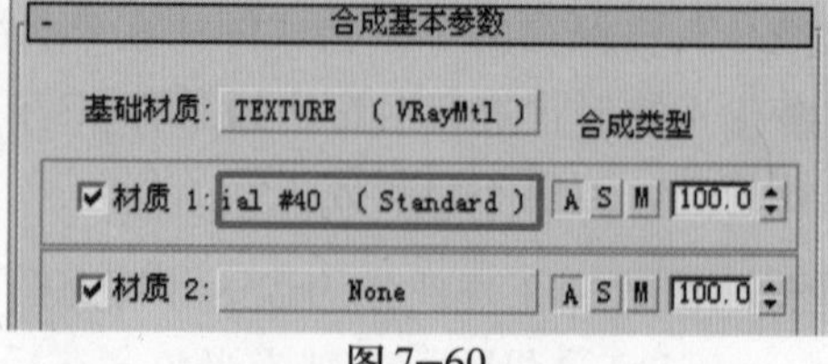

图 7–60

步骤 21 在标准材质的漫反射和不透明度贴图中分别添加红色花卉图案和花卉黑白贴图，如图 7–61 所示。

步骤 22 注意【位图参数】卷展栏下的“Alpha 来源”选项组中的设置，如图 7–62 所示。

贴图

	数量	贴图类型
☐ 环境光颜色	100	None
☑ 漫反射颜色	100	Map #1 (texture.tif)
☐ 高光颜色	100	None
☐ 高光级别	100	None
☐ 光泽度	100	None
☐ 自发光	100	None
☑ 不透明度	100	Map #2 (texture bump.tif)
☐ 过滤色	100	None
☐ 凹凸	30	None
☐ 反射	100	None
☐ 折射	100	None

图 7–61

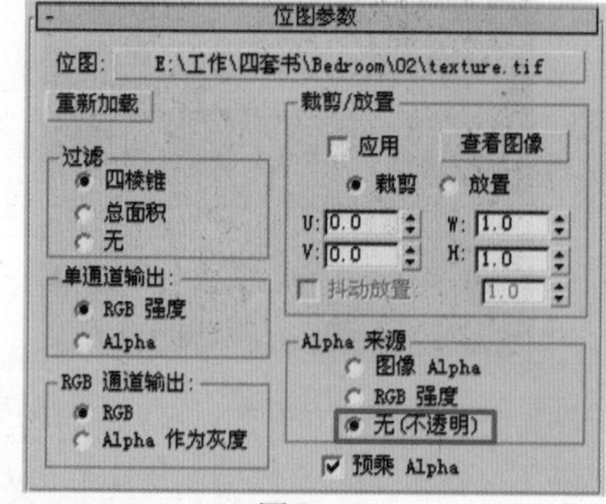

图 7–62

步骤 23 材质的最终效果如图 7–63 所示。

步骤 24 将材质赋予物体，编辑好的 UVW 贴图将会自动对位，如图 7–64 所示。

图 7–63

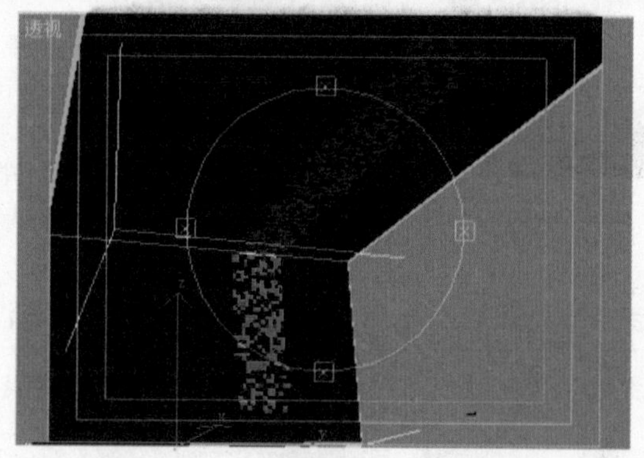

图 7–64

7.3.2 毛毯材质

毛毯材质是画面中重要的材质，占据了画面中比较大的空间。真实的凹凸效果是毛毯材质表现的关键，如图 7–65 所示。

图7-65

步骤 1 选择VRay材质。单击固有色，调节毛毯颜色如图7-66所示。

步骤 2 单击“凹凸”右边的长条按钮，添加混合材质，如图7-67所示。

颜色选择器：
色调 白度 黑度
红：201 绿：16 蓝：16
色调：255 饱和度：235 亮度：201
关闭 重置(R)

图7-66

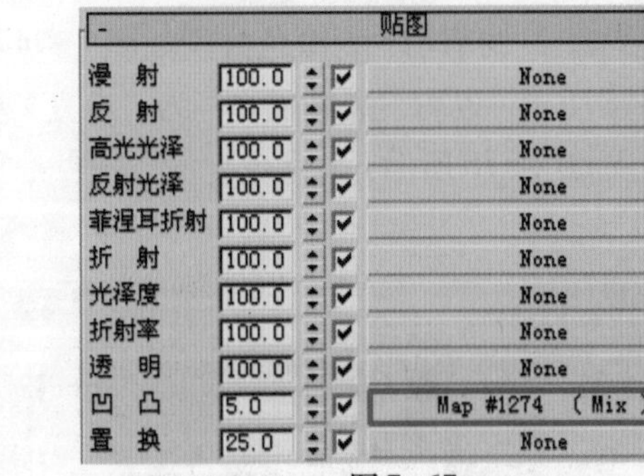

图7-67

步骤 3 单击“颜色 #1”右边的长条按钮，打开本书配套光盘“源文件\第7章\Bath_Towel_Main.jpg”文件，如图7-68和图7-69所示。

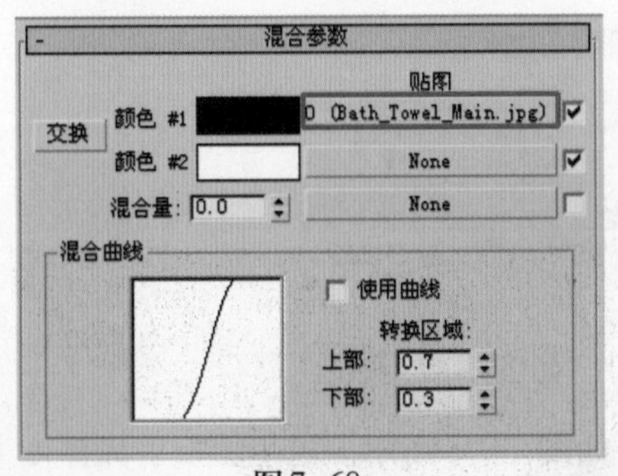

图7-68

图7-69

步骤 4 将凹凸贴图关联复制到置换贴图中，如图7-70所示。

步骤 5 材质效果如图7-71所示。

折射率	100.0	☑	None
透　明	100.0	☑	None
凹　凸	5.0	☑	Map #1274 (Mix)
置　换	25.0	☑	Map #1475 (Mix)
不透明度	100.0	☑	None
环　境		☑	None

图7-70

图7-71

7.3.3 床单材质

图 7-72

床单材质表面反射具有一定的衰减效果，可以通过衰减来模拟布料表面的反射效果。

步骤 1 选择VRay材质。单击“漫射”右边的长条按钮，添加衰减贴图，如图7-73所示。

图 7-73

步骤 2 调节前、侧颜色分别如图7-74和图7-75所示。设置“衰减类型”为“垂直/平行”，如图7-76所示。

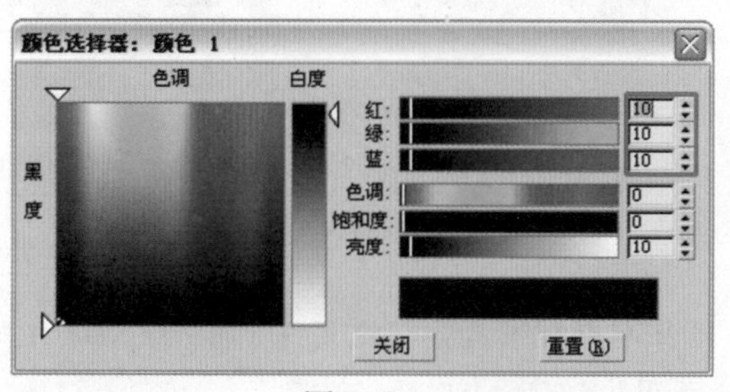

图 7-74

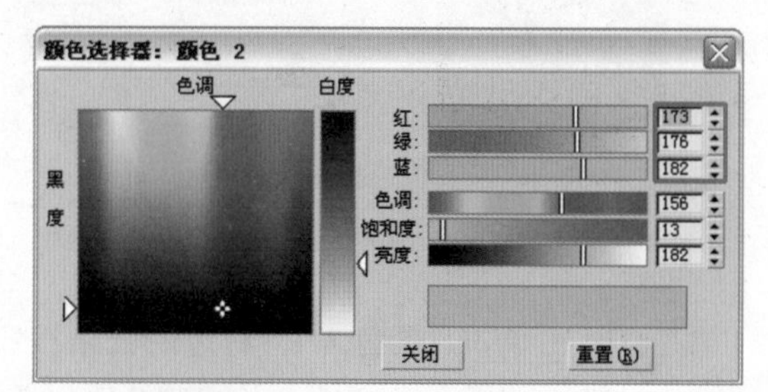

图 7-75

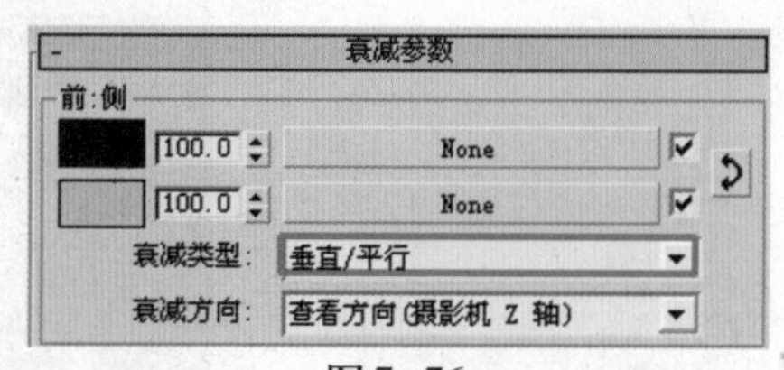

图 7-76

步骤 3 调节反射颜色参数为20、20、20，如图7-77所示。

步骤 4 将“光泽度”参数设置为0.52，如图7-78所示。这里的反射光泽度主要根据布料表面的反射效果来确定，光泽的效果参数设置的接近1.0，反之则越低。

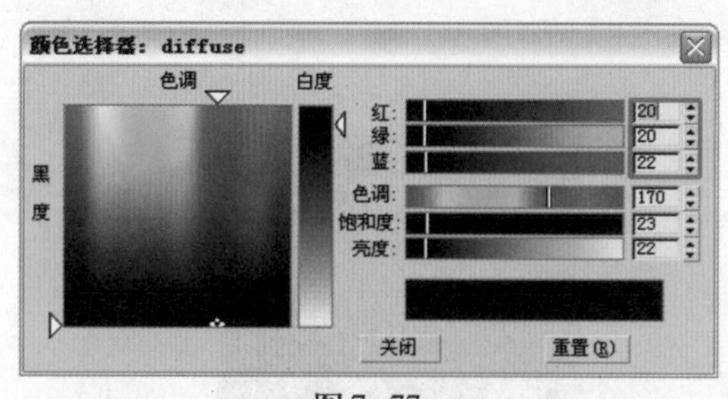

图 7-77

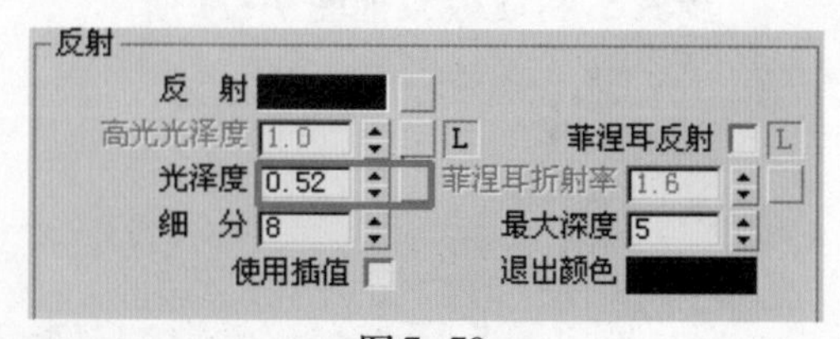

图 7-78

步骤 5 在【BRDF】卷展栏中选择材质的类型为“沃德”，调节“各向异性”数值为0.1，并对其旋转45度，如图7-79所示。

步骤 6 材质的最终效果如图 7–80 所示。

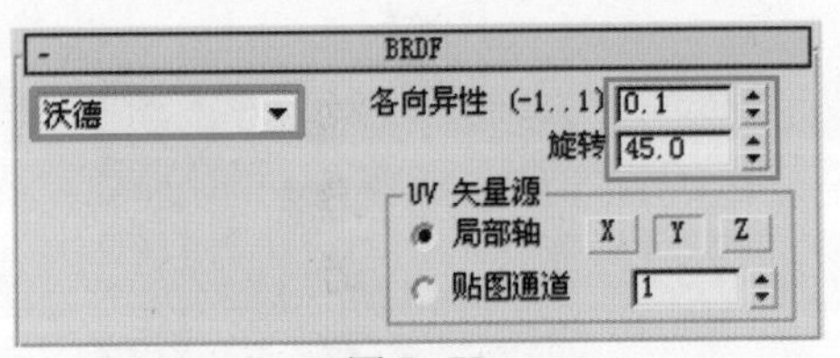

图 7–79

图 7–80

7.3.4 枕头材质

步骤 1 选择 VRay 材质。单击“漫射”右边的长条按钮，添加衰减贴图，如图 7–81 所示。

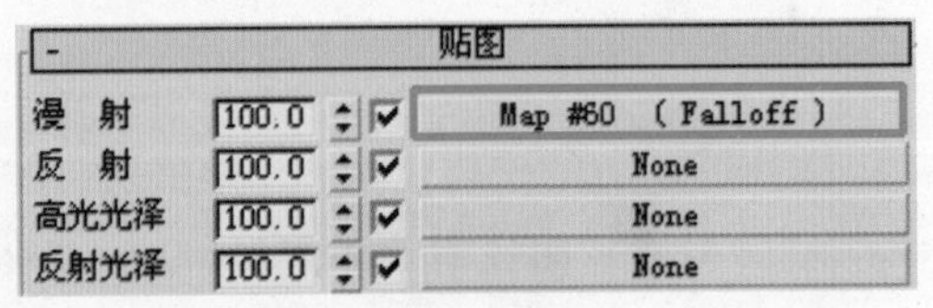

图 7–81

步骤 2 调节前、侧颜色分别如图 7–82 和图 7–83 所示。设置“衰减类型”为“垂直/平行”，如图 7–84 所示。

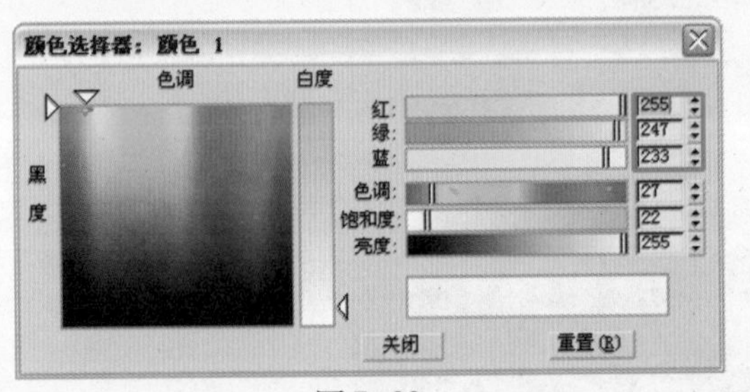

图 7–82

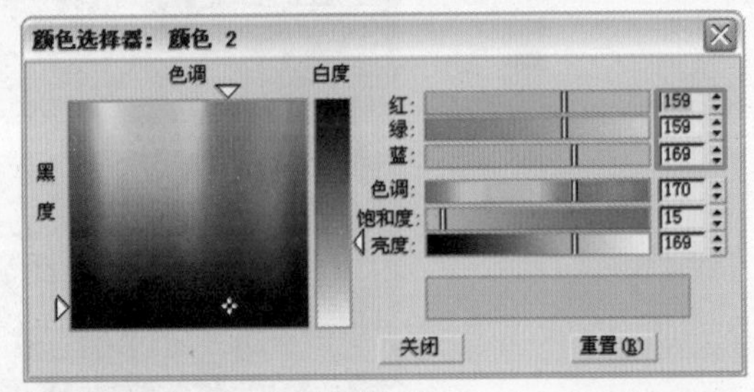

图 7–83

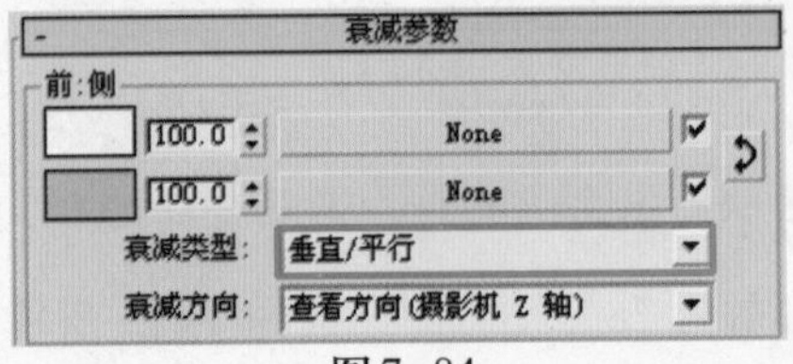

图 7–84

步骤 3 调节反射参数为 27、22、13，如图 7–85 所示。

步骤 4 将“光泽度”参数设置为 0.56，如图 7–86 所示。

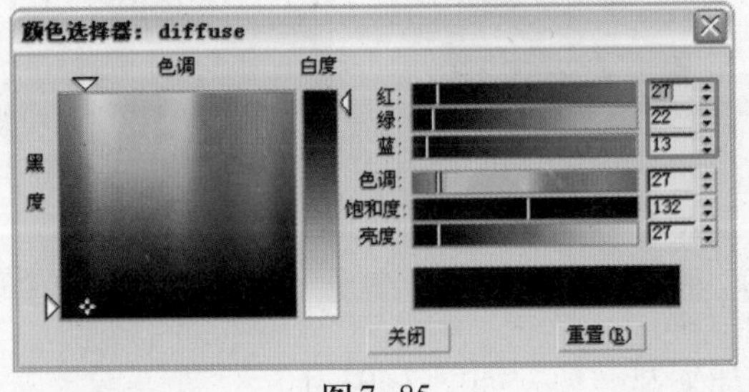

图 7–85

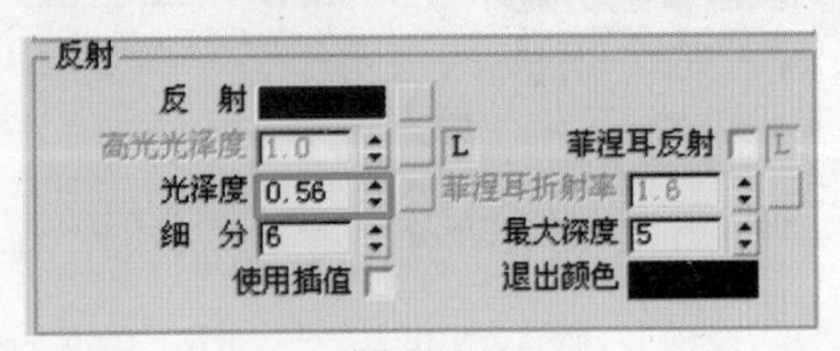

图 7–86

步骤 5 在【BRDF】卷展栏中选择材质的类型为“沃德”，调节“各向异性”为0.1，并对其旋转−20度，如图7−87所示。

步骤 6 材质的最终效果如图7−88所示。

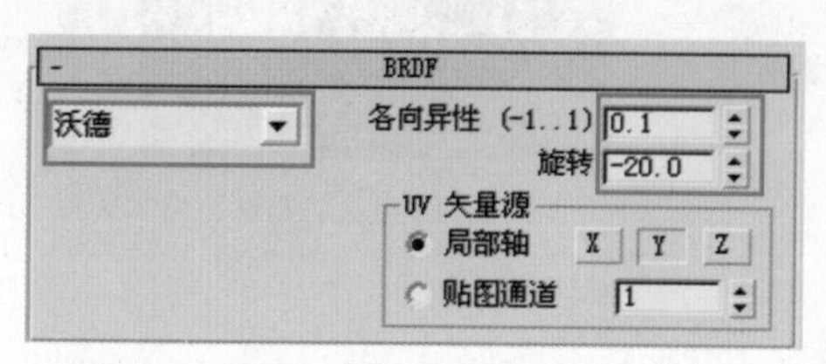

图7−87

图7−88

7.3.5 瓷砖材质

瓷砖材质表面反射效果光泽细腻，瓷砖之间具有一定的拼贴接逢，可以通过相应的贴图效果对其进行模拟，如图7−89所示。

图7−89

步骤 1 选择VRay材质球。单击固有色，调节瓷砖颜色，如图7−90所示。

步骤 2 调节反射颜色参数为78、78、78，如图7−91所示。

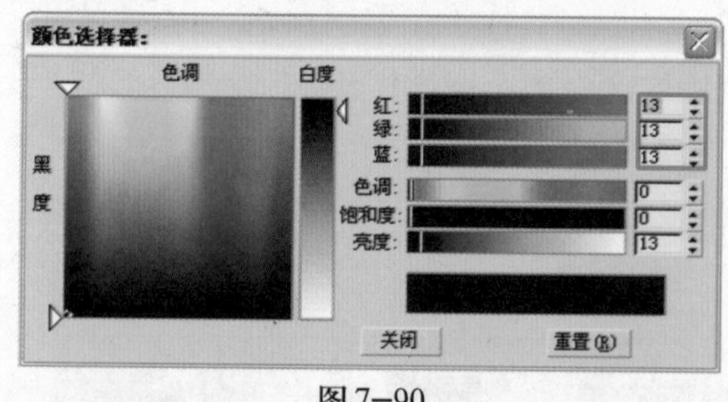

图7−90

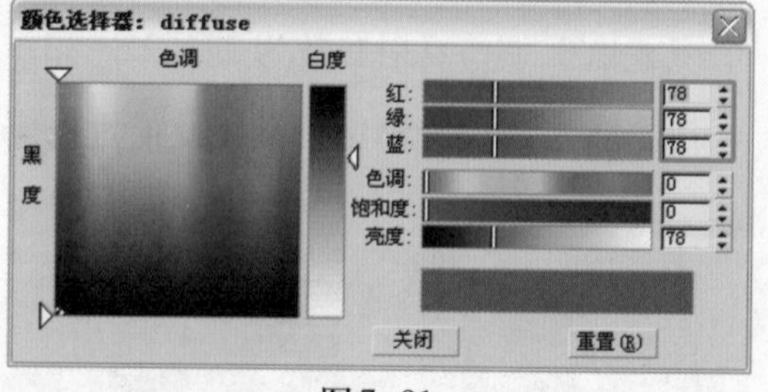

图7−91

步骤 3 调节“光泽度”为0.86，如图7−92所示。

步骤 4 单击“凹凸”右边的长条按钮，添加平铺贴图，如图7−93所示。

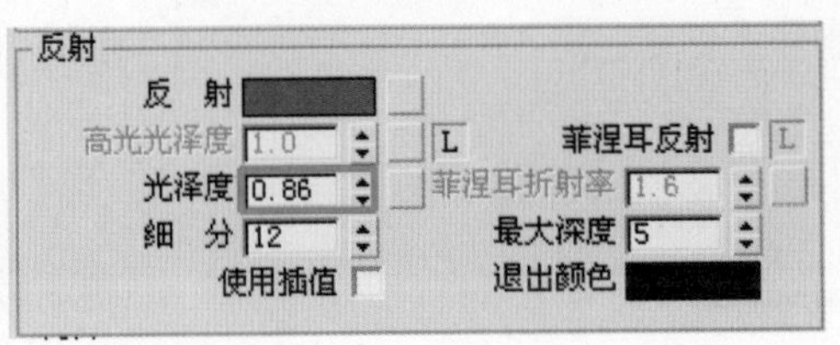

图7–92

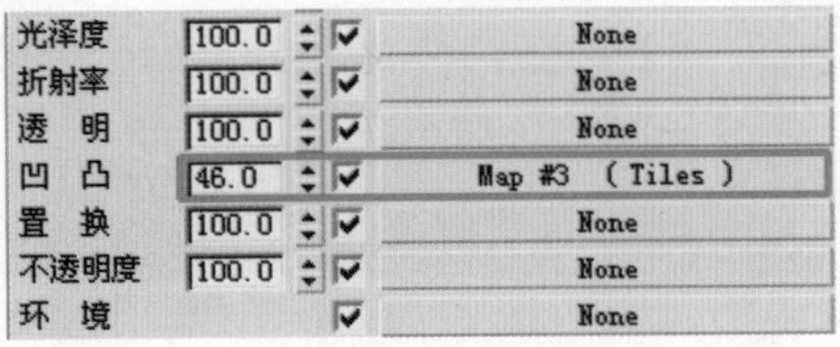

光泽度	100.0	☑	None
折射率	100.0	☑	None
透 明	100.0	☑	None
凹 凸	46.0	☑	Map #3 (Tiles)
置 换	100.0	☑	None
不透明度	100.0	☑	None
环 境		☑	None

图7–93

步骤 5 调节平铺相关参数，平铺设置控制着平铺的尺寸大小，砖缝设置控制着相邻两个面之间的接缝大小，如图7–94所示。

步骤 6 材质的最终效果效果如图7–95所示。

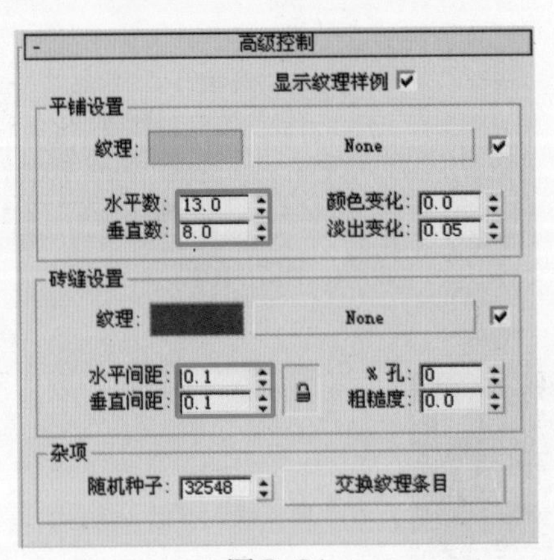

图7–94

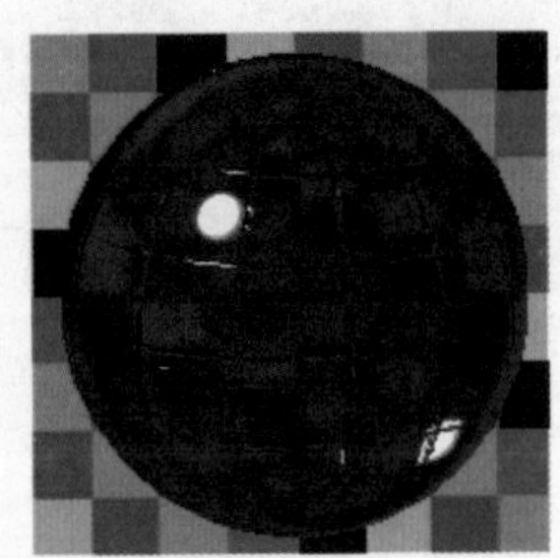

图7–95

7.3.6 橘红色坐垫材质

步骤 1 选择VRay材质。单击“漫射”右边的长条按钮，为材质添加衰减贴图。用衰减贴图来模拟皮质表面的反射效果，如图7–96所示。

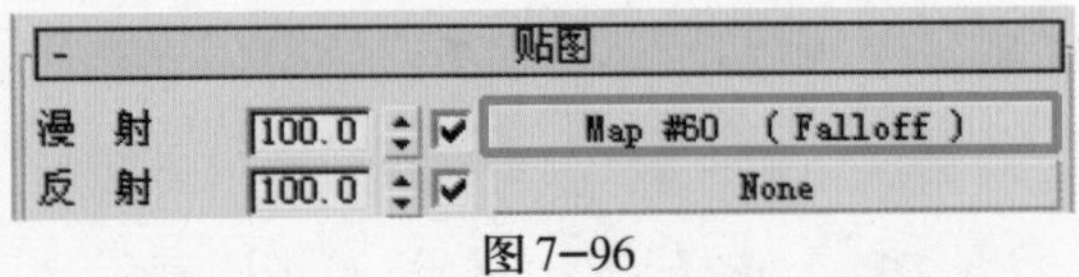

图7–96

步骤 2 调节前、侧颜色如图7–97和图7–98所示。将“衰减类型”设置为“垂直/平行”，如图1–99所示。前、侧颜色主要是基于材质球表面垂直和平行方面进行颜色过渡，直观地说，是基于材质球最前面和侧面进行的颜色过渡变化。

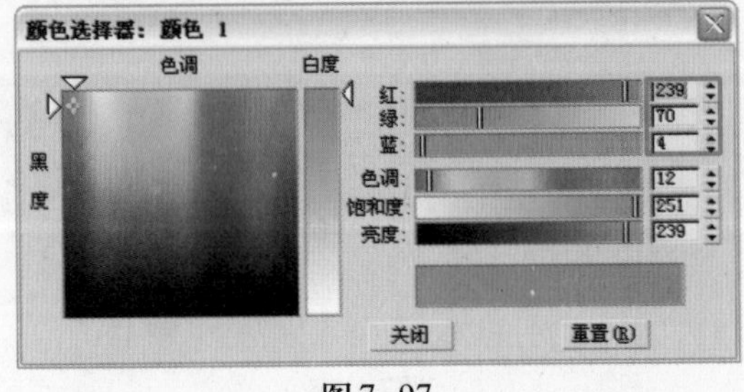

图7–97

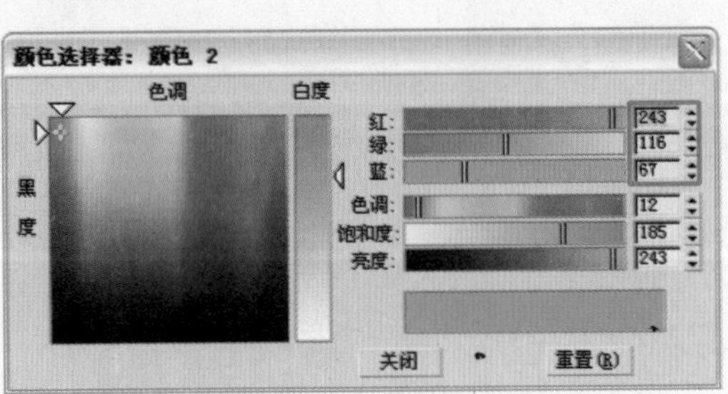

图7–98

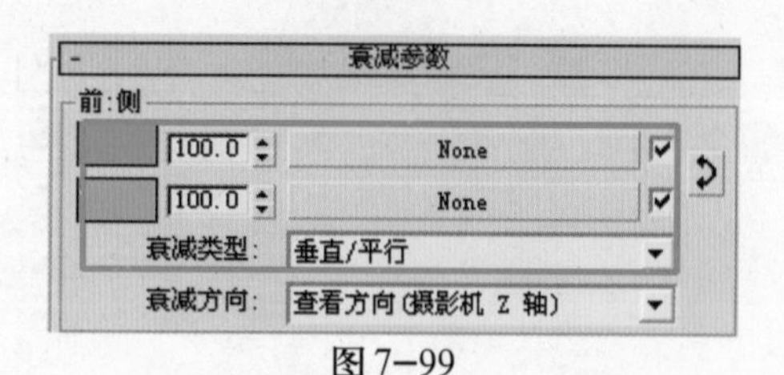

图 7-99

步骤 3 保持反射颜色参数默认不变，调节"光泽度"为0.6，"高光光泽度"为0.4，如图 7-100 所示。

步骤 4 在【BRDF】卷展栏中选择材质的类型为"多面"，如图 7-101 所示。

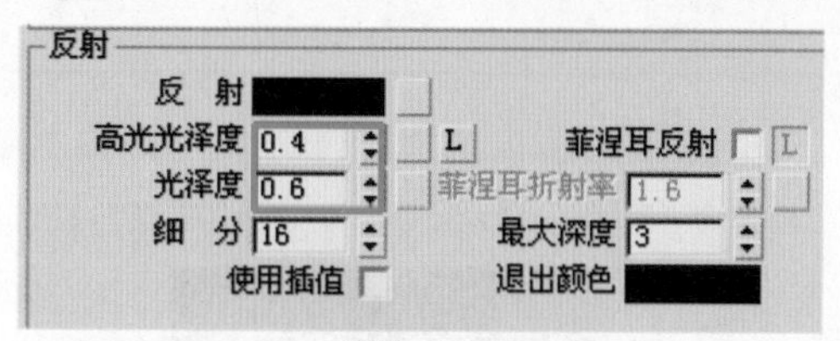

图 7-100

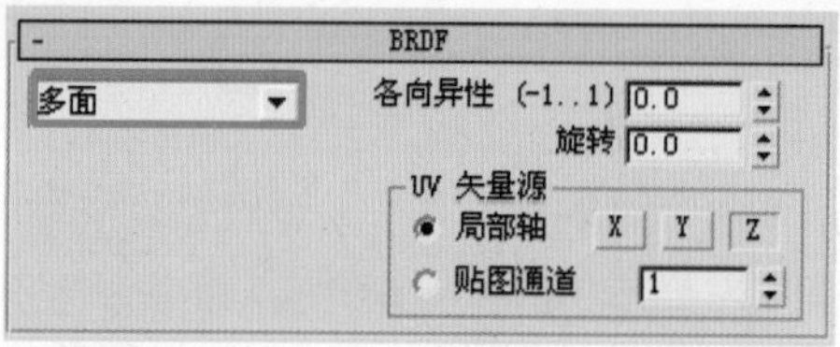

图 7-101

步骤 5 材质最终效果如图 7-102 所示。

图 7-102

7.3.7 灯罩材质

步骤 1 选择VRay材质。单击固有色，为材质添加衰减贴图，如图 7-103 所示。

图 7-103

步骤 2 调节前、侧颜色如图 7-104 和图 7-105 所示。将衰减类型设置为"Fresnel"，如图 7-106 所示。

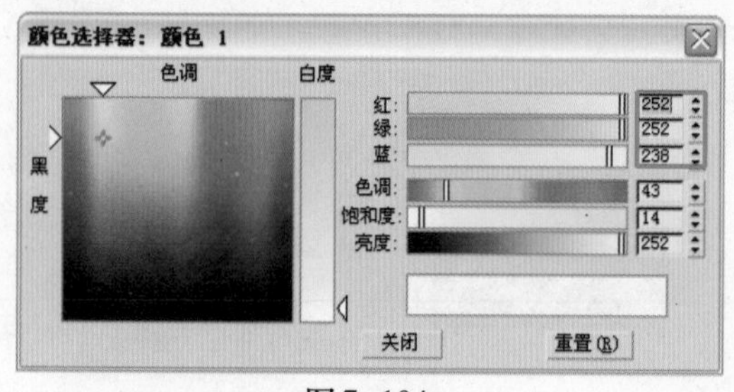

图 7-104

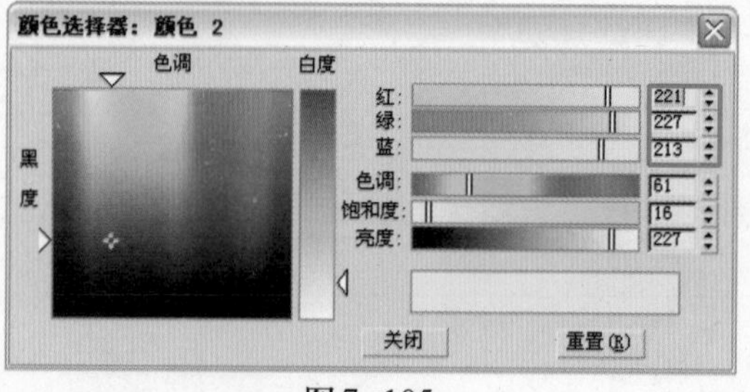

图 7-105

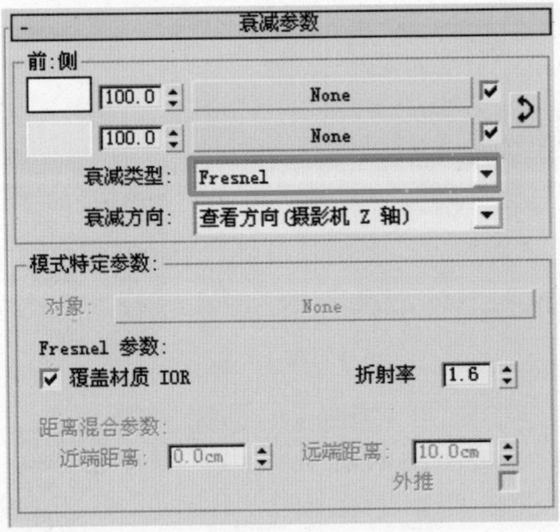

图 7-106

步骤 3 调节折射颜色参数为 230、230、230，如图 7-107 所示。

步骤 4 单击“折射”右边的长条按钮，为材质添加混合贴图，如图 7-108 所示。

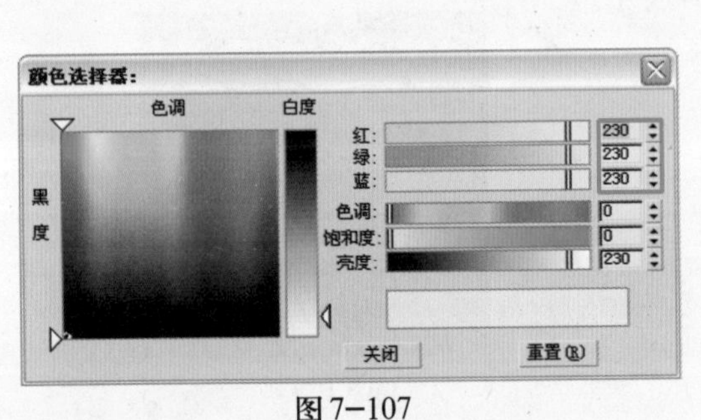

图 7-107

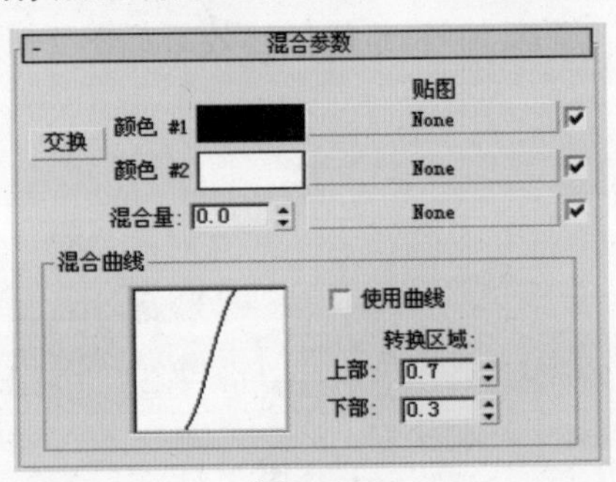

图 7-108

步骤 5 分别在 3 个贴图中添加衰减贴图，相关设置如图 7-109～图 7-111 所示。

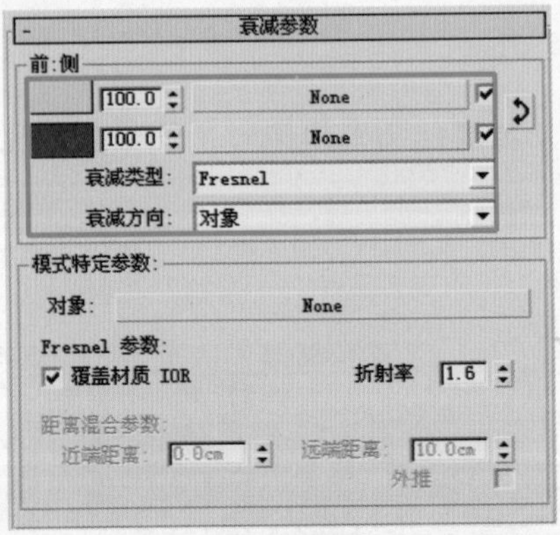

图 7-110

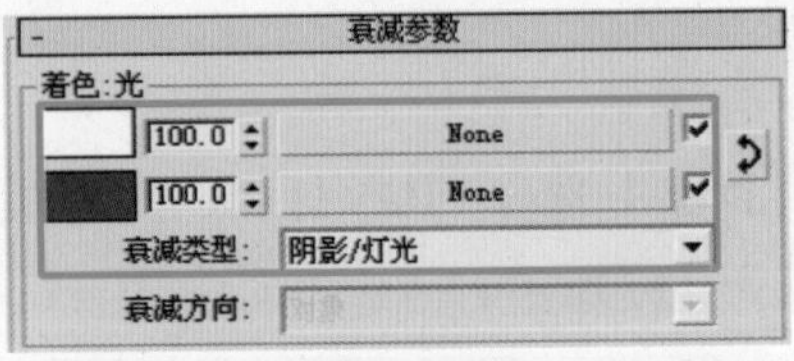

图 7-109

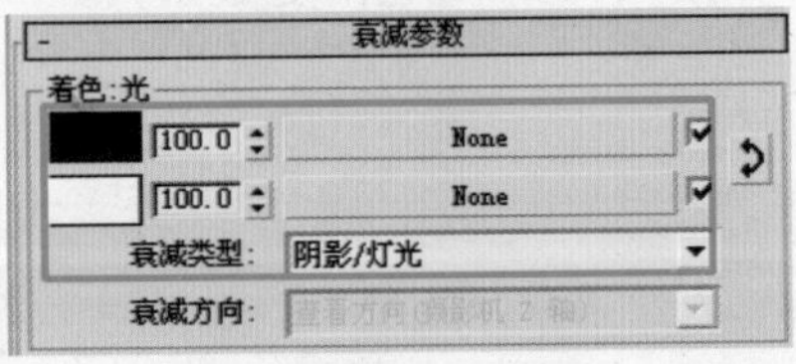

图 7-111

步骤 6 最终参数设置如图 7-112 所示。

步骤 7 设置折射参数为 35，使其以 35% 的半透明度和折射参数效果混合，如图 7-113 所示。

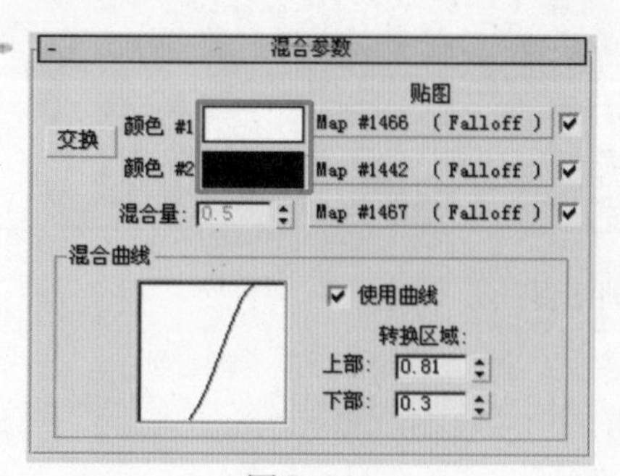

图 7–112

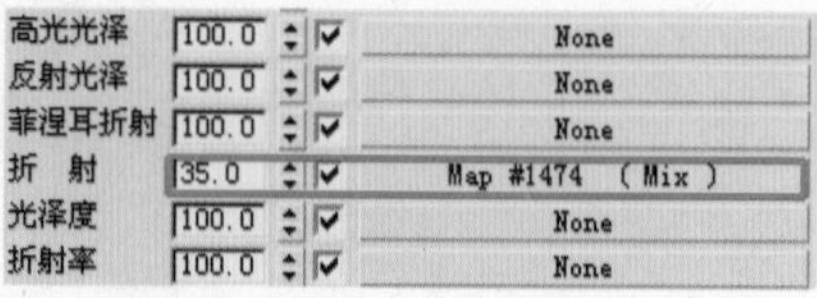

图 7–113

步骤 8 调节“光泽度”为0.6，“折射率”为1.0，如图 7–114 所示。

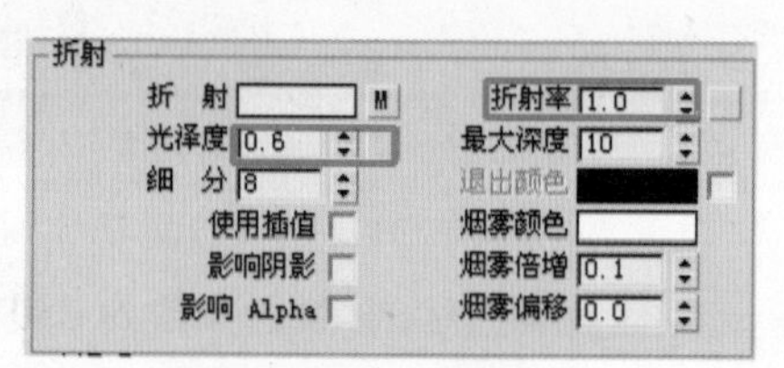

图 7–114

步骤 9 调节半透明度的相关参数设置，如图 7–115 所示。这里的参数介绍将在视频教程中进行详细的讲解。

步骤 10 材质的最终效果如图 7–116 所示。

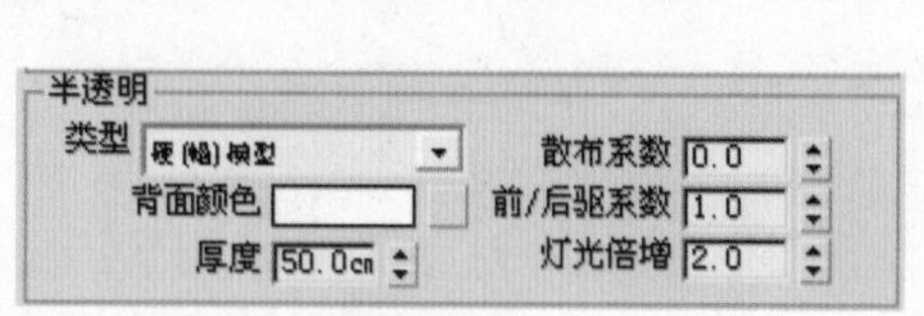

图 7–115

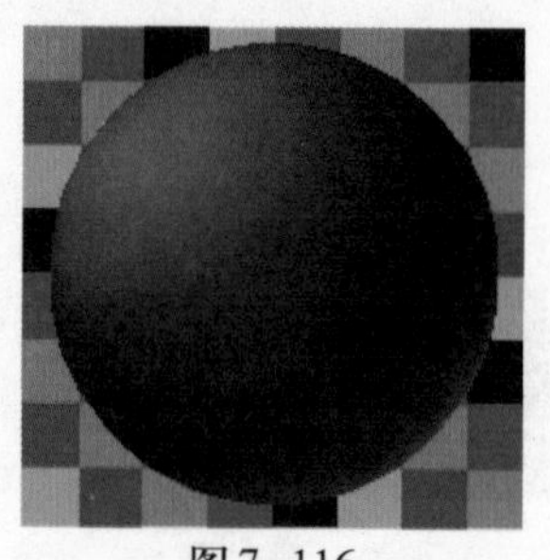

图 7–116

7.3.8 彩带花盆材质

步骤 1 选择VRay材质。单击固有色，添加渐变坡度贴图来模拟彩带的颜色变化效果，如图 7–117 所示。

步骤 2 调节颜色渐变效果，如图 7–118 所示。

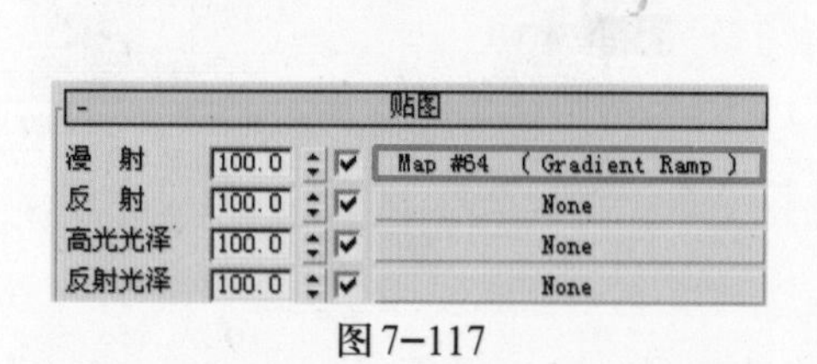

图 7–117

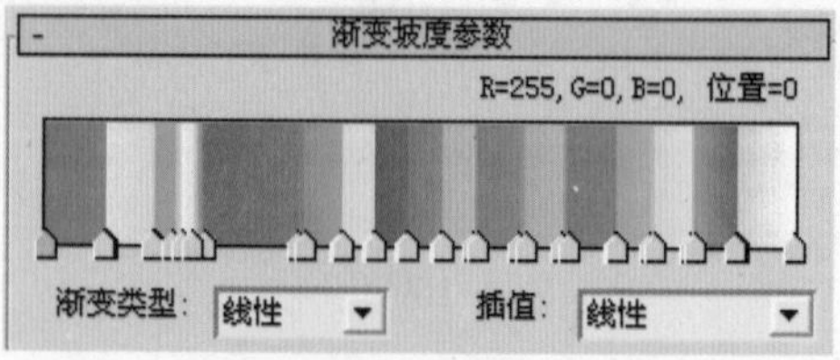

图 7–118

步骤 3 将反射颜色的数值设置为 52、52、52，这个参数适合陶瓷和塑料等材质的表面反射效果，如图 7–119 所示。

步骤 4 调节“光泽度”为0.89，勾选“菲涅耳反射”复选框，如图7−120所示。0.89这个参数可以保持材质表面光滑的反射效果。

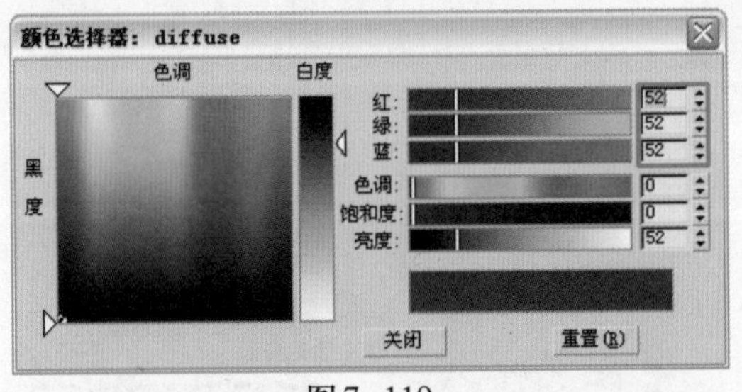

图7−119

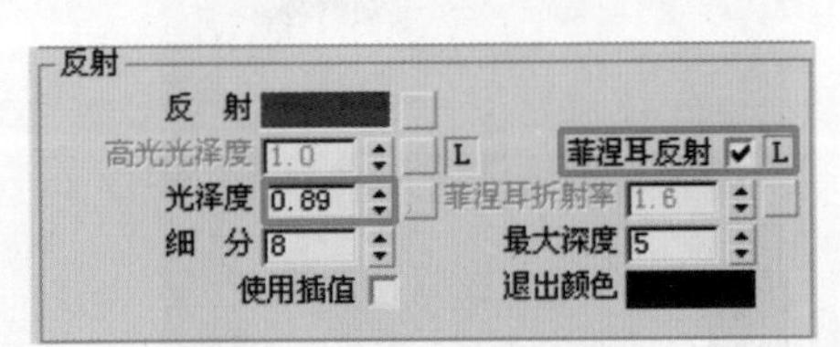

图7−120

步骤 5 将材质类型调整为“反射”，如图7−121所示。

步骤 6 材质最终效果如图7−122所示。

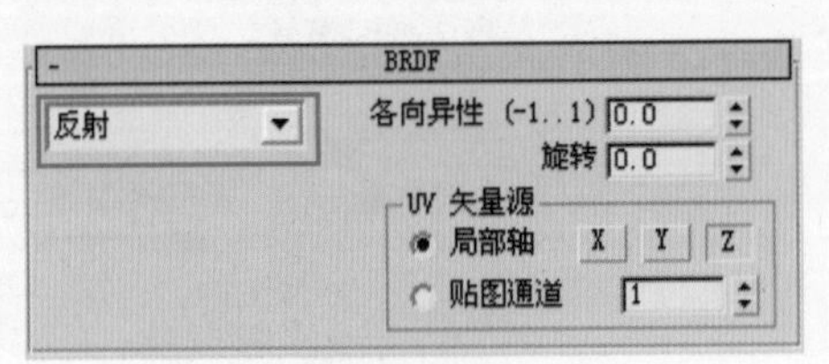

图7−121

图7−122

7.3.9 包材质

包如果采用模型的话，数量太多，纹理和样式也不一定可以找到适合场景的模型。这里主要采用不透明度通道来制作视觉上类似真实效果的包，如图7−123和图7−124所示。

图7−123

图7−124

操作步骤

步骤 1 选择VRay材质。单击固有色，打开本书配套光盘“源文件\第7章\P4.jpg”文件，如图7−125所示。

步骤 2 将反射颜色的数值设置为14、14、14，如图7-126所示。

图7-125

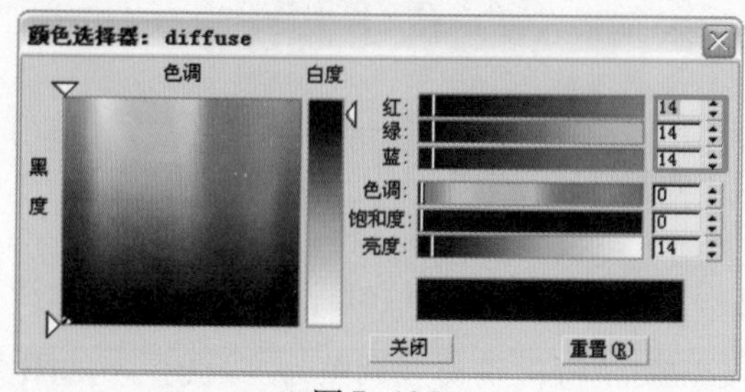

图7-126

步骤 3 将“光泽度”的数值设置为0.92，如图7-127所示。

步骤 4 将材质类型调整为“反射”，如图7-128所示。

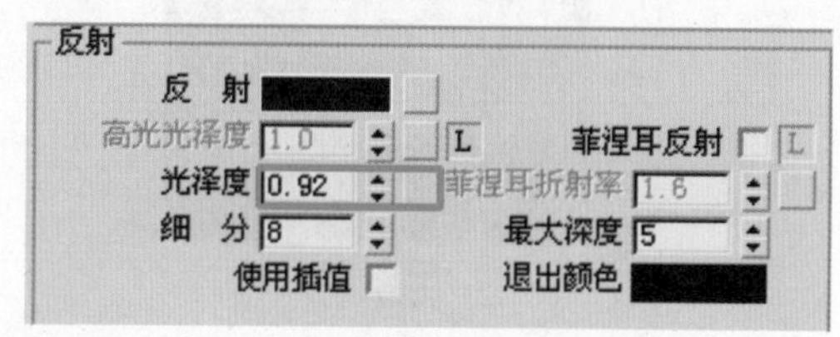

图7-127

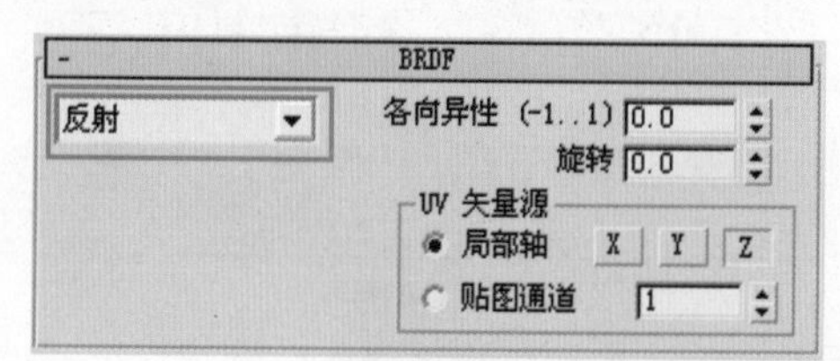

图7-128

步骤 5 单击不透明度贴图，打开本书配套光盘“源文件\第7章\P4BUMP.jpg”文件，如图7-129所示。

图7-129

步骤 6 将漫射贴图关联复制到凹凸贴图中，如图7-130所示。这里可以增加贴图的立体感，使视觉效果更加真实。

步骤 7 材质最终效果如图7-131所示。

其他的时尚包的设置过程大同小异，读者可通过源文件进行一一比较，这里不再赘述。

贴图			
漫 射	100.0	✓	Map #13 (P4.jpg)
反 射	100.0	✓	None
高光光泽	100.0	✓	None
反射光泽	100.0	✓	None
菲涅耳折射	100.0	✓	None
折 射	100.0	✓	None
光泽度	100.0	✓	None
折射率	100.0	✓	None
透 明	100.0	✓	None
凹 凸	30.0	✓	Map #15 (P4.jpg)
置 换	100.0	✓	None
不透明度	100.0	✓	Map #14 (P4BUMP.jpg)
环 境		✓	None

图7-130

图7-131

7.3.10 彩色有机玻璃材质

彩色有机玻璃是本案例中最复杂的材质之一，这里是结合HDRI贴图来表现材质反射的环境光效果，材质效果如图7-132所示。

图7-132

步骤1 选择VRay材质。调节固有色颜色，如图7-133所示。

步骤2 单击反射复选框添加衰减贴图，衰减类型选择为“Fresnel”，如图7-134所示。

步骤3 将反射颜色的数值设置为72、72、72，如图7-135所示。

步骤4 将“光泽度”设置为0.9，“高光光泽度”设置为0.68，如图7-136所示。

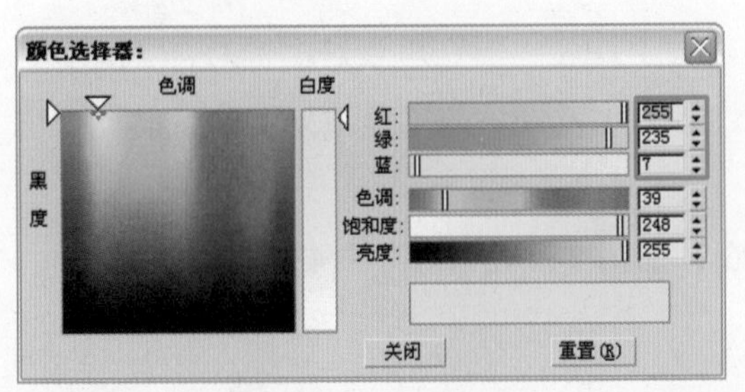

图7-133

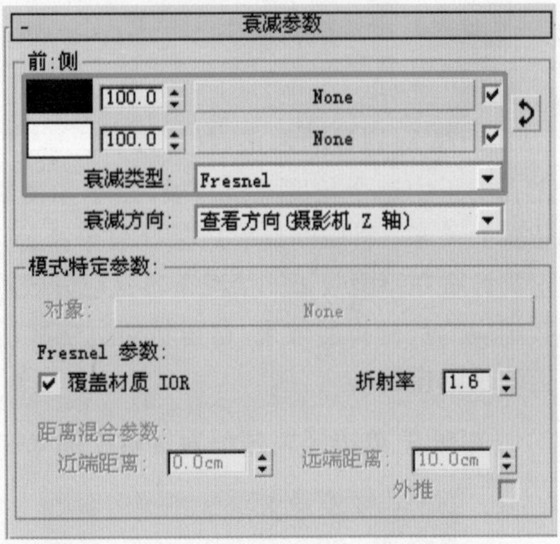

衰减参数
前:侧
100.0 None
100.0 None
衰减类型: Fresnel
衰减方向: 查看方向(摄影机 Z 轴)
模式特定参数:
对象: None
Fresnel 参数:
覆盖材质 IOR 折射率 1.6
距离混合参数:
近端距离: 0.0cm 远端距离: 10.0cm
外推

图7-134

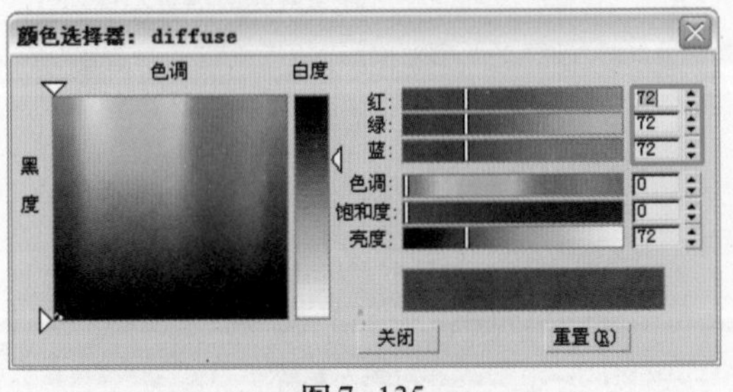

图7-135

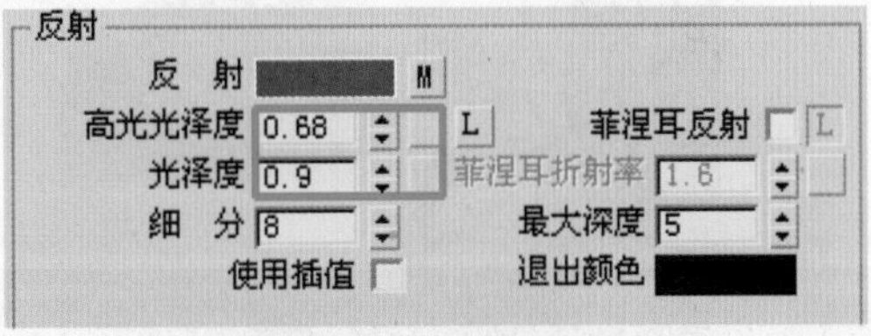

反射
反 射 M
高光光泽度 0.68 L 菲涅耳反射 L
光泽度 0.9 菲涅耳折射率 1.6
细 分 8 最大深度 5
使用插值 退出颜色

图7-136

步骤5 设置折射颜色数值为255、255、255，如图7-137所示。

步骤6 设置“折射率”为1.2，勾选“影响阴影”复选框，调节退出颜色和烟雾颜色，如图7-138～图7-140所示。

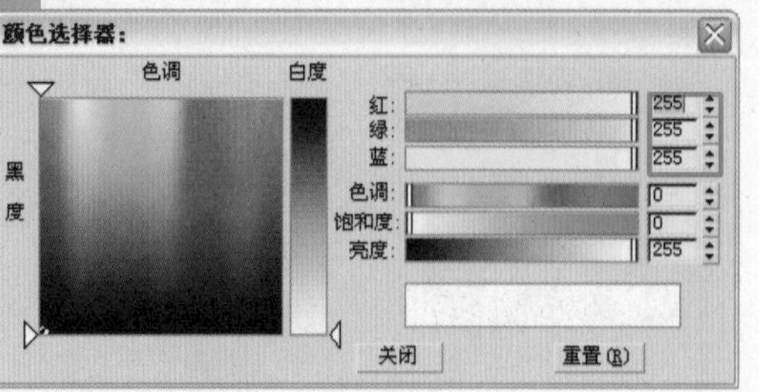

图 7-137

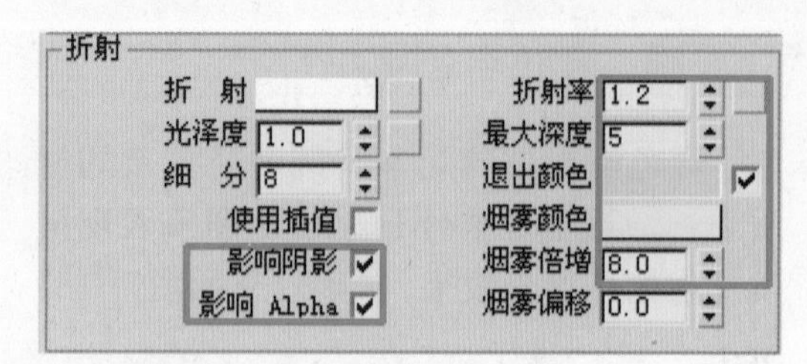

图 7-138

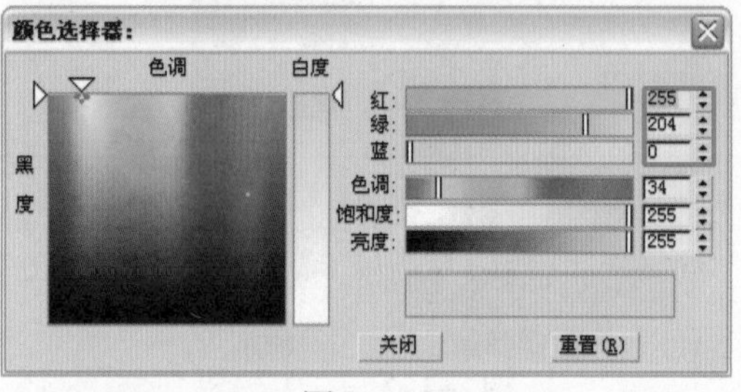

图 7-139

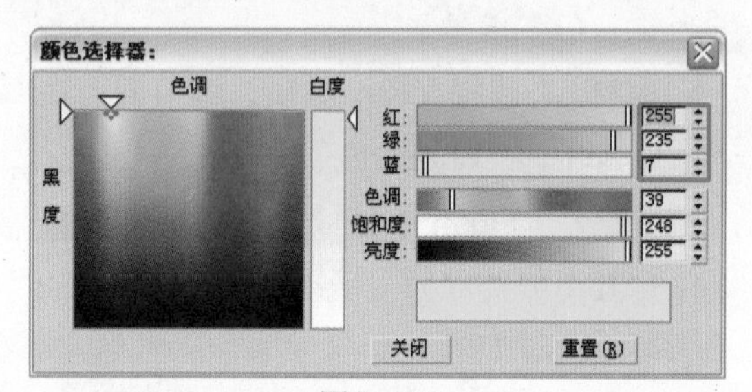

图 7-140

步骤7 设置材质类型为“多面”，如图7-141所示。

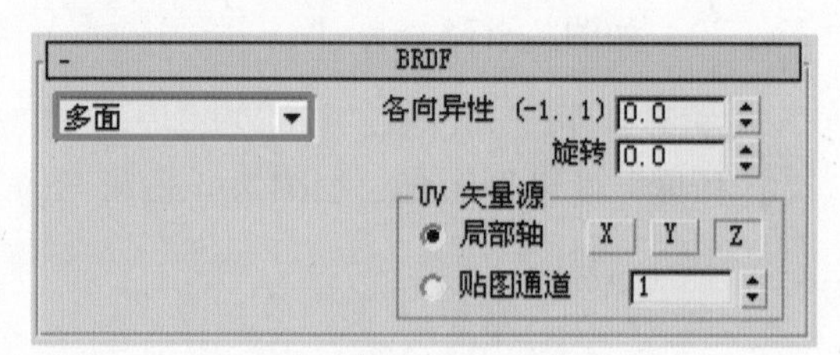

图 7-141

步骤8 到目前为止，材质设置完毕。但是在场景中这个角度观察材质，由于角度和位置的关系，材质的反射效果会很平淡。反射类材质在平面效果的情况下不是很好表现其相应的反射折射效果，这里将通过在环境中添加HDRI高动态范围贴图来实现材质反射折射效果的模拟。

步骤9 单击环境贴图为材质添加RGB贴图，如图7-142和图7-143所示。

图 7-142

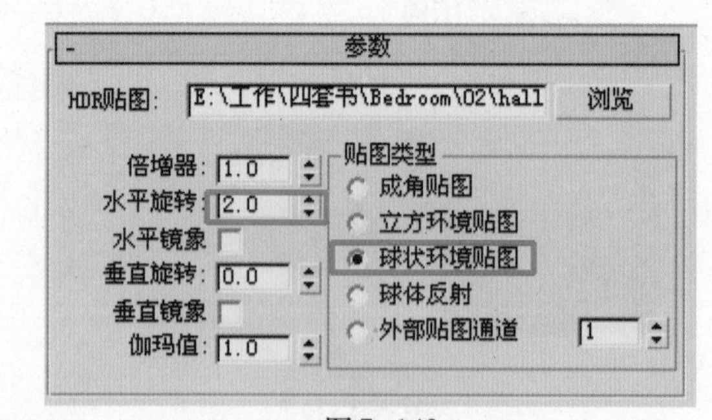

图 7-143

步骤10 一般HDRI贴图的颜色饱和度都很高，反射的时候会使材质表面形成花斑，这里可以采用RGBTint对其进行饱和度的降低。将RGB贴图设置为RGBTint贴图的子对象，调节相关参数如图7-144和图7-145所示。

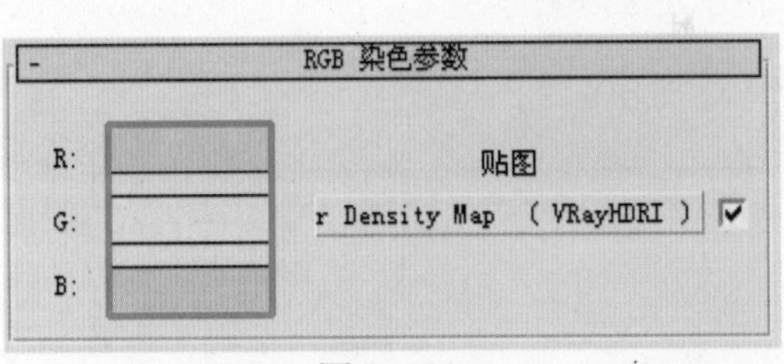

图 7–144

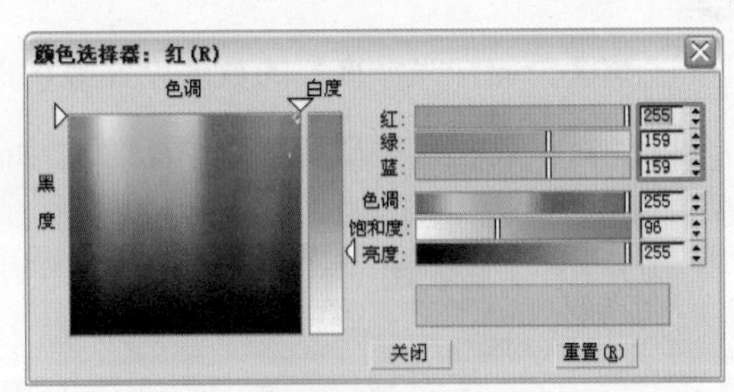

图 7–145

步骤 11 材质最终效果如图 7–146 所示。

图 7–146

7.3.11 木材质

木材质效果如图 7–147 所示。

步骤 1 选择 VRay 材质。单击固有色，打开本书配套光盘“源文件\第 7 章\ WOOD.jpg”文件，如图 7–148 所示。

步骤 2 将反射颜色的数值设置为24、24、24，如图 7–149 所示。

图 7–147

图 7–148

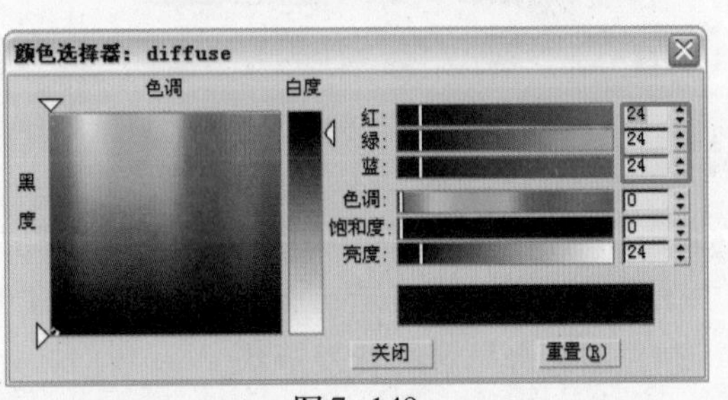

图 7–149

步骤 3 将“光泽度”的数值设置为0.87，如图7–150所示。

步骤 4 将材质类型调整为“反射”，如图7–151所示。

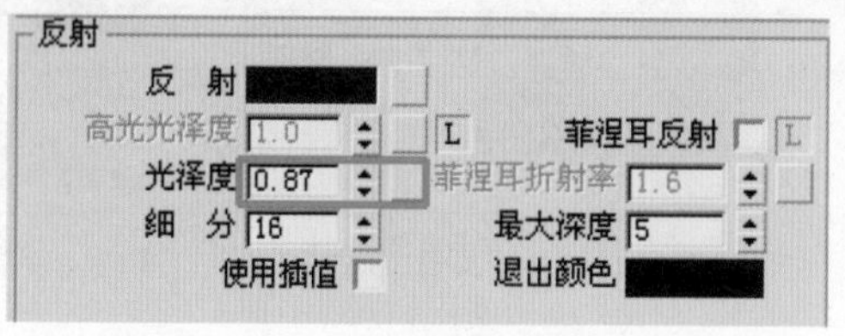

图7–150

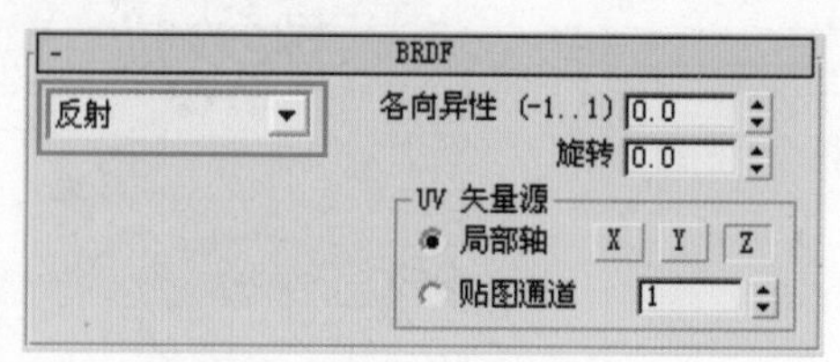

图7–151

步骤 5 单击凹凸贴图，打开本书配套光盘“源文件\第7章\WOOD BUMP.jpg”文件，如图7–152所示。将凹凸参数设置为21，如图7–153所示。

图7–152

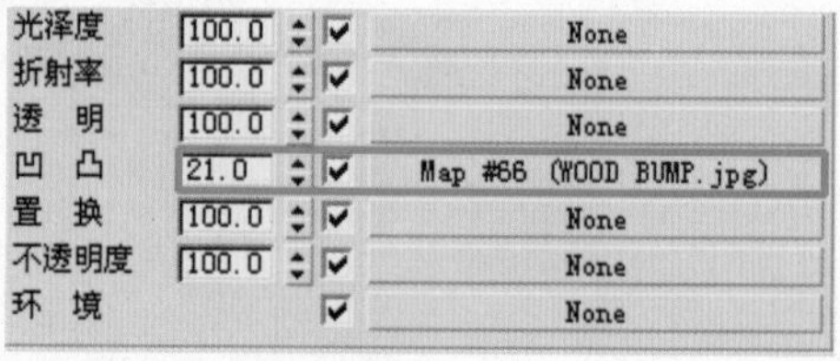

光泽度	100.0	✓	None
折射率	100.0	✓	None
透 明	100.0	✓	None
凹 凸	21.0	✓	Map #66 (WOOD BUMP.jpg)
置 换	100.0	✓	None
不透明度	100.0	✓	None
环 境		✓	None

图7–153

步骤 6 材质最终效果如图7–154所示。

图7–154

7.4 渲染参数设置和最终渲染

图7–155

步骤 1 单击“平面”工具，为场景添加外景的环境背景，如图7–155和图7–156所示。平面可以根据用户的需要进行编辑，制作出适合场景的背景形状。

图 7-156

步骤 2 选择 VRay 材质。单击如图 7-157 所示“不透明度”右边的长条按钮，打开本书配套光盘“源文件 \ 第 7 章 \ 外景.jpg”文件，如图 7-158 所示。

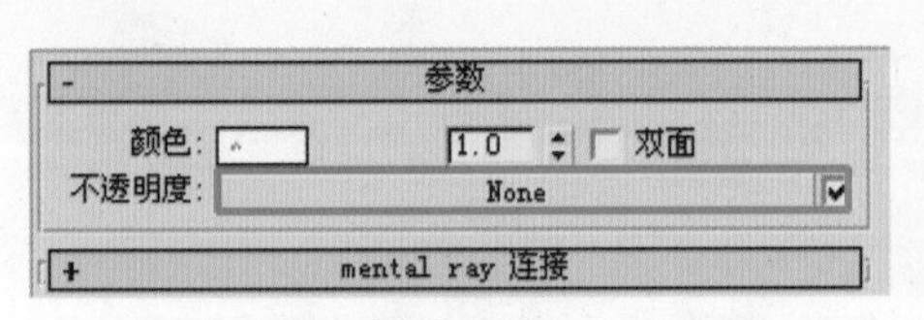

图 7-157

图 7-158

步骤 3 将倍增值设置为 2.5，如图 7-159 所示。

步骤 4 外景效果如图 7-160 所示。

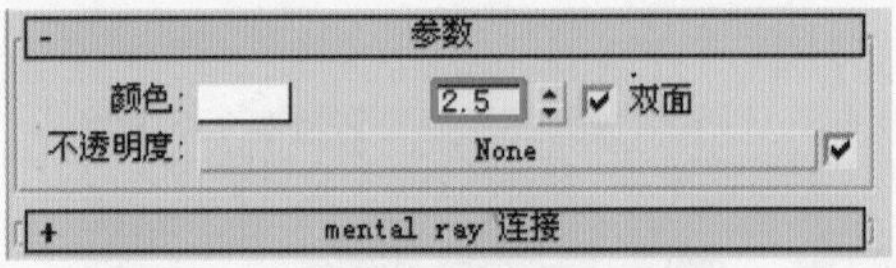

图 7-159

图 7-160

步骤 5 将材质赋予面板，效果如图 7-161 所示。

图 7-161

步骤 6 将【V-Ray∷间接照明】卷展栏中的“饱和度”数值设置为1.15，增大画面饱和度。“对比度”设置为1.05，如图7-162所示。

V-Ray:: 间接照明(GI)
开
全局光散集：反射、折射
后处理：饱和度：1.15　保存每帧贴图　对比度：1.05　基本对比度：0.5
首次反弹：倍增器：1.0　全局光引擎：准蒙特卡洛算法
二次反弹：倍增器：1.0　全局光引擎：灯光缓冲

图7-162

步骤 7 将【V-Ray∷灯光缓冲】的参数设置如图7-163所示。

V-Ray:: 灯光缓冲
计算参数：细分：1000　采样大小：0.01　比例：屏幕　进程数量：4　保存直接光　显示计算状态　自适应跟踪　仅使用方向
重建参数：预滤器：10　使用灯光缓冲为光滑光线　过滤器：接近　插补采样：10

图7-163

步骤 8 将【V-Ray∷准蒙特卡洛全局光】卷展栏中的参数设置如图7-164所示。

图7-164

步骤 9 将“全局细分倍增器”设置为6.0，提高画面品质，如图7-165所示。

V-Ray:: rQMC 采样器
适应数量：0.85　最小采样值：10
噪波阈值：0.01　全局细分倍增器：6.0
独立时间　路径采样器：默认

图7-165

步骤 10 所有参数和细节调节完毕，单击工具栏中的按钮，查看渲染结果，如图7-166所示。

图7-166

完美风暴
3ds max/VRay
卧室效果图制作现场

第 8 章 简欧卧室表现

本章精髓

- 幕帘场景制作思路
- 室内气氛营造
- VRay 高级材质

8.1 案例分析

这个案例主要是幕帘效果的封闭卧室空间。观察以往好多作品中，这类场景的效果可以经常看到，场景中光影效果显示出比较真实的光感和质感。夜景空间的灯光冷暖对比十分重要，确切地说是室内外的灯光变化效果。场景中皮质材质很好地反射了灯光的气氛，材质在承接灯光效果上起到了很好的作用。

8.1.1 光影层次

本节场景主要是灯光气氛的营造，灯光面板的可见使得场景中省去了外景的制作过程。但是这样的效果可以更好地表现室内外过渡的光感，这也是灯光表现的魅力所在。窗口处的灯光效果是画面灯光的重点，室内灯光的节奏需要进行很好的把握和控制。射灯和台灯的节奏也要把握到位，不可抢了主体。图8-1所示为表现此类效果的作品，读者可以进行参考。

图8-1

8.1.2 VRay材质

本节中将重点介绍床套、地板、小装饰品以及植物材质。窗帘材质承接着室外光线与室内空间的过渡，具体的材质讲解将在8.3节中进行详细描叙。图8-2和图8-3所示的是本章实例的精彩细节图片。

图8-2

图8-3

8.2 灯光的设置

画面中的灯光设置，首先围绕户外光线进行制作。本节将通过VR灯光进行模拟，确立画面的整体基调。

8.2.1 光源和环境的创建

本章采用平行光进行户外光线的模拟。

步骤 1 开启3ds max 9以后，执行【文件】|【打开】命令，打开本书配套光盘“源文件\第8章\简欧卧室.max”文件，如图8-4所示。

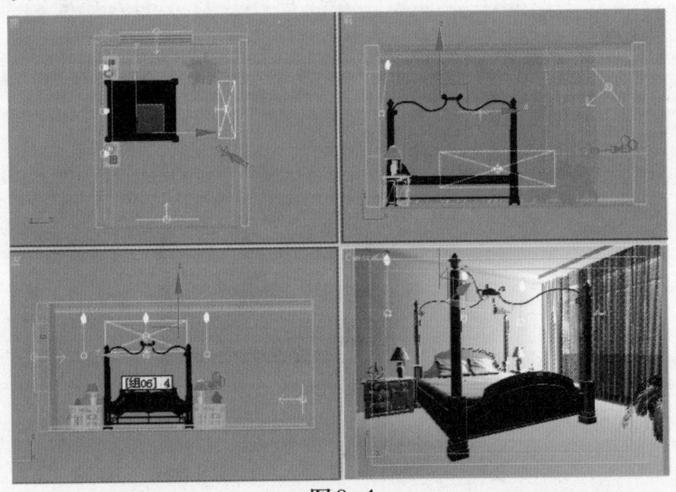

图8-4

步骤 2 单击【创建】命令面板下【灯光】面板中的【VR灯光】按钮，在视图中创建“VR灯光”模拟户外日光，如图8-5所示。

图8-5

步骤 3 选中 VRayLight，单击按钮切换到修改命令面板。在【参数】卷展栏中勾选“开”复选框，将“倍增器”参数设置为20.0，如图8-6所示。

步骤 4 将灯光颜色设置为蓝色，如图8-7所示。

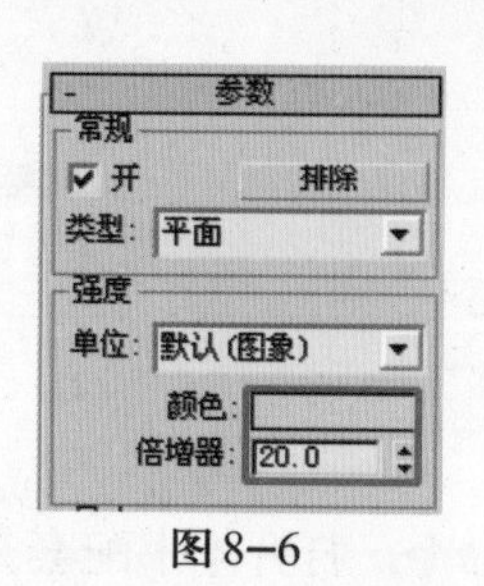

图8-6

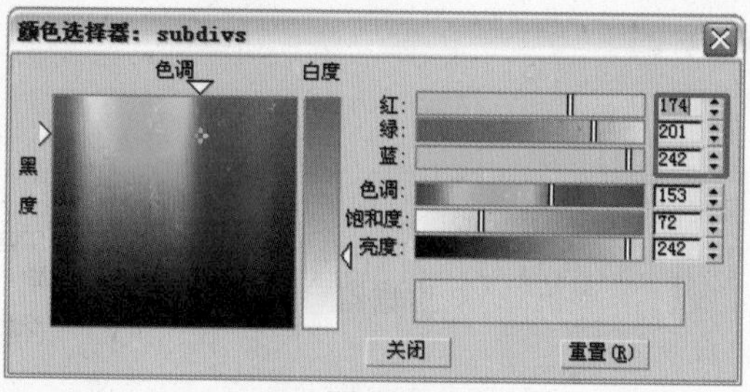

颜色选择器：subdivs

图8-7

步骤 5 调节灯光大小，如图8-8和图8-9所示。灯光的大小要对幕帘部分做全面的遮罩。

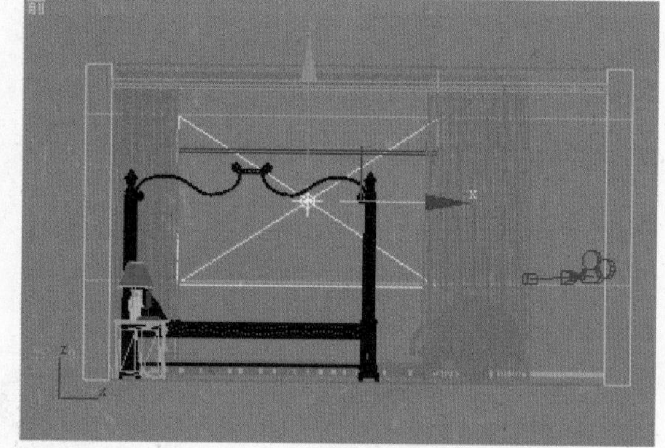

尺寸
半长：1198.0mm
半宽：760.0mm
W 尺寸 10.0mm

图8-8

图8-9

步骤 6 保持“不可见”选项的默认状态，这里需要可见灯光面板模拟室外明亮的日光感觉，如图8-10所示。

步骤 7 在【采样】卷展栏中设置“阴影偏移”为0.02，如图8-11所示。

图8-10

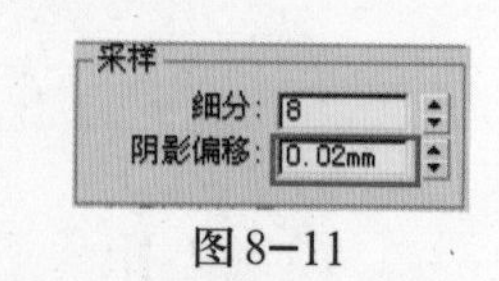

图8-11

步骤 8 执行【渲染】|【渲染】命令，或者单击工具栏中的按钮，打开“渲染场景”对话框。单击“公用”选项，在【指定渲染器】卷展栏中，单击“产品级”后面的按钮。

打开“选择渲染器”对话框，在下面的列表中选择“VRay Adv 1.5 RC3”，单击“确定”按钮，如图 8-12 所示。

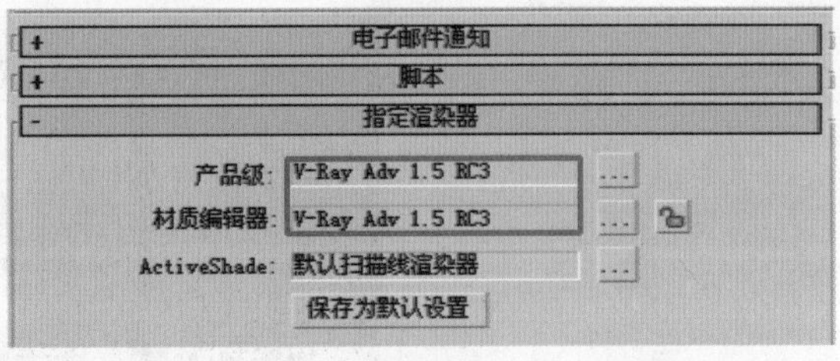

图 8-12

步骤 9 打开【V-Ray∷图像采样(反锯齿)】卷展栏，将抗锯齿过滤器设置如图 8-13 所示。

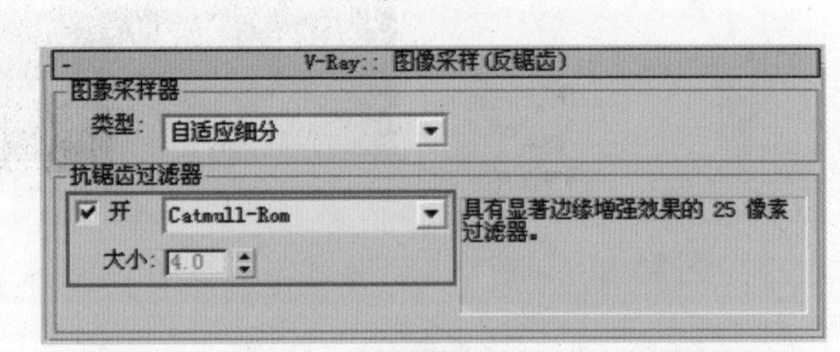

图 8-13

步骤 10 开启VRay渲染器。打开【V-Ray∷间接照明】卷展栏，勾选“开”复选框，选择首次反弹 GI 引擎为“准蒙特卡洛算法”，二次反弹GI引擎为“灯光缓冲”，如图 8-14 所示。

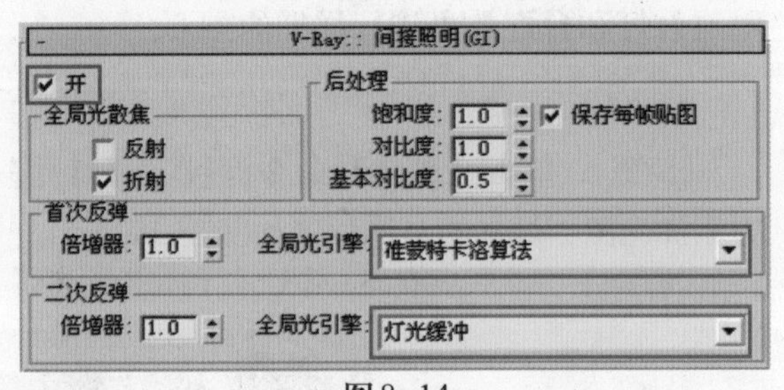

图 8-14

步骤 11 打开【V-Ray∷准蒙特卡洛全局光】卷展栏，将当前预置的细分参数值设置为 5.0，如图 8-15 所示。

图 8-15

步骤 12 打开【V-Ray∷灯光缓冲】卷展栏，参数设置如图 8-16 所示。

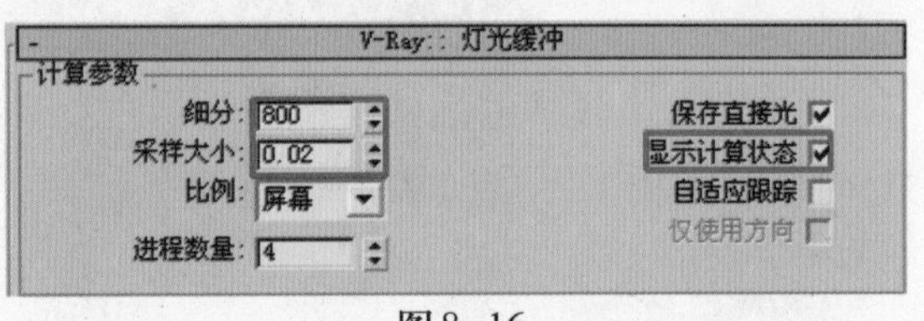

图 8-16

步骤 13 打开【V-Ray∷颜色映射】卷展栏，将颜色贴图的类型设置为“指数”，“变亮倍增器”数值设置为 1.2，如图 8-17 所示。

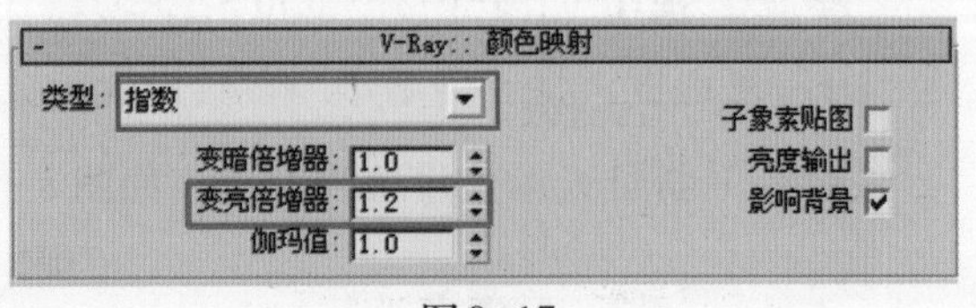

图 8-17

步骤 14 单击工具栏中的按钮，查看渲染结果，如图 8-18 所示。

观察渲染图像，灯光面板显示的情况下直接形成了明亮的室外环境效果，配合窗帘材质，使得该区域的光照效果真实自然。场景中灯光的气氛也比较厚重，可以在后面的设置中更加得心应手。

图 8-18

8.2.2 辅助光源

接下来对室内的光能传递做进一步的完善，主要是补充侧面和暗部区域的光线不足，同时对射灯和台灯效果进行详细的刻画。

步骤 1 单击【创建】命令面板下【灯光】面板中的【VR 灯光】按钮，在床的侧面上方添加光源。灯光的具体位置如图 8-19 所示。

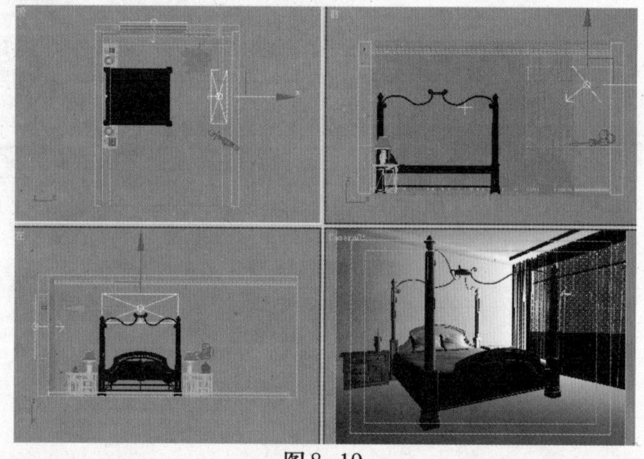

图 8-19

步骤 2 选中 VRayLight，单击按钮切换到修改命令面板。在【参数】卷展栏中勾选“开”复选框，将“倍增器”参数设置为 2.0，如图 8-20 所示。

步骤 3 将灯光颜色设置为黄色，如图 8-21 所示。

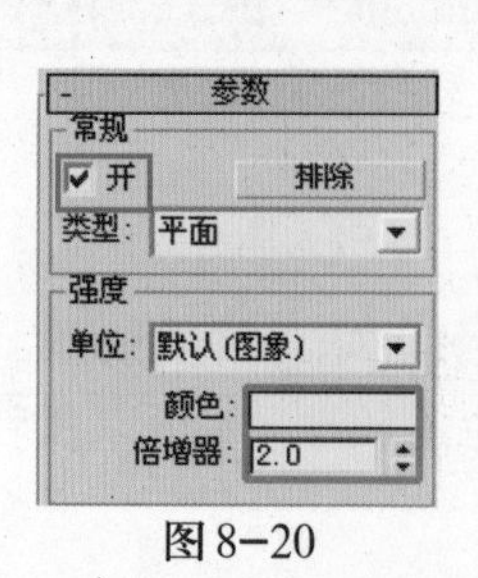

图 8-20

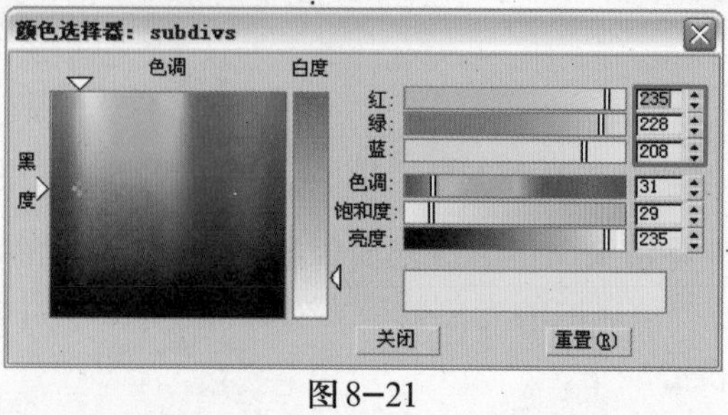

图 8-21

步骤 4 调节灯光大小和位置，如图8-22和图8-23所示。注意灯光的照射角度和高度。

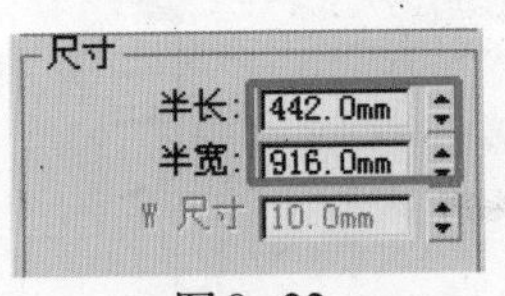

图8-22

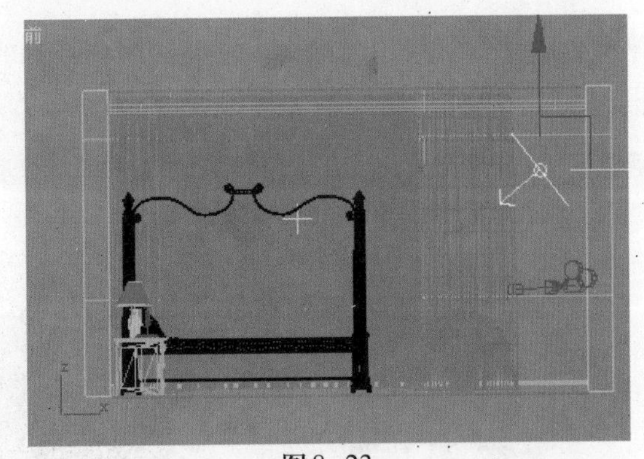

图8-23

步骤 5 取消“影响镜面”选项的选择，这里的灯光面板会对场景的反射材质产生影响，如图8-24所示。

步骤 6 单击工具栏中的按钮，查看渲染结果，如图8-25所示。

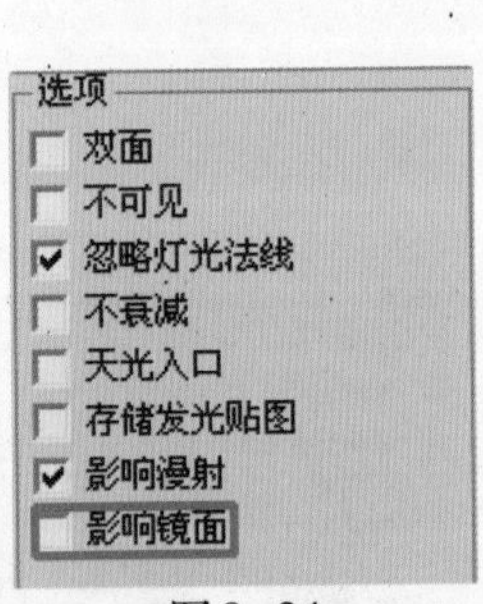

图8-24

图8-25

观察渲染效果。侧面部分的光线效果得到加强，灯光的渗透效果已经把握的比较到位。这里需要注意灯光的亮度，不可喧宾夺主。

步骤 7 继续为场景添加灯光，完善室内的暗部灯光效果，具体位置如图8-26所示。

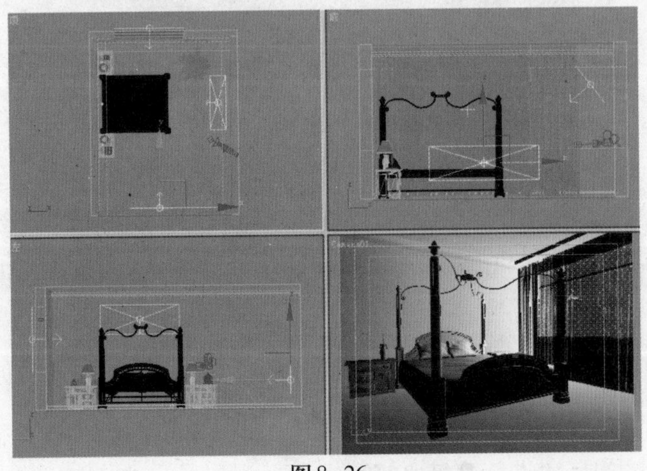

图8-26

步骤 8 选中 VRayLight，单击按钮切换到修改命令面板。在【参数】卷展栏中勾选“开”复选框，将“倍增器”参数设置为1.0，如图 8-27 所示。

步骤 9 将灯光颜色设置为黄色，如图 8-28 所示。

图 8-27

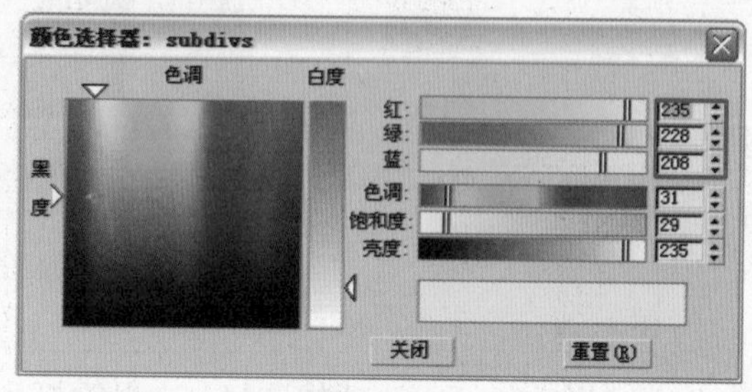

图 8-28

步骤 10 注意灯光的位置，如图 8-29 所示。暗部的灯光不需要太大，但最好是灯光范围包含了主体场景和其他空间，这样暗部的受光可以更加均匀。

步骤 11 取消“影响镜面”选项的选择，让灯光形状不影响地面反射效果，如图 8-30 所示。

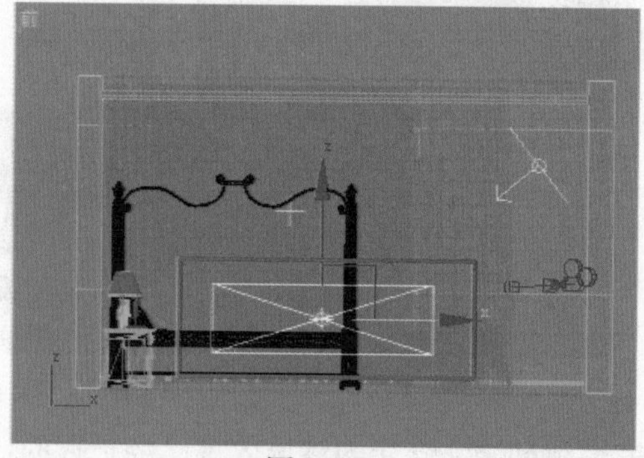
图 8-29

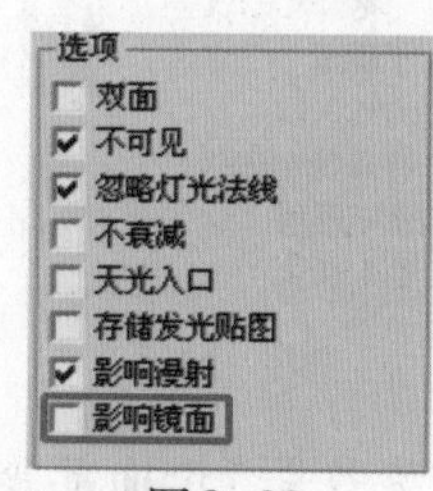

图 8-30

步骤 12 单击工具栏中的按钮，查看渲染结果，如图 8-31 所示。

图 8-31

步骤 13 暗部的灯光效果现在已经比较出色，强度和气氛都控制得很好。设置暗部光照强度一定要与周围的环境进行反复比较。

步骤 14 单击 VRayLight 按钮，继续设置台灯灯光。灯光的具体位置如图8-32所示。

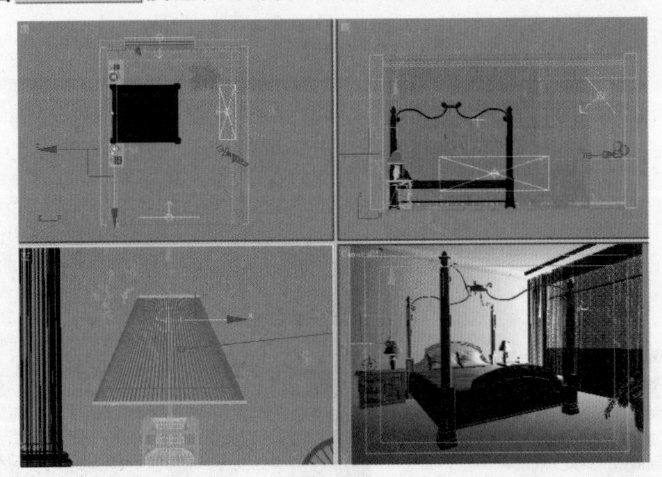

图8-32

步骤 15 选中VRayLight，单击按钮切换到修改命令面板。在【参数】卷展栏中勾选“开”复选框，设置灯光类型为“球体”，将“倍增器”参数设置为60.0，如图8-33所示。

步骤 16 将灯光颜色设置为暖色，如图8-34所示。室内灯光目前设置的一般都为暖色，与室外冷色的对比相得益彰。

图8-33

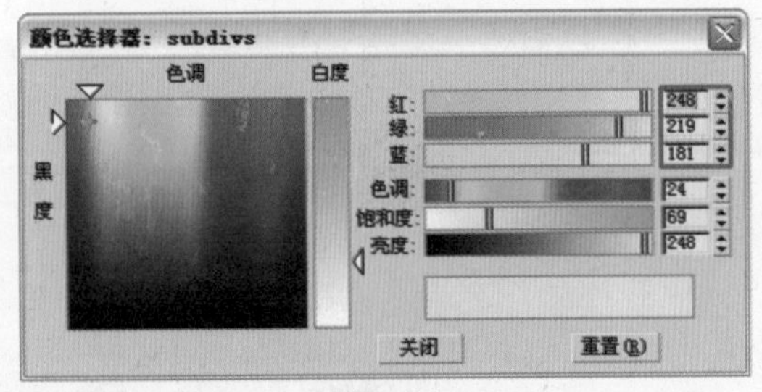

图8-34

步骤 17 设置灯光的“半径”为25.0，如图8-35所示。这里主要是根据场景的单位尺寸进行设置，与现实中的尺寸和效果相仿即可，如图8-36所示。

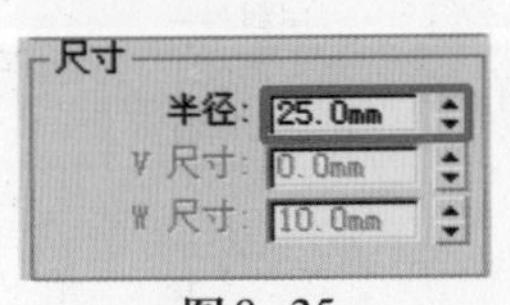

图8-35

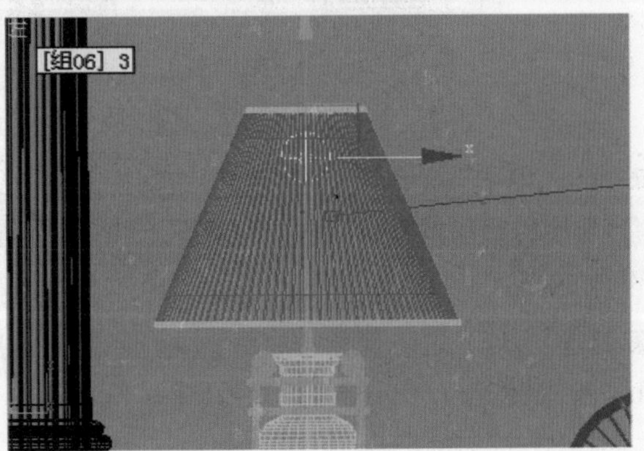

图8-36

步骤 18 灯光相关设置如图 8−37 所示。

步骤 19 单击工具栏中的按钮，查看渲染结果，如图 8−38 所示。

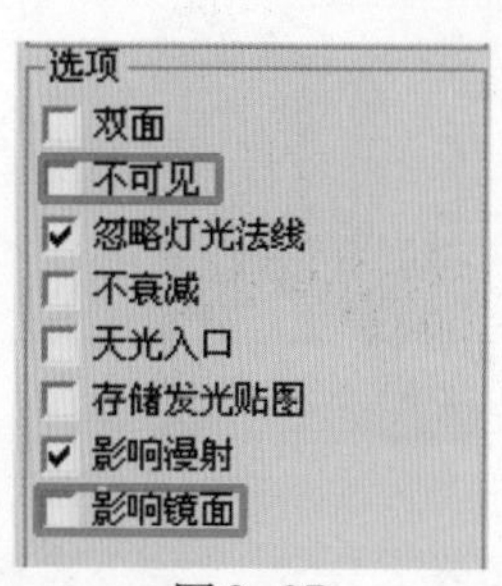

图 8−37

图 8−38

台灯的效果已经呈现。由于依然是白天的效果，要合理地控制台灯的照明强度，这里主要是点缀作用。继续设置射灯效果。

步骤 20 单击【创建】命令面板下【灯光】面板中的【目标点光源】按钮，模拟射灯光源。灯光的具体位置如图 8−39 所示。

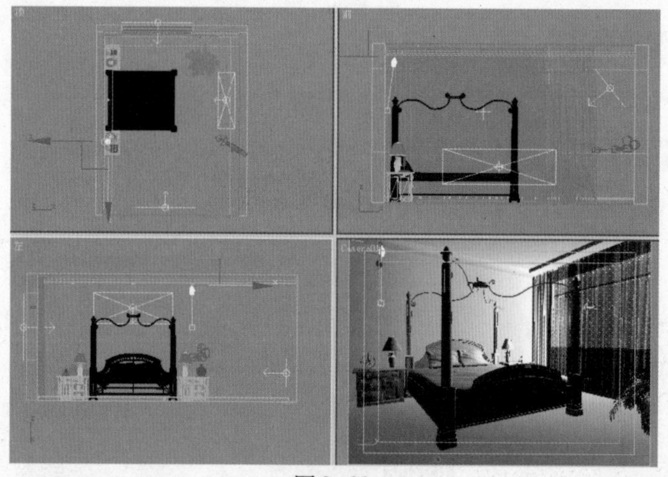

图 8−39

步骤 21 选中“点光源”，单击按钮切换到修改命令面板。在【参数】卷展栏中保持默认设置，灯光只产生照明不产生阴影，如图 8−40 所示。

常规参数
灯光类型
启用 点光源
定向 960.018mm
阴影
启用 使用全局设置
阴影贴图
排除...

图 8−40

步骤 22 调节灯光过滤颜色，如图 8−41 所示。将灯光分布设置为 Web，模式设置为 cd，相关设置如图 8−42 所示。

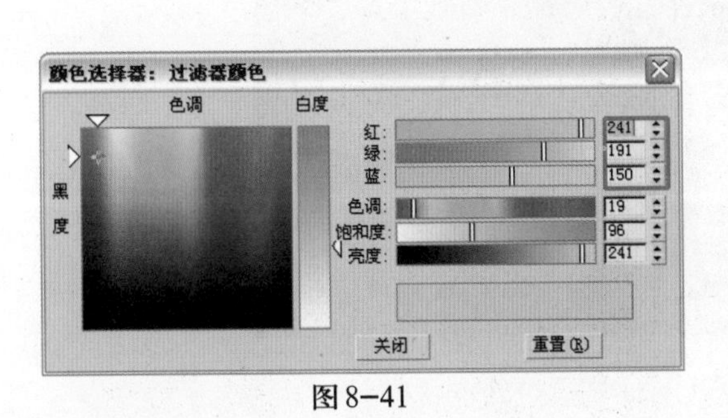

图 8–41

图 8–42

步骤 23 打开【Web 参数】卷展栏，在“Web 文件”中调入光域网文件，如图 8–43 和图 8–44 所示。

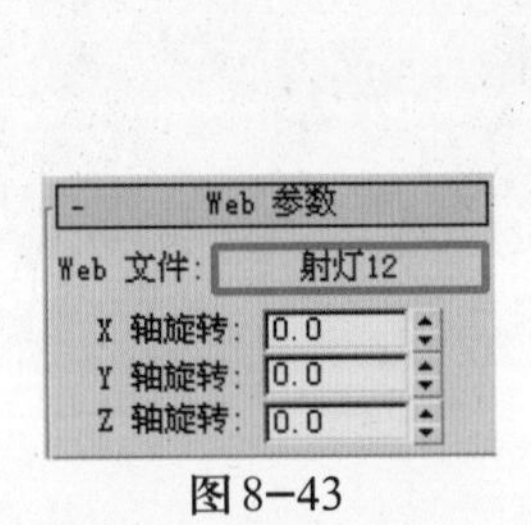

图 8–43

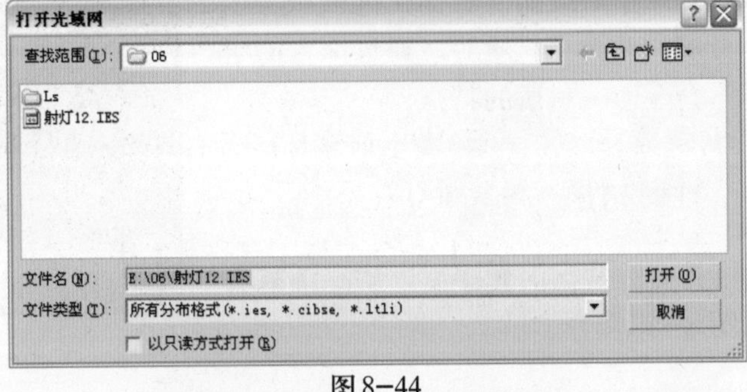

图 8–44

步骤 24 将灯光进行复制，分别放置在相应的位置上，如图 8–45 所示。

步骤 25 分别调节灯光的倍增值，靠近窗口的灯光可以适当增大，避免被日光完全掩盖，如图 8–46 所示。

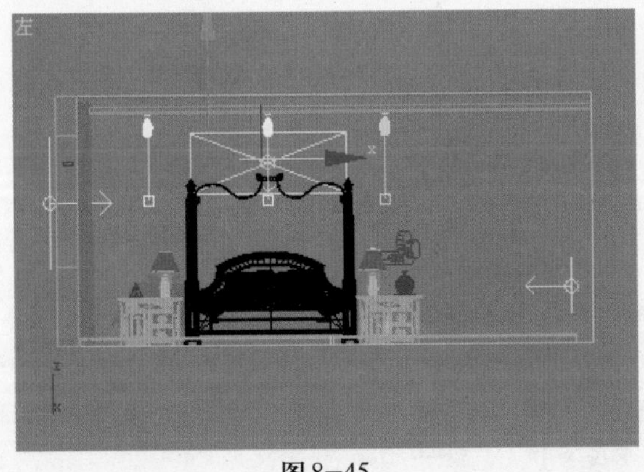

图 8–45

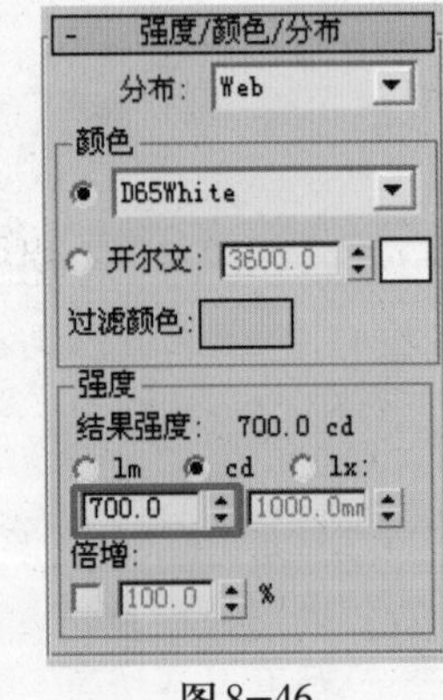

图 8–46

步骤 26 单击工具栏中的按钮，查看渲染结果，如图 8–47 所示。

场景中灯光设置完毕。整个场景中灯光层次分明，主次、强弱张弛有度，解决好对比基本就可以把握整个画面的节奏。

图 8-47

8.3 材质的设置

本章将详细讲解如何制作窗帘材质、床上用品材质和装饰品材质等。通过深入的学习，去体会 VRay 材质的特点。

图 8-48

8.3.1 地砖材质

地板具有非常高的光泽度，质感细腻真实，如图 8-48 所示。

步骤 1 选择 VRay 材质。单击固有色，打开本书配套光盘“源文件 \ 第 8 章 \020.jpg”文件，如图 8-49 所示。

步骤 2 调节反射颜色数值为 81、81、81，如图 8-50 所示。

图 8-49

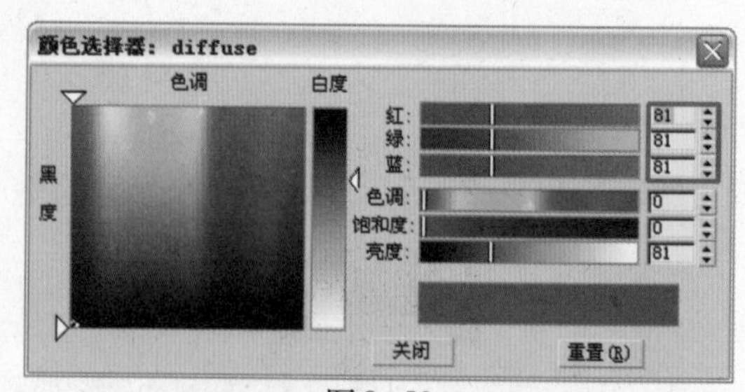

图 8-50

步骤 3 调节“光泽度”为 0.9，勾选“菲涅耳反射”复选框，如图 8-51 所示。这里选择“菲涅耳反射”选项是保证地板有类似打蜡的真实效果。

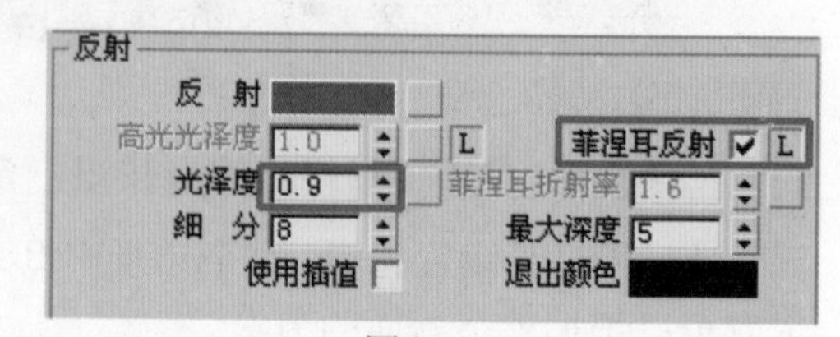

图 8-51

步骤 4 在【BRDF】卷展栏中选择材质的

类型为“反射”，如图8–52所示。

步骤 5 材质的最终效果如图8–53所示。

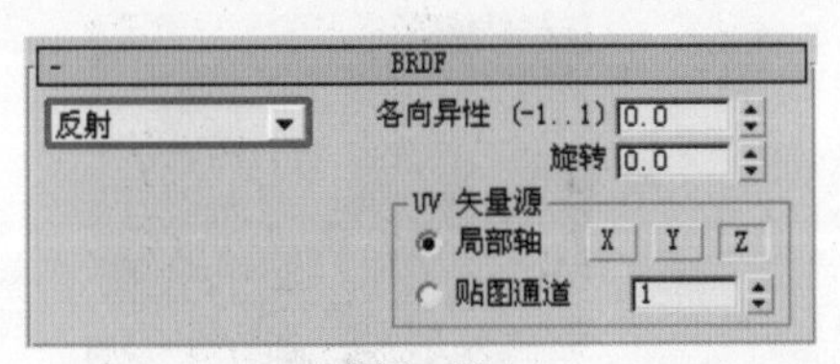

图8–52

图8–53

8.3.2 床被材质

床被材质主要采用了贴图，并进行了一定的凹凸效果表现，如图8–54所示。

操作步骤

步骤 1 选择VRay材质。单击固有色，打开本书配套光盘“源文件\第8章\title1.jpg”文件，如图8–55所示。

步骤 2 进入【坐标】卷展栏，调节平铺参数如图8–56所示。

图8–54

图8–55

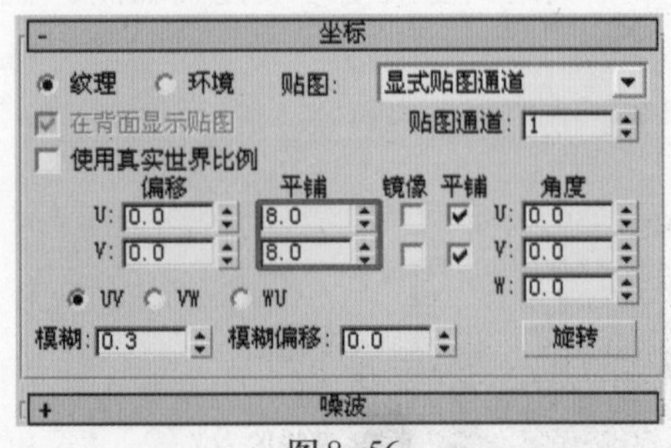

图8–56

步骤 3 单击“凹凸”右边的长条按钮，打开本书配套光盘“源文件\第8章\bump.jpg”文件，如图8–57所示。设置凹凸参数为100，如图8–58所示。

图8–57

贴图			
漫 射	100.0	✓	Map #1 (title1.jpg)
反 射	100.0	✓	None
高光光泽	100.0	✓	None
反射光泽	100.0	✓	None
菲涅耳折射	100.0	✓	None
折 射	100.0	✓	None
光泽度	100.0	✓	None
折射率	100.0	✓	None
透 明	100.0	✓	None
凹 凸	100.0	✓	Map #2 (bump.jpg)
置 换	100.0	✓	None
不透明度	100.0	✓	None
环 境		✓	None

图8–58

步骤 4 进入【坐标】卷展栏，调节平铺参数如图 8-59 所示。

步骤 5 材质的最终效果如图 8-60 所示。

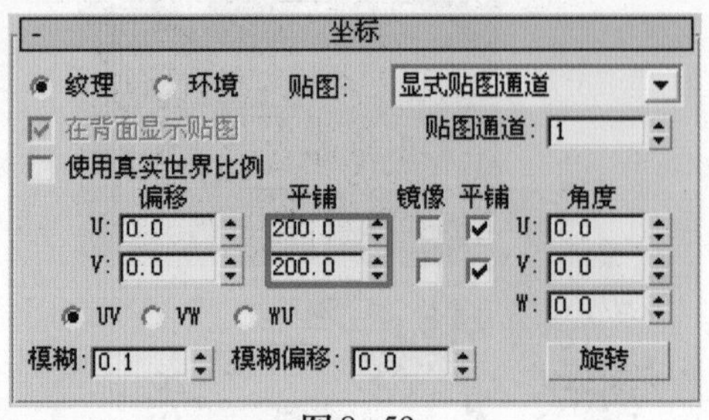

图 8-59

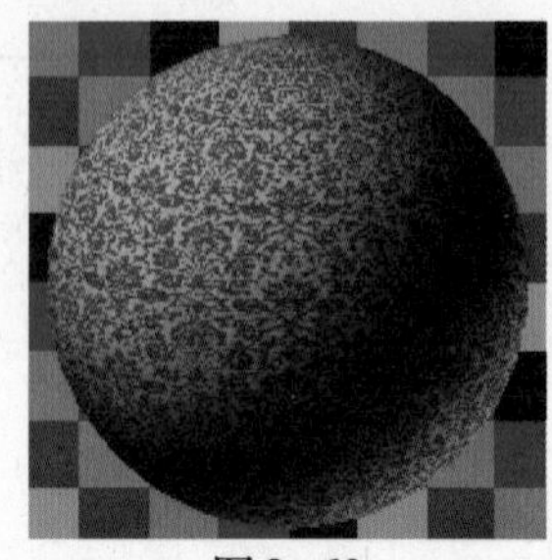

图 8-60

8.3.3 枕头材质

床单材质效果如图 8-61 所示。

图 8-61

步骤 1 选择VRay材质。单击固有色，调节枕头的颜色如图 8-62 所示。

步骤 2 单击反射贴图添加渐变坡度贴图，调节相关的渐变坡度参数设置如图8-63 所示。

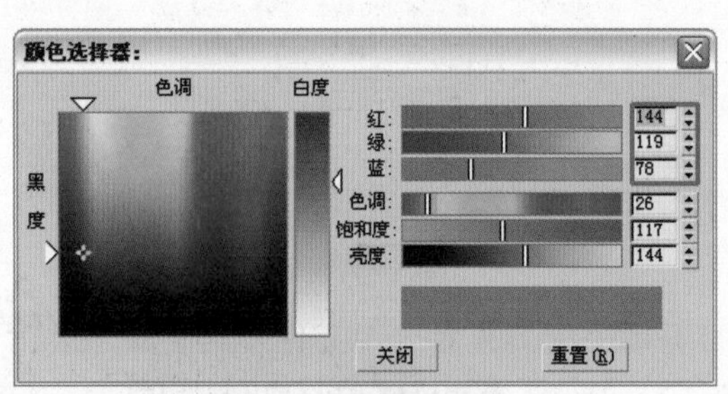

图 8-62

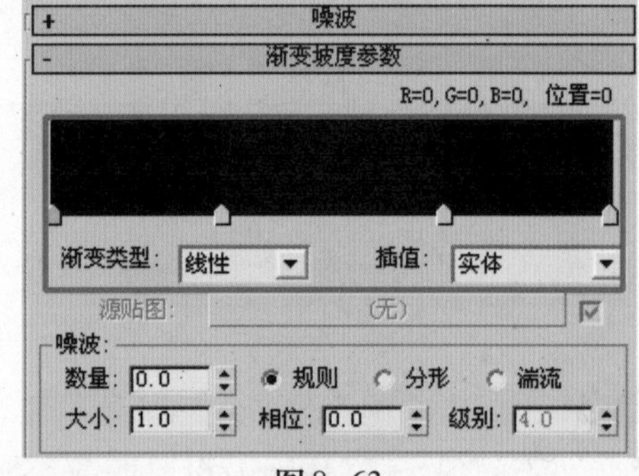

图 8-63

步骤 3 调节反射“光泽度”为 0.6，如图 8-64 所示。

步骤 4 单击凹凸贴图添加混合贴图，参数设置为 5.0，如图 8-65 所示。

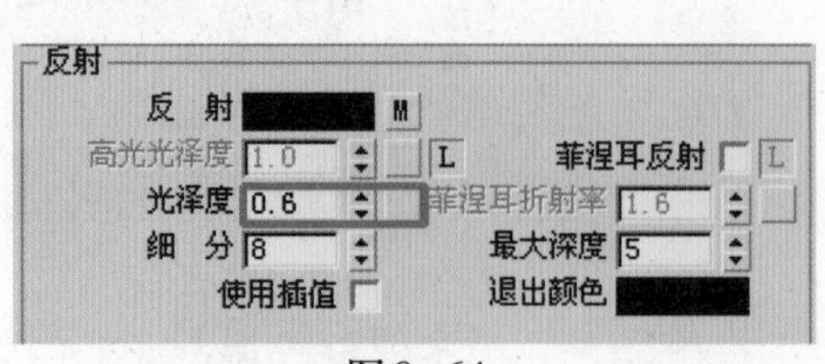

图 8-64

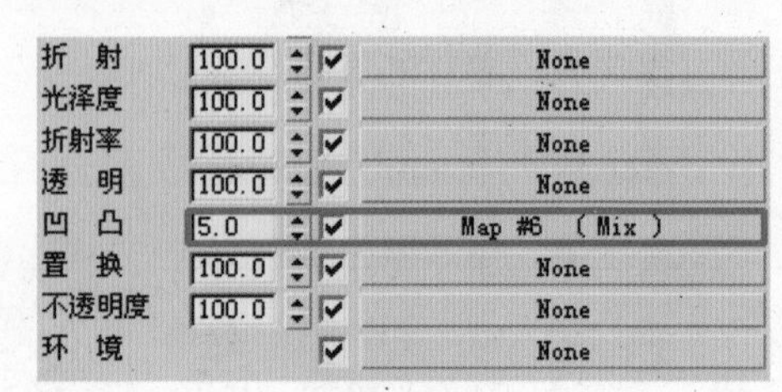

图 8-65

步骤 5 单击“颜色 #1”右边的长条按钮，添加Speckle贴图，如图8-66所示。调节相关参数，如图8-67所示。这里的参数只要是凹凸噪点适合就好。

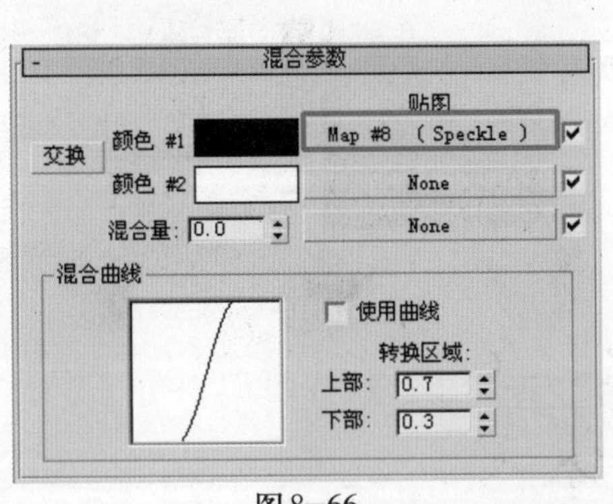

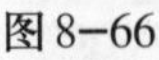
图8-66

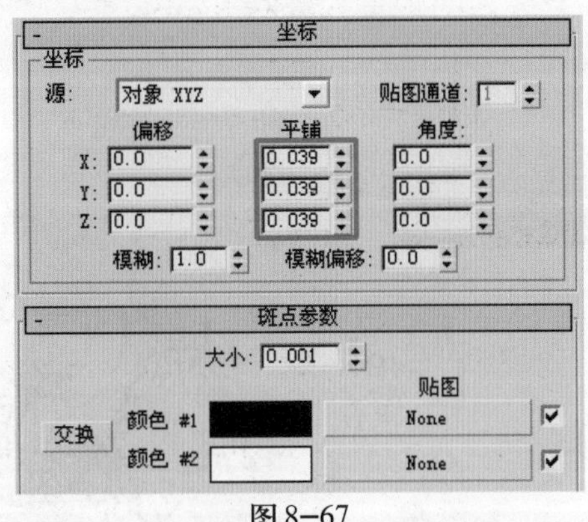

图8-67

步骤 6 单击“混合量”右边的长条按钮，添加渐变坡度贴图，这里主要是模拟黑白贴图，如图8-68所示。

步骤 7 调节颜色渐变过渡效果，如图8-69所示。

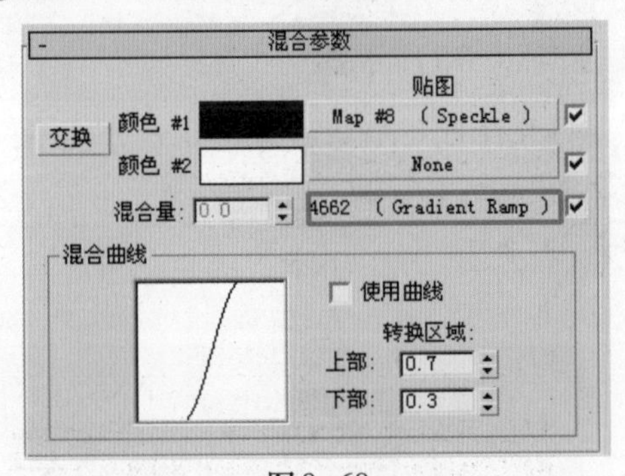

图8-68

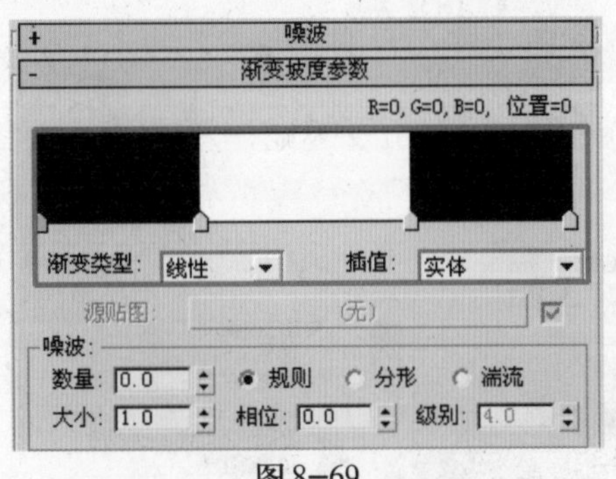

图8-69

步骤 8 在【BRDF】卷展栏中选择材质的类型为“反射”，如图8-70所示。

步骤 9 材质的最终效果如图8-71所示。

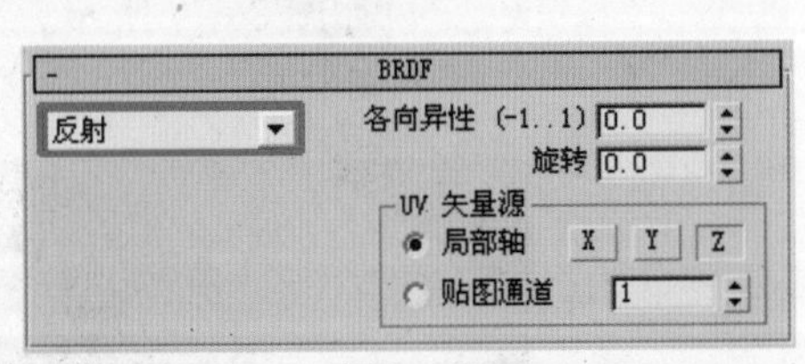

图8-70

图8-71

8.3.4 灯罩材质

操作步骤

步骤 1 选择VRay材质。单击固有色，添加衰减贴图，用来模拟灯罩表面的颜色，前、

侧颜色如图 8-72 和图 8-73 所示。设置衰减类型如图 8-74 所示。

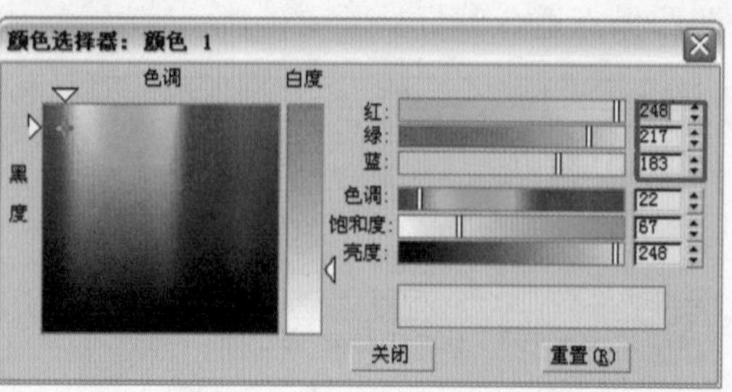

图 8-72

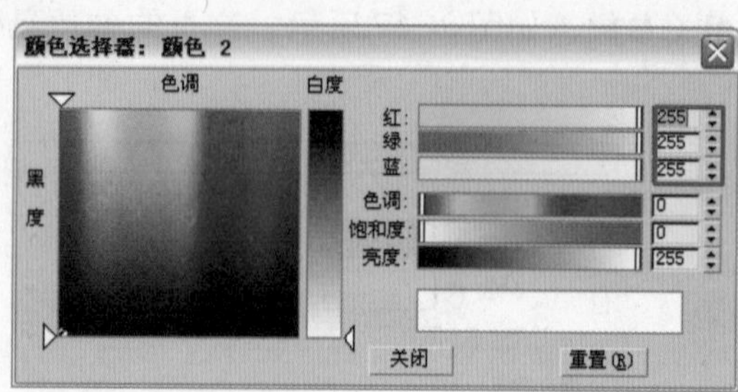

图 8-73

衰减参数

前：侧

100.0	None
100.0	None

衰减类型：垂直/平行

衰减方向：查看方向(摄影机 Z 轴)

图 8-74

步骤 2 调节反射颜色参数为 27、27、27，如图 8-75 所示。

步骤 3 将“光泽度”参数设置为 0.7，“高光光泽度”参数设置为 0.6 ，如图 8-76 所示。

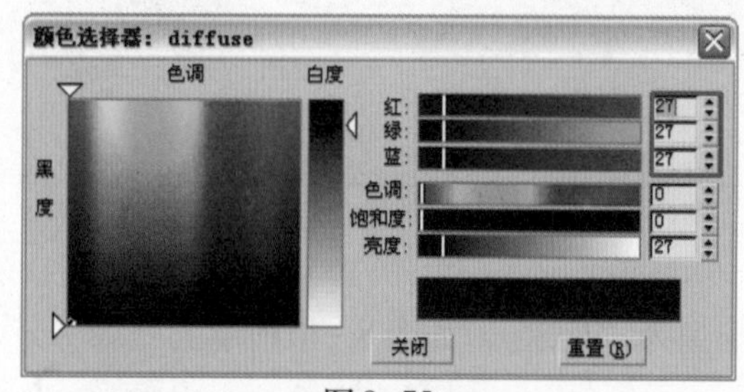

图 8-75

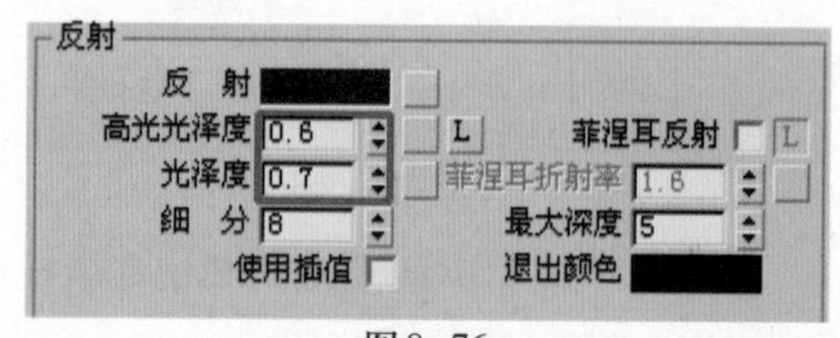

图 8-76

步骤 4 在【BRDF】卷展栏中选择材质的类型为“沃德”，如图 8-77 所示。

步骤 5 材质的最终效果如图 8-78 所示。

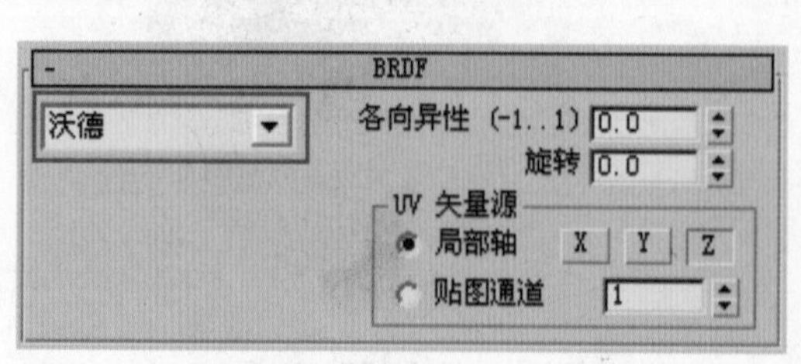

图 8-77

图 8-78

8.3.5 灯座材质

步骤 1 选择VRay材质。单击固有色，打开本书配套光盘“源文件\第8章\Ma-000.jpg”文件，如图8-79所示。

步骤 2 调节反射颜色参数为81、41、22，如图8-80所示。

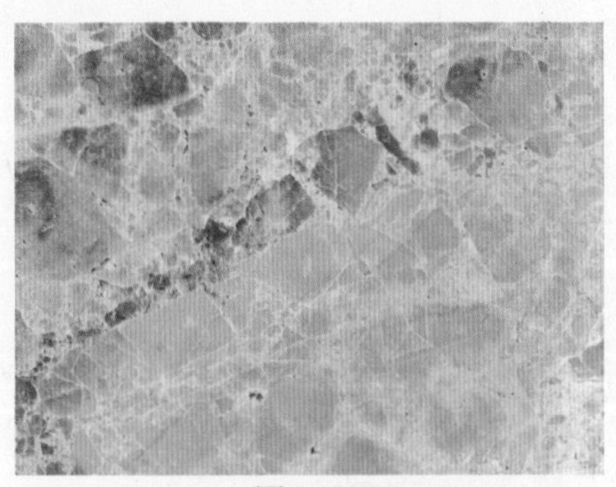

图8-79

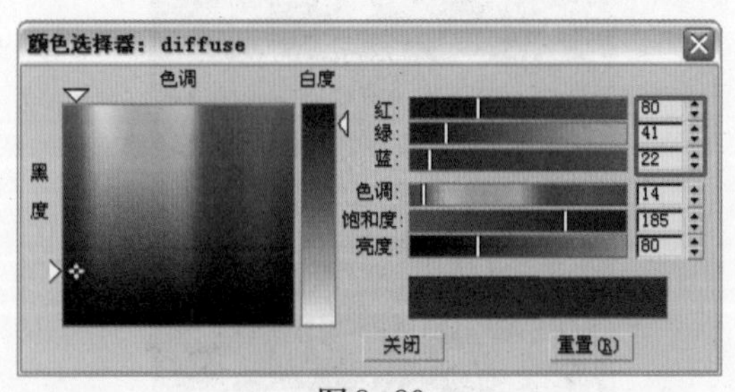

图8-80

步骤 3 将“光泽度”参数设置为0.8，“高光光泽度”设置为0.7，如图8-81所示。

步骤 4 在【BRDF】卷展栏中选择材质的类型为“多面”，如图8-82所示。

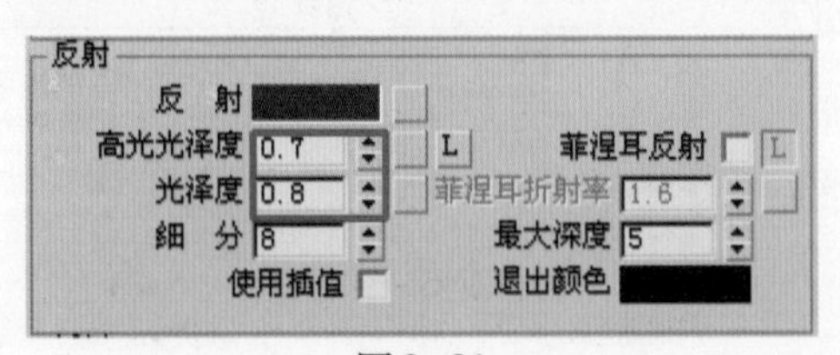

图8-81

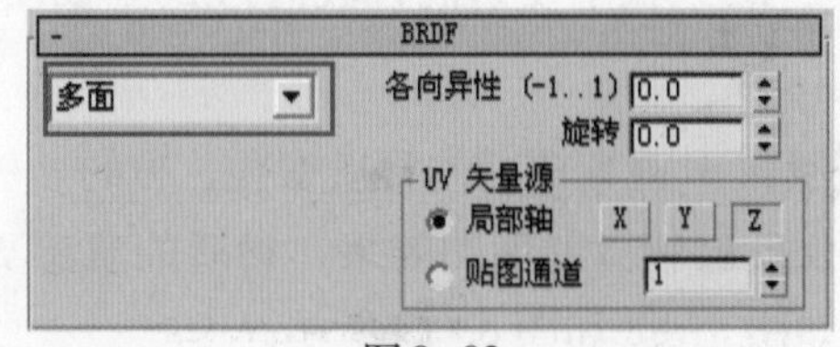

图8-82

步骤 5 将漫射贴图关联复制到凹凸贴图中，如图8-83所示。

步骤 6 材质的最终效果如图8-84所示。

贴图			
漫 射	100.0	✓	Map #8 (Ma-000.jpg)
反 射	100.0	✓	None
高光光泽	100.0	✓	None
反射光泽	100.0	✓	None
菲涅耳折射	100.0	✓	None
折 射	100.0	✓	None
光泽度	100.0	✓	None
折射率	100.0	✓	None
透 明	100.0	✓	None
凹 凸	30.0	✓	Map #34663 (Ma-000.jpg)
置 换	100.0	✓	None
不透明度	100.0	✓	None
环 境		✓	None

图8-83

图8-84

8.3.6 装饰品材质

步骤 1 选择VRay材质。单击固有色，打开本书配套光盘“源文件\第8章\si.jpg”文件，如图8-85所示。

步骤 2 单击反射贴图，打开本书配套光盘“源文件\第8章\si bump.jpg”文件，如图8-86所示。

图8-85

图8-86

步骤 3 调节反射混合数值为20，如图8-87所示。

步骤 4 观察前后的材质变化，20的参数使得材质仅反射轻微的贴图效果，材质的质感更加厚重，如图8-88和图8-89所示。

-	贴图		
漫 射	100.0	☑	Map #34636 (si.jpg)
反 射	20.0	☑	Map #34653 (si bump.jpg)
高光光泽	100.0	☑	None
反射光泽	100.0	☑	None
菲涅耳折射	100.0	☑	None
折 射	100.0	☑	None
光泽度	100.0	☑	None

图8-87

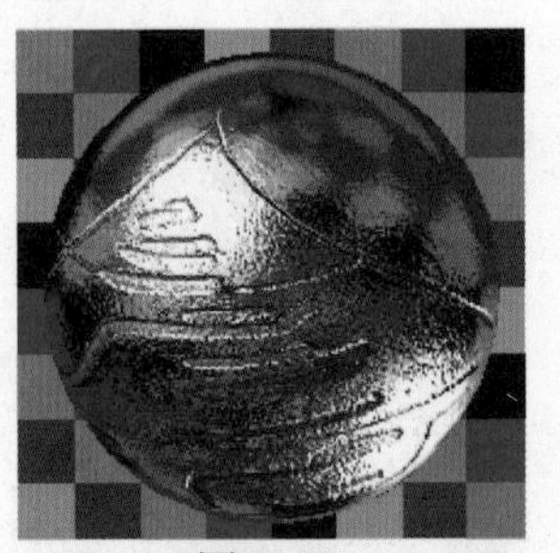

图8-88

图8-89

步骤 5 调节“光泽度”为0.85，“高光光泽度”为0.65，如图8-90所示。

步骤 6 关联复制贴图到凹凸贴图和置换贴图中，增加材质的凹凸质感，如图8-91所示。

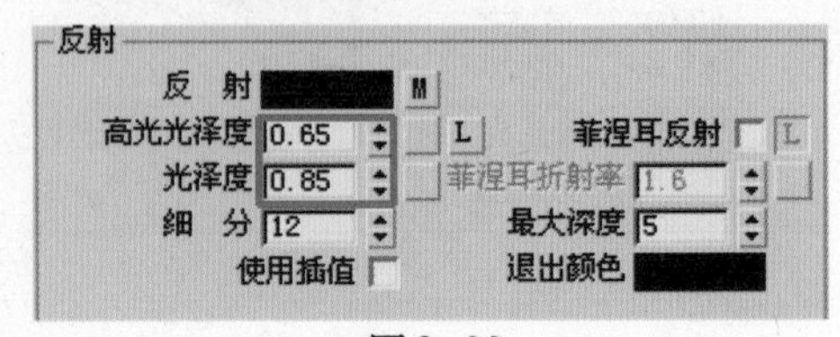

图8-90

步骤 7 材质最终效果如图 8-92 所示。

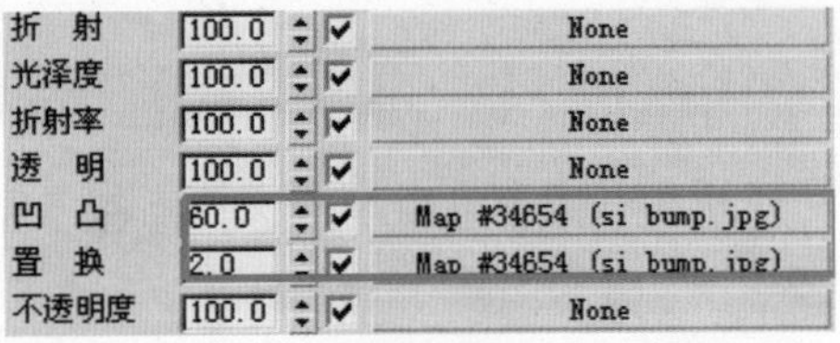

折 射	100.0	✔	None
光泽度	100.0	✔	None
折射率	100.0	✔	None
透 明	100.0	✔	None
凹 凸	60.0	✔	Map #34654 (si bump.jpg)
置 换	2.0	✔	Map #34654 (si bump.jpg)
不透明度	100.0	✔	None

图 8-91

图 8-92

8.3.7 窗帘材质

步骤 1 选择 VRay 材质。调节漫射颜色，如图 8-93 所示。

步骤 2 调节反射颜色数值如图 8-94 所示。

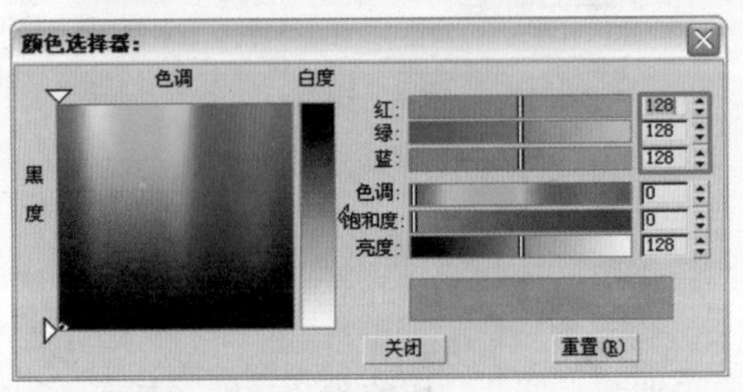

图 8-93

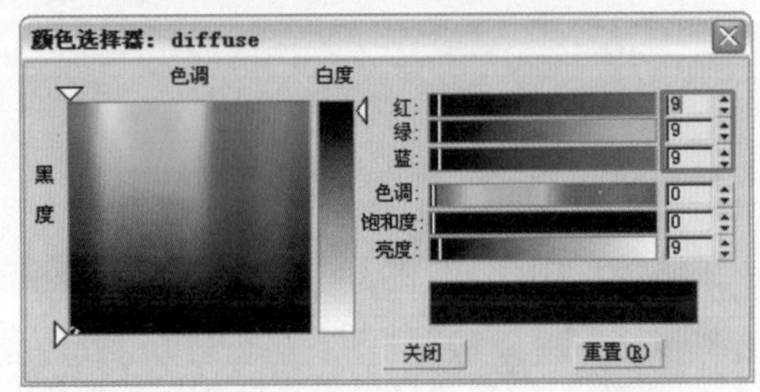

图 8-94

步骤 3 调节“光泽度”为 0.93，勾选“菲涅耳反射”复选框，如图 8-95 所示。

步骤 4 调节折射颜色参数为 136、136、136，如图 8-96 所示。

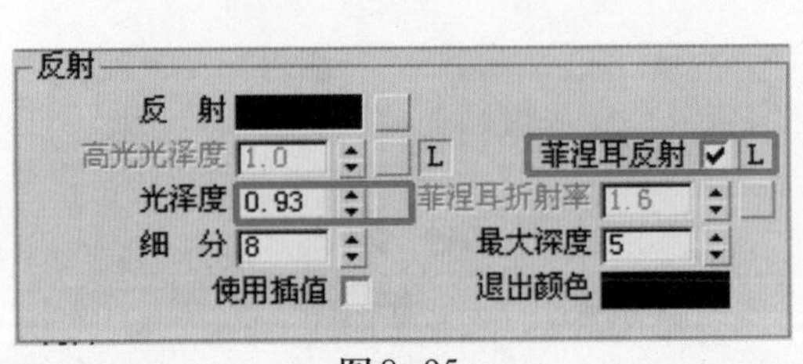

图 8-95

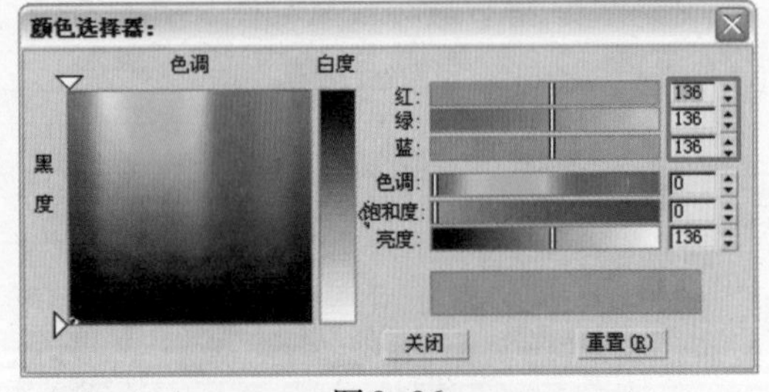

图 8-96

步骤 5 勾选“影响阴影”复选框，保证产生阴影效果，如图 8-97 所示。

步骤 6 材质的最终效果如图 8-98 所示。

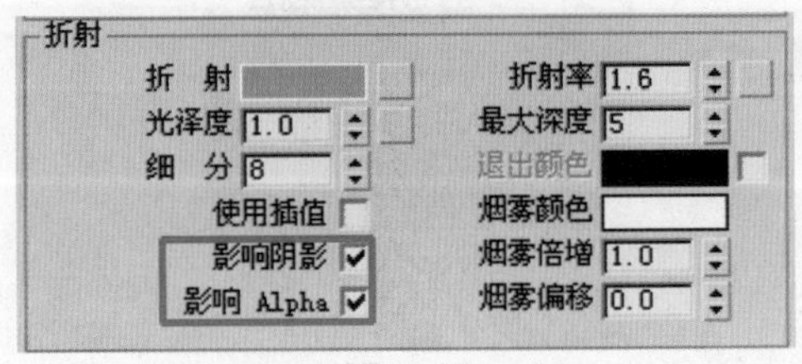

图 8-97

图 8-98

8.3.8 墙材质

步骤 1 选择 VRay 材质。单击固有色，打开本书配套光盘“源文件 \ 第 8 章 \5023.bmp”文件，如图 8-99 所示。

步骤 2 调节 UV 坐标参数，使贴图尺寸适合场景比例，如图 8-100 所示。

图 8-99

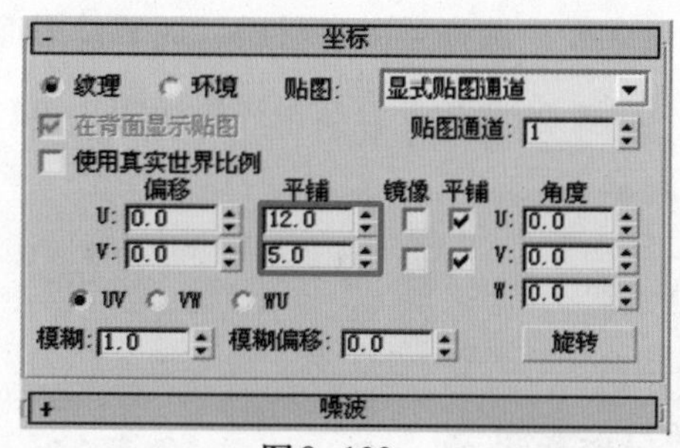

图 8-100

步骤 3 勾选“启用颜色贴图”复选框，用自由调节点调节贴图的颜色，使之加深，如图 8-101 所示。

步骤 4 将材质类型调整为“反射”，如图 8-102 所示。

步骤 5 材质最终效果如图 8-103 所示。

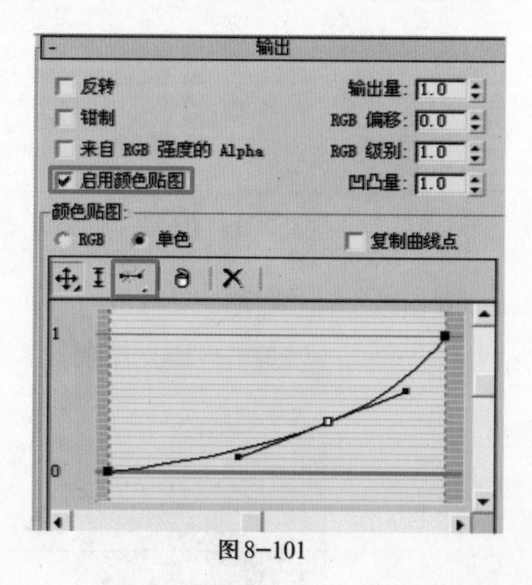

图 8-101

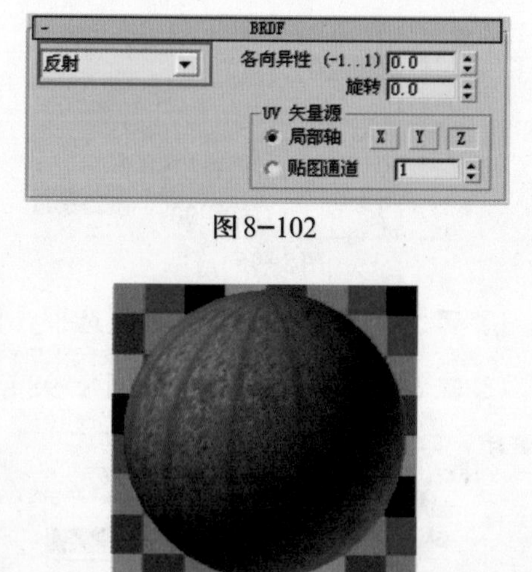

图 8-102

图 8-103

步骤 6 观察场景贴图效果，如图 8-104 所示。

图 8-104

8.3.9 金属材质

步骤 1 选择 VRay 材质。调节固有色为金黄色金属颜色，如图 8-105 所示。

步骤 2 将反射颜色的数值设置为 59、59、59，如图 8-106 所示。

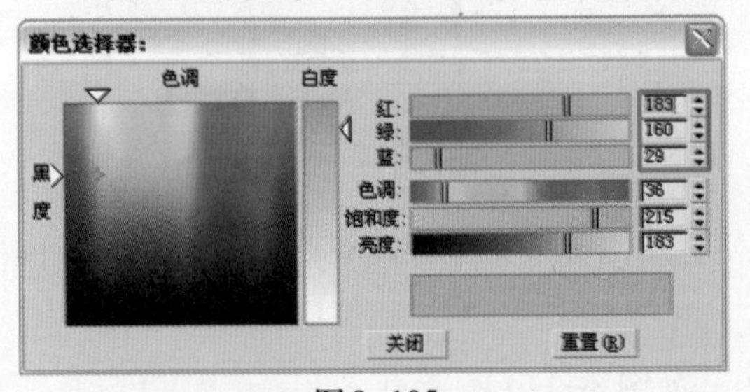

图 8-105

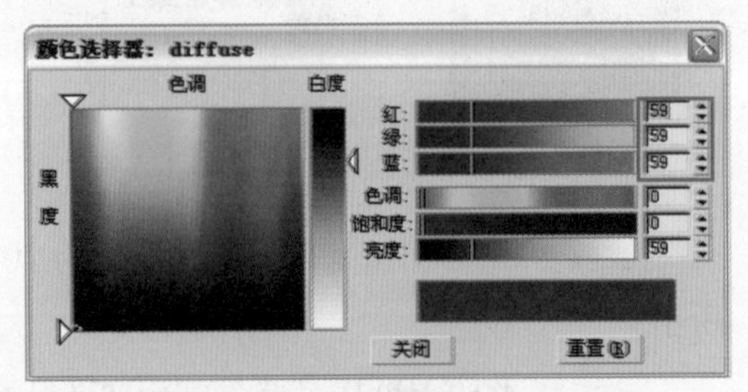

图 8-106

步骤 3 调节“光泽度”为 0.5，如图 8-107 所示。

步骤 4 材质最终效果如图 8-108 所示。

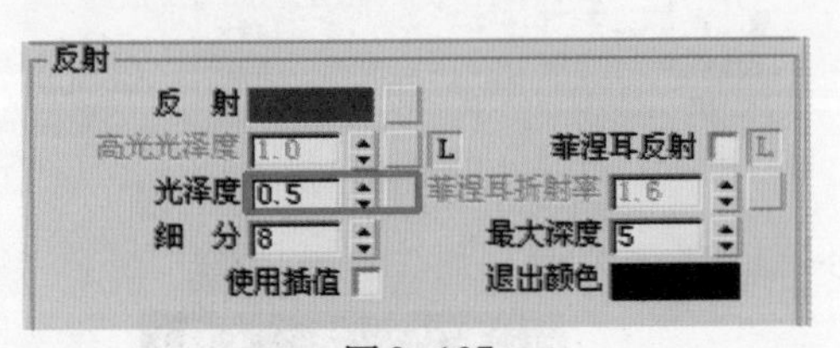

图 8-107

图 8-108

8.3.10 装饰品木纹材质

步骤 1 选择 VRay 材质。单击固有色，打开本书配套光盘“源文件\第 8 章\wood bike.jpg”文件，如图 8-109 所示。

步骤 2 调节 UV 坐标参数，如图 8-110 所示。

图 8-109

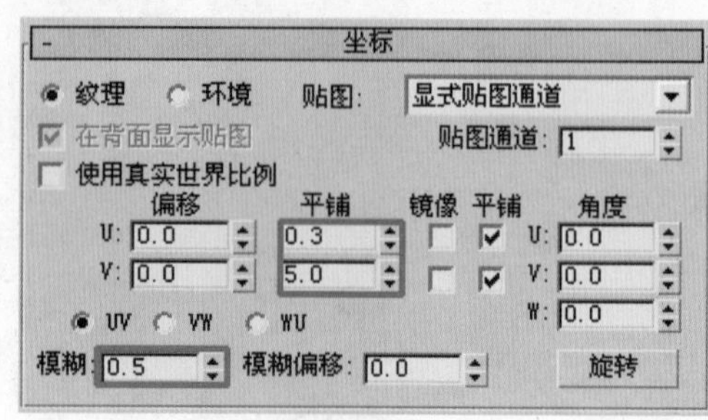

图 8-110

步骤 3 将反射颜色的数值设置为 25、25、25，如图 8-111 所示。

步骤 4 将“光泽度”设置为 0.7，“高光光泽度”设置为 0.65，并将漫射贴图关联复制到高光光泽度贴图中，如图 8-112 所示。

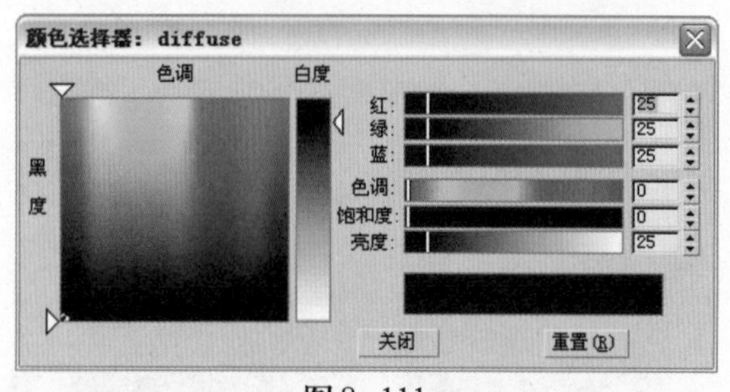

图 8-111

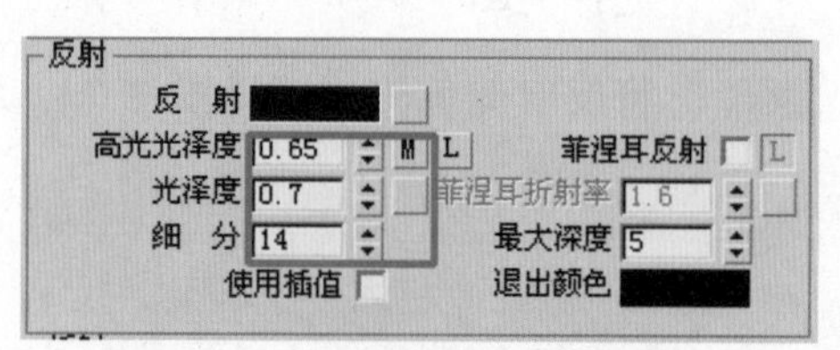

图 8-112

步骤 5 调节“高光光泽度”数值为 10，使材质高光效果部分反射贴图，如图 8-113 所示。

步骤 6 将漫射贴图关联复制到凹凸贴图中，如图 8-114 所示。

贴图		
漫 射	100.0	Map #1 (wood bike.jpg)
反 射	100.0	None
高光光泽	10.0	Map #1 (wood bike.jpg)
反射光泽	100.0	None
菲涅耳折射	100.0	None
折 射	100.0	None

图 8-113

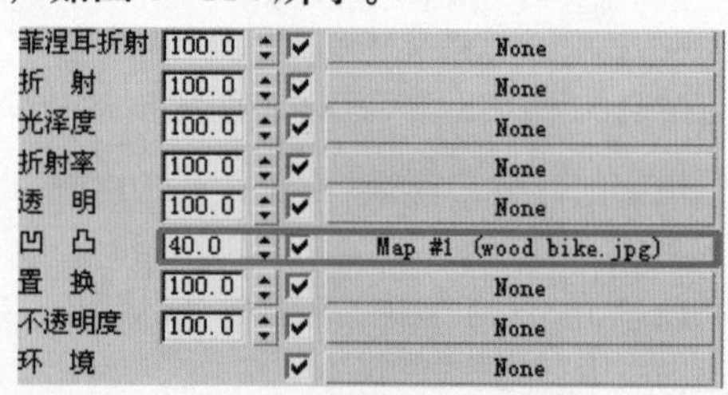

图 8-114

步骤 7 设置材质类型为“反射”，如图 8-115 所示。

步骤 8 材质最终效果如图 8-116 所示。

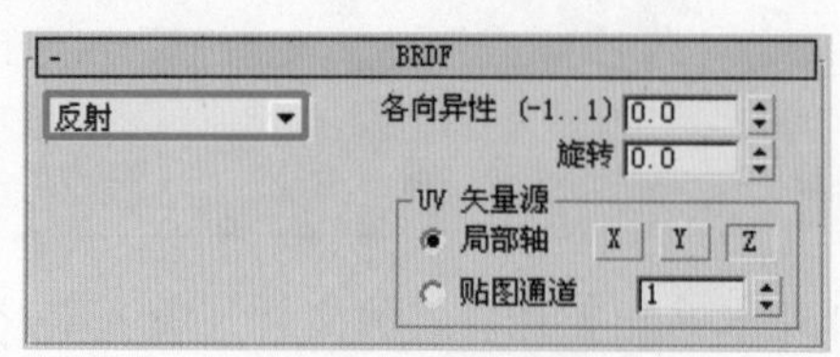

图 8-115

图 8-116

8.3.11 透明红色玻璃材质

步骤 1 选择 VRay 材质。调节玻璃颜色如图 8–117 所示。

步骤 2 将反射颜色的数值设置为 25、25、25，如图 8–118 所示。

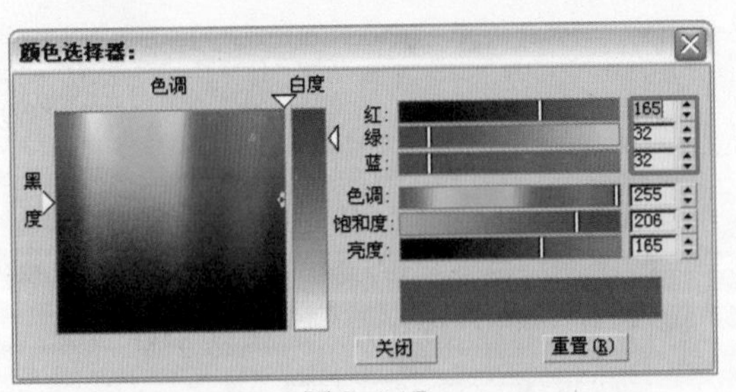

图 8–117

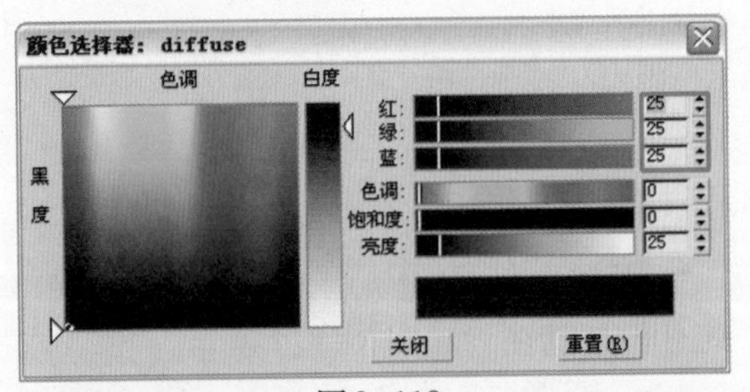

图 8–118

步骤 3 将“光泽度”设置为 0.9，“高光光泽度”设置为 0.8，如图 8–119 所示。

步骤 4 将反射颜色的数值设置为 192、109、109，如图 8–120 所示。

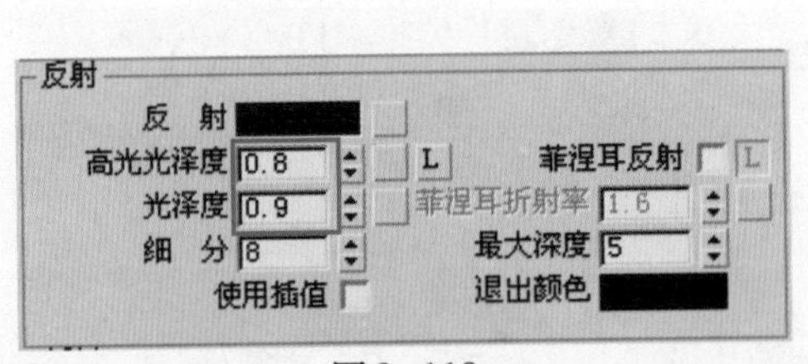

图 8–119

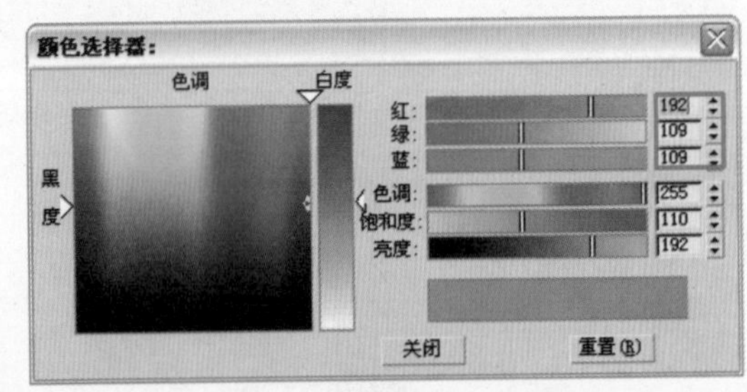

图 8–120

步骤 5 将“光泽度”设置为 0.98，“折射率”设置为 1.3，如图 8–121 所示。

步骤 6 调节烟雾颜色如图8–122所示。相关参数设置如图 8–123 所示。这里主要是控制玻璃材质的颜色。

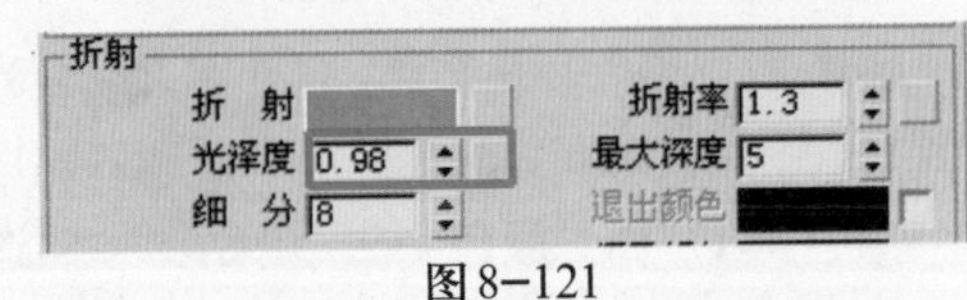

图 8–121

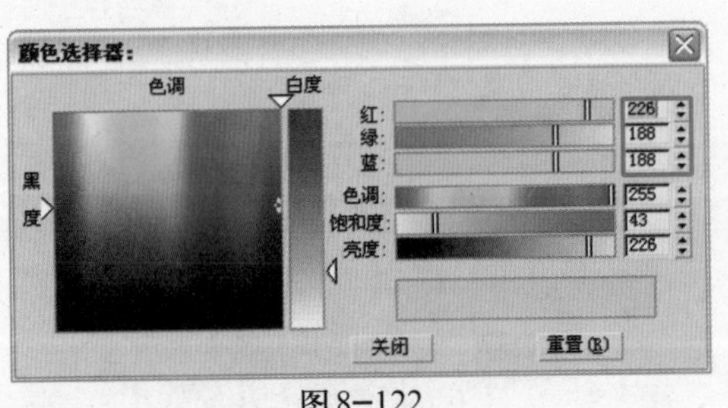

图 8–122

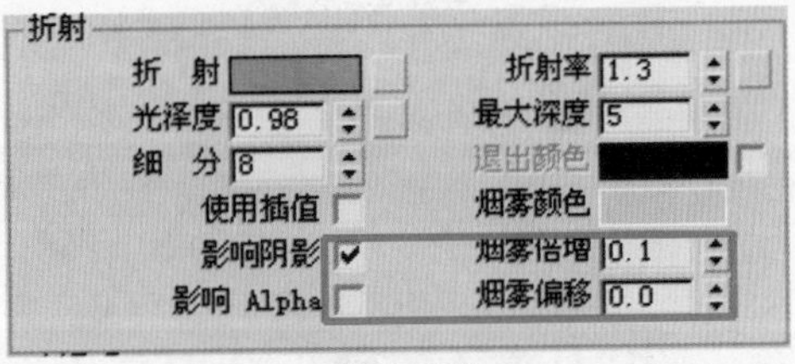

图 8–123

步骤 7 材质效果如图 8–124 所示。

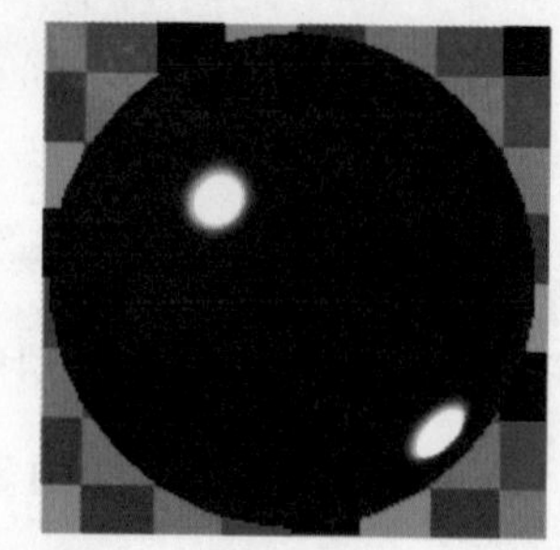

图 8−124

8.3.12 植物材质

步骤 1 选择VRay材质。单击漫射色贴图，添加混合贴图，如图8−125所示。

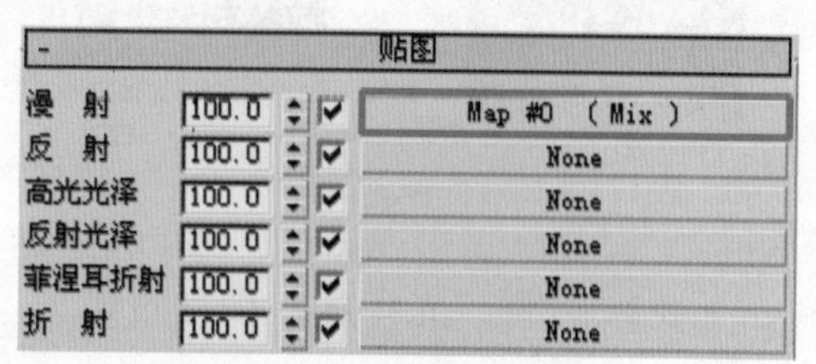

图 8−125

步骤 2 分别单击“颜色＃1”和“颜色＃2”右边的长条按钮，打开本书配套光盘“源文件\第8章\Arch41_003_leaf.jpg”文件，如图8−126和图8−127所示。

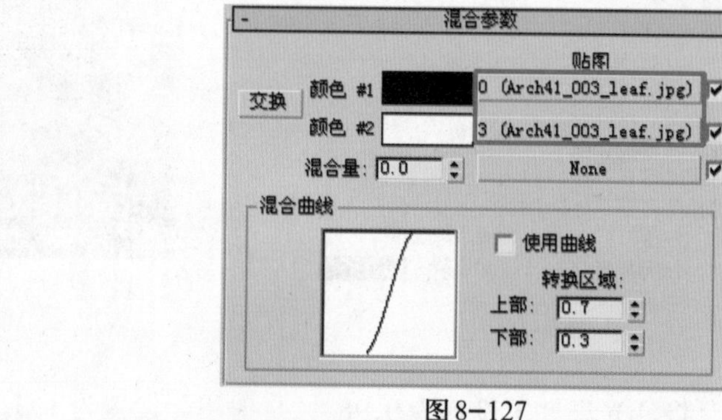

图 8−126 图 8−127

步骤 3 单击混合量贴图，打开本书配套光盘“源文件\第8章\Arch41_003_leaf_mask.jpg”文件，如图8−128和图8−129所示。遮罩贴图和Alpha贴图是同一原理，在遮罩贴图的影响下，“颜色＃1”和“颜色＃2”的贴图按照遮罩贴图的灰度值进行显示，丰富了材质的变化效果，使植物的视觉效果更加丰富。

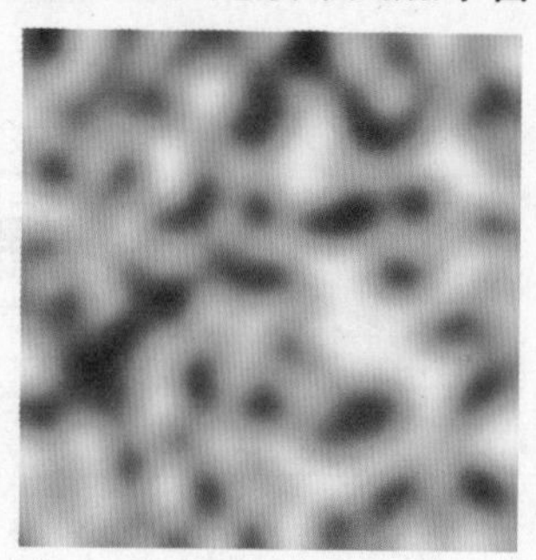

图 8−128

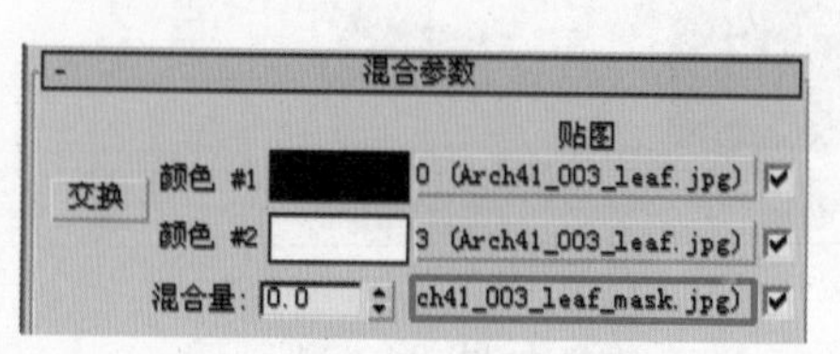

图 8−129

步骤 4 将反射颜色的数值设置为55、55、55，如图8-130所示。

步骤 5 将“光泽度”设置为0.6，如图8-131所示。

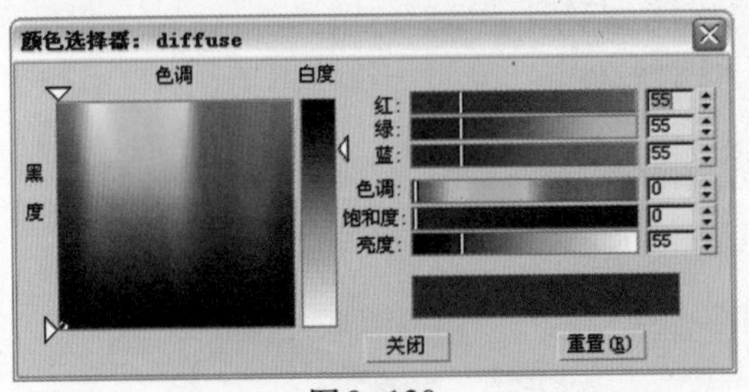

图8-130

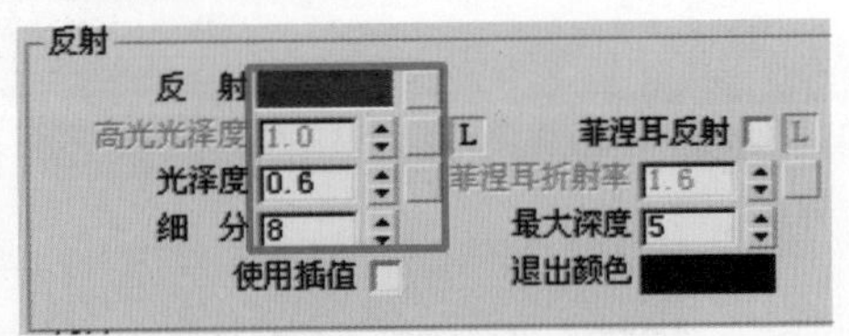

图8-131

步骤 6 设置材质类型为“反射”，如图8-132所示。

步骤 7 材质最终效果如图8-133所示。

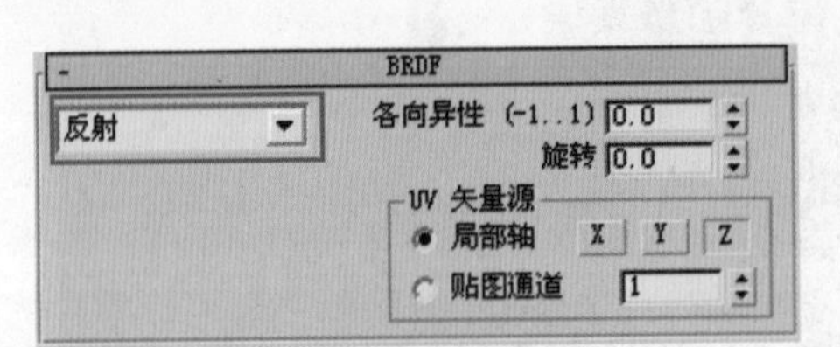

图8-132

图8-133

8.4 渲染参数设置和最终渲染

步骤 1 将【V-Ray::间接照明】卷展栏中的“饱和度”数值设置为1.25，增大画面饱和度，如图8-134所示。

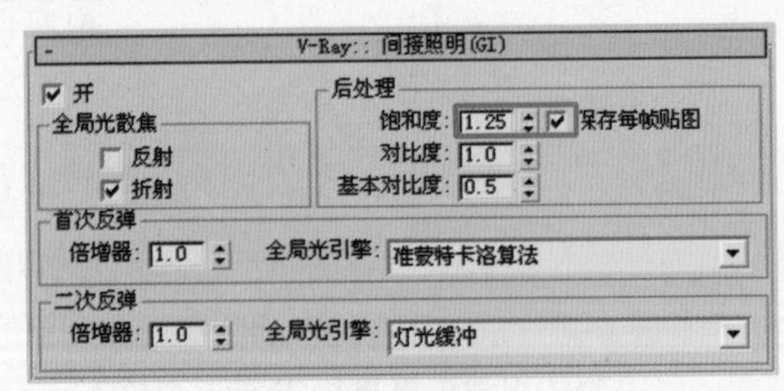

图8-134

步骤 2 将【V-Ray::灯光缓冲】卷展栏中的参数设置如图8-135所示。自适应跟踪可以得到更加出色的灯光计算效果，同样渲染时间也会延长。

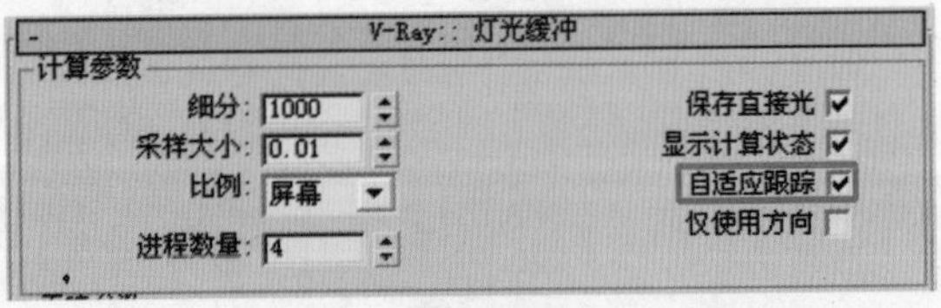

图8-135

步骤 3 打开【V-Ray::准蒙特卡洛全局光】卷展栏，设置“细分”为25，如图8-136所示。

图8-136

步骤 4 将“最小采样值”为16，“全局细分倍增器”设置为2.0，如图8-137所示。

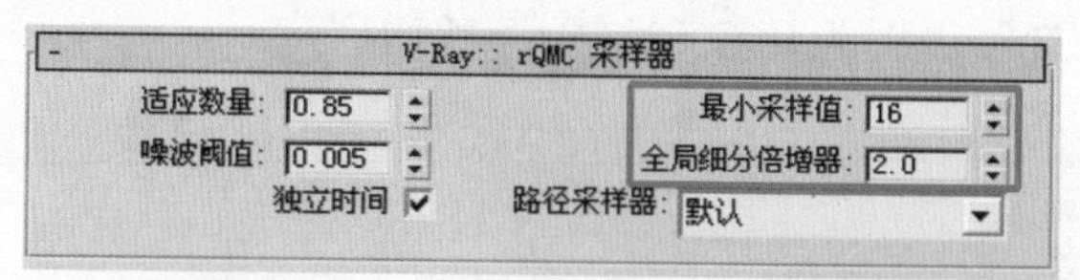

图8-137

步骤 5 单击工具栏中的按钮，查看渲染结果，如图8-138所示。

图8-138

完美风暴
3ds max/VRay
卧室效果图制作现场

第 9 章　简约宁静的卧室表现

本章精髓

◆ 摄影照片效果模拟

◆ 室内气氛营造

◆ VRay 高级材质

9.1 案例分析

这个案例主要是日光卧室制作实例，场景中的整体层次关系比较简单，日光透过窗户在室内的光影也比较好把握。本节主要还是通过平行光和VR灯光进行灯光处理，来把握场景中的色调关系。

9.1.1 光影层次

本节主要是阳光制作案例，灯光的照明系统主要采用了平行光进行模拟。阳光场景主要要考虑室内整体的空间感，只有正确的对比关系才能表现和反映空间的纵深。制作时候光与色的表现对空间气氛的营造同样重要。图9-1所示为表现此类效果十分出色的画面，读者可以进行参考。

图9-1

9.1.2 VRay材质

本节中将重点介绍黑色有机板、毛线被、空调等材质的制作。窗帘材质承接着室外光线与室内空间的过渡，具体的材质讲解将在9.3节中进行详细描叙。图9-2和图9-3所示的是本章实例的精彩细节图片。

图9-2

图9-3

9.2 灯光的设置

画面中灯光设置首先围绕户外光线进行制作。本节将通过VR灯光进行模拟，确立画面的整体基调。

9.2.1 光源和环境的创建

本章采用平行光进行户外光线的模拟。

步骤 1 开启3ds max 9以后，执行【文件】|【打开】命令，打开本书配套光盘“源文件\第9章\简约卧室.max”文件，如图9-4所示。

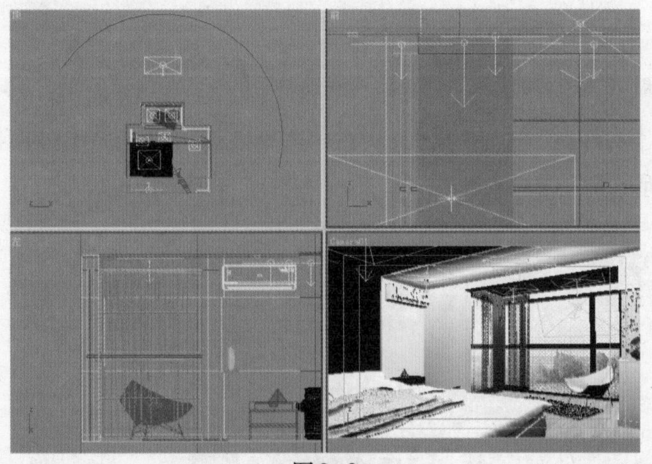

图9-3

步骤 2 单击【创建】命令面板下【灯光】面板中的【VR灯光】按钮，在视图中创建“VR灯光”模拟户外日光，如图9-5所示。

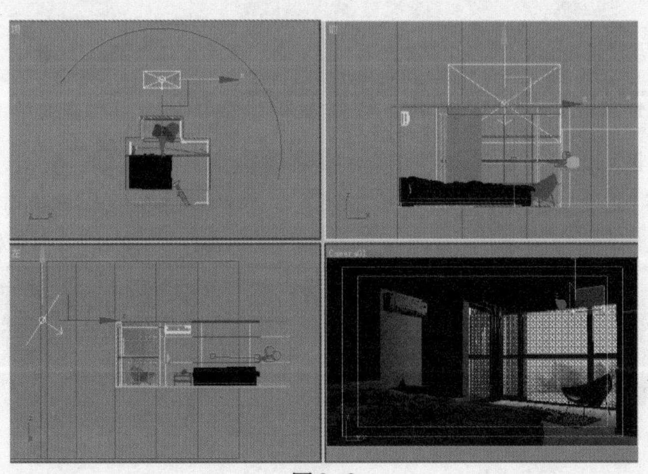

图9-3

步骤 3 选中 VRayLight，单击按钮切换到修改命令面板。在【参数】卷展栏中勾选“开”复选框，将“倍增器”参数设置为12.0，如图9-6所示。

步骤 4 将灯光颜色设置为淡黄色，如图9-7所示。注意观察场景中的气氛，场景中室内外的光照效果强烈但不是张扬，属于含蓄的一类。主光源在设置的时候需要读懂画面中整体气氛，不可千篇一律。

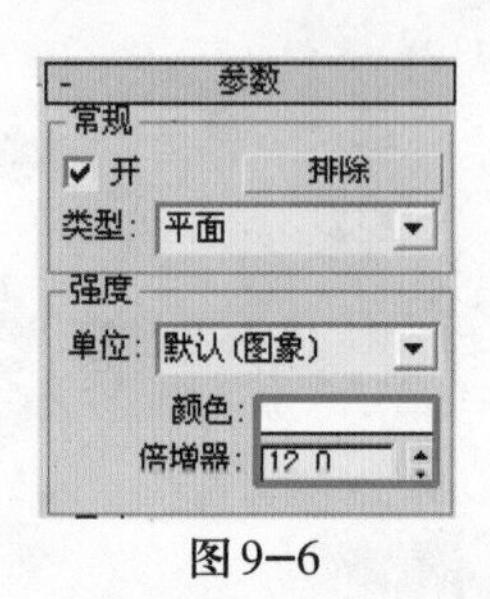

图9-6

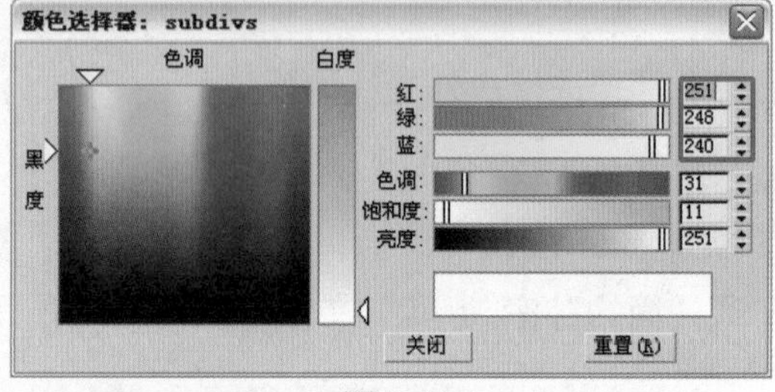

图9-7

步骤 5 调节灯光大小和位置，如图9-8所示。

步骤 6 保持“不可见”选项的默认状态，这里需要可见灯光面板模拟室外明亮的日光感觉，如图9-9所示。

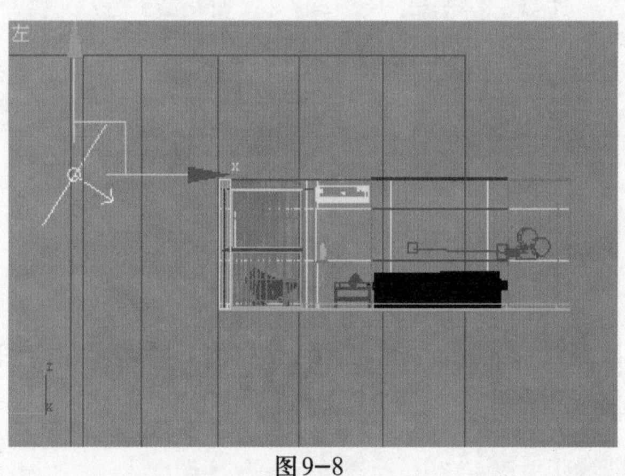

图9-8

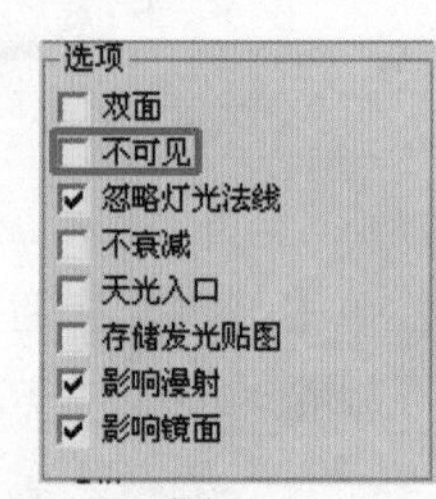

图9-9

步骤 7 在【采样】卷展栏中设置“阴影偏移”为0.02，如图9-10所示。

步骤 8 执行【渲染】|【渲染】命令，或者单击工具栏中的按钮，打开“渲染场景”对话框。单击“公用”选项，在【指定渲染器】卷展栏中，单击“产品级”后面的按钮。打开“选择渲染器”对话框，在下面的列表中选择“VRay Adv 1.5 RC3”,单击“确定”按钮，如图9-11所示。

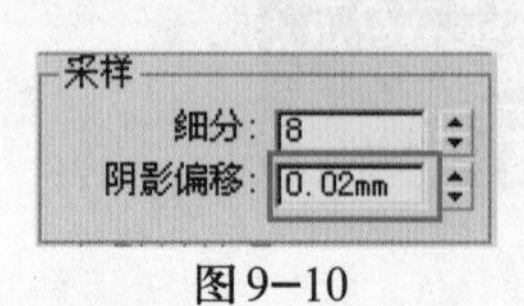

图9-10

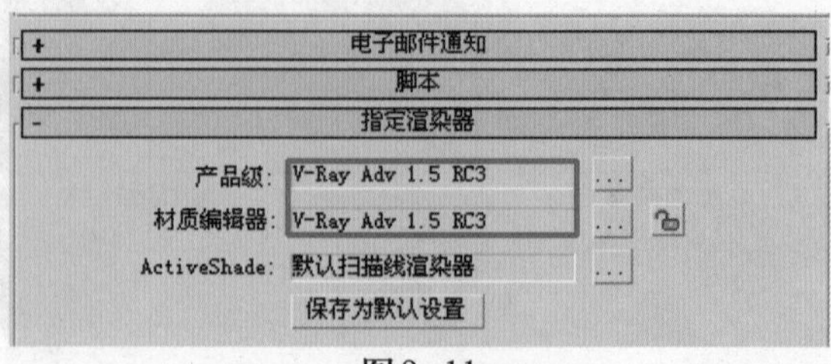

图9-11

步骤 9 打开【V-Ray∷图像采样(反锯齿)】卷展栏，将抗锯齿过滤器设置如图 9-12 所示。

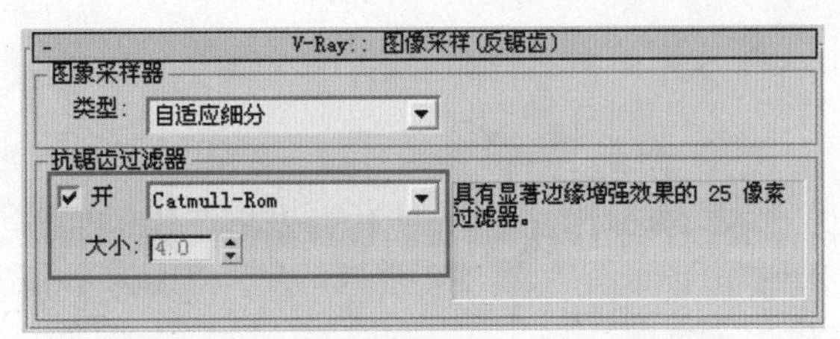

图 9-12

步骤 10 开启VRay渲染器。打开【V-Ray∷间接照明】卷展栏，勾选“开”复选框，选择首次反弹GI引擎为“准蒙特卡洛算法”，二次反弹GI引擎为“灯光缓冲”，如图 9-13 所示。

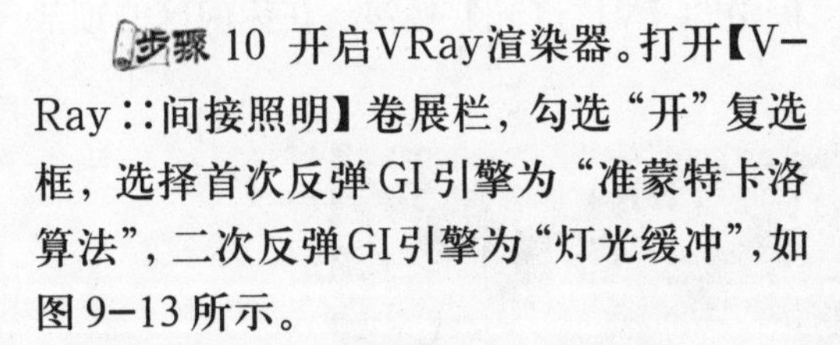

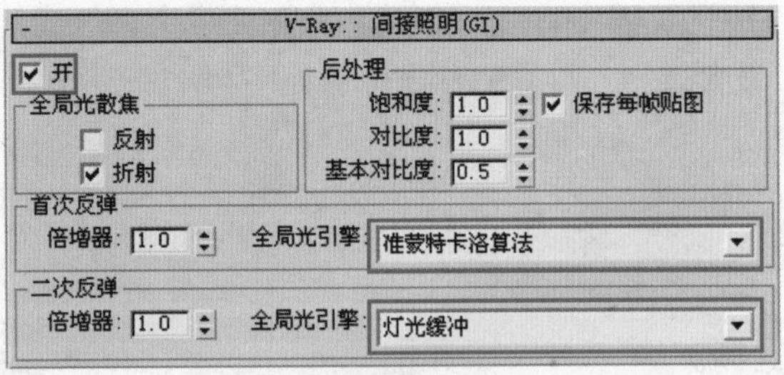

图 9-13

步骤 11 打开【V-Ray∷准蒙特卡洛全局光】卷展栏，将当前预置的细分参数值设置为 5.0，如图 9-14 所示。

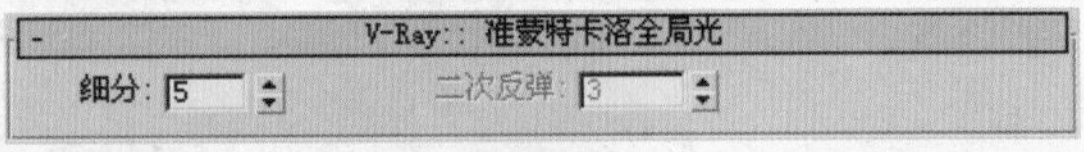

图 9-14

步骤 12 打开【V-Ray∷灯光缓冲】卷展栏，参数设置如图 9-15 所示。

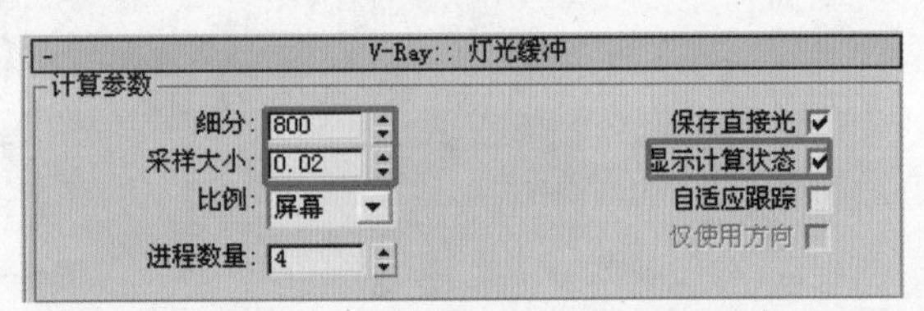

图 9-15

步骤 13 打开【V-Ray∷颜色映射】卷展栏，将颜色贴图的类型设置为“指数”，参数设置如图9-16所示。这样气氛的光影效果适合用指数类型进行表现，使场景中的灯光细腻、柔和、有内涵。

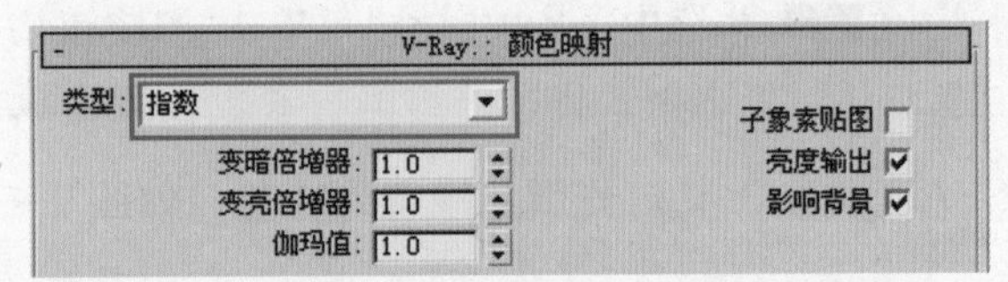

图 9-16

步骤 14 单击工具栏中的按钮，查看渲染结果，如图 9-17 所示。

观察渲染图像，室内光影效果已经确立。灯光强度和色调比较舒服，这样可以很好地控制色调的把握。

图 9-17

9.2.2 室内光源

接下来对室内的光能传递做进一步的完善,遵循的主要规律是由外向内逐步完善灯光的层次和效果。

步骤 1 单击【创建】命令面板下【灯光】面板中的【VR灯光】按钮，在休闲区的顶部设置灯光。灯光的具体位置如图9-18所示。

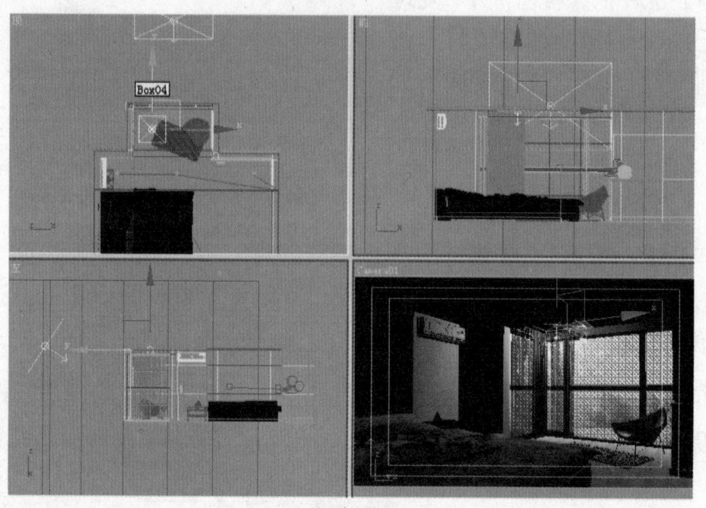

图9-18

步骤 2 选中VRayLight，单击按钮切换到修改命令面板。在【参数】卷展栏中勾选“开”复选框，将“倍增器”参数设置为3.0，如图9-19所示。

步骤 3 将灯光颜色设置为蓝色，如图9-20所示。

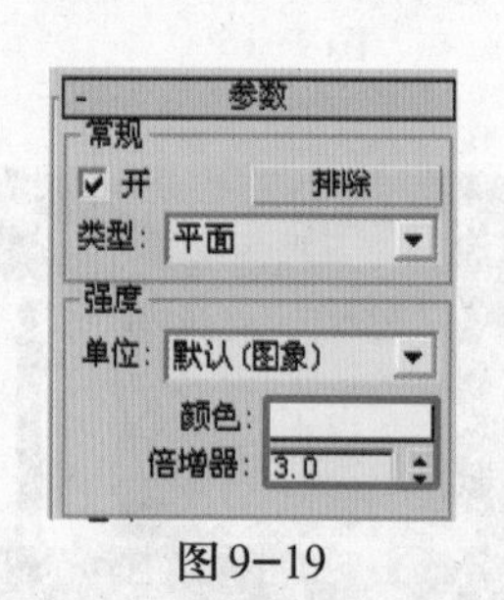

图9-19

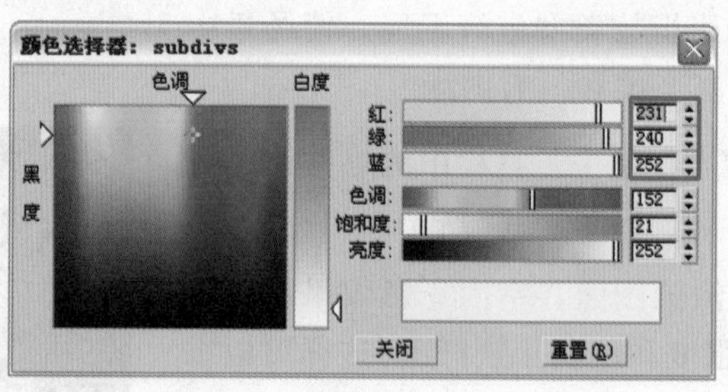

图9-20

步骤 4 调节灯光大小，如图9-21和图9-22所示。注意灯光的高度。

步骤 5 勾选“不可见”复选框，取消“影响镜面”选项的选择，这里的灯光面板会对场景的反射材质产生影响，如图9-23所示。

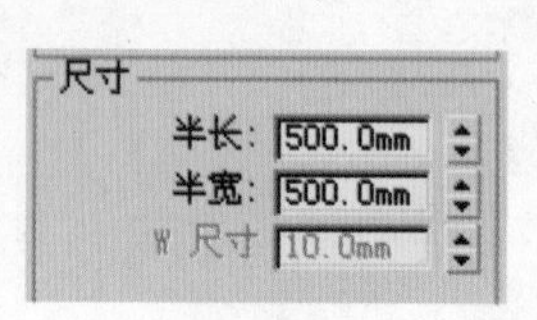

图9-21

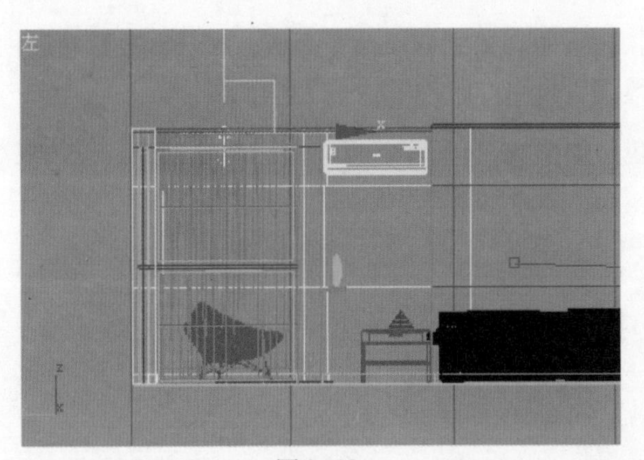

图9-22

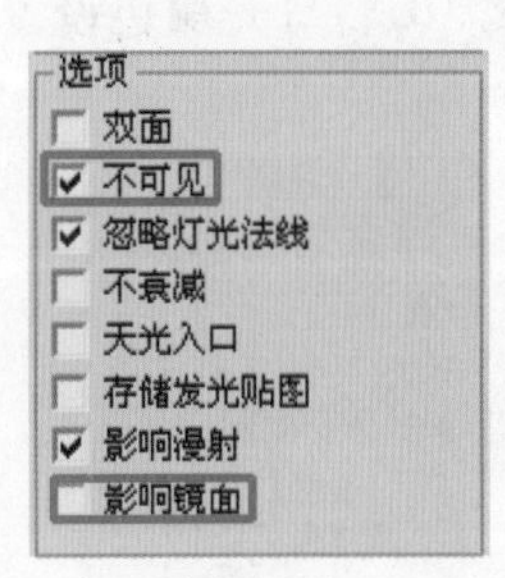

图9-23

步骤6 将灯光向画面的右侧部分进行复制，如图9-24所示。使这个局部空间的受光层次和强度平均。

步骤7 单击工具栏中的按钮，查看渲染结果，如图9-25所示。

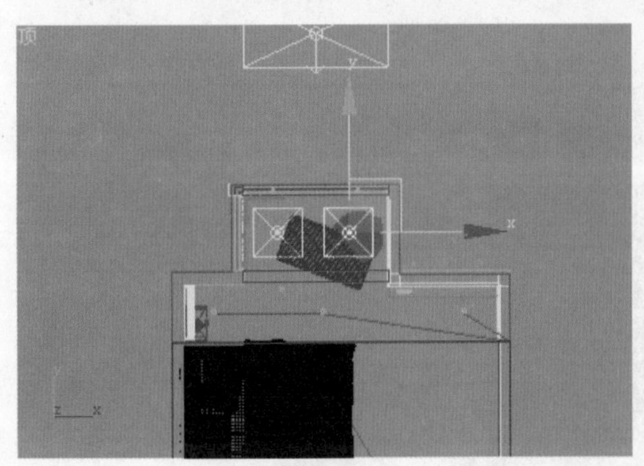

图9-24

图9-25

步骤8 继续为场景添加灯光，完善室内的灯光效果，具体位置如图9-26所示。

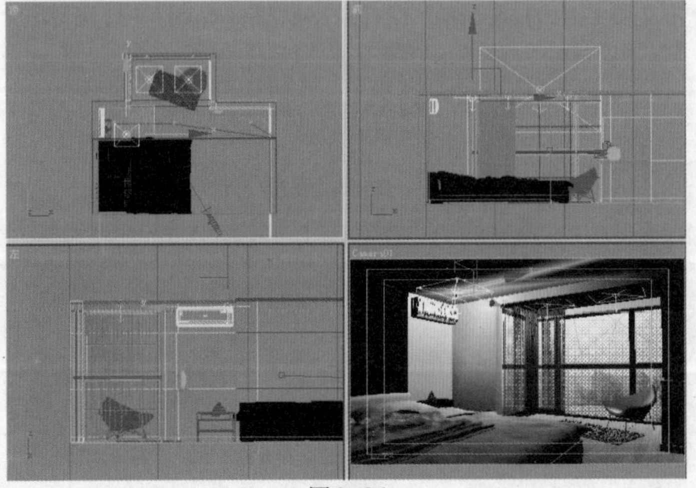

图9-26

步骤 9 选中VRayLight，单击按钮切换到修改命令面板。在【参数】卷展栏中勾选“开”复选框，将“倍增器”参数设置为10.0，如图9-27所示。

步骤 10 将灯光颜色设置为蓝色，如图9-28所示。

图9-27

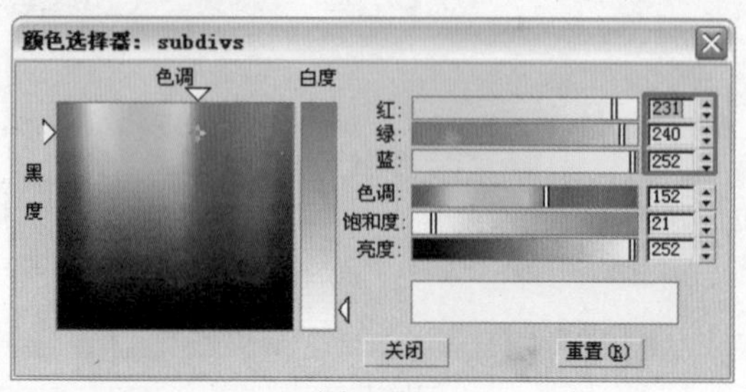

图9-28

步骤 11 注意灯光的位置，如图9-29所示。这里的灯光应与墙体保持一定的距离，太近会对墙体产生很明显的照射效果，光影将显得不够细腻柔和。

步骤 12 取消“影响镜面”选项的选择，让灯光形状不影响地面反射效果，如图9-30所示。

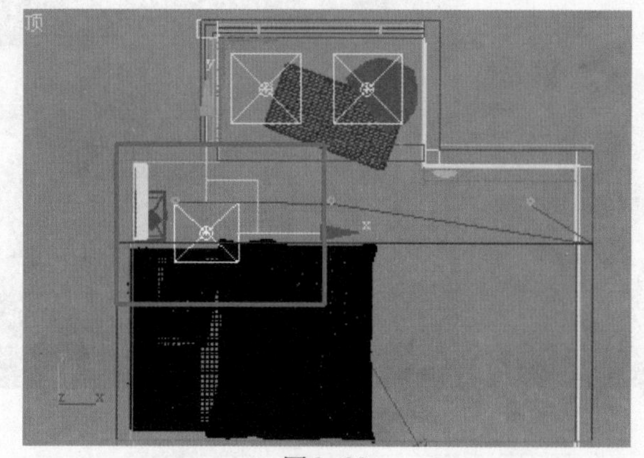

图9-29

图9-30

步骤 13 单击工具栏中的按钮，查看渲染结果，如图9-31所示。

图9-31

步骤 14 观察墙体部分的光照效果，灯光对墙体的影响并不明显，整个区域灯光柔和富有层次。

步骤 15 继续设置中部灯光，位置如图9-32所示。

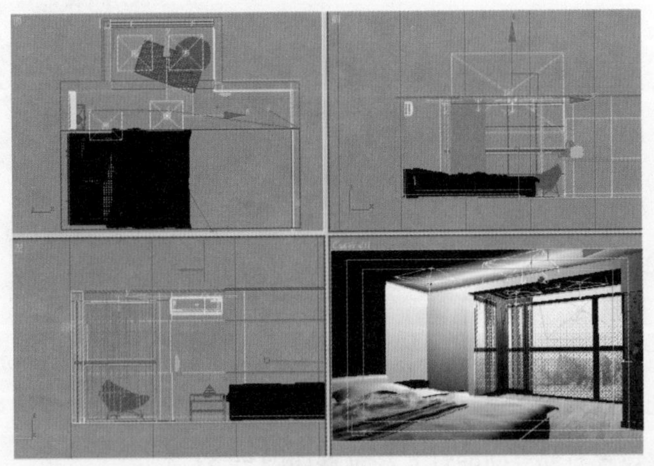

图9-32

步骤 16 选中VRayLight，单击按钮切换到修改命令面板。在【参数】卷展栏中勾选“开”复选框，设置灯光类型为“平面”，将“倍增器”参数设置为8.0，如图9-33所示。

步骤 17 将灯光颜色设置为蓝色，如图9-34所示。灯光的颜色和强度应随着场景不同区域的变化进行变化。

图9-33

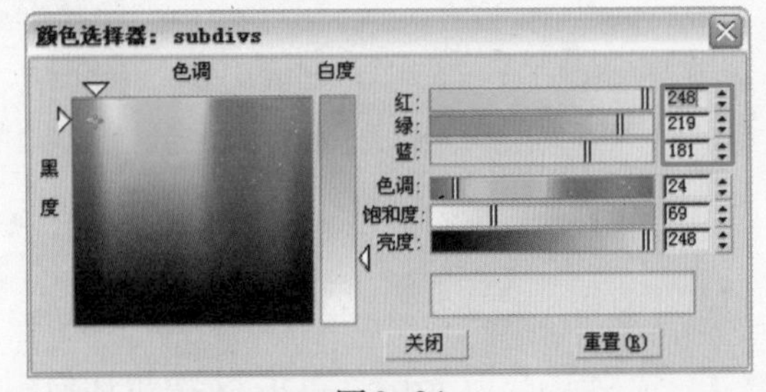

图9-34

步骤 18 设置灯光面板的尺寸，如图9-35所示。观察灯光在中部的位置，如图9-36所示。

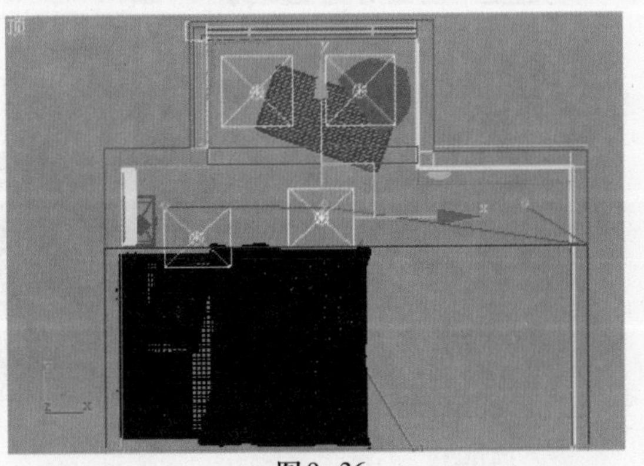

图9-36

图9-35

步骤 19 灯光相关设置如图 9–37 所示。

步骤 20 单击工具栏中的按钮，查看渲染结果，如图 9–38 所示。

图 9–37

图 9–38

步骤 21 观察中景部分的灯光效果。这里有效地对阳光进入窗口的灯光反射和散射做了补充，合理的光影效果是把握这部分的关键。

步骤 22 继续设置右部空间的灯光，位置如图 9–39 所示。

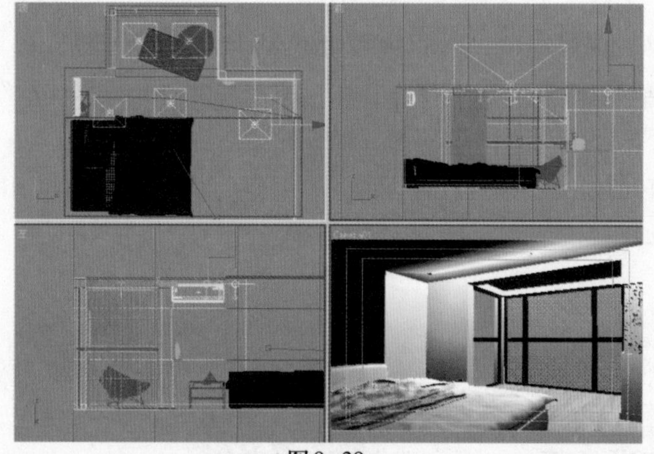

图 9–39

步骤 23 选中 VRayLight，单击按钮切换到修改命令面板。在【参数】卷展栏中勾选“开”复选框，设置灯光类型为“平面”，将“倍增器”参数设置为 14.5，如图 9–40 所示。

步骤 24 将灯光颜色设置为蓝色，如图 9–41 所示。

图 9–40

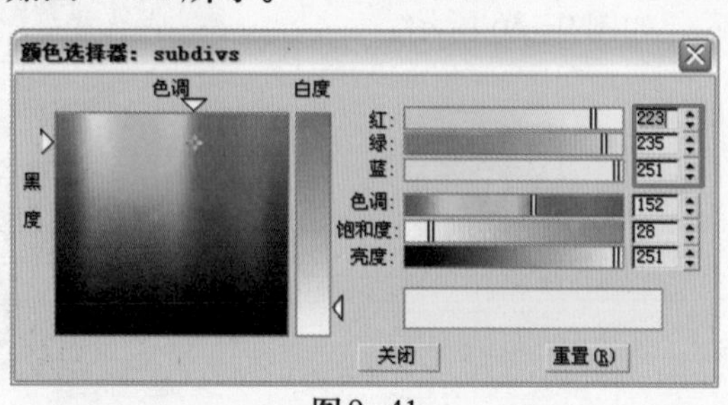

图 9–41

步骤 25 观察灯光在中部的位置，如图 9-42 所示。

步骤 26 灯光相关设置如图 9-43 所示。

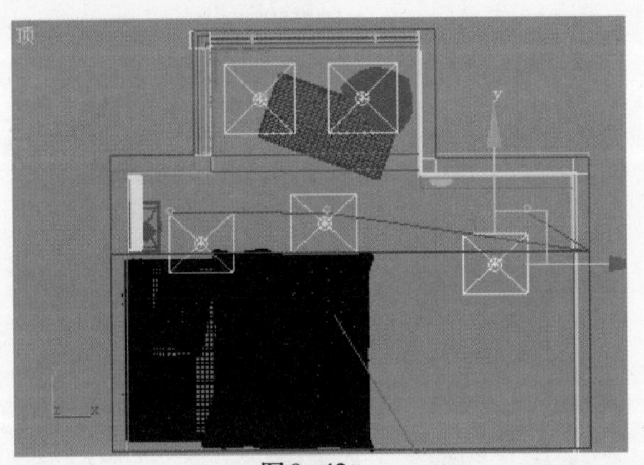

图 9-42

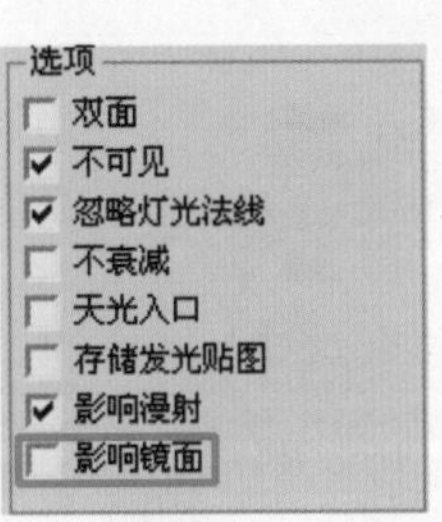

图 9-43

步骤 27 单击工具栏中的按钮，查看渲染结果，如图 9-44 所示。

图 9-44

步骤 28 设置床区域的灯光传递效果，位置如图 9-45 所示。

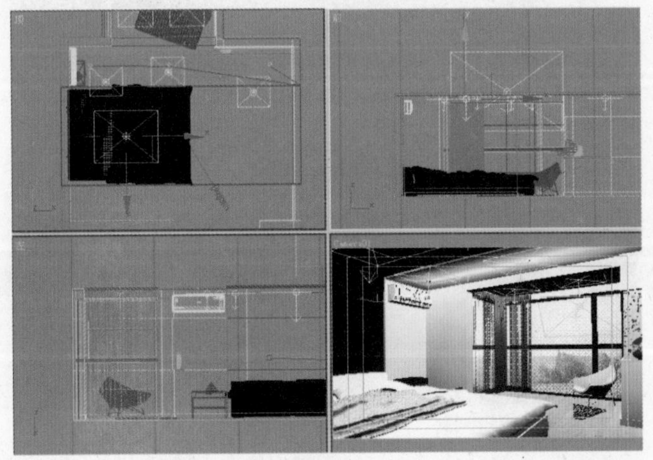
图 9-45

步骤 29 选中 VRayLight，单击按钮切换到修改命令面板。在【参数】卷展栏中勾选“开”复选框，设置灯光类型为“平面”，将“倍增器”参数设置为6.0，如图9-46所示。

步骤 30 将灯光颜色设置为蓝色，如图9-47所示。

图9-46

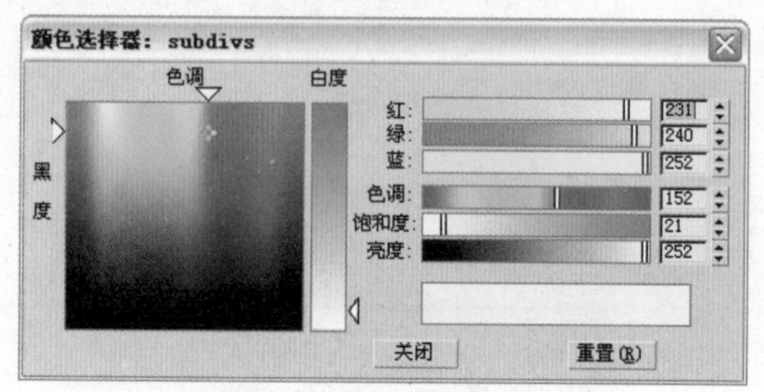

图9-47

步骤 31 观察灯光在场景的位置，如图9-48所示。

步骤 32 灯光相关设置如图9-49所示。

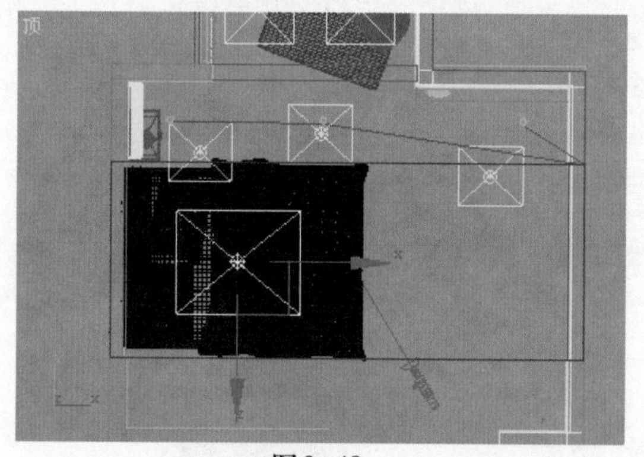

图9-48

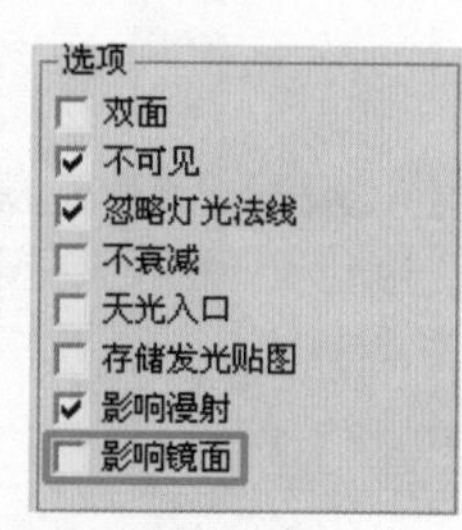

图9-49

步骤 33 单击工具栏中的按钮，查看渲染结果，如图9-50所示。

图9-50

步骤 34 设置暗部区域的灯光，使环境光对场景产生影响，丰富场景层次和光照效果，位置如图 9-51 所示。

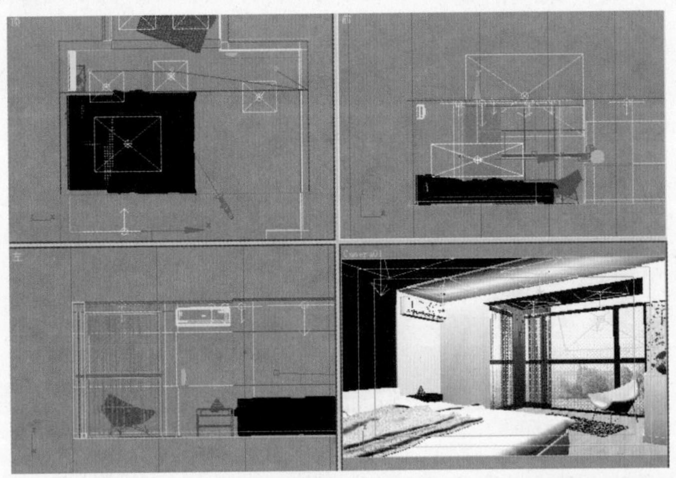

图 9-51

步骤 35 选中 VRayLight，单击按钮切换到修改命令面板。在【参数】卷展栏中勾选“开”复选框，设置灯光类型为“平面”，将“倍增器”参数设置为6.0，如图 9-52 所示。

步骤 36 将灯光颜色设置为蓝色，如图 9-53 所示。

图 9-52

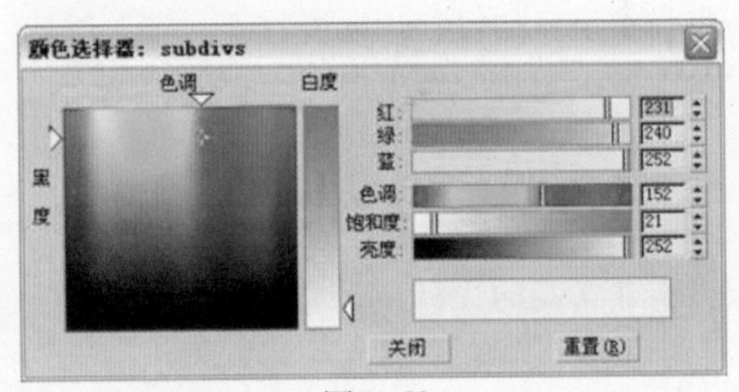

图 9-53

步骤 37 观察灯光在场景的位置，如图 9-54 所示。

步骤 38 灯光相关设置如图 9-55 所示。

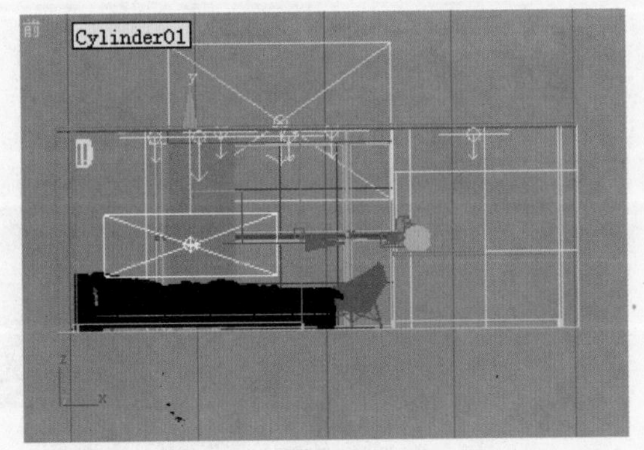

图 9-54

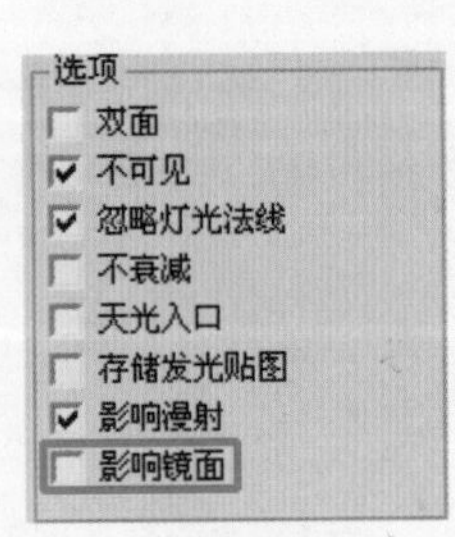

图 9-55

步骤 39 单击工具栏中的按钮，查看渲染结果，如图9-56所示。

图9-56

场景中的灯光设置完毕。光影由室外到室内均匀过渡，并向周围发散衰减，灯光的过渡十分柔和。这就是VR平面灯光的作用，通过VR平面光可以有效地模拟日光或夜光下的室内照明气氛。

9.3 材质的设置

本节将详细讲解如何制作地板材质、床上用品材质和空调金属材质等。通过深入的学习，去体会VRay材质的特点。

9.3.1 地板材质

地板具有非常高的光泽度，质感细腻真实，如图9-57所示。

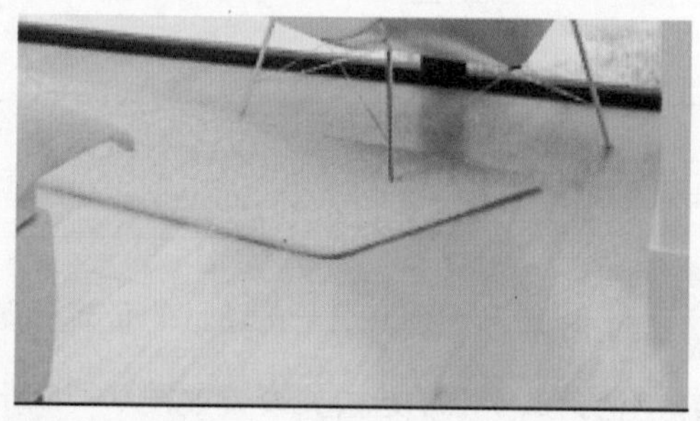

图9-57

步骤 1 选择VRay材质。单击固有色，打开本书配套光盘“源文件\第9章\063.jpg”文件，如图9-58所示。

步骤 2 调节反射颜色数值为22、22、22，如图9-59所示。

图9-58

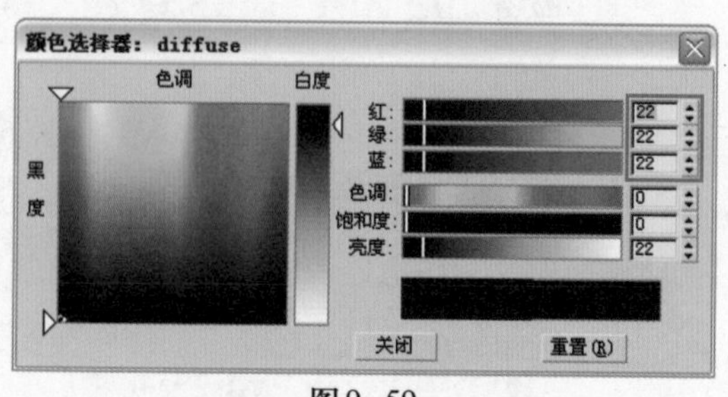

图9-59

步骤 3 调节“光泽度”为0.83，如图9–60所示。

步骤 4 在【BRDF】卷展栏中选择材质的类型为“反射”，如图9–61所示。

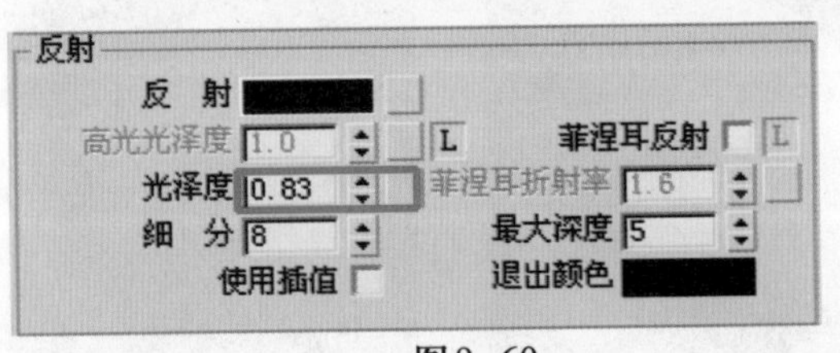

图9–60

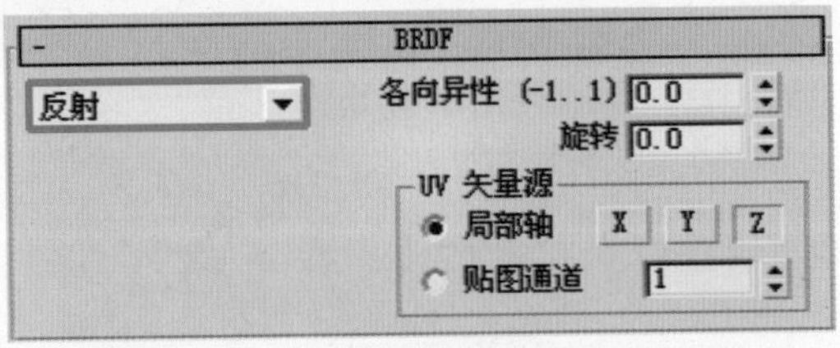

图9–61

步骤 5 将漫射贴图关联复制到凹凸贴图中，参数设置为12.0，如图9–62所示。

步骤 6 材质效果如图9–63所示。

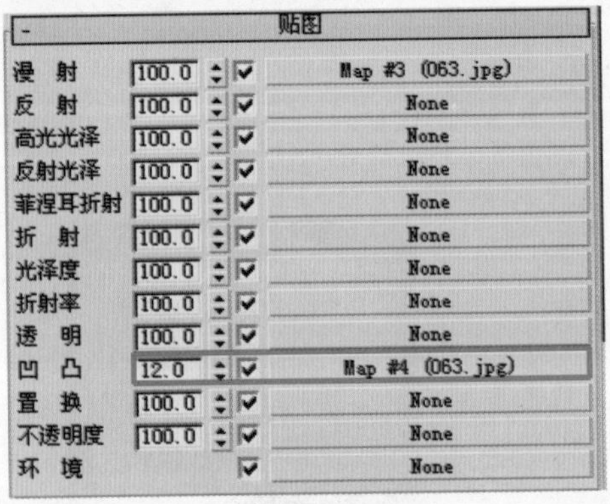

图9–62

图9–63

9.3.2 床被材质

床被材质主要采用了凹凸贴图进行纹理的表现，使材质呈现真实的质感，如图9–64所示。

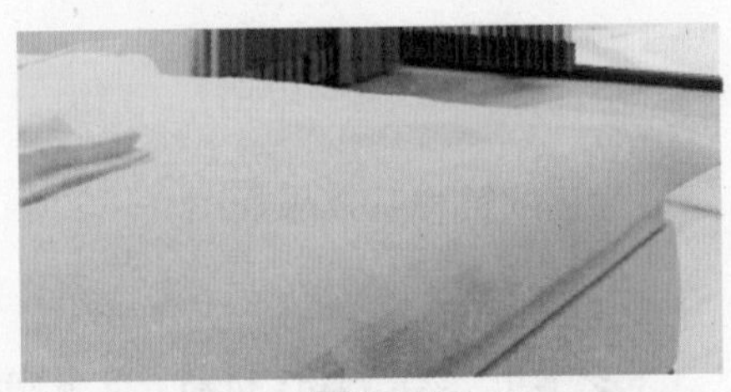

图9–64

步骤 1 选择VRay材质。单击固有色，调节被子的颜色如图9–65所示。

步骤 2 单击凹凸贴图，打开本书配套光盘“源文件\第9章\bed bump.jpg”文件，如图9–66所示。

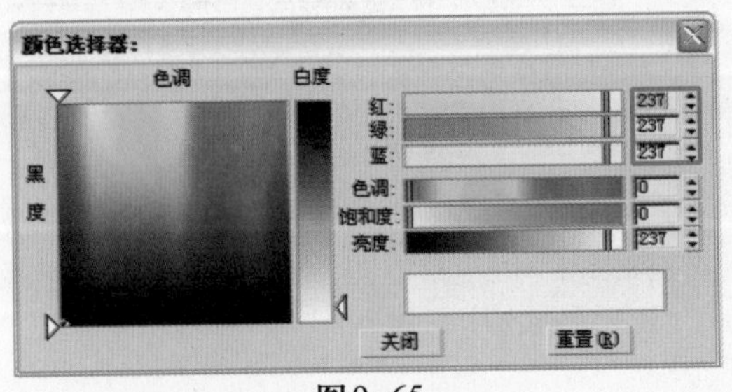

图9–65

图9–66

步骤 3 进入【坐标】卷展栏，调节平铺参数如图 9-67 所示。注意模糊数值默认 1 和 0.01 之间的变化，如图 9-68 和图 9-69 所示。

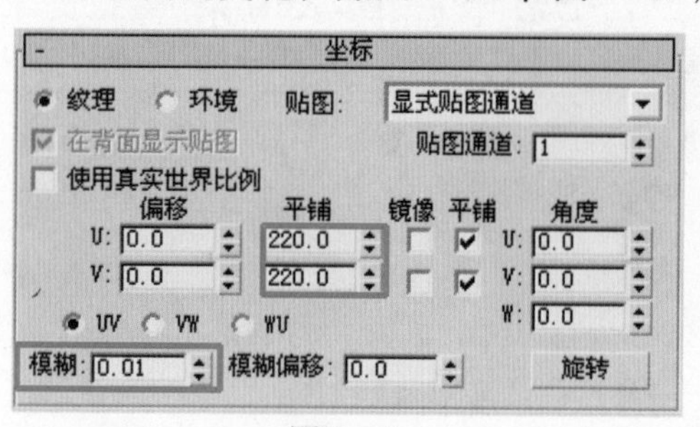

图 9-67

图 9-68

图 9-69

步骤 4 调节凹凸参数如图 9-70 所示。

步骤 5 材质的最终效果如图 9-71 所示。

漫　射	100.0	✓	None
反　射	100.0	✓	None
高光光泽	100.0	✓	None
反射光泽	100.0	✓	None
菲涅耳折射	100.0	✓	None
折　射	100.0	✓	None
光泽度	100.0	✓	None
折射率	100.0	✓	None
透　明	100.0	✓	None
凹　凸	500.0	✓	Map #7 (bump.jpg)
置　换	100.0	✓	None
不透明度	100.0	✓	None
环　境		✓	None

图 9-70

图 9-71

9.3.3　黄色绒被材质

黄色绒被材质效果如图 9-72 所示。

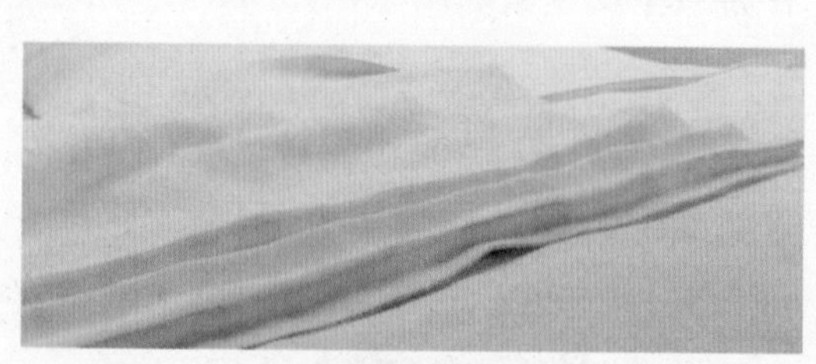

图 9-72

步骤 1 选择VRay材质。单击固有色，添加衰减贴图，如图 9-73 所示。

贴图			
漫　射	100.0	✓	Map #8 (Falloff)
反　射	100.0	✓	None
高光光泽	100.0	✓	None
反射光泽	100.0	✓	None
菲涅耳折射	100.0	✓	None
折　射	100.0	✓	None

图 9-73

步骤 2 调节衰减贴图前、侧颜色分别如图 9-74 和图 9-75 所示。这里的颜色主要是侧面的起到了作用。接下来的设置中将对前侧进行同样的贴图设置，通过与侧颜色的混合达到较好的颜色融合效果。

步骤 3 单击前、侧贴图长条按钮，打开本书配套光盘“源文件 \ 第 9 章 \title.jpg”文件，如图 9-76 和图 9-77 所示。

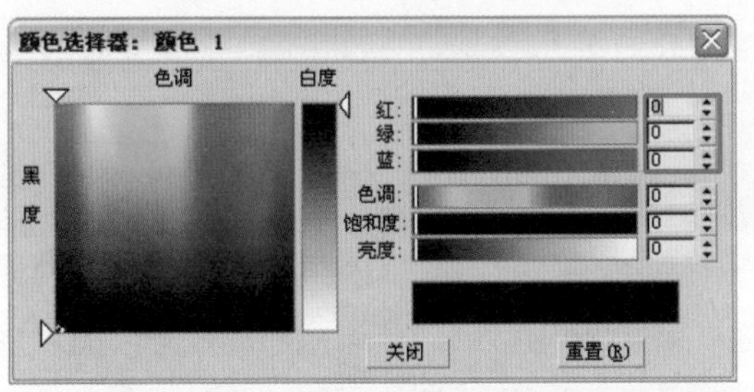

图9-74

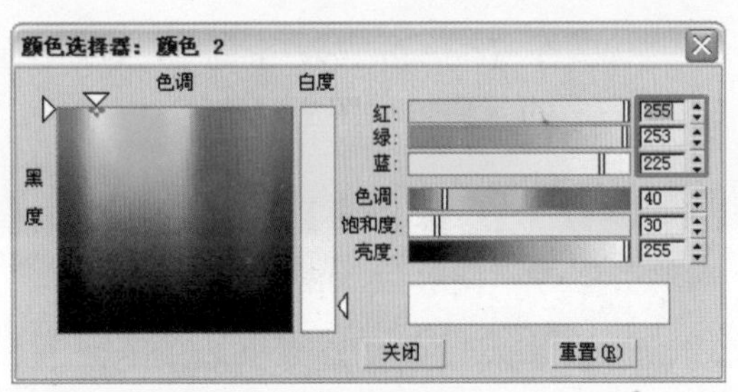

图9-75

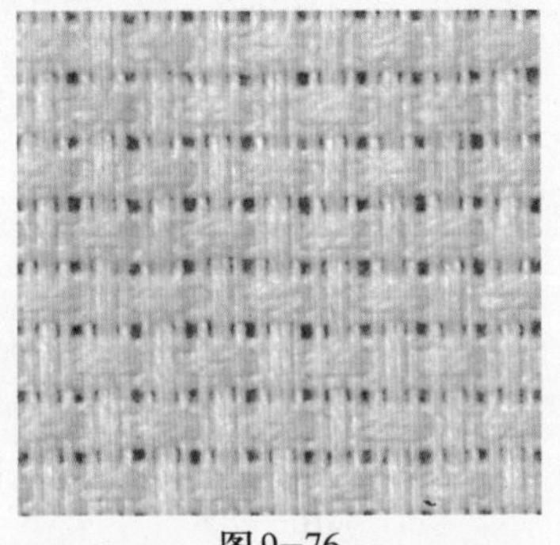

图9-76

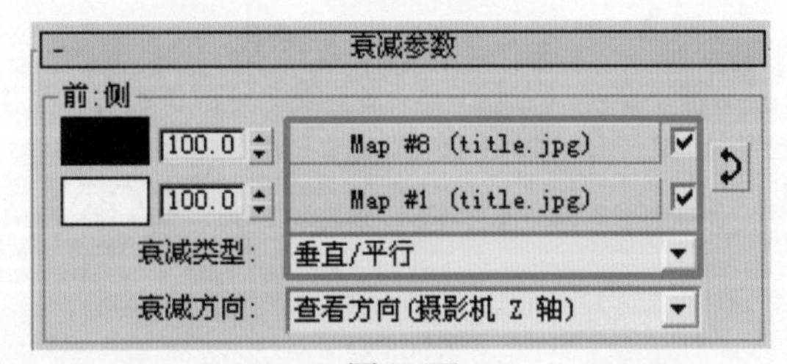

图9-77

步骤 4 调节侧颜色参数为40，将侧颜色和贴图以一定的不透明度进行混合，如图9-78所示。观察前后的变化，如图9-79和图9-80所示。很明显，后者在侧面垂直该点法线的部分明度关系得到加强，这就是通过两者的混合达到的材质贴图变化。

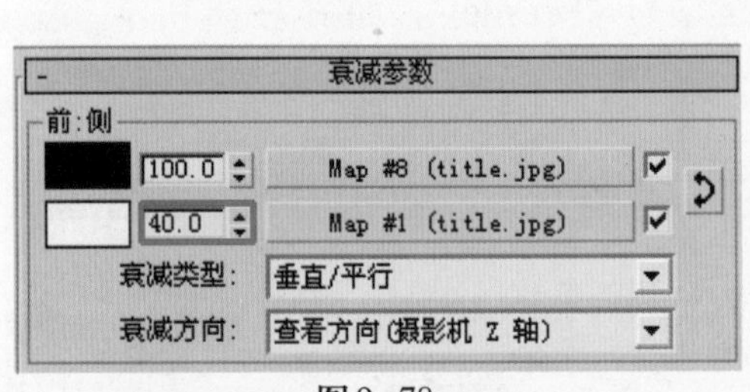

图9-78

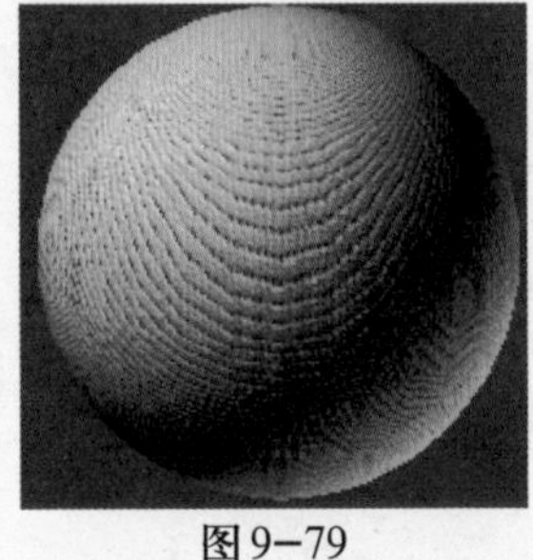

图9-79

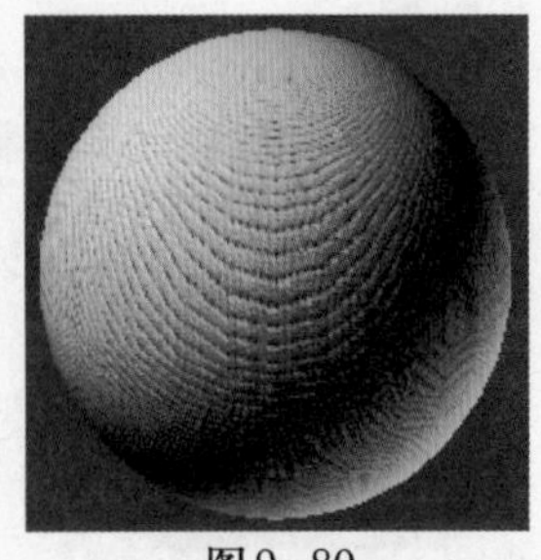

图9-80

步骤 5 单击"凹凸"右边的长条按钮，打开本书配套光盘"源文件\第9章\title_bump.jpg"文件，如图9-81和图9-82所示。

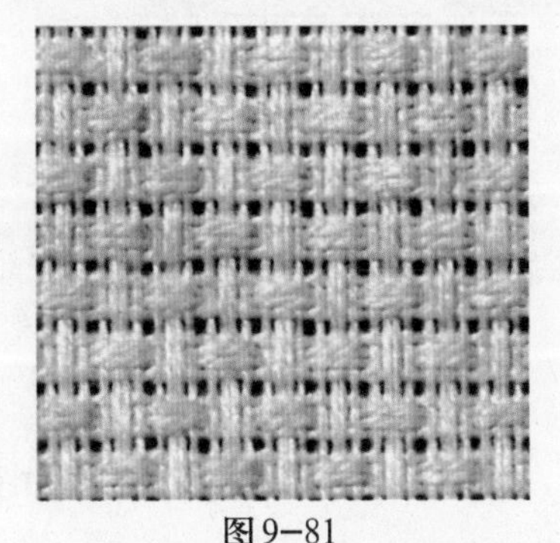

图9-81

菲涅耳折射	100.0	✓	None
折　射	100.0	✓	None
光泽度	100.0	✓	None
折射率	100.0	✓	None
透　明	100.0	✓	None
凹　凸	200.0	✓	Map #9 (title bump.jpg)
置　换	100.0	✓	None
不透明度	100.0	✓	None
环　境		✓	None

图9-82

步骤 6 调节坐标相关参数，如图9-83所示。

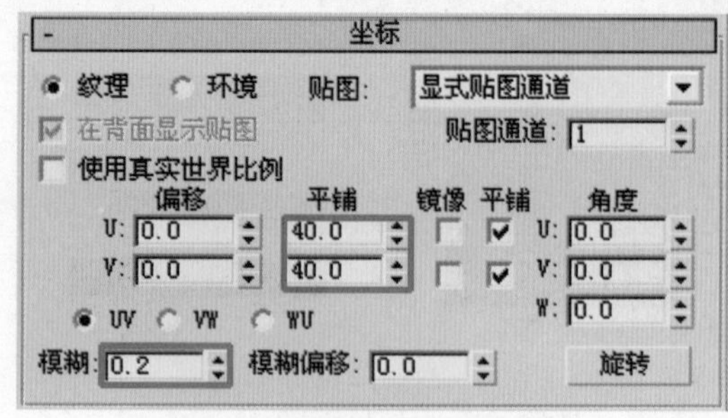

图9-83

步骤 7 在【BRDF】卷展栏中选择材质的类型为“反射”，如图9-84所示。

步骤 8 材质效果如图9-85所示。

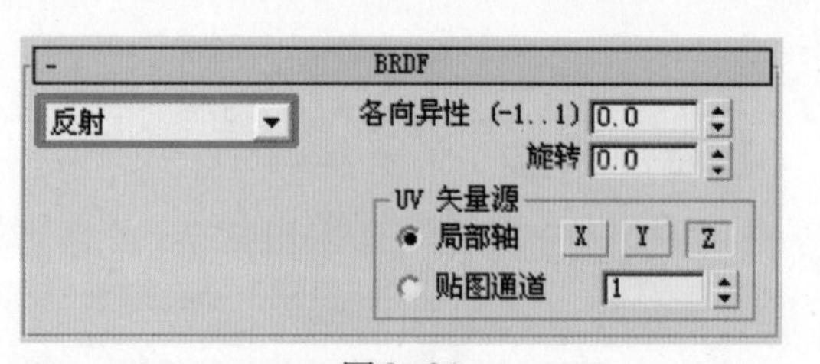

图9-84

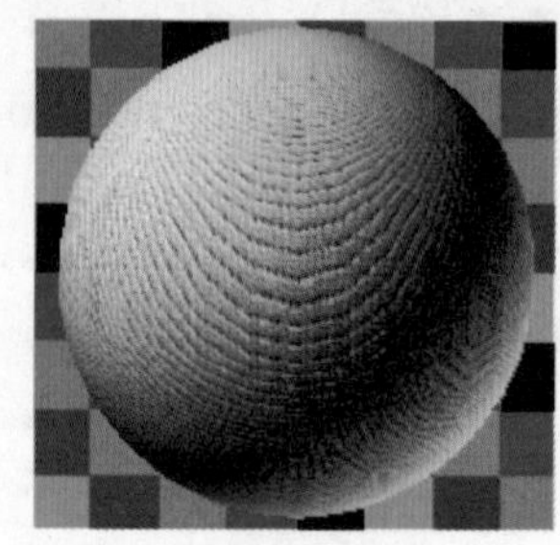

图9-85

9.3.4 白色休闲椅材质

操作步骤

步骤 1 选择VRay材质。单击固有色，添加衰减贴图，用来模拟休闲椅表面的颜色，前、侧颜色如图9-86和图9-87所示。设置衰减类型为“Fresnel”，如图9-88所示。

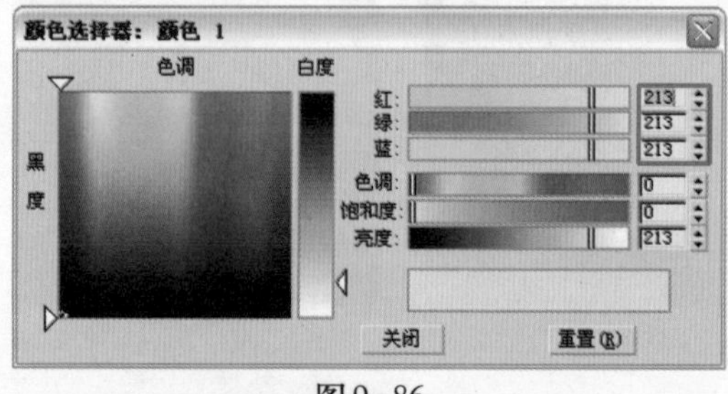

图9-86

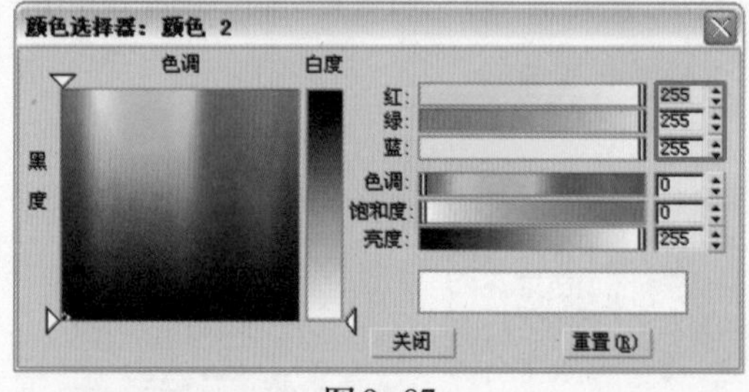

图9-87

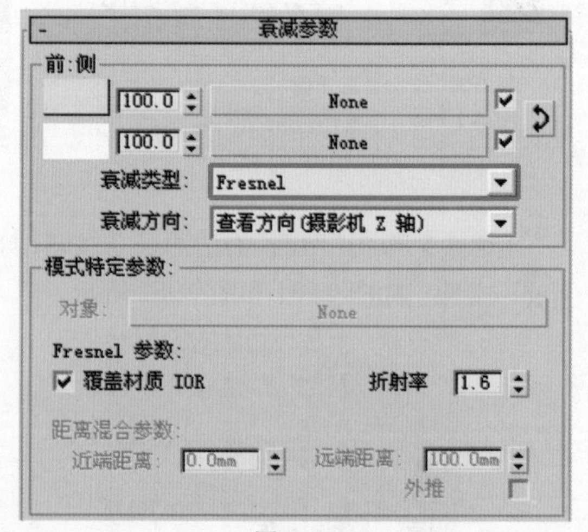

图9-88

步骤 2 保持反射数值不动，如图9-89所示。

步骤 3 将“光泽度”参数设置为0.7，“高光光泽度”参数设置为0.54，如图9-90所示。

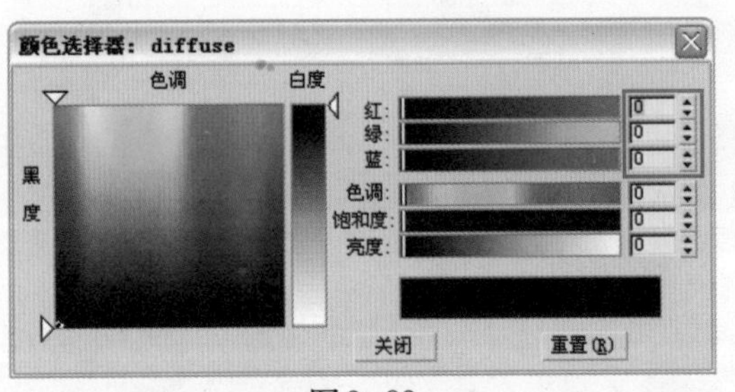

图9-89

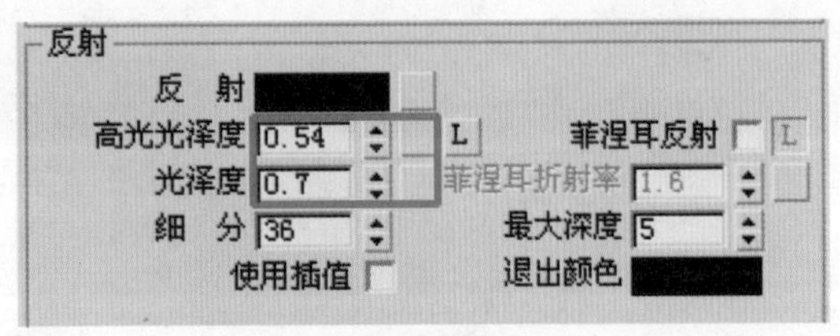

图9-90

步骤 4 在【BRDF】卷展栏中选择材质的类型为“反射”，如图9-91所示。

步骤 5 材质的最终效果如图9-92所示。

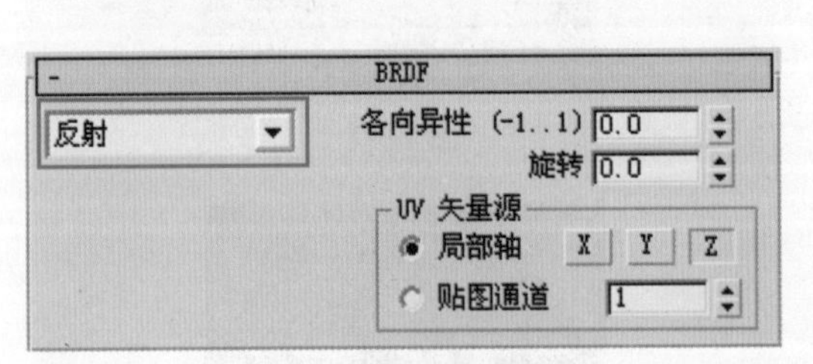

图9-91

图9-92

9.3.5 黑色有机背板材质

黑色有机背板是画面设计中重要的部分，它区分了室内空间大的色块和体积关系，淡雅的反射效果使材质显得高档，有品位，如图9-93所示。

图9-93

步骤 1 选择标准材质，设置材质类型为多层。单击固有色，调节颜色如图9-94所示。

步骤 2 调节第一高光反射层的颜色如图9-95所示。

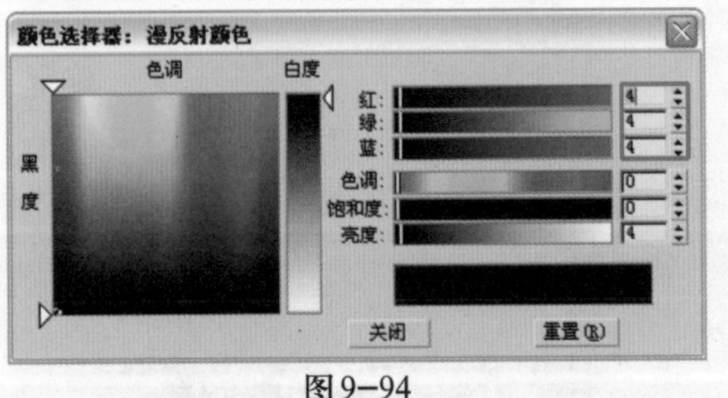

图9-94

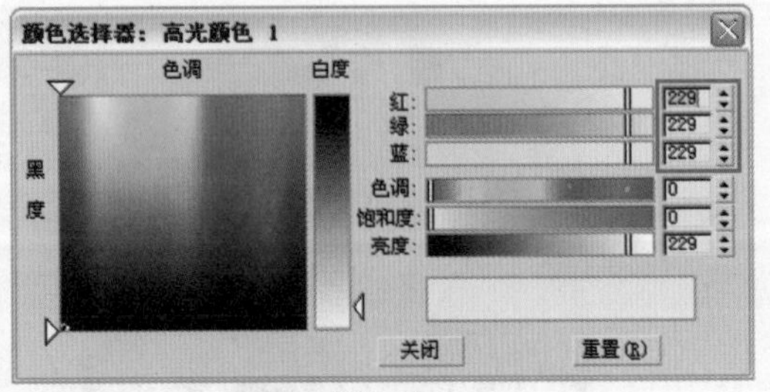

图9-95

步骤 3 设置第一高光反射层的参数如图9-96所示。使材质的反射高光明显。

步骤 4 调节第二高光反射层的颜色如图9-97所示。

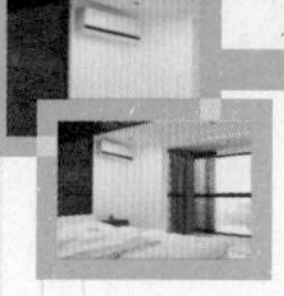

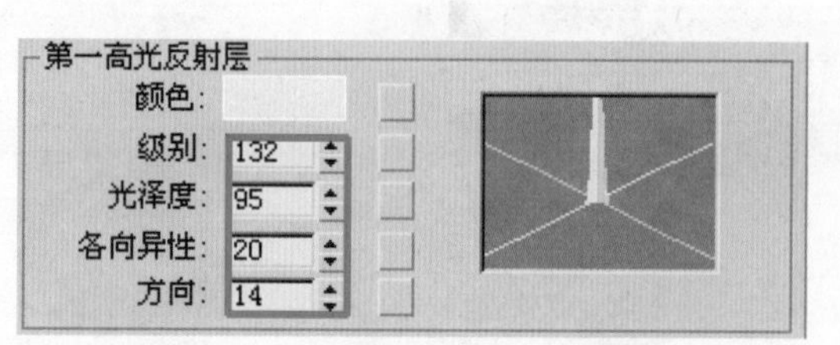

图 9-96

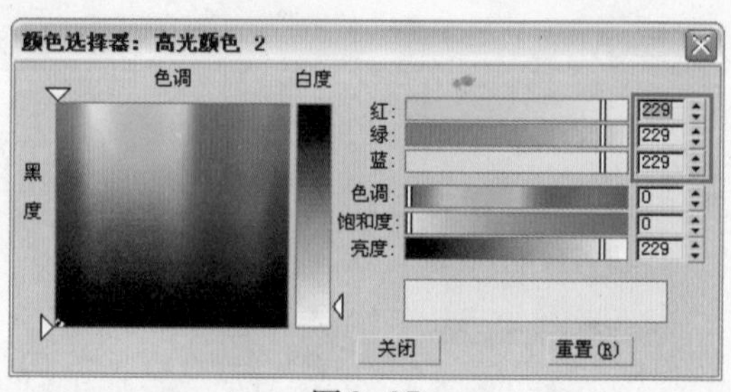

图 9-97

步骤 5 设置第二高光反射层的参数如图 9-98 所示。使材质的反射可见即可。

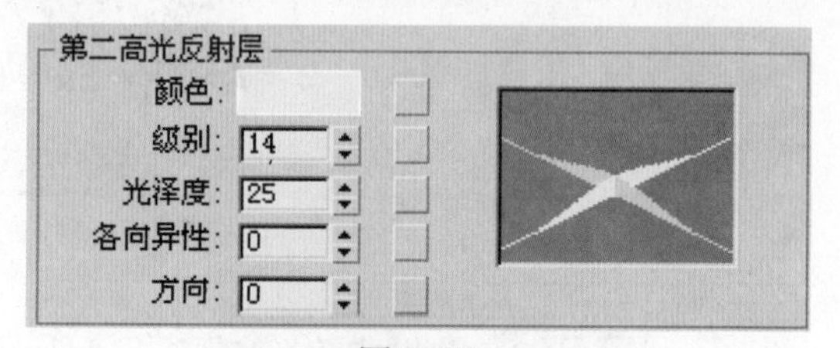

图 9-98

步骤 6 单击反射贴图，为材质添加 VR 贴图，参数设置如图 9-99 所示。

步骤 7 材质效果如图 9-100 所示。

☐	方向 2	100	None
☐	自发光	100	None
☐	不透明度	100	None
☐	过滤色	100	None
☐	凹凸	100	None
☑	反射	20	Map #11 （VR贴图）
☐	折射	100	None
☐	置换	100	None
☐		100	None

图 9-99

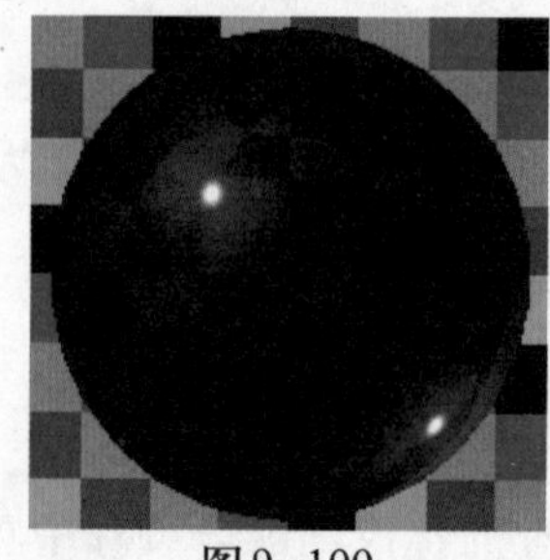

图 9-100

9.3.6 装饰品材质

操作步骤

步骤 1 选择 VRay 材质。单击固有色，打开本书配套光盘“源文件 \ 第 9 章 \diffuse.jpg”文件，如图 9-101 所示。

步骤 2 单击“反射”右边的长条按钮，打开本书配套光盘“源文件 \ 第 9 章 \bump.jpg”文件，如图 9-102 所示。

图 9-101

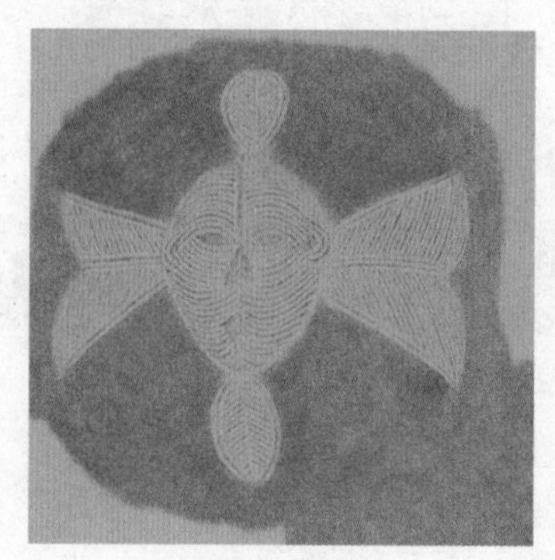

图 9-102

步骤 3 调节“光泽度”为0.6，如图9-103所示。

步骤 4 将反射贴图关联复制到凹凸贴图中，参数设置如图9-104所示。

步骤 5 材质最终效果如图9-105所示。

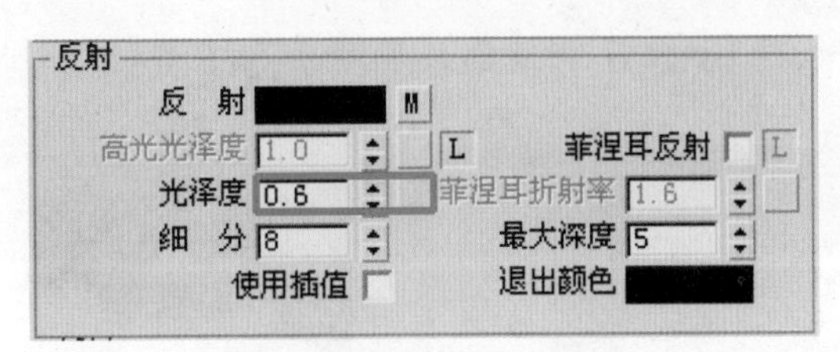

图9-103

反射光泽	100.0	☑	None
菲涅耳折射	100.0	☑	None
折 射	100.0	☑	None
光泽度	100.0	☑	None
折射率	100.0	☑	None
透 明	100.0	☑	None
凹 凸	22.0	☑	Map #4 (bump.jpg)
置 换	100.0	☑	None
不透明度	100.0	☑	None
环 境		☑	None

图9-104

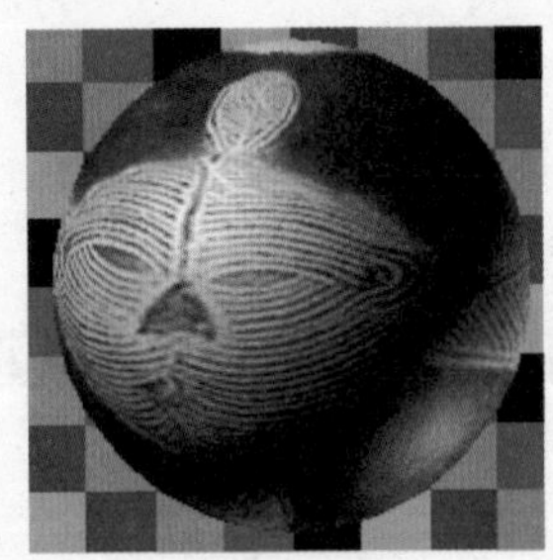

图9-105

9.3.7 窗纱材质

步骤 1 选择VRay材质。调节漫射颜色如图9-106所示。

步骤 2 调节反射颜色数值如图9-107所示。

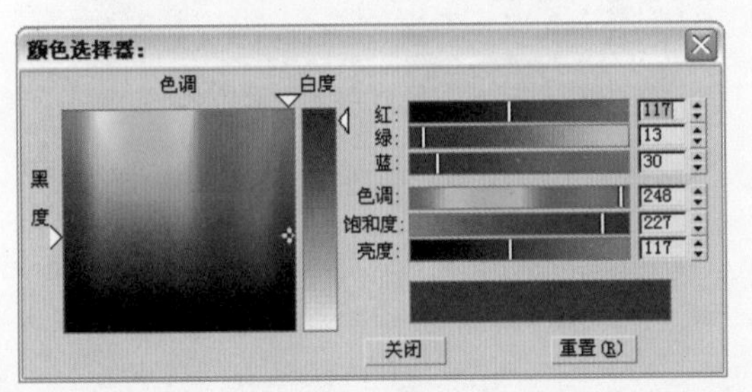

图9-106

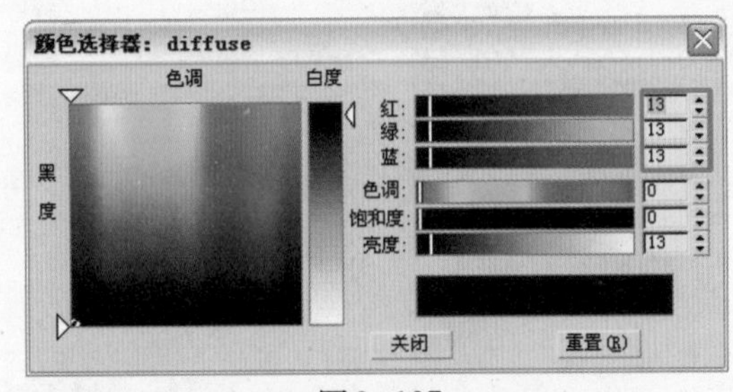

图9-107

步骤 3 调节“光泽度”为0.86，如图9-108所示。

步骤 4 调节折射颜色参数为141、141、141，如图9-109所示。

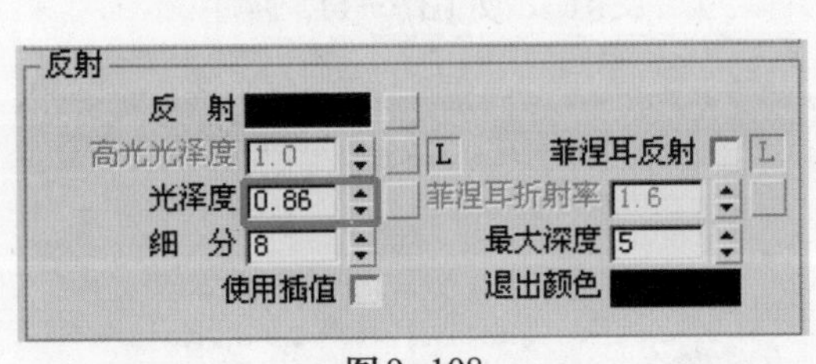

图9-108

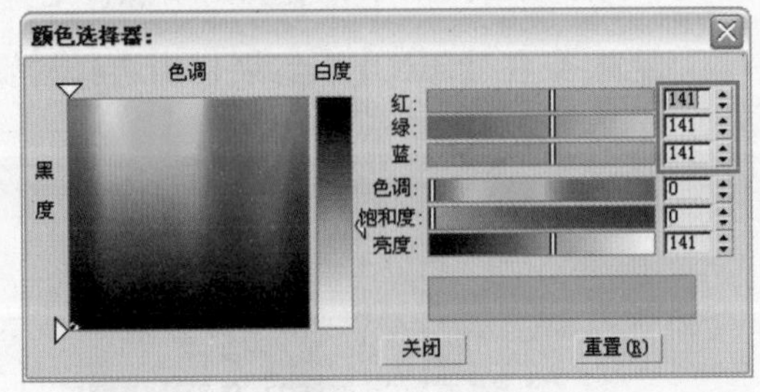

图9-109

步骤 5 设置“光泽度”为0.65，如图9-110所示。

步骤 6 材质效果如图 9–111 所示。

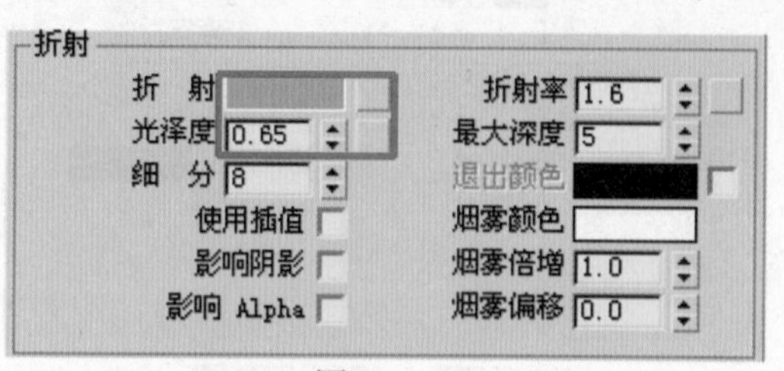

图 9–110

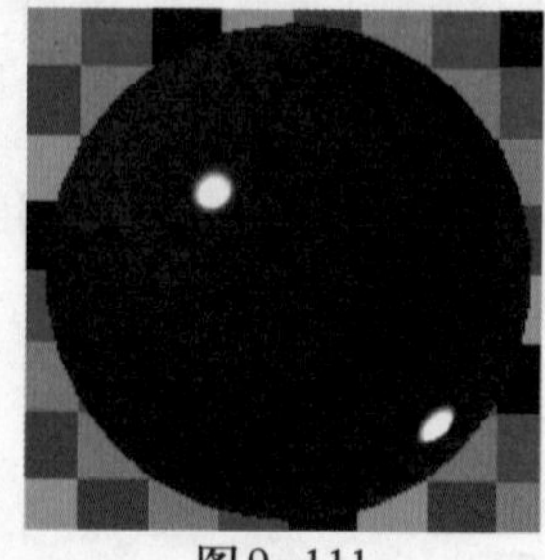
图 9–111

9.3.8 金属材质

场景中的金属材质由于去除了灯光影响镜面的作用，削弱了金属的高光效果显示。这里将对金属单独添加HDRI高动态范围贴图，通过反射效果更好地体现金属的质感，画面才能更加真实。

步骤 1 选择 VRay 材质。单击固有色，调节金属的颜色如图 9–112 所示。可适当地使金属颜色偏重，使暗部的金属效果更加沉稳厚重。

步骤 2 调整反射颜色数值为119、119、119，让材质有比较强烈的反射效果，如图9–113所示。

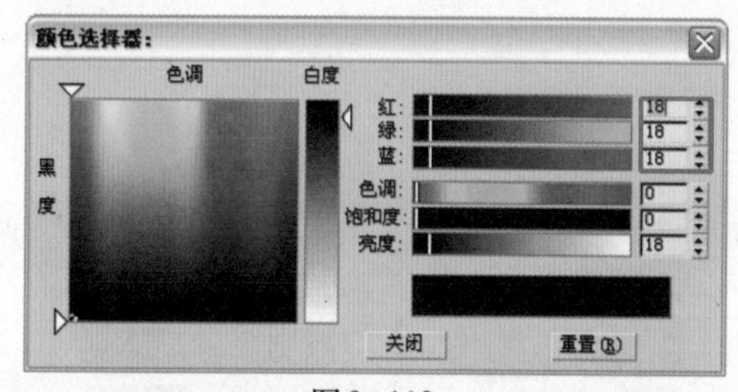

图 9–112

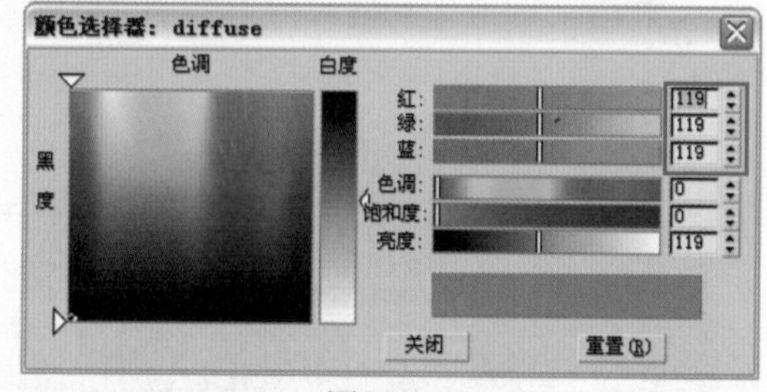

图 9–113

步骤 3 将“光泽度”设置为0.87，使材质产生一定的反射模糊效果，如图9–114所示。这个参数的设置比较微妙，读者可以尝试将“光泽度”设置为0.9，甚至更高，这样金属就会接近完全反射的效果，金属的质感将是另一种效果。

步骤 4 在【BRDF】卷展栏中选择材质的类型为“反射”，如图 9–115 所示。

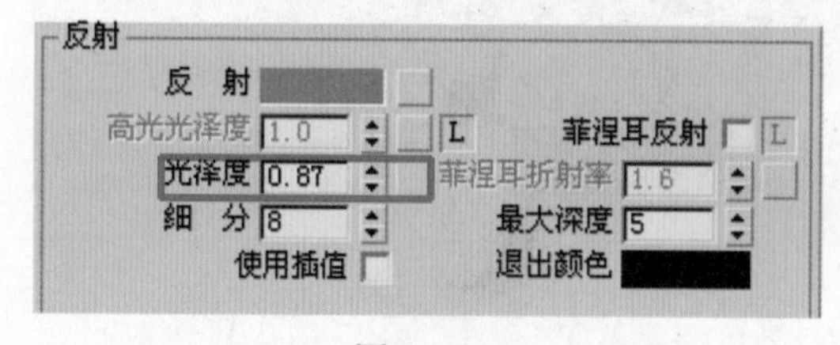

图 9–114

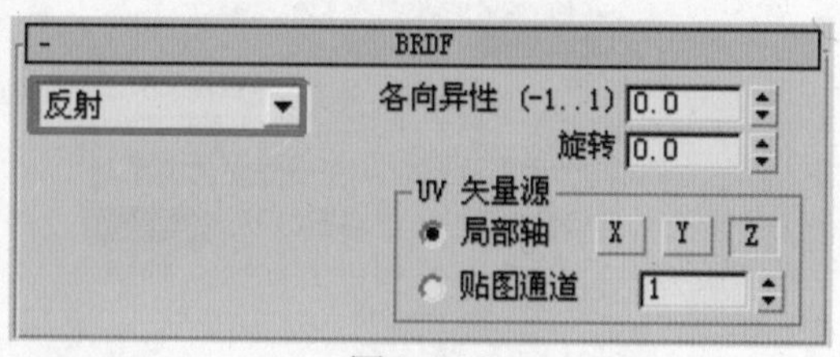

图 9–115

步骤 5 目前为止一般的金属效果已经设置完毕，但是这样的金属并不是画面中需要的比较完美的金属质感。由于缺少了灯光影响镜面的作用，金属的高光质感也消失。在这里，介绍一个小技巧来表达比较真实的金属质感。

步骤 6 在贴图中为环境添加HDRI。这样可以使金属材质的环境反射中反射HDRI环境贴图效果，使金属的反射效果更加真实，如图9-116所示。

贴图			
漫 射	100.0	✓	None
反 射	100.0	✓	None
高光光泽	100.0	✓	None
反射光泽	100.0	✓	None
菲涅耳折射	100.0	✓	None
折 射	100.0	✓	None
光泽度	100.0	✓	None
折射率	100.0	✓	None
透 明	100.0	✓	None
凹 凸	30.0	✓	None
置 换	100.0	✓	None
不透明度	100.0	✓	None
环 境		✓	Map #13 (RGB Tint)

图9-116

步骤 7 这里选择的是RGB Tint（染色）贴图，这个贴图可以淡化HDRI贴图的颜色饱和度，防止画面中的材质反射效果因HDRI贴图的颜色影响而过于花哨。在这里，金属的质感需要更多的是高光反射，反射中的颜色影响可以适当削弱。

步骤 8 在RGB染色贴图中填加VRayHDRI贴图，用来编辑所要选用的HDRI素材，如图9-117所示。

步骤 9 单击【浏览】按钮，打开本书配套光盘“源文件\第9章\bathroom_color.hdr”文件，参数设置如图9-118所示。

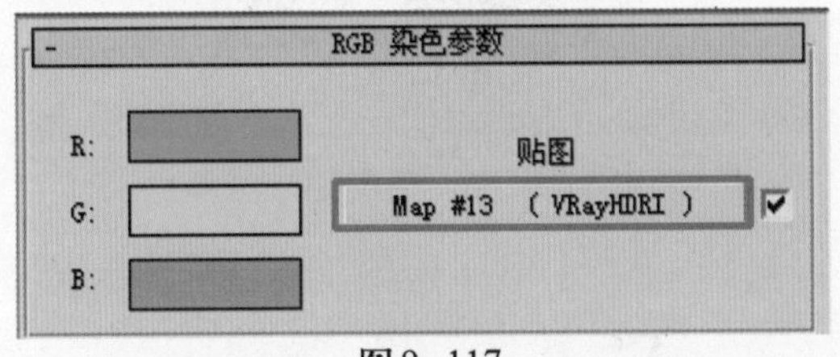

图9-117

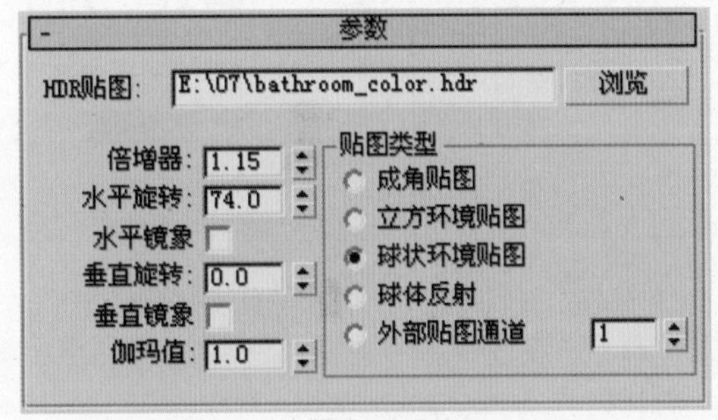

图9-118

步骤 10 返回到RGB染色贴图中，调节RGB的颜色为255、130、130，如图9-119所示。

步骤 11 材质的最终效果如图9-120所示。

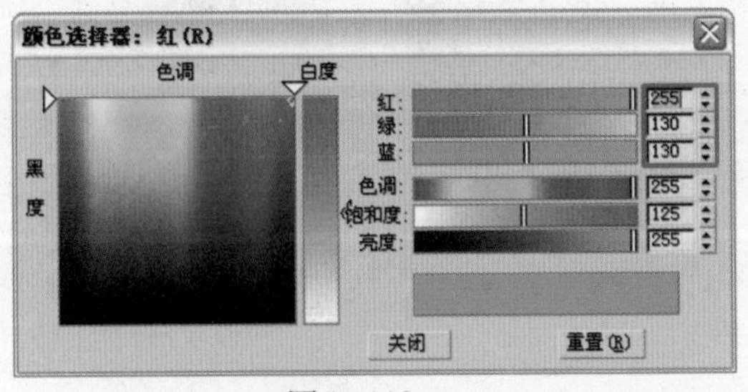

图9-119

图9-120

9.3.9 踢角线材质

操作步骤

步骤 1 选择 VRay 材质。调节固有色颜色如图 9-121 所示。

步骤 2 将反射颜色的数值设置为 27、27、27，如图 9-122 所示。

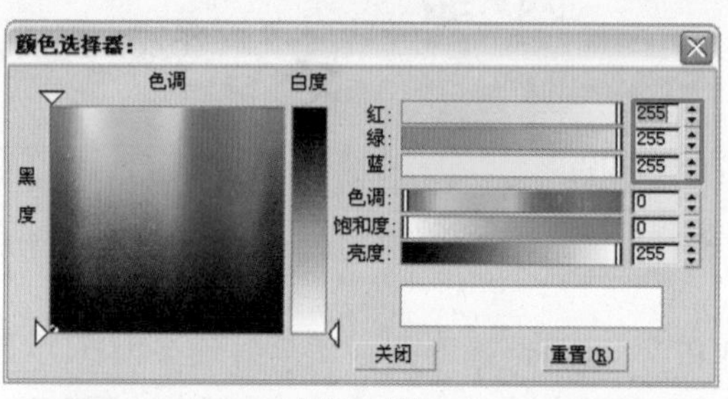

图 9-121

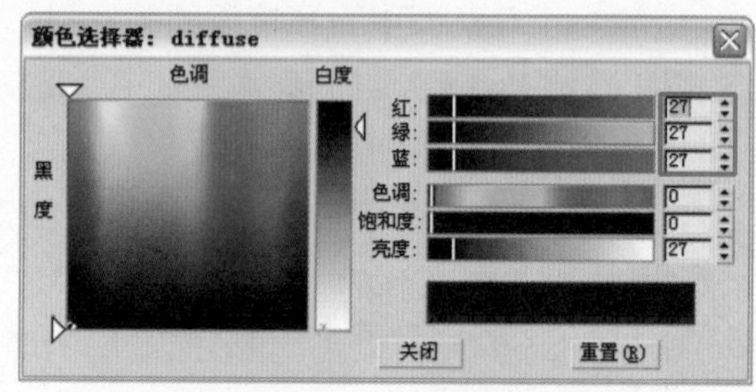

图 9-122

步骤 3 调节“光泽度”为 0.87，并勾选“菲涅耳反射”复选框，如图 9-123 所示。

步骤 4 材质效果如图 9-124 所示。

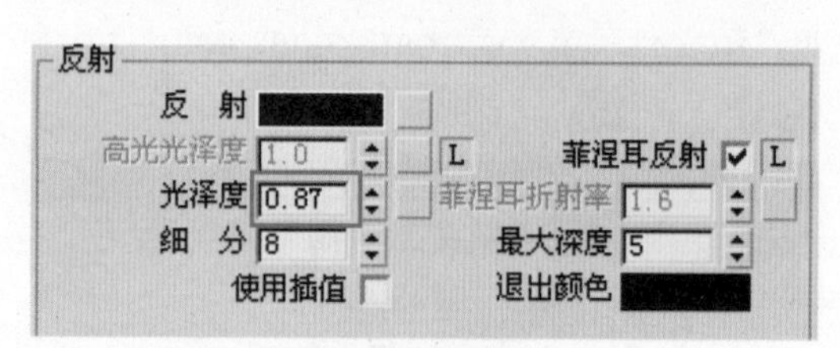

图 9-123

图 9-124

9.3.10 空调前挡板材质

操作步骤

步骤 1 选择 VRay 材质。调节固有色颜色如图 9-125 所示。

步骤 2 将反射的数值设置为 47、47、47，如图 9-126 所示。

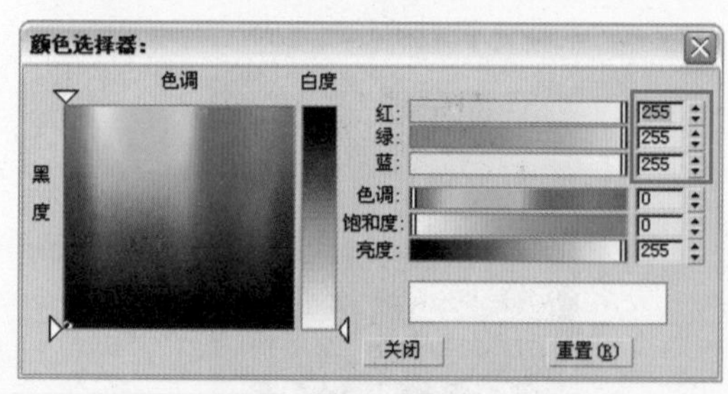

图 9-125

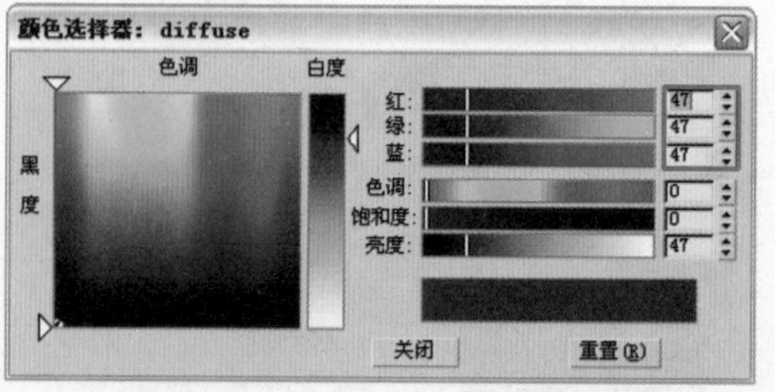

图 9-126

步骤 3 将“光泽度”设置为 0.92，如图 9-127 所示。

步骤 4 单击“反射”右边的长条按钮，打开本书配套光盘“源文件\第9章\分体式空调金属板.JPG”文件，如图9–128和图9–129所示。

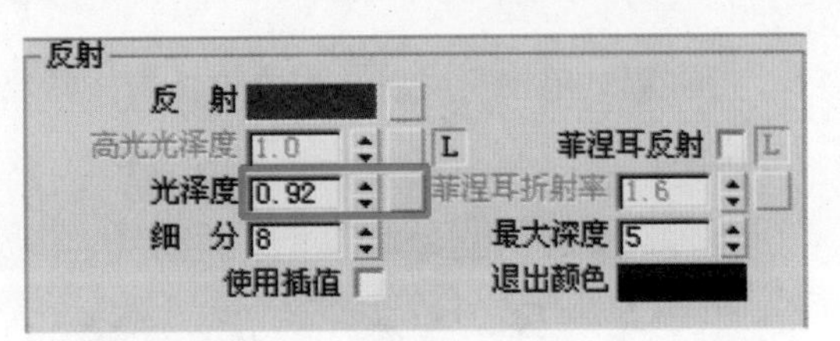

图9–127

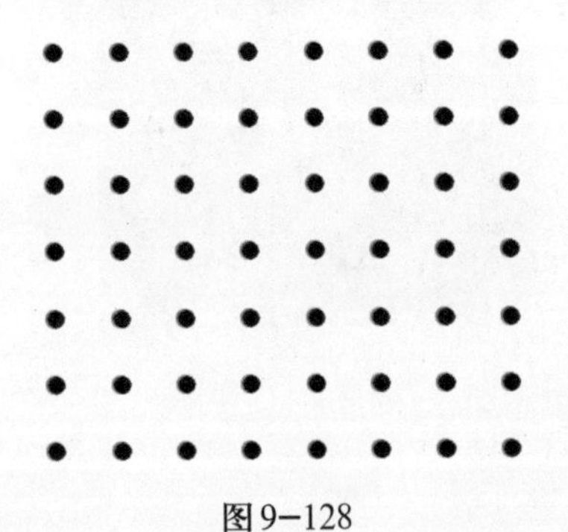

图9–128

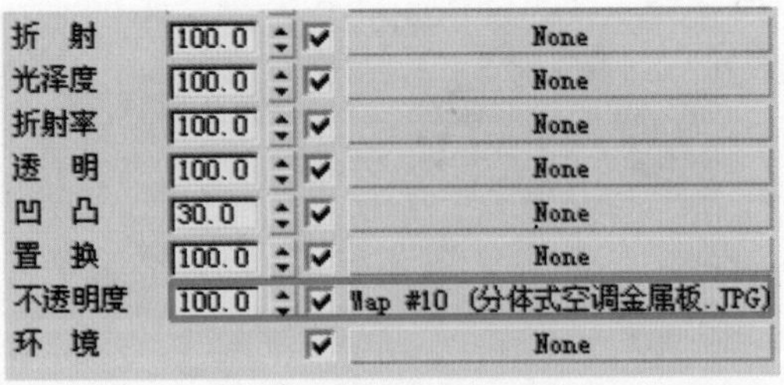

折 射	100.0	☑	None
光泽度	100.0	☑	None
折射率	100.0	☑	None
透 明	100.0	☑	None
凹 凸	30.0	☑	None
置 换	100.0	☑	None
不透明度	100.0	☑	Map #10 (分体式空调金属板.JPG)
环 境		☑	None

图9–129

步骤 5 设置材质类型为“反射”，如图9–130所示。

步骤 6 材质最终效果如图9–131所示。

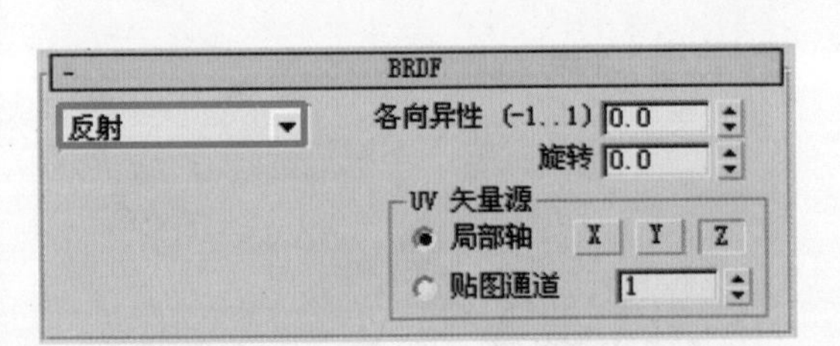

图9–130

图9–131

9.3.11 透明玻璃材质

步骤 1 选择标准材质，调节漫射颜色如图9–132所示。

步骤 2 调节“不透明度”数值为16，设置反射高光的数值如图9–133所示。

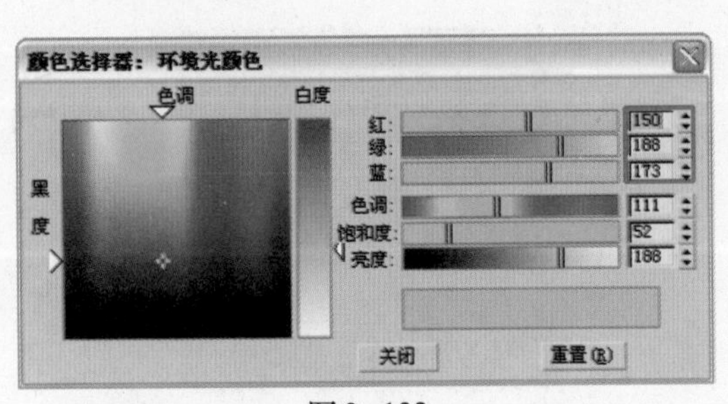

图9–132

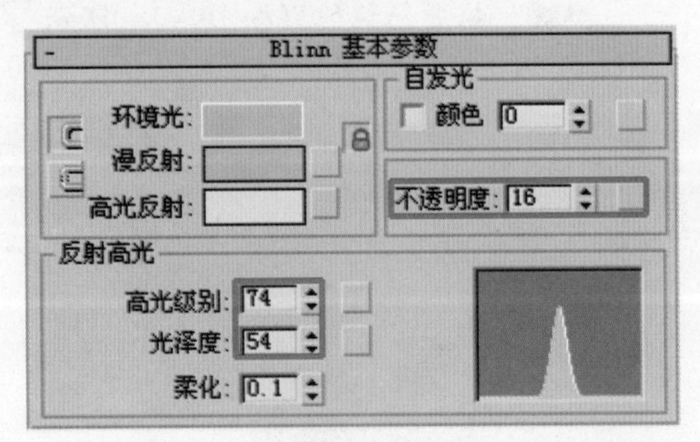

图9–133

步骤 3 单击“反射”右边的长条按钮，添加VR贴图，反射参数设置为20，如图9–134所示。

步骤 4 材质效果如图9–135所示。

☐ 光泽度 . . .	100	None
☐ 自发光 . . .	100	None
☐ 不透明度 . .	100	None
☐ 过滤色 . . .	100	None
☐ 凹凸	30	None
✔ 反射	20	Map #6 （VR贴图）
☐ 折射	100	None
☐ 置换	100	None

图9–134

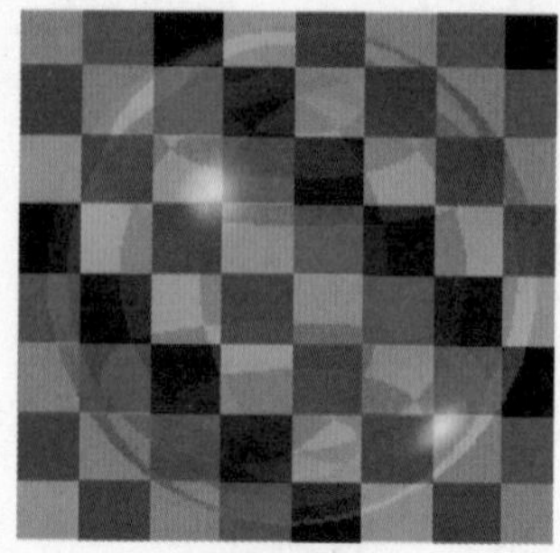

图9–135

9.3.12 黑色边框材质

步骤 1 选择VRay材质。单击固有色，调节边框颜色，如图9–136所示。

步骤 2 将反射颜色的数值设置为45、45、45，如图9–137所示。

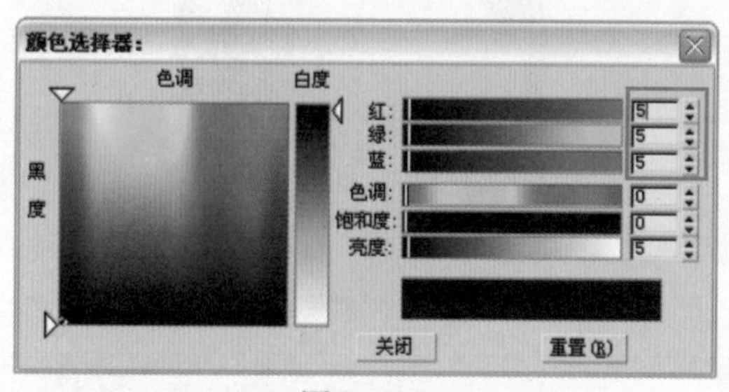

图9–136

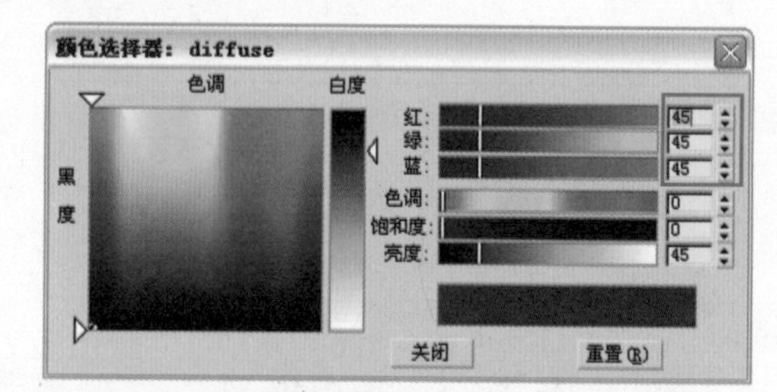

图9–137

步骤 3 将“光泽度”设置为0.89，“高光光泽度”设置为0.74，如图9–138所示。

步骤 4 设置材质类型为“反射”，如图9–139所示。

步骤 5 材质最终效果如图9–140所示。

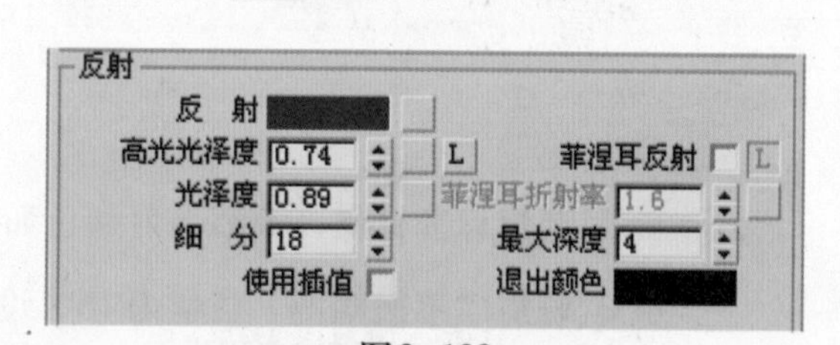

图9–138

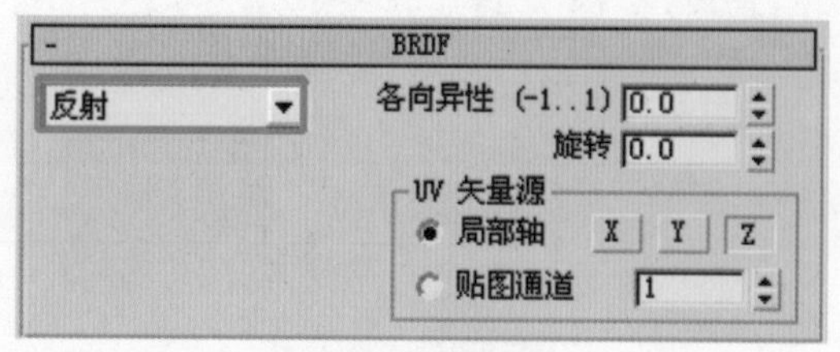

图9–139

图9–140

9.4　渲染参数设置和最终渲染

步骤 1 单击“圆柱体”工具，为场景添加外景的环境背景。如图9-141和图9-142所示。圆柱体可以根据用户的需要进行编辑，制作出适合场景的背景形状。

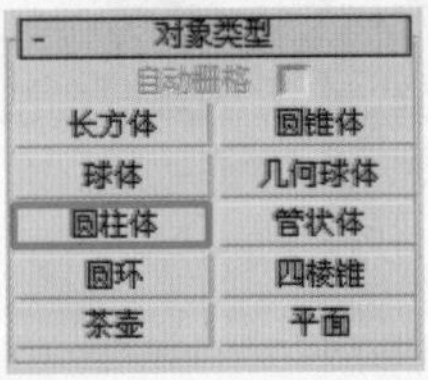

- 对象类型	
自动栅格	
长方体	圆锥体
球体	几何球体
圆柱体	管状体
圆环	四棱锥
茶壶	平面

图9-141

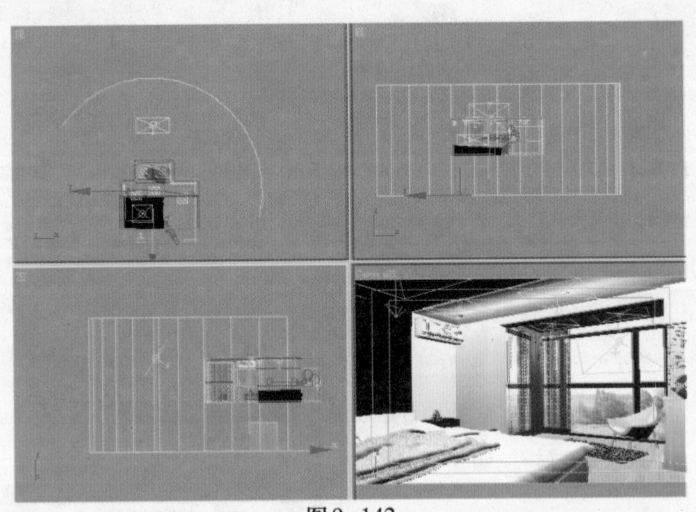

图9-142

步骤 2 选择VRay材质。单击如图9-143所示“不透明度”右边的长条按钮，打开本书配套光盘“源文件\第9章\background.jpg”文件，如图9-144所示。

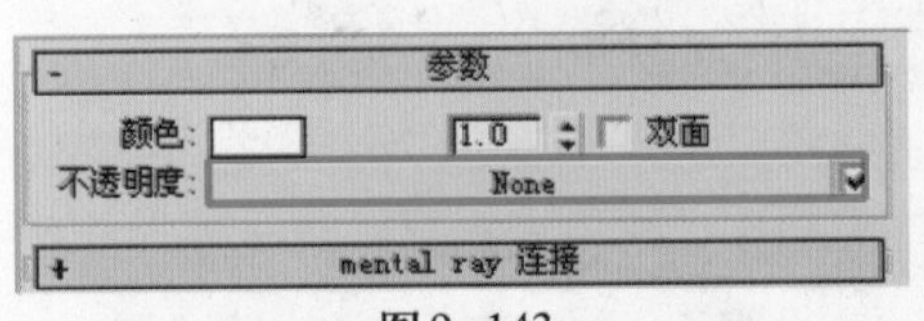

图9-143

图9-144

步骤 3 将倍增值设置为2.65，如图9-145所示。

步骤 4 外景效果如图9-146所示。

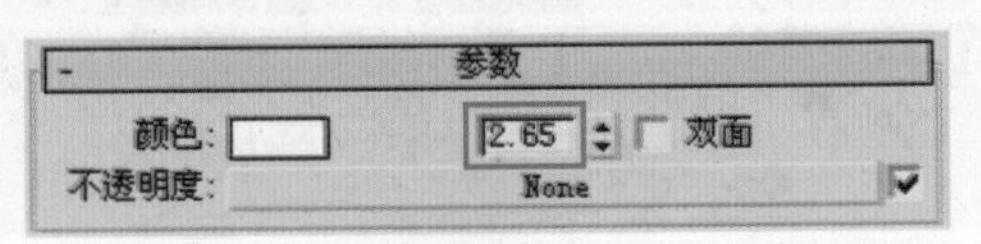

图9-145

图9-146

步骤 5 将材质赋予面板，效果如图9-147所示。

步骤 6 将【V-Ray∷间接照明】卷展栏中的“饱和度”数值设置为1.3，增大画面饱和度，如图 9–148 所示。

图 9–147

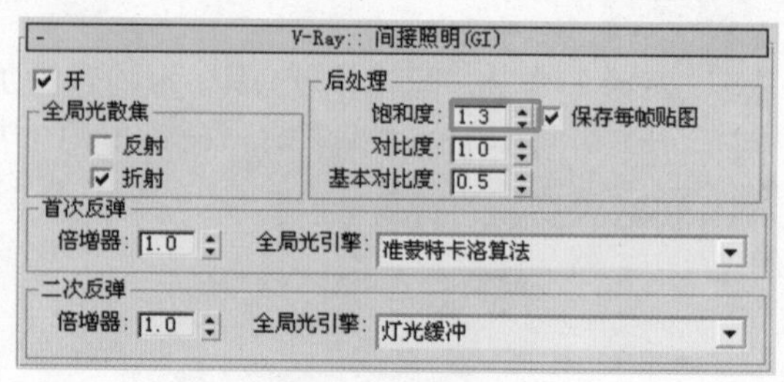

图 9–148

步骤 7 将【V-Ray::灯光缓冲】卷展栏中的参数设置如图 9–149 所示。自适应跟踪可以得到更加出色的灯光计算效果，同样渲染时间也会延长。

步骤 8 打开【V-Ray::准蒙特卡洛全局光】卷展栏，设置“细分”数值为 20，如图 9–150 所示。

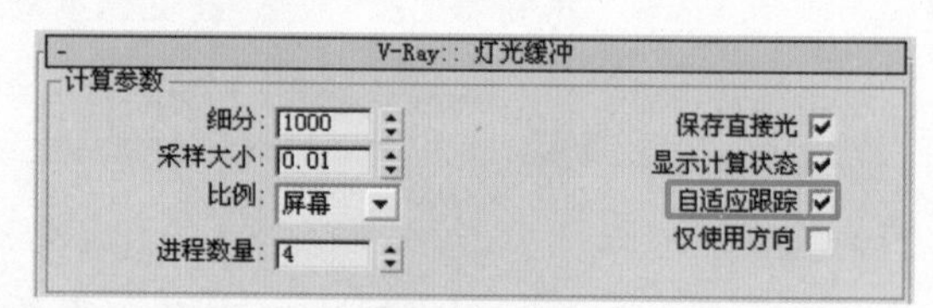

图 9–149

步骤 9 将“噪波阈值”参数设置为0.005，“全局细分倍增器”参数设置为2.0，如图9–151 所示。

图 9–150

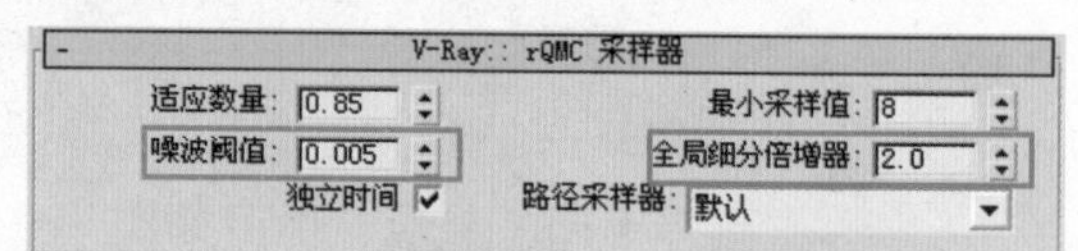

图 9–151

步骤 10 单击工具栏中的按钮，查看渲染结果，如图 9–152 所示。

图 9–152

第10章 打造时尚卧室的夜景表现

本章精髓

- 夜景灯光制作思路
- 室内气氛营造
- VRay 高级材质

10.1 案例分析

这个案例主要是制作夜景的现代卧室。夜景灯光是比较难制作的一类场景灯光，难点并不在制作出灯光效果来，而在于制作出真实的灯光气氛。场景中皮质材质很好地反射了灯光的气氛，材质在承接灯光效果上起到了很好的作用。

10.1.1 光影层次

本节场景主要将灯光的光影效果控制在了画面的中部，这是画面中需要把握的关键环节。灯光的设置要有意识地围绕着视觉中心展开，灯光控制局部场景的受光效果显得尤为重要。局部灯光在营造的同时需要体现场景的空间感，这需要对灯光的颜色和强度进行微妙的控制。图10-1所示为表现此类效果十分出色的画面，读者可以进行参考。

图10-1

10.1.2 VRay材质

本节中将重点介绍床套、地板、真皮时尚沙发以及毛毯的置换材质。窗帘材质承接着室外光线与室内空间的过渡，具体的材质讲解将在10.3节中进行详细描叙。图10-2和图10-3所示的是本章实例的精彩细节图片。

图10-2

图10-3

10.2 灯光的设置

画面中灯光设置首先围绕户外夜景光线进行制作。本节将通过VR灯光进行模拟，确立画面的整体基调。

10.2.1 光源和环境的创建

本章采用平行光进行太阳光的模拟。

步骤 1 开启3ds max 9以后，执行【文件】｜【打开】命令打开本书配套光盘“源文件\第10章\夜景现代卧室.max”文件，如图10-4所示。

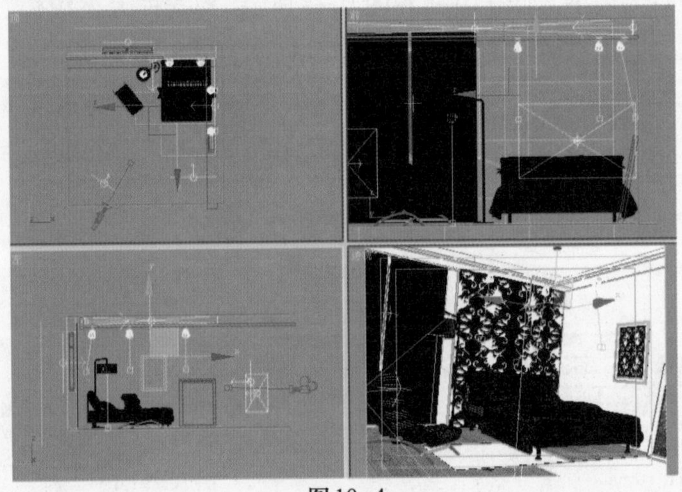

图10-4

步骤 2 单击【创建】命令面板下【灯光】面板中的【VR灯光】按钮，在视图中创建“VR灯光”模拟户外夜景，如图10-5所示。

图10-5

步骤 3 选中 VRayLight，单击按钮切换到修改命令面板。在【参数】卷展栏中勾选“开”复选框，将“倍增器”参数设置为20.0，如图10-6所示。

步骤 4 将灯光颜色设置为蓝色，如图10-7所示。

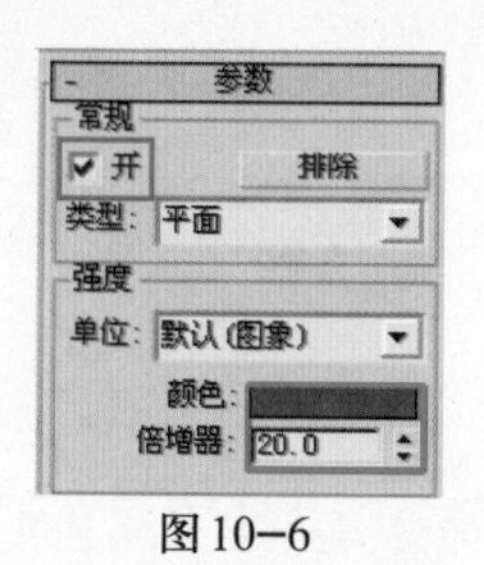

图10-6

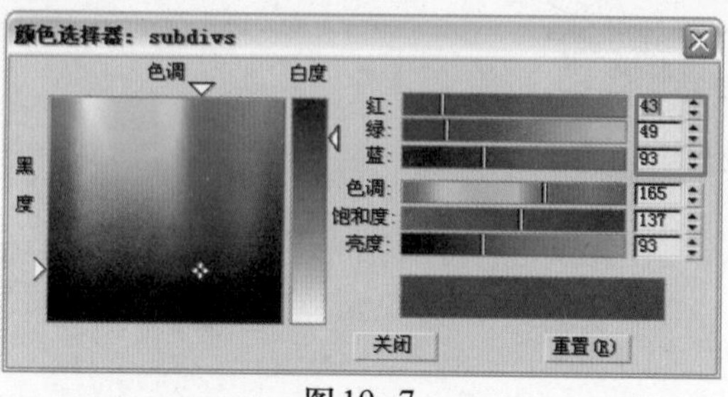

图10-7

步骤 5 调节灯光大小，如图10-8和图10-9所示。灯光的大小基本与窗口部分进行匹配即可。

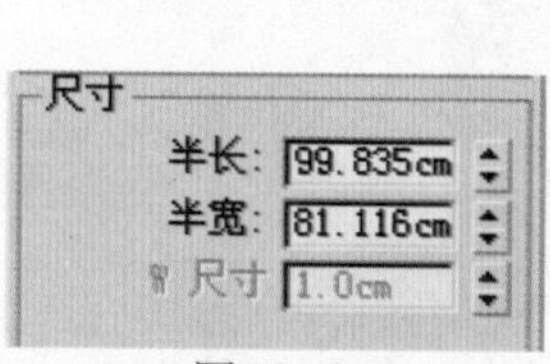

图10-8

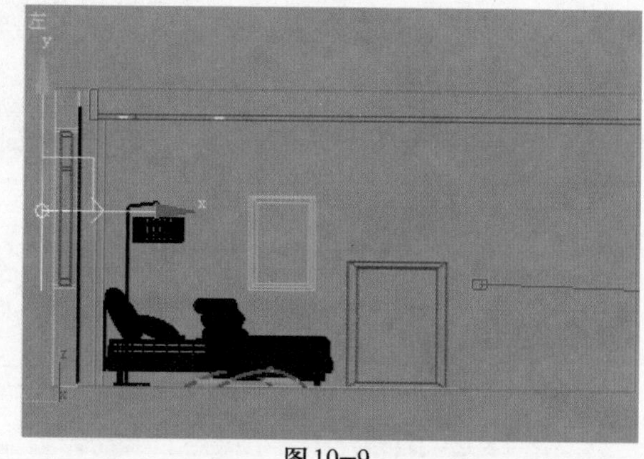

图10-9

步骤 6 勾选“不可见”复选框，将灯光在渲染时的渲染效果隐藏，如图10-10所示。

步骤 7 在【采样】卷展栏中设置采样的细分数值保持不变，设置“细分”参数为16，如图10-11所示。

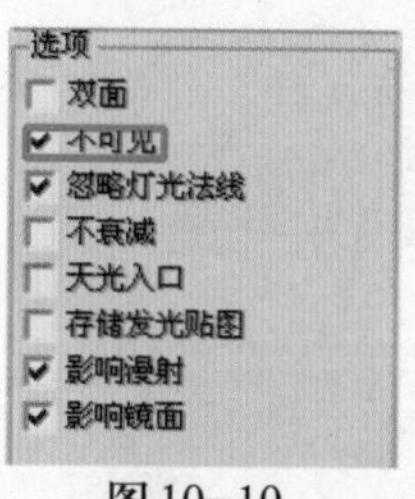

图10-10

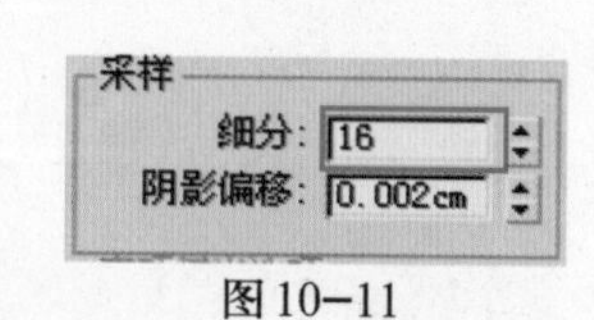

图10-11

步骤 8 执行【渲染】|【渲染】命令，或者单击工具栏中的按钮，打开“渲染场景”对话框。单击“公用”选项，在【指定渲染器】卷展栏中，单击“产品级”后面的按钮。打开“选择渲染器”对话框，在下面的列表中选择“VRay Adv 1.5 RC3”，单击“确定”

按钮，如图10–12所示。

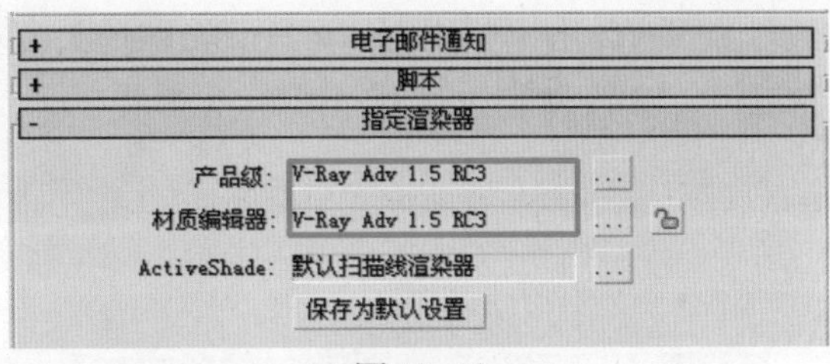

图10–12

步骤9 打开【V–Ray∷图像采样(反锯齿)】卷展栏，将抗锯齿过滤器设置如图10–13所示。

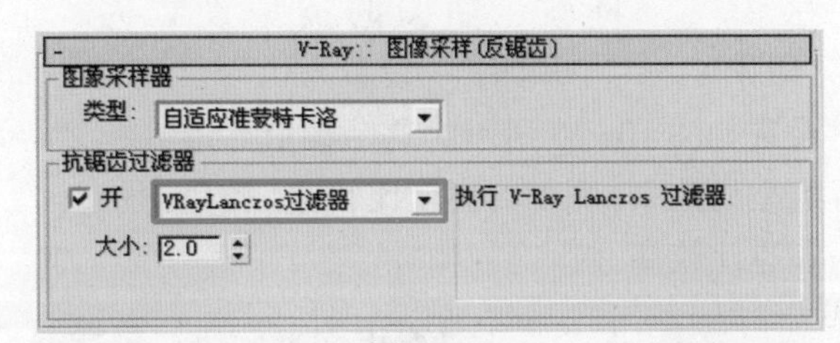

图10–13

步骤10 开启VRay渲染器。打开【V–Ray∷间接照明】卷展栏，勾选“开”复选框，选择首次反弹GI引擎为“发光贴图”，二次反弹GI引擎为“灯光缓冲”，如图10–14所示。

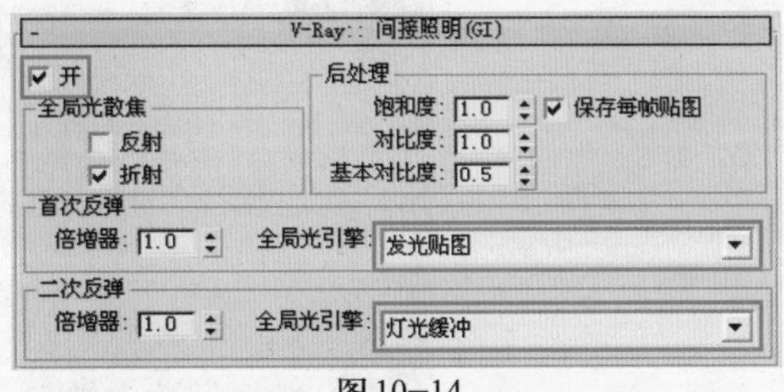

图10–14

步骤11 打开【V–Ray∷发光贴图】卷展栏，将当前预置的参数值设置为“非常低”，如图10–15所示。

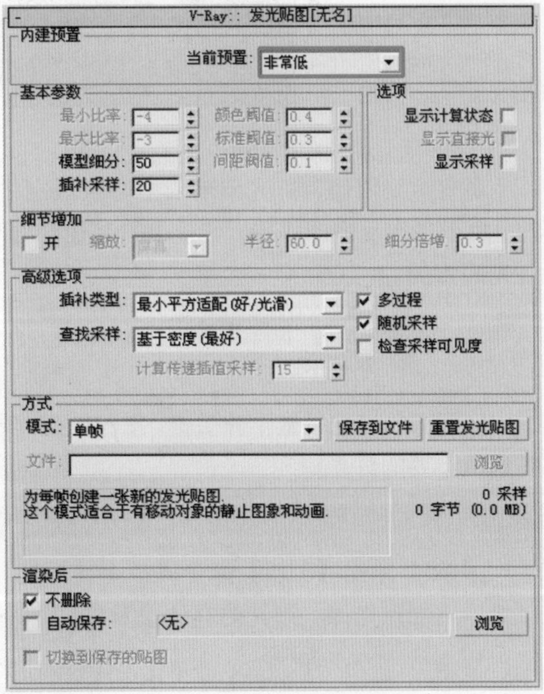

图10–15

步骤 12 打开【V-Ray::灯光缓冲】卷展栏，参数设置如图10-16所示。

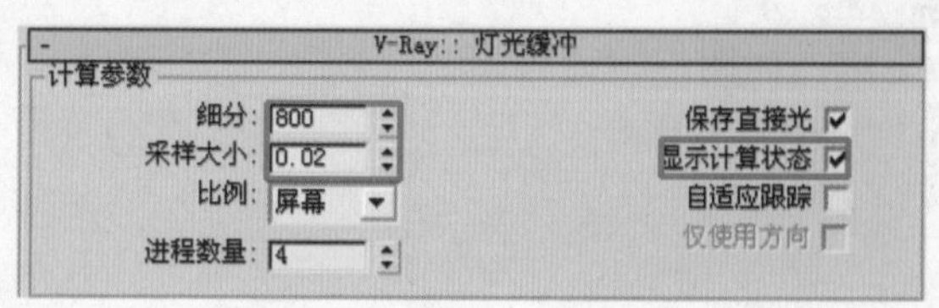

图10-16

步骤 13 打开【V-Ray::颜色映射】卷展栏，将颜色贴图的类型设置为“Reinhard”，“加深值”设置为0.75，参数设置如图10-17所示。这个数值靠近线形类型的效果，亮部的亮度比较高，颜色的饱和也比较高。

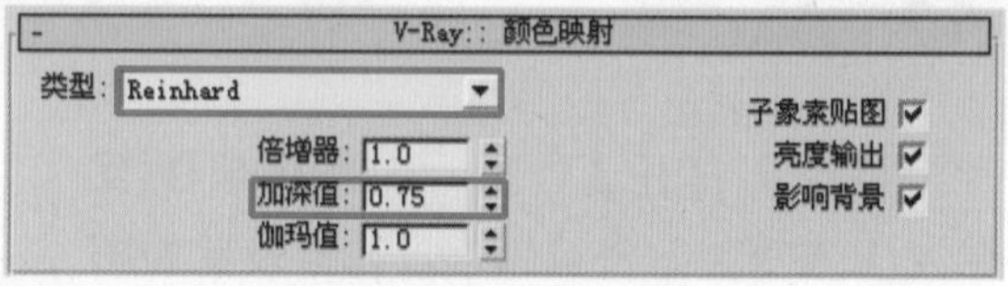

图10-17

步骤 14 单击工具栏中的按钮，查看渲染结果，如图10-18所示。

图10-18

观察渲染图像，灯光照射的中心区域定格在需要的中景部分，这个位置还是令人满意的。由于二次反弹的作用，场景中的其他部分也被照亮。但效果远远不够，下面将进行辅助灯光的添加。

10.2.2 辅助光源

接下来的灯光设置十分关键，室内的灯光与室外的灯光形成了互补，落地灯是表现画面气氛最重要的灯光。

步骤 1 单击【创建】命令面板下【灯光】面板中的【目标点光源】按钮，在落地灯灯口部分添加点光源。灯光的具体位置如图10-19所示。

步骤 2 选中“点光源”，单击按钮切换到修改命令面板。在【参数】卷展栏中勾选“启用”复选框，设置阴影模式为“VRay阴影”，如图10-20所示。

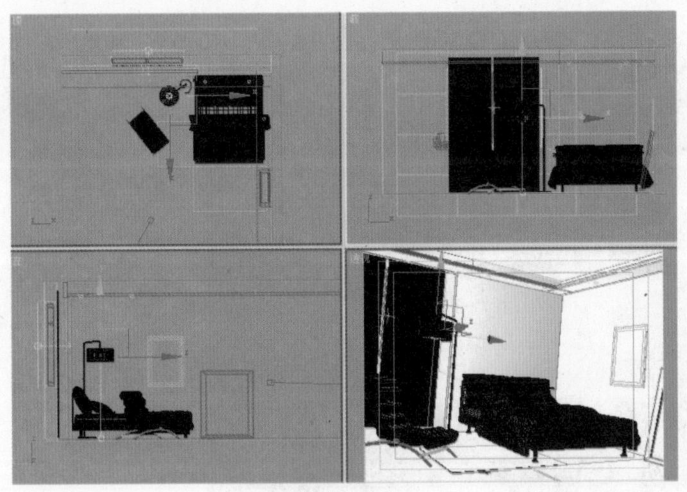

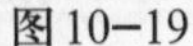

图10-19

图10-20

步骤 3 调节灯光过滤颜色，如图10-21所示。设置灯光强度类型为lx，这种模式下灯光强度需要提供很大的数值才能进行有效的照明，相关设置如图10-22所示。

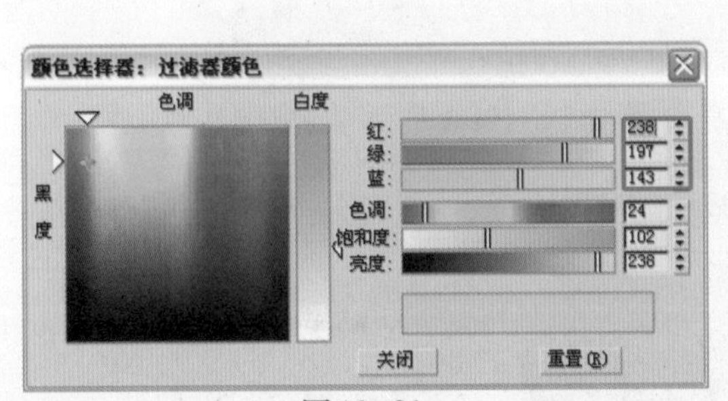

图10-21

图10-22

步骤 4 灯光的大小尺寸应根据落地灯的灯罩进行调整，如图10-23所示。灯光的大小基本与落地灯的灯罩相匹配。

步骤 5 在【VRay阴影参数】卷展栏中开启区域阴影模式，相关的参数设置如图10-24所示。这里主要是保证灯光在传递的过程中有一定的衰减模拟，保持真实的阴影边缘效果。

图10-23

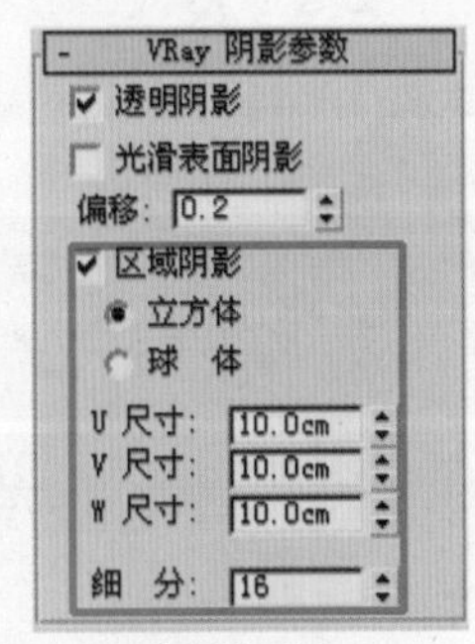

图10-24

步骤 6 单击工具栏中的按钮，查看渲染结果，如图 10-25 所示。

图 10-25

步骤 7 观察渲染效果。落地灯的灯光效果非常出色，暖色的灯光和窗口处的蓝色夜光形成了鲜明的对比。两种补色对比有深度，有内涵，大大提高了场景中的灯光气氛。

步骤 8 继续为场景添加灯光，完善室内的灯光效果，具体位置如图 10-26 所示。

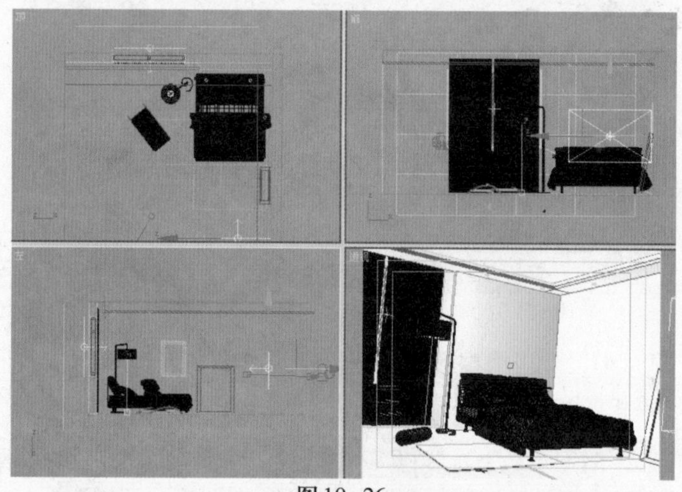

图 10-26

步骤 9 选中 VRayLight，单击按钮切换到修改命令面板。在【参数】卷展栏中勾选“开”复选框，将“倍增器”参数设置为 1.0，如图 10-27 所示。

步骤 10 将灯光颜色设置为黄色，如图 10-28 所示。

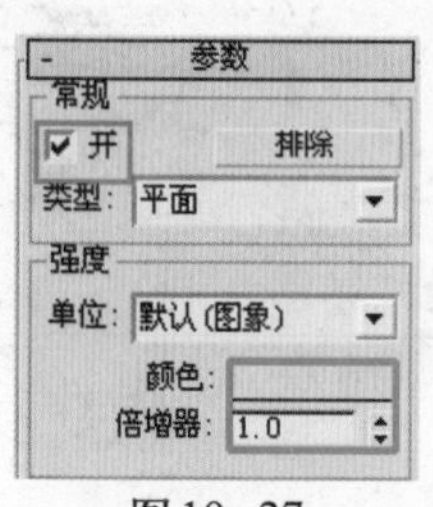

图 10-27

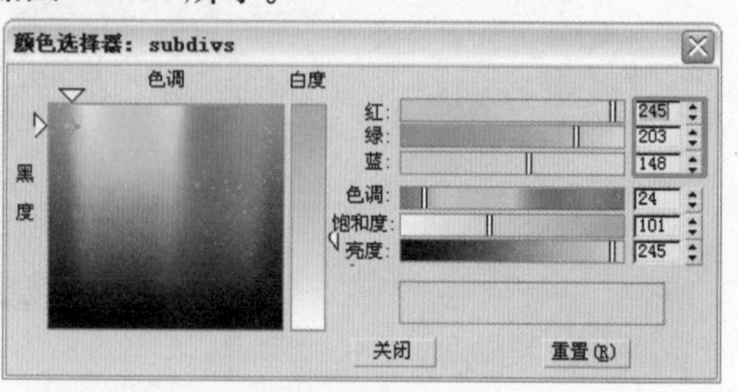

图 10-28

步骤 11 调节灯光大小和位置，如图10–29所示。

步骤 12 取消“影响镜面”选项的选择，让灯光形状不影响地面反射效果，如图10–30所示。

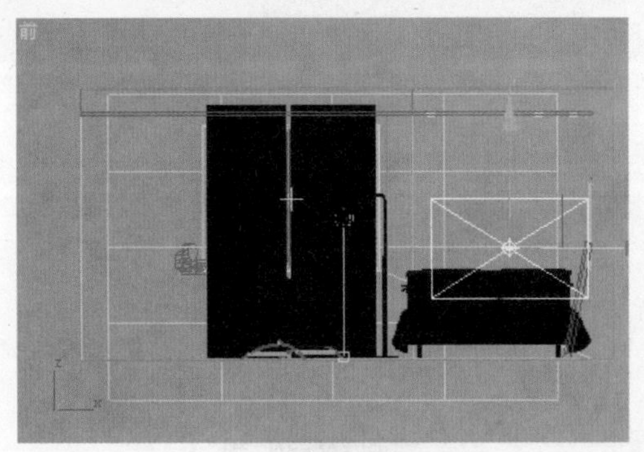

图10–29

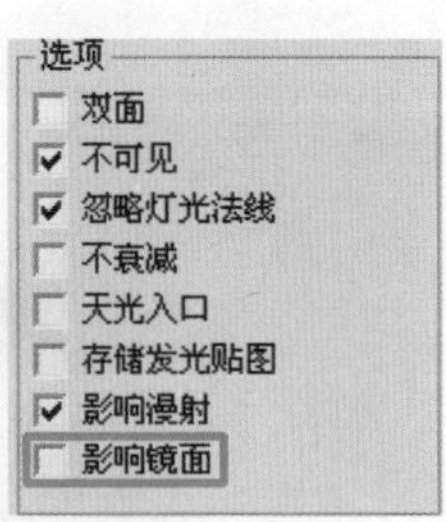

图10–30

步骤 13 单击工具栏中的按钮，查看渲染结果，如图10–31所示。

图10–31

步骤 14 这部分的灯光效果主要是补充室内环境光效果。可以看出，在正面与侧面的转折过渡部分灯光的过渡不是十分柔和。下面将继续完善转折侧面部分的灯光效果。

步骤 15 单击 VRayLight 按钮，继续添加辅助灯光。灯光的具体位置如图10–32所示。

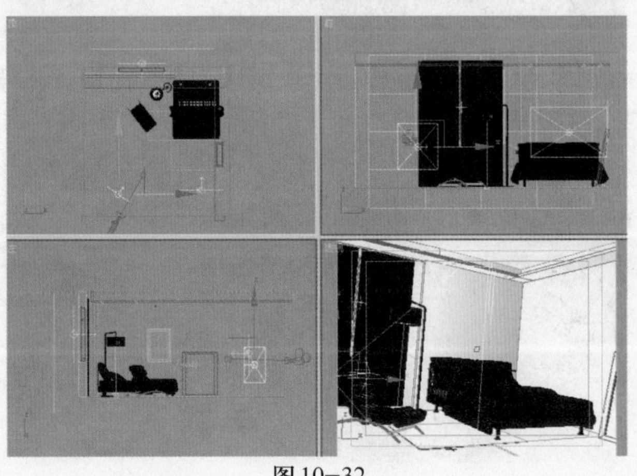

图10–32

步骤 16 选中VRayLight，单击按钮切换到修改命令面板。在【参数】卷展栏中勾选“开”复选框，将“倍增器”参数设置为1.3，如图10-33所示。

步骤 17 将灯光颜色设置为蓝色，如图10-34所示。这里的环境光可以设置为冷色，丰富灯光的颜色变化。

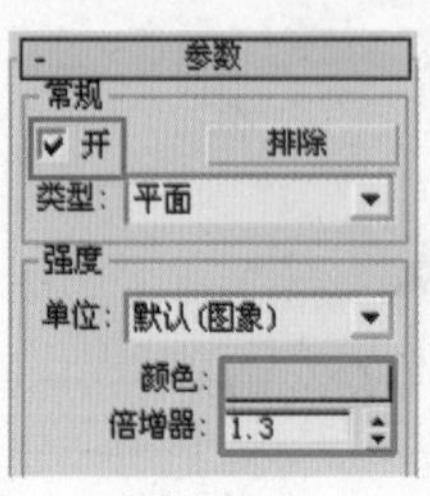

图10-33

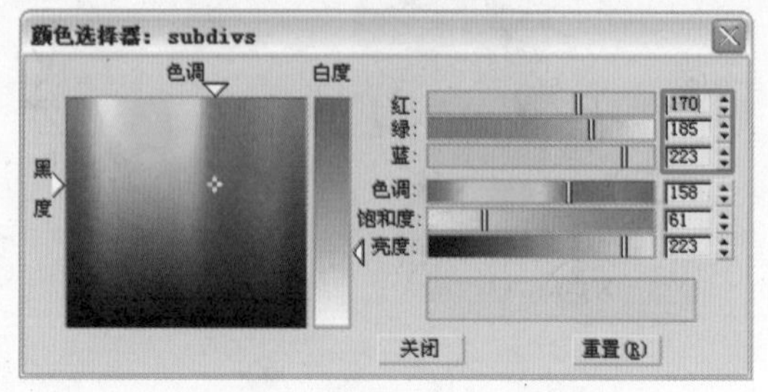

图10-34

步骤 18 调节灯光位置，如图10-35所示。

步骤 19 勾选“不可见”复选框，如图10-36所示。

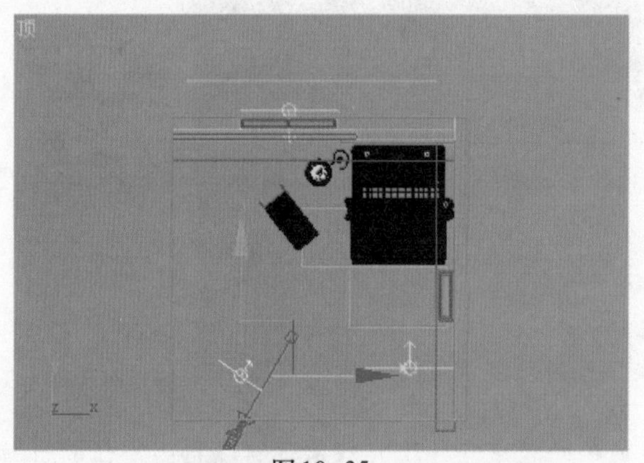

图10-35

图10-36

步骤 20 单击工具栏中的按钮，查看渲染结果，如图10-37所示。

图10-37

环境灯光已经设置得比较理想，接下来将进一步设置吊顶灯带和射灯效果，使画面的灯光细节更加完善丰富。

步骤 21 单击 VRayLight 按钮，继续添加辅助灯光。灯光的具体位置如图 10-38 所示。这盏灯光主要是制作吊顶灯带效果。

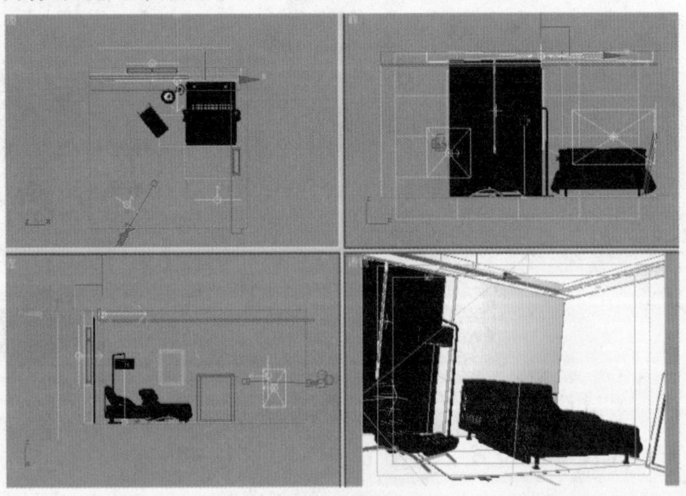

图 10-38

步骤 22 选中 VRayLight，单击按钮切换到修改命令面板。在【参数】卷展栏中勾选“开”复选框，将“倍增器”参数设置为 1.3，如图 10-39 所示。

步骤 23 将灯光颜色设置为蓝色，如图 10-40 所示

图 10-39

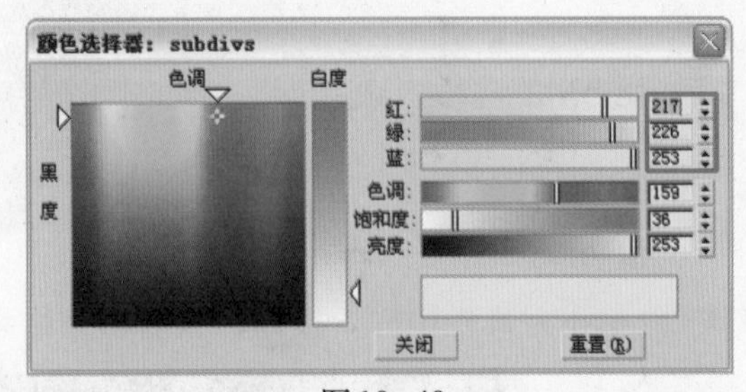

图 10-40

步骤 24 调节灯光尺寸和位置，如图 10-41 和图 10-42 所示。

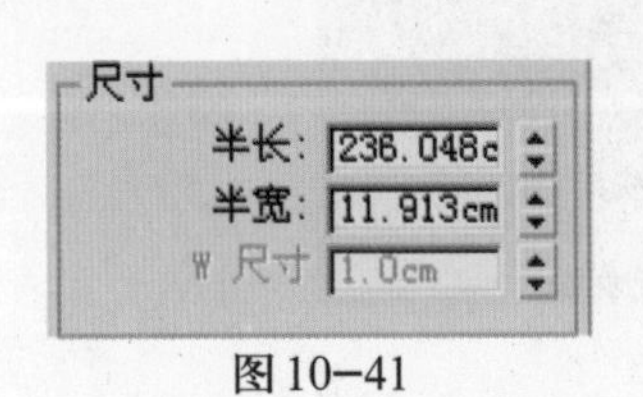

图 10-41

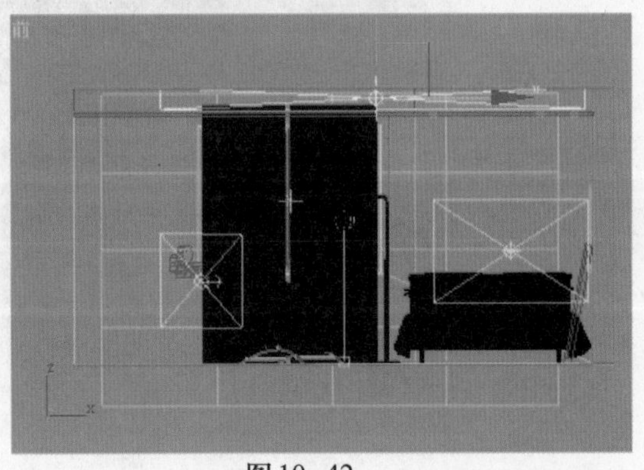

图 10-42

步骤 25 勾选“不可见”复选框，如图 10-43 所示。

步骤 26 在相邻的吊顶灯带空间设置 VR 灯光，如图 10-44 所示。

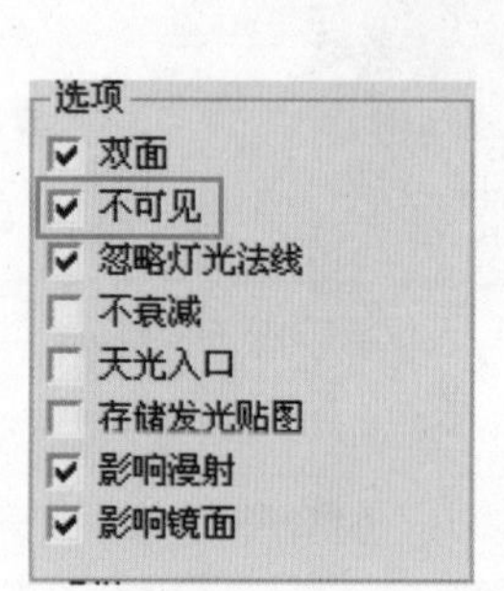

图 10-43

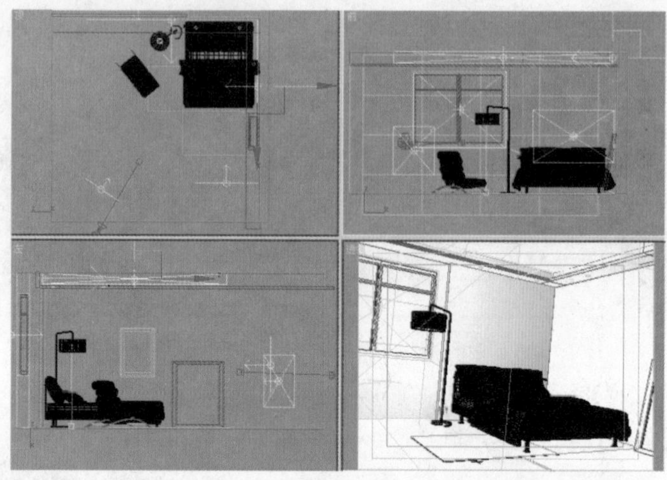

图 10-44

步骤 27 调节灯光尺寸和位置，如图 10-45 和图 10-46 所示。

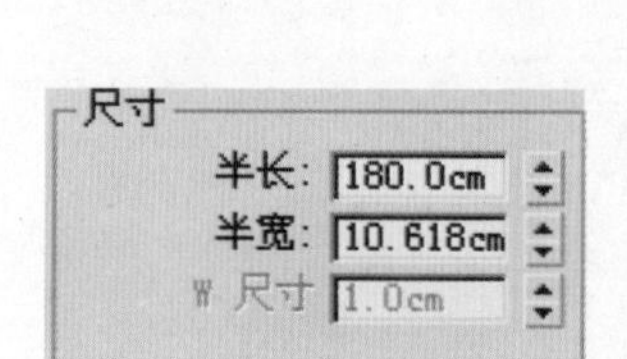

图 10-45

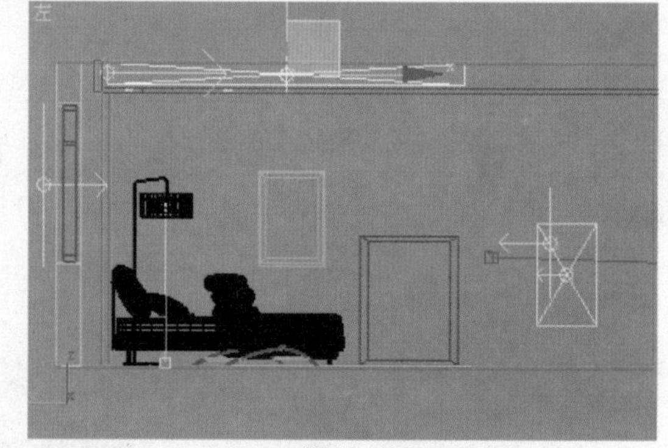

图 10-46

步骤 28 单击工具栏中的按钮，查看渲染结果，如图 10-47 所示。

图 10-47

步骤 29 单击【创建】命令面板下【灯光】面板中的【目标点光源】按钮，模拟射灯光源。灯光的具体位置如图 10–48 所示。

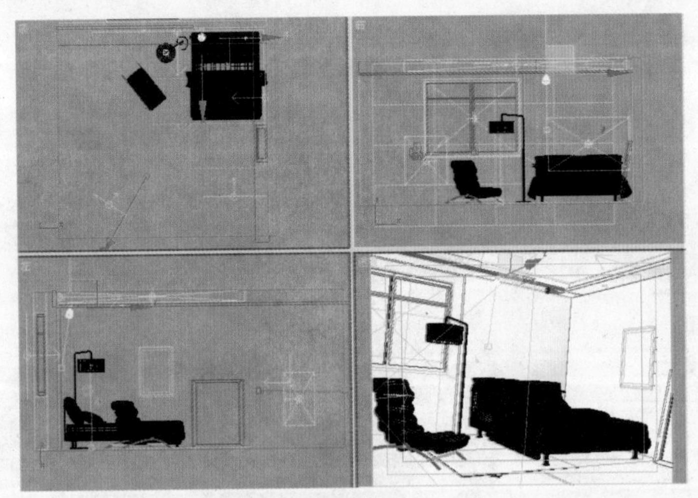

图 10–48

步骤 30 选中“点光源”，单击按钮切换到修改命令面板。在【参数】卷展栏中勾选“启用”复选框，设置阴影模式为“VRay 阴影”，如图 10–49 所示。

步骤 31 调节灯光过滤颜色，如图 10–50 所示。将灯光分布设置为 Web，模式设置为 lm，相关参数设置如图 10–51 所示。

图 10–51

图 10–49

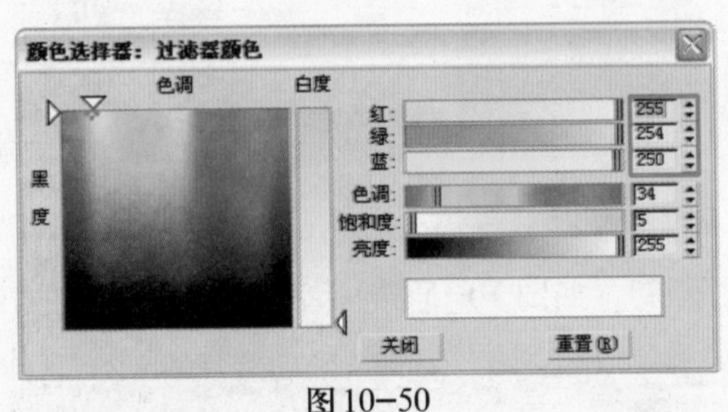

图 10–50

步骤 32 打开【Web 参数】卷展栏，在“Web 文件”中调入光域网文件，如图 10–52 和图 10–53 所示。

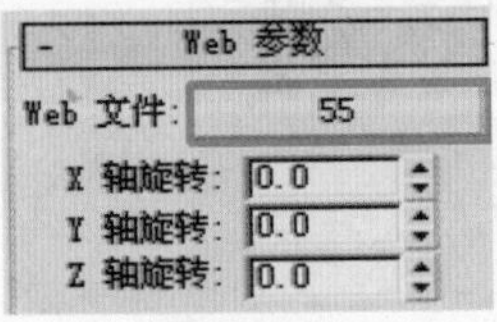

Web 参数
Web 文件: 55
X 轴旋转: 0.0
Y 轴旋转: 0.0
Z 轴旋转: 0.0

图 10–52

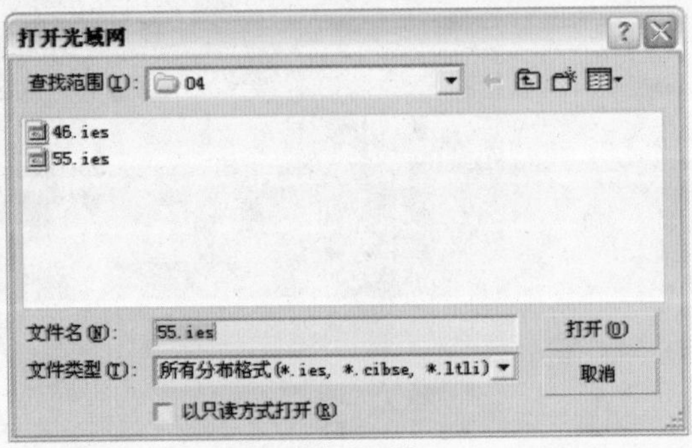

打开光域网
查找范围(I): 04
46.ies
55.ies
文件名(N): 55.ies
文件类型(T): 所有分布格式(*.ies, *.cibse, *.ltli)
以只读方式打开(R)
打开(O)
取消

图 10–53

步骤 33 在【VRay 阴影参数】卷展栏中开启区域阴影模式，相关的参数设置如图10-54所示。这里主要是保证灯光在传递的过程中有一定的衰减模拟，保持真实的阴影边缘效果。

步骤 34 将灯光进行复制，分别放置在相应的位置上，如图10-55所示。

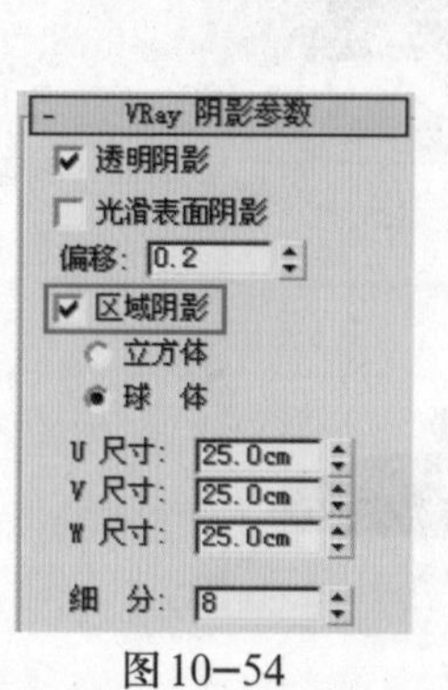

图10-54

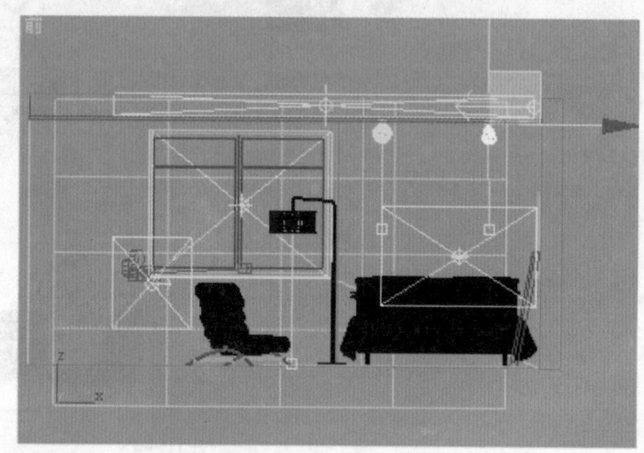

图10-55

步骤 35 调节灯光的过滤颜色，如图10-56所示。

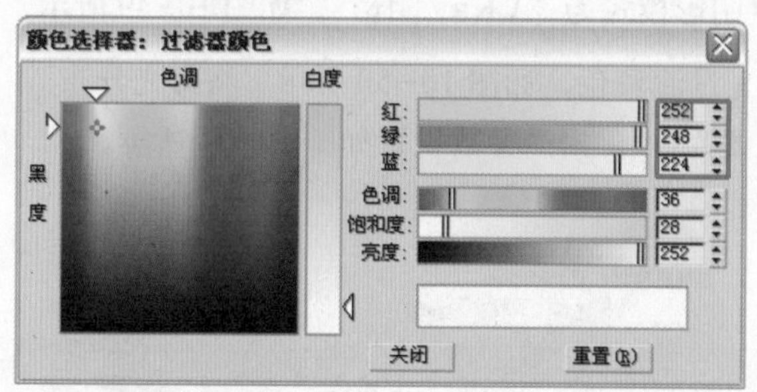

图10-56

步骤 36 将灯光进行复制，如图10-57所示。

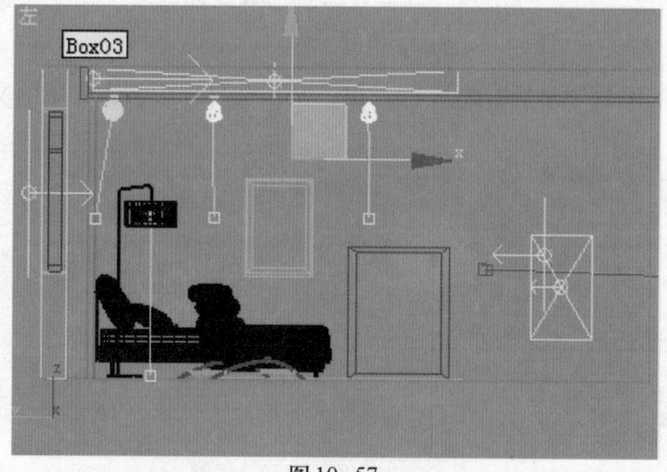

图10-57

步骤 37 分别调节灯光的倍增值，这里主要是根据灯光的实际情况进行微调，如图10–58和图10–59所示。

图10–58

图10–59

步骤 38 单击工具栏中的按钮，查看渲染结果，如图10–60所示。

图10–60

场景中灯光设置完毕。整个场景中落地灯的设置最为关键，读者可以仔细体会整个灯光的制作过程。

10.3 材质的设置

本章将详细讲解如何制作地板材质、床上用品材质和各类儿童用品材质等。通过深入的学习，去体会VRay材质的特点。

10.3.1 地板材质

蜡制地板具有非常高的光泽度，如图10–61所示。

图10–61

操作步骤

步骤 1 选择VRay材质。单击固有色，打开本书配套光盘“源文件\第10章\005.jpg”文件，如图10-62所示。

步骤 2 调节反射颜色数值为255、255、255，如图10-63所示。

图10-62

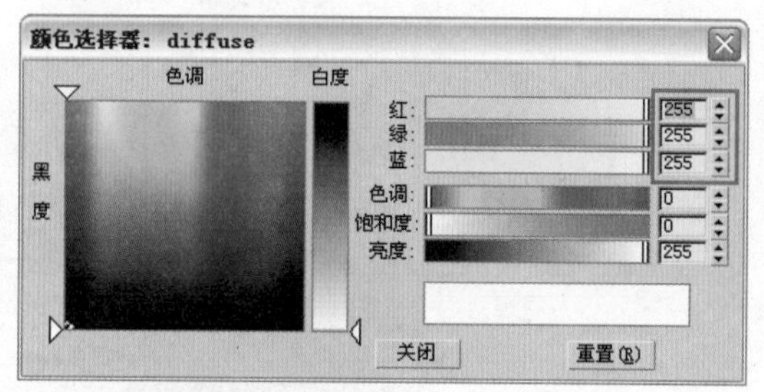

图10-63

步骤 3 单击反射贴图添加衰减贴图，如图10-64所示。

步骤 4 调节“光泽度”参数为0.8，“细分”参数设置为20，如图10-65所示。

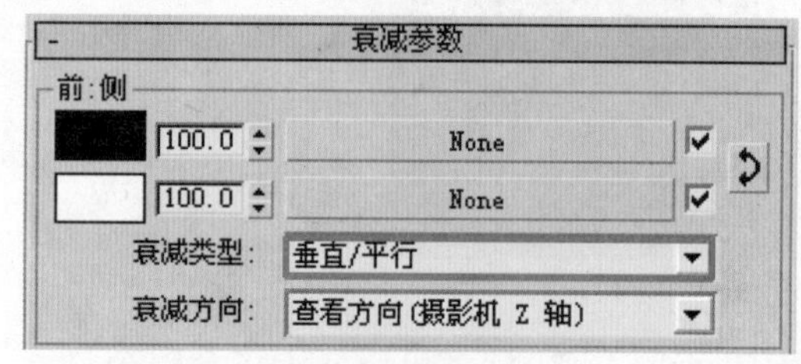

图10-64

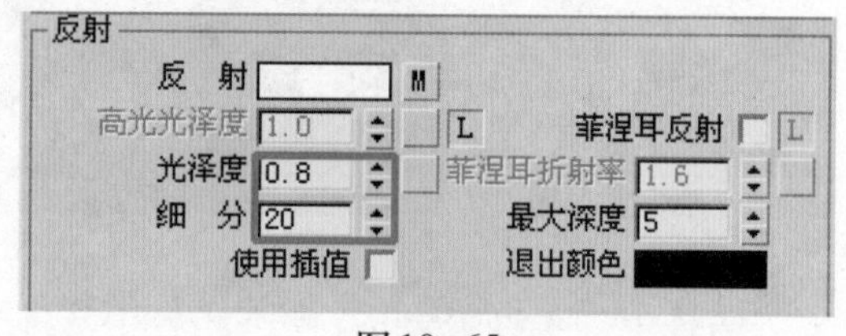

图10-65

步骤 5 在【BRDF】卷展栏中选择材质的类型为“反射”，如图10-66所示。

步骤 6 材质的最终效果如图10-67所示。

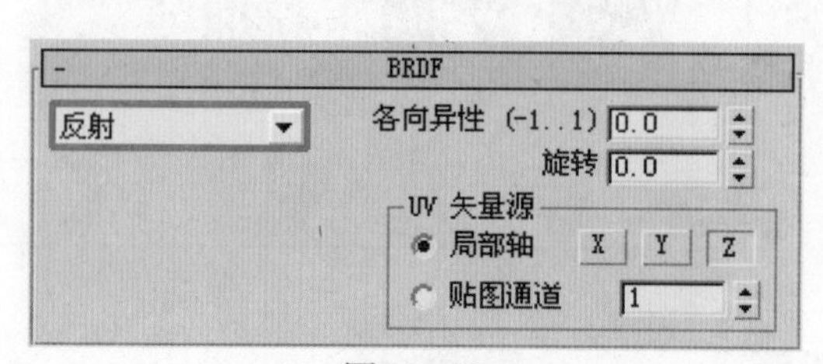

图10-66

图10-67

10.3.2 毛毯材质

毛毯材质主要采用了置换贴图，这样可以使效果更加真实立体，效果如图10-68所示。

图10-68

步骤1 选择VRay材质。单击固有色，调节毛毯颜色如图10-69所示。

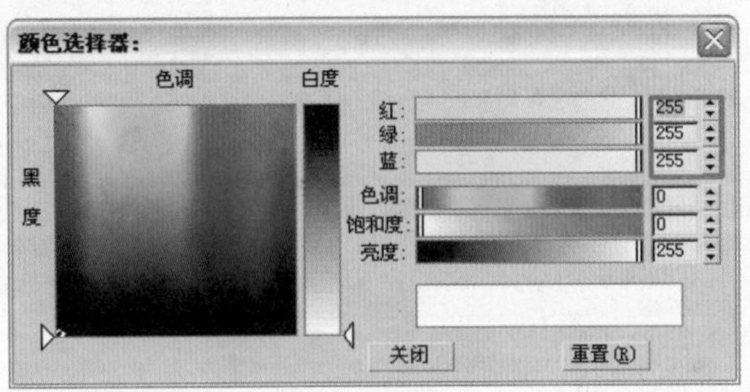

图10-69

步骤2 选择Box，如图10-70所示。为物体添加UVW贴图坐标修改器，如图10-71所示。这里主要是用修改器里面的置换模拟材质的置换效果，预先设置UVW贴图坐标修改器可以为后面的VR置换修改器做很好的贴图位置铺垫。

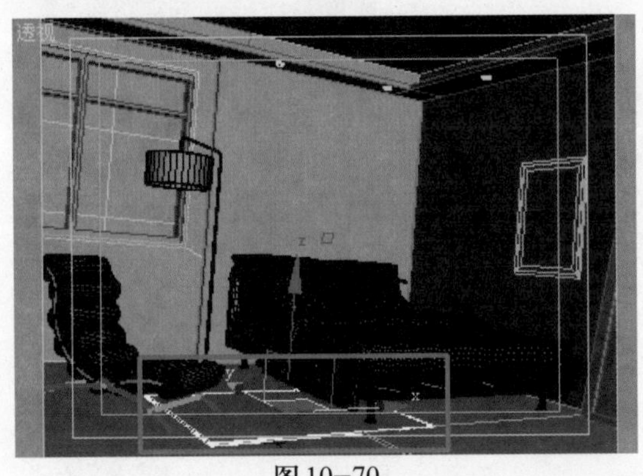

图10-70

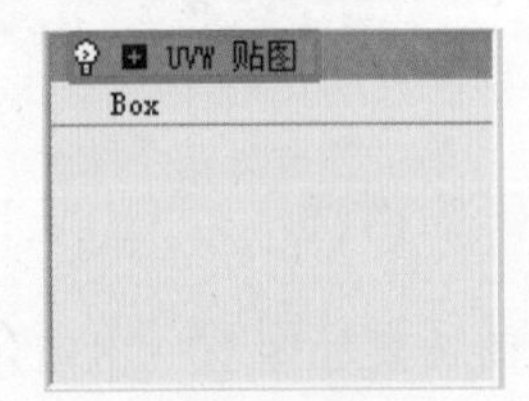

图10-71

步骤3 将贴图模式设置为长方体，并在Z轴方向上进行适配，如图10-72所示。

步骤4 接下来为物体添加“VRay置换模式”修改器，如图10-73所示。

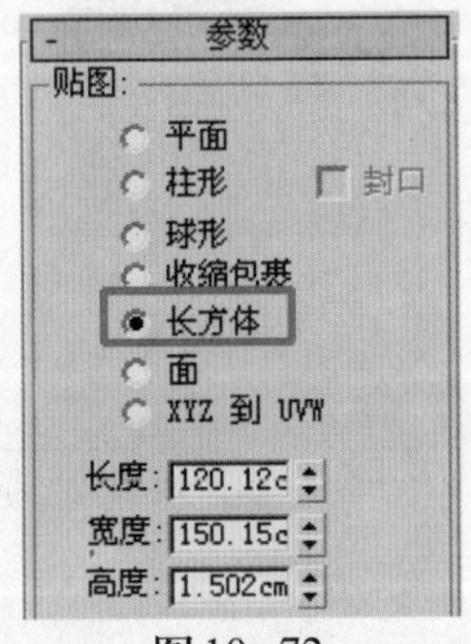

图10-72

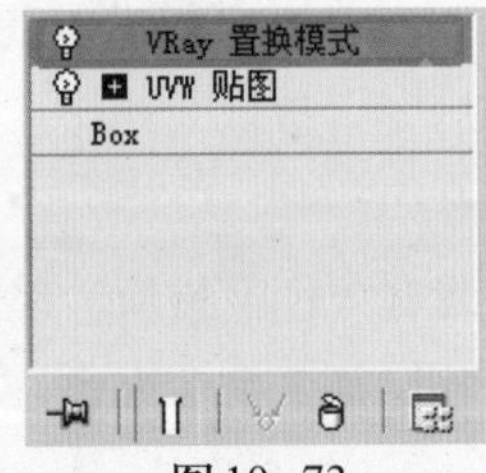

图10-73

步骤5 单击“纹理贴图”下面的长条按钮，打开本书配套光盘“源文件\第10章\地毯置换.jpg”文件，如图10-74和图10-75所示。

步骤6 调节置换相关参数，如图10-76所示。“数量”参数控制着置换的程度，“边长度”参数主要控制着置换边缘的细分程度，决定着置换品质的好坏。

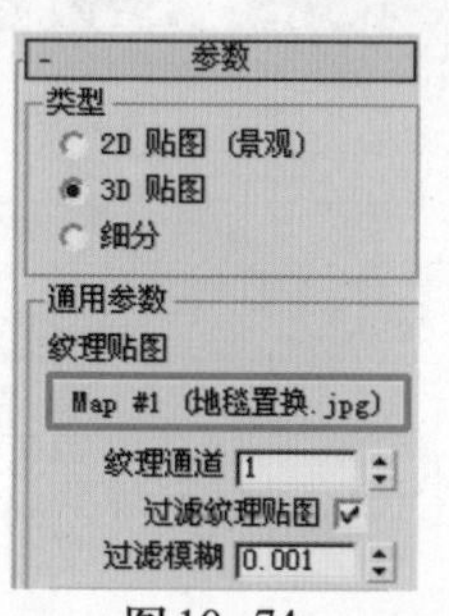

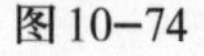
图10-74

图10-75

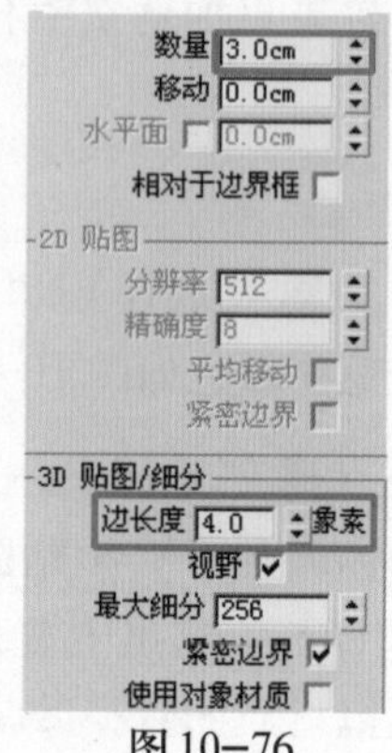

图10-76

材质效果如图10-77所示。值得一提的是，这种置换效果消耗的渲染时间特别长，但是渲染的品质也是十分出色的。

图10-77

10.3.3 床单材质

床单材质效果如图10-78所示。

图10-78

操作步骤

步骤1 选择VRay材质。单击“漫射”右边的长条按钮，添加混合贴图，如图10-79所示。

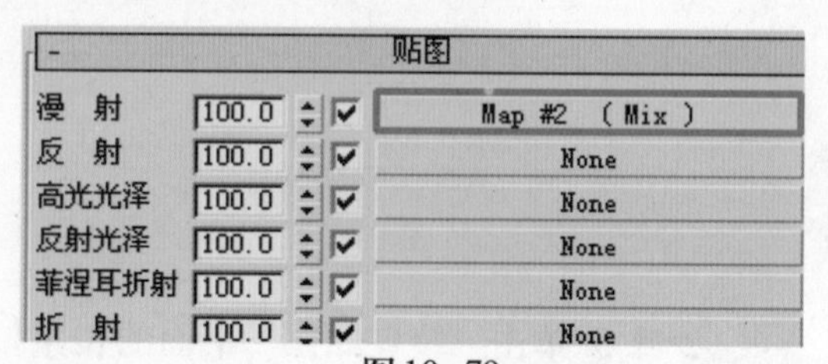

图10-79

步骤2 调节“颜色#1”和“颜色#2”的颜色分别如图3-80和图3-81所示。

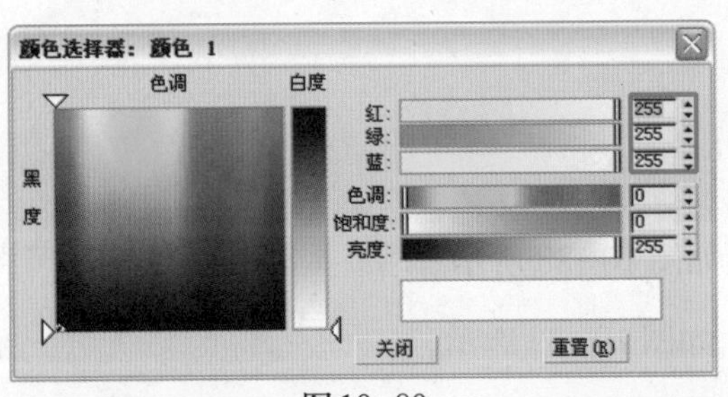

图 10-80

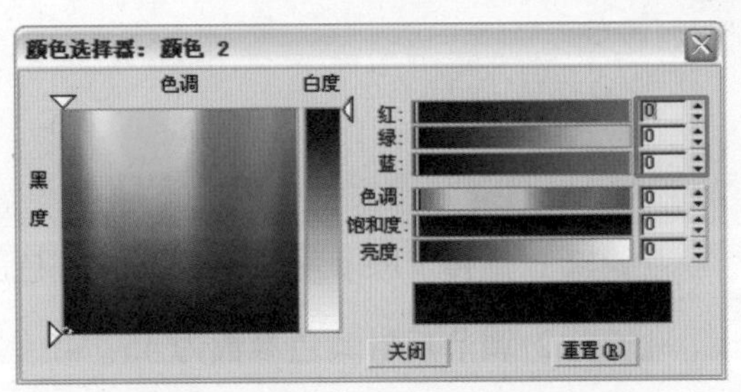

图 10-81

步骤 3 单击“混合量”右边的长条按钮，打开本书配套光盘“源文件\第10章\床单.jpg”文件，如图10-82和图10-83所示。混合量贴图同样识别的也是以黑色信息为根本的Alpha通道贴图模式。

图 10-82

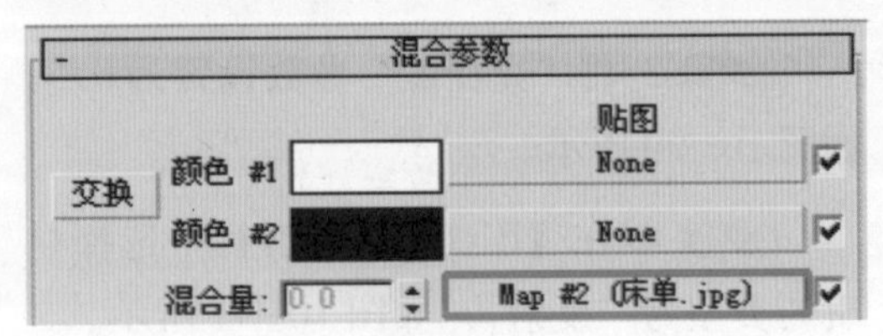

图 10-83

步骤 4 单击“凹凸”右边的长条按钮，打开本书配套光盘“源文件\第10章\BUMP.jpg”文件，如图3-84所示。将凹凸参数设置为500，如图10-85所示。

图 10-84

光泽度	100.0	✓	None
折射率	100.0	✓	None
透　明	100.0	✓	None
凹　凸	500.0	✓	Map #4 (BUMP.jpg)
置　换	100.0	✓	None
不透明度	100.0	✓	None
环　境		✓	None

图 10-85

步骤 5 在【BRDF】卷展栏中选择材质的类型为“反射”，如图10-86所示。

步骤 6 材质的最终效果如图10-87所示。

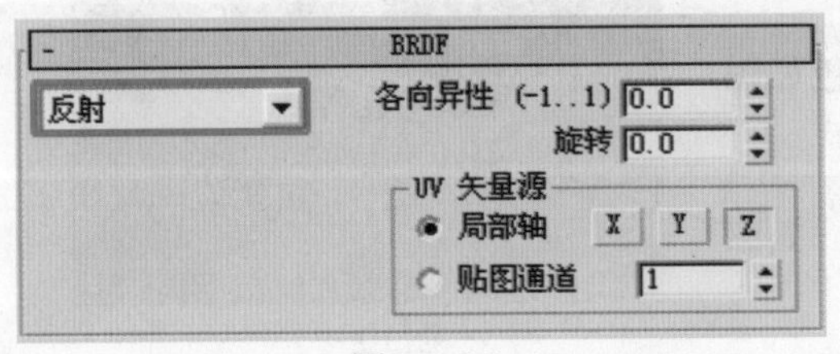

图 10-86

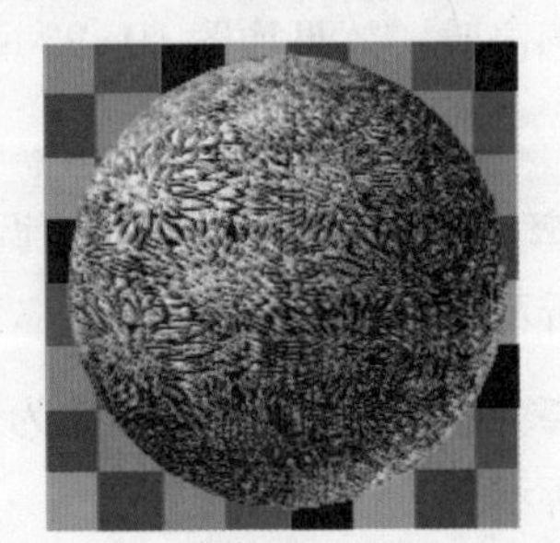

图 10-87

10.3.4　枕头材质

步骤 1 选择 VRay 材质。调节固有色颜色如图 10-88 所示。

步骤 2 调节反射颜色参数为 45、45、45，如图 10-89 所示。

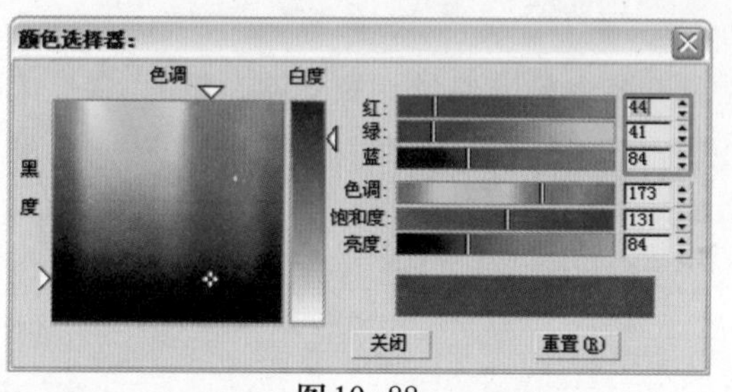

图 10-88

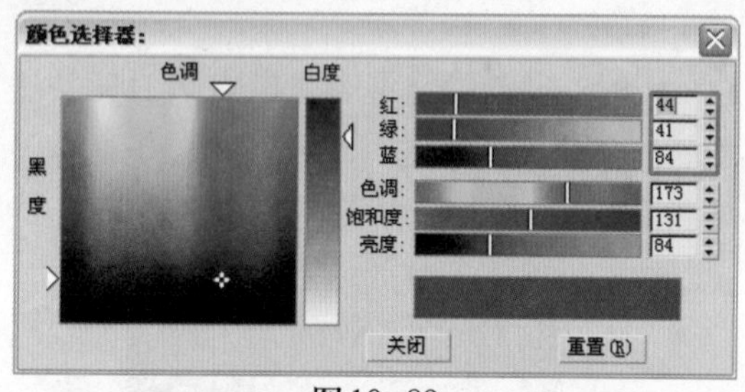

图 10-89

步骤 3 将“光泽度”参数设置为 0.5，如图 10-90 所示。

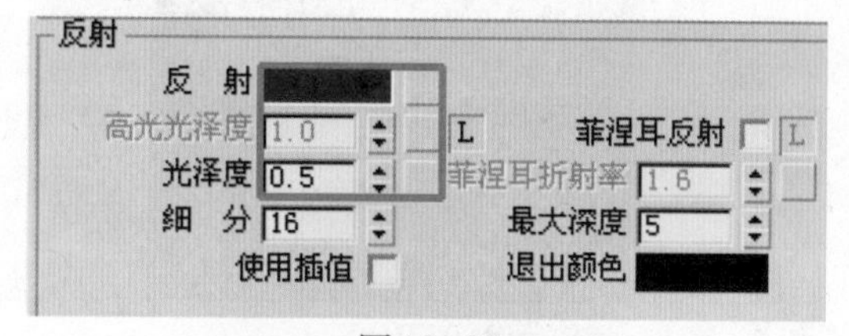

图 10-90

步骤 4 在【BRDF】卷展栏中选择材质的类型为“反射”，如图 10-91 所示。

步骤 5 材质的最终效果如图 10-92 所示。

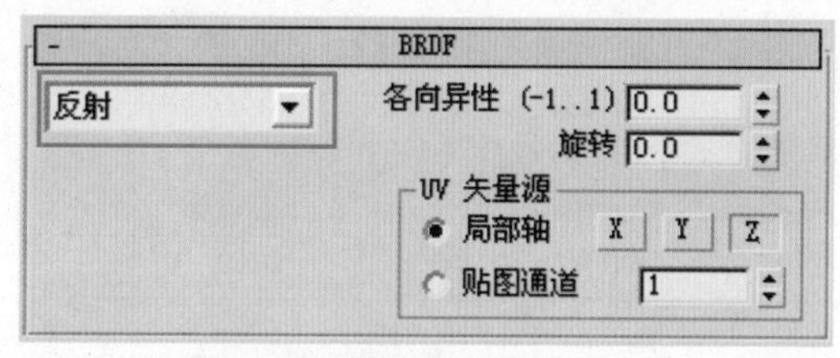

图 10-91

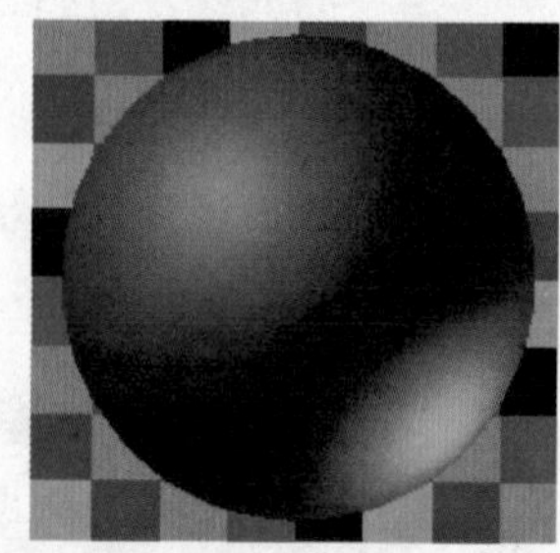

图 10-92

10.3.5　沙发材质

沙发表面皮质具有细腻的模糊反射效果，凸显材质的质感高雅，效果如图 10-93 所示。

图 10-93

步骤 1 选择 VRay 材质。调节固有色颜色如图 10-94 所示。

步骤 2 调节反射颜色参数为 45、45、45，如图 10-95 所示。

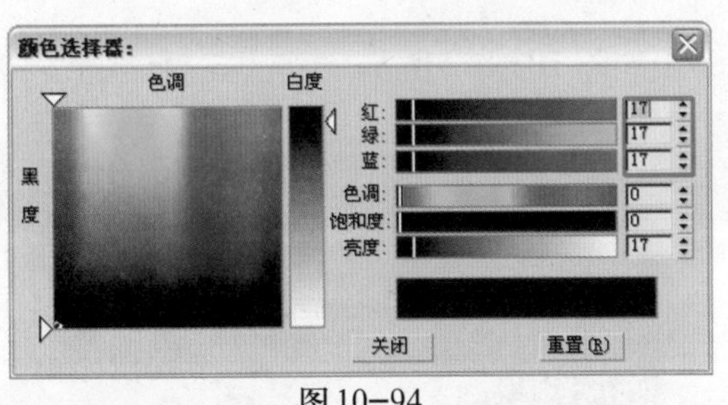

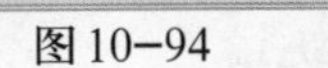

图10-94

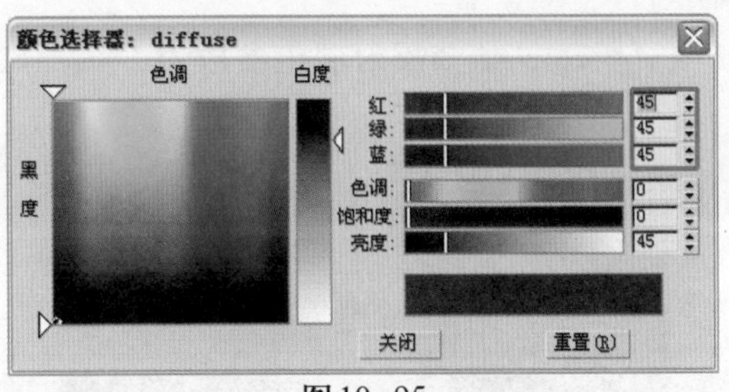

图10-95

步骤 3 将“光泽度”参数设置为0.52，“高光光泽度”参数设置为0.65，如图10-96所示。

步骤 4 在【BRDF】卷展栏中选择材质的类型为“沃德”，如图10-97所示。

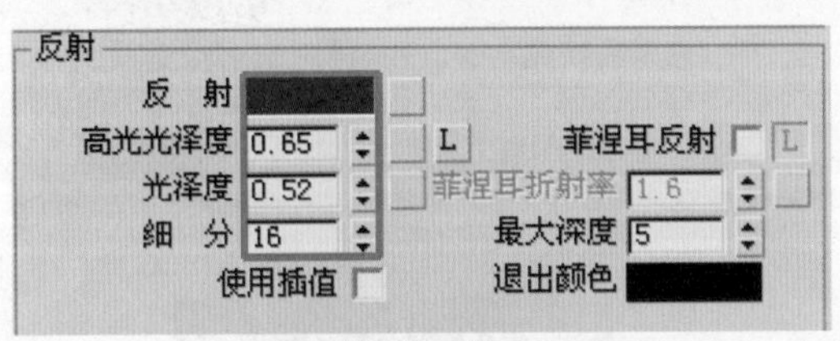

图10-96

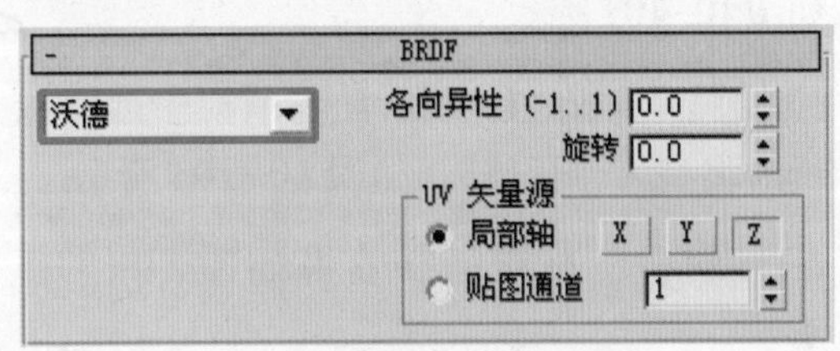

图10-97

步骤 5 单击“凹凸”右边的长条按钮，打开本书配套光盘“源文件\第10章\texture_3.jpg”文件，如图10-98所示。设置凹凸参数为55.0，如图10-99所示。

图10-98

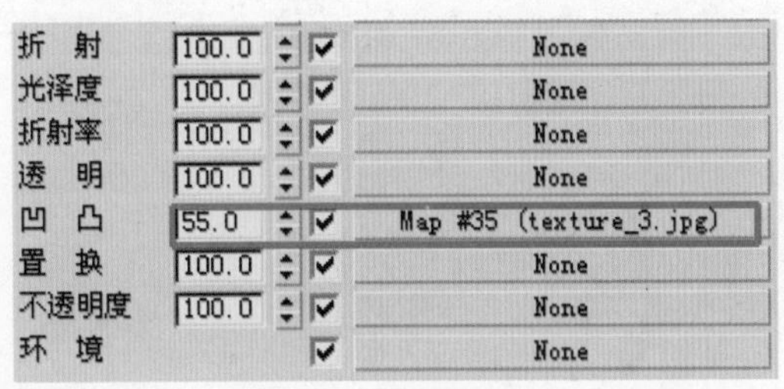

图10-99

步骤 6 材质的最终效果如图10-100所示。

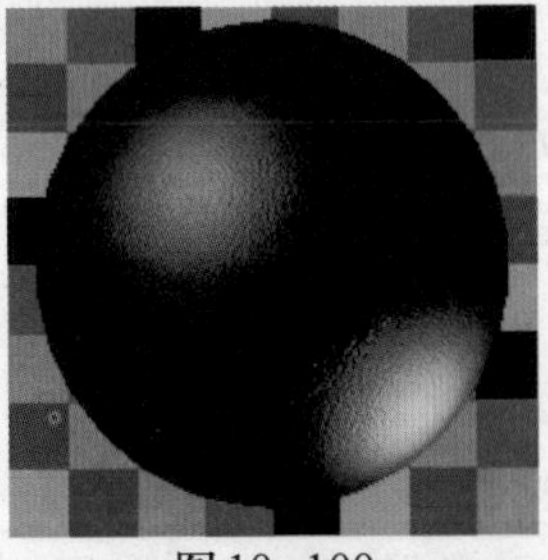

图10-100

10.3.6 金属材质

步骤 1 选择VR材质。单击固有色调节颜色如图10-101所示。

步骤 2 调节反射颜色参数为180、180、180，如图10-102所示。

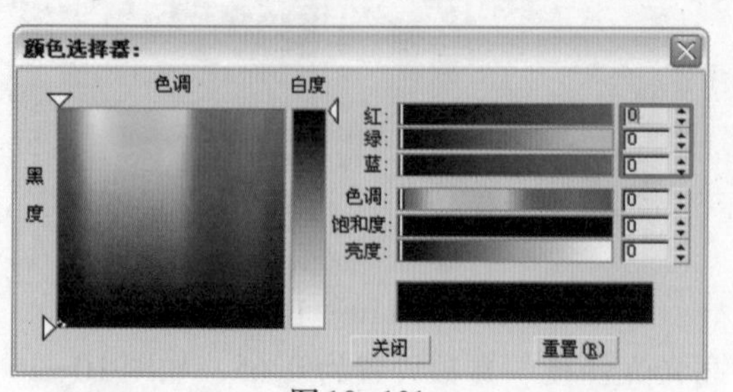

图10-101

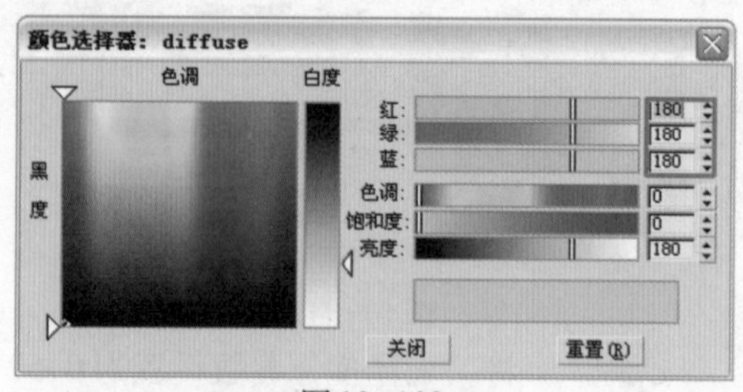

图10-102

步骤 3 调节“光泽度”参数设置为0.95，如图10-103所示。

步骤 4 在【BRDF】卷展栏中选择材质的类型为“沃德”，如图10-104所示。

步骤 5 材质最终效果如图10-105所示。

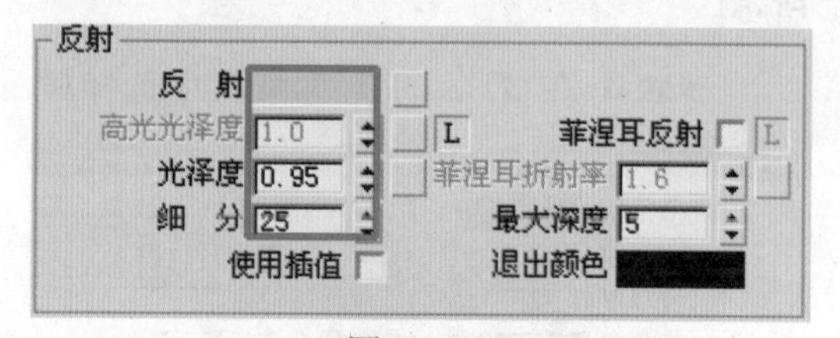

图10-103

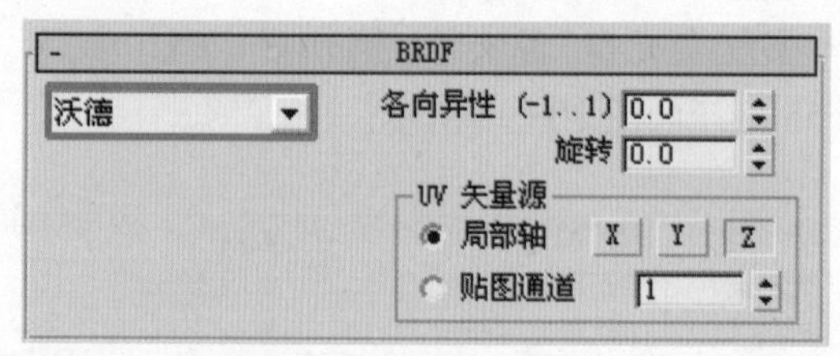

图10-104

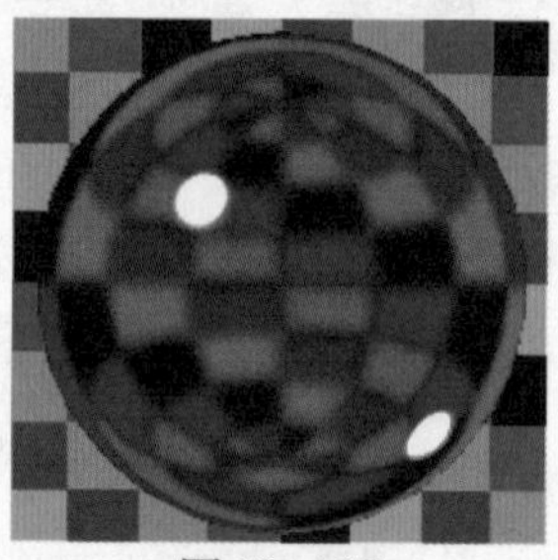

图10-105

10.3.7 窗帘材质

步骤 1 选择VRay材质。为漫射添加衰减贴图，如图10-106所示。

步骤 2 调节前、侧颜色分别如图10-107和图10-108所示。设置衰减类型为“垂直/平行”模式，如图10-109所示。这里主要是模拟窗帘的渐变颜色。

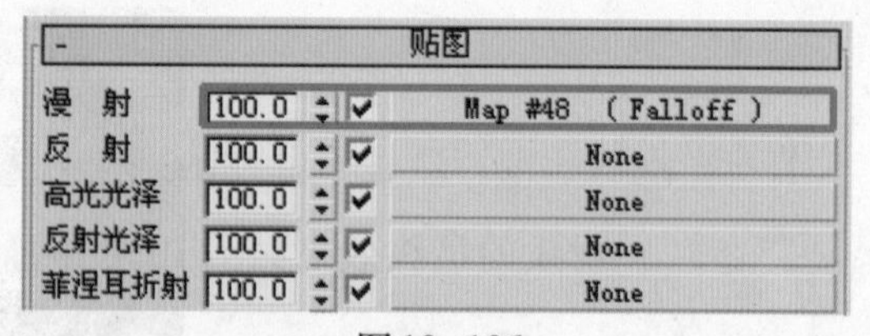

图10-106

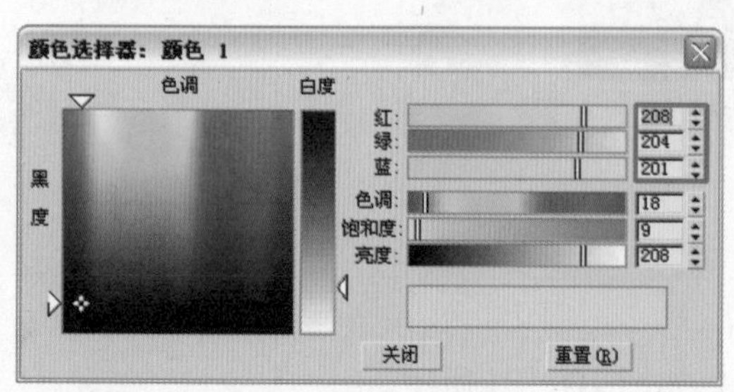

图10-107

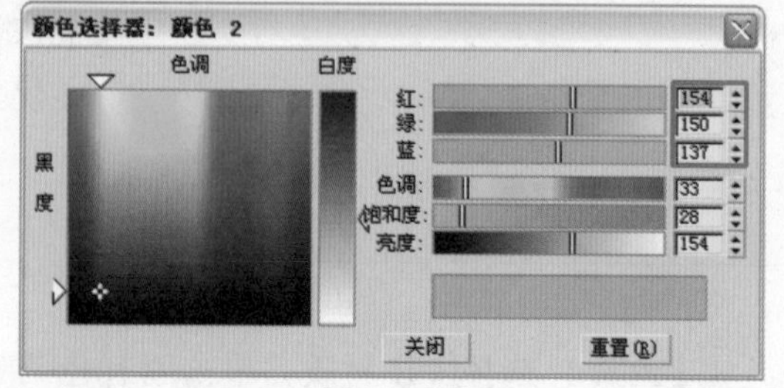

图10-108

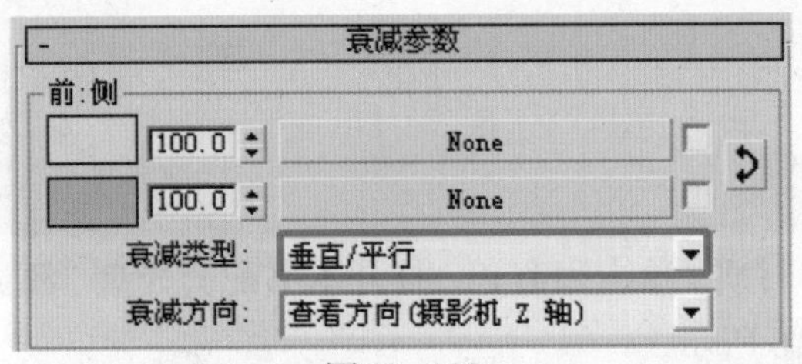

图10-109

步骤 3 调节折射颜色参数为203、203、203，如图10-110所示。

步骤 4 设置“光泽度”为0.7，“折射率”为1.01，如图10-111所示。

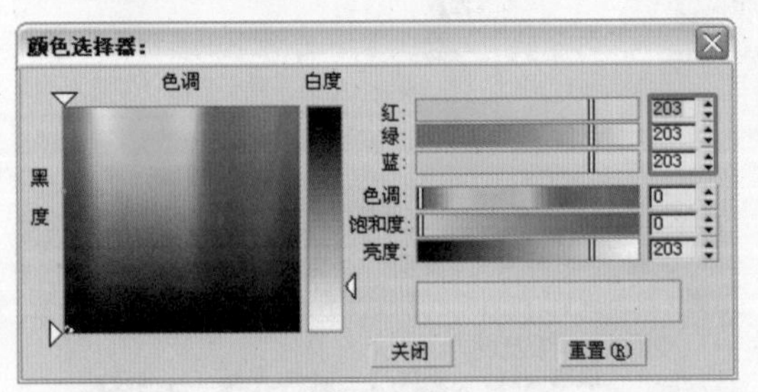

图10-110

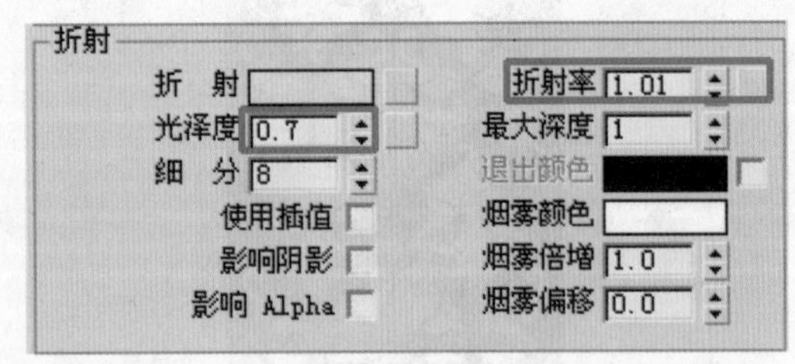

图10-111

步骤 5 为凹凸贴图添加噪波贴图，如图10-112所示。噪波贴图主要是模拟窗帘的表面质感，增加材质的真实感。

步骤 6 打开【坐标】卷展栏，调节XYZ轴的参数，如图10-113所示。

折 射	100.0	✓	None
光泽度	100.0	✓	None
折射率	100.0	✓	None
透 明	100.0	✓	None
凹 凸	5.0	✓	Map #48 (Noise)
置 换	100.0	✓	None
不透明度	100.0	✓	None
环 境		✓	None

图10-112

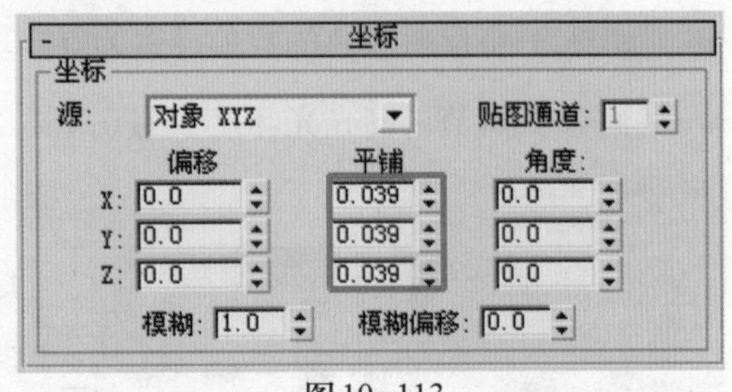

图10-113

步骤 7 打开【噪波】卷展栏，参数设置如图10-114所示。相关参数的含义在前面的章节中详细讲解过，这里不再赘述。

步骤 8 材质的最终效果如图10-115所示。

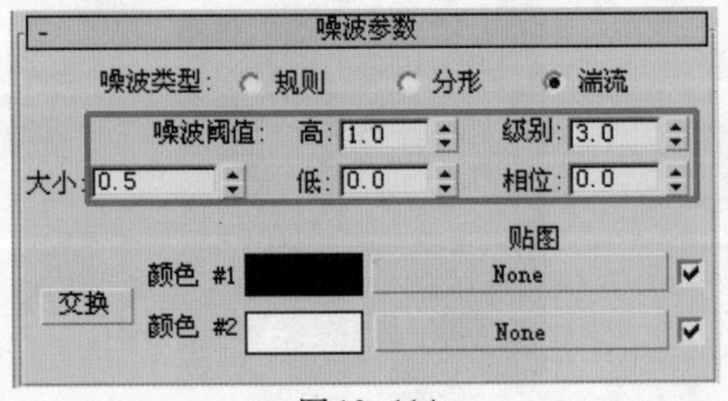

图10-114

图10-115

10.3.8　背景墙材质

步骤 1 选择VRay材质。单击固有色，打开本书配套光盘“源文件\第10章\pattern.jpg”文件，如图10-116所示。

步骤 2 调节UV坐标参数，使贴图尺寸适合场景比例，如图10-117所示。

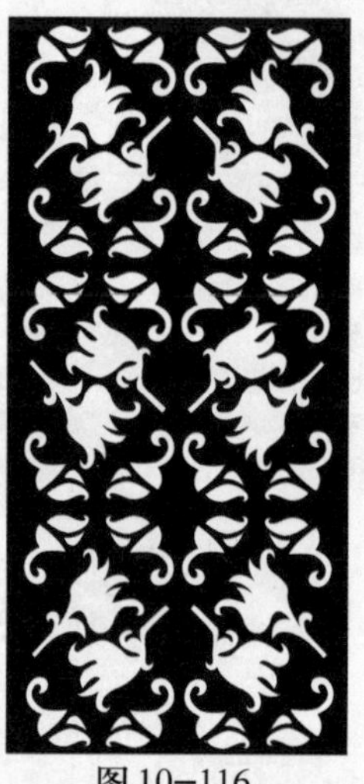

图10-116

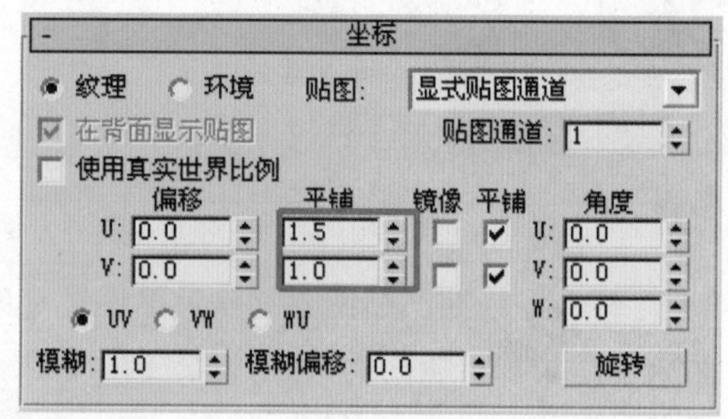

图10-117

步骤 3 将反射颜色的数值设置为0、0、0，如图10-118所示。

步骤 4 调节“高光光泽度”为0.78，“光泽度”为0.61，如图10-119所示。

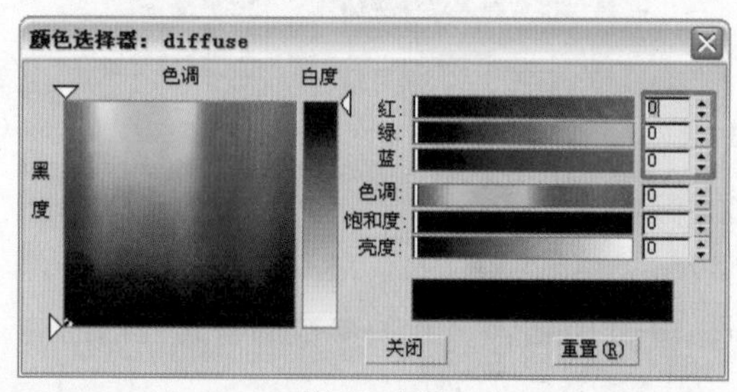

图10-118

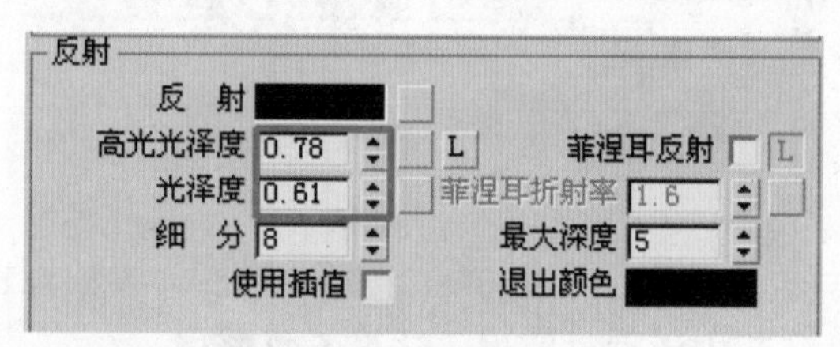

图10-119

步骤 5 将材质类型调整为“反射”，如图10-120所示。

步骤 6 材质最终效果如图10-121所示。

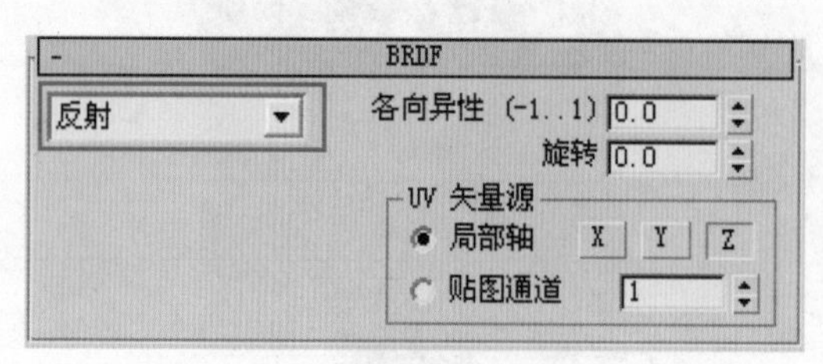

图10-120

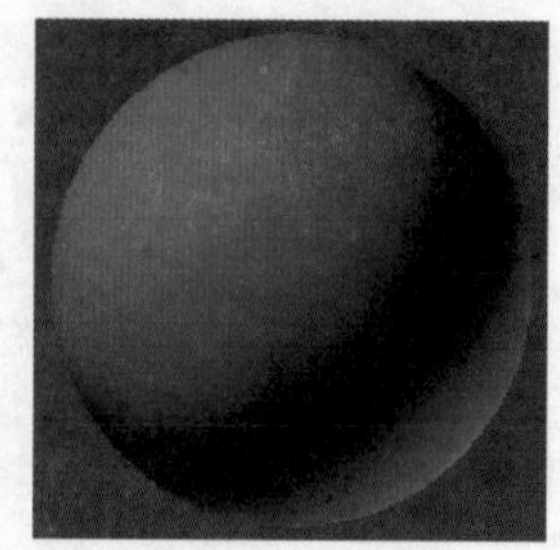

图10-121

10.3.9 画材质

步骤 1 选择VRay材质。单击固有色，打开本书配套光盘“源文件\第10章\10.jpg”文件，如图10-122所示。

步骤 2 将反射颜色的数值设置为24、24、24，如图10-123所示。

图10-122

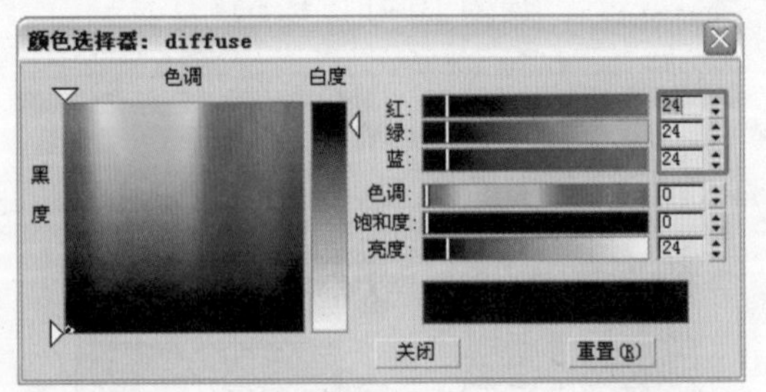

图10-123

步骤 3 调节“光泽度”为0.84，如图10-124所示。

步骤 4 将漫射贴图关联复制到凹凸贴图中并保持默认参数即可，如图10-125所示。

反射

反　射			
高光光泽度	1.0	L	菲涅耳反射
光泽度	0.84	菲涅耳折射率	1.6
细　分	8	最大深度	5
使用插值		退出颜色	

图10-124

贴图

漫　射	100.0	✓	Map #7 (10.jpg)
反　射	100.0	✓	None
高光光泽	100.0	✓	None
反射光泽	100.0	✓	None
菲涅耳折射	100.0	✓	None
折　射	100.0	✓	None
光泽度	100.0	✓	None
折射率	100.0	✓	None
透　明	100.0	✓	None
凹　凸	30.0	✓	Map #8 (10.jpg)
置　换	100.0	✓	None
不透明度	100.0	✓	None
环　境		✓	None

图10-125

步骤 5 将材质类型调整为“反射”，如图10-126所示。

步骤 6 材质最终效果如图10-127所示。

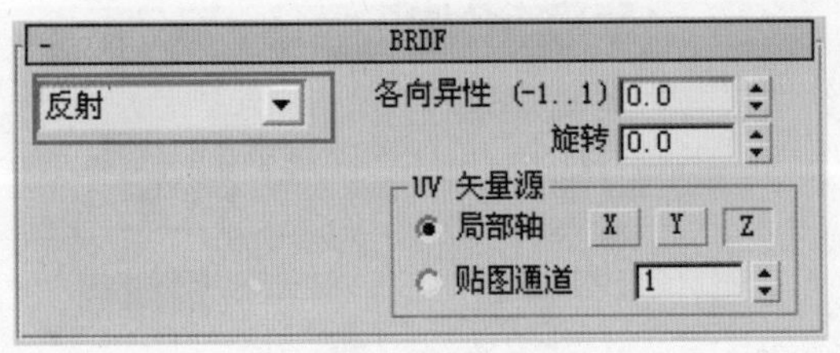

图10-126

图10-127

10.3.10 灯罩材质

步骤 1 选择 VRay 材质。调节固有色颜色如图 10–128 所示。

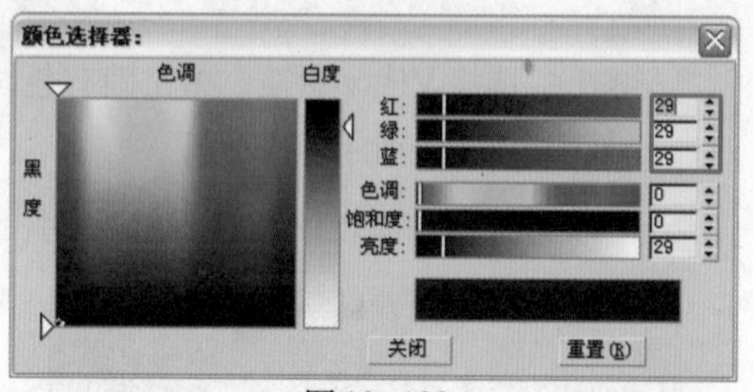

图 10–128

步骤 2 单击“反射”右边的长条按钮，添加衰减贴图，调节前侧颜色分别如图 10–129 和图 10–130 所示。衰减类型选择“Fresnel”，如图 10–131 所示。

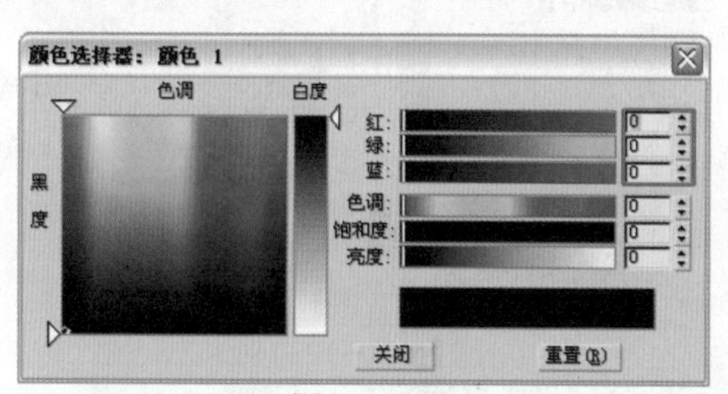

图 10–129

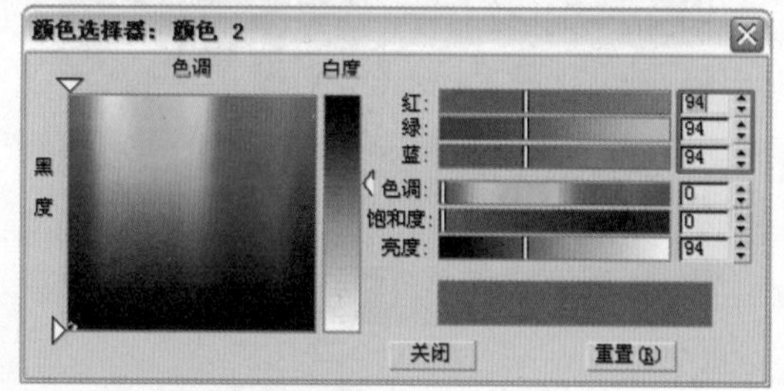

图 10–130

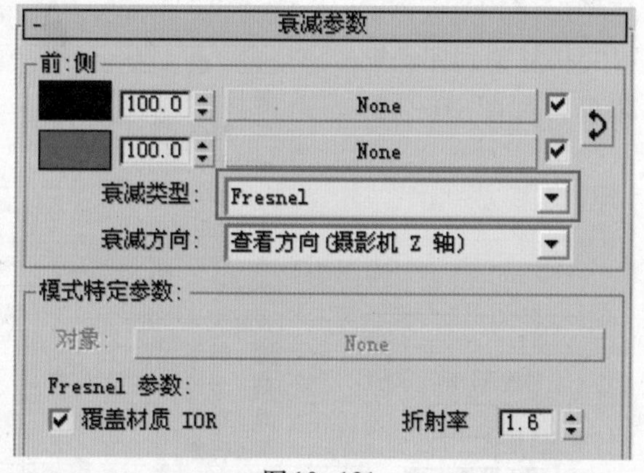

图 10–131

步骤 3 将反射颜色的数值设置为 32、32、32，如图 10–132 所示。

步骤 4 将“光泽度”的数值设置为 0.5，如图 10–133 所示。

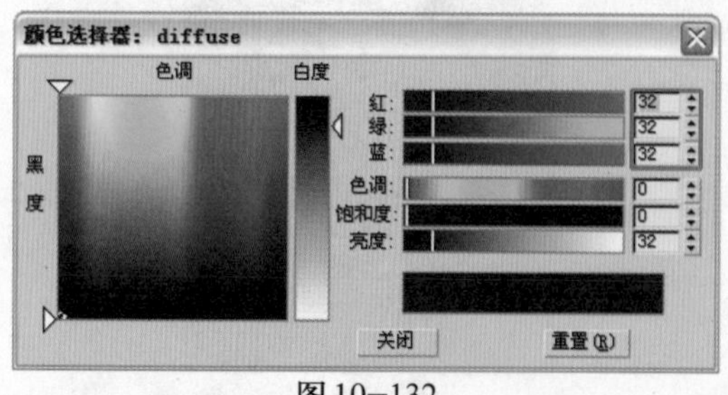

图 10–132

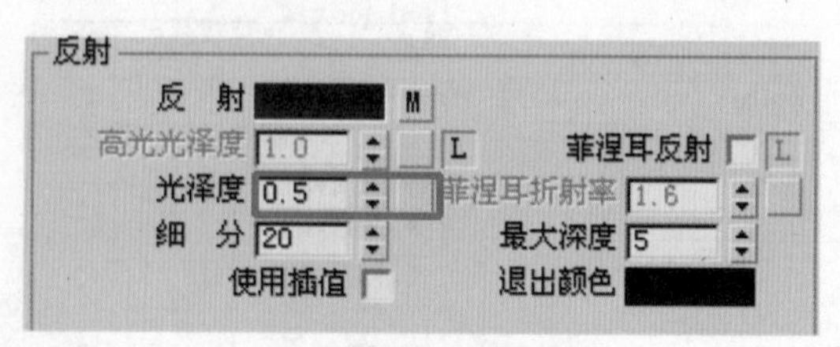

图 10–133

步骤 5 为凹凸贴图添加衰减贴图，参数设置如图 10-134 所示。

步骤 6 设置【坐标】卷展栏和【斑点参数】卷展栏中的相关参数，如图 10-135 所示。

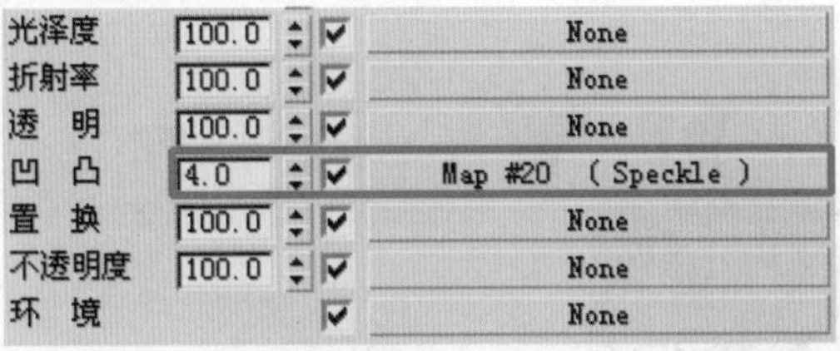

光泽度	100.0	✔	None
折射率	100.0	✔	None
透　明	100.0	✔	None
凹　凸	4.0	✔	Map #20 （Speckle）
置　换	100.0	✔	None
不透明度	100.0	✔	None
环　境		✔	None

图 10-134

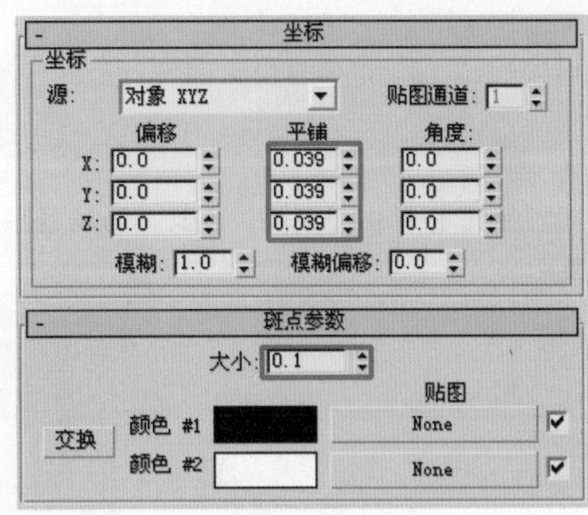

图 10-135

步骤 7 设置材质类型为“反射”，如图 10-136 所示。

步骤 8 材质最终效果如图 10-137 所示。

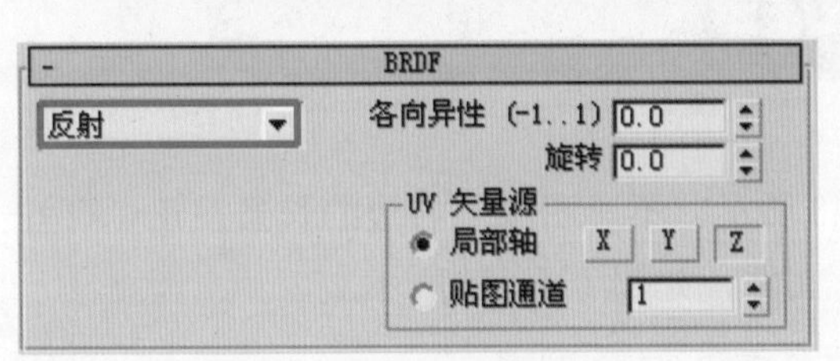

图 10-136

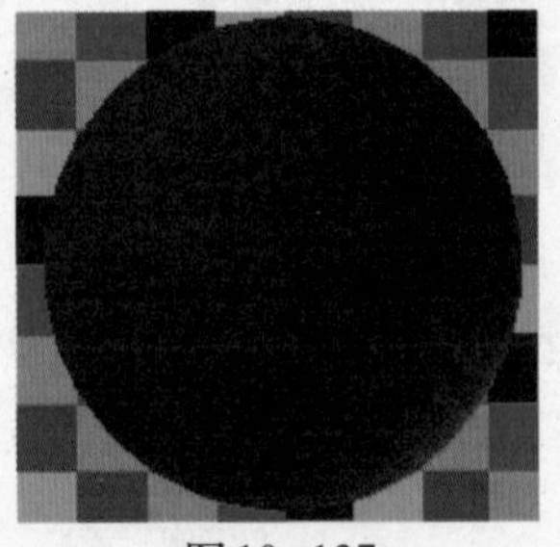

图 10-137

10.3.11 灯光材质

步骤 1 选择 VRay 材质。调节灯光颜色如图 10-138 所示。

步骤 2 单击灯光材质添加 VR 材质包裹器，将灯光“产生全局照明”的数值设置为 2.0，如图 10-139 所示。这样可以使材质产生更明显的灯光照明效果。

步骤 3 材质效果如图 10-140 所示。

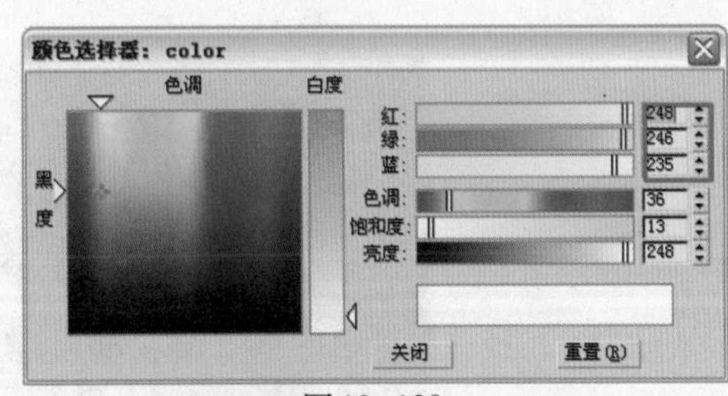

图 10-138

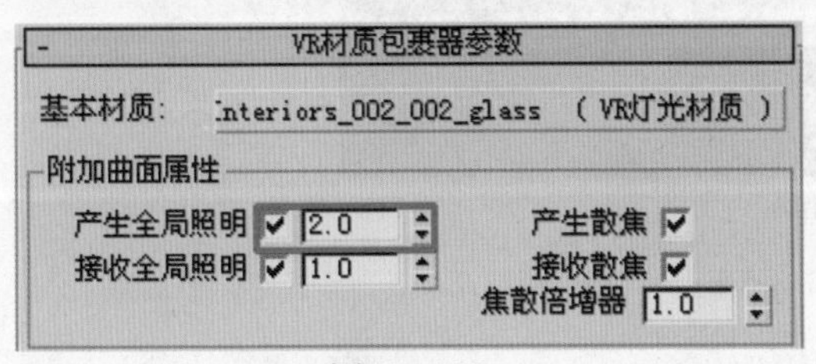

图 10-139

图 10-140

10.4 渲染参数设置和最终渲染

步骤 1 单击“平面”工具，为场景添加外景的环境背景，如图 10–141 和图 10–142 所示。

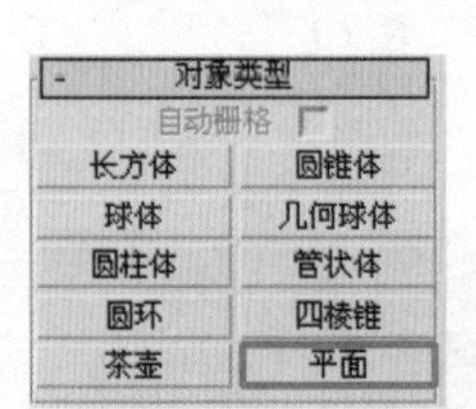

图 10–141

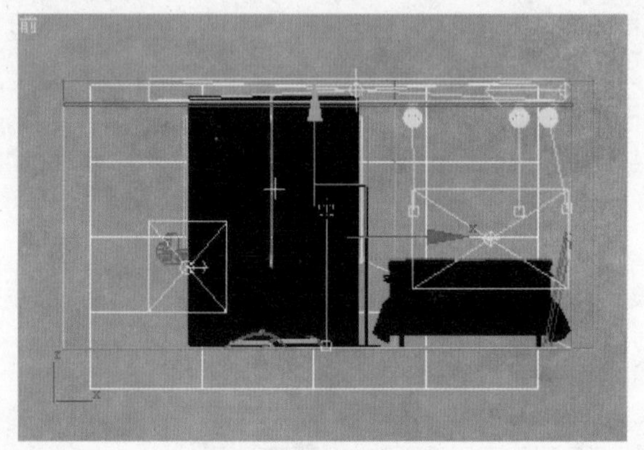

图 10–142

步骤 2 选择 VRay 材质。单击如图 10–143 所示“不透明度”右边的长条按钮，打开本书配套光盘“源文件\第 10 章\外景.jpg”文件，如图 10–144 所示。

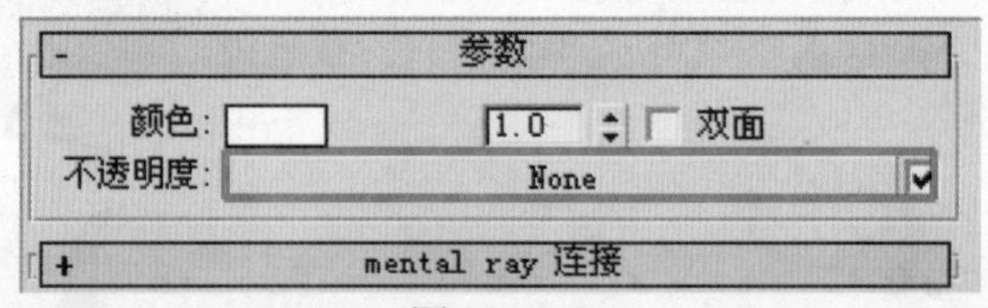

图 10–143

图 10–144

步骤 3 将倍增值设置为 1.0，如图 10–145 所示。

步骤 4 外景效果如图 10–146 所示。

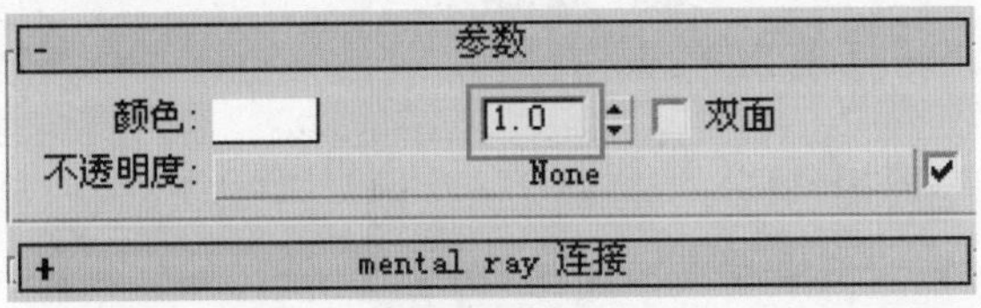

参数
颜色:
1.0
双面
不透明度:
None
mental ray 连接

图 10-145

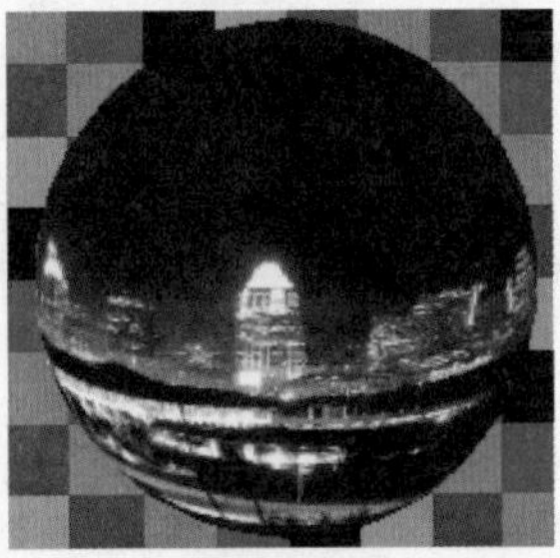

图 10-146

步骤 5 将材质赋予面板，效果如图 10-147 所示。

Rectangle03

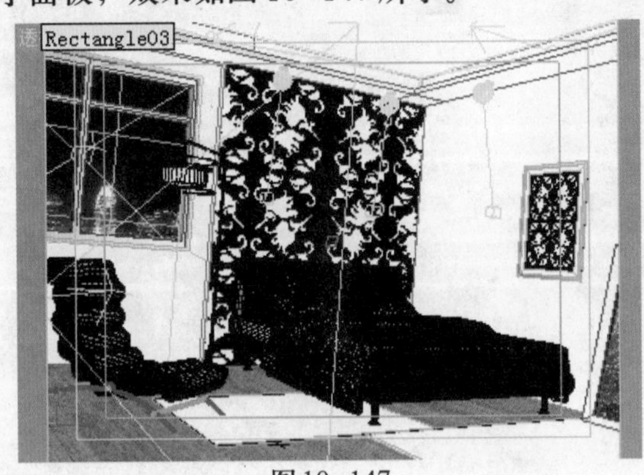

图 10-147

步骤 6 将【V-Ray::间接照明】卷展栏中的“饱和度”数值设置为 0.85，降低画面饱和度，如图 10-148 所示。

步骤 7 将【V-Ray::灯光缓冲】卷展栏中的参数设置如图 10-149 所示。自适应跟踪可以得到更加出色的灯光计算效果，同样渲染时间也会延长。

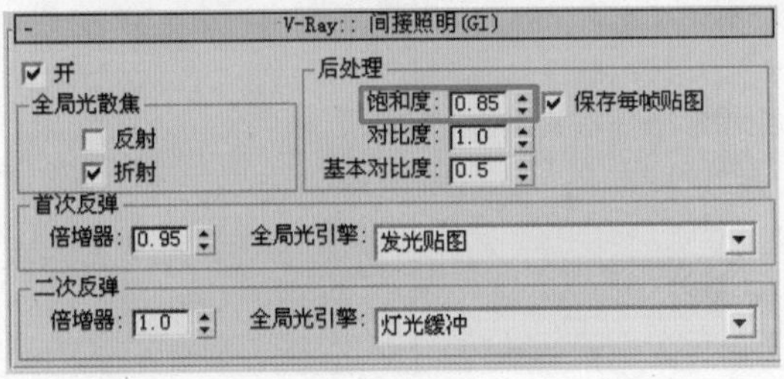

V-Ray:: 间接照明(GI)
开
后处理
全局光散焦
饱和度: 0.85
保存每帧贴图
对比度: 1.0
反射
基本对比度: 0.5
折射
首次反弹
倍增器: 0.95
全局光引擎: 发光贴图
二次反弹
倍增器: 1.0
全局光引擎: 灯光缓冲

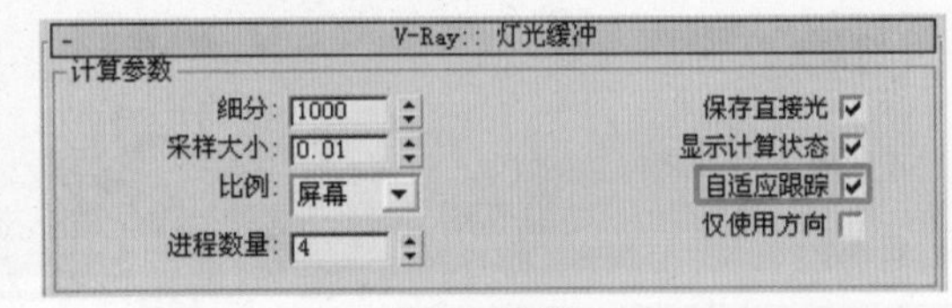

图 10-148

V-Ray:: 灯光缓冲
计算参数
细分: 1000
保存直接光
采样大小: 0.01
显示计算状态
比例: 屏幕
自适应跟踪
仅使用方向
进程数量: 4

图 10-149

步骤 8 打开【V-Ray::环境】卷展栏，勾选“反射/折射环境覆盖”选项组中的“开”复选框，如图 2-150 所示。调节反射颜色，使场景中反射冷色的环境光源，如图 2-151 所示。

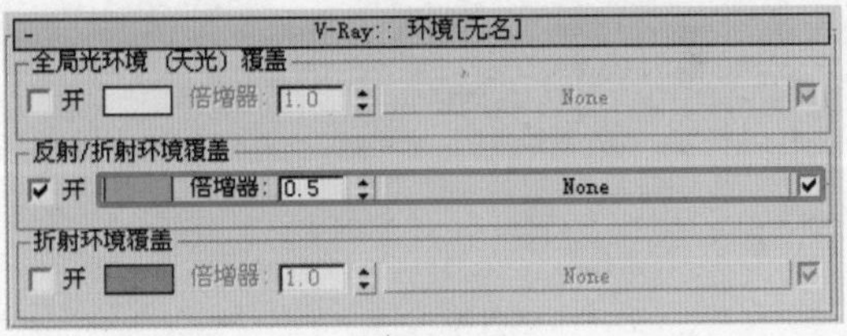

V-Ray:: 环境[无名]
全局光环境（天光）覆盖
开
倍增器: 1.0
None
反射/折射环境覆盖
开
倍增器: 0.5
None
折射环境覆盖
开
倍增器: 1.0
None

图 10-150

颜色选择器:
色调
白度
黑
度
红: 119
绿: 135
蓝: 169
色调: 156
饱和度: 75
亮度: 169
关闭
重置(R)

图 10-151

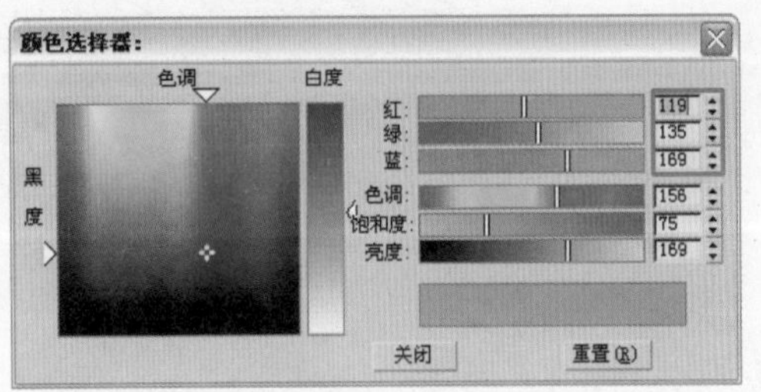

步骤 9 将“全局细分倍增器”参数设置为1.2，提高画面品质，如图10-152所示。

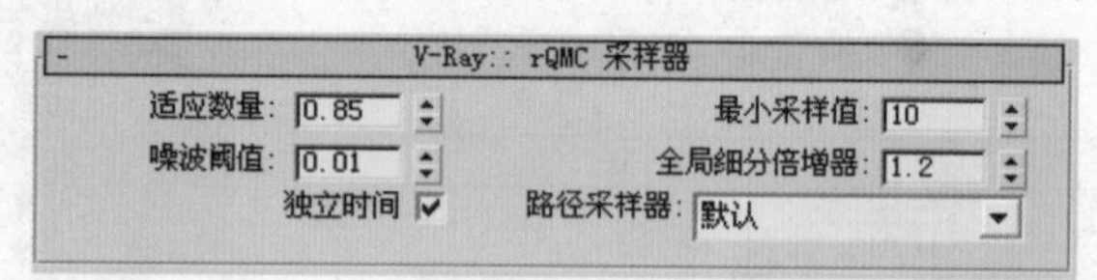

图10-152

步骤 10 单击工具栏中的按钮，查看渲染结果，如图10-153所示。

图10-153

完美风暴
3ds max/VRay
卧室效果图制作现场

第 11 章 中式简约卧室表现

本章精髓

- 封闭室内空间的布光思路
- 床边灯的效果制作
- VRay 材质

11.1 案例分析

这个案例主要是制作封闭空间的卧室效果。画面中场景空间感受到局限，但是摄像机的角度和物品摆放的层次感可以弥补空间的局限性。封闭的室内空间布光思路很重要，行之有效的布光思路可以使灯光的美感发挥到最大程度。本章中主要是采用了与现实灯光一致的布光手段，并配合了一定的环境光反射，这样可以使场景空间的灯光效果更加柔和、真实。在这样比较狭小的局部空间效果中，尤其要注意物体之间的层次感，这样可以使画面更有秩序感和美感。同时，注意摄像机的角度，适当倾斜的构图可以使画面看起来动感十足。

11.1.1 光影层次

本章中光影表现的最大特点，是制作灯光的流程采用了与真实场景发光体系一样的照明手段。场景中通过吊灯和射灯等综合手段来模拟室内的照明系统，并配合环境灯光来对空间进行整体照明和环境反射效果的模拟。床边柜上的纸艺灯是场景中唯一可见的发光源，可以作为灯光表现的细节要素。图11-1所示为表现此类效果十分出色的画面，读者可以进行参考。

图11-1

11.1.2 VRay材质

本节中将重点介绍木头和毛毯等相对复杂材质的制作过程，地毯材质主要通过置换效果来实现，场景中玻璃、金属以及塑料相框也是需要集中表现的材质细节。具体的材质讲解将在11.3节中进行详细描叙。图11-2和图11-3所示的是本章实例的精彩细节图片。

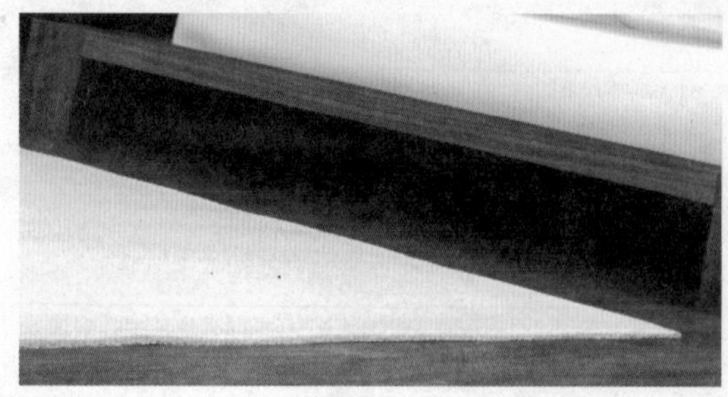

图11-2

图11-3

11.2 灯光的设置

画面中灯光的设置采用了吊灯、射灯以及环境光相结合的制作方式，一般按照顺序依次进行灯光的设置，确立画面的整体基调。

11.2.1 光源和环境的创建

本章采用VR灯光进行画面中光源的创建。

步骤 1 开启3ds max 9，执行【文件】|【打开】命令，打开本书配套光盘“源文件\第11章\中式卧室.max”文件，如图11-4所示。

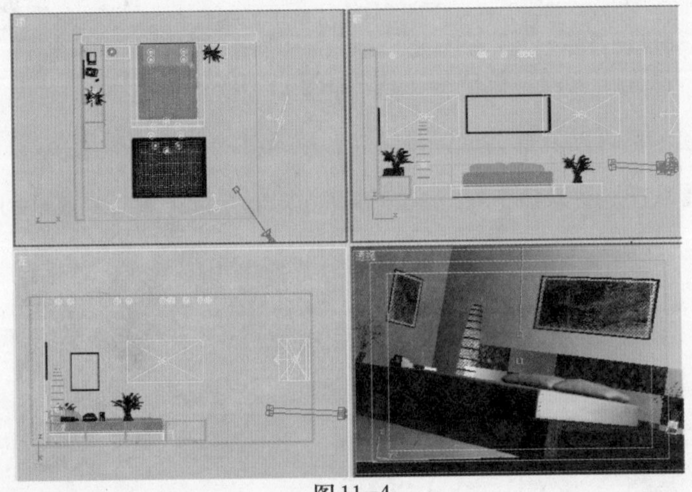

图11-4

步骤 2 单击【创建】命令面板下【灯光】面板中的【VR灯光】按钮，在视图顶部创建主光源，如图11-5所示。

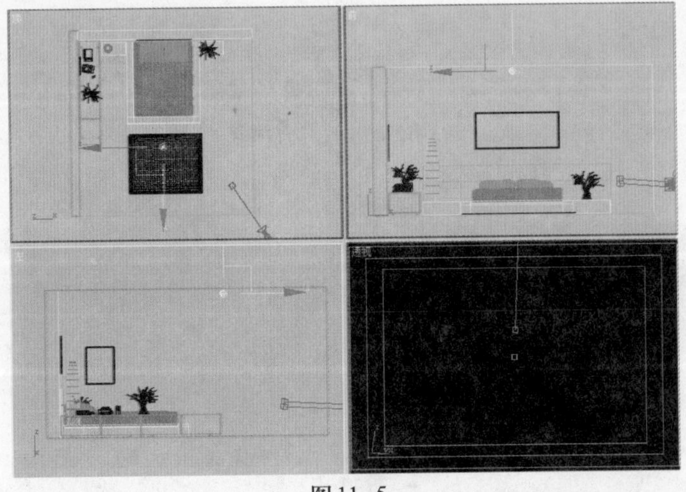

图11-5

步骤 3 设置灯光的位置如图 11−6 所示。

X: 0.237cm Y: -67.249cm Z: 250.749cm

图 11−6

步骤 4 选中 VRayLight，单击按钮切换到修改命令面板。在【参数】卷展栏中勾选“开”复选框，将“倍增器”参数设置为 30.0，如图 11−7 所示。

步骤 5 将灯光颜色设置为黄色，如图 11−8 所示。

图 11−7

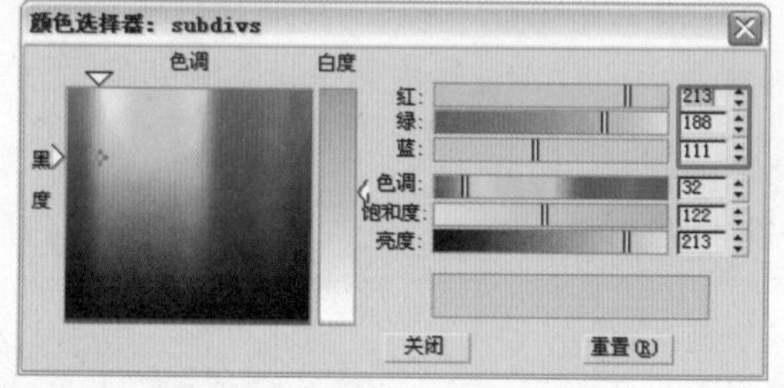

图 11−8

步骤 6 调节灯光“半径”数值为 4.0，如图 11−9 所示。

步骤 7 勾选“不可见”复选框，将灯光在渲染时的渲染效果隐藏，如图 11−10 所示。

步骤 8 在【采样】卷展栏中设置采样的细分数值保持不变，设置“阴影偏移“参数为 0.002，如图 11−11 所示。

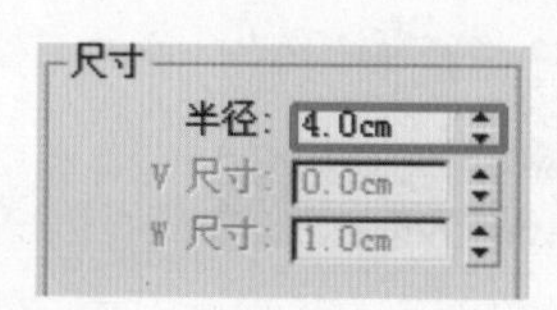

图 11−9

图 11−10

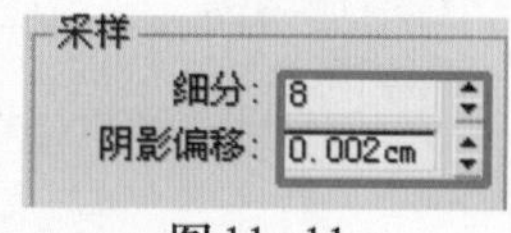

图 11−11

步骤 9 将圆形 VR 灯光进行旋转复制，形状的效果是模拟吊灯的照明效果，如图 11−12 所示。

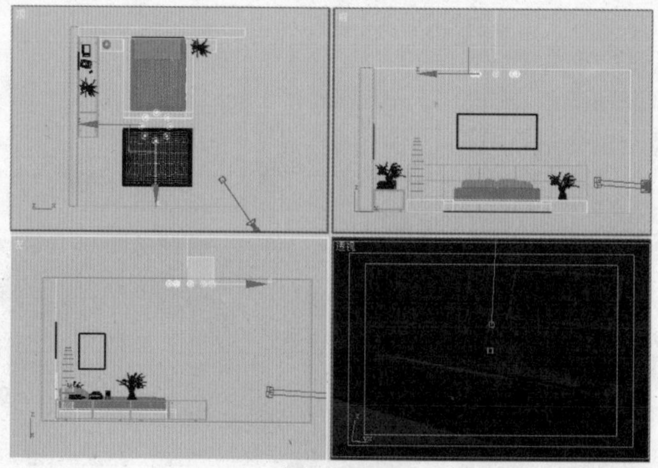

图 11−12

步骤 10 执行【渲染】|【渲染】命令，或者单击工具栏中的按钮，打开“渲染场景”对话框。单击“公用”选项，在【指定渲染器】卷展栏中，单击“产品级”后面的按钮。打开“选择渲染器”对话框，在下面的列表中选择“VRay Adv 11.5 RC3”，单击“确定”按钮，如图11–13所示。

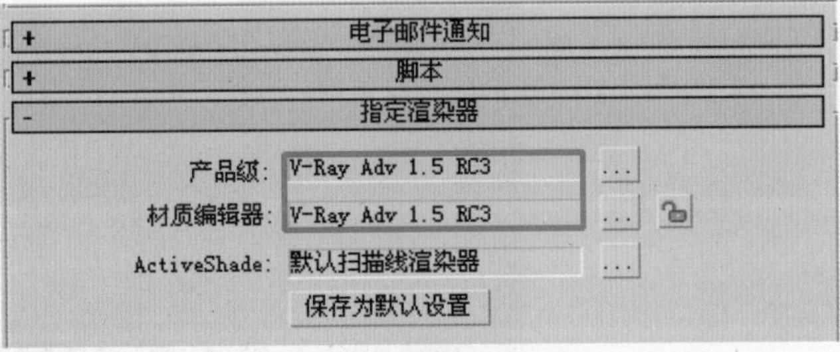

图11–13

步骤 11 打开【V–Ray∷图像采样(反锯齿)】卷展栏，将抗锯齿过滤器设置如图11–14所示。

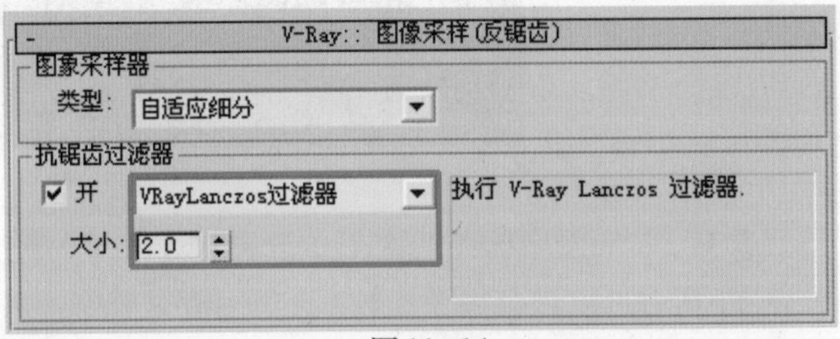

图11–14

步骤 12 开启VRay渲染器。打开【V–Ray∷间接照明】卷展栏，勾选“开”复选框，选择首次反弹GI引擎为“准蒙特卡洛算法”，二次反弹GI引擎为“灯光缓冲”，如图11–15所示。

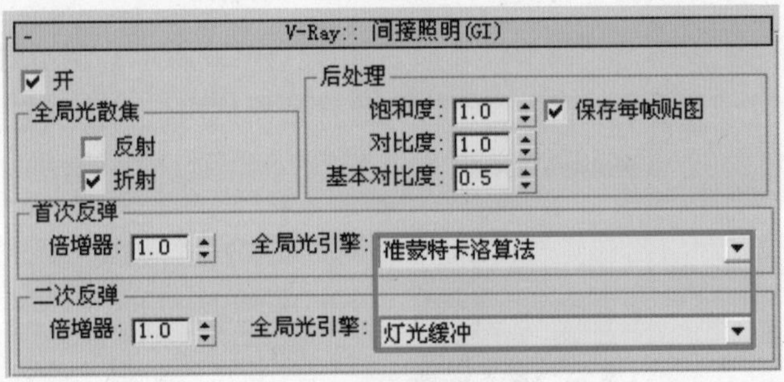

图11–15

步骤 13 打开【V–Ray∷准蒙特卡洛全局光】卷展栏，将“细分”参数设置为10.0，这样可以在渲染的时候观察到比较好的灯光渲染效果，但渲染时间相对会增大，如图11–16所示。

图11–16

步骤 14 打开【V–Ray∷灯光缓冲】卷展栏，参数设置如图11–17所示。

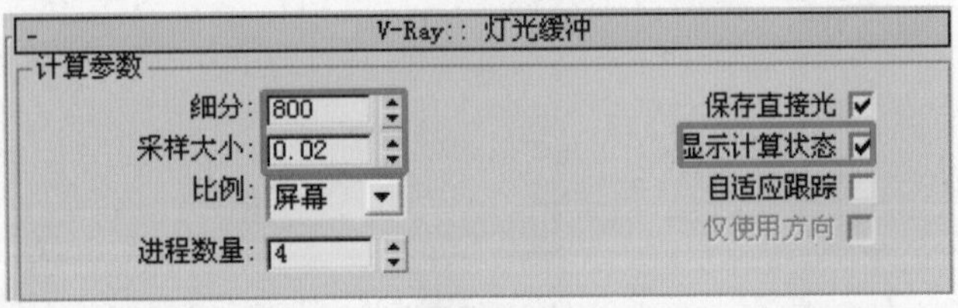

图11–17

步骤 15 打开【V–Ray∷颜色映射】卷展栏，将颜色贴图的类型设置为“线性倍增”，保持默认参数如图11–18所示。颜色映射的参数多根据用户的经验进行设置，是对灯光颜色和曝光补偿的调节。

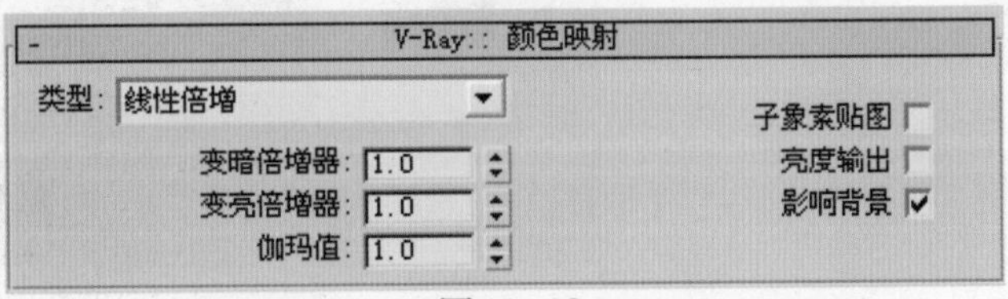

图11–18

步骤 16 单击工具栏中的按钮，查看渲染结果，如图11–19所示。

图11-19

步骤 17 场景中的照明效果十分模糊，几乎为纯黑。场景源文件中包含了该灯光的照明效果，读者可以进行参考比较。这里主要是介绍一种灯光的制作思路和方法，下面可以通过提高灯光参数来测试这些灯光的作用。

步骤 18 调节灯光颜色如图11-20所示。调节灯光的“倍增器”参数为400.0，如图11-21所示。注意这里的参数只是测试用，与本场景的最终制作效果无关。

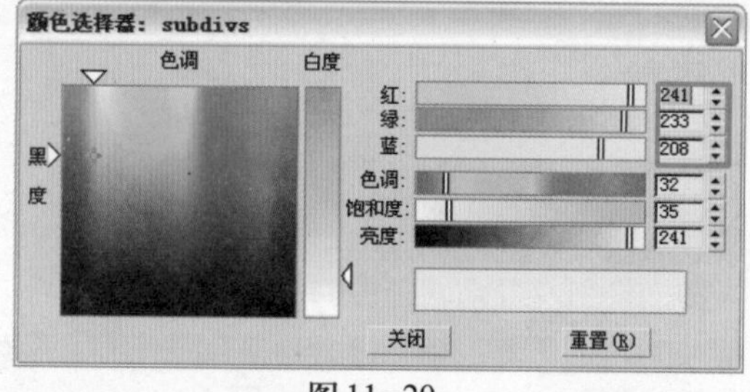

图11-20

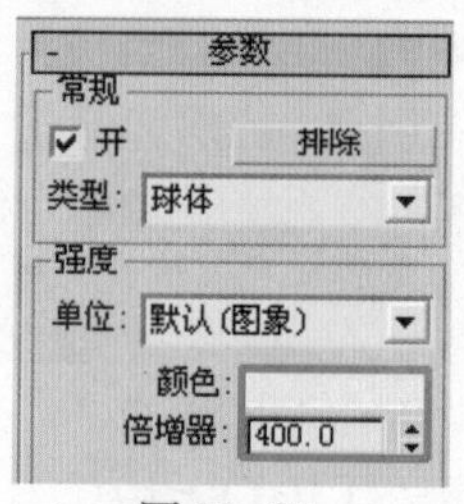

图11-21

步骤 19 单击工具栏中的按钮，查看渲染结果，如图11-22所示。

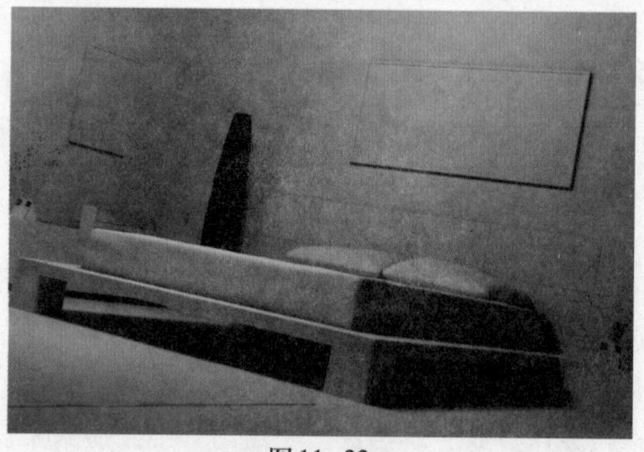

图11-22

步骤 20 观察渲染图像，场景中被环形灯光照亮，灯光的过渡比较柔和自然。这里主要是介绍一下这类灯光的制作流程和效果，一般的室内场景用这种方法比较少，或者作为辅助光来使用。但是，这种方法在制作户外效果时（例如别墅或者建筑），都是比较实用的一种灯光布置方法。

步骤 21 继续为场景添加灯光，位置如图 11−23 所示。

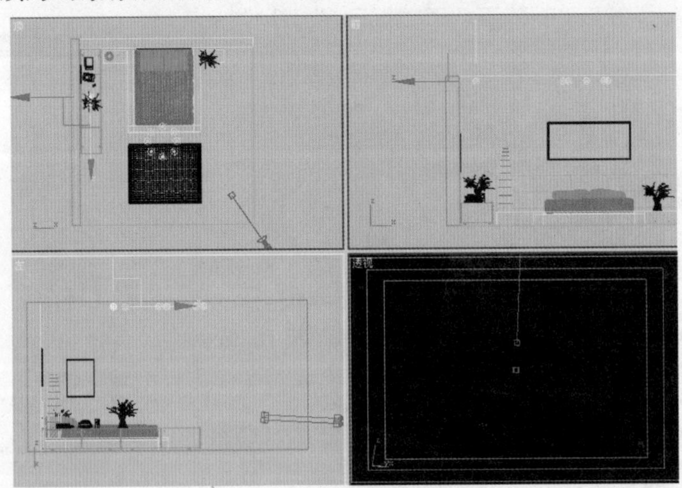

图 11−23

步骤 22 将灯光颜色设置为暖黄色，如图 11−24 所示。

步骤 23 调节灯光半径数值为 4，如图 11−25 所示。这里将灯光进行复制，在该处设置两盏灯光。

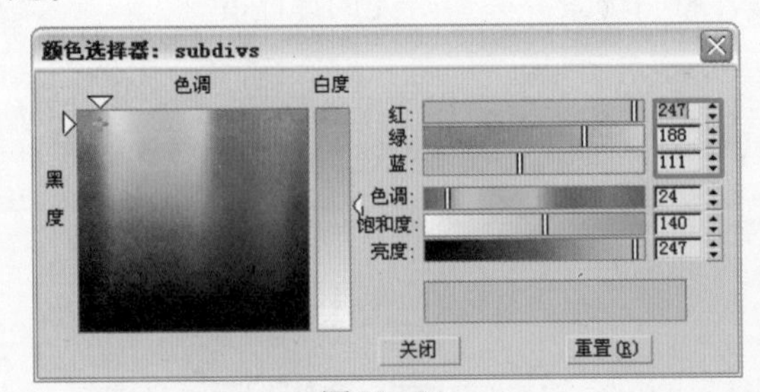

图 11−24

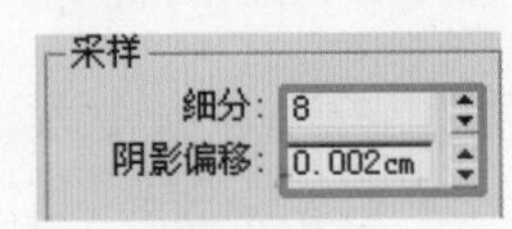

图 11−25

步骤 24 在床的上方继续添加灯光，如图 11−26 所示。

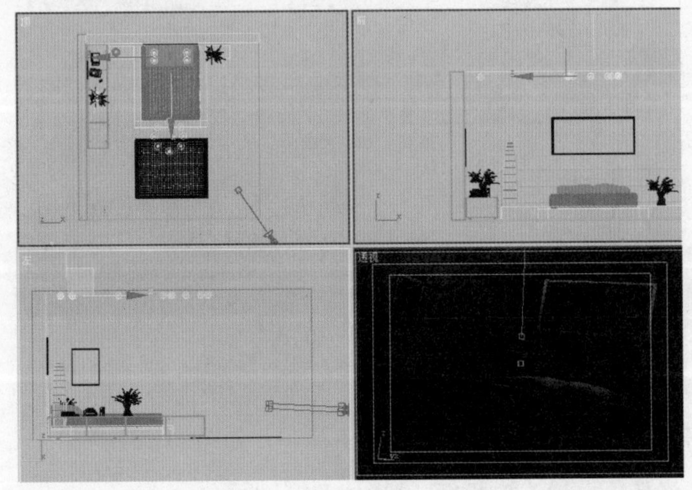

图 11−26

步骤 25 将灯光颜色设置为黄色，如图11-27所示。将灯光的“倍增器”值设置为50.0，如图11-28所示。

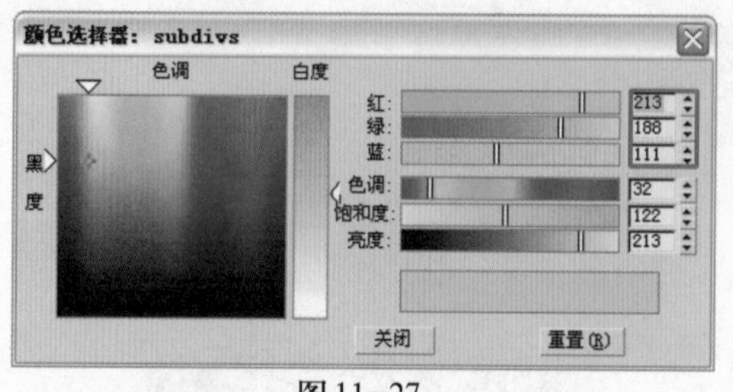

图11-27

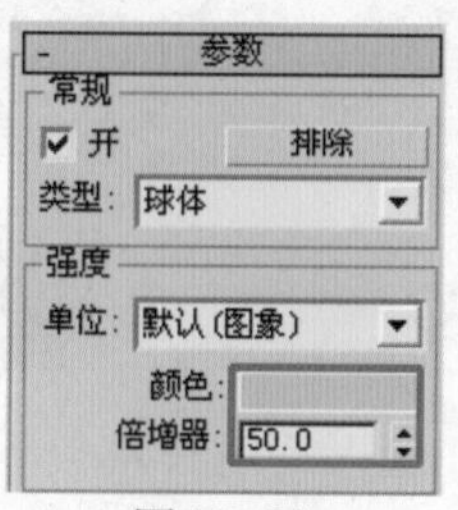

图11-28

步骤 26 调节灯光“半径”数值为4.0，如图11-29所示。这里将灯光进行复制，在该处设置四盏灯光。

图11-29

顶部的灯光设置基本完毕。这里的灯光设置是对场景进行了细微的调节，集中介绍的是一种灯光制作的思路和方法。这种方法可以独立作为一种灯光设置模式，

11.2.2 辅助光源

添加补光继续完善画面的光影效果，照明场景并完善灯光的冷暖变化。

步骤 1 单击【创建】命令面板下【灯光】面板中的【VRayLight】按钮，在画面中床的左侧部分添加辅助光源。灯光的具体位置如图11-30所示。

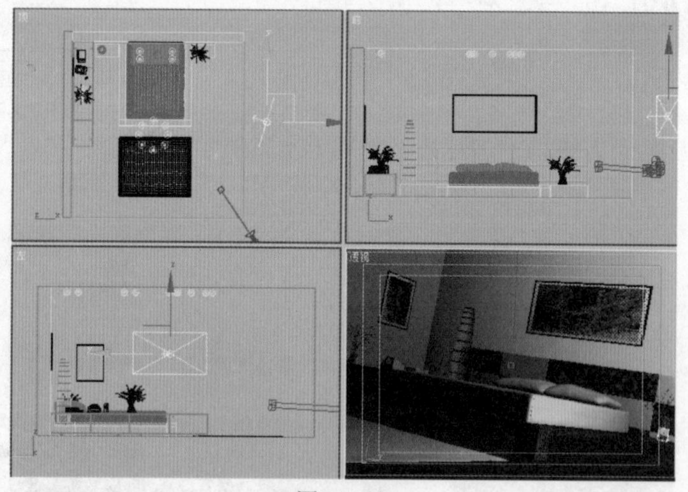
图11-30

步骤 2 选中VRayLight01，单击 按钮切换到修改命令面板。在【参数】卷展栏中勾选“开”复选框，将“倍增器”参数设置为25.0，如图11-31所示。

步骤 3 将灯光颜色设置为淡黄色，如图11-32所示。

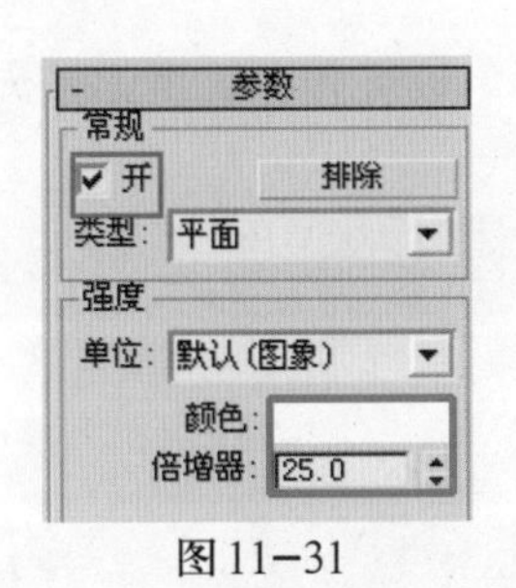

图11-31

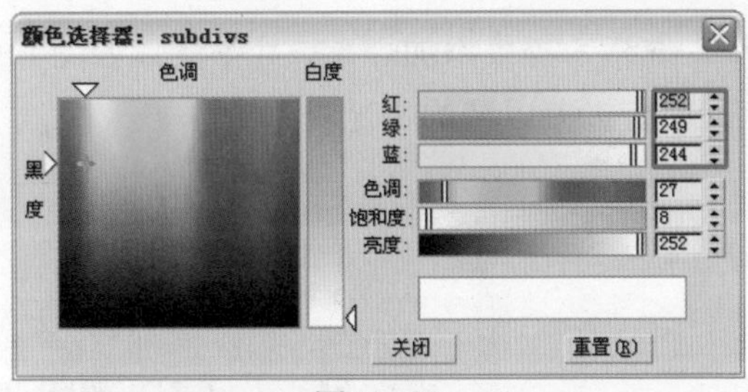

图11-32

步骤 4 调节灯光大小，如图11-33所示。在场景单位中，灯光面板的尺寸在70×36左右。

步骤 5 勾选“不可见”复选框，将灯光在渲染时的渲染效果隐藏，如图11-34所示。

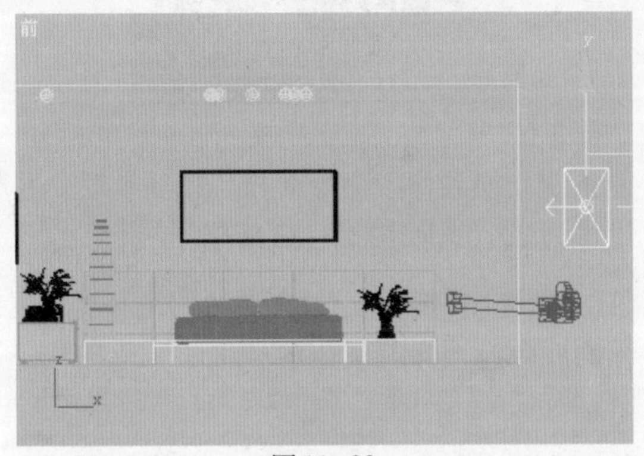
图11-33

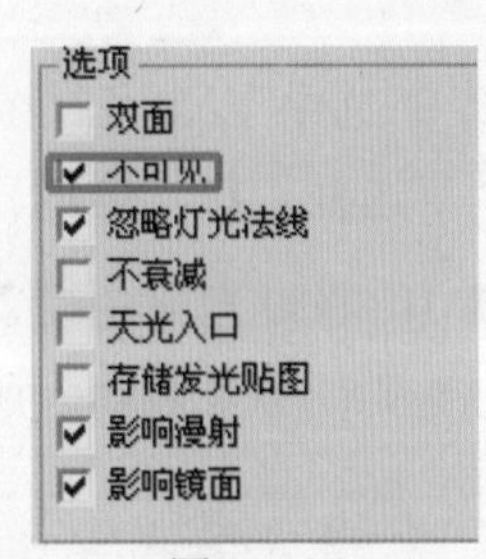

图11-34

步骤 6 在【采样】卷展栏中设置采样的细分数值保持不变，设置“阴影偏移”参数为0.002，如图11-35所示。

步骤 7 单击单击工具栏中的按钮，查看渲染结果，如图11-36所示。

采样
细分：8
阴影偏移：0.002cm

图11-35

图11-36

场景中的灯光采用了面光源环行阵列的方法。通过已经设置的这盏灯光，可以比较明显地观察出场景中的灯光效果和变化。面光源环行阵列的方法可以使灯光分布得比较细腻和均匀，比较适合开放空间或者半开放空间。

步骤 8 继续为场景添加灯光，具体位置如图11−37所示。该灯光主要是弥补光能传递效果在靠近明暗过渡区域的不足。

图11−37

步骤 9 选中VRayLight，单击按钮切换到修改命令面板。在【参数】卷展栏中勾选“开”复选框，将“倍增器”参数设置为20.0，如图11−38所示。

步骤 10 将灯光颜色设置为灰蓝色，如图11−39所示。灯光颜色的饱和度可以降低，这里灯光的主要任务是照明。所以，灯光的颜色应该保持灰色系。

图11−38

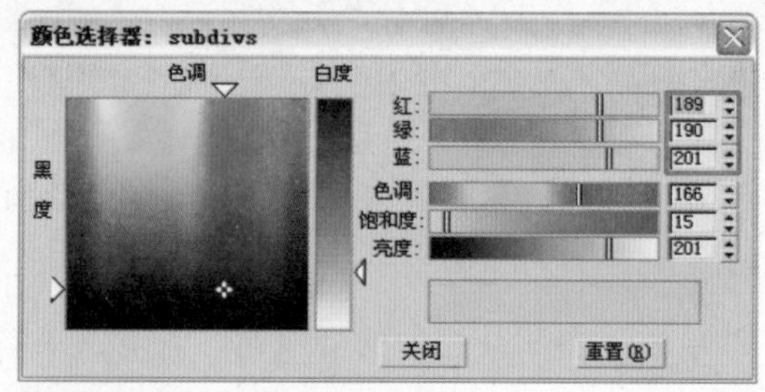

图11−39

步骤 11 调节灯光大小和位置，这里的灯光是环行灯光阵列中居中的一盏，位置应保持一定的倾斜角度，如图11−40所示。

步骤 12 勾选“不可见”复选框，将灯光在渲染时的渲染效果隐藏，如图11−41所示。

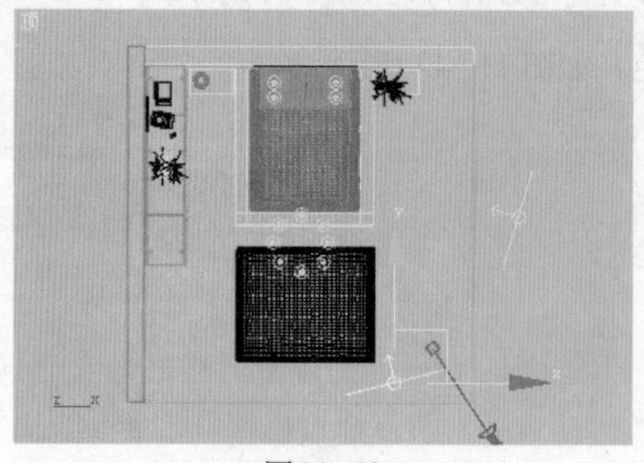

图11−40

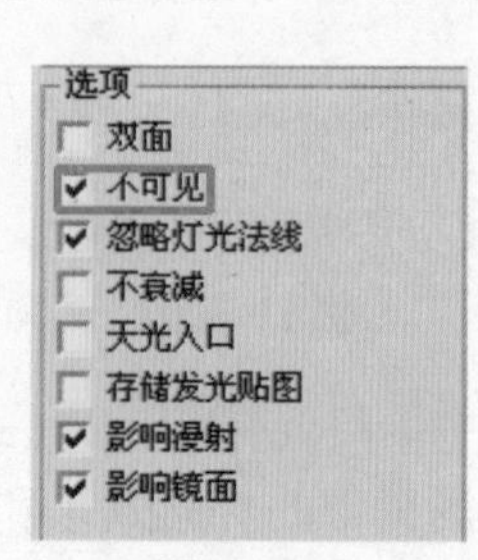

图11−41

步骤 13 单击工具栏中的按钮，查看渲染结果，如图 11-42 所示。

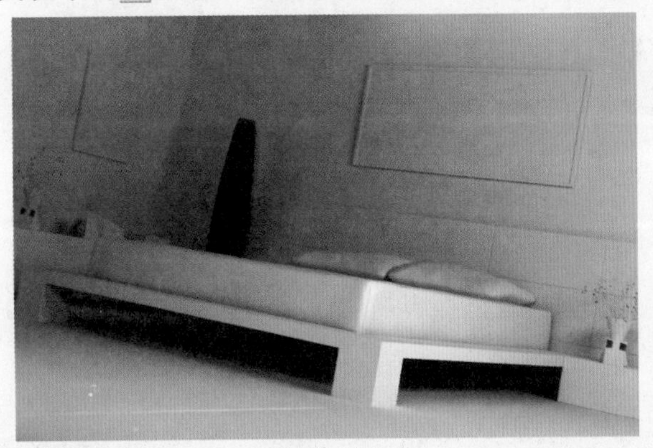

图 11-42

步骤 14 观察床边缘的转角部分，灯光的照明效果得到进一步改善，同时过渡也十分自然柔和。下面将继续完善左边的灯光设置。

步骤 15 单击 VRayLight 按钮，继续添加辅助灯光。灯光的具体位置如图 11-43 所示。这盏灯光主要是改善左边区域的灯光效果。

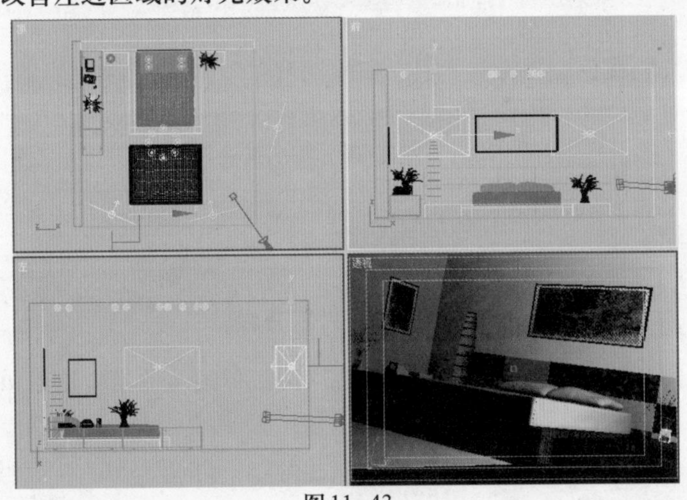

图 11-43

步骤 16 选中 VRayLight，单击按钮切换到修改命令面板。在【参数】卷展栏中勾选“开”复选框，将“倍增器”参数设置为 20.0，如图 11-44 所示。

步骤 17 将灯光颜色设置为紫灰色，如图 11-45 所示。

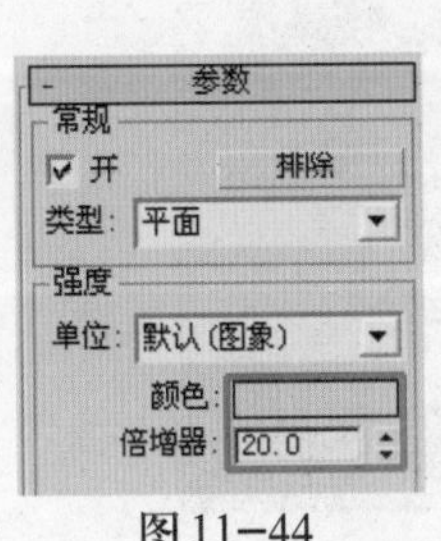

图 11-44

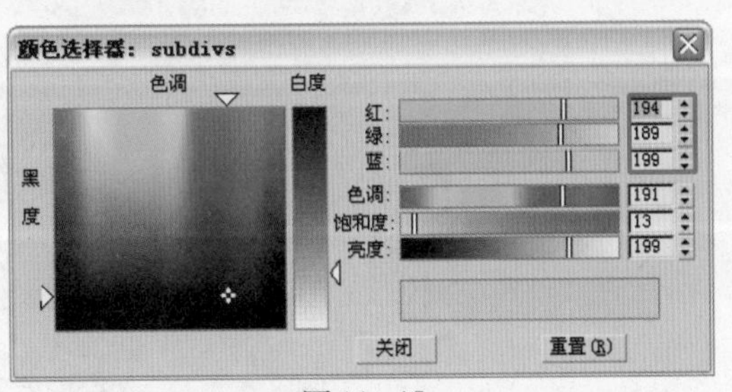

图 11-45

步骤 18 调节灯光大小，注意灯光的位置，如图 11-46 所示。

步骤 19 取消“影响镜面”选项的选择，如图 11-47 所示。这个位置的灯光会对墙上的玻璃产生反射效果。

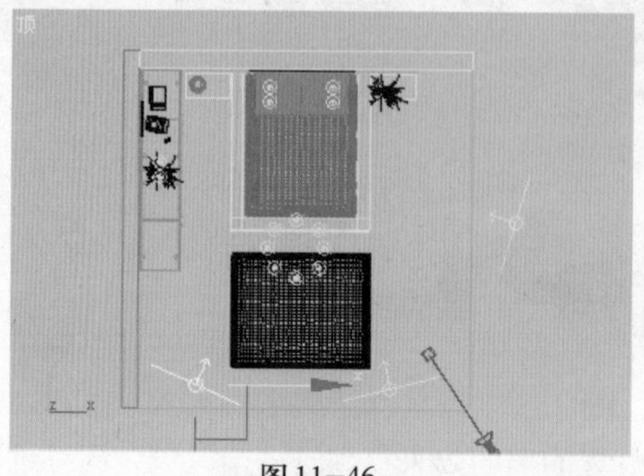

图 11-46

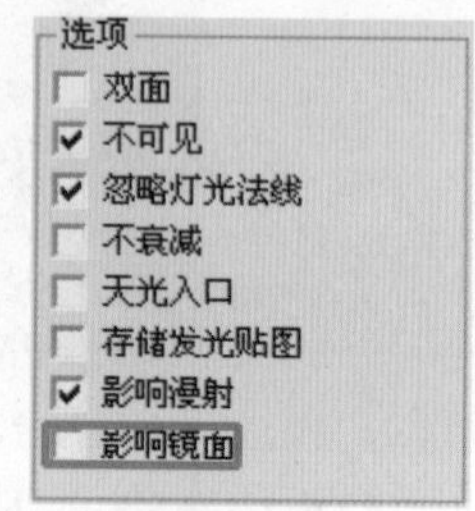

图 11-47

步骤 20 单击工具栏中的按钮，查看渲染结果，如图 11-48 所示。

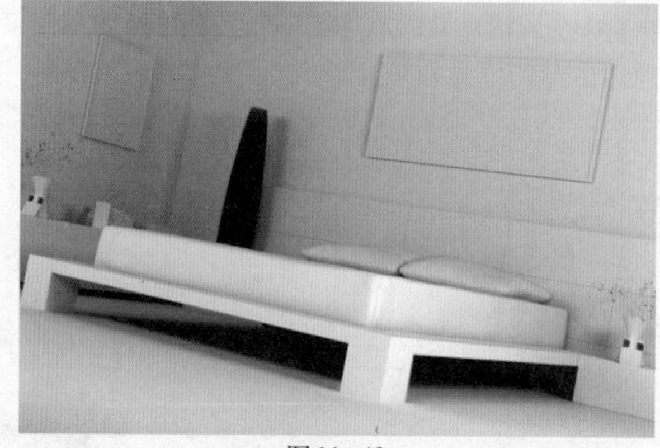

图 11-48

步骤 21 观察场景的灯光变化，整个亮部区域整体过渡非常自然柔和。这就是环行阵列面光源的优势。

步骤 22 为床边灯添加灯光，位置如图 11-49 所示。

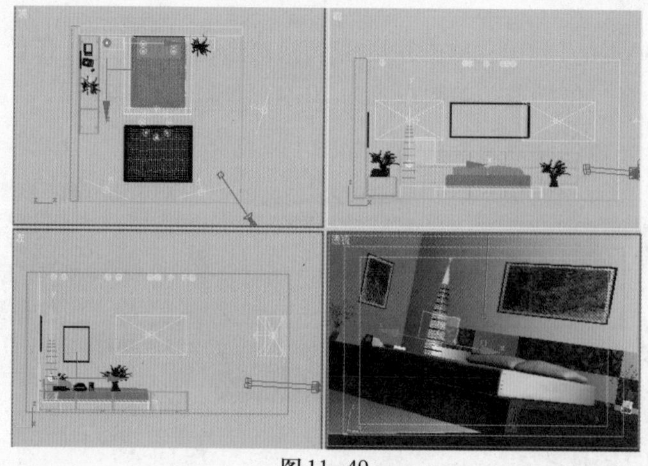

图 11-49

步骤 23 选中VRayLight，在【参数】卷展栏中勾选“开”复选框，将“倍增器”参数设置为30.0，设置灯光类型为“球体”，如图11-50所示。

步骤 24 将灯光颜色设置为淡黄色，如图11-51所示。

图11-50

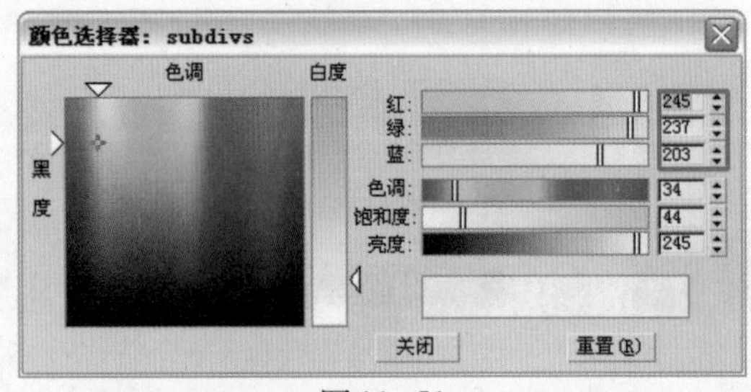

图11-51

步骤 25 调节灯光“半径”为4.0，如图11-52所示。

步骤 26 勾选“不可见”复选框，将灯光在渲染时的渲染效果隐藏。单击工具栏中的按钮，查看渲染结果，如图11-53所示。

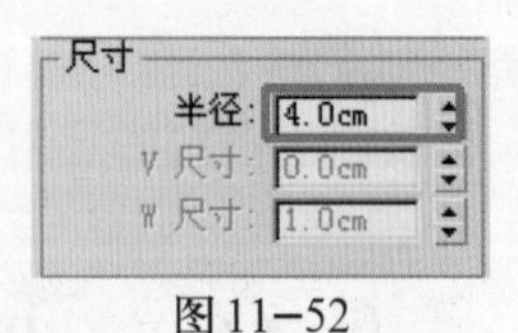

图11-52

图11-53

目前为止，场景中的灯光设置完毕。从画面效果来看，整个场景的灯光分布比较合理均匀，灯光过渡自然柔和，但同时拥有明显的受光背光差异，画面的空间感也表达的比较充分。

11.3 材质的设置

本章将详细讲解如何制作真实的金属材质、地毯材质和木纹材质等。通过深入的学习，去体会VRay材质的特点。

11.3.1 金属材质

步骤 1 选择VRay材质。调节固有色为金属的颜色，如图11-54所示。可适当地使金

属颜色偏重，使金属效果更加沉稳厚重。

步骤 2 调整反射颜色数值为196、196、196，让材质有比较强烈的反射效果，如图11–55所示。

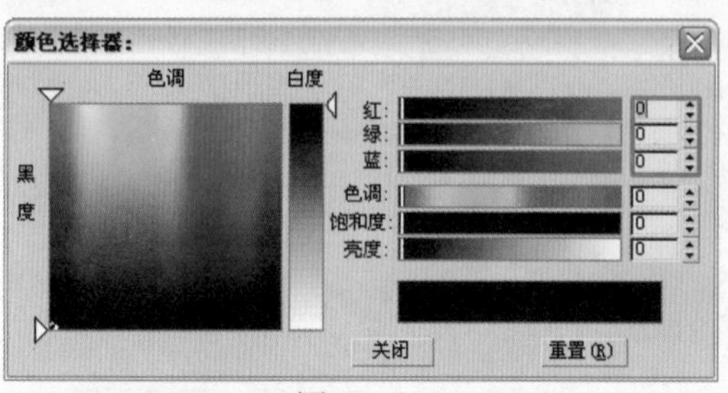

图11–54

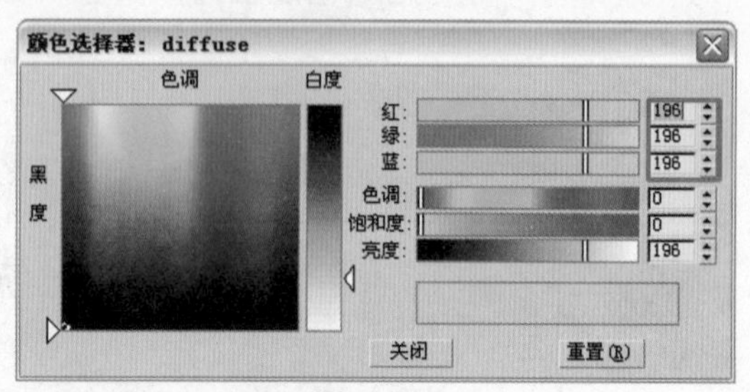

图11–55

步骤 3 将"光泽度"设置为0.8，使材质产生一定的反射模糊效果，如图11–56所示。

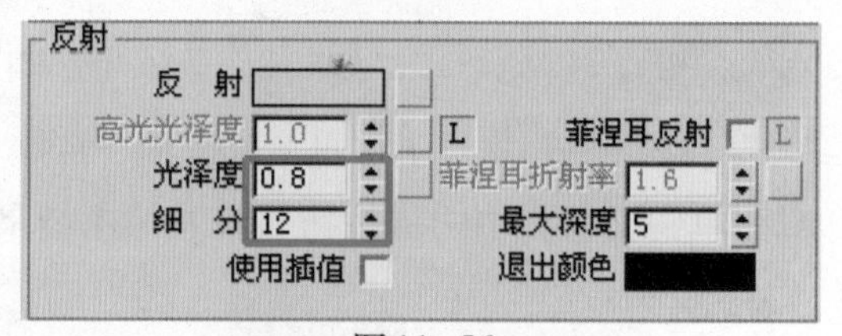

图11–56

步骤 4 在【BRDF】卷展栏中选择材质的类型为"多面"，如图11–57所示。

步骤 5 材质的最终效果如图11–58所示。

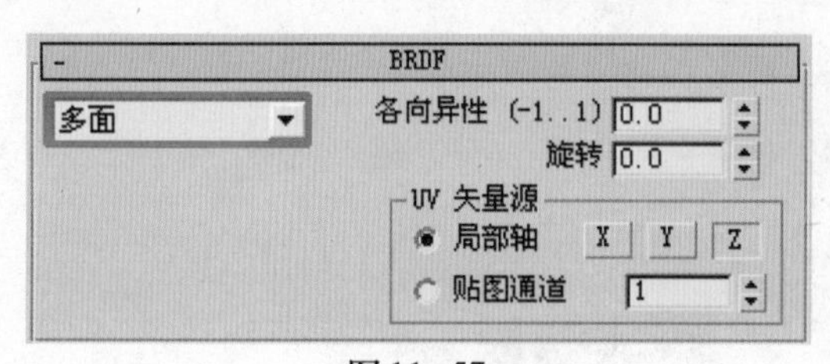

图11–57

图11–58

11.3.2　毛毯材质

毛毯材质是画面中重要的材质，占据了画面中比较大的空间。真实的凹凸效果是毛毯材质表现的关键，如图11–59所示。

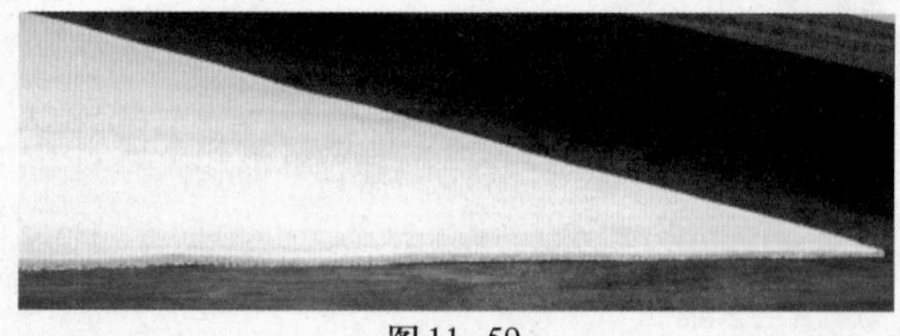
图11–59

步骤 1 选择VRay材质，命名为"毛毯"。单击"漫射"右边的长条按钮，打开本书

配套光盘“源文件\第11章\dywan_d.jpg”文件，如图11-60所示。

图11-60

步骤 2 单击“置换”右边的长条按钮，打开本书配套光盘“源文件\第11章\dywan_b.jpg”文件，如图11-61所示。将参数设置为2.0，给材质比较明显的置换立体效果，如图11-62所示。

图11-61

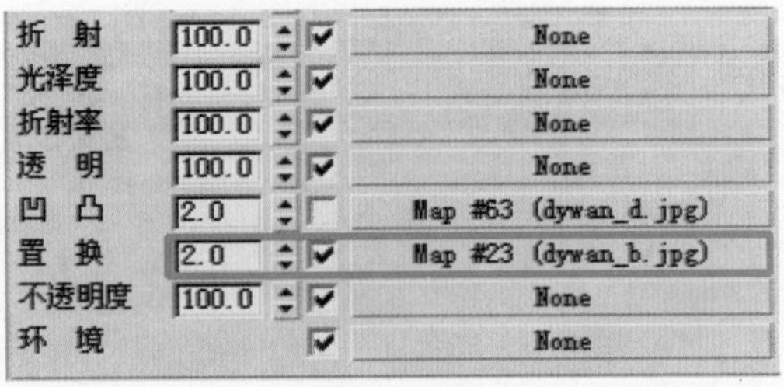

折　射	100.0	✔	None
光泽度	100.0	✔	None
折射率	100.0	✔	None
透　明	100.0	✔	None
凹　凸	2.0		Map #63 (dywan_d.jpg)
置　换	2.0	✔	Map #23 (dywan_b.jpg)
不透明度	100.0	✔	None
环　境		✔	None

图11-62

步骤 3 其他保持默认参数即可，材质效果如图11-63所示。

图11-63

地毯类材质一般情况下只要进行置换就可以得到比较真实的材质效果，反射参数的设置与否完全取决材质表面的材质特点。

11.3.3 半透明纸灯

半透明纸灯材质是具有半透明效果，灯光在表现上具有一定的穿透力，使材质显得生动、不死板，如图11-64所示。

操作步骤

步骤 1 选择VRay材质。调节固有色颜色如图11-65所示。

步骤 2 将折射颜色的数值设置为107、107、107，这个参数可以保证材质具有一定的半透明度，如图11-66所示。

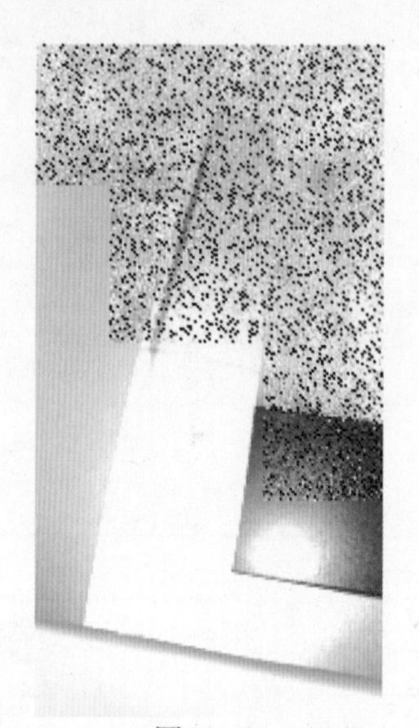

图 11-64

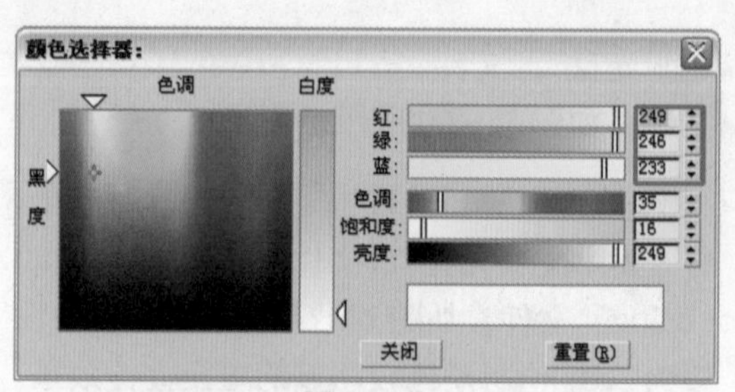

图 11-65

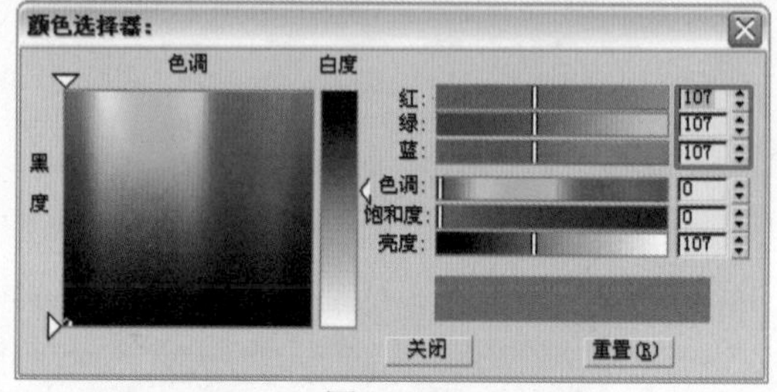

图 11-66

步骤 3 将“光泽度”参数设置为0.65，“折射率”设置为1.01，如图 11-67 所示。

“光泽度”为0.65，意味着折射效果有明显的模糊反射，即材质的表面有粗糙的半透明效果，因为固有色没有贴图的关系，这里的粗糙效果可以模拟类似纸表面的纹理，使效果更加生动。“折射率”为1.01，纸材质表面的折射率非常微弱，与其相反的钻石和玻璃则不同。

步骤 4 勾选“影响阴影”复选框，这个命令可以使灯光穿透材质形成光影效果，如图 11-68 所示。

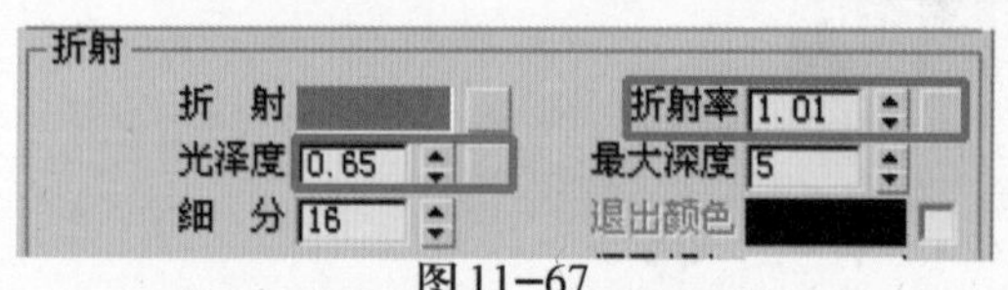

图 11-67

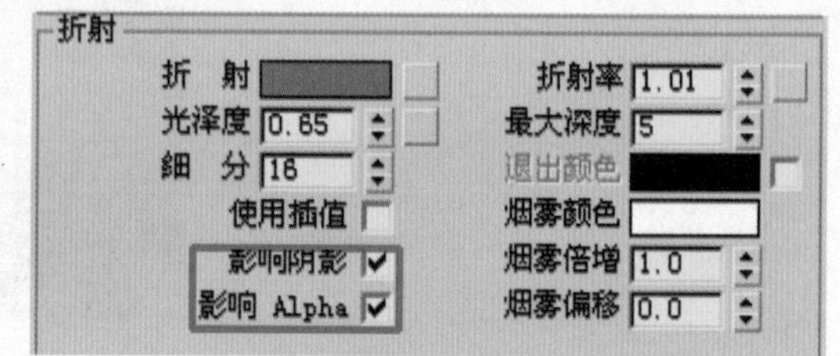

图 11-68

步骤 5 在【BRDF】卷展栏中选择材质的类型为“反射”，如图 11-69 所示。

步骤 6 材质的最终效果如图 11-70 所示。

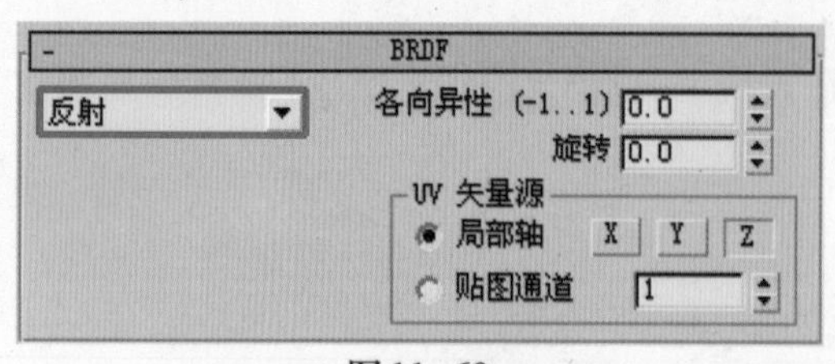

图 11-69

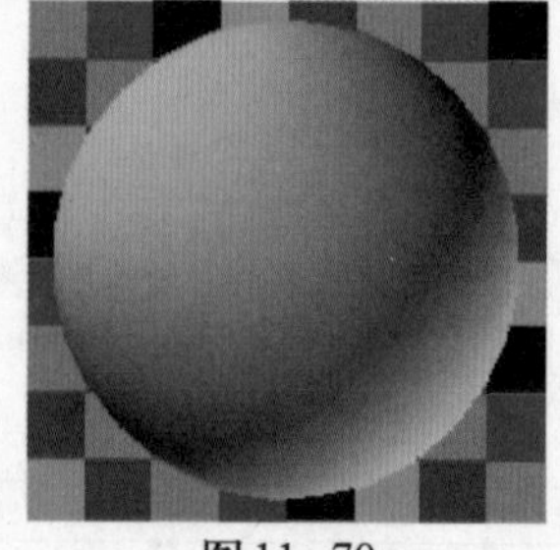

图 11-70

可以观察到，材质表面具有一定的半透明效果，但是由于“光泽度”为0.65，材质有具备一定的模糊效果，这样的效果更加接近真实材质的质感。

11.3.4 地板材质

地板材质为光亮的蜡制反射效果，这里将用Fresnel反射来模拟出真实的材质反射效果，如图11-71所示。

图11-71

步骤1 选择VRay材质球。单击固有色贴图，打开本书配套光盘“源文件\第11章\003.jpg”文件，如图11-72所示。

步骤2 调节反射颜色参数为65、65、65，如图11-73所示。

图11-72

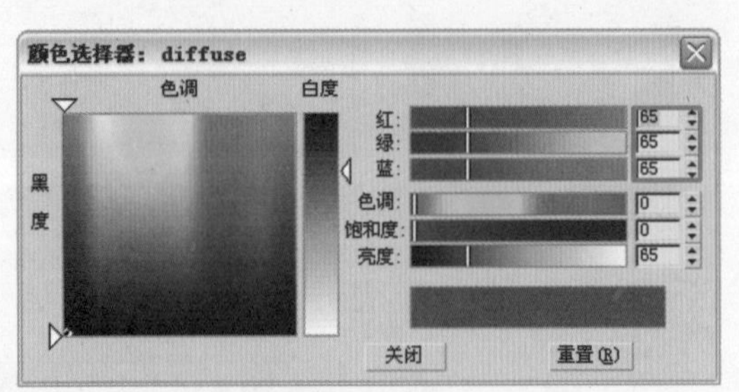

图11-73

步骤3 调节“光泽度”为0.87，勾选“菲涅耳反射”复选框，如图11-74所示。这里不需要设置材质的凹凸效果，打蜡的地板效果几乎看不到材质的凹凸。

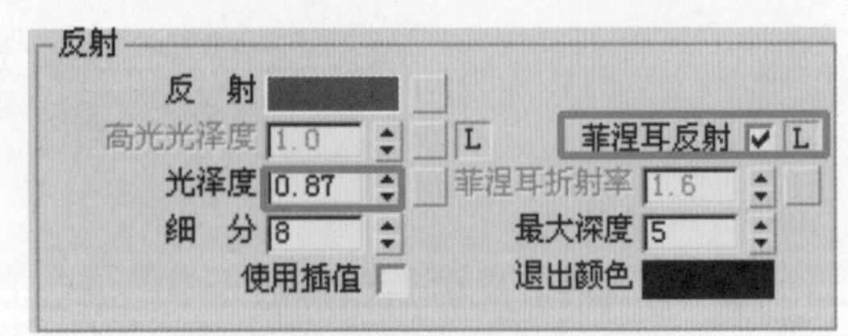

图11-74

步骤4 在【BRDF】卷展栏中选择材质的类型为“反射”，如图11-75所示。

步骤5 材质的最终效果效果如图11-76所示。

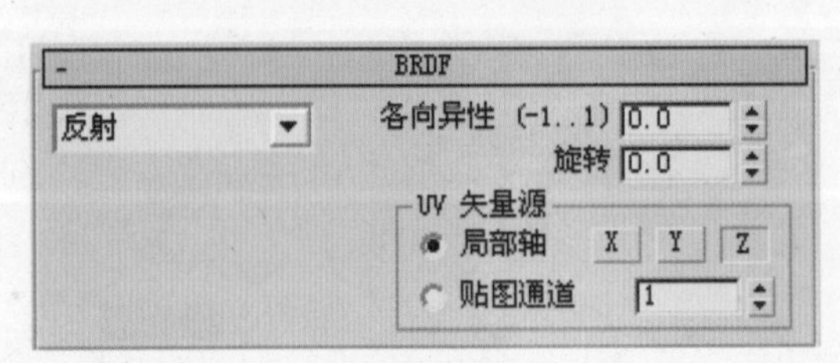

图11-75

图11-76

11.3.5 床布材质

步骤 1 选择VRay材质。单击固有色，为材质添加衰减贴图，用衰减贴图来模拟布料表面的反射效果，如图11-77所示。

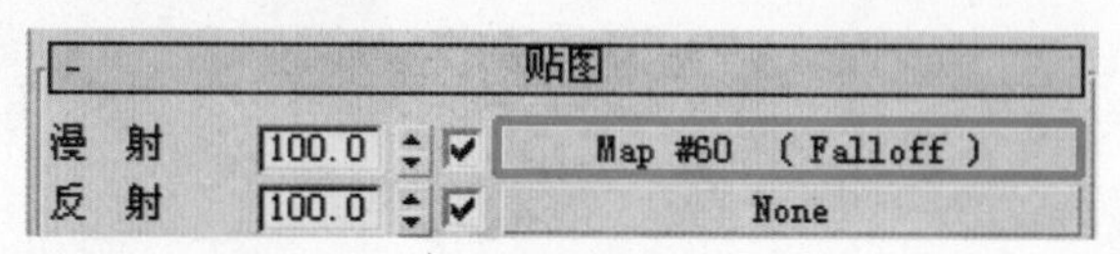

图11-77

步骤 2 调节前、侧颜色如图11-78和图11-79所示。将衰减类型设置为“垂直／平行”，如图11-80所示。前、侧颜色主要是基于材质球表面垂直和平行方面进行颜色过渡，直观地说，是基于材质球最前点和侧面进行的颜色过渡变化。

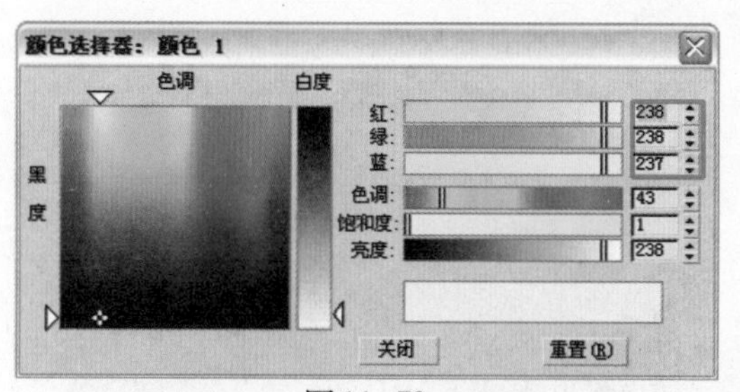

图11-78

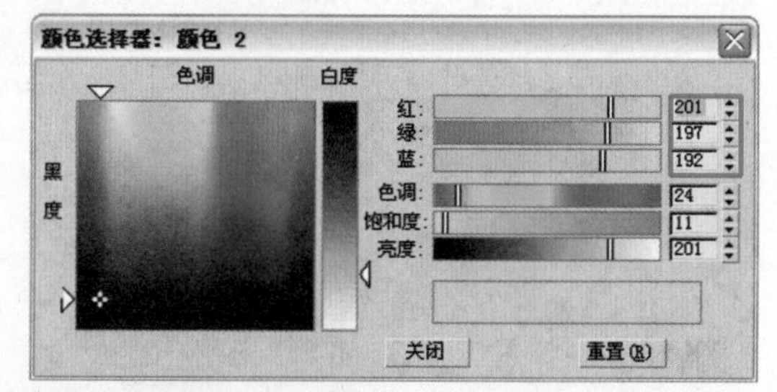

图11-79

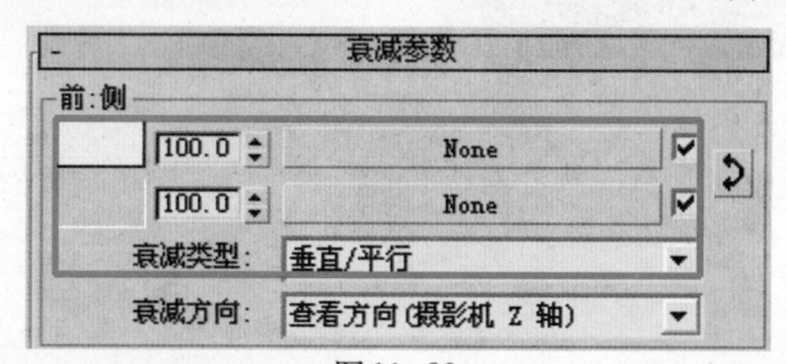

图11-80

步骤 3 调节反射颜色参数为10、10、10，使地板有比较明显的反射效果，如图11-81所示。

步骤 4 调节“光泽度”为0.44，如图11-82所示。

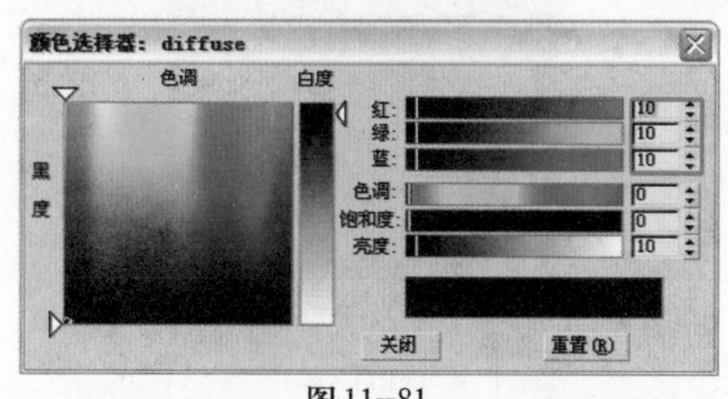

图11-81

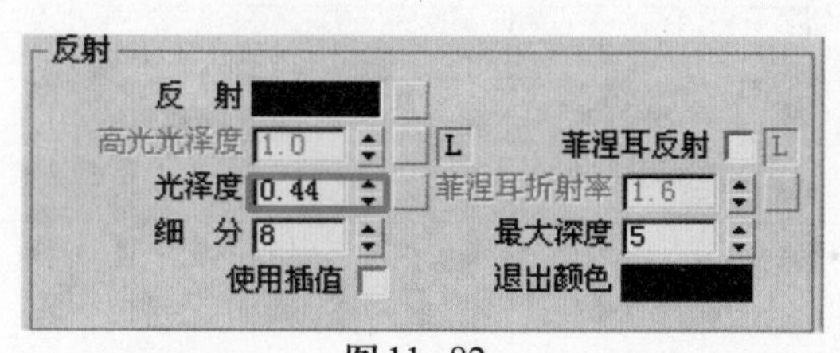

图11-82

步骤 5 材质最终效果如图 11−83 所示。

图 11−83

11.3.6 床靠背材质

步骤 1 选择 VRay 材质球。调节固有色颜色如图 11−84 所示。

步骤 2 调节反射颜色参数为 37、37、37，如图 11−85 所示。

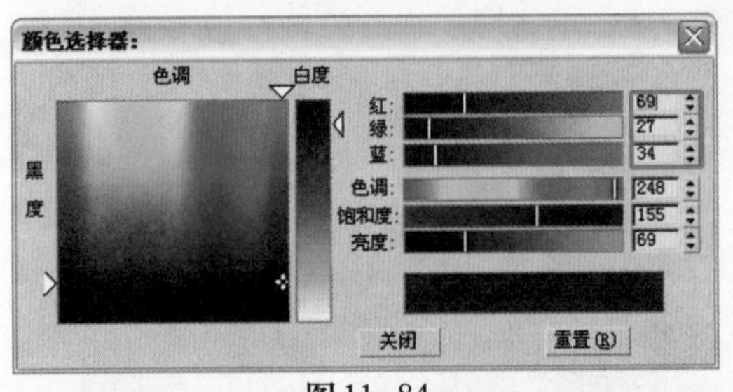

图 11−84

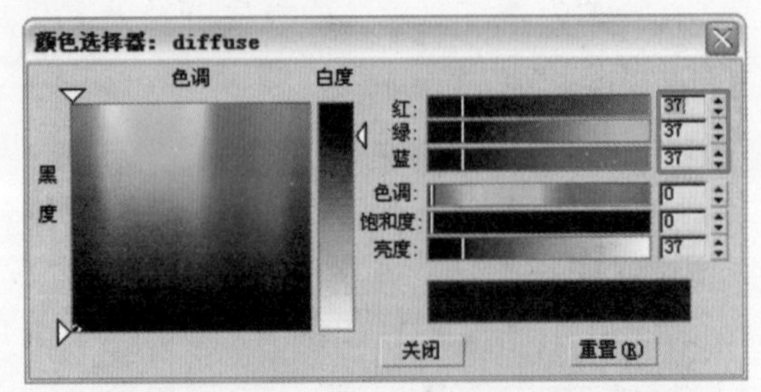

图 11−85

步骤 3 调节“光泽度”为0.72，保持材质表面细腻的模糊反射效果，如图11−86所示。

步骤 4 为凹凸贴图添加噪波贴图，参数设置为 10.0，如图 11−87 所示。

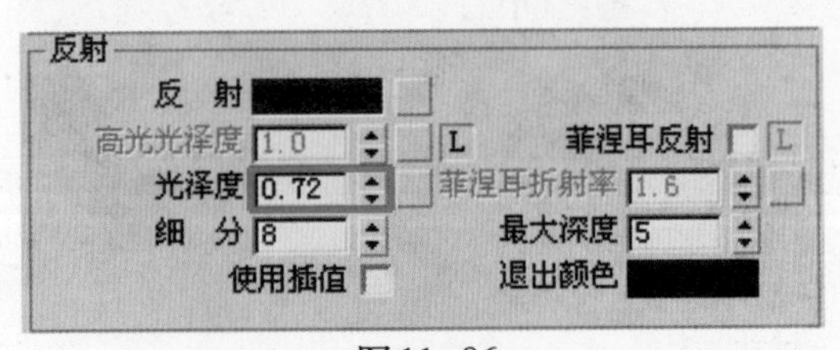

图 11−86

菲涅耳折射	100.0	✔	None
折 射	100.0	✔	None
光泽度	100.0	✔	None
折射率	100.0	✔	None
透 明	100.0	✔	None
凹 凸	10.0	✔	Map #62 (Noise)
置 换	100.0	✔	None
不透明度	100.0	✔	None
环 境		✔	None

图 11−87

步骤 5 设置噪波的平铺参数，如图 11−88所示。噪波参数调整到合适的大小即可，这个设置相对灵活。

步骤 6 设置噪波类型为“湍流”，如图 11−89 所示。“湍流”模式下的噪波排列效果更加紧密。

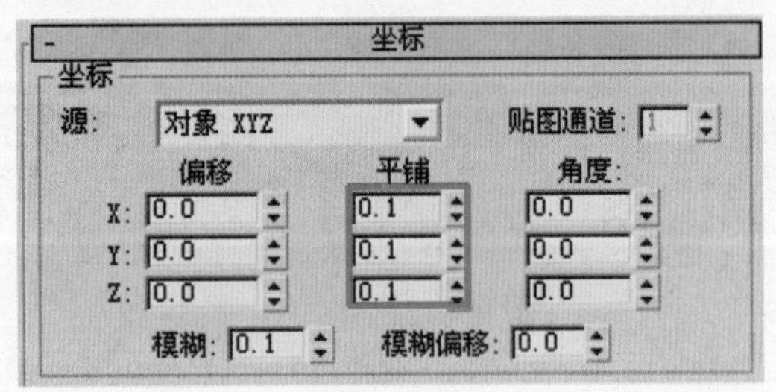

图 11−88

步骤 7 材质的最终效果如图 11–90 所示。

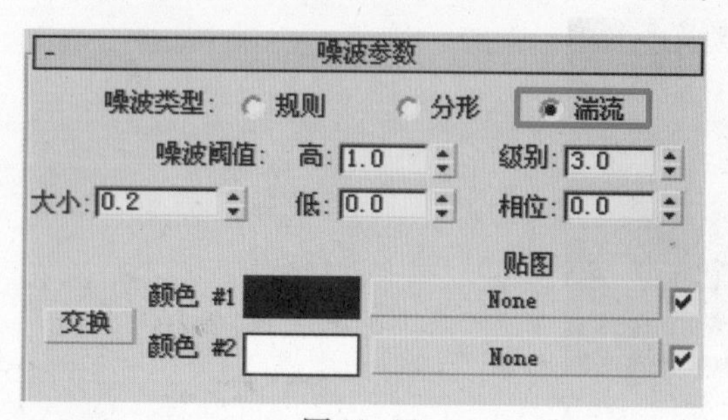

图 11–89

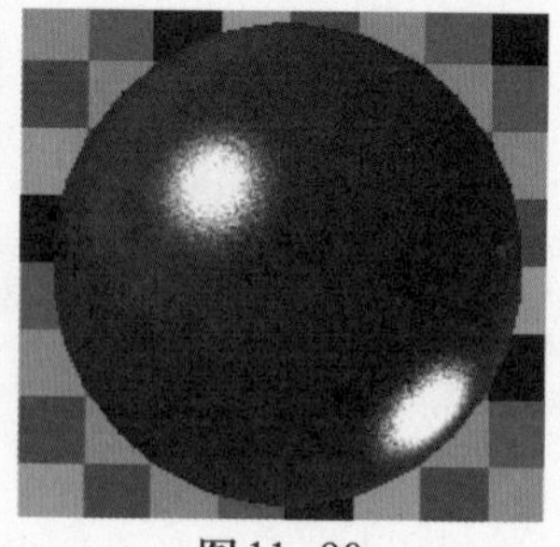

图 11–90

11.3.7 黑色相框材质

步骤 1 选择 VRay 材质。调节固有色颜色如图 11–91 所示。

步骤 2 将反射颜色的数值设置为 49、49、49，使材质表面产生轻微的反射效果，如图 5–92 所示。

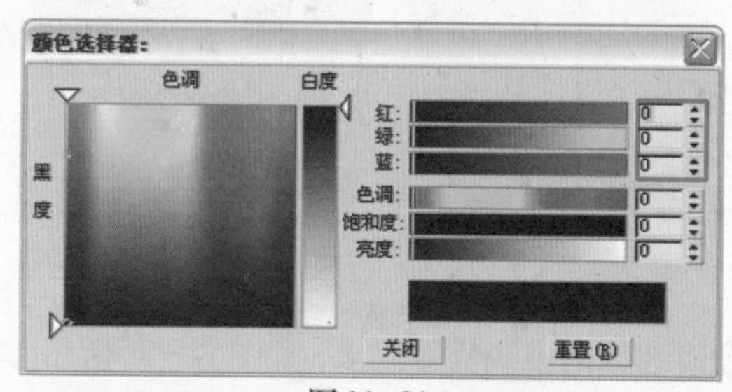

图 11–91

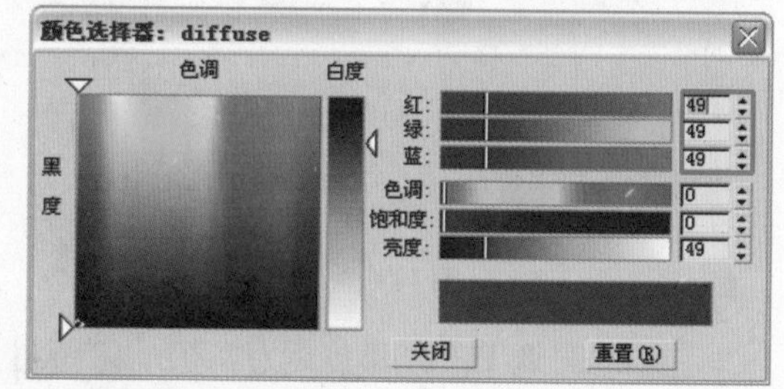

图 11–92

步骤 3 反射参数设置如图11–93所示。0.7这个数值使视觉上反射表面的反射光泽度的范围扩大，会形成区域反光效果。

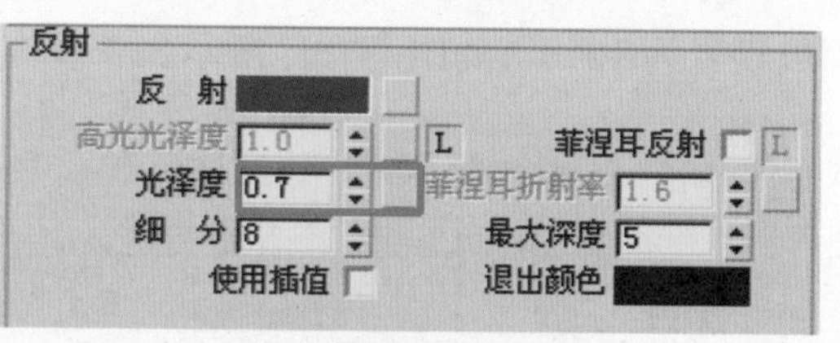

图 11–93

步骤 4 将材质类型调整为"反射"，如图 11–94 所示。

步骤 5 材质最终效果如图11–95所示。

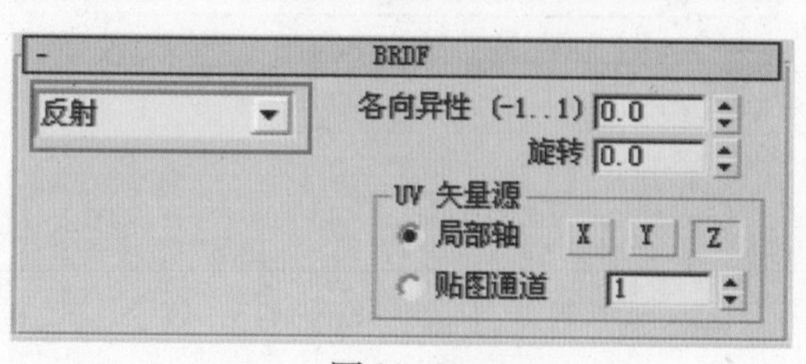

图 11–94

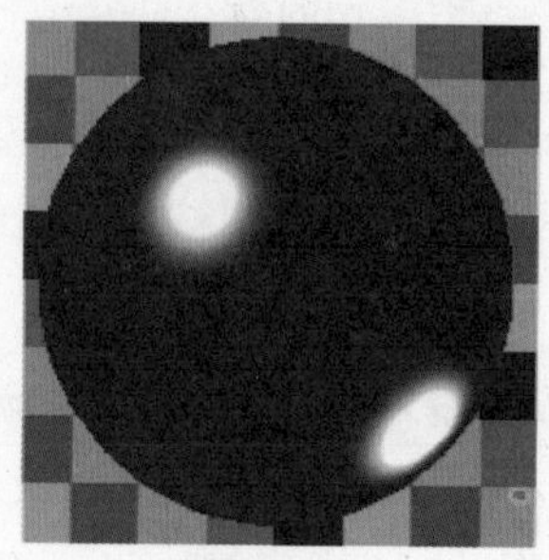

图 11–95

11.3.8 书材质

步骤 1 选择 VRay 材质。调节固有色颜色如图 11-96 所示。

步骤 2 将反射颜色的数值设置为 255、255、255，如图 11-97 所示。

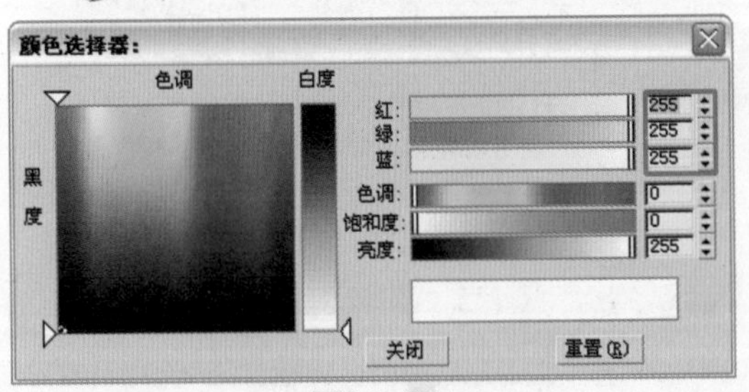

图 11-96

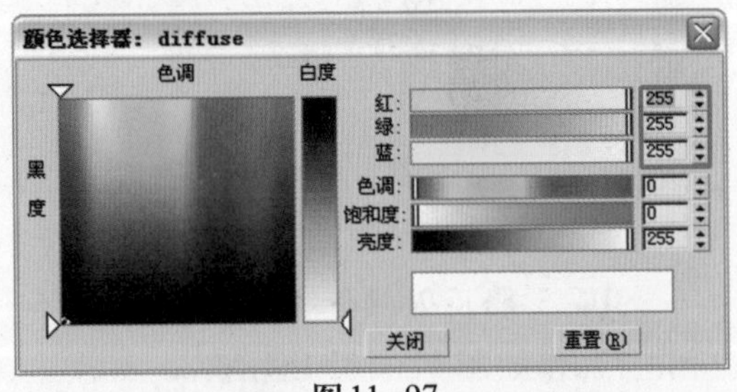

图 11-97

步骤 3 将“光泽度”数值设置为0.6，勾选“菲涅耳反射”复选框，如图 11-98 所示。

步骤 4 将材质类型调整为“反射”，如图 11-99 所示。

步骤 5 材质最终效果如图11-100所示。

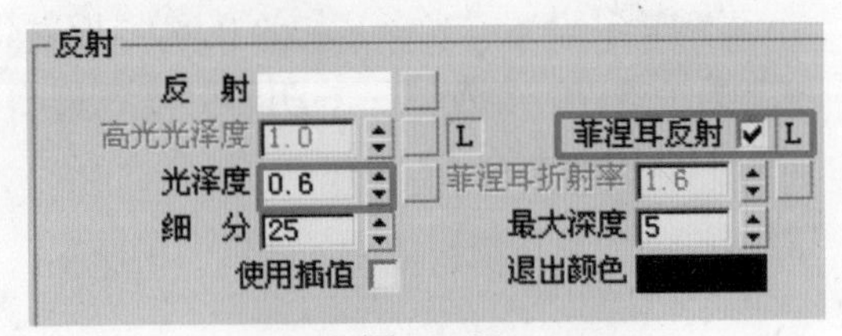

图 11-98

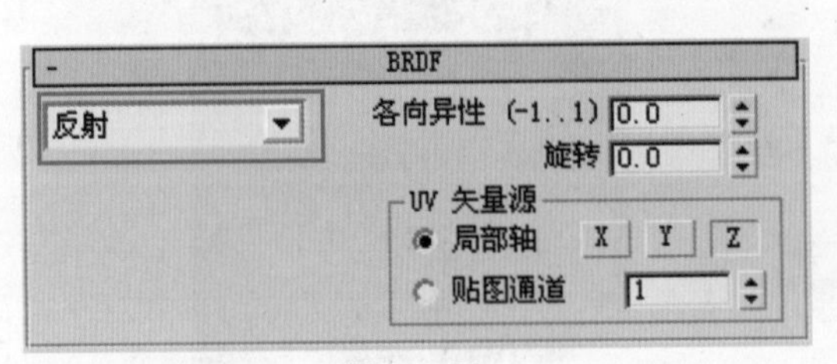

图 11-99

图 11-100

11.3.9 玻璃材质

步骤 1 选择 VRay 材质。调节固有色玻璃颜色如图 11-101 所示。

步骤 2 单击“反射”右边的长条按钮，添加衰减贴图，衰减类型选择为“Fresnel”，如图 11-102 所示。

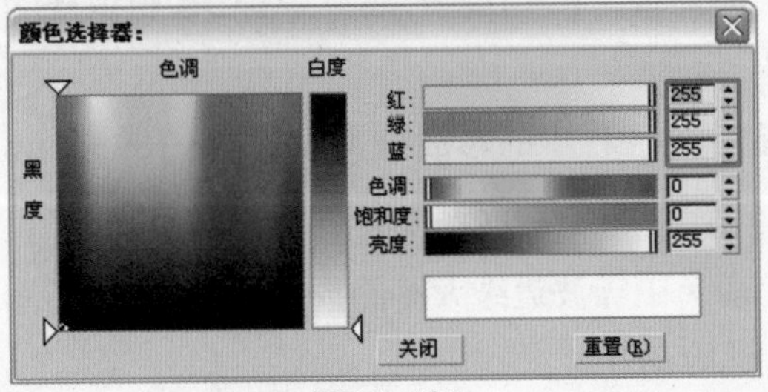

图 11-101

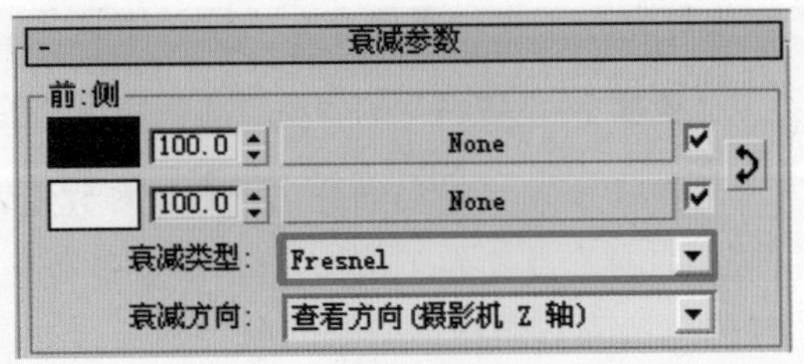

图 11-102

步骤 3 将反射颜色的数值设置为255、255、255，如图11−103所示。

步骤 4 将“光泽度”数值设置为0.9，如图11−104所示。

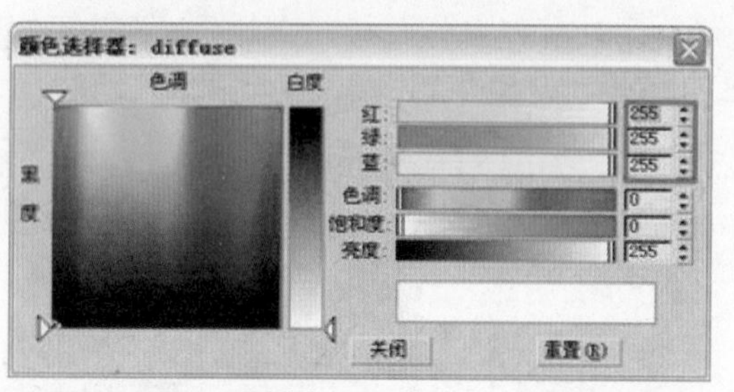

图11−103

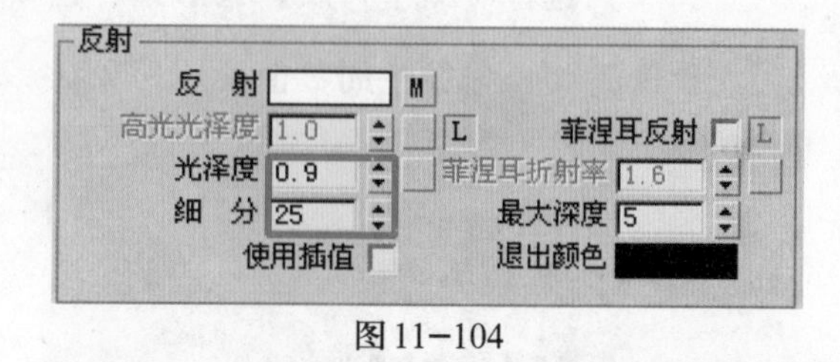

图11−104

步骤 5 将反射颜色的数值设置为176、176、176，如图11−105所示。

步骤 6 设置“光泽度”为0.8，“折射率”为1.517，勾选“影响阴影”复选框，如图11−106所示。

步骤 7 材质最终效果如图11−107所示。

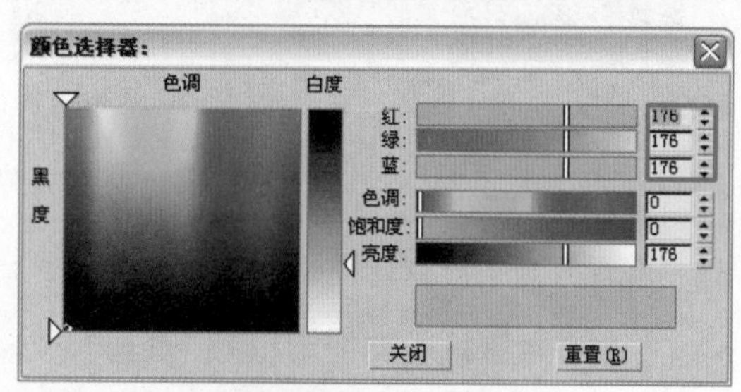

图11−105

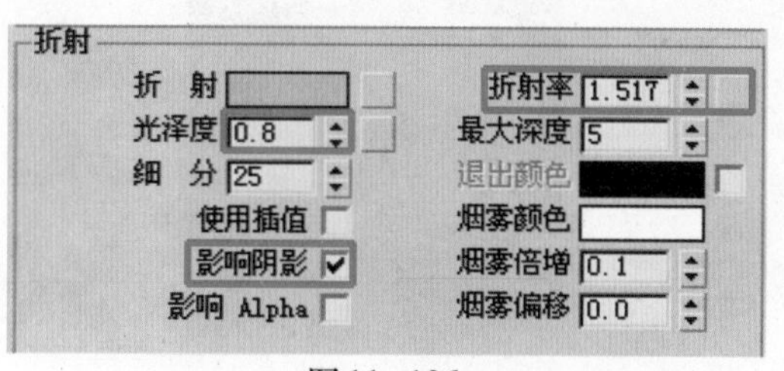

图11−106

图11−107

11.4 渲染参数设置和最终渲染

步骤 1 将【V−Ray∷灯光缓冲】卷展栏中的参数设置如图11−108所示。在最终渲染的时候可以适当提高采样，以得到更加出色的画面效果。笔者在制作过程中，已经将最终的渲染灯光光子进行了保存，方便读者调用。

步骤 2 设置【V−Ray∷准蒙特卡洛全局光】卷展栏中的参数设置如图11−109所示。

步骤 3 将“全局细分倍增器”参数设置为2.0，使其对整体效果进行全局的采样提高。“噪波阈值”设置为0.001，这个参数主要是优化画面中噪波边缘大小的数值，数值越小，细分的越精确，同样渲染时间就会延长，如图11−110所示。

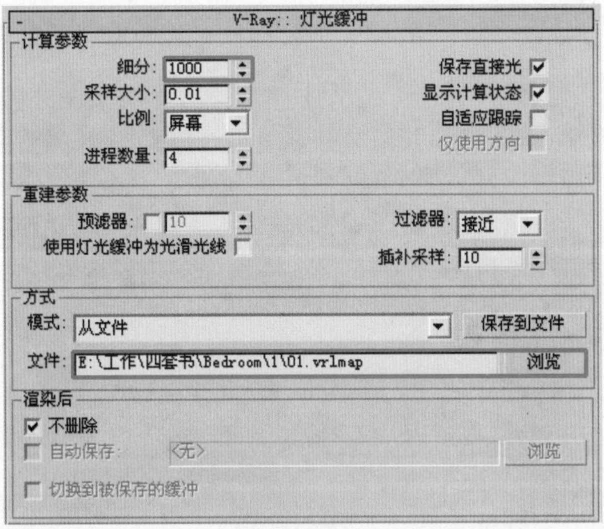

V-Ray:: 灯光缓冲

计算参数

细分: 1000　　保存直接光 ☑
采样大小: 0.01　　显示计算状态 ☑
比例: 屏幕　　自适应跟踪 ☐
进程数量: 4　　仅使用方向 ☐

重建参数

预滤器: ☐ 10　　过滤器: 接近
使用灯光缓冲为光滑光线 ☐　　插补采样: 10

方式

模式: 从文件　　保存到文件
文件: E:\工作\四套书\Bedroom\1\01.vrlmap　　浏览

渲染后

☑ 不删除
☐ 自动保存: <无>　　浏览
☐ 切换到被保存的缓冲

图11-108

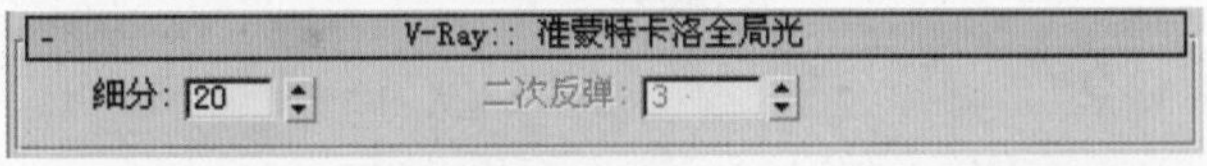

V-Ray:: 准蒙特卡洛全局光

细分: 20　　二次反弹: 3

图11-109

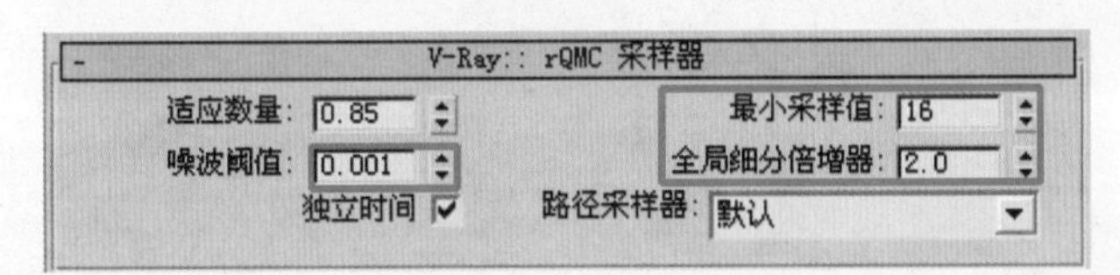

图11-110

步骤 4 所有参数和细节调节完毕，单击工具栏中的按钮，查看渲染结果，如图11-111所示。

图11-111

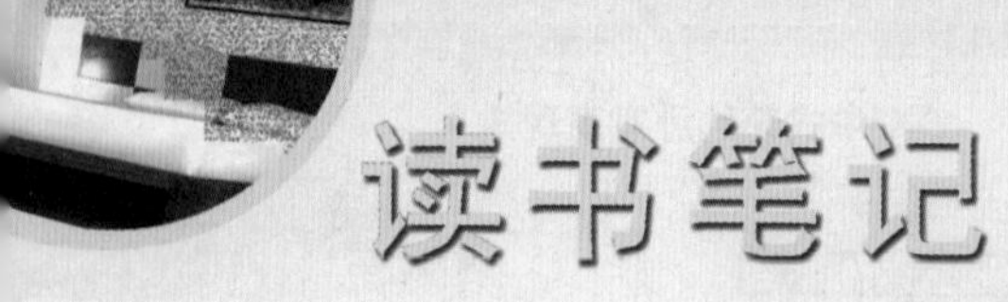
读书笔记

完美风暴
3ds max/VRay
卧室效果图制作现场

第12章 卧室的空间表现

本章精髓

- 特殊气氛下的阳光效果
- 冷暖光营造清爽空间
- VRay 高级材质

12.1 案例分析

这个案例主要是制作特殊气氛下的室内空间，整体的视觉效果清爽、明快，制作出偏冷色调的冷暖层次细腻的空间气氛。场景对灯光冷暖色彩的拿捏和把握非常关键，场景本身的陈列和道具简约、时尚，细腻的颜色层次显得尤为关键。

12.1.1 光影层次

本节主要是太阳光制作案例，灯光的照明系统依旧采用了平行光进行模拟。室内空间的光感是本案例追求的重点，冷暖光丰富细腻的对比一直充斥着整个空间。这里需要注意的是室内空间的变化与微妙的色调和节奏，在制作过程中对灯光的光与色要有充分、深刻的认识。图12-1所示为表现此类效果十分出色的画面，读者可以进行参考。

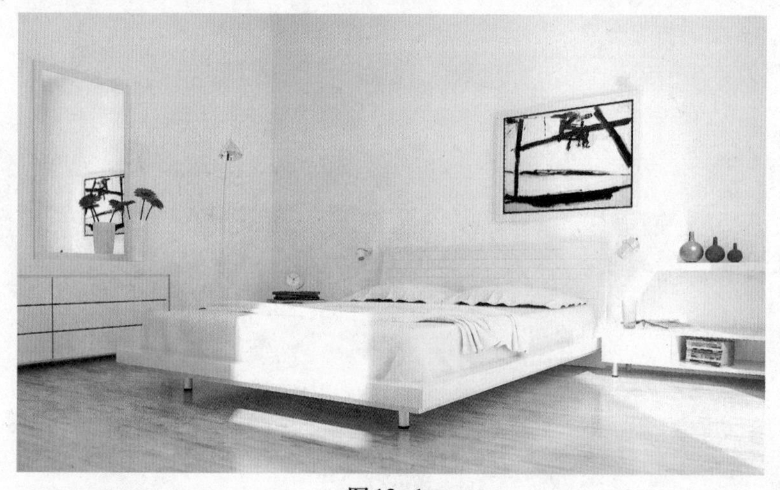

图12-1

12.1.2 VRay材质

本节的材质重点为室内家具、地板以及小的生活用品。地板材质的光泽度和颜色是画面中大面积的材质色块，其颜色和反射效果需要重点考究。床上用品的材质相对简单，但颜色和表面材质的反射效果同样需要进行斟酌。具体的材质讲解将在12.3节中进行详细描叙。图12-2和图12-3所示的是本章实例的精彩细节图片。

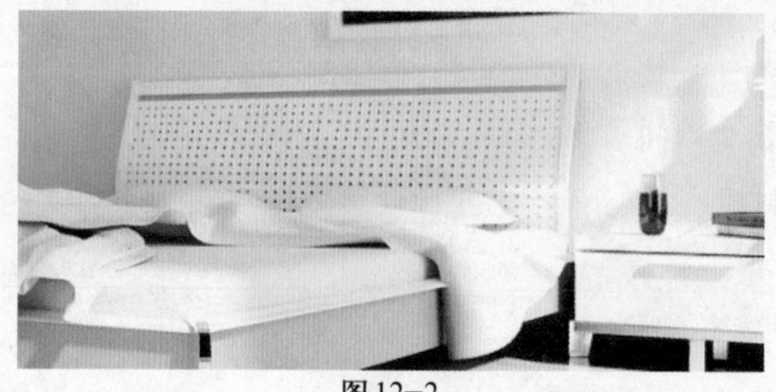

图12-2

图12-3

12.2 灯光的设置

画面中灯光设置首先围绕太阳光进行制作，本节将通过平行光进行模拟，确立画面的光影色调。

12.2.1 光源和环境的创建

本章采用平行光进行太阳光的模拟。

步骤 1 开启3ds max 9，执行【文件】｜【打开】命令，打开本书配套光盘“源文件\第12章\简约卧室空间.max”文件，如图12-4所示。

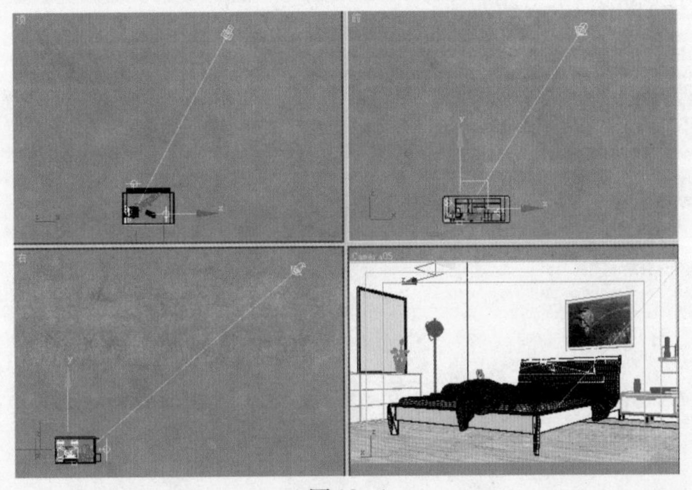

图12-4

步骤 2 单击【创建】命令面板下【灯光】面板中的【目标平行光】按钮，在视图中创建“目标平行光”模拟主光源，如图12-5所示。

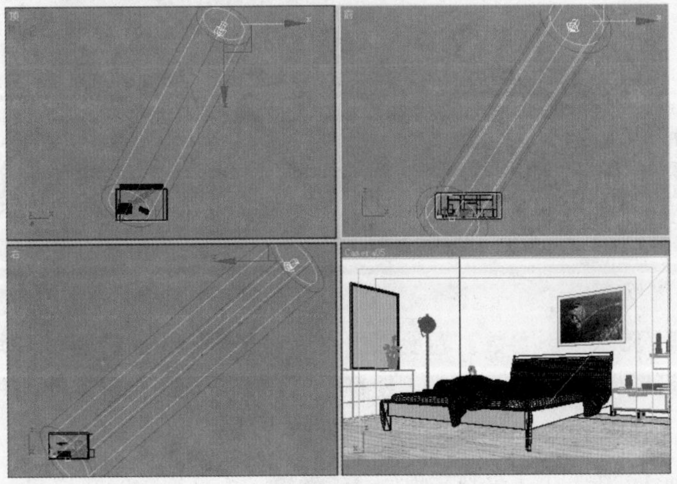

图12-5

步骤 3 设置灯光的位置如图 12-6 所示。

步骤 4 选中“平行光”，单击按钮切换到修改命令面板。在【常规参数】卷展栏中的“阴影”选项组中勾选“启用”复选框，设置灯光的阴影模式为 VRayShadow，如图 12-7 所示。

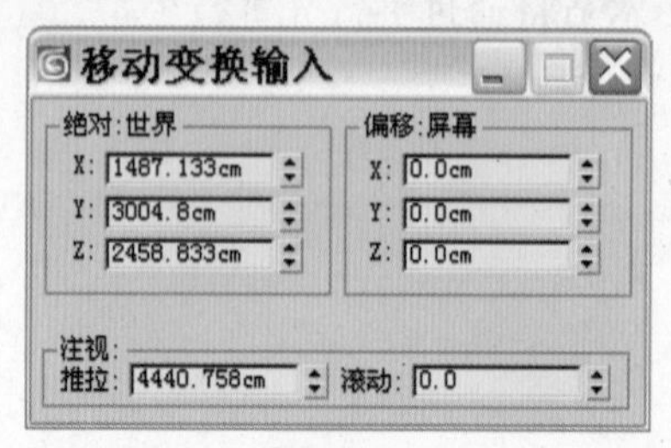

图 12-6

图 12-7

步骤 5 在【强度 / 颜色 / 衰减】卷展栏中调整灯光的颜色为黄色，将“倍增”值设置为4.0， 如图 12-8 和图 12-9 所示。

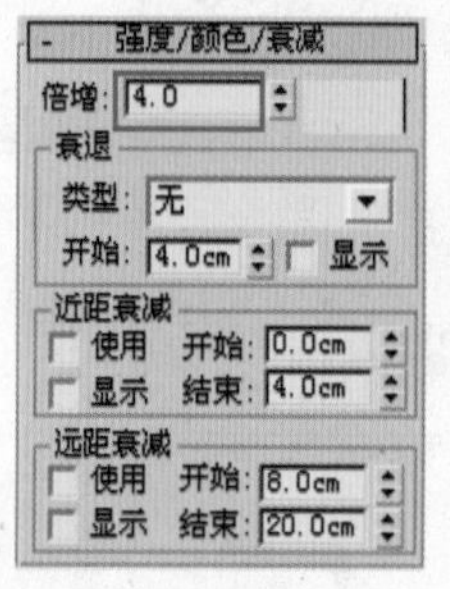

图 12-8

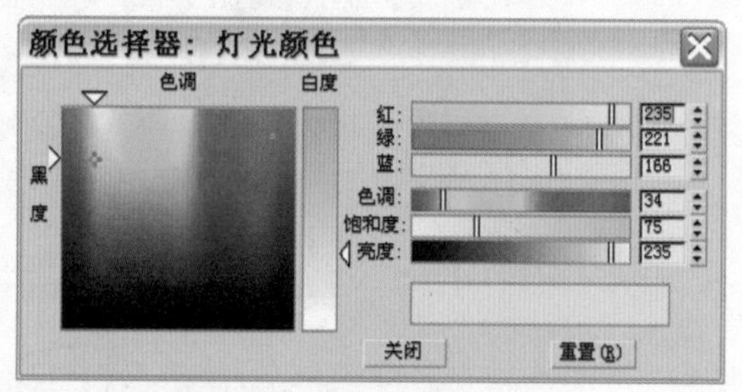

图 12-9

步骤 6 在【平行光参数】卷展栏中设置“聚光区 / 光束”的值为 392.3，“衰减区 / 区域”的值为 528.2，如图 12-10 所示。

步骤 7 观察画面中的光圈效果，如图 12-11 所示。

图 12-10

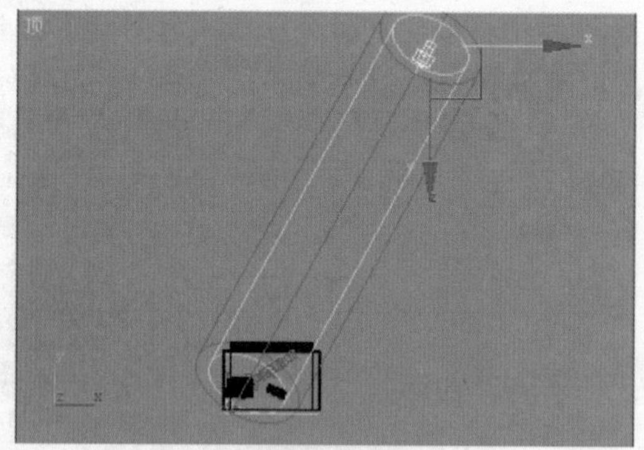

图 12-11

步骤 8 在【VRay 阴影参数】卷展栏中设置对象阴影为区域阴影，类型为“立方体”。将 UVW 的数值设置为 200、200、200，使灯光的阴影产生一定程度的偏移，如图 12-12 所示。

步骤 9 执行【渲染】｜【渲染】命令，或者单击工具栏中的按钮，打开“渲染场景”

对话框。单击“公用”选项，在【指定渲染器】卷展栏中，单击“产品级”后面的…按钮。打开“选择渲染器”对话框，在下面的列表中选择“VRay Adv 1.5 RC3”，单击“确定”按钮，如图12-13所示。

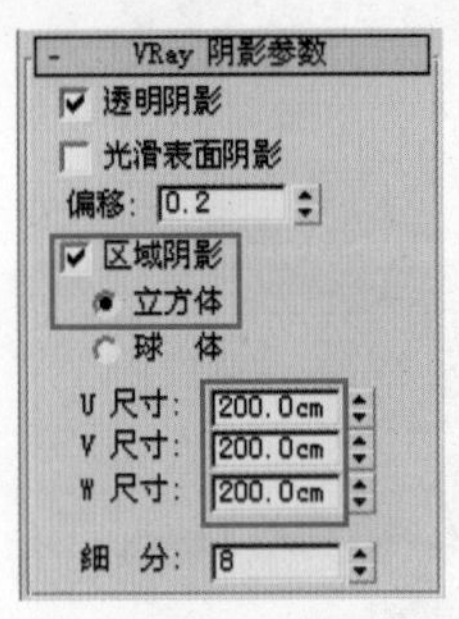

图12-12

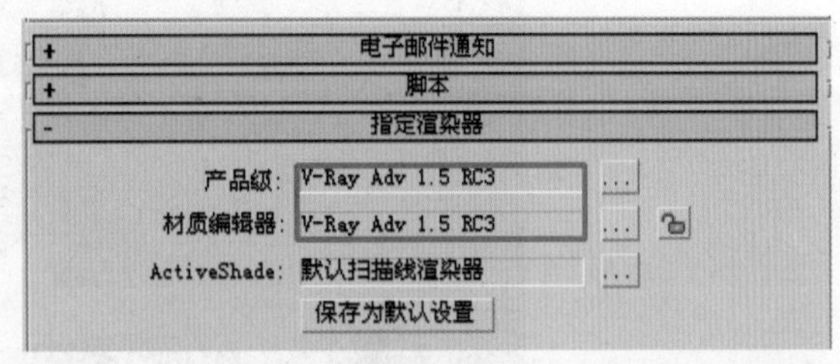

图12-13

步骤 10 打开【V-Ray::图像采样(反锯齿)】卷展栏，将抗锯齿过滤器设置如图12-14所示。

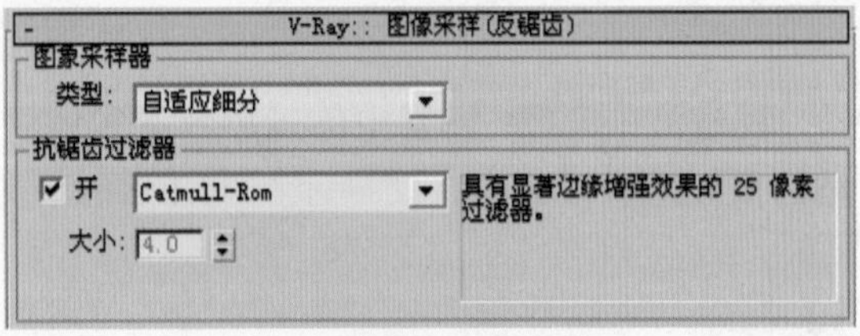

图12-14

步骤 11 开启VRay渲染器。打开【V-Ray::间接照明】卷展栏，勾选“开”复选框，选择首次反弹GI引擎为“准蒙特卡洛算法”，二次反弹GI引擎为“灯光缓冲”，如图12-15所示。

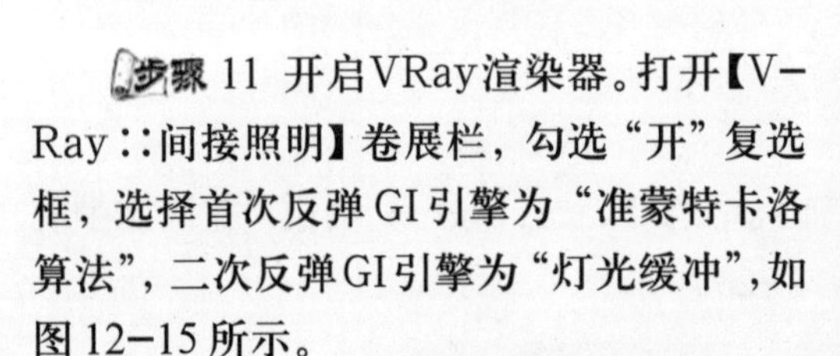

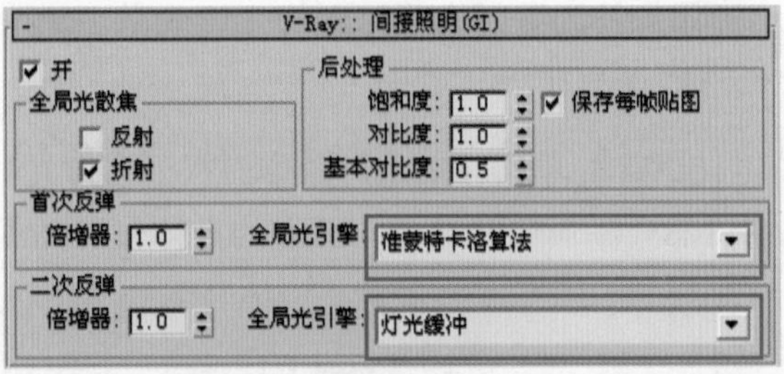

图12-15

步骤 12 打开【V-Ray::准蒙特卡洛全局光】卷展栏，将“细分”参数设置为5.0，如图12-16所示。

图12-16

步骤 13 打开【V-Ray::灯光缓冲】卷展栏，参数设置如图12-17所示。

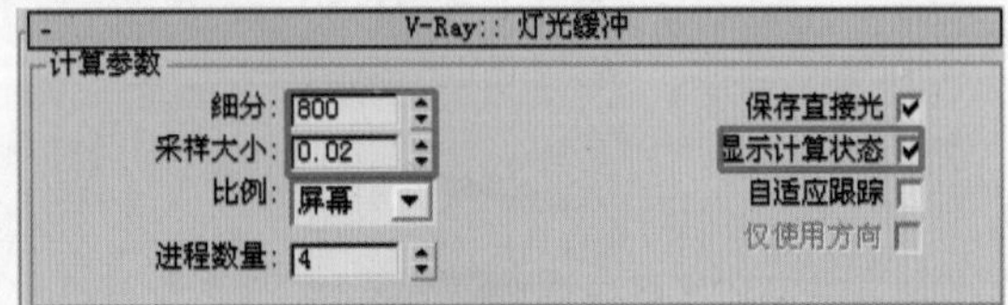

图12-17

步骤 14 打开【V-Ray::颜色映射】卷展栏，将颜色贴图的类型设置为“指数”，参数设置如图12-18所示。这个参数其实是最终的渲染参数设置，这里笔者通过最终对灯光的测试，设置的1.45亮度数值可以使画面亮部的光感节奏更加富有跳跃性。

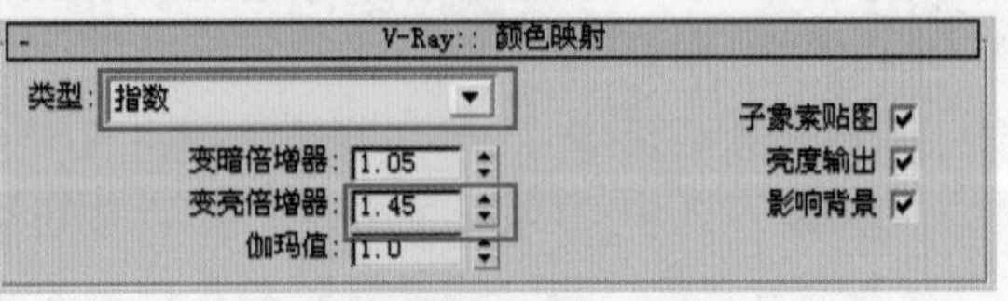

图12-18

步骤 15 单击工具栏中的击按钮，查看渲染结果，如图 12-19 所示。

图 12-19

观察渲染图像，场景中的光影节奏和体积已经被塑造出来，光影把墙体、床、边桌以及地面很好地联系起来，使画面产生强烈的节奏感。

12.2.2 辅助光源

添加补光继续完善画面的光影效果，照明场景并完善灯光的冷暖变化。

步骤 1 单击【创建】命令面板下【灯光】面板中的【VRayLight】按钮，在画面中的窗口部分添加辅助光源。灯光的具体位置如图 12-20 所示。

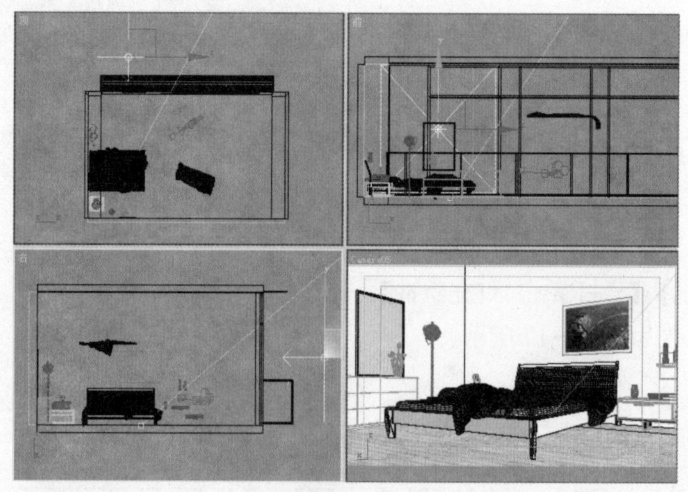

图 12-20

步骤 2 选中 VRayLight，单击按钮切换到修改命令面板。在【参数】卷展栏中勾选“开”复选框，将“倍增器”参数设置为 9.0，如图 12-21 所示。

步骤 3 将灯光颜色设置为蓝色，如图 12-22 所示。

图12-21

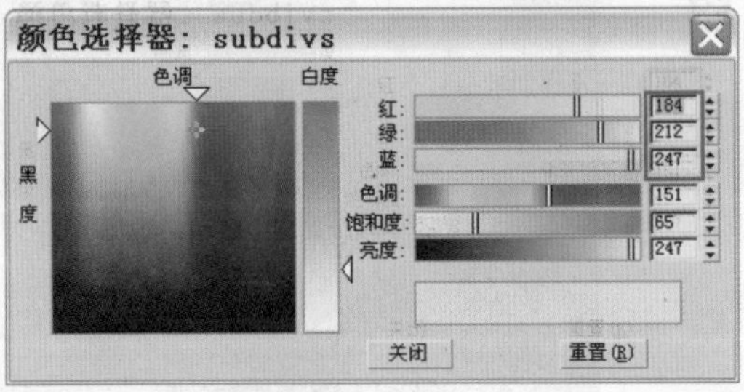

颜色选择器: subdivs

色调 白度
黑度
红: 184
绿: 212
蓝: 247
色调: 151
饱和度: 65
亮度: 247
关闭 重置(R)

图12-22

步骤 4 调节灯光大小，如图12-23所示。

步骤 5 勾选“不可见”复选框，如图12-24所示。

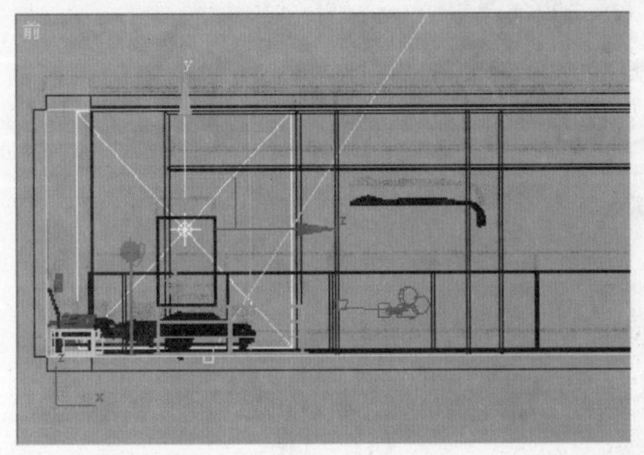

图12-23

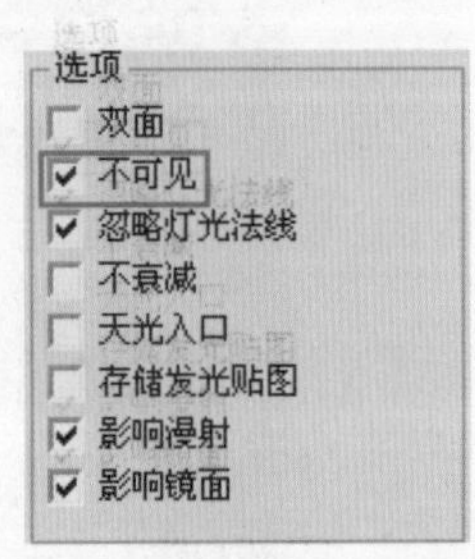

图12-24

步骤 6 在【采样】卷展栏中设置采样的细分数值保持不变，设置“阴影偏移”参数为0.02，如图12-25所示。

图12-25

步骤 7 单击工具栏中的按钮，查看渲染结果，如图12-26所示。

图12-26

步骤 8 观察渲染效果，窗口处的冷光效果延伸到室内空间，照亮场景的同时完善了灯光的冷暖变化。但需要注意的是，场景中床的侧面、枕头的局部空间以及立面的空间，都缺少灯光的层次变化，接下来的灯光将重点解决这些问题。图12-27为画面的问题区域。

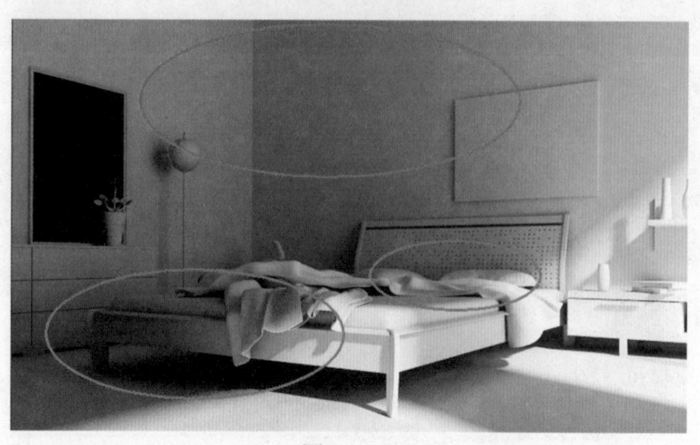

图 12-27

步骤 9 继续为场景添加灯光，为场景进行侧面空间照明，具体位置如图 12-28 所示。

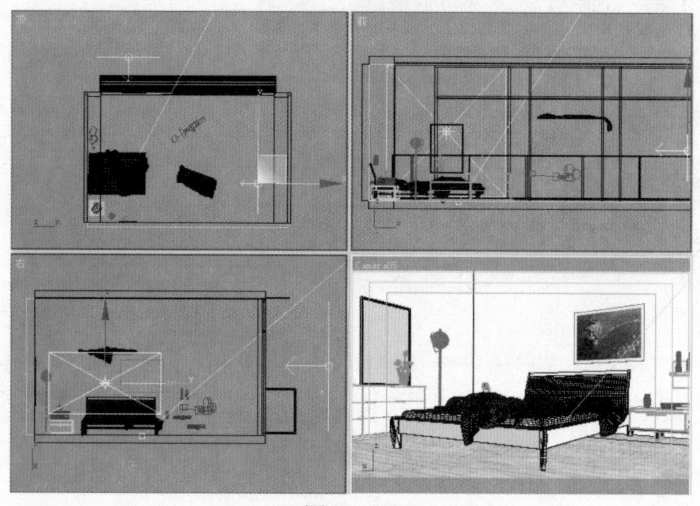

图 12-28

步骤 10 选中 VRayLight，单击按钮切换到修改命令面板。在【参数】卷展栏中勾选"开"复选框，将"倍增器"参数设置为4.65，如图 12-29 所示。这里需要注意的是，出现精确到小数点后面两位的灯光参数着实偶然，笔者在进行反复测试后，感觉这一点点的变化还是适合画面需要的，读者可以进行相应的参考。

步骤 11 将灯光颜色设置为蓝色，如图 12-30 所示。

图 12-29

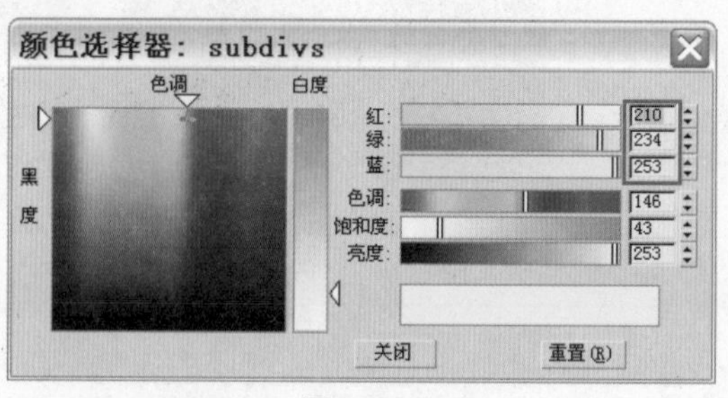

图 12-30

步骤 12 单击 VRayLight 按钮，继续添加辅助灯光。灯光的具体位置如图12-31所示。这盏灯光主要是对枕头局部空间进行照明。

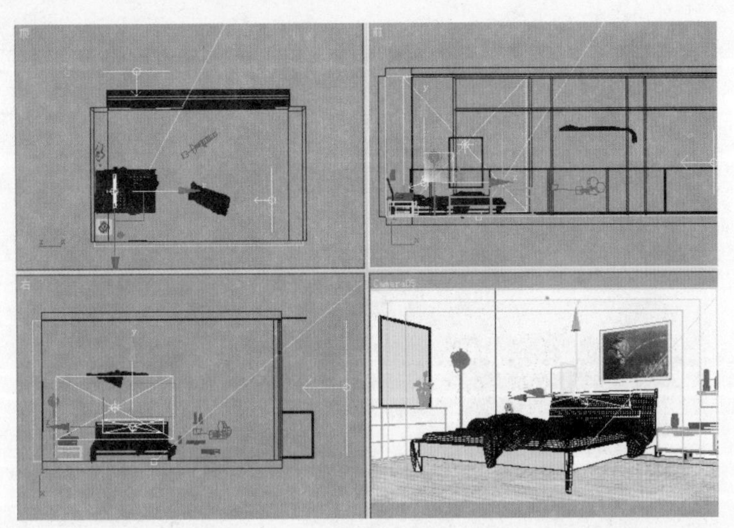

图12-31

步骤 13 选中VRayLight，单击按钮切换到修改命令面板。在【参数】卷展栏中勾选“开”复选框，将“倍增器”参数设置为1.0，如图12-32所示。

步骤 14 将灯光颜色设置为黄色，如图12-33所示。

图12-32

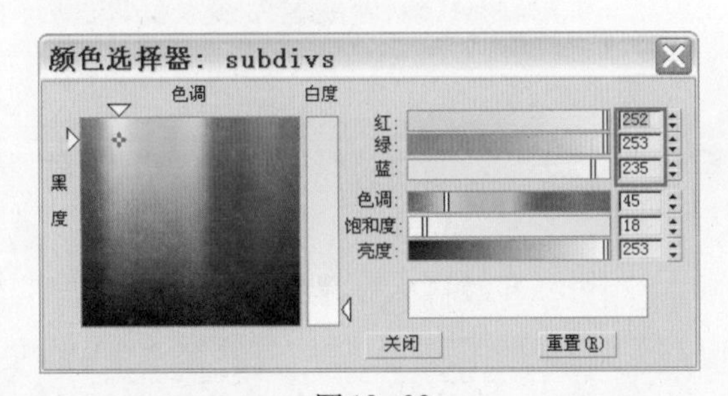

图12-33

步骤 15 调节灯光大小和角度位置，如图12-34和图12-35所示。

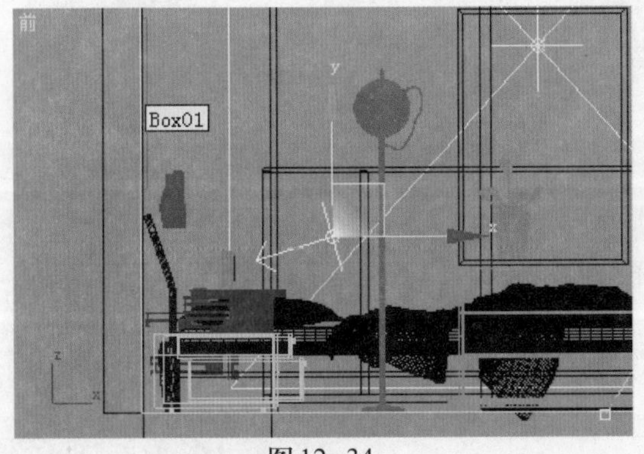

图12-34

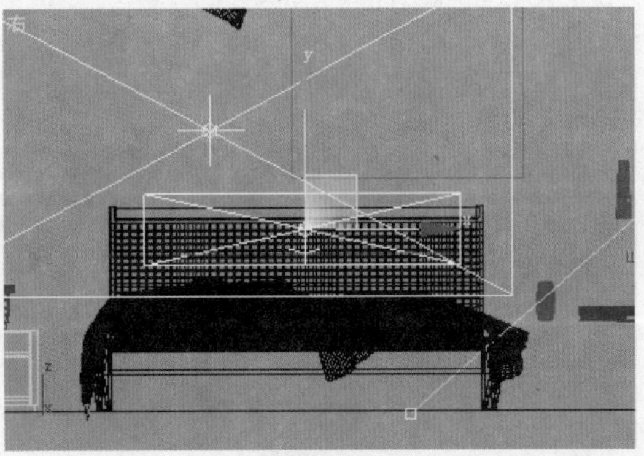

图12-35

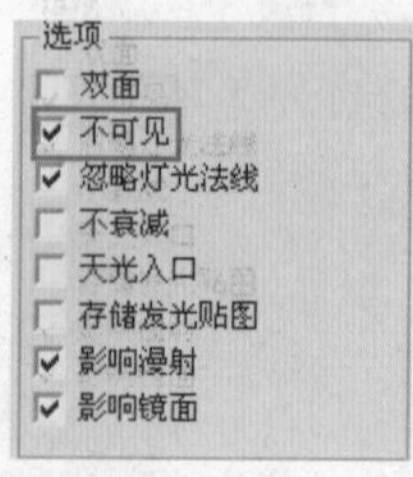

图12-36

步骤 16 勾选“不可见”复选框，将灯光在渲染时的渲染效果隐藏，如图12-36所示。

步骤 17 单击 VRayLight 按钮，继续添加辅助灯光。灯光的具体位置如图12-37所示。这盏灯光主要是对立面空间进行照明。这些灯光的设置是经过反复推敲后得出的一些基本的制作思路和方法，如果在床的顶部加一盏平面光，会破坏原来已设灯光的亮度和节奏。这里采用局部补充的办法，对需要的部分进行单独调节。

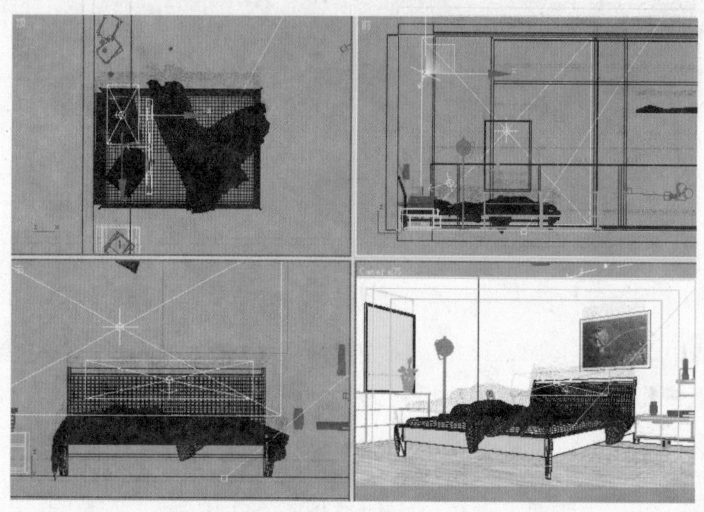
图12-37

步骤 18 选中VRayLight，单击按钮切换到修改命令面板。在【参数】卷展栏中勾选“开”复选框，将“倍增器”参数设置为1.0，如图12-38所示。

步骤 19 将灯光颜色设置为黄色，如图12-39所示。

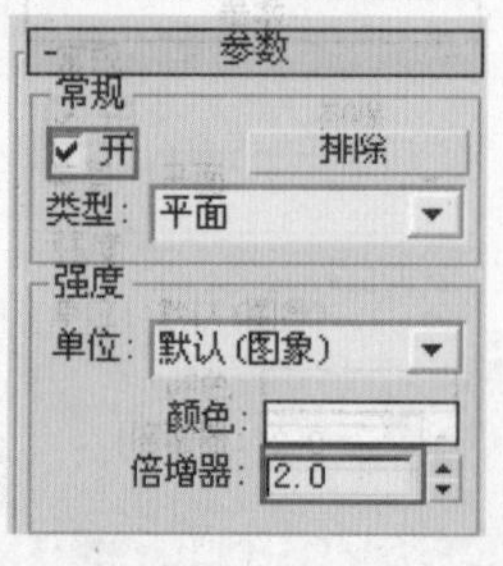

图12-38

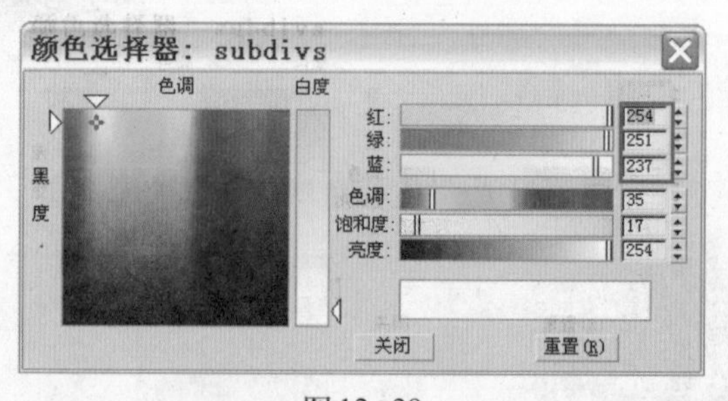

图12-39

步骤 20 调节灯光大小和角度位置，如图12-40所示。

步骤 21 勾选“不可见”复选框，将灯光在渲染时的渲染效果隐藏，如图12-41所示。

步骤 22 将灯光进行复制，对相邻空间进行区域照明，如图12-42所示。

步骤 23 在【参数】卷展栏中调节“倍增器”参数为2.5，如图12-43所示。

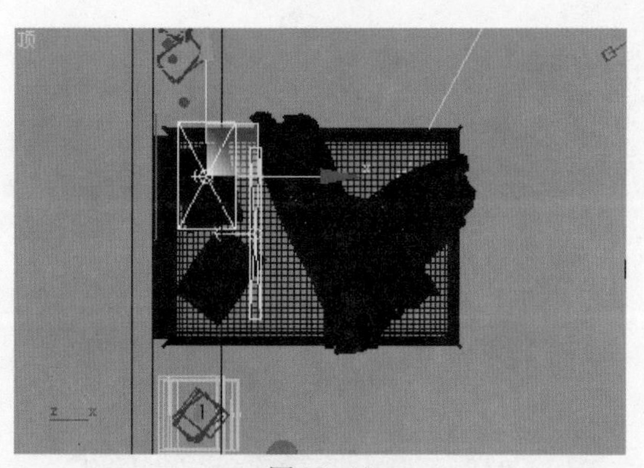

图12-40

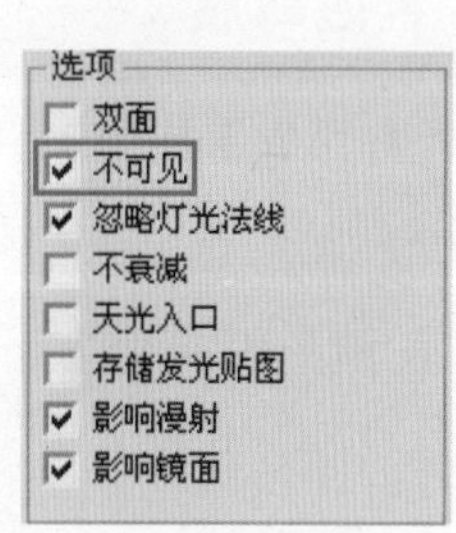

图12-41

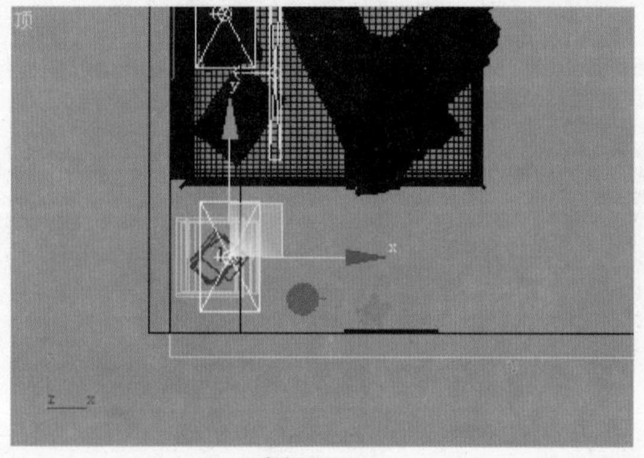

图12-42

图12-43

步骤 24 单击工具栏中的按钮，查看渲染结果，如图12-44所示。

图12-44

观察场景的灯光变化，整个场景光线的层次分明，受光与背光效果冷暖层次有序。光与影在有限的空间内互相融合，变化出丰富的节奏，使场景的灯光跳跃有内涵。

12.3 材质的设置

本节将详细讲解如何制作沙发材质、玻璃材质和大理石地面材质等。通过深入的学习，去体会 VRay 材质的特点。

12.3.1 金属材质

图 12-45

金属材质的效果如图 12-45 所示。

步骤 1 调节固有色为金属颜色，如图 12-46 所示。

步骤 2 调节反射颜色数值为 248、248、248，如图 12-47 所示。

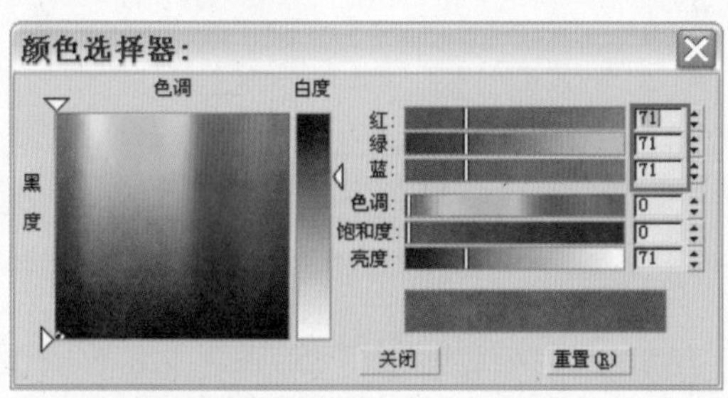

图 12-46

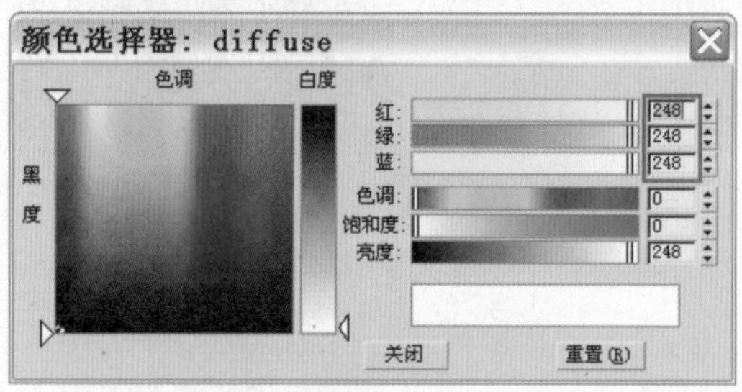

图 12-47

步骤 3 调节“光泽度”参数为1.0，如图12-48所示。这里需要十分光泽的金属材质效果，以加大简约的室内空间的材质质感对比。

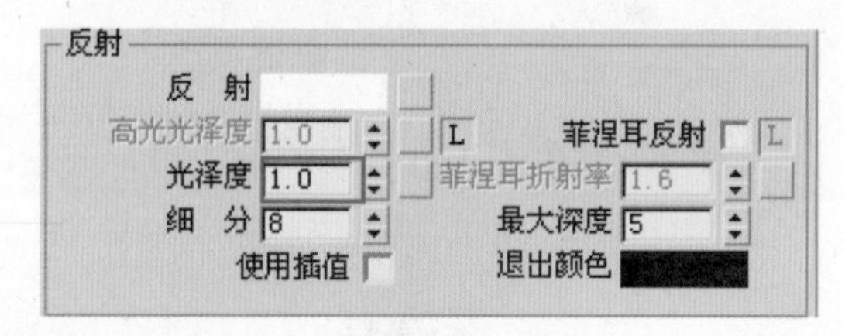

图 12-48

步骤 4 在【BRDF】卷展栏中选择材质的类型为“反射”，如图 12-49 所示。

步骤 5 材质的最终效果如图 12-50 所示。

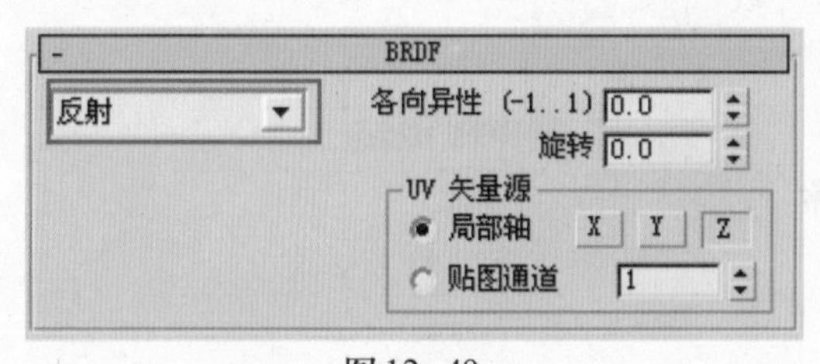

图 12-49

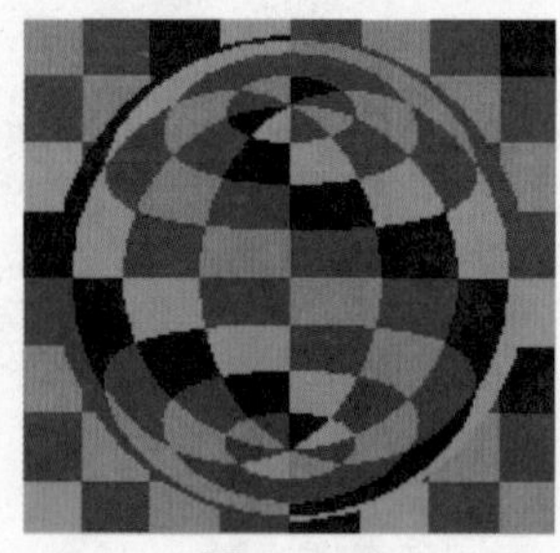
图 12-50

12.3.2 被套件材质

被套件材质的效果如图12-51所示。从画面效果可以看出，被套件的材质不单纯是简单的颜色，其表面也有一定的反射现象。这样可以充分地吸收和反射光，营造出相应的光感和气氛。

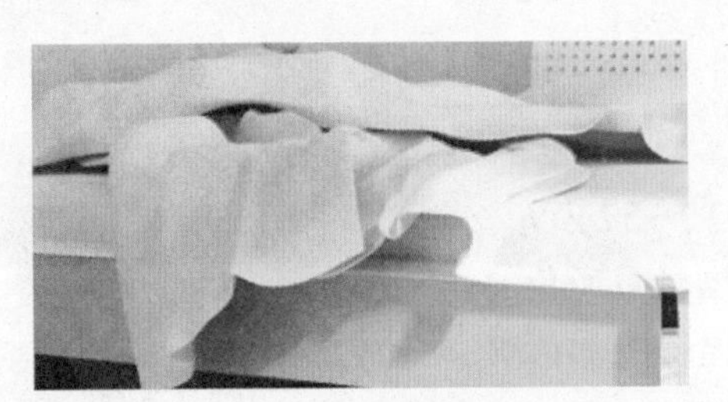

图12-51

步骤 1 为漫射贴图添加衰减贴图，如图12-52所示。

步骤 2 调节前、侧颜色如图12-53和图12-54所示。将衰减类型设置为“Fresnel”，如图12-55所示。这里主要是通过添加衰减贴图来实现被套件表面细腻、符合场景颜色气氛的颜色渐变效果，这里的颜色设置是比较关键的，可以说是设计的重要部分。

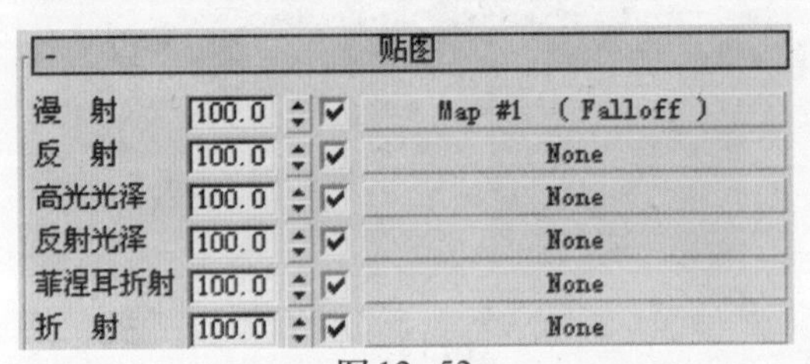

图12-52

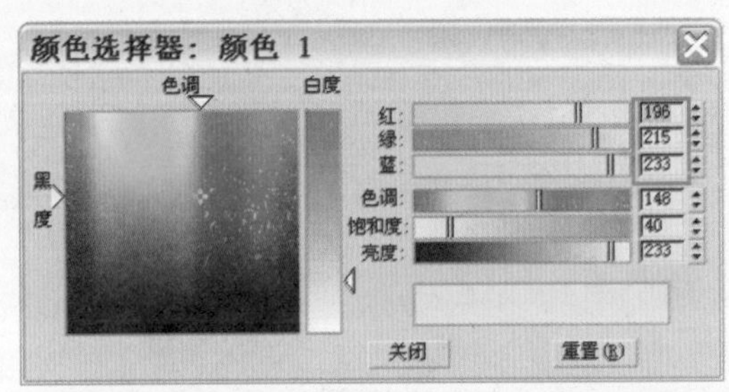

图12-53

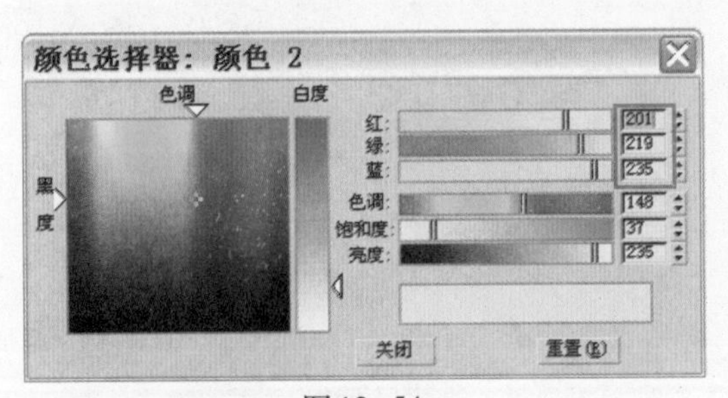

图12-54

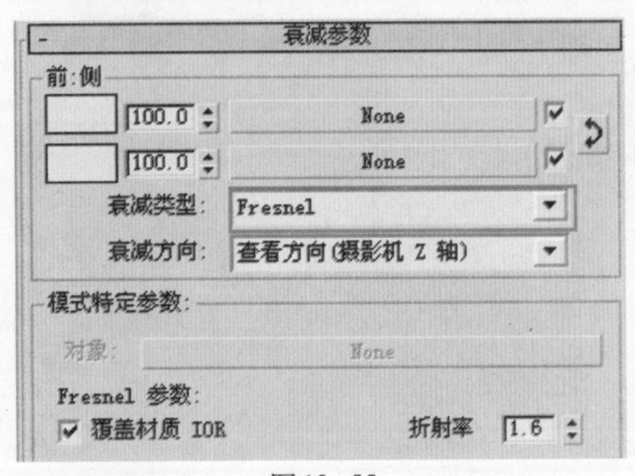

图12-55

步骤 3 材质效果如图12-56所示。

图12-56

12.3.3 枕套材质

枕套材质的效果如图12-57所示。注意观察这里的颜色与周围场景颜色的关系，淡淡的蓝色使空间显得更加清爽优雅。

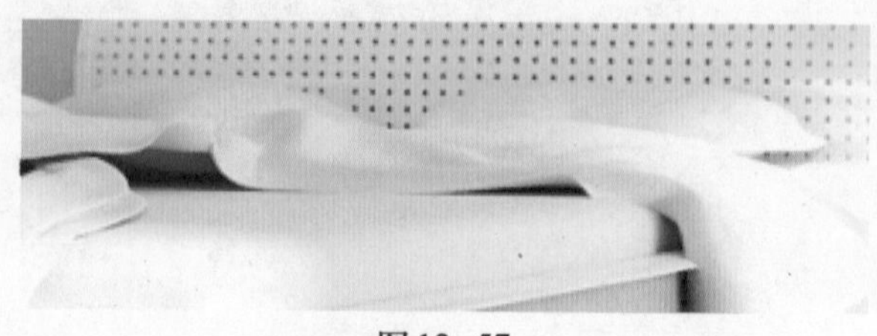

图12-57

步骤1 为漫射贴图添加衰减贴图，如图12-58所示。

步骤2 调节前、侧颜色如图12-59和图12-60所示。将衰减类型设置为“Fresnel”，如图12-61所示。

-	贴图		
漫 射	100.0	✓	Map #1 （Falloff）
反 射	100.0	✓	None
高光光泽	100.0	✓	None
反射光泽	100.0	✓	None
菲涅耳折射	100.0	✓	None
折 射	100.0	✓	None

图12-58

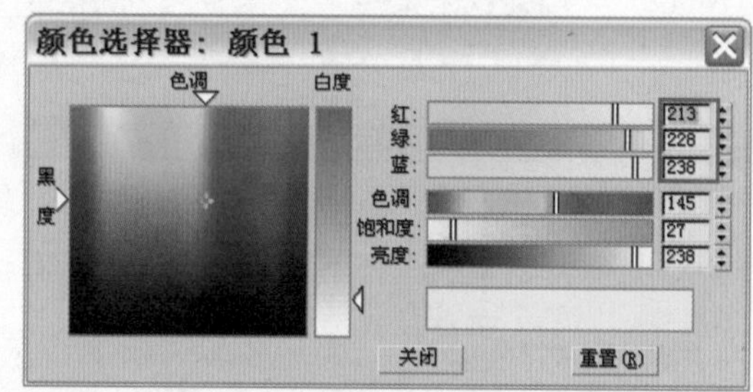

图12-59

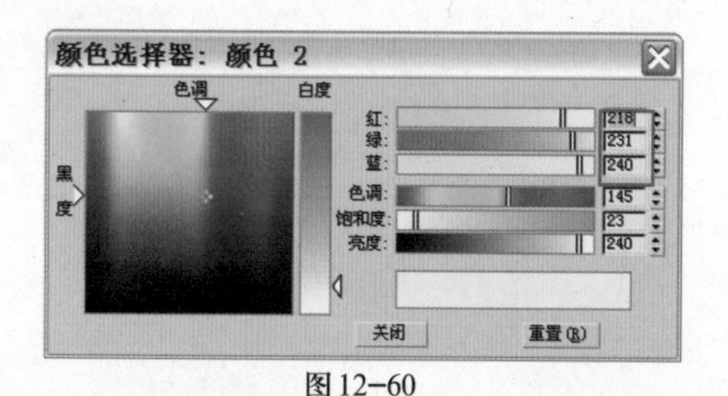

图12-60

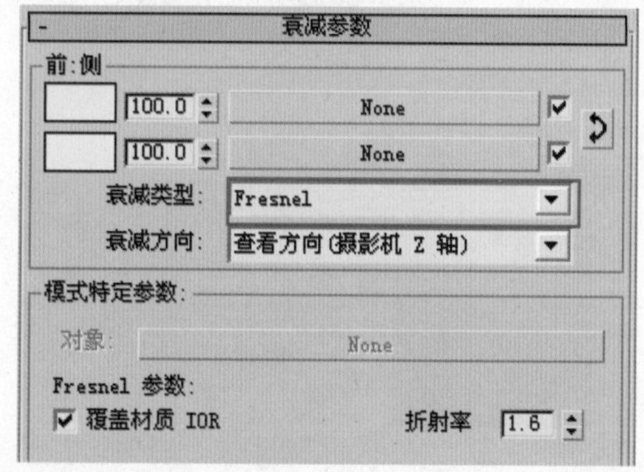

图12-61

步骤3 材质效果如图12-62所示。

图12-62

12.3.4 床头靠板材质

床头靠板材质如图12-63所示。

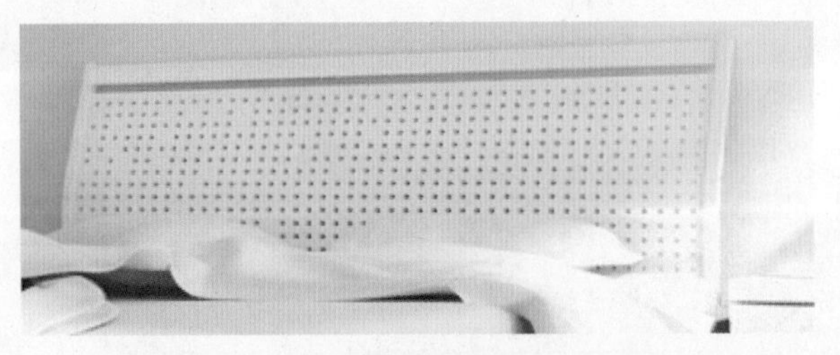

图12-63

步骤 1 调节固有色材质颜色如图12-64所示。

步骤 2 调节反射颜色参数为60、60、60，如图12-65所示。

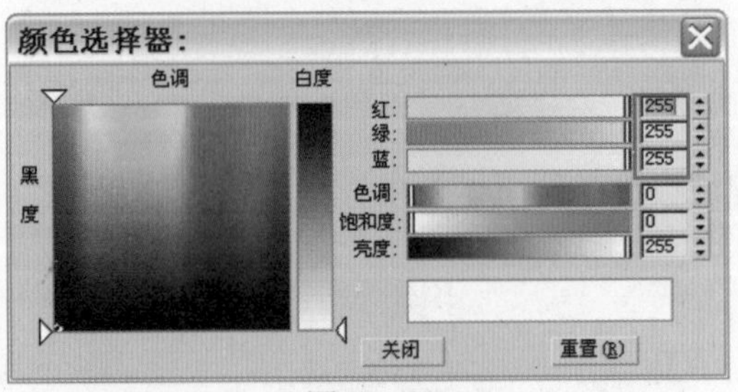

图12-64

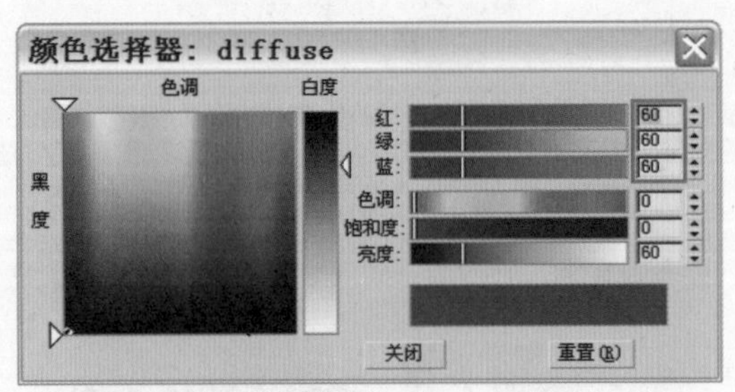

图12-65

步骤 3 调节“光泽度”参数为0.92，保持材质表面光泽的反射效果，如图12-66所示。

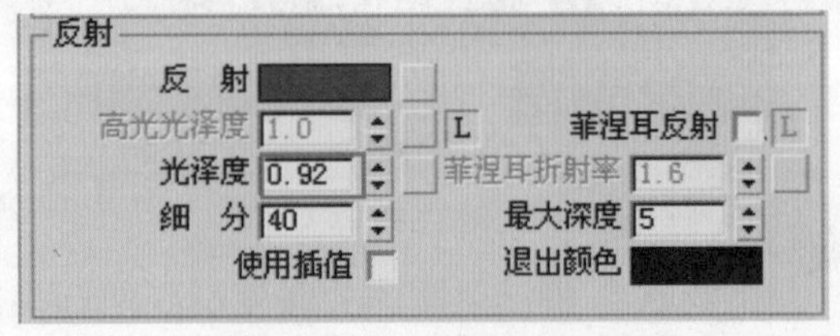

图12-66

步骤 4 在【BRDF】卷展栏中选择材质的类型为“反射”，如图12-67所示。

步骤 5 材质的最终效果效果如图12-68所示。

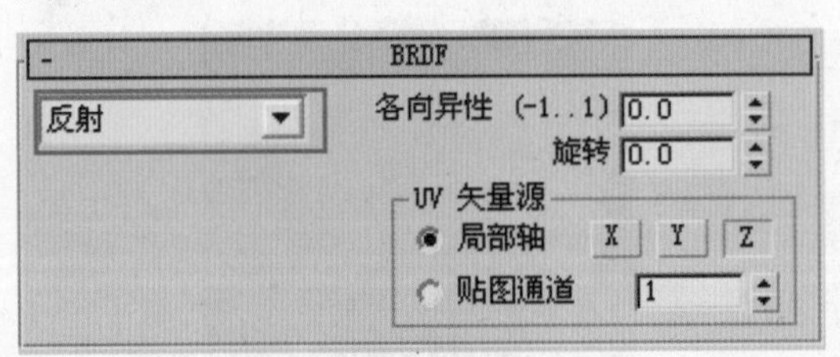

图12-67

图12-68

12.3.5 地板材质

步骤 1 单击固有色，打开本书配套光盘“源文件\第12章\floor.jpg”文件，如图12-69所示。

步骤 2 设置贴图UV平铺分别为0.8，如图12-70所示。

图 12-69

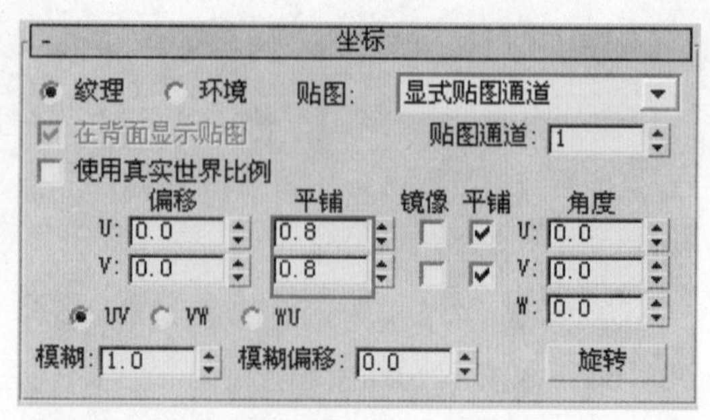

图 12-70

步骤 3 调节反射颜色参数为 70、70、70，如图 12-71 所示。

步骤 4 调节“光泽度”参数为 0.88，保证地板光泽的反射效果，如图 12-72 所示。

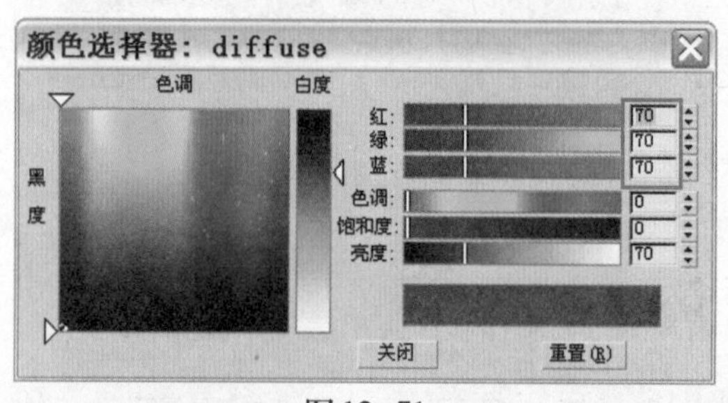

图 12-71

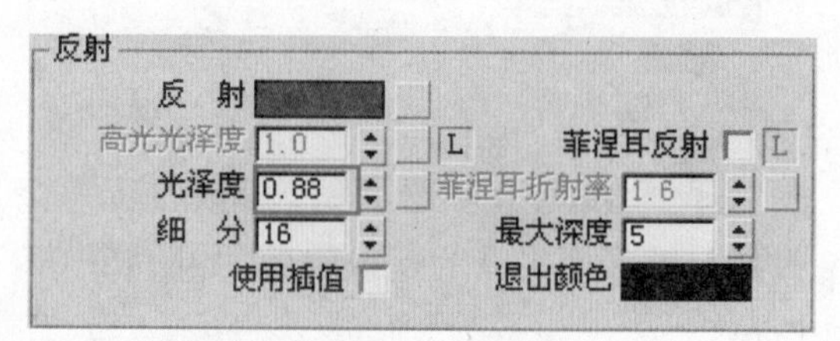

图 12-72

步骤 5 将漫射贴图关联复制到凹凸贴图中，参数设置如图 12-73 所示。

步骤 6 材质的最终效果如图 12-74 所示。

漫 射	100.0	☑	Map #1386 (floor.jpg)
反 射	100.0	☑	None
高光光泽	100.0	☑	None
反射光泽	100.0	☑	None
菲涅耳折射	100.0	☑	None
折 射	100.0	☑	None
光泽度	100.0	☑	None
折射率	100.0	☑	None
透 明	100.0	☑	None
凹 凸	30.0	☑	Map #1386 (floor.jpg)
置 换	100.0	☑	None

图 12-73

图 12-74

12.3.6 玻璃杯材质

操作步骤

步骤 1 选择 VRay 材质。调节固有色颜色如图 12-75 所示。

步骤 2 调节反射颜色参数为 253、253、253，如图 12-76 所示。

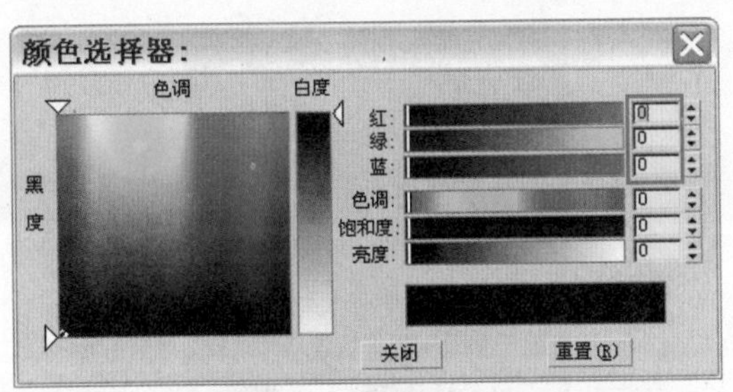

图12-75

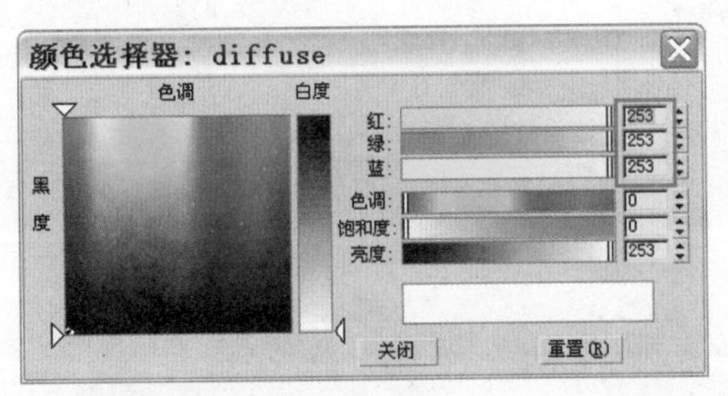

图12-76

步骤 3 为反射贴图添加衰减贴图，设置如图12-77所示。

步骤 4 将“光泽度”参数设置为0.98，如图12-78所示。

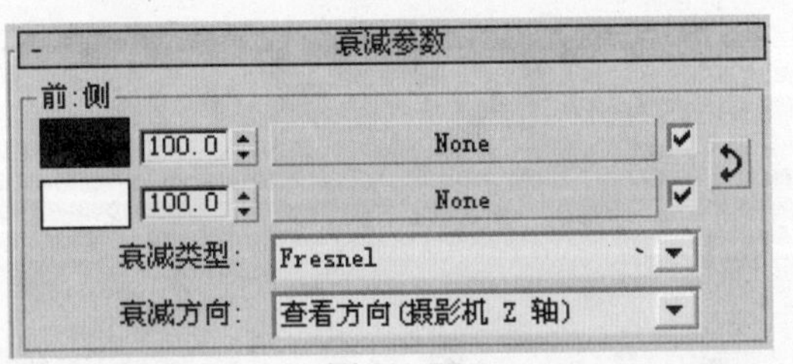

图12-77

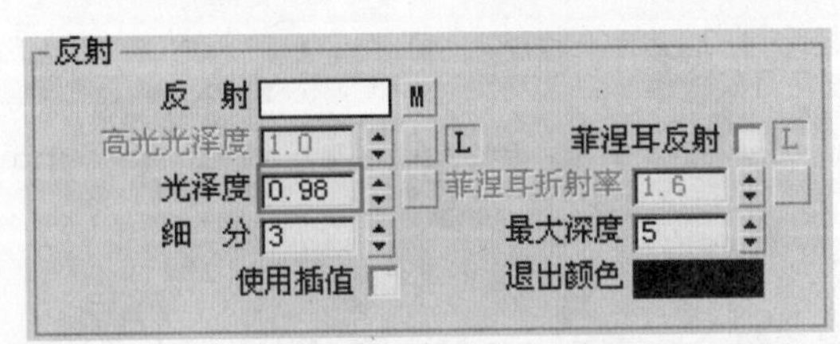

图12-78

步骤 5 调节反射颜色参数为252、252、252，如图12-79所示。

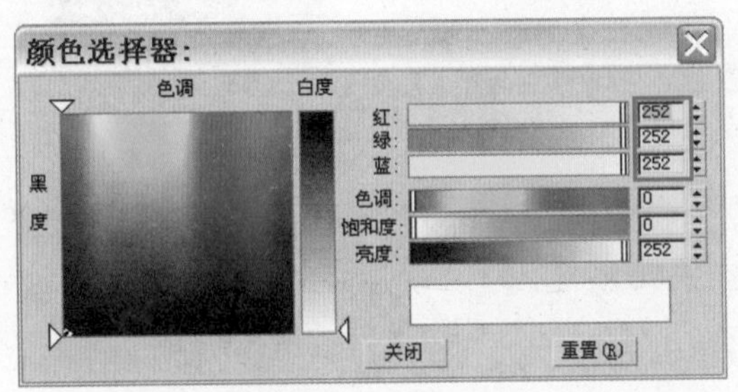

图12-79

步骤 6 调节烟雾颜色为253、253、253，“折射率”设置为1.517，勾选“影响阴影”复选框，如图12-80和图12-81所示。

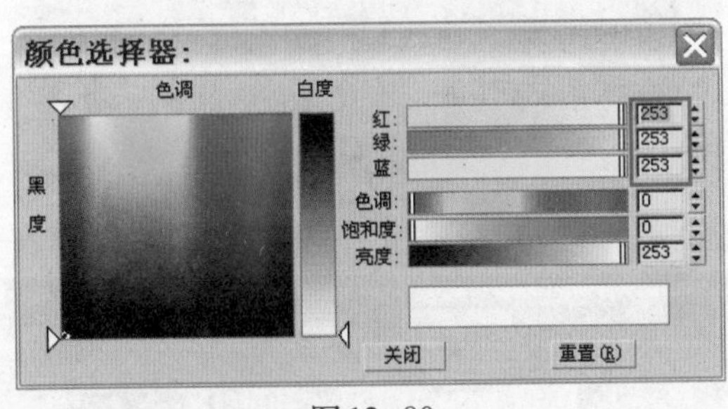

图12-80

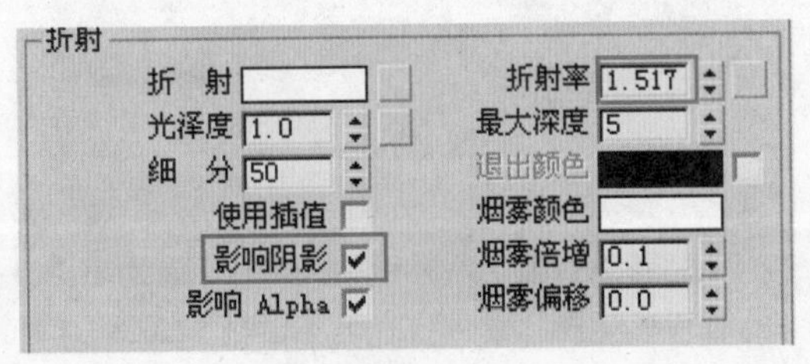

图12-81

步骤 7 在【BRDF】卷展栏中选择材质的类型为“反射”，如图12-82所示。

步骤 8 材质的最终效果如图12-83所示。

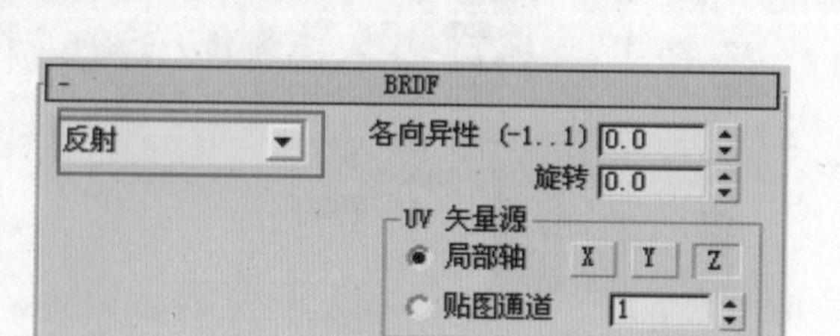

图 12-82

图 12-83

12.3.7 冰材质

步骤 1 调节固有色颜色如图 12-84 所示。

步骤 2 调节反射颜色参数为 200、200、200，如图 12-85 所示。

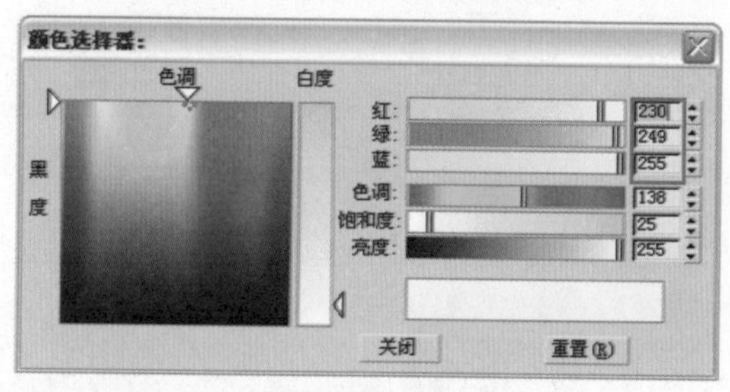

图 12-84

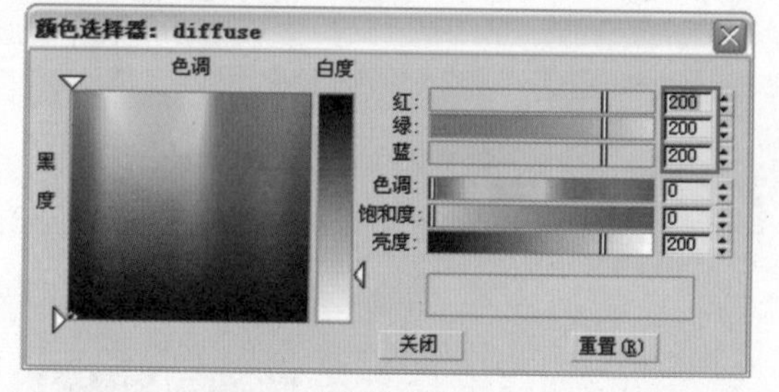

图 12-85

步骤 3 将“光泽度”参数设置为 0.98，“高光光泽度”参数设置为 0.8，勾选“菲涅耳反射”复选框，如图 12-86 所示。

步骤 4 调节反射颜色参数为 242、255、255，如图 12-87 所示。

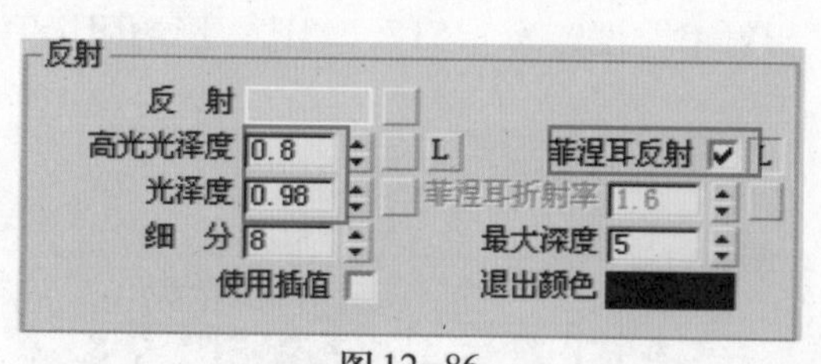

图 12-86

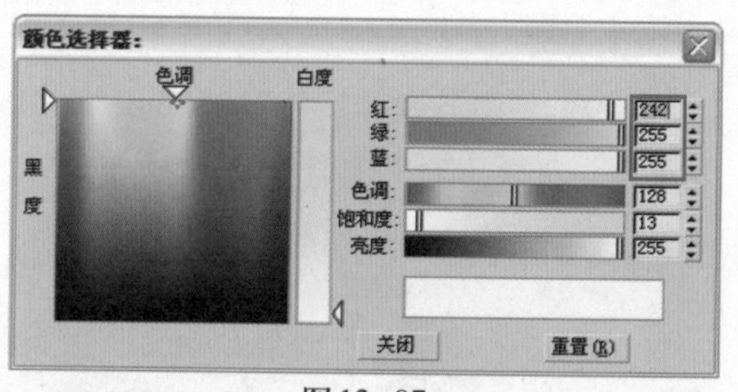

图 12-87

步骤 5 将“光泽度”参数设置为 0.8，“折射率”参数设置为1.57，如图12-88所示。

步骤 6 在【BRDF】卷展栏中选择材质的类型为“反射”，如图 12-89 所示。

步骤 7 材质的最终效果如图12-90所示。

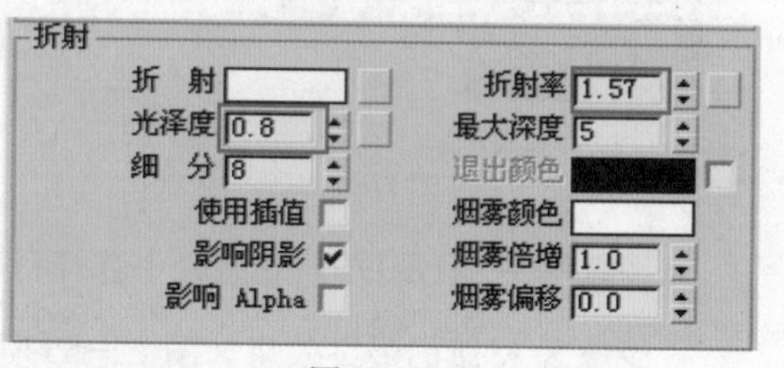

图 12-88

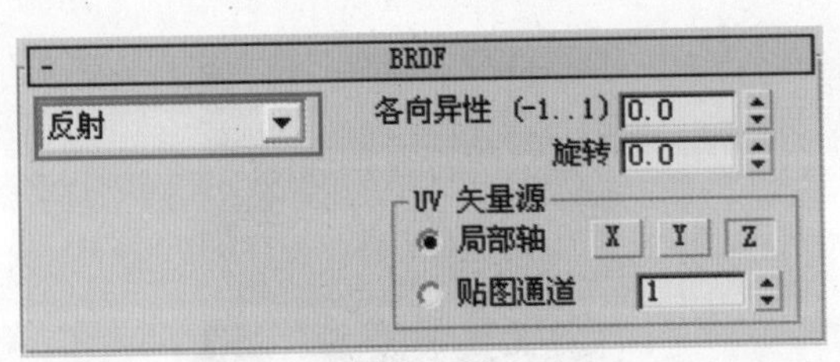

图 12-89

图 12-90

12.3.8 装饰品材质

装饰品漆木有光泽的质感，表面反射有细腻的高光效果，如图 12-91 所示。

图 12-91

步骤 1 单击固有色，打开本书配套光盘“源文件\第 12 章\01 (2).jpg”文件，如图 12-92 所示。

步骤 2 调节反射颜色数值如图 12-93 所示。

图 12-92

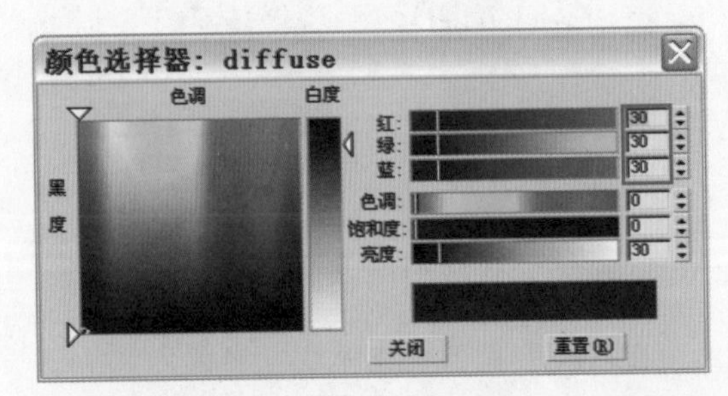

图 12-93

步骤 3 调节“光泽度”参数为0.7，“高光光泽度”参数为0.65，如图 12-94 所示。

步骤 4 将漫射贴图关联复制到凹凸贴图中，参数设置如图 12-95 所示。

步骤 5 材质最终效果如图12-96所示。

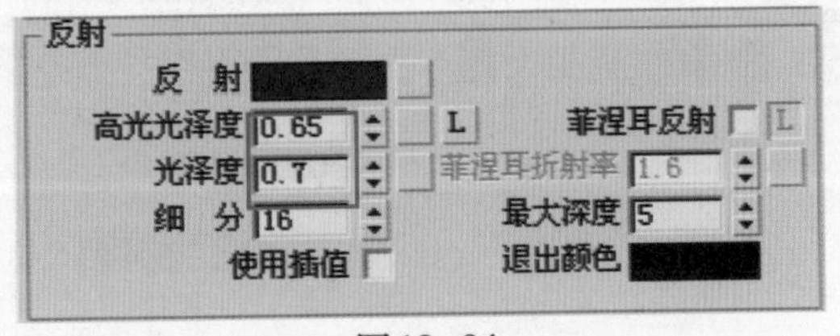

图 12-94

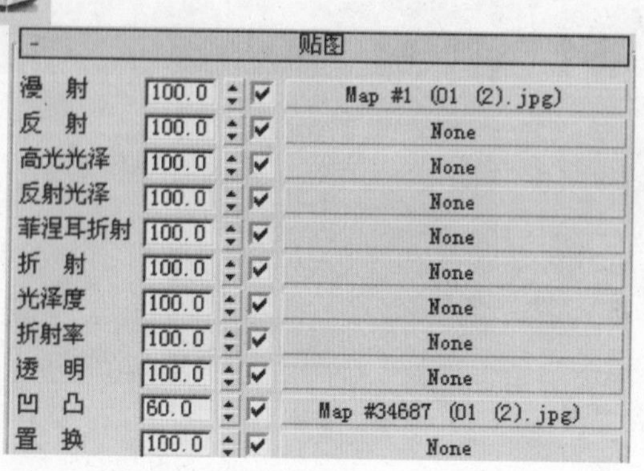

图 12-95

图 12-96

12.3.9 灯罩材质

灯罩材质如图 12-97 所示。

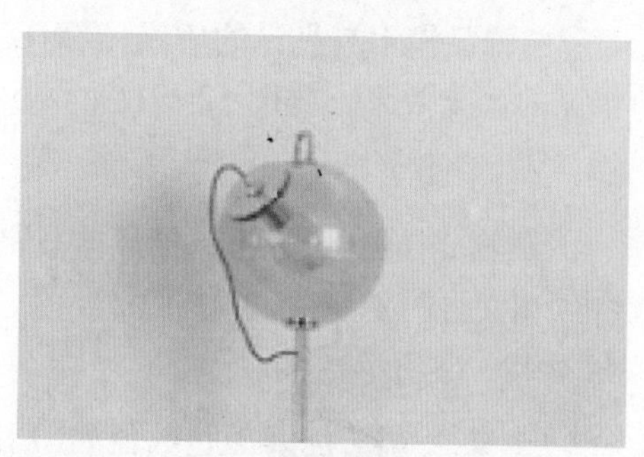

图 12-97

步骤 1 调节固有色为玻璃颜色，如图 12-98 所示。

步骤 2 为反射添加Fresnel贴图，如图 12-99 所示。

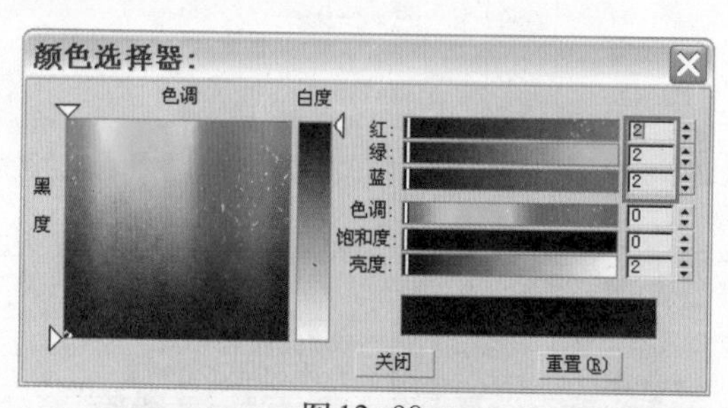

图 12-98

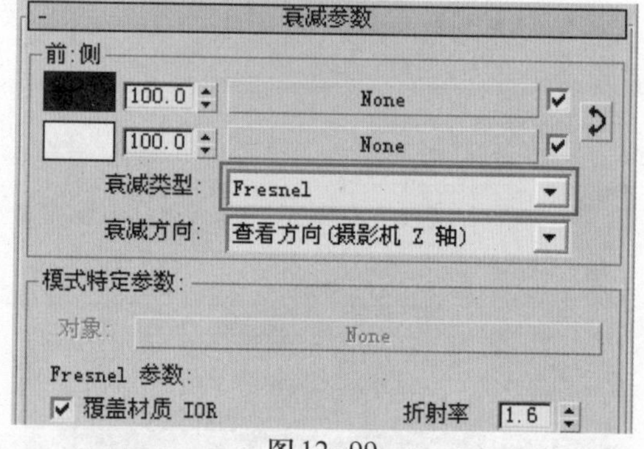

图 12-99

步骤 3 将反射颜色的数值设置为 45、45、45，如图 12-100 所示。

步骤 4 调节“光泽度”参数为 0.94，“高光光泽度”参数为 0.58，如图 12-101 所示。

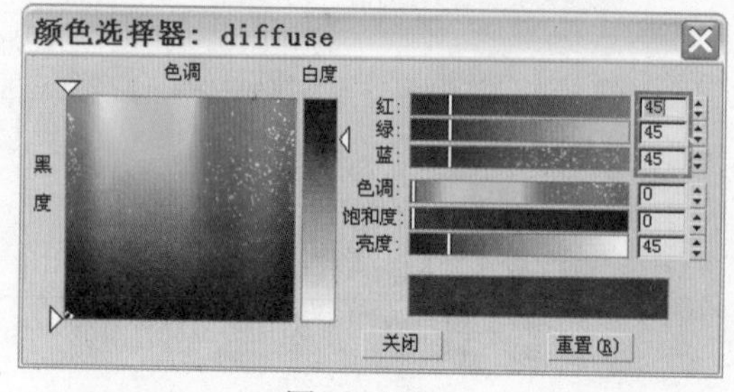

图 12-100

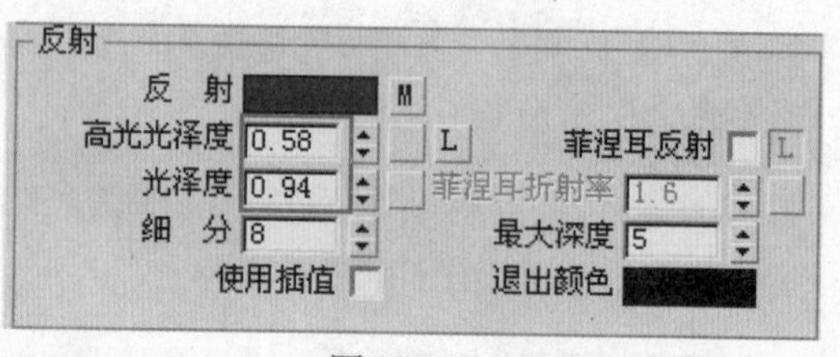

图 12-101

步骤 5 将折射颜色的数值设置为235、235、235，如图12−102所示。

步骤 6 调节“折射率”为1.3，如图12−103所示。

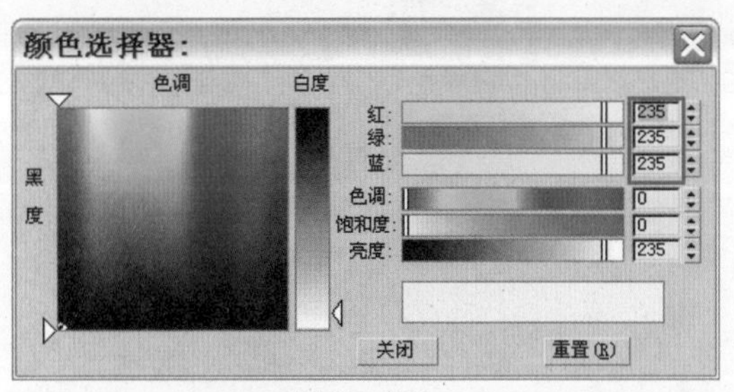

图12−102

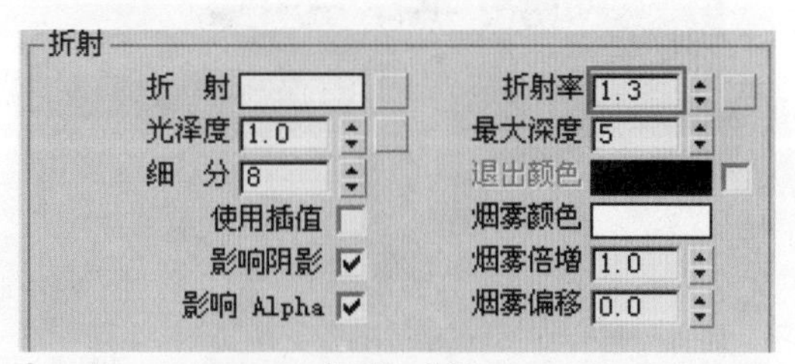

图12−103

步骤 7 在【BRDF】卷展栏中选择材质的类型为“多面”，如图12−104所示。

步骤 8 材质最终效果如图12−105所示。

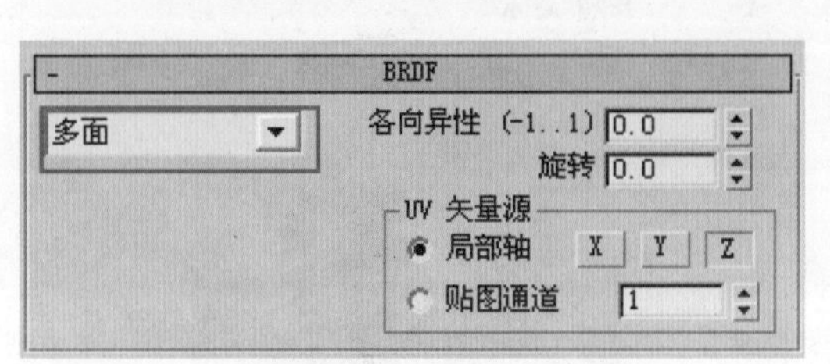

图12−104

图12−105

12.3.10 灯泡材质

步骤 1 调节固有色为玻璃颜色，如图12−106所示。

步骤 2 为反射添加衰减贴图，设置衰减类型为“垂直／平行”，如图12−107所示。

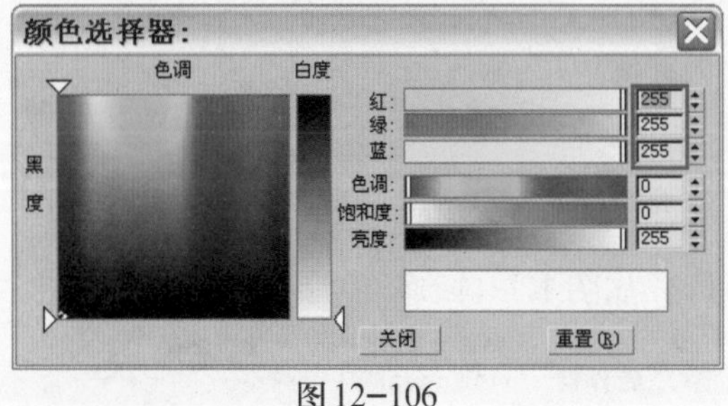

图12−106

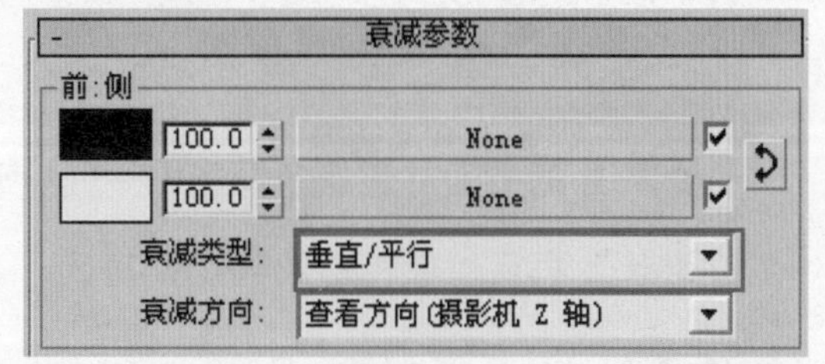

图12−107

步骤 3 将反射颜色的数值设置为40、40、40，如图12−108所示。

步骤 4 调节“光泽度”参数为1.0，如图12−109所示。

步骤 5 将折射颜色的数值设置为225、225、225，如图12−110所示。

步骤 6 调节“折射率”为1.1，如图12−111所示。

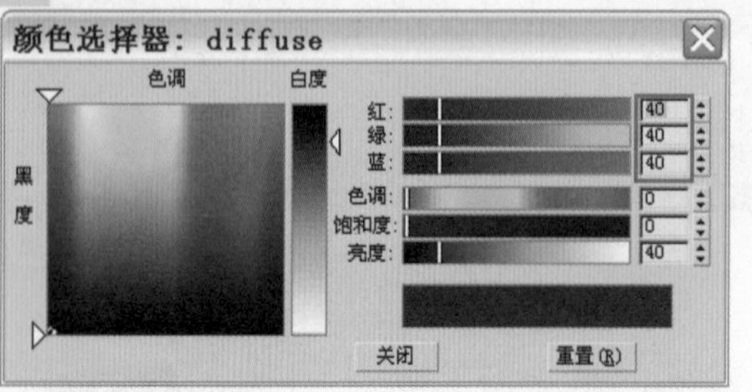

图12–108

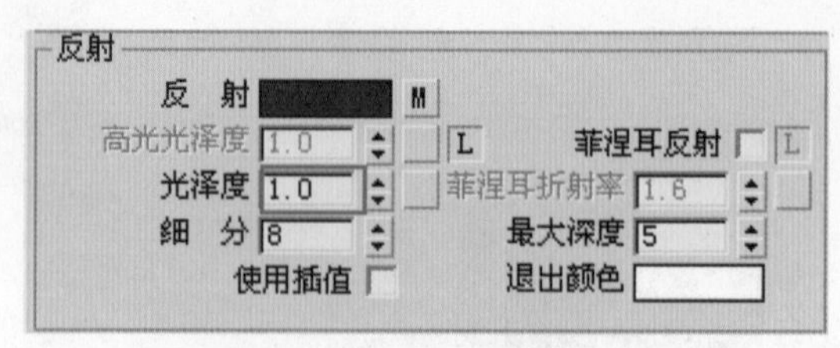

图12–109

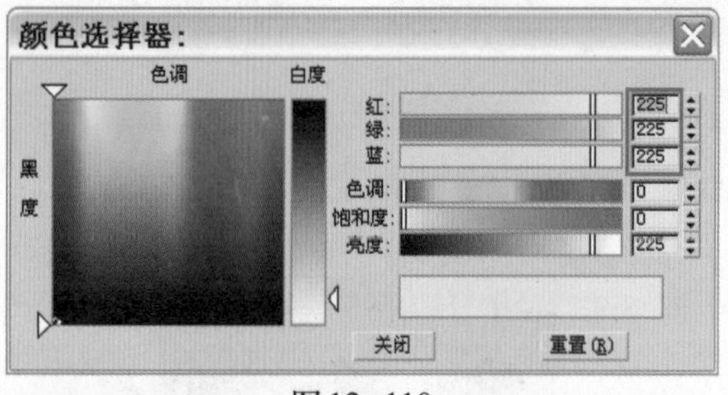

图12–110

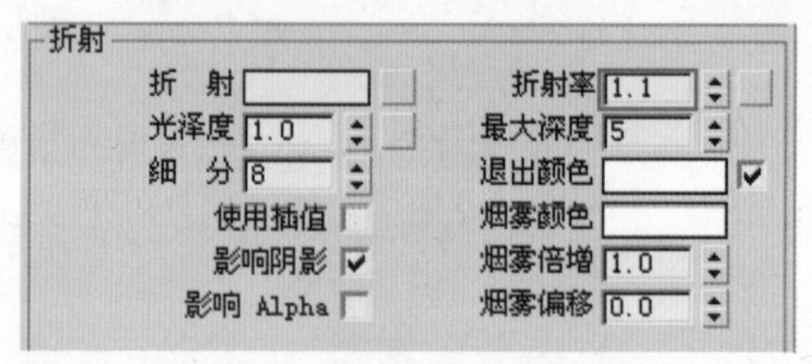

图12–111

步骤 7 在【BRDF】卷展栏中选择材质的类型为“反射”，如图12–112所示。

步骤 8 材质最终效果如图12–113所示。

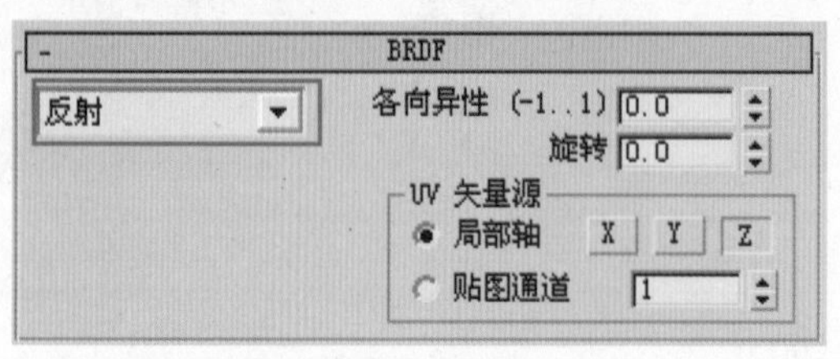

图12–112

图12–113

12.3.11 绝缘线材质

步骤 1 调节固有色颜色如图12–114所示。

步骤 2 将反射颜色的数值设置为27、27、27，如图12–115所示。

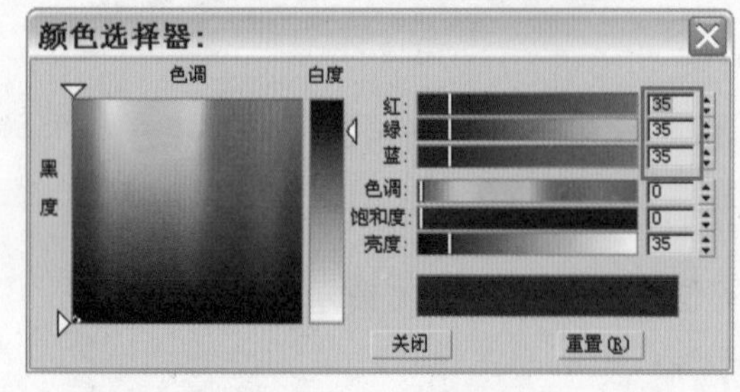

图12–114

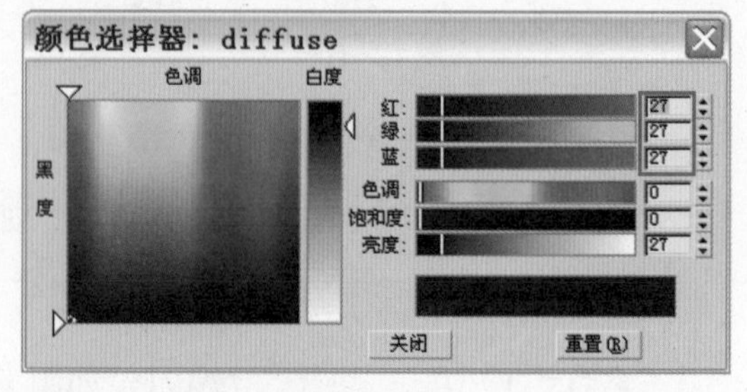

图12–115

步骤 3 调节“光泽度”参数为0.8，“高光光泽度”参数为0.59，如图12-116所示。

步骤 4 材质最终效果如图12-117所示。

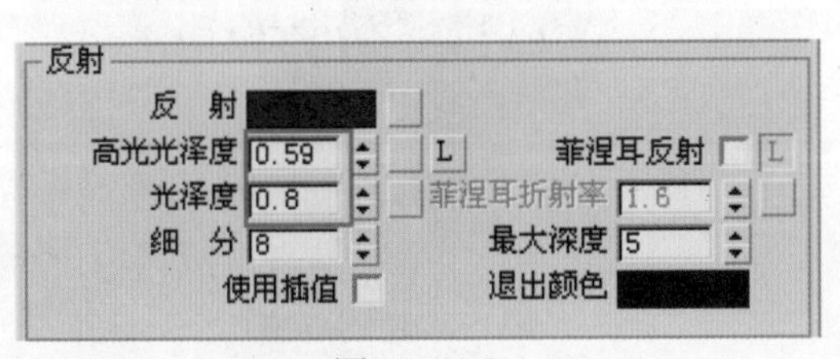

图12-116

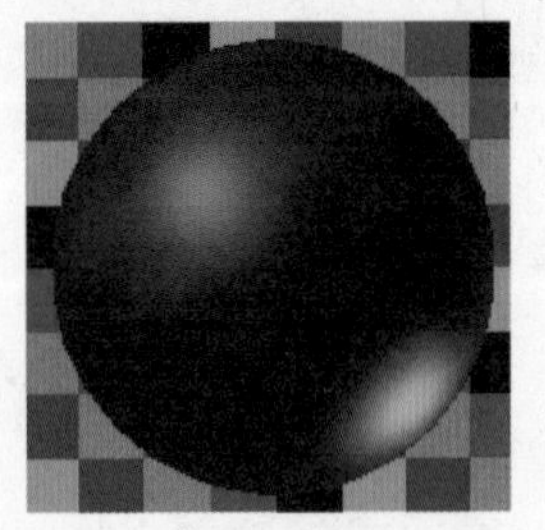

图12-117

12.3.12 镜子材质

镜子材质具有完全光泽的反射效果如图12-118所示。

图12-118

步骤 1 调节固有色颜色，如图12-119所示。

步骤 2 将反射颜色的数值设置为248、248、248，如图12-120所示。

步骤 3 保持“光泽度”为1.0，使之完全反射，如图12-121所示。

步骤 4 材质最终效果如图12-122所示。

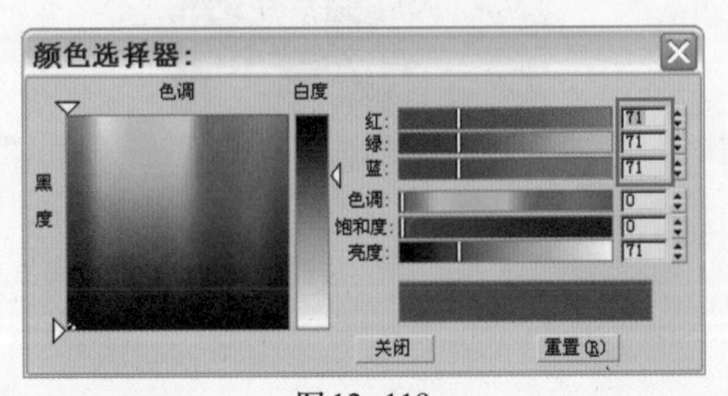

图12-119

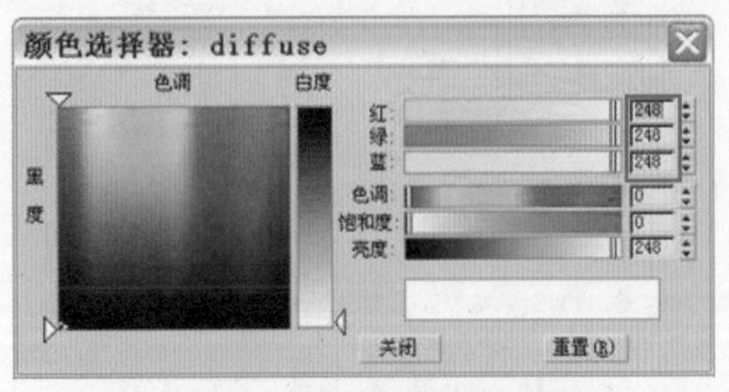

图12-120

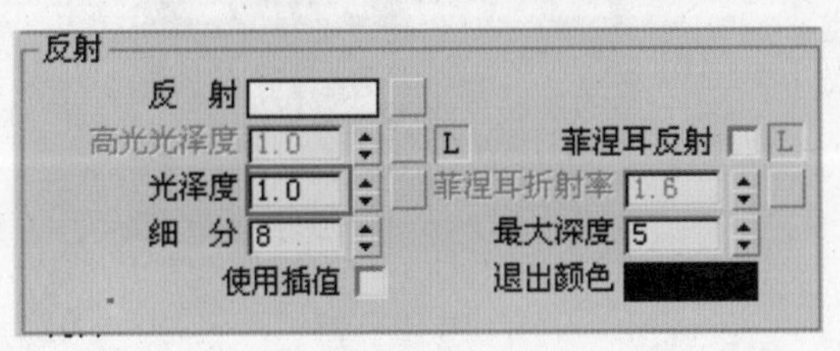

图12-121

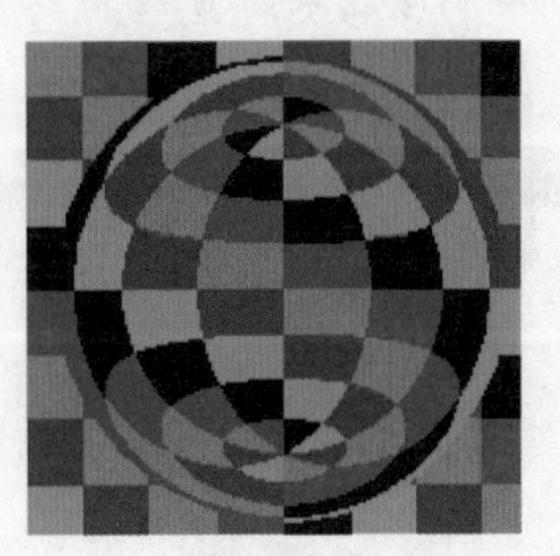

图12-122

12.3.13 绿色瓷盆材质

图 12-123

绿色瓷盆材质效果如图 12-123 所示。

步骤 1 调节固有色颜色如图 12-124 所示。

步骤 2 将反射颜色的数值设置为 255、255、255，如图 12-125 所示。

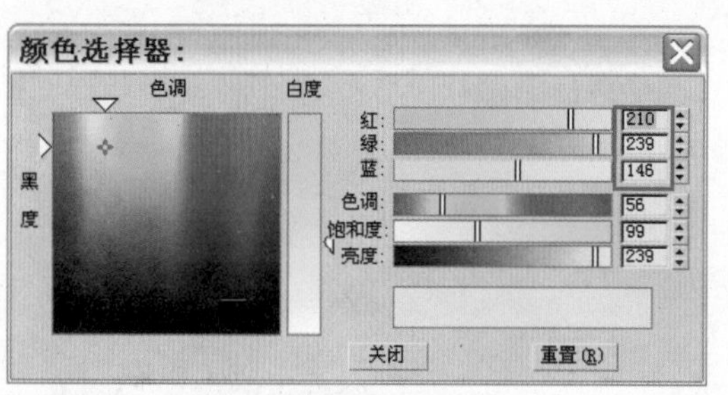

图 12-124

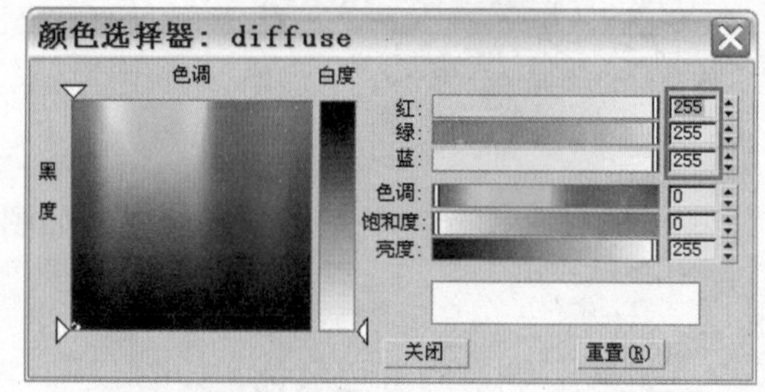

图 12-125

步骤 3 保持“光泽度”为 0.89，勾选“菲涅耳反射”复选框，如图 12-126 所示。

步骤 4 材质最终效果如图 12-127 所示。

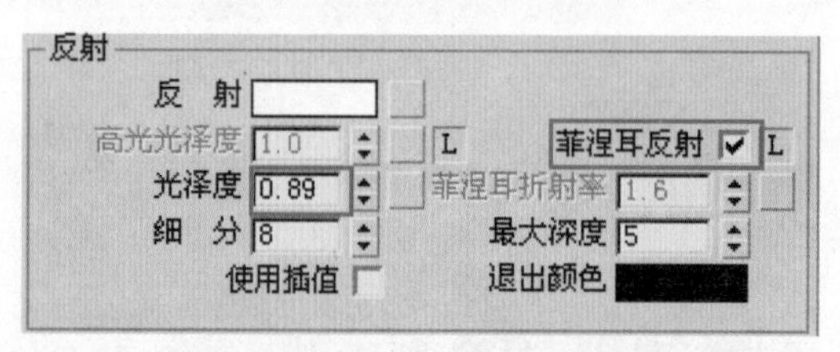

图 12-126

图 12-127

12.3.14 装饰画材质

图 12-128

装饰画材质效果如图 12-128 所示。

步骤 1 单击固有色，打开本书配套光盘“源文件\第 12 章\art.jpg”文件，如图 12-129 所示。

步骤 2 将反射颜色的数值设置为 4、4、4，如图 12-130 所示。

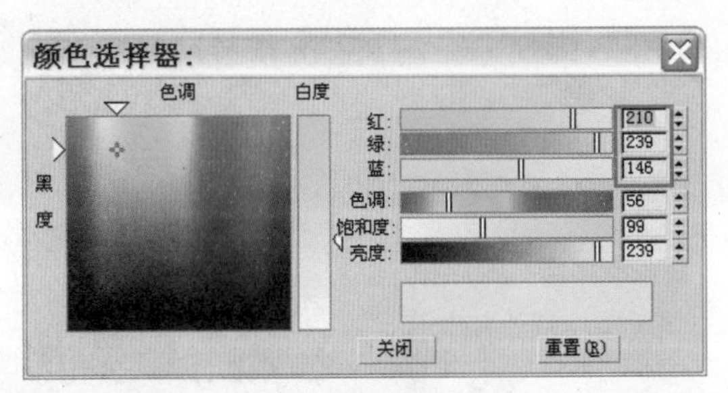

图12-129

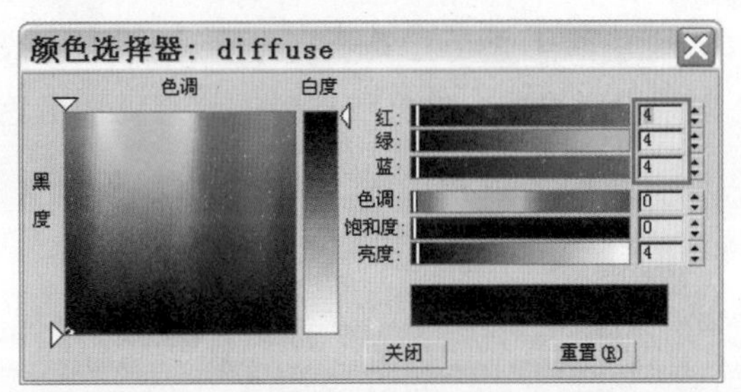

图12-130

步骤 3 保持“光泽度”为0.6，如图12-131所示。

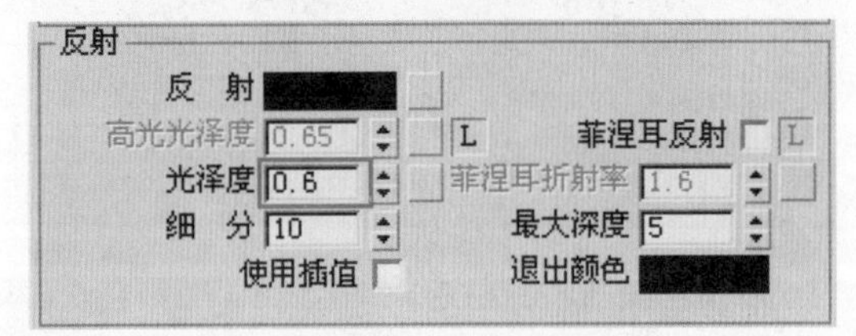

图12-131

步骤 4 将漫射贴图关联复制到凹凸贴图中，参数设置为5.0，如图12-132所示。

步骤 5 材质最终效果如图12-133所示。

贴图			
漫 射	100.0	☑	Map #9 (art.jpg)
反 射	100.0	☑	None
高光光泽	100.0	☑	None
反射光泽	100.0	☑	None
菲涅耳折射	100.0	☑	None
折 射	100.0	☑	None
光泽度	100.0	☑	None
折射率	100.0	☑	None
透 明	100.0	☑	None
凹 凸	5.0	☑	Map #34686 (art.jpg)
置 换	0.0	☑	None

图12-132

图12-133

12.3.15 显示屏材质

步骤 1 选择标准材质。选择材质类型为“(ML) 多层”，如图12-134所示。

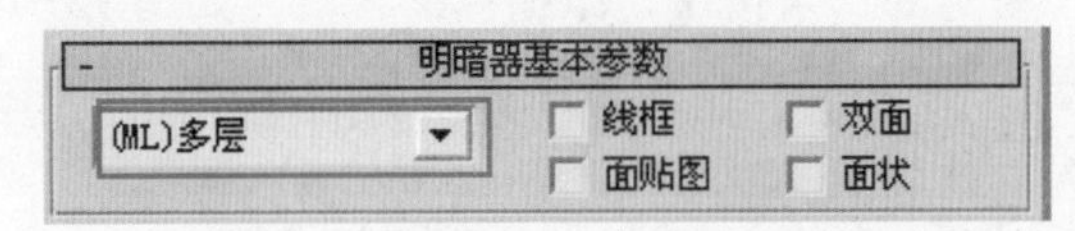

图12-134

步骤 2 调节屏幕颜色参数为24、57、47，如图12-135所示。

步骤 3 设置“第一高光反射层”的颜色为255、255、255，如图12-136所示。

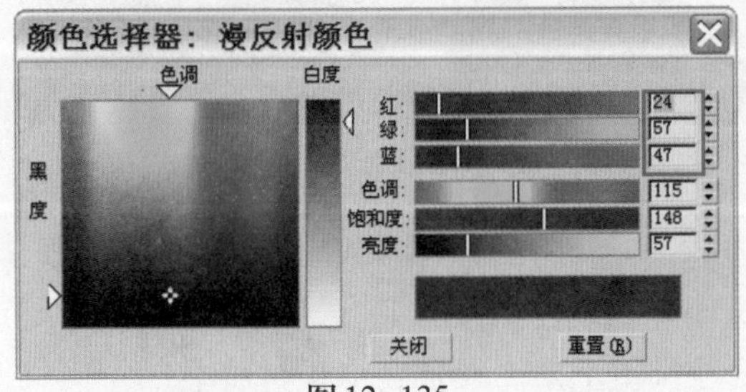

图12-135

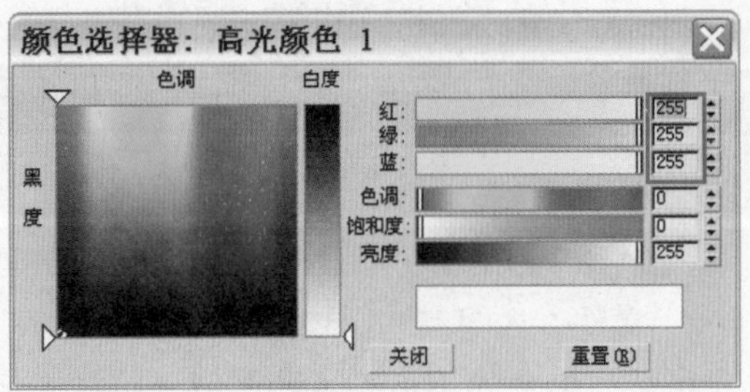

图12-136

步骤 4 调节“第一高光反射层”的参数如图 12−137 所示。第一高光反射层的高光反射可以明显些，这样使反射的效果更加出色。

步骤 5 设置“第二高光反射层”的颜色为 255、255、255，如图 12−138 所示。

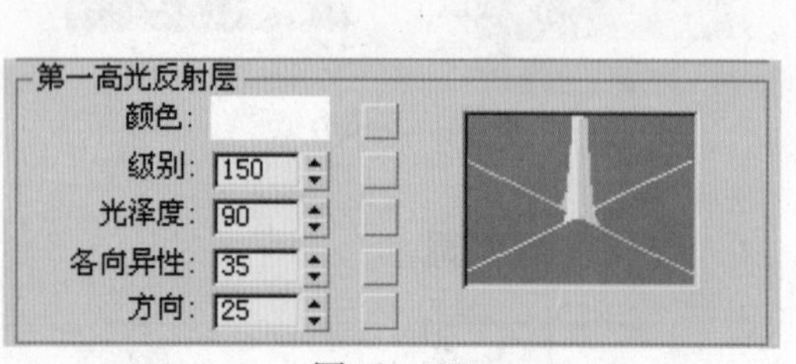

图 12−137

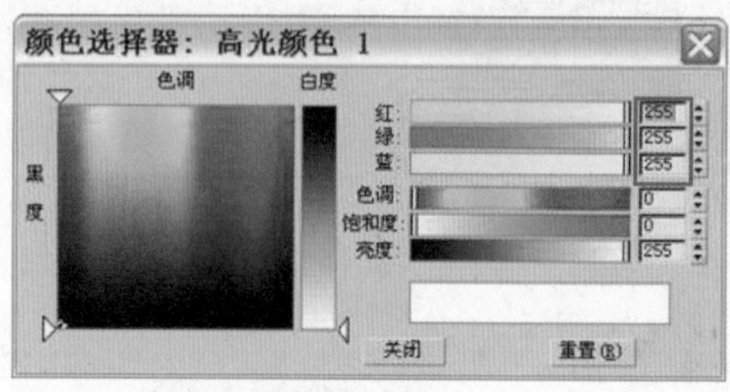

图 12−138

步骤 6 调节“第二高光反射层”的参数如图 12−139 所示。第二高光反射层的反射效果很弱，叠加在第一层上可以使材质的反射效果含蓄、有显示屏的细腻质感。

步骤 7 为反射添加 VR 贴图，参数设置为 35，如图 12−140 所示。

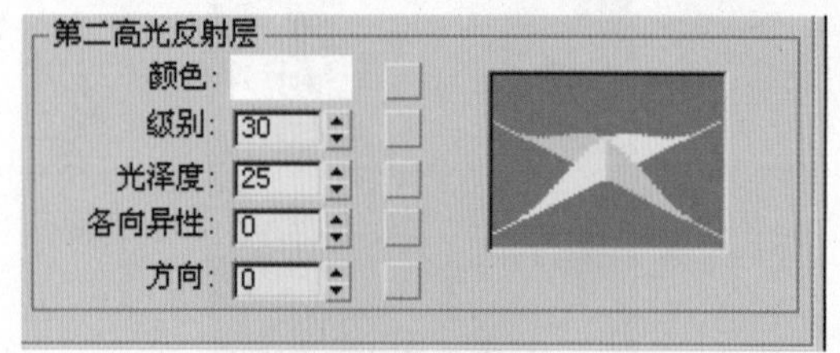

图 12−139

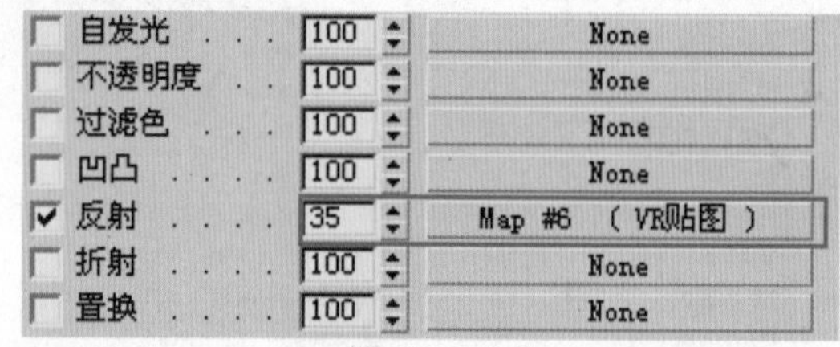

图 12−140

显示屏幕的材质颜色设置完毕，接下来将通过合成材质将计时文字叠加到屏幕材质之上。文字可以不需要反射效果。

步骤 8 为标准材质添加合成材质，将屏幕材质设置保留关联为基础材质。单击“材质 1”右边的长条按钮，添加标准材质，如图 12−141 所示。

步骤 9 调节漫反射材质颜色，如图 12−142 所示。

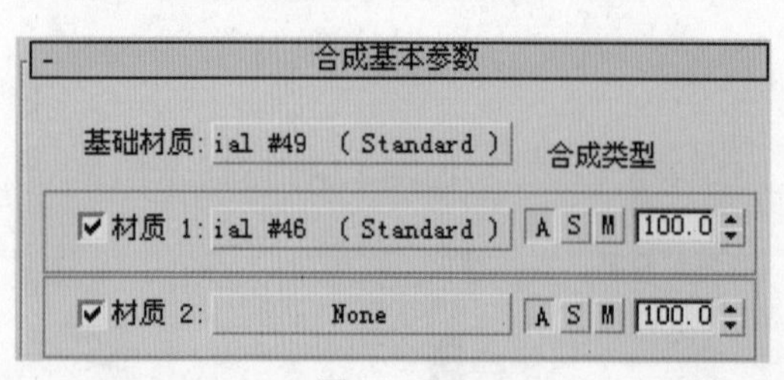

图 12−141

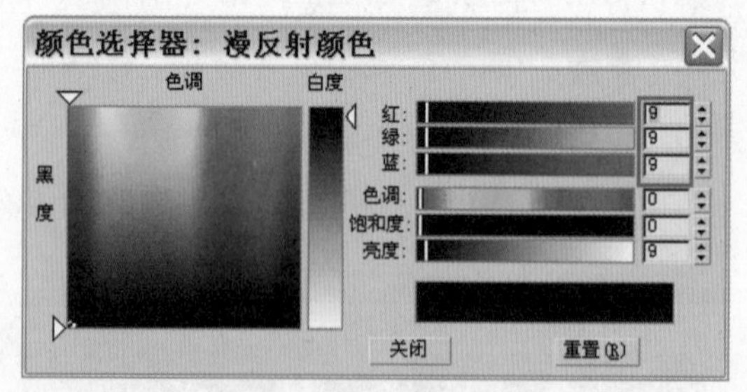

图 12−142

步骤 10 单击“不透明度”右边的方框，打开本书配套光盘“源文件 \ 第 12 章 \ 屏幕.jpg”文件，如图 12−143 和图 12−144 所示。不透明度相当于 Alpha 通道的功能，白色为可见区域，黑色为不可见透明区域，这样文字自然地保留下来，叠加在屏幕材质上。

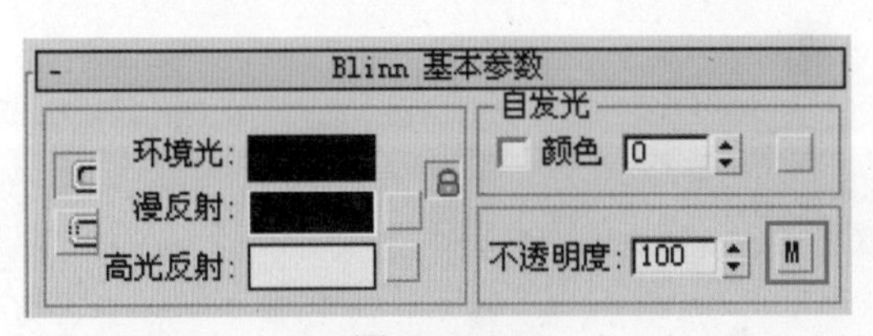

图 12-143

图 12-144

步骤 11 材质最终效果如图 12-145 所示。

图 12-145

12.4 渲染参数设置和最终渲染

操作步骤

步骤 1 将【V-Ray::间接照明】卷展栏中的参数设置如图 12-146 所示。这里需要重点说明一下后处理和首次反弹参数设置的含义。后处理中的饱和度和对比度主要是调节画面中明暗之间的对比关系和色彩的饱和程度，这可以使画面的光与色更加跳跃，富有节奏感。而首次反弹参数的降低，主要是控制亮部的曝光效果。

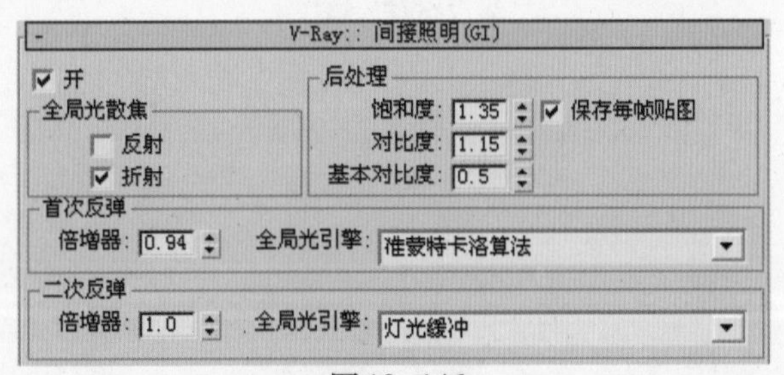

图 12-146

步骤 2 将【V-Ray::准蒙特卡洛全局光】卷展栏中的参数设置如图 12-147 所示。提高画面首次反弹的采样精度。

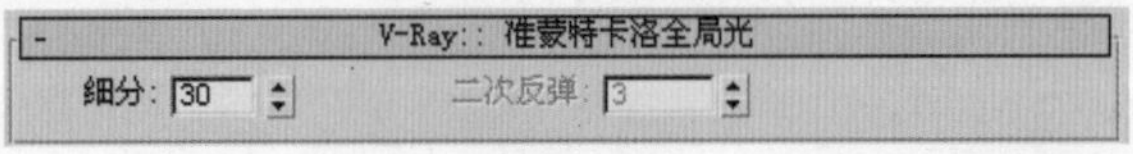

V-Ray:: 准蒙特卡洛全局光
细分：30 二次反弹：3

图 12-147

步骤 3 将【V-Ray::灯光缓冲】卷展栏中的参数设置如图 12-148 所示。提高灯光采样的细分程度。

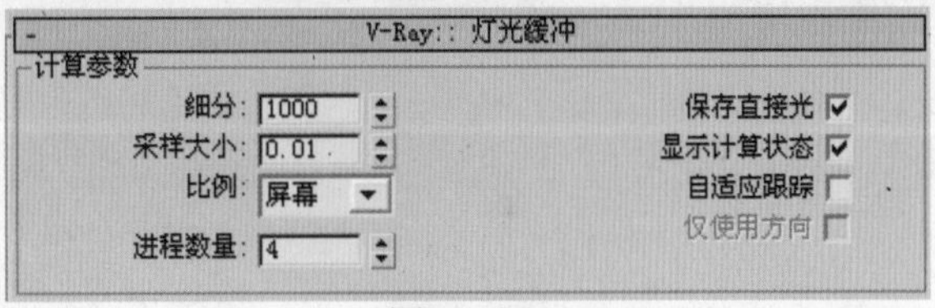

V-Ray:: 灯光缓冲
计算参数
细分：1000 保存直接光
采样大小：0.01 显示计算状态
比例：屏幕 自适应跟踪
进程数量：4 仅使用方向

图 12-148

步骤 4 将【V-Ray :: rQMC 采样器】卷展栏中的参数设置如图 12-149 所示。这里可以降低噪波被精确计算到的最小范围。降低画面噪波杂点，同时也提高全局细分，对场景中所有物体进行整体细分和采样参数的提高，会使画面品质更加出色。但注意，这么做也会消耗大量的渲染时间。

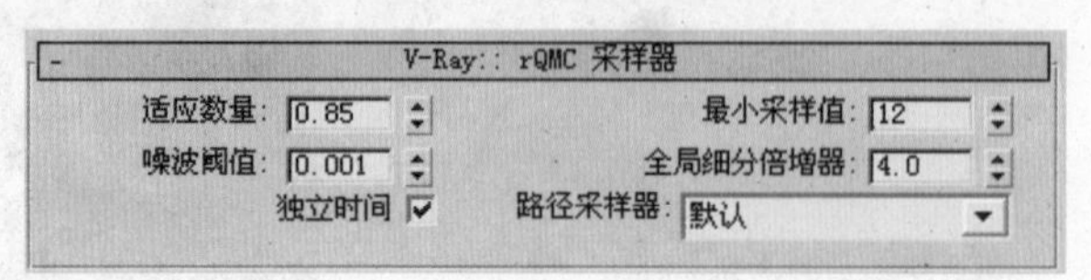

图 12-149

步骤 5 单击工具栏中的按钮，查看最终渲染结果，如图 12-150 所示。

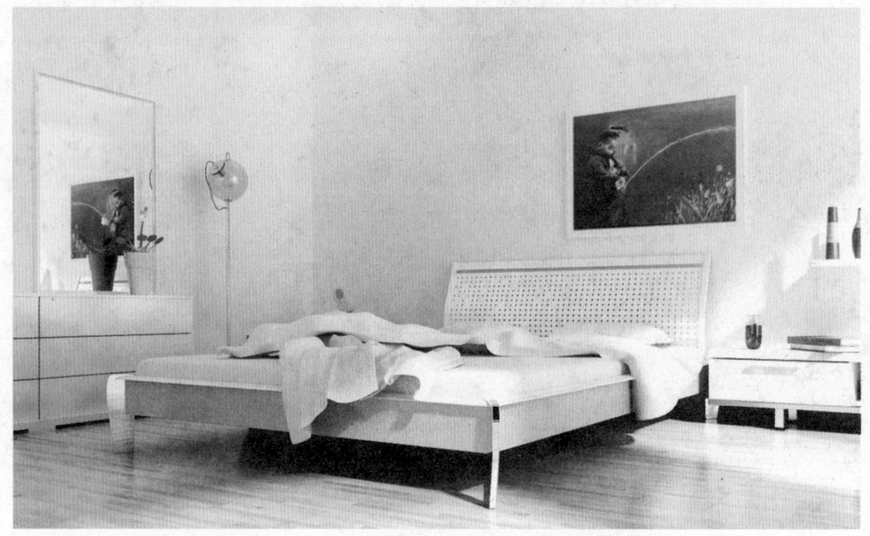
图 12-150